江苏省化学化工学会组织编写

# 基础化学速成

主　编　许城玉　蒋　泓

副主编　徐守兵　张帮程

东南大学出版社
SOUTHEAST UNIVERSITY PRESS
·南京·

## 内容提要

本书比较科学系统地介绍了全日制大学本科基础年级学生所必需的大学化学基础知识、基本理论，并与中学化学教学实际相衔接，不仅有助于大学相关专业基础年级学生更好地化解专业知识的学习难度，更有利于对化学知识有着浓厚学习兴趣的高中学段的优秀学生提前了解大学化学基础知识、基本理论，以更好地适应未来的大学学习生活，力争未来能够在化学学科研究领域有所建树。同时充分关注到了低年级学生的学习兴趣与学习习惯，全书图文并茂，在不失科学严谨性的前提条件下，讲述力求深入浅出、形象生动，相关结论则简明扼要，以便学生认识理解、掌握运用。在一定程度上体现了近年来世界范围内化学科学研究领域的最新动态与学术成果，基本跟上了全球化学研究飞速发展的步伐与节奏。

**图书在版编目(CIP)数据**

基础化学速成 / 许城玉，蒋泓主编. —南京：东南大学出版社，2022.12

ISBN 978-7-5641-9896-1

Ⅰ.①基… Ⅱ.①许… ②蒋… Ⅲ.①化学-高等学校-教材 Ⅳ.①O6

中国版本图书馆 CIP 数据核字(2021)第 254607 号

责任编辑：咸玉芳　责任校对：韩小亮　封面设计：顾晓阳　责任印制：周荣虎

**基础化学速成**

主　　编：许城玉　蒋　泓
出版发行：东南大学出版社
社　　址：南京四牌楼 2 号　邮编：210096　电话：025－83793330
网　　址：http://www.seupress.com
电子邮件：press@seupress.com
经　　销：全国各地新华书店
印　　刷：江苏奇尔特印刷有限公司
开　　本：889mm×1194mm　1/16
印　　张：19.25
字　　数：675 千字
版　　次：2021 年 11 月第 1 版
印　　次：2022 年 12 月第 2 次印刷
书　　号：ISBN 978－7－5641－9896－1
定　　价：76.00 元

# 编写说明

在长期以来的高中化学一线教学过程中，笔者深切地感受到，很多高中优秀学子迫切需要一本这样的化学教程：能够比较科学系统地介绍大学化学基础知识、基本理论，能够与中学化学教学实际完美衔接，又有利于学生在本科阶段更好地领会、掌握高一级的化学知识和理论；相关知识与理论的讲解，不仅要确保学科的系统性与严密性，还要尽量做到深入浅出、形象生动、通俗易懂，相关结论则须力求简明扼要以便学生认识理解、掌握运用；能够适当体现近年来世界范围内化学科学研究的最新动态与成果，跟上全球化学研究飞速发展的节奏与步伐。

为此，笔者以多年来个人使用的"高中优秀学生答疑提优辅导讲义"为蓝本，系统消化吸收了多套国内优秀大学本科教材中的权威论断与科学阐述，并借鉴了部分国外大学化学教材的有益做法，潜心编写了这本《基础化学速成》，供对化学学科有着浓厚学习兴趣、在顺利完成高中化学常规学习任务的同时还有剩余精力的优秀学子进一步开拓科学视野，为日后从事与化学相关的科学研究工作打下坚实的基础。

具体来说本书具备如下特点：

(1) 基本覆盖了大学化学本科低年级学生必须完成的绝大部分学习任务，包括：化学热力学基础、化学反应原理基础、分析化学基础、结构化学基础、常见无机物的结构和性质；有机物结构理论、有机物的命名、烃、烃的衍生物、有机反应理论基础、有机合成基础等。

(2) 充分关注到了低年级学生的学习兴趣与学习习惯，全书图文并茂，在不失科学严谨性的前提下，讲述力求深入浅出、形象生动。比如晶体结构、配位化学等章节，更是通过大量富有强烈立体感的精美图片，有效化解学生空间想象的难度，有助于读者加深对物质微观结构的认识与理解。

(3) 化学反应原理部分则提供了详尽的公式推导与证明过程，并提供了必要的例题解析与示范，力求能够让读者更加易学易懂会用善用相关原理解决实际问题。

(4) 常见无机物的结构与性质部分，内容十分庞杂，容易使初学者产生知识凌乱、首尾难顾、难以掌握的畏难情绪。为此，笔者尝试以物质结构理论、氧化还原反应理论以及电极电位知识为引领，对各元素族的相关知识进行有序化的梳理，提供了系统、详尽、全面、细致的元素价类转化关系图，并有意强化了物质的微观结构与宏观性质之间对应关系的揭示，意在帮助读者在透彻理解的基础上理性地掌握相关知识而不是单纯地依靠死记硬背。

书稿编写中，考虑到与高中内容的衔接以及控制篇幅，精减了部分内容，其中包括分子轨道理论、配合物晶体场与配位场理论、晶体中等径球的堆积与空隙等。另外，考虑到入门阶段的学习需求不多，高等数学基础必备、物理学基础必备等章节也不在本书稿中阐述，由此造成的缺失，敬请读者谅解。

本书编写工作得到了多位领导、专家、老师、同行的关心、帮助和支持，笔者一直心怀感激，在此表示衷心感谢！

许城玉

2021年3月　南京

# 目　录

# 第一章　原子结构

## 一、原子结构层次的通俗表达

原子由居其中心的原子核与绕核做高速运动的电子共同构成，除了普通氢原子核内只含有质子、不含有中子外，其他所有原子核中都含有质子和中子。

质子、中子、电子的质量、电量数据参阅表 1-1，因为在任何原子中，质子数＝核电荷数＝原子序数＝原子核外电子数，所以原子整体不显电性，原子结构层次的通俗表达参阅图 1-1。

**表 1-1　微粒参数表**

| 微粒中文名称 | 质子 | 中子 | 电子 |
|---|---|---|---|
| 微粒英文名称 | proton | neutron | electron |
| 微粒国标代码 | p | n | e |
| 微粒数目代码 | $Z$ | $N$ | — |
| 微粒近似质量/kg | $1.672\,623\,1\times10^{-27}$ | $1.674\,928\,6\times10^{-27}$ | $9.109\,56\times10^{-31}$ |
| 微粒带电量/C | $1.602\times10^{-19}$ | 电中性 | $1.602\times10^{-19}$ |

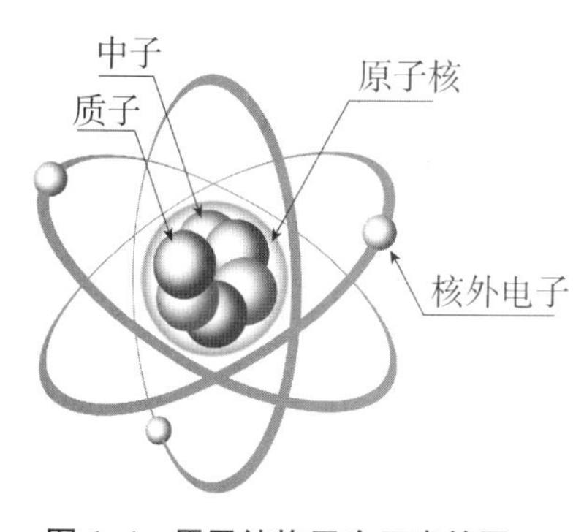


**图 1-1　原子结构层次示意简图**

同种元素的原子核中，质子数一定相同而中子数可能不同，科学将这种现象称为同位素现象，绝大多数元素均存在同位素，如氢元素有 3 种常见的同位素：$^{1}_{1}$H(氕，普通氢)、$^{2}_{1}$D(氘，重氢)、$^{3}_{1}$T(氚，超重氢)。

在化学变化过程中，原子核保持不变(原子的种类和数目保持不变)，只有原子核外电子的运动状态发生变化，所以说：原子是化学变化中的基本微粒。

## 二、核反应基础

在特定的条件下，原子核会发生变化，这样的变化被称为核反应。毫无疑问，核反应会生成新的物质但习惯上将这类反应统称为核物理变化，核物理变化大体分为如下三大类型。

**1. 核衰变(nuclear decay)**

原子核自发地放射出某种粒子而变为另一种核的过程统称为核衰变，其常见类型如下：

(1) α 衰变

释放出 α 粒子($^{4}_{2}$He)的核衰变，例如：$^{238}_{92}\text{U}\rightarrow^{234}_{90}\text{Th}+^{4}_{2}\text{He}$

(2) β 衰变

释放出 β 射线的核衰变，例如：$^{A}_{Z}\text{X}\rightarrow^{A}_{Z+1}\text{Y}+e^{-}+\tilde{\nu}$ ($\beta^-$ 衰变，又称负电子衰变，如图 1-2)

再如：$^{A}_{Z}\text{X}\rightarrow^{A}_{Z-1}\text{Y}+e^{+}+\nu$ ($\beta^-$ 衰变，又称正电子衰变)

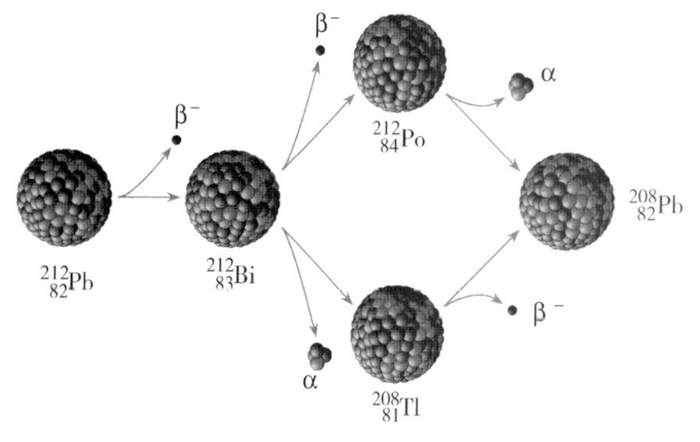


**图 1-2　$\beta^-$ 衰变示意图**

(3) γ 衰变

释放出 γ 射线的核衰变，例如：$^{60}_{27}\text{Co}\rightarrow^{60}_{28}\text{Ni}^{*}$ (激发态) $+^{0}_{-1}$e(即 β 射线) $\rightarrow^{60}_{28}\text{Ni}+\gamma$ 光子 (如图 1-3)

元素的放射性一般情况下对人体是有害的，在接触过程中一定要注意采取必要的防护措施。不同核素

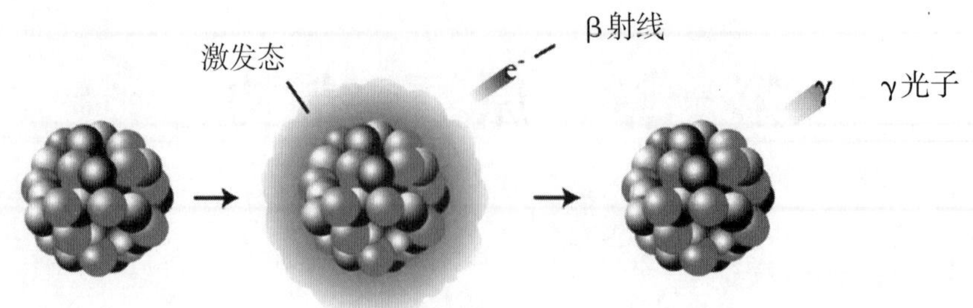


图 1-3　γ 衰变示意图

的稳定性有所不同，也就是说，不同核素的衰变速率存在差异，这一性质一般使用“半衰期 $t_{1/2}$”来表示，半衰期即残留量变为初始量的 1/2 所需要经过的时间（参阅图 1-4、图 1-5）。显然：

$$n = n_0 \times \left(\frac{1}{2}\right)^{\frac{t}{t_{1/2}}}\text{；}n = \text{残留量，}n_0 = \text{初始量，}t = \text{计量时长} \qquad (1\text{-}1)$$

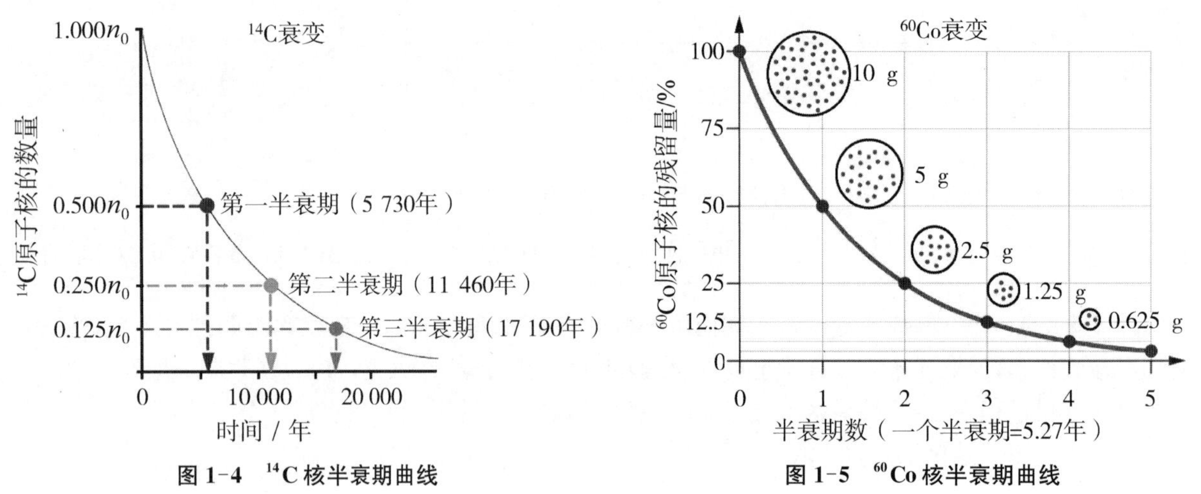


图 1-4　$^{14}$C 核半衰期曲线

图 1-5　$^{60}$Co 核半衰期曲线

**2. 核裂变(nuclear fission)**

核裂变又称核分裂，一般指一个原子核在特定粒子轰击下分裂成几个原子核的核反应。只有一些质量非常大的原子核像铀核、钍核和钚核等才能发生核裂变。

原子核在裂变过程中的精确质量会有所减少，爱因斯坦通过相对论证明，这些减少的质量将转化为巨大的能量（$E = mc^2$），这是研制原子弹（图 1-6）以及建设核电站的理论基础与物质基础。

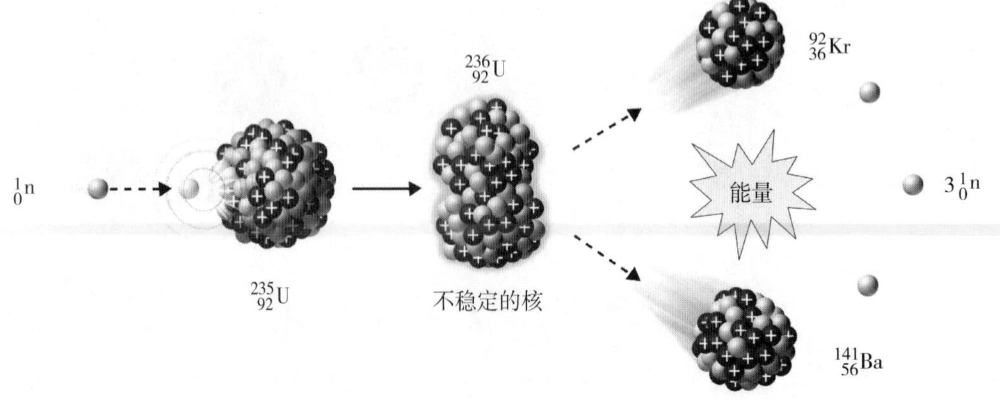


图 1-6　铀- 235 裂变过程示意图

**3. 核聚变(nuclear fusion)**

核聚变是两个较轻的原子核聚合为一个较重的原子核并释放出能量的过程。自然界中最容易实现的核聚变反应是氢的同位素——氘与氚的聚变(图 1-7)，这种反应在太阳上已经持续了 50 亿年。

核聚变是研制氢弹以及建设可控核聚变发电站(俗称人造太阳)的理论基础与物质基础。

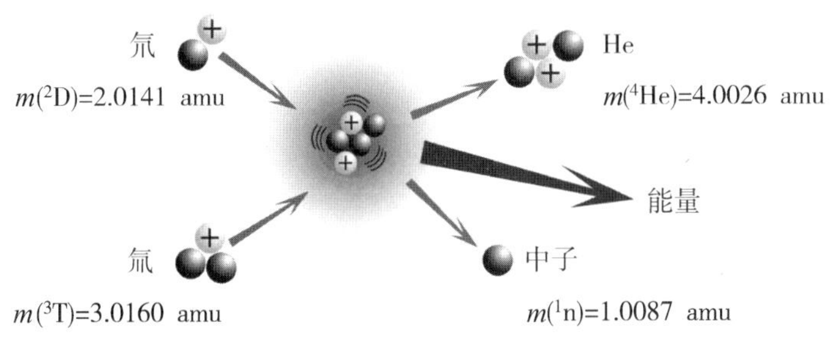


**图 1-7　氢元素核聚变示意图**

$1\ \text{amu} \approx 1.66 \times 10^{-27}\ \text{kg}$

$1\ \text{eV} = 1.602 \times 10^{-19}\ \text{J}$

$$\Delta m = 4.0026 + 1.0087 - (2.0141 + 3.0160)\text{amu} = -0.0188\ \text{amu}$$

$$E = 0.0188\ \text{amu} \times 931.481\ \text{MeV/amu} \approx 17.5\ \text{MeV}$$

## 三、原子核外电子的运动规律

**1. 原子核外电子运动的早期模型——玻尔模型**(图 1-8)

(1) 电子在一定的轨道上运动、不损失能量

(2) 不同轨道上的电子具有不同能量

$$E = -\frac{2.18 \times 10^{-18}}{n^2}\ \text{J}；式中\ n = 1,\ 2,\ \cdots\ 正整数 \qquad (1\text{-}2)$$

电子离核越近、能量越低，其中最低能量状态称为基态。电子离核越远、能量越高、较高能量状态。

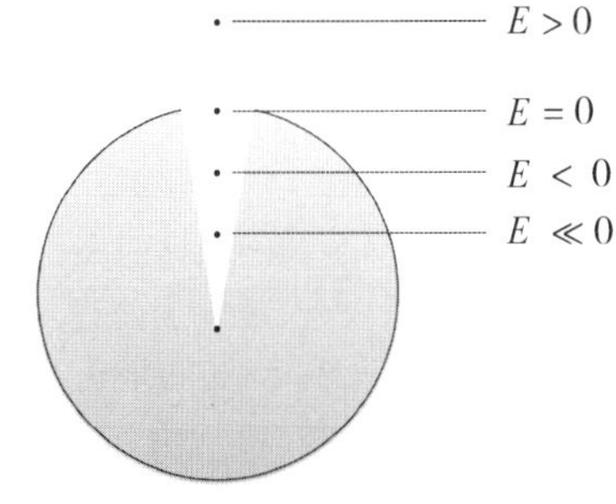


**图 1-8　玻尔模型**

(3) 只有当电子跃迁时，原子才释放或吸收能量

基态的、低能量的电子可以吸收外界能量发生跃迁，进入离核较远、能量较高的轨道，这样的轨道称为激发态。激发态不稳定，电子能够释放出能量、自动回落到基态。

$$\Delta E = h\nu = \frac{hc}{\lambda} = hc\tilde{\nu} \quad 1\ \text{cm}^{-1} = 1.986 \times 10^{-23}\ \text{J} \qquad (1\text{-}3)$$

**2. 电子的波粒二重性——物质波**

1923 年德布罗意(L. de Broglie)类比爱因斯坦的光子学说后提出，电子不但具有粒子性，而且具有波动性。并提出了联系电子粒子性和波动性的公式：

$$\lambda = \frac{h}{mv};\quad m = 质量,\ v = 速度,\ h = 普朗克常数 \qquad (1\text{-}4)$$

式(1-4)左边是电子的波长 $\lambda$，表明它的波动性的特征；右边是电子的动量，代表它的粒子性。这两种性质通过普朗克常数定量地联系起来了。

**3. 原子核外电子运动的近代描述**(图 1-9)

(1) 电子云

原子很小、原子核更小、电子的质量和体积都极小。电子在原子核外相对于电子来说“非常广阔的空间”内做高速运动，且没有确定的轨道。电子在核外空间一定范围内出现，好像带负电荷的云雾笼罩在原子核周围，人们形象地称它为电子云。图中每一个小黑点表示电子曾在那里出现过一次。黑点多的地方——

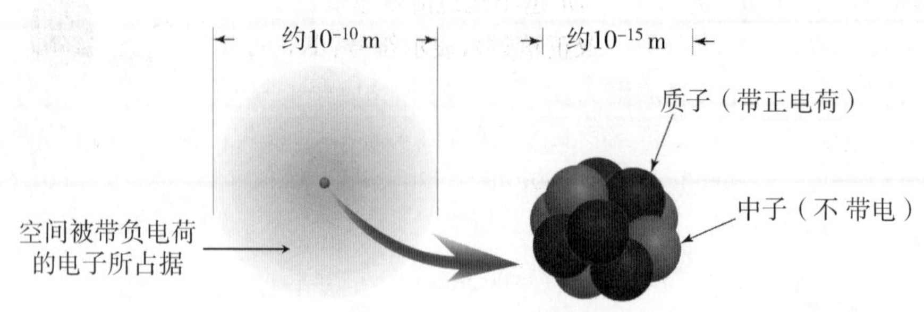


图 1-9　原子结构示意图

电子云密度大的地方，表明电子在核外空间单位体积内出现的机会多，反之，出现的机会少（图 1-10、图 1-11）。

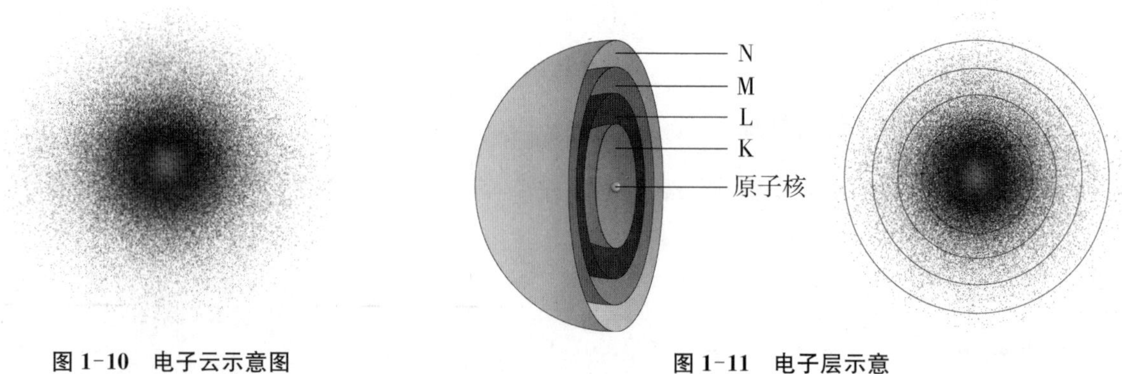


图 1-10　电子云示意图　　　图 1-11　电子层示意

核外电子在离核远的地方单位体积内出现的机会少，在离核近的地方单位体积内出现的机会多。

(2) 原子轨道（也称电子轨道）

原子核外的电子运动状态用四个量子数描述：$n$、$l$、$m$、$m_s$，当四个量子数中有三个主量子数都具有确定值时，就对应一个确定的原子轨道（图 1-12、图 1-13）。

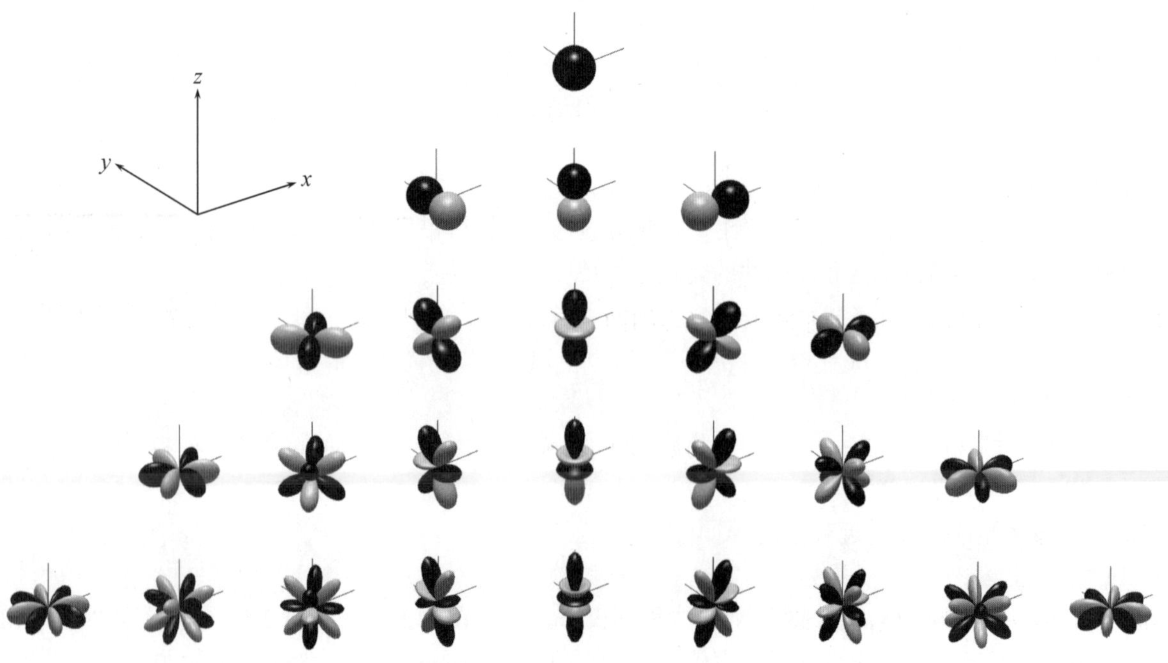


图 1-12　电子轨道形状示意图（从上到下依次为 s、p、d、f、g 电子云）

① 轨道的能量主要由主量子数 $n$ 决定，$n$ 越小轨道能量越低。

主量子数 $n=1, 2, 3, 4, 5, \cdots$（只能取正整数），表示符号：K，L，M，N，O……

② 角量子数 $l$ 和轨道形状有关，它也影响原子轨道的能量。

角量子数 $l=0, 1, 2, 3, \cdots, n-1$（取值受 $n$ 的限制），表示符号：s，p，d，f……

$l=0$，s 电子云（球形）；$l=1$，p 电子云（哑铃形）；$l=2$，d 电子云（花球形）；$l=3$，f 电子云（更复杂的花球形）。

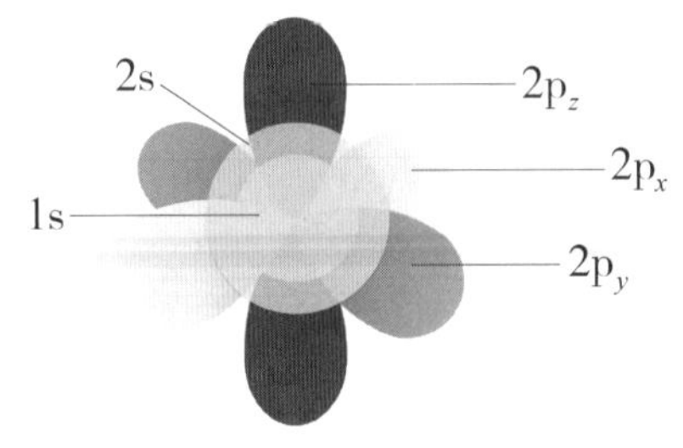


图 1-13　电子轨道嵌套示意图

$n$ 确定时，$l$ 值越小、亚层的能量越低。$n$ 和 $l$ 一定时，对应的所有原子轨道称为一个亚层，如 $n=2, l=1$ 就是 2p 亚层。

③ 磁量子数 $m$ 与原子轨道在空间的伸展方向有关

磁量子数 $m=0, \pm1, \pm2, \cdots, \pm l$（取值受 $l$ 的限制），具体来说：

s 电子云（球形），$m=0$，只有一种方向或者说无所谓方向。

p 电子云（哑铃形），$m=0, \pm1$，有 $p_x$、$p_y$、$p_z$ 三个方向（称三个简并轨道，即能量相同的轨道）。

d 电子云（花球形），$m=0, \pm1, \pm2$，有 $d_{xy}$、$d_{xz}$、$d_{yz}$、$d_{x^2-y^2}$、$d_{z^2}$ 五个方向（称五个简并轨道，即能量相同的轨道）。

f 电子云有七个方向（七个简并轨道，即七个能量相同的轨道）。

g 电子云有九个方向（九个简并轨道，即九个能量相同的轨道）。

这些不同形状的轨道以原子核为中心相互嵌套在一起，虽然其空间发生重叠，但是做概率运动的电子却不会发生碰撞，而基本上是“各行其道、偶尔借路、和谐共处、略有微扰”——详见下文中的钻穿效应与屏蔽效应。

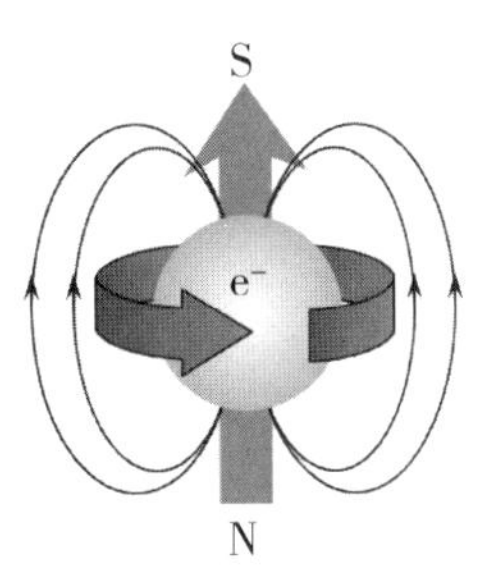


(a) $m_s=+1/2$

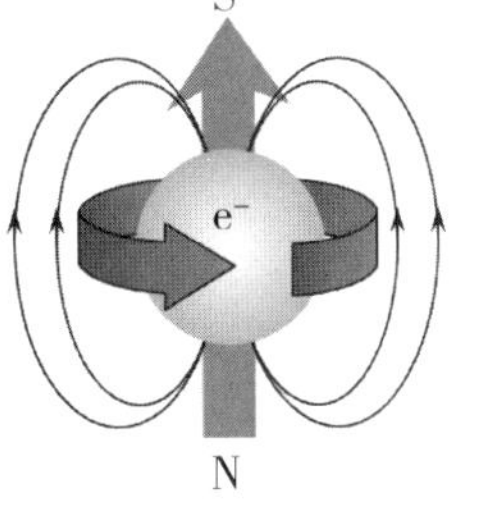


(b) $m_s=-1/2$

图 1-14　电子自旋示意图

④ 自旋磁量子数

实验表明，电子自身还具有自旋运动（图 1-14）。电子的自旋运动用自旋磁量子数 $m_s$ 表示。

对一个电子来说，其 $m_s$ 只能取两个不同的数值 $+1/2$ 或 $-1/2$。

习惯上将 $m_s$ 取 $+1/2$ 的电子称为自旋向上，表示为＋；

将 $m_s$ 取 $-1/2$ 的电子称为自旋向下，表示为－。

实验证明，同一个原子轨道中的电子不能具有相同的自旋磁量子数 $m_s$，也就是说，每个原子轨道只能容纳两个自旋方向相反的电子。

**4. 核外电子的排布**

（1）多电子原子的能级

① Pauling 轨道能级图（图 1-15）

依据大量的实验数据，Pauling 提出了多电子原子中原子轨道的近似能级图，要注意的是图中的能级顺序是指电子填入价电子层时各能级能量的相对高低。

多电子原子的近似能级图有如下几个特点：

ⓐ 近似能级图是按原子轨道的能量高低排列的，而不是按

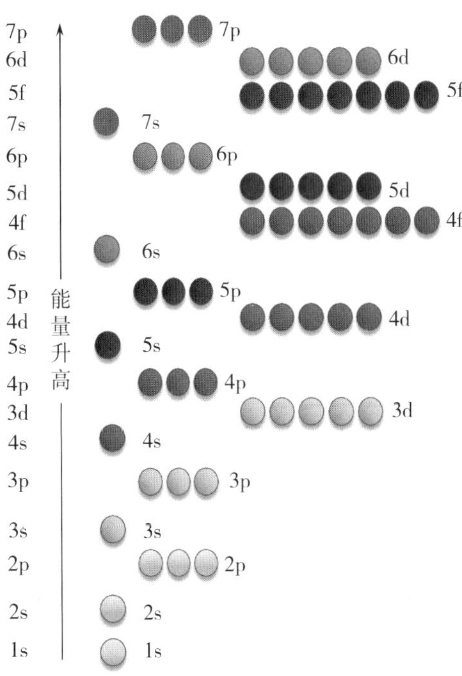


图 1-15　Pauling 轨道能级图

原子轨道离核远近排列的。它把能量相近的能级划为一组，称为能级组，共分成七个能级组，能级组之间的能量差比较大。不难发现：$E(\mathrm{K}) < E(\mathrm{L}) < E(\mathrm{M}) < E(\mathrm{N}) < \cdots\cdots$

ⓑ 主量子数 $n$ 相同、角量子数 $l$ 不同的能级，它们的能量随 $l$ 的增大而升高，即发生“能级分裂”现象。

例如：$E_{4s} < E_{4p} < E_{4d} < E_{4f}$。

ⓒ“能级交错”现象。

例如：$E_{4s} < E_{3d} < E_{4p}$，$E_{6s} < E_{4f} < E_{5d} < E_{6p}$

② Cotton 能级图、Slater 规则、徐光宪经验规则(限于篇幅本书略去)

③ 屏蔽效应和有效核电荷(图 1-16)

能级交错的形成原因通常从屏蔽效应、钻穿效应两个方面进行解释。

在多电子原子中，一个电子不仅受到原子核的引力，还要受到其他电子的排斥力，这种排斥力显然要削弱原子核对该电子的吸引，可以认为排斥作用部分抵消或屏蔽了核电荷对该电子的作用，相当于该电子受到的有效核电荷数减少了，即：

$$Z^{*} = Z - \sigma \tag{1-5}$$

式(1-5)中 $Z^{*}$ 为有效核电荷，$Z$ 为核电荷，$\sigma$ 为屏蔽常数。

屏蔽常数 $\sigma$ 代表由于电子间的斥力而使原核电荷减少的部分。我们把由于其他电子对某一电子的排斥作用而抵消了一部分核电荷，使该电子受到的有效核电荷降低的现象称为屏蔽效应。一个电子受到其他电子的屏蔽，其能量升高：

$$E_i = -\left(\frac{Z^{*2}}{n^2}\right) \times 13.6\ \mathrm{eV} \tag{1-6}$$

式(1-6)中，$n$ 为主量子数。

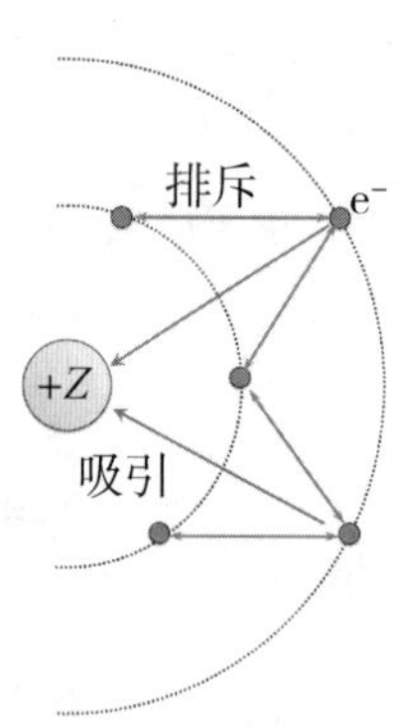


**图 1-16　屏蔽效应和有效核电荷示意图**

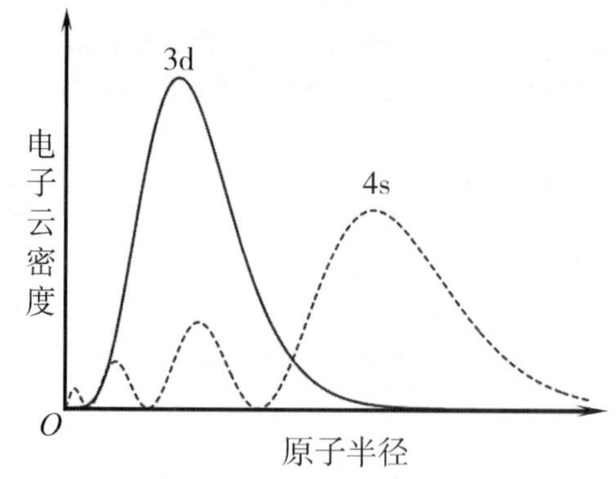


**图 1-17　钻穿效应示意图**

④ 钻穿效应

与屏蔽效应相反，外层电子有钻穿效应。外层角量子数小的能级上的电子，如 4s 电子能钻到近核内层空间运动，这样它受到其他电子的屏蔽作用就小，受核引力就强，因而电子能量降低，例如 $E_{4s} < E_{3d}$。我们把外层电子钻穿到近核内层空间运动，从而使电子能量降低的现象，称为钻穿效应(图 1-17)。

钻穿程度：$n\mathrm{s} > n\mathrm{p} > n\mathrm{d} > n\mathrm{f}$；能量高低：$n\mathrm{s} < n\mathrm{p} < n\mathrm{d} < n\mathrm{f}$

利用屏蔽效应和钻穿效应可以解释原子轨道的能级交错现象。

⑤ 屏蔽效应和钻穿效应的相互关系(图 1-18)

下面这个比喻可以帮助我们理解屏蔽效应和钻穿效应的相互关系并有助于我们运用相关理论解答实际问题。

设想有一盏灯泡(或烛光)照亮了整个房间，你用双手去捂那盏灯泡，显然，你的双手越靠近灯泡，被挡住的光线就越多、房间里面就越黑暗；而如果你的双手越远离灯泡，被挡住的光线就越少、房间里面就越明亮。这里的“灯泡”相当于原子核，“光线”相当于原子核的正电场，“手”相当于内层电子，“靠近”相当于“钻穿”，“挡住”相当于“屏蔽”——用4个字高度概括一下，就是“不钻不屏”。

图1-18 屏蔽效应和钻穿效应的相互关系(寓意图)

以第四周期元素原子核外的3d电子为例：因为不存在1d、2d轨道，所以3d电子几乎不存在钻穿效应，这样3d电子对4s、4p电子的屏蔽效应就非常有限；再考虑4s电子自身的钻穿效应，这样4s、4p电子(特别是4s电子)也就因此能受到原子核正电场更强的吸引，4s、4p电子(特别是4s电子)也就难以离去(所以单质的还原性就弱)、而只有失去4p电子才能形成的高氧化态微粒也就自然具有重新夺回电子的强烈倾向(所以其氧化性强、不稳定)。

再来比较一下第五周期元素原子核外的4d电子：因为存在3d轨道，所以4d电子存在钻穿效应，这样4d电子对5s、5p电子的屏蔽效应就相对比较明显；尽管5s电子自身具备钻穿效应，但因为4d电子的屏蔽效应，5s、5p电子所受到的原子核正电场的吸引力就相对变弱了，所以5s、5p电子离去的难度有所下降(因此单质的还原性略有增强)、而失去5p电子形成的高氧化态微粒，重新夺回电子的趋势就有所减弱(所以其氧化性不太强、稳定性有所提高)。

第六周期的元素，则必须考虑新增加的4f电子：因为不存在1f、2f、3f轨道，所以4f电子几乎不存在钻穿效应，这样4f电子对6s、6p电子的“屏蔽效应”就非常有限；再考虑6s电子自身的钻穿效应，这样6s、6p电子(特别是6s电子)也就因此能受到原子核正电场更强的吸引(提醒：此周期元素原子核的核电荷数$Z$比上周期同族元素整整多出了14)，所以6s、6p电子(特别是6s电子)就难以离去(单质的还原性就弱)，而只有失去6p电子才能形成的高氧化态微粒也就自然具有重新夺回电子的强烈倾向(所以其氧化性强、不稳定)。事实上，6s电子已经很难失去——此即“惰性电子对效应”的成因。

(2) 排布规则

① 能量最低原理

原子中的电子按照能量由低到高的顺序(参阅图1-15)排布到原子轨道上，电子在原子轨道上排布的先后顺序与原子轨道的能量高低有关，人们发现绝大多数原子的电子排布遵循能级图中的能量高低顺序，这张图也被称为构造原理(aufbau principle)，主要有两个重要的经验公式：

ⓐ 每一周期内电子的排布均符合以下规律

$$\text{然后}\cdots(n-3)\mathrm{g}^{0\to18}(n-2)\mathrm{f}^{0\to14}(n-1)\mathrm{d}^{0\to10}\quad \text{最先 } n\mathrm{s}^{1\to2}\quad \text{最后 } n\mathrm{p}^{0\to6}$$

ⓑ 每一周期零族元素原子序数符合通式

$$2\times(1^2+2^2+2^2+3^2+3^2+4^2+4^2+5^2+5^2+6^2+6^2+\cdots\cdots)$$

② 泡利原理(pauli exclusion principle)

物理学家泡利指出一个原子轨道上最多排布两个自旋方向相反的电子。

如：基态B原子的电子排布是$1s^2 2s^2 2p^1$。

基态B原子的轨道表示式见图1-19：

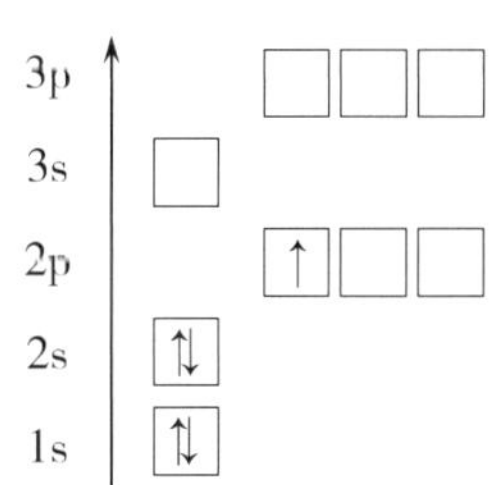



图1-19 B的基态原子的轨道表示式

③ 洪特规则

电子在能量相同的轨道上排布时，尽量分占不同的轨道且自旋方向相同，这样的排布方式使原子的能量降低。可见，洪特规则是能量最低原理的一个特例。因此，氮原子的3个2p电子在3个2p轨道上的排布为：2p|↑|↑|↑|

④ 洪特规则特例

等价轨道全充满、半充满、全空的状态比较稳定。例如24号元素Cr和29号元素 Cu 的电子排布式分别为：Cr：$1s^2 2s^2 2p^6 3s^2 3p^6 3d^5 4s^1$；Cu：$1s^2 2s^2 2p^6 3s^2 3p^6 3d^{10} 4s^1$。

注意：具体元素原子的电子排布情况应尊重实验事实。

(3) 表示方法

根据以上电子排布的三条规则，可以确定各元素原子基态时的电子排布情况，电子在原子核外的排布情况简称电子构型，表示的方法通常有两种。

① 轨道表示法

一个方框表示一个轨道。“↑”“↓”表示不同自旋方向的电子。如 C：1s[↑↓]　2s[↑↓]　2p[↑|↑| ]

② 电子排布式(亦称电子组态)，如 C：$1s^2\ 2s^2\ 2p^2$

式中右上角的数字表示该轨道中电子的数目。

③ 为了简化，常用“原子实”来代替部分内电子层构型。所谓原子实，是指某原子内电子层构型与某一稀有气体原子的电子层构型相同的那一部分实体。如：${}_{26}Fe$：$1s^2 2s^2 2p^6 3s^2 3p^6 3d^6 4s^2$ 可表示为[Ar]$3d^6 4s^2$

要求能够根据原子序数写出元素周期表中所有元素的电子排布式(参阅表 1-2)。

**表 1-2　需要重点记忆的几种特殊的元素原子电子排布式**

| ⅢB | ⅣB | ⅤB | ⅥB | ⅦB | Ⅷ | | | ⅠB | ⅡB |
|---|---|---|---|---|---|---|---|---|---|
| Sc | Ti | V | Cr | Mn | Fe | Co | Ni | Cu | Zn |
| Y | Zr | ${}_{41}Nb$ $4d^4 5s^1$ | Mo | Tc | ${}_{44}Ru$ $4d^7 5s^1$ | ${}_{45}Rh$ $4d^8 5s^1$ | ${}_{46}Pd$ $4d^{10}$ | | |
| ${}_{57}La$ $4f^0 5d^1 6s^2$ | Hf | Ta | ${}_{74}W$ $5d^4 6s^2$ | Re | Os | Ir | ${}_{78}Pt$ $5d^9 6s^1$ | | |

| ${}_{57}La$ $4f^0 5d^1 6s^2$ | ${}_{58}Ce$ $4f^1 5d^1 6s^2$ | | | | | | ${}_{64}Gd$ $4f^7 5d^1 6s^2$ | | | | | | | ${}_{71}Lu$ $4f^{14} 5d^1 6s^2$ |
|---|---|---|---|---|---|---|---|---|---|---|---|---|---|---|

| ${}_{89}Ac$ $5f^0 6d^1 7s^2$ | ${}_{90}Th$ $5f^0 6d^2 7s^2$ | ${}_{91}Pa$ ${}_{92}U$ ${}_{93}Np$ $5f^{2,3,4} 6d^1 7s^2$ | | | | | ${}_{96}Cm$ $5f^7 6d^1 7s^2$ | | | | | | | ${}_{103}Lr$ $5f^{14} 6d^1 7s^2$ |
|---|---|---|---|---|---|---|---|---|---|---|---|---|---|---|

# 第二章　元素周期表、元素周期律

1869 年，俄国化学家门捷列夫将当时已知的 63 种元素按相对原子质量由小到大的顺序依次排列并将化学性质相似的元素放在同一个纵行，通过分析、归纳，整理出了第一张元素周期表；现代元素周期表（如表 2-1）是将元素按核电荷数由小到大的顺序排列的，已有 118 种（2021 年），其编排规则是：

**表 2-1　长式元素周期表**

| ⅠA | ⅡA | ⅢB | ⅣB | ⅤB | ⅥB | ⅦB | Ⅷ | | | ⅠB | ⅡB | ⅢA | ⅣA | ⅤA | ⅥA | ⅦA | 0 |
|---|---|---|---|---|---|---|---|---|---|---|---|---|---|---|---|---|---|
| H | | | | | | | | | | | | | | | | | He |
| Li | Be | | | | | | | | | | | B | C | N | O | F | Ne |
| Na | Mg | | | | | | | | | | | Al | Si | P | S | Cl | Ar |
| K | Ca | Sc | Ti | V | Cr | Mn | Fe | Co | Ni | Cu | Zn | Ga | Ge | As | Se | Br | Kr |
| Rb | Sr | Y | Zr | Nb | Mo | Tc | Ru | Rh | Pd | Ag | Cd | In | Sn | Sb | Te | I | Xe |
| Cs | Ba | Ln | Hf | Ta | W | Re | Os | Ir | Pt | Au | Hg | Tl | Pb | Bi | Po | At | Rn |
| Fr | Ra | An | Rf | Db | Sg | Bh | Hs | Mt | Ds | Rg | Cn | Nh | Fl | Mc | Lv | Ts | Og |
| | Ln= | La | Ce | Pr | Nd | Pm | Sm | Eu | Gd | Tb | Dy | Ho | Er | Tm | Yb | Lu | |
| | An= | Ac | Th | Pa | U | Np | Pu | Am | Cm | Bk | Cf | Es | Fm | Md | No | Lr | |

把原子核外电子层数相同的各种元素，按原子序数递增的顺序从左到右排成横行，再把不同横行中最外层电子数相同或者特征电子构型相同、相似的元素，按原子序数递增的顺序从上到下排成纵行。"同位素"中的"同位"指的是原子序数相同的元素在元素周期表中占据相同的位置。长式元素周期表的结构如表 2-2 所示：

**表 2-2　长式元素周期表的结构**

<table>
<tr><td rowspan="2">横向共 7 行，称为 7 个周期</td><td colspan="3">3 个短周期（第 1、2、3 周期）</td></tr>
<tr><td colspan="3">4 个长周期（第 4、5、6、7 周期）</td></tr>
<tr><td rowspan="4">纵向共 18 列，分为 16 个族</td><td colspan="3">7 个主族（ⅠA～ⅦA）</td></tr>
<tr><td colspan="3">1 个零族（0）</td></tr>
<tr><td colspan="3">7 个副族（ⅢB～ⅦB，ⅠB～ⅡB）</td></tr>
<tr><td colspan="3">1 个第八族（Ⅷ）</td></tr>
<tr><td rowspan="6">2 个大区</td><td rowspan="4">非金属区</td><td colspan="2">氢元素</td></tr>
<tr><td colspan="2">大多数原子核外电子层数＜最外层电子数</td></tr>
<tr><td rowspan="2">稀有气体</td><td>只有氦元素原子最外层电子数＝2</td></tr>
<tr><td>其他元素原子最外层电子数＝8</td></tr>
<tr><td rowspan="2">金属区</td><td colspan="2">不包括氢元素</td></tr>
<tr><td colspan="2">其他原子核外电子层数≥最外层电子数</td></tr>
</table>

（续表）

| | |
|---|---|
| 5 个小区 | s 区（ⅠA、ⅡA） |
| | p 区（ⅢA～ⅦA 以及 0 族） |
| | d 区（除镧系、锕系以外的其他ⅢB～ⅦB 以及Ⅷ族元素） |
| | ds 区（ⅠB～ⅡB 元素） |
| | f 区（镧系、锕系元素） |

从ⅢB～ⅡB 都是金属元素，位于典型金属与典型非金属元素之间，通常叫作过渡金属，还可再细分如下表 2-3 所示：

**表 2-3 过渡金属的再分类**

| | | |
|---|---|---|
| 第一过渡系 | 第四周期 Sc～Cu | |
| 第二过渡系 | 第五周期 Y～Ag | 重过渡系 |
| 第三过渡系 | 第六周期 La～Au | 重过渡系 |
| 第四过渡系 | 第七周期 Ac～Cn | |

La 系、Ac 系又被称为 f 区，也被称为内过渡系元素。

随着元素原子序数的递增，元素的性质呈周期性的变化，这个规律叫作元素周期律。

## 一、元素的原子半径——两个原子核间距的一半

原子的大小是很难确定的，这是因为原子核外是电子云，它们没有确定的边界，因此要给出一个在任何情况下都适用的原子半径是不可能的，所以，原子半径有如下三种典型：范德华半径＞金属半径＞共价半径。

**1. 同主族元素原子半径从上到下总体由小到大**

这是因为增加的电子填充在更外层中，而内层对外层有明显的屏蔽作用，虽然 $Z$ 增大了，但有效核电荷 $Z^*$ 增加有限，导致原子半径有所增大。

**2. 同周期主族元素原子半径从左到右总体由大到小**

（1）稀有气体特别大——因为其半径属于范德华半径。

（2）短周期原子半径明显收缩——这是因为增加的电子填充在同一外层，同层内的电子，相互屏蔽作用较小，随着 $Z$ 的增大，$Z^*$ 明显增大，核对电子的引力增强，导致原子半径发生收缩。

**3. 过渡元素的原子半径及其单质的密度**

过渡元素原子序数、原子半径对照图见图 2-1。

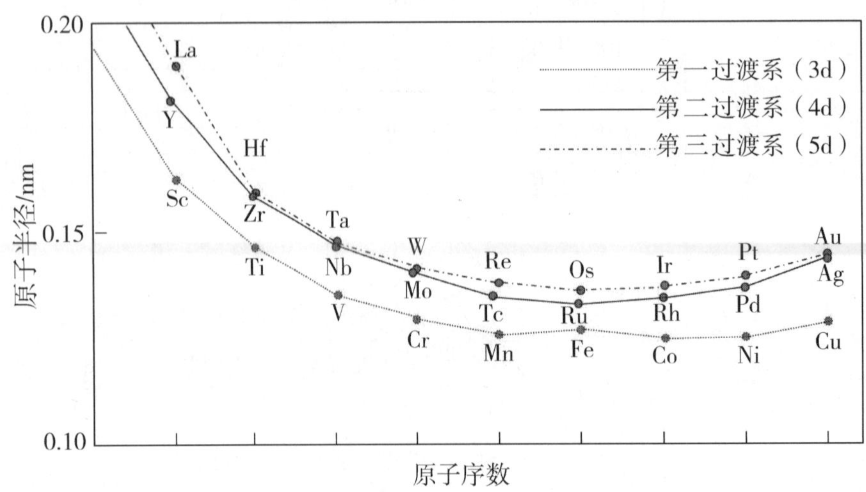


**图 2-1 过渡元素原子序数、原子半径对照图**

从左到右，原子半径的变化趋势呈"U字形"——先从大到小，再基本持平，再有所增大；

第三过渡系≈第二过渡系、整体略大于第一过渡系，变化趋势与第一过渡系非常相似。

① 从一开始的ⅢB族的$_{21}Sc(3d^1 4s^2)$到ⅥB族的$_{24}Cr(3d^5 4s^1)$逐渐变小，这一现象与元素原子有效核电荷数的增加相关；但是因为$(n-1)$d轨道的屏蔽作用，随着$Z$的增大，有效核电荷$Z^*$增加有限，导致半径收缩不如主族元素原子明显。

② 从ⅥB族的$_{24}Cr(3d^5 4s^1)$到Ⅷ族的$_{28}Ni(3d^8 4s^2)$则几乎没有什么明显不同。这是因为这一阶段增加的电子在3d轨道中发生配对，配对电子之间相互排斥，所以原子半径有了增大的倾向，这种倾向与有效核电荷数增加所产生的半径收缩相互抵消，导致原子半径变化很少。

③ Ⅷ族的$_{28}Ni(3d^8 4s^2)$到ⅠB族的$_{29}Cu(3d^{10} 4s^1)$，3d轨道中有10个电子发生配对，配对电子之间相互排斥达到最大，使得原子半径增大的倾向强于有效核电荷数增加所产生的半径收缩，所以原子半径反而增大。

从左到右，过渡元素单质的密度逐渐增大——金属单质的密度与晶体类型、金属原子的质量、金属原子的体积大小等多种因素有关，但显然主要与金属原子的质量、金属原子的体积大小有关，这是因为$\rho = m/V$。除了钪等少数金属密度不高以外，过渡元素总体上都属于重金属元素，其中三种最密金属依次分别是：锇、铱、铂，且$\rho(Os) > \rho(Ir) > \rho(Pt)$。具体参阅表2-4。

**表2-4 第四周期过渡金属原子半径、单质密度对照表**

| | Sc | Ti | V | Cr | Mn | Fe | Co | Ni | Cu |
|---|---|---|---|---|---|---|---|---|---|
| 原子半径/pm | 144 | 132 | 122 | 177 | 177 | 116.5 | 116 | 115 | 128 |
| 单质的密度/($g \cdot cm^{-3}$) | 3.0 | 4.5 | 6.0 | 7.2 | 7.2 | 7.9 | 8.9 | 8.9 | 8.9 |

**4. 元素原子的最大配位数**(表2-5)

中心原子半径越小，配位数越小；中心原子半径越大，配位数越大。

配位原子半径越小，配位数越大；配位原子半径越大，配位数越小。

**表2-5 常见主族元素配位情况简表**

| ⅠA | ⅡA | ⅢA | ⅣA | ⅤA | ⅥA | ⅦA | 0 |
|---|---|---|---|---|---|---|---|
| | $BeO_2^{2-}$<br>$BeF_4^{2-}$ | $BO_3^{3-}$<br>$BF_4^-$ | $CO_3^{2-}$<br>$CF_4$ | $NO_3^-$<br>$NF_4^-$ | | | |
| | | $Al(OH)_4^-$<br>$AlF_6^{3-}$ | $SiO_4^{4-}$<br>$SiF_6^{2-}$ | $PO_4^{3-}$<br>$PF_6^-$ | $SO_4^{2-}$<br>$SF_6$ | $ClO_4^-$<br>$ClF_6^+$ | |
| | | | $GeO_4^{4-}$<br>$GeF_6^{2-}$ | $AsO_4^{3-}$<br>$AsF_6^-$ | $SeO_4^{2-}$<br>$SeF_6$ | $BrO_4^-$ | |
| | | | $SnO_6^{8-}$ | $SbO_6^{7-}$ | $TeO_6^{6-}$ | $IO_6^{5-}$ | $XeO_6^{4-}$ |

## 二、元素的电离能与最高氧化数(图2-2)

元素的气态基态原子在失去一个电子转化为气态基态正离子所需要的最低能量，称元素的第一电离能；一价气态正离子再失去一个电子成为二价气态正离子所需要的最低能量，称元素的第二电离能；……

基态 $M(g) \xrightarrow{-e^-} M^+(g) \xrightarrow{-e^-} M^{2+}(g) \xrightarrow{-e^-} M^{3+}(g)$

**1. 从总体上看：主族元素$I_1 < I_2 < I_3 <$……，哪里有突跃、哪里有分层**

例如：$Al(g) \xrightarrow{-e^-} Al^+(g)$……

$I_1 = 578\ kJ \cdot mol^{-1}$，$I_2 = 1\,823\ kJ \cdot mol^{-1}$，$I_3 = 2\,751\ kJ \cdot mol^{-1}$……

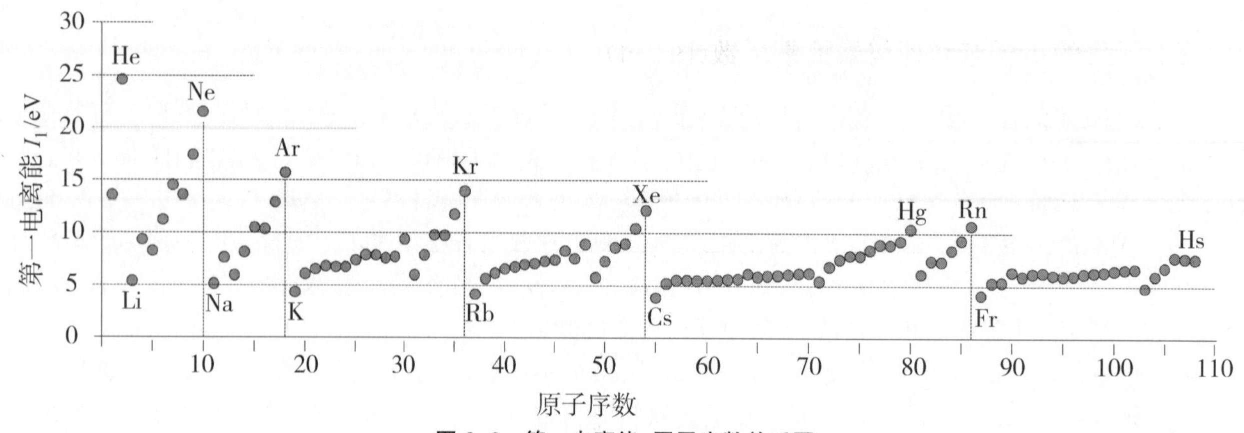


**图 2-2　第一电离能、原子序数关系图**

**2. 主族、零族的 $I_1$ 从上到下总体由大到小**

大致参考比较原子半径的思路。$I$ 大，难失电子，非金属性强；$I$ 小，易失电子，金属性强。

**3. 同周期从左到右，主族元素的 $I_1$ 总体由小到大**

但是，存在“高 250 现象”——ⅡA 反比ⅢA 高，ⅤA 反比ⅥA 高，0 族元素特别高。

对此，可以从两个方面得到解释：

① 轨道中电子处于半满、全满状态时，电子排斥力小、总体稳定、不易离去、$I_1$ 升高。

② 从ⅡA⟶ⅢA，$n$s(↑↓)⟶$n$s(↑↓)$n$p(↑)，增加的电子进入钻穿能力较小的 p 轨道中，新增电子能量较高，易失去，$I_1$ 变小；

从ⅤA⟶ⅥA，$n$s(↑↓)$n$p(↑，↑，↑)⟶$n$s(↑↓)$n$p(↑↓，↑，↑)，成对电子之间的排斥力增高了新增电子的能量，所以其易失去，$I_1$ 变小。

**4. 过渡元素的电离能 $I_1$ 从上到下变化不大，且不规则**

这是因为，新增加的电子主要填入($n-1$)d 轨道，而且($n-1$)d 轨道与 $n$s 轨道的能量比较接近。

**5. 过渡元素和内过渡元素 $I_1$ 同周期从左到右增幅不大且没有规律(大致参考比较原子半径的思路)**

**6. 主族元素的最高氧化数＝原子最外层电子数＝主族序数(F 元素没有正价、O 元素一般无正价)**

**7. 副族元素的最高氧化数**

由于($n-1$)d、$n$s 轨道能量相近，因此本区绝大多数元素的原子，既可失去 2 个 $n$s 电子形成 $M^{2+}$，又能失去($n-1$)d 电子[有时还可能涉及($n-2$)f 电子]形成更高氧化态，如 $M^{3+}$。例如图 2-3：

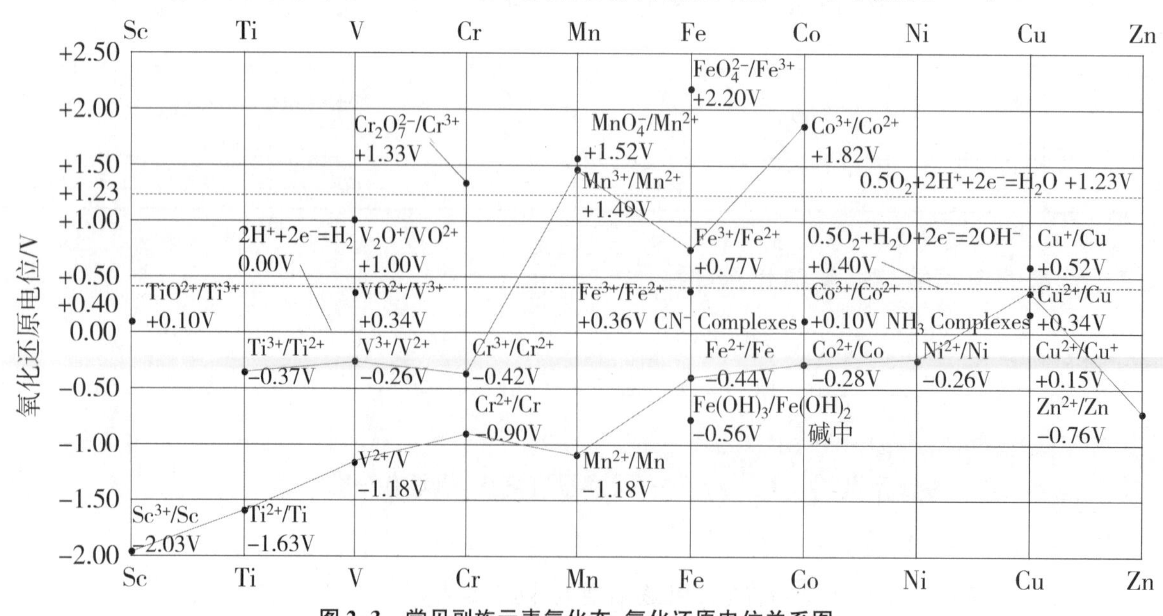


**图 2-3　常见副族元素氧化态、氧化还原电位关系图**

## 三、元素的电子亲和能与最低氧化数(图 2-4)

一个基态的气态原子得到一个电子形成一价气态负离子所放出的能量,称该原子的第一电子亲和能,其余依次类推。

| | | | | | | | |
|---|---|---|---|---|---|---|---|
| H 72.8 | | | | | | | He ≤0 |
| Li 59.6 | Be ≤0 | B 26.7 | C 122 | N −7 | O 141 | F 328 | Ne ≤0 |
| Na 52.9 | Mg ≤0 | Al 42.5 | Si 134 | P 72.0 | S 200 | Cl 349 | Ar ≤0 |
| K 48.4 | Ca 2.4 | Ga 40 | Ge 11 | As 78.2 | Se 195 | Br 325 | Kr ≤0 |
| Rb 46.9 | Sr 5.0 | In 39 | Sn 107 | Sb 103 | Te 190 | I 295 | Xe ≤0 |
| Cs 45.5 | Ba 14.0 | Tl 37 | Pb 35.1 | Bi 91.3 | Po 183 | At 270 | Rn ≤0 |

**图 2-4 部分元素的第一电子亲和能($kJ \cdot mol^{-1}$)**

习惯上把放出能量的电子亲和能 $E_A$ 用正号表示。

$$O(g) + e^- \longrightarrow O^-(g) \quad E_A = 141.8\ kJ \cdot mol^{-1}$$

$E_A$ 反映原子得电子难易程度:$E_A$ 大,易得电子,非金属性强。主要规律如下:

① 同周期主族元素自左向右 $Z^*$ 增大、原子半径减小,易与电子形成 8 电子稳定结构。但是,存在明显的"低 250 现象"——ⅡA 反比ⅠA 低,ⅤA 反比ⅣA 低,0 族元素特别低,原因参考前述"高 250 现象"。

② 同一主族自上而下 $E_A$ 变小,但第二周期例外,如:F、O、N 比 Cl、S、P 小。原因似乎与第二周期原子核外电子云密度总体较大,对外来电子存在一定的排斥作用有关。

③ 同一副族自上而下 $E_A$ 总体变大,理论解释请参阅"原子结构——相对论效应"。

金属元素一般无负氧化数,绝大多数非金属元素的最低氧化数＝其最高氧化数－8(H 元素、B 元素例外)。

## 四、元素的电负性——原子在分子中吸引电子的能力(表 2-8)

1932 年化学家鲍林(L. Pauling)指出"电负性是元素的原子在化合物中吸引电子能力的标度"并指定 F 的电负性为 4.0,其他原子的电负性均为相对值,以 $X_p$ 表示。$X_p$ 的数值越大,该元素的原子吸引电子的能力就越强;反之,$X_p$ 的数值越小,该元素的原子吸引电子的能力就越弱(图 2-5)。

| ⅠA | ⅡA | ⅢB | ⅣB | ⅤB | ⅥB | ⅦB | Ⅷ | | | ⅠB | ⅡB | ⅢA | ⅣA | ⅤA | ⅥA | ⅦA | 0 |
|---|---|---|---|---|---|---|---|---|---|---|---|---|---|---|---|---|---|
| 1 H 2.2 | | | | | | | | | | | | | | | | | 2 He / |
| 3 Li 0.98 | 4 Be 1.57 | | | | | | | | | | | 5 B 2.04 | 6 C 2.55 | 7 N 3.04 | 8 O 3.44 | 9 F 3.98 | 10 Ne / |
| 11 Na 0.93 | 12 Mg 1.31 | | | | | | | | | | | 13 Al 1.61 | 14 Si 1.9 | 15 P 2.19 | 16 S 2.58 | 17 Cl 3.16 | 18 Ar / |
| 19 K 0.82 | 20 Ca 1 | 21 Sc 1.36 | 22 Ti 1.54 | 23 V 1.63 | 24 Cr 1.66 | 25 Mn 1.55 | 26 Fe 1.83 | 27 Co 1.88 | 28 Ni 1.91 | 29 Cu 1.9 | 30 Zn 1.65 | 31 Ga 1.81 | 32 Ge 2.01 | 33 As 2.18 | 34 Se 2.55 | 35 Br 2.96 | 36 Kr 3 |
| 37 Rb 0.82 | 38 Sr 0.95 | 39 Y 1.22 | 40 Zr 1.33 | 41 Nb 1.6 | 42 Mo 2.16 | 43 Tc 1.9 | 44 Ru 2.2 | 45 Rh 2.28 | 46 Pd 2.2 | 47 Ag 1.93 | 48 Cd 1.69 | 49 In 1.78 | 50 Sn 1.96 | 51 Sb 2.05 | 52 Te 2.1 | 53 I 2.66 | 54 Xe 2.6 |
| 55 Cs 0.79 | 56 Ba 0.89 | 57~71 La~Lu / | 72 Hf 1.3 | 73 Ta 1.5 | 74 W 2.36 | 75 Re 1.9 | 76 Os 2.2 | 77 Ir 2.2 | 78 Pt 2.28 | 79 Au 2.54 | 80 Hg 2 | 81 Tl 1.62 | 82 Pb 2.33 | 83 Bi 2.02 | 84 Po 2 | 85 At 2.2 | 86 Rn / |
| 87 Fr 0.7 | 88 Ra 0.89 | 89~103 Ac~Lr / | | | | | | | | | | | | | | | |

**图 2-5 元素电负性数据表**

周期表中同周期主族元素从左到右电负性逐渐增大,同主族元素从上到下电负性逐渐减小。电负性可用于区分金属和非金属。金属的电负性一般小于 1.8，而非金属元素的电负性一般大于 1.8，而位于非金属三角区边界的“类金属”（如锗、锑等）的电负性则在 1.8 左右，它们既有金属性又有非金属性。

周期表中左上角与右下角的相邻元素，如锂和镁、铍和铝、硼和硅等，有许多相似的性质。例如，锂和镁都能在空气中燃烧，除生成氧化物外同时生成氮化物；铍和铝的氢氧化物都具有两性；硼和硅都是“类金属”等。人们把这种现象称为对角线规则。

副族元素的电负性总体上大于主族元素的电负性，金元素的电负性特别大（通常用相对论效应解释）。

## 五、主族元素的金属性、非金属性

**1. 同周期主族元素从左到右，总体上：金属性减弱、非金属性增强**

**2. 同主族元素从上到下，总体上：金属性增强、非金属性减弱**

**3. 主族元素最高价氧化物对应的水化物的酸碱性的周期性变化规律**

（1）同周期从左到右，碱性逐渐减弱、酸性逐渐增强

（2）同主族从上到下，碱性逐渐增强、酸性逐渐减弱

（3）判断氧化物的水化物酸碱性相对强弱的 Pauling 经验规则（表 2-6）

① 分子中的羟基（OH）数取决于中心原子的静电荷数的多少、半径的大小：

静电荷数 $z$ 越多，能结合的羟基（OH）数越多；半径越大，能结合的羟基（OH）数越多。

特别提醒——往往静电荷数 $z$ 越多，粒子半径 $r$ 越小！如 Cl(+7)。

② 含氧酸分子中含非羟基氧原子个数多，酸性强；含氧酸分子中含非羟基氧原子个数少，酸性弱。将含氧酸分子式表示成 $(HO)_mRO_n$，则：

含氧酸的电离平衡常数 $K_{a1} \approx 10^{5n-7}$，即 $pK_{a1} \approx 7-5n$；多元弱酸的逐级电离常数之比 $\approx 10^5$。

**表 2-6 常见含氧酸非羟基氧原子个数、$pK_{a1}$ 对照表**

| 含氧酸名称 | 次氯酸 | 亚氯酸 | 氯酸 | 高氯酸 |
|---|---|---|---|---|
| 含氧酸分子式 | $HClO$ | $HClO_2$ | $HClO_3$ | $HClO_4$ |
| 改写成 $(HO)_mRO_n$ | $(HO)Cl$ | $(HO)ClO$ | $(HO)ClO_2$ | $(HO)ClO_3$ |
| 非羟基氧原子数 $n$ | 0 | 1 | 2 | 3 |
| $pK_{a1}$ 估算值 $7-5n$ | 7 | 2 | −3 | −8 |
| $pK_{a1}$ 实测值 | 7.54 | 1.94 | −2.7 | −7 |
| 酸的强度 | 很弱 | 中强偏弱 | 强 | 最强 |

理论解释：非羟基氧原子数 $n$ 越多，分子中的 R→O 配键就越多，R 原子的正电性就越强，对羟基中 O 原子的电子的引力就越大，也就越削弱 H—O 键，使得 H 越容易发生电离，酸性也就越强（参阅表 2-7）。

**表 2-7 亚磷酸 $H_3PO_3$、次磷酸 $H_3PO_2$ 的分子结构与酸性强弱**

| 含氧酸名称 | 结构若为 | 事实 | 实际结构 |
|---|---|---|---|
| 亚磷酸 $H_3PO_3$ | $(HO)_3P$，$n=0$，酸性很弱 | 中强酸 | $(HO)_2P(H)O$，$n=1$ |
| 次磷酸 $H_3PO_2$ | $(HO)_2PH$，$n=0$，酸性很弱 | 中强酸 | $(HO)P(H_2)O$，$n=1$ |

碳酸 $H_2CO_3$，即 $(HO)_2CO$，$n=1$，理论上应该属于中强酸，而事实上属于弱酸。这是因为 $CO_2$ 的溶解度比较小，其饱和溶液的浓度不可能足够大，所以其溶液的酸性较弱（$K_{a1} \approx 4.2\times10^{-7}$）。

## 六、过渡元素的金属性

**1. 同族过渡元素的金属性**

特别强调的是第六周期：由于增加了镧系的14个核电荷，ⅢB以后的其他副族元素的$I_1$反而要高于第五周期，导致其金属性反而弱于第五周期(ⅢB自身符合常规)。也正因为如此，第二过渡系、第三过渡系元素的金属单质都非常稳定(一般不和强酸反应，但能与浓碱或熔融的碱反应，详见本章节"次级周期性")。

**2. 同周期从左到右，金属的还原能力逐渐减弱**

以第一过渡系为例：特征电子构型均为$3d^{1\sim10}4s^{1\sim2}$，其电离能和电负性都比较小，易失去电子显示金属性，有较强的还原性，能从非氧化性酸中置换出氢；又因为3d电子对4s电子的屏蔽能力较弱，从左到右，元素原子的有效核电荷数增加较多，所以失电子能力逐渐减弱(表2-8)。

**表2-8　第一过渡系金属单质标准电极电位表**

| 标准电极电位 | Sc | Ti | V | Cr | Mn | Fe | Co | Ni | Cu |
|---|---|---|---|---|---|---|---|---|---|
| $E_A^\theta$ $(M^{2+}/M)/V$ | | −1.63 | −1.13 | −0.913 | −1.18 | −0.44 | −0.28 | −0.26 | +0.34 |
| $E_A^\theta$ $(M^{3+}/M)/V$ | −2.08 | −1.21 | −0.88 | −0.74 | −0.28 | −0.04 | +0.42 | | |

**3. Ⅷ族元素——横向相似>纵向相似**

所以又分为铁系(Fe、Co、Ni)、轻铂系(Ru、Rh、Pd)、重铂系(Os、Ir、Pt)三组。

**4. 过渡元素氧化物对应的水化物的酸碱性的周期性变化规律**

① 低价氢氧化物——一般显碱性，同周期从左到右，碱性逐渐减弱。

② 高价氧化物对应的水化物——一般显酸性，同周期从左到右，碱性逐渐减弱、酸性逐渐增强。

③ 同一族从上到下——碱性逐渐增强、酸性逐渐减弱。

④ 同种元素价态越高，碱性越弱、酸性越强。如MnO、$MnO_2$、$Mn_2O_7$。

⑤ 判断氧化物的水化物酸碱性相对强弱的Cartledge离子势理论(表2-9)。

**表2-9　R离子势与R—O—H酸碱性对应关系简表**

| $\sqrt{\Phi}<7$，R的$\Phi$值较小时 | $7<\sqrt{\Phi}<10$<br>R的$\Phi$值居中时 | $\sqrt{\Phi}>10$，R的$\Phi$值较大时 |
|---|---|---|
| R—O键的强度较弱<br>R—O—H易在R—O间断裂<br>此即碱式电离 | | O原子上的电子云越向R原子偏移<br>O—H越被削弱<br>R—O—H越易在O—H间断裂，此即酸式电离 |
| $\Phi$越小，R—O—H的碱性越强 | 显示两性 | $\Phi$值越大，R—O—H的酸性越强 |

阳离子的净电荷数与其半径之比对应于其对外界电子的吸引能力——极化能力，这种能力被Cartledge称为离子势，用希腊字母$\Phi$表示。

$$\Phi=\text{阳离子的净电荷数}(z)/\text{阳离子的半径}(r) \tag{2-1}$$

半径的常用单位为nm，也有一部分资料使用Å(埃格斯特朗Ångström，简称埃，1 Å=0.1 nm，1 nm=10 Å)

此为经验公式，不能精准符合所有事实，所以也有$\Phi=z/r^2$、$\Phi=z^2/r$等其他函数形式。

## 七、主族元素的稳定氧化数

**1. 奇数族的奇数氧化态稳定、偶数族的偶数氧化态稳定**

**2. 同周期从左到右，最高氧化态的稳定性**

ⅠA>ⅡA>ⅢA>ⅣA>ⅤA>ⅥA>ⅦA

以上事实可以通过“价电子层中 s 电子与 p 电子的能量差 $\Delta E_{s,p}$”进行说明：同周期中从左到右，$\Delta E_{s,p}$ 越来越大，失去 s 电子的机会减小，即最高价稳定性下降。

如：稳定性 $SiO_4^{4-}>PO_4^{3-}>SO_4^{2-}>ClO_4^-$

**3. 同主族从上到下稳定性、氧化性规律**

第四周期最高氧化态稳定性最差←$\Delta E_{4s,4p}$最大←p 区元素的次级周期性←相对论效应。

如：① 稳定性 $PCl_5>AsCl_5<SbCl_5$，$SF_6>SeF_6<TeF_6$……

② 氧化性 $ClO_4^-<BrO_4^->IO_4^-$，所以历史上很长一段时间无法制取 $BrO_4^-$（表 2-10）。

**表 2-10　第四周期元素的常见氧化态**

| ⅠA | ⅡA | ⅢA | ⅣA | ⅤA | ⅥA | ⅦA | 0 |
|---|---|---|---|---|---|---|---|
| *n*s　*n*p<br>↑　□□□ | *n*s　*n*p<br>↑↓　□□□ | *n*s　*n*p<br>↑↓　↑□□ | *n*s　*n*p<br>↑↓　↑↑□ | *n*s　*n*p<br>↑↓　↑↑↑ | *n*s　*n*p<br>↑↓　↑↓↑↑ | *n*s　*n*p<br>↑↓　↑↓↑↓↑ | *n*s　*n*p<br>↑↓　↑↓↑↓↑↓ |
| +1 | +2 | +3 | +4<br>+2<br>−4 | +5<br>+3<br>−3 | +6<br>+4<br>−2 | +7<br>+5<br>+3<br>+1<br>−1 | 0 |

**4. 惰性电子对现象**

元素周期表第 4、5、6 周期的 p 区元素 Ga，In，Tl；Ge，Sn，Pb；As，Sb，Bi 等，有保留低价态、不易形成最高价的倾向，这叫惰性电子对效应（最好称为惰性电子对现象）。这种现象跟长周期中各族元素最高价态与族数相等的倾向是不协调的。

惰性电子对现象突出地体现在第六周期 p 区元素中，如 Tl，Pb 和 Bi 较低价物种稳定：Tl，Pb 和 Bi 的氧化物、氟化物表现高氧化态，而硫化物、卤化物只存在低氧化态，如 $PbO_2$，$PbF_4$，PbS 和 $PbI_2$ 存在而无 $PbS_2$ 和 $PbI_4$ 存在；$NaBiO_3$ 是非常强的氧化剂，而 $Bi_2S_3$ 或 $BiCl_3$ 则是氧化还原反应的稳定物种；$Tl^+$ 能在水溶液中稳定存在。

这种特性甚至延伸到单质汞（Hg）的稳定性。惰性电子对现象的解释很多，据认为均不甚完善。

## 八、过渡元素（包括内过渡元素）的氧化数

**1. 过渡元素具有多变的氧化态**

这是因为 $(n-2)$f、$(n-1)$d、*n*s 轨道的能级常出现交错现象，相关电子可以部分或全部参与成键。

**2. 过渡元素中的惰性电子对现象**

Pt（$5d^96s^1$）、Au（$5d^{10}6s^1$）、Hg（$5d^{10}6s^2$）等都比较稳定，这些事实用相对论性效应能获得比较满意的解释：*n*s 电子存在相对论性收缩，能量大降低、难以失去；*n*p 电子相对论性收缩程度较小，能量明显偏高、相对较易失去。

## 九、p 区元素的次级周期性

**1. 第二周期（B、C、N、O、F）**

（1）N、O、F 的电子亲和能反而比 P、S、Cl 小

（2）$NH_3$、$H_2O$、HF 能够形成氢键，其熔点、沸点在同族元素中反常的高

（3）对角线规律——短周期中，位于左上、右下对角线方向的相邻元素，其化学性质特别相似

（4）F 元素的电负性最大、F 原子的氧化性最强

（5）p 区第二周期元素原子的最大配位数＝4

这是因为 p 区第二周期元素的原子核外无 d 轨道，只能采用 $sp^{1\sim3}$ 杂化轨道成键，如 $BH_4^-$、$CCl_4$、$NH_4^+$ 等。

对比：其他同族重元素的原子核外都存在 d 轨道，可以采用 $sp^3d^{1\sim3}$ 杂化轨道成键，所以其最大配位数可以达到 5、6、7，如 $PCl_5$、$SF_6$、$IF_7$ 等。这一特点也影响了相关物质的化学性质，如：

$$BF_3 + 3H_2O \xlongequal{\quad} H_3BO_3 + 3HF$$

$$BF_3 + HF \xlongequal{\quad} H^+[BF_4]^-$$

$$NCl_3 + 3H_2O \xlongequal{\quad} NH_3 + 3HOCl(即\ HClO)$$

对比：

$$SiF_4 + 4H_2O \xlongequal{\quad} H_4SiO_4 + 4HF, H_4SiO_4 + 6HF \xlongequal{\quad} H_2[SiF_6] + 4H_2O$$

$PCl_3 + 3H_2O \xlongequal{\quad} 3HCl + H_3PO_3$【提醒：$H_3PO_3$ 结构为 $(HO)_2P(H)O$】

（6）p 区第二周期元素容易形成 p-p π 键，但是不能形成 d-p π 键（参阅表 2-11）

首先要强调的是：F 原子只有 1 个单电子，只能形成 1 个 σ 键，当然不能形成 π 键。

**表 2-11　p 区元素原子参与形成 π 键的常见实例**

| | |
|---|---|
| 含有 π 键的单质 | 石墨（离域 Π 键）、$N_2$、$O_2$、$O_3$ |
| 含有 π 键的化合物 | $BF_3$、CO、$CO_2$、$CO_3^{2-}$、$NO_3^-$、各种氮的氧化物等 |

① F 以外的 p 区第二周期元素的原子，在采用 $sp^{1\sim2}$ 杂化轨道形成 σ 键的同时，还能通过多余的 p 轨道形成 p－p π 键。这是因为相关元素的原子半径较小、内层电子较少（仅 $1s^2 2s^2$）、原子之间的排斥力较小，有利于 p 轨道从侧面进行重叠形成 p-p π 键。

对比：其他同族重元素的原子半径较大、内层电子较多、原子之间的排斥力较大，还都存在 d 轨道，不利于 p 轨道从侧面进行重叠形成 p-p π 键。解决方式有两种：

ⓐ 形成多个 σ 键，如：$S_8$（斜方硫）、$P_4$（白磷）、单质 Si、$S_x^{2-}$（$x=2\sim6$）；

ⓑ 形成 d－p π 键，如：$H_3PO_4$、$H_2SO_4$ 等。

② F 以外的 p 区第二周期元素的原子，在采用 $sp^3$ 杂化轨道形成 σ 键的同时，虽然没有多余的 p 轨道，但是可以通过已经形成的 σ 键形成 σ－p 超共轭，如：$(CH_3)_3C^+$（详见有机化学）。

（7）p 区第二周期元素 R～R 键的键能

p 区第二周期元素的 R═R 键、R═R* 键、R≡R 键、R≡R* 键的键能反常的高；

p 区第二周期元素的 R—R 键、R—R* 键的键能反常的低；

而 p 区元素简单氢化物中的 R—H 键、ⅣA 族元素形成的 R—R 键的键能则完全正常。

① 多重键键能的“反常的高”，其实并不反常，这显然与 p-p π 键的形成有关。

② p 区第二周期元素原子半径小。若参与形成单键的原子上面存在孤对电子，则这些孤对电子之间必然存在较大的排斥作用，导致键的强度下降、键能变小。

③ p 区第二周期元素简单氢化物中的 H 原子上、ⅣA 族元素形成的 R—R 键中的中心 R 原子都不存在孤对电子，这样相关化学键的键能基本取决于键的长度，而键的长度又基本取决于参与成键原子的共价半径。原子共价半径的有序变化，导致了相关化学键键能的有序变化。

（8）p 区第二周期元素中，N、O、F 的含氢化合物容易形成氢键

这是因为 N、O、F 三种元素的电负性都很大。

**2. 第四周期**（表 2-12）

与第三周期相比，第四周期元素的原子半径差别不大，个别元素的甚至小于第三周期（如 Ga<Al）。

与第三周期相比，第四周期元素的氧化物的水化物的酸碱性出现反常。

表 2-12　p 区第三周期、第四周期元素最高价氧化物对应的水化物的酸碱性强弱对比

| 密度 | | 碱性 | | 酸性 | | 酸性 | | 氧化性 | |
|---|---|---|---|---|---|---|---|---|---|
| 通常 | 事实 | 通常 | 事实 | 通常 | 事实 | 通常 | 事实 | 通常 | 事实 |
| Na | Na | $Al(OH)_3$ | $Al(OH)_3$ | $H_3AlO_3$ | $H_3AlO_3$ | $H_2SiO_3$ | $H_2SiO_3$ | $H_2SO_4$ | $H_2SO_4$ |
| ∧ | ∨ | ∧ | ∨ | ∨ | ∧ | ∨ | ∧ | ∨ | ∧ |
| K | K | $Ga(OH)_3$ | $Ga(OH)_3$ | $H_3GaO_3$ | $H_3GaO_3$ | $H_2GeO_3$ | $H_2GeO_3$ | $H_2SeO_4$ | $H_2SeO_4$ |

最突出的是：p 区第四周期元素最高氧化物($H_3AsO_4$、$H_2SeO_4$，特别是 $HBrO_4$)的水化物的稳定性差、氧化性强。这是因为：

p 区第四周期相关元素与第三周期同族元素相比，其原子的核电荷数增加了 18，虽然也同时增加了 18 个电子，但是这 18 个电子中有 10 个位于次外层的 3d 轨道上，但因为 3d 电子钻穿效应极不明显，导致其对 4s、4p 电子的屏蔽能力较弱，这样 4s、4p 电子的有效核电荷数 $Z^*$ 增加明显，中心原子的离子势增强，原子核对 4s、4p 电子的引力增强，原子半径收缩，最高含氧酸的氧化性增强→稳定性下降。

**3. 第六周期**

主要表现为“6s 惰性电子对效应”——失去了 6p 电子的微粒，有夺回相关电子的强烈倾向，所以氧化性较强，如 $PbO_2$、$NaBiO_3$ 等，竟然可以在酸性介质中将 $Mn^{2+}$ 氧化为 $MnO_4^-$。

与第五周期相比，第六周期首次出现 4f 电子；增加的电子进入内层轨道，原子半径增加不大，而 $Z$ 增大，对外层电子的控制力增强，中心原子的离子势增强。

# 第三章　分子结构

## 一、经典价键理论

### 1. 路易斯共价键理论

1916年，美国科学家Lewis提出了共价键理论，该理论认为：分子中的原子都有形成稀有气体电子层结构的趋势(八隅律)，以求得本身的稳定。而达成这种结构并非通过电子转移形成离子键来完成，而是通过共用电子对来实现。例如：2个H原子通过共用一对电子，使每个H均成为He的电子构型，形成共价键(图3-1)。

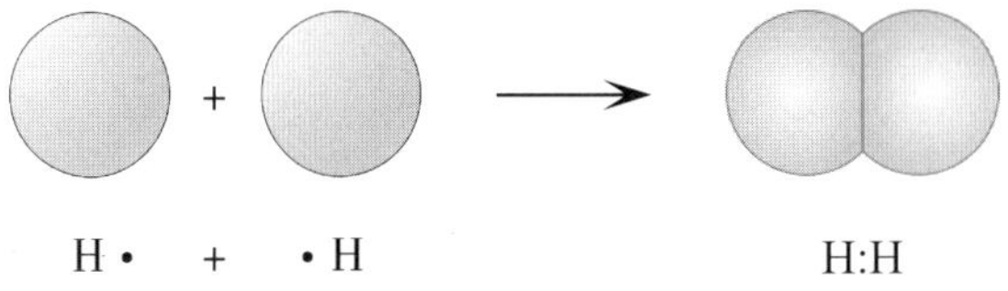

H•　+　•H　　H:H

图3-1　H—H键形成过程示意图

共价键数=(分子中的所有原子各自成为完美结构时所拥有的价层电子总数－实有价电子总数)÷2

例如：HCN分子中的共价键数={(2+8+8)－(1+4+5)}÷2=4

### 2. 路易斯结构式(Lewis结构式)

分子中未用于形成共价键的非键合价层电子称为孤电子(含单电子与成对电子)，添加了孤电子的结构式叫路易斯结构式。例如：H—H　:N≡N:　:Ö=C=Ö:　H—C≡C—H

Lewis的贡献在于提出了一种不同于离子键的新的键型，解释了$\Delta X$比较小的元素之间原子的成键事实。但Lewis没有说明这种键的实质，适应性不强，而且在解释$BCl_3$、$PCl_5$等未达稀有气体结构的分子结构时存在困难。

## 二、近代价键理论

1927年，Heitler和London用量子力学理论处理氢气分子($H_2$)的结构问题，揭示了两个氢原子之间化学键的本质，并将对$H_2$分子的处理结果推广到其他分子中，形成了以量子力学为基础的价键理论(VB法)。

### 1. 共价键的形成

A、B两原子各有一个成单电子，当A、B相互接近时，两个电子以自旋相反的方式结合成共用电子对，即两个电子所在的原子轨道相互重叠，使体系能量降低，形成化学键，一对电子形成一个共价键。

形成的共价键越多，体系的能量越低，形成的分子越稳定。因此，各原子中的未成对电子尽可能多地形成共价键。例如：

$H_2$中，可形成一个共价键；HCl分子中，也形成一个共价键。

N原子的最外电子层结构为$2s^2 2p^3$，即[↑↓] [↑|↑|↑]，每个N原子有三个单电子，形成$N_2$分子时，N与N原子之间可形成三个共价键，写成 :N≡N: 。

C原子的最外电子层结构为$2s^2 2p^2$，即[↑↓] [↑|↑| ]，O原子的最外电子层结构为$2s^2 2p^4$，即[↑↓] [↑↓|↑|↑]，形成CO分子时，与$N_2$相仿，同样用了三对电子，形成三个共价键。不同之处是，其中一对电子在形成共价键时具有特殊性。即C和O各出一个2p轨道重叠，而其中的电子是由O单独提供的，这样的共价键称为共价配位键。于是，CO可表示成 :C⇐O: 。

配位键形成条件是：一方原子中有孤对电子，而另一方原子中有可与孤对电子所在轨道相互重叠的空轨道。配位键主要存在于配位化合物中。

### 2. 共价键的特征——饱和性、方向性

(1) 饱和性

原子有几个未成对电子(包括原有的和激发而生成的)，就最多形成几个共价键。例如：O 有两个单电子，H 有一个单电子，所以结合成水分子时只能形成 2 个共价键；C 最多能与 4 个 H 形成 4 个共价键。

(2) 方向性

各原子轨道在空间的分布是有固定的方向性的，为了满足轨道的最大重叠，原子间形成共价键时，当然也就具有方向性了。如 HCl 分子：Cl 的 $3p_z$ 和 H 的 1s 轨道重叠，要沿着 $z$ 轴重叠，从而保证最大重叠，而且不改变原有的对称性(图 3-2)；再如 $Cl_2$ 分子，也要保持对称性和最大重叠(图 3-3)。

图 3-2　H—Cl 键形成过程示意图　　图 3-3　Cl—Cl 键形成过程示意图

**3. 共价键的主要类型**

成键的两个原子核对称中心间的连线称为键轴。

按成键方式与键轴之间的关系，共价键的键型主要分为 σ 键、π 键、大 π 键 3 种。

(1) σ 键

参与成键的原子轨道的对称轴彼此同轴且与键轴同轴，俗称“头碰头”式轨道重叠。

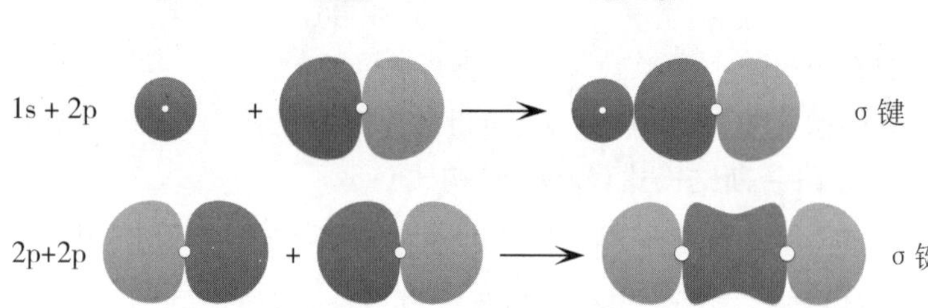


图 3-4　σ 键形成过程示意图

σ 键轨道呈圆柱形对称，其键轴是 $n$ 重轴，将成键轨道沿着键轴旋转任意角度，图形及符号均保持不变。σ 键又分为 s-s σ 键、p-p σ 键、s-p σ 键等类型(图 3-4)。

(2) π 键

参与成键的原子轨道的对称轴彼此平行但垂直于键轴，俗称“肩并肩”式轨道重叠。

π 键轨道以包含键轴的节面为镜面呈反对称(图形相同，符号相反)关系——成键轨道围绕键轴旋转 180°时，图形重合但符号相反。例如 2 个 $np_x$ 轨道“肩并肩”重叠形成 π 键(图 3-5)：

$N_2$ 分子中有 1 个 σ 键、2 个 π 键(总共 3 个共价键)：两个 N 原子沿 $z$ 轴成键时，$p_z$ 与 $p_z$“头碰头”形成 1 个 σ 键；而 $p_x$ 和 $p_x$，$p_y$ 和 $p_y$ 分别“肩并肩”重叠形成 π 键(一共形成 2 个 π 键)(图 3-6)。π 键又分为 p-p π 键、p-p 大 π 键等类型。

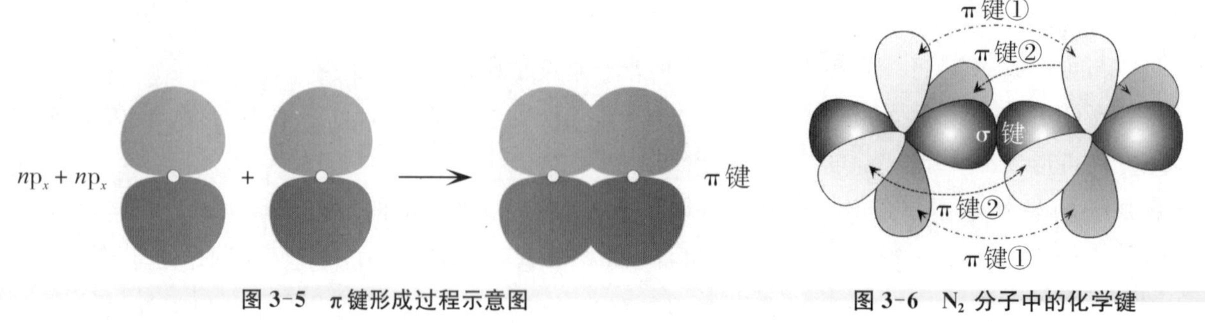


图 3-5　π 键形成过程示意图　　图 3-6　$N_2$ 分子中的化学键

(3) 大 π 键

在多原子分子中，如果有多个相互平行的 p 轨道连贯重叠在一起构成一个整体，多个 p 电子在多个原子之间运动而不是仅仅局限在两个原子之间的 π 键称为离域 π 键或大 π 键，通常用 $\Pi_n^m$ 表示，其中 $n$ 为参与大 π 键的原子数，$m$ 为大 π 键中的电子数。

$\Pi_n^m$ 中 $m=n$ 时，称正常离域 π 键，如苯分子中含 $\Pi_6^6$；

$m>n$ 时，形成多电子离域 π 键，如苯胺分子中含 $\Pi_7^8$；

$m<n$ 时，缺电子离域大 π 键，如乙硼烷分子中含 $\Pi_3^2$。

形成大 π 键有三大必备条件：这些原子都在同一平面上；这些原子的 p 轨道相互平行；p 轨道上的电子总数小于 p 轨道数的 2 倍。

**【资料】 几种典型化合物分子中的离域 π 键**

① 苯 $C_6H_6$ 分子的 C 原子均采用 $sp^2$ 杂化，在生成的 3 个 $sp^2$ 杂化轨道中，2 个与相邻的 C 原子形成 $sp^2$-$sp^2$ C—C σ 键，形成六元碳环(图 3-7)；还有 1 个 $sp^2$ 杂化轨道与 H 原子的 s 轨道生成 $sp^2$-s　C—H σ 键，C、H 原子的对称中心都在同一平面内；每个 C 原子上与分子平面垂直的未杂化的 p 轨道相互重叠，形成一个大 π 键，记作 $\Pi_6^6$。类似的，二茂铁中的 $C_5H_5^-$ 离子为 $\Pi_5^6$(图 3-8)。

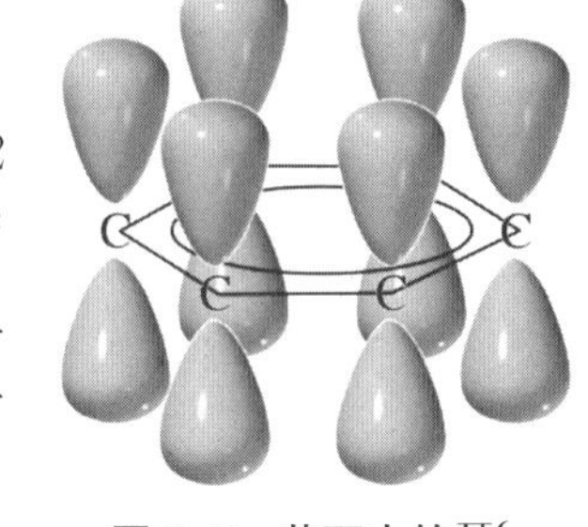

**图 3-7　苯环中的 $\Pi_6^6$**

② 1，3—丁二烯(图 3-9)与 $CO_3^{2-}$ 离子(图 3-10)

在 $CO_3^{2-}$ 离子中，中心 C 原子用 $sp^2$ 杂化轨道与 3 个 O 原子结合，四个原子的对称中心在同一平面内，C 的另一个 p 轨道与分子平面垂直，其余三个 O 原子也各有一个与分子平面垂直的 p 轨道，这四个互相平行的 p 轨道上共有四个 p 电子，再加上 $CO_3^{2-}$ 离子中的两个离子电荷共有 6 个电子，生成的大 π 键记为 $\Pi_4^6$。

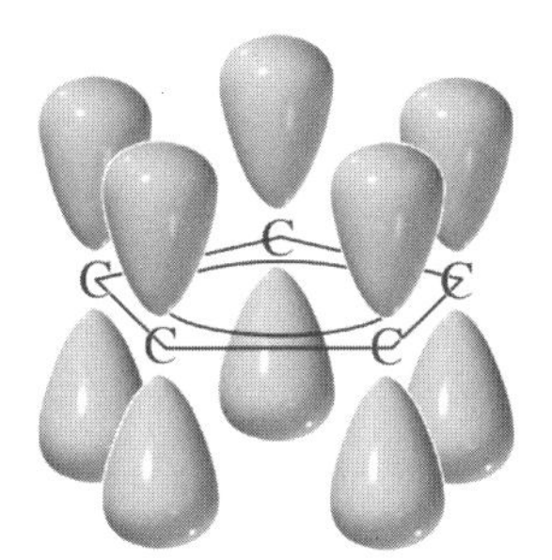

**图 3-8　二茂铁中 $C_5H_5^-$ 离子的 $\Pi_5^6$**

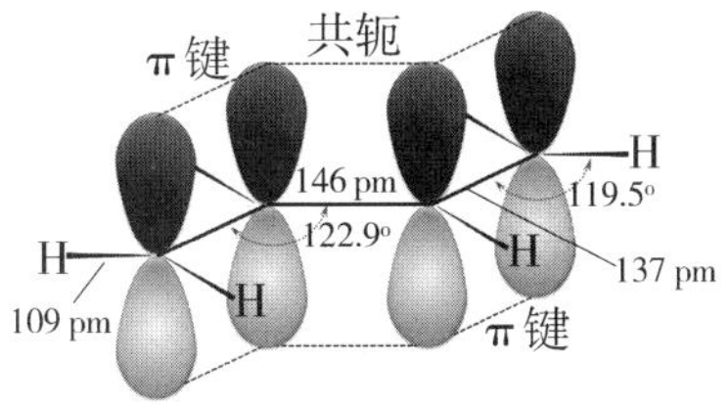

**图 3-9　1，3-丁二烯分子中的 $\Pi_4^4$**

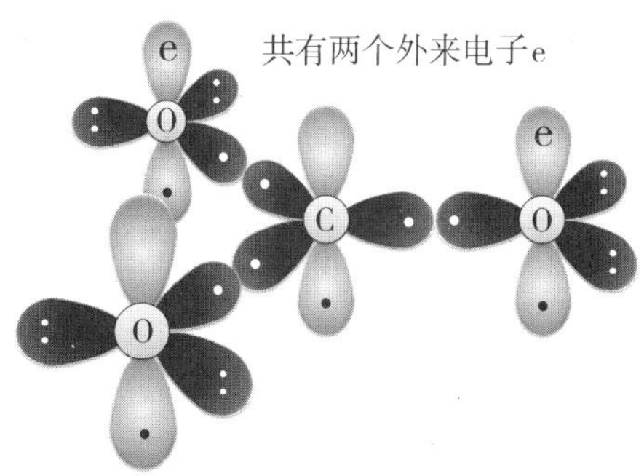


**图 3-10　$CO_3^{2-}$ 离子中的 $\Pi_4^6$**

③ 许多其他化合物的分子中也含有大 π 键，如 $O_3$ 分子中含 $\Pi_3^4$，$ClO_2$ 分子中含 $\Pi_3^5$，$NO_3^-$、$SO_3$、$BF_3$ 中都含 $\Pi_4^6$。还有一些化合物分子中存在多个大 π 键，如 $CO_2$ 分子结构的一种观点认为：分子中的 O 原子未进行杂化，C 原子采用 sp 杂化轨道与两个 O 原子结合，剩下的 $p_y$ 和 $p_z$ 轨道分别与两个氧原子的 $p_y$ 和 $p_z$ 轨道形成两个包含三个原子、四个电子的大 π 键，记作 $\Pi_{y3}^{\ 4}$ 和 $\Pi_{z3}^{\ 4}$，这样，$CO_2$ 分子的电子式也可表示为 :Ö:C:Ö:。再比如 $BeCl_2$ 和 $NO_2^+$ 中都含两个 $\Pi_3^4$，乙硼烷 $B_2H_6$ 分子中含两个 $\Pi_3^2$($NO_3^-$、$SO_3$ 参阅相关章节)。

④ d 轨道参与的共价键(图 3-11、图 3-12、图 3-13、图 3-14、图 3-15，请留意坐标轴的方向)。

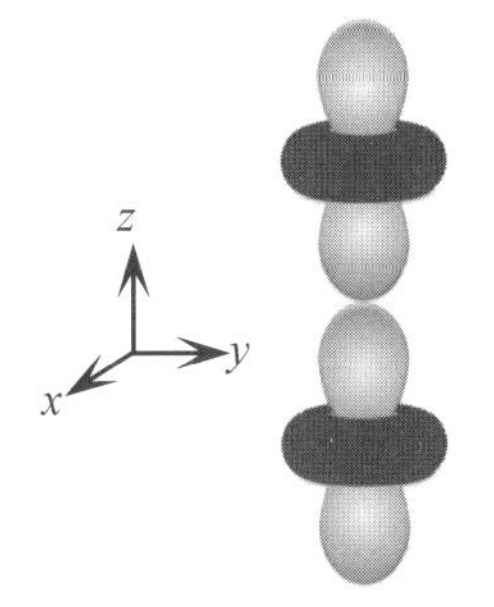


**图 3-11　$d_{z^2}$-$d_{z^2}$ σ 键**

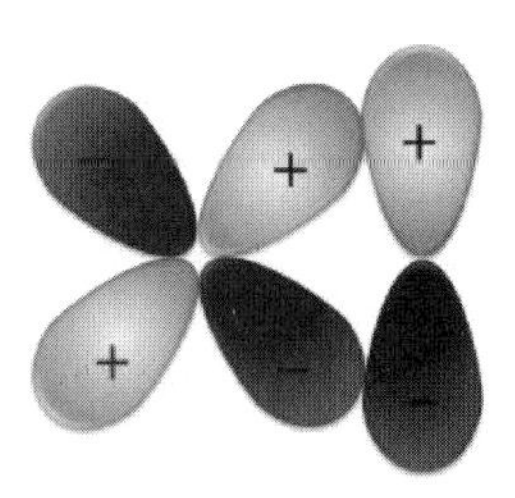


**图 3-12　d-p π 键**

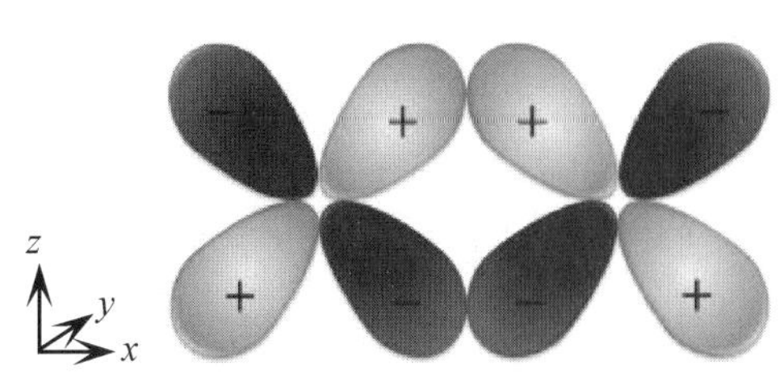


**图 3-13　$d_{xz}$-$d_{xz}$ π 键**

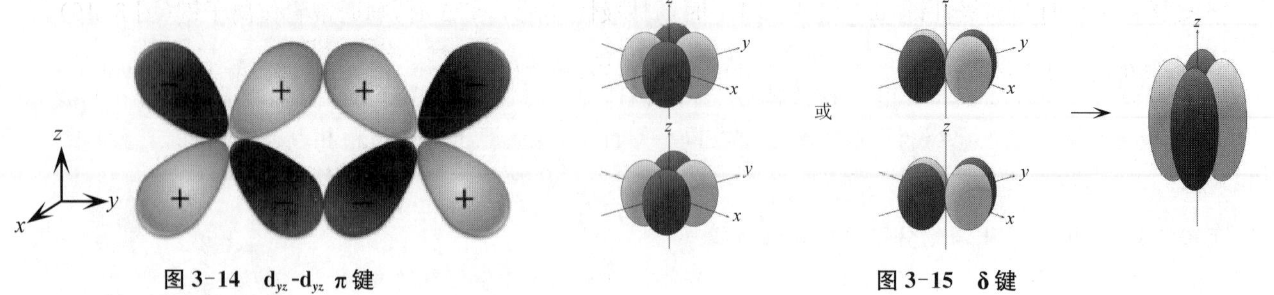


图 3-14 $d_{yz}$-$d_{yz}$ π 键

图 3-15 δ 键

**4. 共价键的键参数**

(1) 键能

$$AB(g) \xlongequal{} A(g)+B(g) \qquad \Delta H=E(AB)=D(AB)$$

对于双原子分子,解离能 $D$(AB)等于键能 $E$(AB),但对于多原子分子,则要注意解离能与键能的区别与联系。

例如 $NH_3$:

$$NH_3(g) \xlongequal{} H(g)+NH_2(g) \qquad D_1=435.1\ kJ\cdot mol^{-1}$$

$$NH_2(g) \xlongequal{} H(g)+NH(g) \qquad D_2=397.5\ kJ\cdot mol^{-1}$$

$$NH(g) \xlongequal{} H(g)+N(g) \qquad D_3=338.9\ kJ\cdot mol^{-1}$$

三个 $D$ 值不同,而且 $E(N-H)=(D_1+D_2+D_3)/3=390.5\ kJ\cdot mol^{-1}$。

另外,$E$ 可以表示键的强度,$E$ 越大,键越强。

(2) 键长

分子中成键两原子之间的距离,叫键长 $L$。一般键长 $L$ 越小,键越强,如表 3-1 所示。

表 3-1 几种碳碳键的键长和键能

| 碳碳键 | C—C | C═C | C≡C |
|---|---|---|---|
| 键长/pm | 154 | 133 | 120 |
| 键能/(kJ · $mol^{-1}$) | 345.6 | 602.0 | 835.1 |

另外,相同的键,在不同化合物中,键长和键能并不相等。例如:$CH_3OH$ 中和 $C_2H_6$ 中均有 C—H 键,但是它们的键长和键能均彼此不同。

(3) 键角

只有在多原子分子中才涉及键角问题,键角指的是分子中成键原子对称中心连线之间的夹角。

如:$H_2S$ 分子,H—S—H 的键角为 92°,决定了 $H_2S$ 分子的构型为"V"字形;

$CO_2$ 中,O—C—O 的键角为 180°,则 $CO_2$ 分子的构型为直线形。

键角是决定分子几何构型的重要因素。

(4) 共价键的极性

① 概念

同种非金属元素的原子,吸引电子的能力——电负性相同,它们彼此之间形成的共价键中,共用电子对不偏向任何一方,这样的共价键属于"非极性共价键",如 H—H、Cl—Cl;

不同种非金属元素的原子,吸引电子的能力——电负性不同,它们彼此之间形成的共价键中,共用电子对偏向吸引电子能力较强的一方,导致吸引电子能力较强的一方原子显负电、吸引电子能力较弱的一方原子显正电,这样的共价键属于"极性共价键",如 H—Cl、H—O、H—N(电负性知识参阅元素周期律部分)。

② 强弱程度

成键双方原子的电负性差值 (Δ) 越大,共用电子对偏移程度越大,键的极性越强。一般而言:

$0<\Delta<0.4$ 时为弱极性键，$0.4<\Delta<1.7$ 时为强极性键，$1.7<\Delta$ 时，则通常看作离子键(图 3-16)。

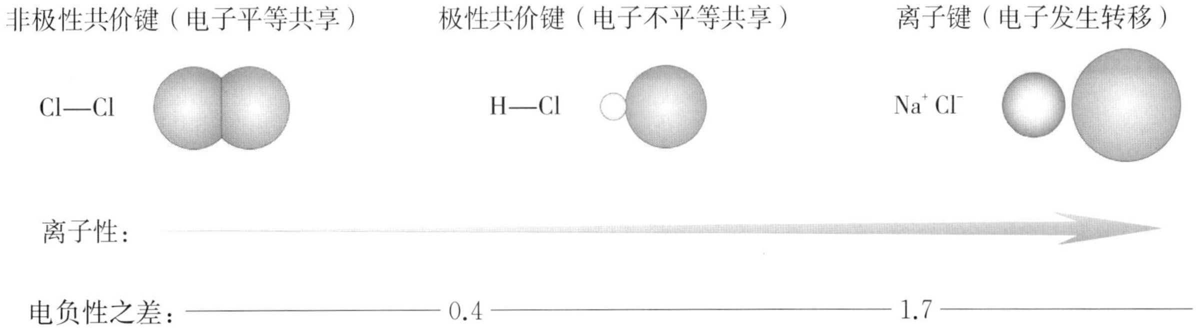

非极性共价键（电子平等共享） 极性共价键（电子不平等共享） 离子键（电子发生转移）

Cl—Cl H—Cl $Na^+$ $Cl^-$

离子性：

电负性之差：—— 0.4 —— 1.7 ——

**图 3-16 电负性之差与化学键类型的演变关系举例**

## 三、杂化轨道理论

结构化学理论将原子成键过程中若干个能量相近的原子轨道经过叠加、混合、重新调整电子云空间伸展方向并分配能量形成新的轨道(这些新的轨道称为杂化轨道)的过程称为轨道的杂化，简称杂化。

**1. 理论要点**

(1) 成键原子中几个能量相近的轨道杂化成新的杂化轨道；

(2) 参加杂化的原子轨道数＝杂化后的杂化轨道数，杂化前后原子的总能量保持不变；

(3) 杂化时轨道上的成对电子被激发到空轨道上成为单电子，需要的能量可由成键时释放的能量进行补偿。

**2. 杂化轨道的一般分类**

(1) 按参加杂化的轨道分类

s-p 型：sp 杂化、$sp^2$ 杂化和 $sp^3$ 杂化

s-p-d 型：$sp^3d$ 杂化、$sp^3d^2$ 杂化……

(2) 按杂化轨道能量是否一致分类

① 等性杂化

例如：C 原子的 $sp^3$ 杂化形成的 4 个 $sp^3$ 杂化轨道能量一致，属于等性杂化(图 3-17)。

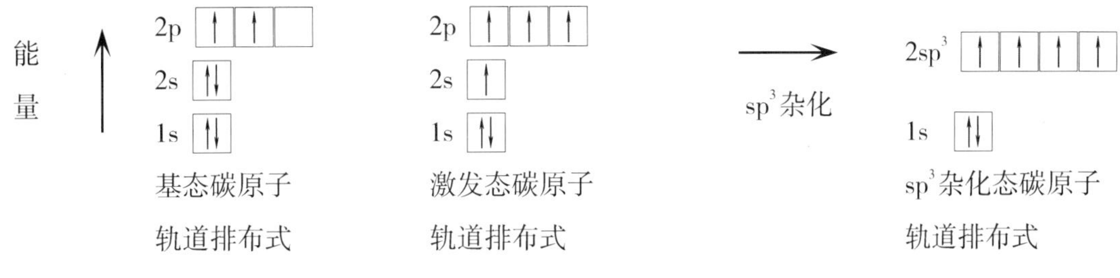


**图 3-17 C 原子的 $sp^3$ 杂化**

C 原子的 $sp^2$ 杂化形成的 3 个 $sp^2$ 杂化轨道能量相等，属于等性杂化(图 3-18)。

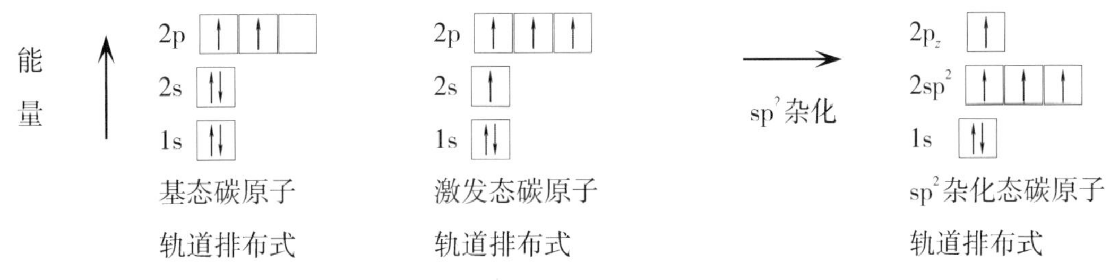


**图 3-18 C 原子的 $sp^2$ 杂化**

C 原子的 sp 杂化形成的 2 个 sp 杂化轨道能量相等，也属于等性杂化(图 3-19)。

**图 3-19　C 原子的 sp 杂化**

② 不等性杂化

例如：O 原子的 $sp^3$ 杂化：形成的 4 个 $sp^3$ 杂化轨道能量不一致，属于不等性杂化(图 3-20)。

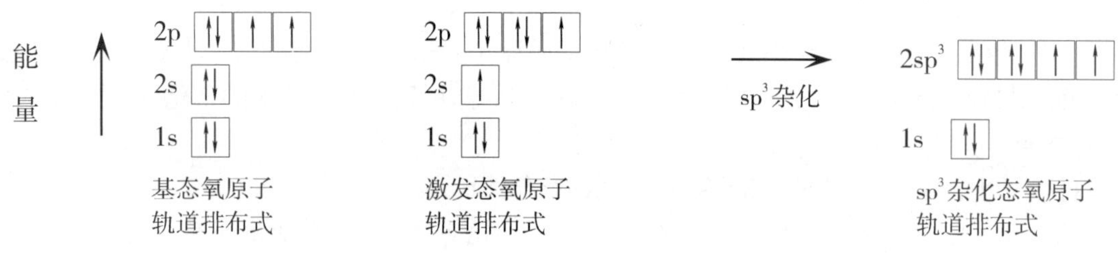


**图 3-20　O 原子的 $sp^3$ 杂化**

判断杂化是否等性，要看所形成杂化轨道的能量是否相等，而不是看未参加杂化的轨道的能量。

**3. 各种杂化轨道在空间的几何分布**(表 3-2)

**表 3-2　各种杂化轨道在空间的几何分布**

| 杂化类型 | sp | $sp^2$ | $sp^3$ | $sp^3d$ 或 $dsp^3$ | $sp^3d^2$ 或 $d^2sp^3$ |
|---|---|---|---|---|---|
| 立体构型 | 直线形 | 正三角形 | 正四面体 | 三角双锥体 | 正八面体 |
| 结构示意图 | 180° | 120° | | | |

**4. 用杂化轨道理论解释构型**

(1) $sp^3$ 杂化

甲烷分子中的 C 原子发生 $sp^3$ 杂化，4 个轨道呈正四面体分布，4 个 $sp^3$ 杂化轨道分别与 4 个 H 原子的 1s 轨道形成 σ 键，因没有未杂化的电子(轨道)，故 $CH_4$ 分子中无双键(图 3-21)。

(2) $sp^2$ 杂化

$BCl_3$ 分子中，B 原子的 3 个 $sp^2$ 杂化轨道呈三角形分布，分别与 3 个 Cl 原子的 3p 轨道形成 3 个 σ 键，分子构型为三角形(图 3-22)。

乙烯分子中，C 原子发生 $sp^2$ 杂化，两个 C 原

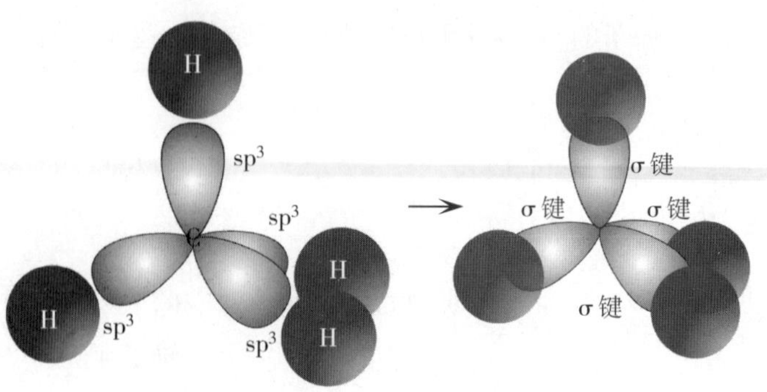


**图 3-21　甲烷分子形成过程示意图**

子之间通过 $sp^2$ 杂化轨道形成 1 个 C—C σ 键，两个 C 原子通过 $sp^2$ 杂化轨道与 4 个 H 原子的 1s 轨道形成 4 个 C—H σ 键；未杂化的 p 轨道之间形成 1 个 C—C π 键，分子中存在 C═C(图 3-23)。

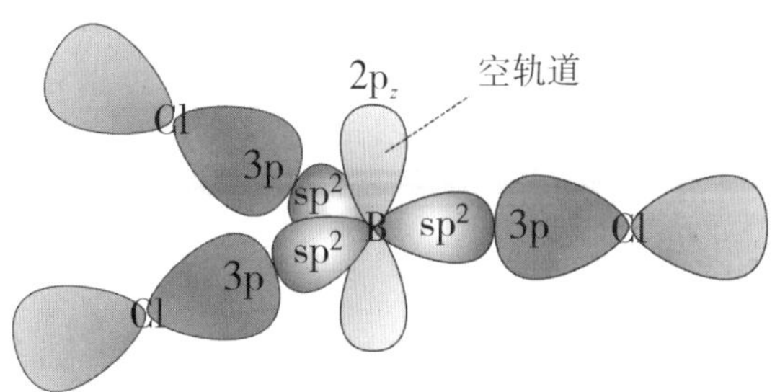


图 3-22　$BCl_3$ 分子形成过程示意图

(3) sp 杂化

$BeCl_2$ 分子中，基态 Be 原子的电子排布为 $1s^2 2s^2 2p^0$，Be 原子进行 sp 杂化后，2 条 sp 杂化轨道呈直线形分布，分别与 2 个 Cl 原子的 3p 轨道形成 2 个 Be—Cl σ 键，故分子为直线形(图 3-24)。

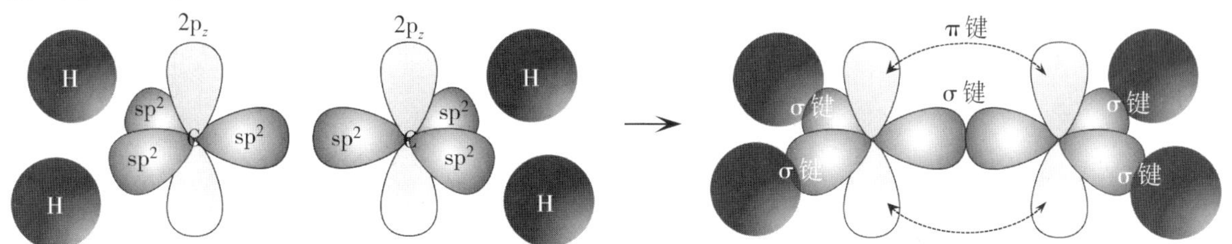


图 3-23　乙烯分子形成过程示意图

乙炔分子(图 3-25)中，C 原子进行 sp 杂化，sp-1s，sp-sp 均为 σ 键。C 原子中未杂化的 $p_z$ 与另一 C 原子中未杂化的 $p_z$ 沿纸面方向形成 π 键；而 $p_x$ 与 $p_x$ 沿与纸面垂直的方向形成另一个 π 键。 H—C≡C—H 分子为直线形。

图 3-24　$BeCl_2$ 分子形成过程示意图

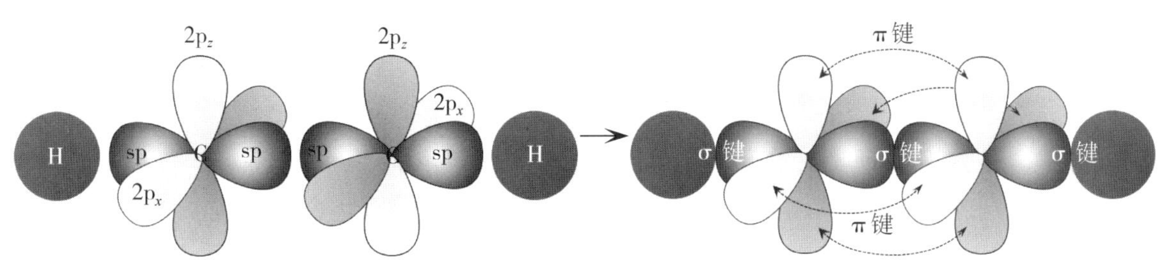


图 3-25　H—C≡C—H 分子形成过程示意图

关于二氧化碳分子的结构有两种观点，其中传统的看法是：C 原子发生 sp 杂化，O 原子发生 $sp^2$ 杂化，C 原子与 O 原子之间形成 sp-$2p_y$ 两个 σ 键，所以，O—C—O 成直线形；C 原子中未杂化的 $p_x$ 与一侧 O 原子的一个 $p_x$ 沿纸面方向成 1 个 π 键；C 原子中未杂化的 $p_z$ 与另一侧 O 原子的 $p_z$ 沿垂直于纸面的方向成另 1 个 π 键，所以二氧化碳分子的结构式通常表示为 O═C═O，其路易斯式为 $\ddot{\underset{..}{O}}$═C═$\ddot{\underset{..}{O}}$(图 3-26)。另一种观点参阅上文“离域Π键”。

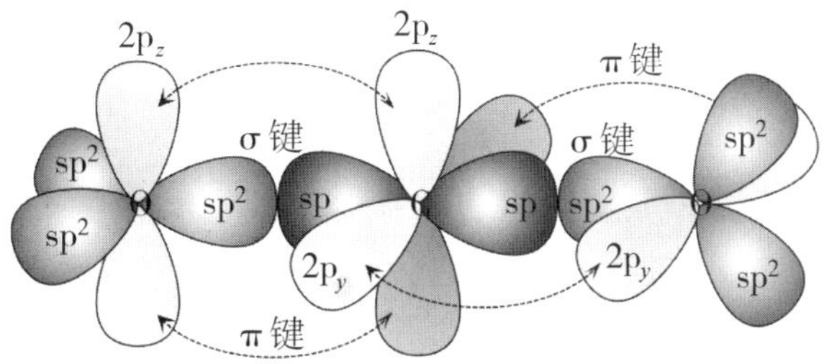


图 3-26　二氧化碳分子结构(观点 1)示意图

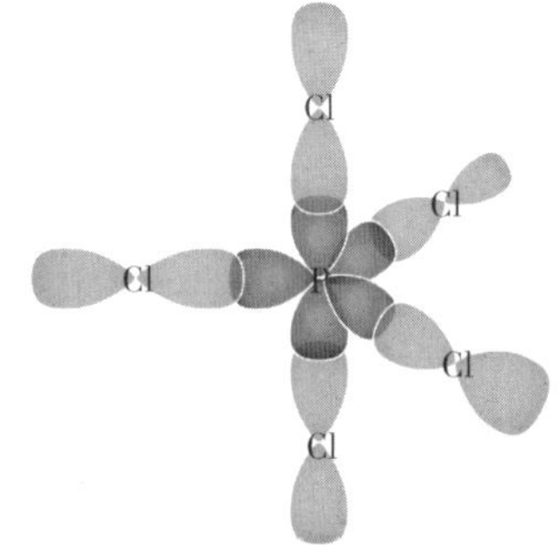


图 3-27　$sp^3d$ 杂化，例如 $PCl_5$，三角双锥

(4) d 轨道参与杂化(图 3-27、图 3-28)

(5) 不等性杂化

$H_2O$ 分子中 O 原子发生 $sp^3$ 不等性杂化：两个含单电子的 $sp^3$ 杂化轨道与 2 个 H 原子的 1s 轨道形成 σ 键，含孤电子对的两个 $sp^3$ 杂化轨道不成键，故水分子呈 V 形结构。水分子中的 O—H 键的夹角本应为 109°28′，但由于孤电子对之间的斥力，键角变小为 104°45′（图 3-29）。

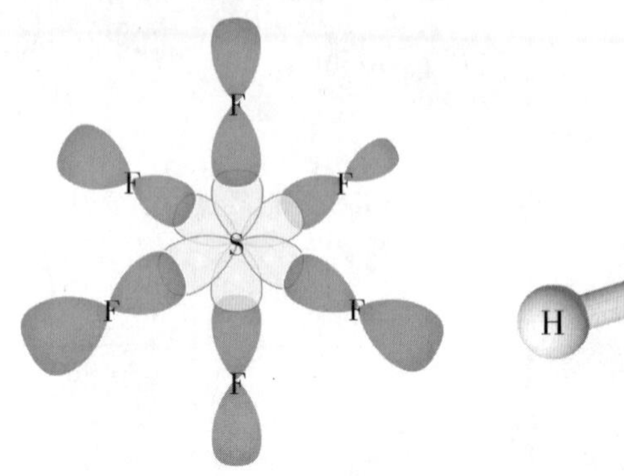


图 3-28　$sp^3d^2$ 杂化，例如 $SF_6$，呈正八面体形状

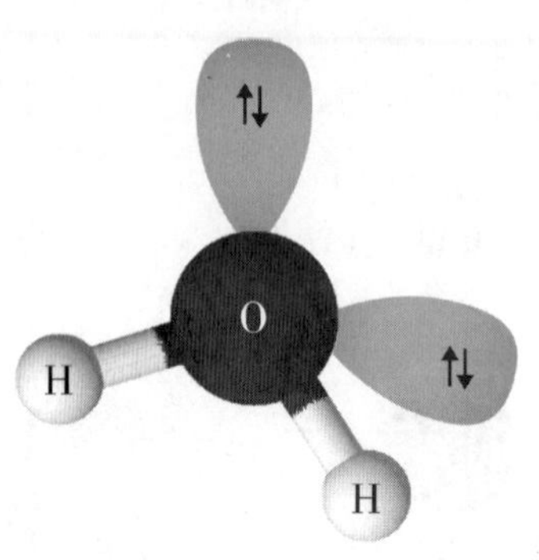


图 3-29　$H_2O$ 分子结构示意图

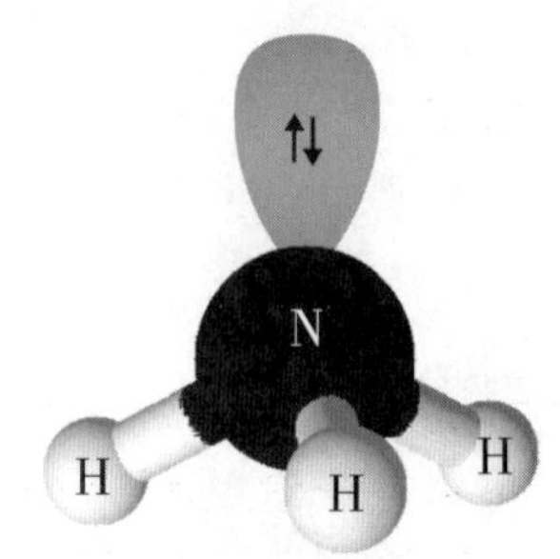


图 3-30　$NH_3$ 分子结构示意图

$NH_3$ 分子中 N 原子发生 $sp^3$ 不等性杂化：单电子占据的 $sp^3$ 杂化轨道分别与 H 原子的 1s 成 σ 键，孤对电子占据的 $sp^3$ 单独占据四面体的一个顶角。由于孤对电子的影响，H—N—H 的键角小于 109°28′，为 107°18′（图 3-30）。

在等性杂化中，分子构型与电子对构型一致，所以从分子构型可以直接看出杂化方式。

在不等性杂化中，分子构型与电子对构型并不一致，所以仅仅从分子构型并不能直接看出中心原子的杂化方式，还必须考察中心原子的孤电子对数。一般来说，外围原子（也称配位原子）数与孤电子对数（孤单电子按一对算）的和即为杂化轨道数，知道了杂化轨道数，再考虑中心原子的核外电子排布情况，才能确定中心原子的轨道杂化方式，而那些未参加杂化的电子，则一般参与形成 π 键或大 π 键。

## 四、价层电子对互斥理论

价层电子对互斥理论（valance shell electron pair repulsion theory）简称 VSEPR，适用于无明显位阻效应的 $AD_m$ 型分子。

**1. 理论要点**（表 3-3）

① $AD_m$ 型分子的空间构型总是采取 A 的价层电子对相互斥力最小的那种几何构型。

② 分子构型与价层电子对数有关（包括成键电子对和孤电子对）。

③ 分子中若有重键（双、三键）均视为一个电子对。

④ 电子对间的斥力顺序：孤对电子与孤对电子间＞孤对电子与键对电子间＞键对电子与键对电子间。

⑤ 键对电子间斥力顺序：三键与三键＞三键与双键＞双键与双键＞双键与单键＞单键与单键。

表 3-3　价层电子对数与分子空间构型对照表

| 杂化类型 | 键对电子对数 | 孤对电子对数 | 分子类型 | 分子空间构型 | 实例 |
|---|---|---|---|---|---|
| sp | 2 | 0 | $AB_2$ | 直线形 | $BeCl_2$，$CO_2$，$HgCl_2$ |
| $sp^2$ | 3 | 0 | $AB_3$ | 平面三角 | $BF_3$，$BCl_3$，$SO_3$，$CO_3^{2-}$，$NO_3^-$ |
| | 2 | 1 | $AB_2$ | V 形 | $SO_2$，$SnCl_2$，$NO_2^-$ |
| $sp^3$ | 4 | 0 | $AB_4$ | 正四面体 | $CH_4$，$CCl_4$，$NH_4^+$，$SO_4^{2-}$，$PO_4^{3-}$ |
| | 3 | 1 | $AB_3$ | 三角锥 | $NH_3$，$NF_3$，$SO_3^{2-}$ |
| | 2 | 2 | $AB_2$ | V 形 | $H_2O$，$SCl_2$，$ClO_2^-$ |

（续表）

| 杂化类型 | 键对电子对数 | 孤对电子对数 | 分子类型 | 分子空间构型 | 实例 |
|---|---|---|---|---|---|
| $sp^3d$ | 5 | 0 | $AB_5$ | 双三角锥 | $PCl_5$，$AsF_5$ |
| | 4 | 1 | $AB_4$ | 变形四面体 | $TeCl_4$，$SF_4$ |
| | 3 | 2 | $AB_3$ | T形 | $ClF_3$ |
| | 2 | 3 | $AB_2$ | 直线形 | $XeF_2$，$I_3^-$ |
| $sp^3d^2$ | 6 | 0 | $AB_6$ | 正八面体 | $SF_6$，$[SiF_6]^{2-}$ |
| | 5 | 1 | $AB_5$ | 四方锥 | $IF_5$，$[SbF_5]^{2-}$ |
| | 4 | 2 | $AB_4$ | 平面四方形 | $XeF_4$ |

**2. 价层电子对互斥理论的局限性**

对于复杂的多元化合物无法处理；无法说明键的形成原理和键的相对稳定性。

**3. 常用技巧**

优先把孤对电子放在三角形平面内；尽量将三键放在三角形平面内；尽量将“肥大的”配体放在三角形平面内。

**4. 用按需分配法判断共价分子的构型**

有多种判断共价分子构型的方法与思路，在此笔者向大家介绍的是“按需分配法”（表3-4）：

**表3-4 “按需分配法”常规思路**

| | |
|---|---|
| 计算中心原子价电子总数 | 原子：价电子总数＝中心原子自身价电子数 |
| | 阳离子：价电子总数＝中心原子自身价电子数－正电荷数 |
| | 阴离子：价电子总数＝中心原子自身价电子数＋负电荷数 |
| 将中心原子的价电子分配给每个配位原子使其满足各自的理想结构 | H、X各需要1个电子 |
| | O、S各需要2个电子 |
| | N各需要3个电子 |
| 若有多余的电子 | 优先形成孤对电子 |
| | 若还有，则形成孤单电子 |

配位原子数＋孤对电子对数＋孤单电子数＝杂化轨道数→推算杂化方式

如果配位原子数＝杂化轨道数，那么杂化轨道形状即微粒形状（还要利用VSEPR理论进行校正）；

如果配位原子数≠杂化轨道数，那么杂化轨道削去孤对电子、孤单电子所占轨道后才是微粒形状（也还要利用VSEPR理论进行校正）。

**5. 等电子原理经验总结**

早在1919年，人们在研究一些双原子分子时，发现结构相同的分子具有许多相似的物理性质，如CO和$N_2$分子具有14个电子（10个价电子），它们的物理性质比较见下表3-5：

**表3-5 CO和$N_2$的物理性质**

| | $M_r$ | 熔点/℃ | 沸点/℃ | $T_{临界}$/℃ | $p_{临界}/1.01\times10^5$ Pa | $V_{临界}/(mL\cdot mol^{-1})$ | $\rho/(g\cdot L^{-1})$ |
|---|---|---|---|---|---|---|---|
| CO | 28 | −199 | −191.5 | −140 | 34.5 | 93 | 1.250 |
| $N_2$ | 28 | −209.0 | −195.8 | −46.8 | 33.5 | 90 | 1.251 |

我们把像CO和$N_2$分子这种结构相同、物理性质相似的现象称作等电子原理，这类物质如CO和$N_2$互称为等电子体。在等电子体的分子轨道中，电子排布和成键情况是相似的。根据等电子原理，我们可以从

一些已知分子的结构推测出另一些与它互为等电子体的分子的空间构型，如：

已知 $O_3$(18 电子)分子为 V 字形结构，分子中含有一个 $\Pi_3^4$，中间的 O 原子与相邻两个 O 原子以 σ 键连接，可以推知与它互为等电子体的 $SO_2$、$NO_2^-$ 也应是 V 字形，分子中存在 $\Pi_3^4$ 的大 π 键；

再如前所知 $CO_3^{2-}$ (24 电子)为平面三角形结构，有一个 $\Pi_4^6$，可以推知等电子体的 $NO_3^-$、$BO_3^{3-}$、$BF_3$、$SO_3$ 也应是平面三角形结构，且都存在一个 $\Pi_4^6$ 的大 π 键。

寻找等电子体可以采用同族替换法(如 $CO_2$ 与 $CS_2$，$OCN^-$ 与 $SCN^-$)，也可从相邻主族寻找，而且：

——某元素的原子被同周期左侧元素的原子替换后形成的等电子体一定是阴离子，如 $CN^-$ 与 $N_2$；

——某元素的原子被同周期右侧元素的原子替换后形成的等电子体一定是阳离子，如 $N_2$ 与 $NO^+$。

## 五、分子的极性

### 1. 极性分子和非极性分子

判定分子是否有极性的标准是分子中的所有电子云所形成的负电中心与分子中所有原子核所形成的正电中心是否重合(图 3-31)。极性分子——不重合；非极性分子——重合。

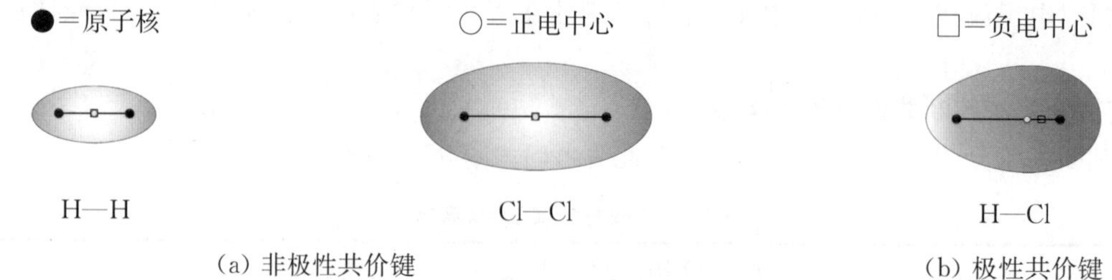


**图 3-31 非极性共价键、极性共价键对比**

### 2. 形成原因(图 3-32～图 3-34)

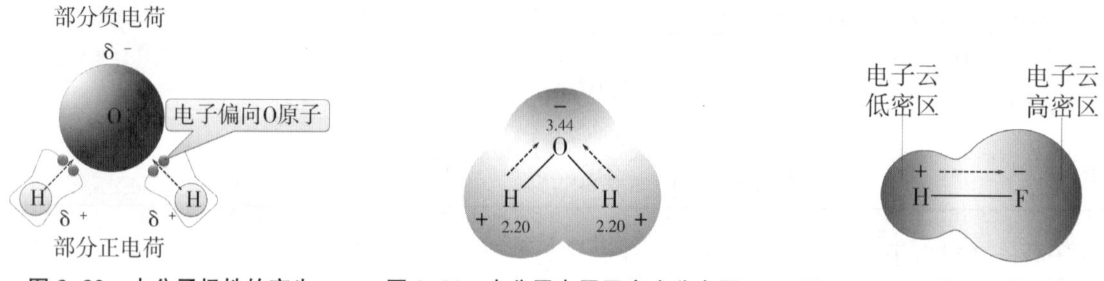


**图 3-32 水分子极性的产生** **图 3-33 水分子电子云密度分布图** **图 3-34 HF 分子电子云密度分布图**

由相同元素的两个原子形成的单质分子，分子中只有非极性共价键，共用电子对不发生偏移，这种分子属于非极性分子。由不同元素的两个原子形成的分子，如 HCl，由于氯原子对电子的吸引力大于氢原子，共用电子对偏向氯原子一边，从而使氯原子一端显负电、氢原子一端显正电，在分子中形成了正负两极，这种分子属于极性分子，双原子分子的极性大小可由键矩(参考下文“分子的偶极矩”)决定。

### 3. 定量表达——分子的偶极矩

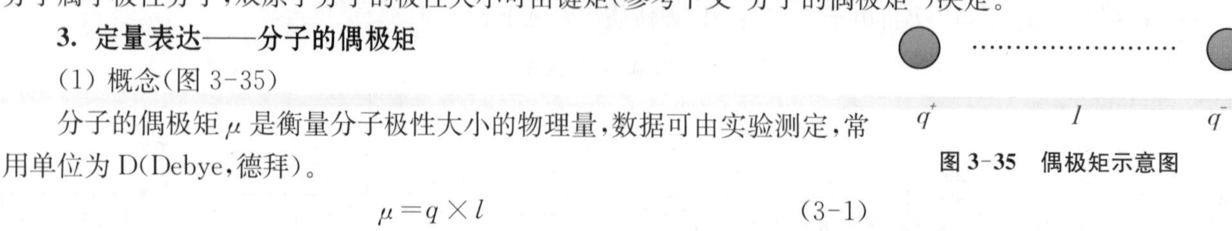


**图 3-35 偶极矩示意图**

(1) 概念(图 3-35)

分子的偶极矩 $\mu$ 是衡量分子极性大小的物理量，数据可由实验测定，常用单位为 D(Debye，德拜)。

$$\mu = q \times l \tag{3-1}$$

式(3-1)中，$q$ 为极电荷电量，单位 C(库仑)，$l$ 为正、负电荷中心距离，常用单位 m(米)。

$$1\ \mathrm{D} = 3.36 \times 10^{-30}\ \mathrm{C \cdot m} \tag{3-2}$$

（2）永久偶极、诱导偶极和瞬间偶极

① 永久偶极

极性分子的固有偶极称为永久偶极（permanent dipole）。

② 诱导偶极和瞬间偶极

ⓐ 诱导偶极（图 3-36）

非极性分子在外电场的作用下，可以变成具有一定偶极的极性分子；而极性分子在外电场作用下，其偶极也可以增大。像这种在外电场影响下产生的偶极称为诱导偶极（induced dipole）。

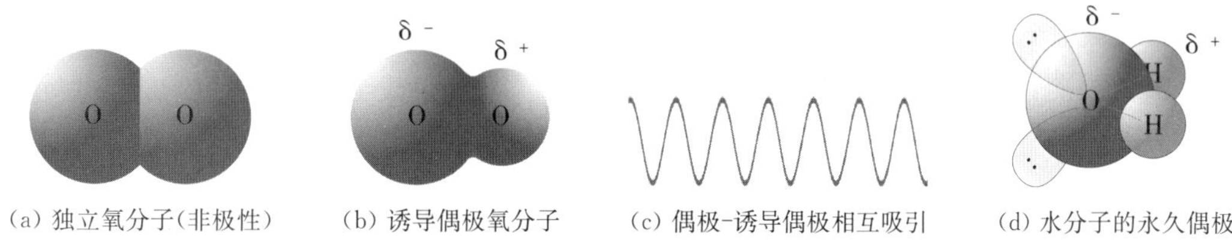


（a）独立氧分子（非极性）　（b）诱导偶极氧分子　（c）偶极-诱导偶极相互吸引　（d）水分子的永久偶极

**图 3-36　诱导偶极**

诱导偶极用 $\Delta\mu$ 表示，其强度大小和电场强度成正比，也和分子的变形性成正比。所谓分子的变形性，即为分子的正负电中心的可分程度，一般而言，分子体积越大，电子越多，变形性越大。

ⓑ 瞬间偶极

无外电场时，由于运动和碰撞，非极性分子中的原子核和电子的相对位置也会发生变化，从而可能导致其正负电中心的"瞬间不重合"；极性分子也会由于上述原因改变正负电中心。这种由于分子在一瞬间正负电中心不重合而造成的偶极叫瞬间偶极（momentary dipole）。

瞬间偶极和分子的变形性大小有关。瞬间偶极也能使相邻分子产生诱导偶极（图 3-37、图 3-38）。

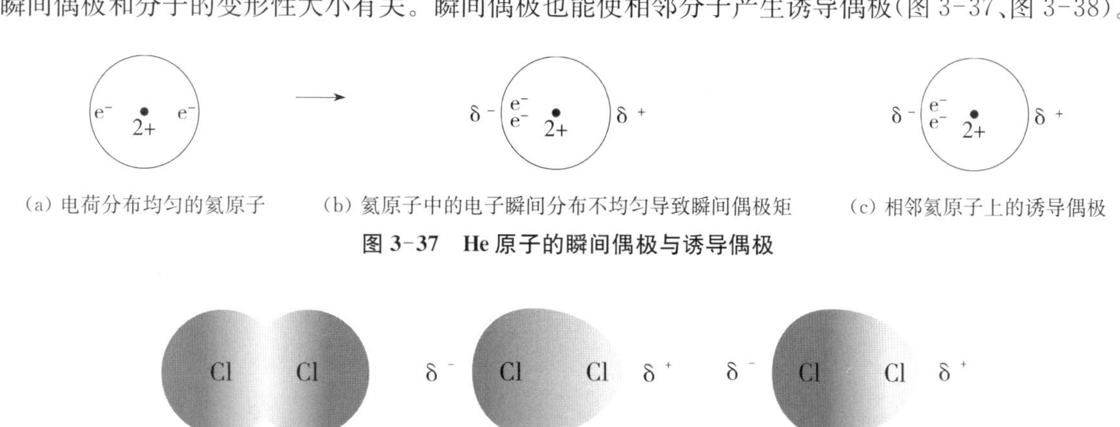


（a）电荷分布均匀的氦原子　（b）氦原子中的电子瞬间分布不均匀导致瞬间偶极矩　（c）相邻氦原子上的诱导偶极

**图 3-37　He 原子的瞬间偶极与诱导偶极**

（a）未极化状态　（b）瞬间偶极　（c）诱导偶极

**图 3-38　$Cl_2$ 分子的瞬间偶极与诱导偶极**

（3）键的极性与分子的极性的区别与联系

在多原子分子中，分子的极性和键的极性有时并不一致。如果组成分子的化学键都是非极性键，那么分子整体无极性；如果组成分子的化学键中有极性键，那么分子是否有极性将取决于其空间构型。

例如：在 $CO_2$ 分子中，氧的电负性大于碳，在 C—O 键中，共用电子对偏向氧，C—O 是极性键，但由于 $CO_2$ 分子的空间结构是对称的直线形（O═C═O），两个 C—O 键的极性相互抵消，分子的正负电荷中心仍然重合，因此 $CO_2$ 是非极性分子。同样，虽然 $CCl_4$ 分子中 C—Cl 键有极性，但分子为对称的四面体空间构型，所以分子整体也没有极性。我们可把键矩看成一个矢量，分子的极性取决于各键矢量加和的结果。

（4）几种常见分子的电子云密度分布（图 3-39）

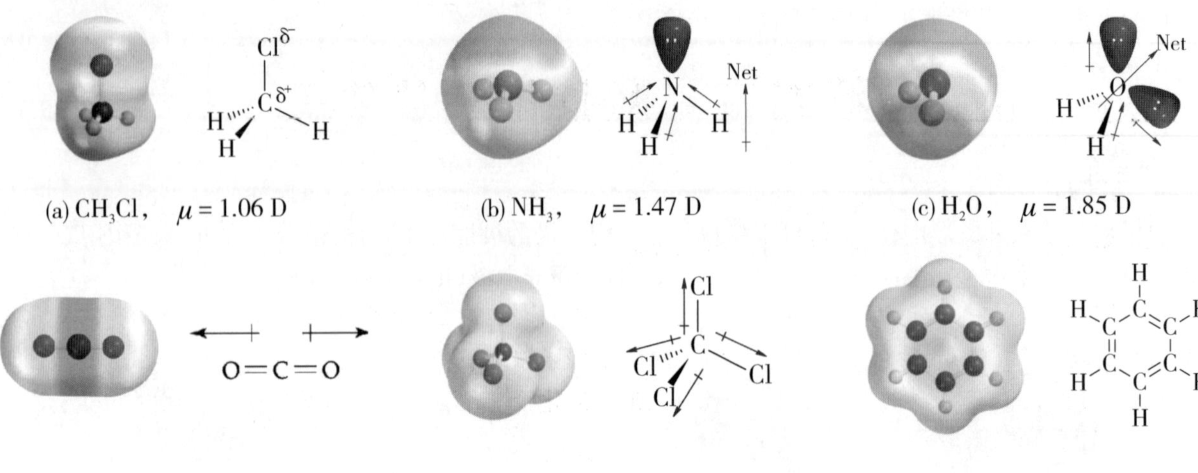


(a) $CH_3Cl$， $\mu = 1.06$ D　　(b) $NH_3$， $\mu = 1.47$ D　　(c) $H_2O$， $\mu = 1.85$ D

(d) $CO_2$， $\mu = 0$ D　　(e) $CCl_4$， $\mu = 0$ D　　(f) $C_6H_6$， $\mu = 0$ D

**图 3-39　几种常见分子的电子云密度分布图**

# 第四章　配位化学基础

## 一、配合物的基本概念与简单分类(表 4-1)

配合物(coordination compounds)的一般定义如下：由可以给出孤对电子或多个不定域电子的一定数目的离子或分子(称为配位体，ligand，简称配体)和具有空位用于接受孤对电子或多个不定域电子的原子或离子(统称为中心原子，central atom)按照一定的空间构型所形成的化合物，历史上也曾经被称为络合物(complex)。

**表 4-1　配合物的简单分类与结构层次**

<table>
<tr><td rowspan="9">经典配合物</td><td rowspan="7">离子配合物</td><td colspan="4">外界(离子)</td></tr>
<tr><td rowspan="6">内界(离子)</td><td colspan="3">中心离子</td></tr>
<tr><td rowspan="5">配体</td><td rowspan="2">概念</td><td>配位原子</td></tr>
<tr><td>配位数</td></tr>
<tr><td rowspan="3">分类</td><td>单齿配体</td></tr>
<tr><td>多齿配体</td></tr>
<tr><td>两可配体</td></tr>
<tr><td rowspan="2">分子配合物</td><td colspan="4">中心原子</td></tr>
<tr><td colspan="4">配体</td></tr>
<tr><td>π 配合物</td><td colspan="5"></td></tr>
</table>

## 二、配位体

### 1. 配位体的分类——按配位体中的配位原子数

(1) 单齿配体(monodentate ligands)——每个配体中只有一个配位原子(图 4-1)

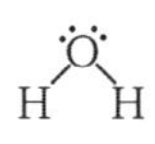
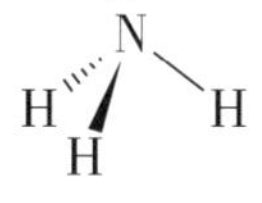

$[:\ddot{Cl}:]^-$　$[:C\equiv N:]^-$　$:C\equiv O:$　$[:\ddot{S}—C\equiv N:]^-$　$[:\ddot{O}—H]^-$

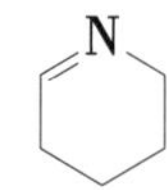

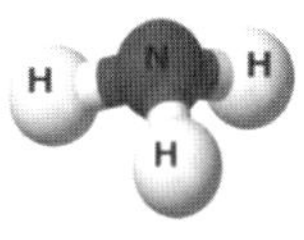

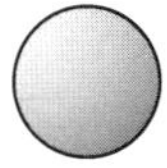

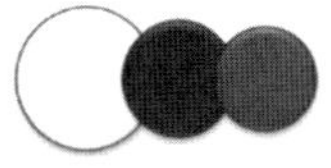
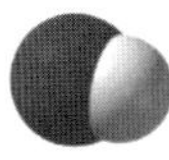

**图 4-1　常见的单齿配体**

(2) 双齿配体(bidentate ligands)——一个配体中有两个配位原子(图 4-2)

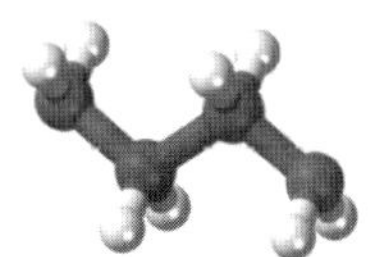
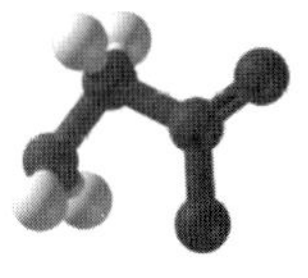

$\left[\begin{matrix} O & & O \\ & C—C & \\ O & & O \end{matrix}\right]^{2-}$

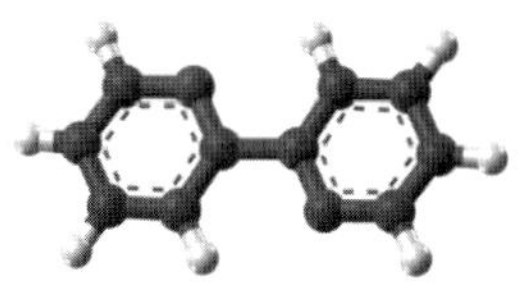

$:NH_2—CH_2—CH_2—H_2N:$　$:NH_2—CH_2—COO^-$　$^-OOC—COO^-$

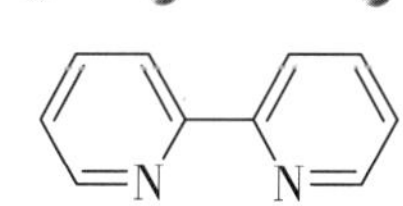


ethylenediamine(en)　glycinate ion($gly^-$)　oxalate ion　bipyridyl(bpy)

(a) 乙二胺　(b) 甘氨酸根　(c) 草酸根　(d) 联吡啶

**图 4-2　常见的双齿配体**

(3) 多齿配体——一个配体中有多个配位原子,如 $EDTA^{4-}$(乙二胺四乙酸根)、冠醚等(图 4-3、图 4-4、图 4-5)。

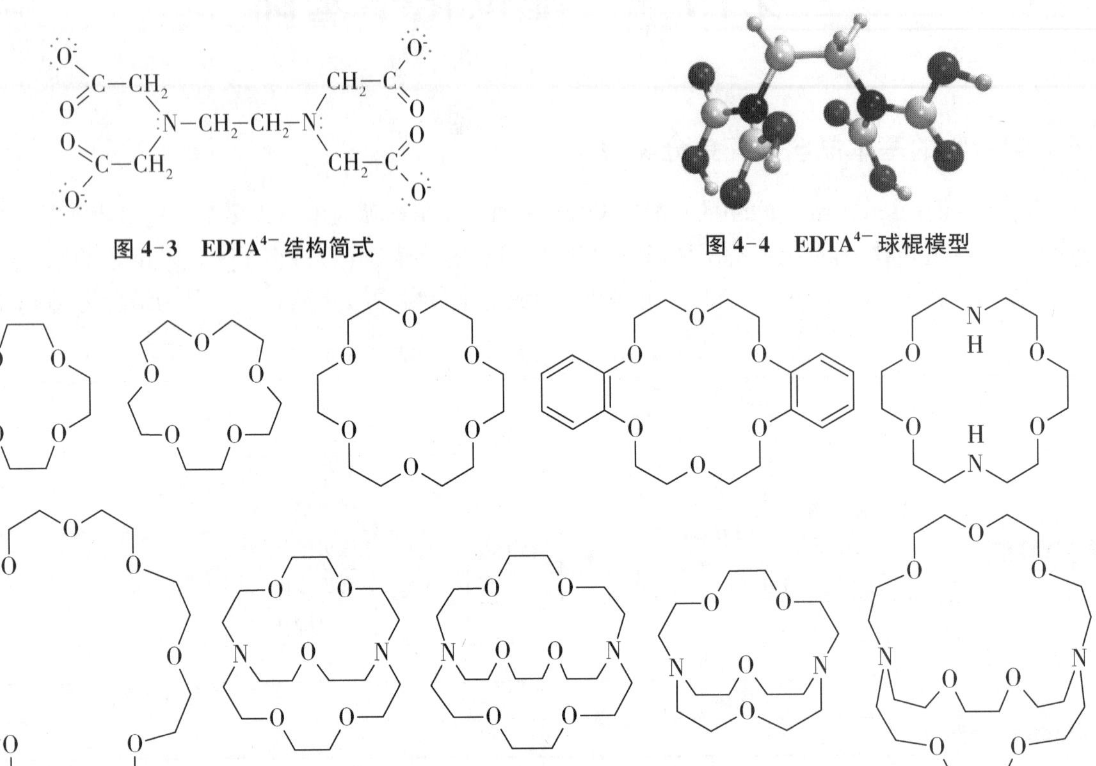

图 4-3 $EDTA^{4-}$ 结构简式

图 4-4 $EDTA^{4-}$ 球棍模型

图 4-5 冠醚与穴醚

其他还有无机含氧酸根离子、羧酸根离子、氨基酸根离子、β-二酮类等,其中,无机含氧酸根离子既可以作单齿配体,又可以作多齿配体。

同一配体中两个或两个以上的配位原子直接与同一金属离子配合形成环状结构的配体称为螯合配体。螯合配体(又称作螯合剂)是多齿配体中最重要且应用最广的,绝大多数为有机化合物,由双齿配体或多齿配体形成的具有环状结构的配合物称螯合物(chelate)。螯合物一般具有特殊的稳定性,这是由于螯合物为环状构造,几把"钳子"很难同时"松开"。螯合物的稳定性与环的数目及环的大小结构有关,一般五元环、六元环最稳定。螯合物一般具有特征颜色,难溶于水,可溶于有机溶剂。

根据以上特点,螯合物常被用在分析化学上进行沉淀、溶剂萃取分离、比色定量分析等方面。三种常见螯合物的结构如图 4-6~图 4-8 所示:

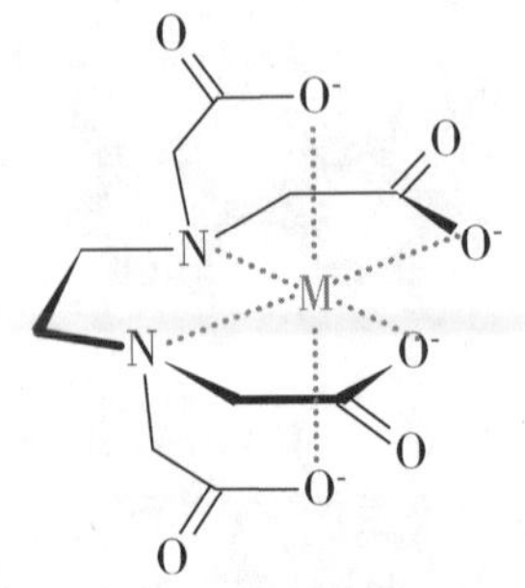

图 4-6 金属离子的 EDTA 螯合物结构通式

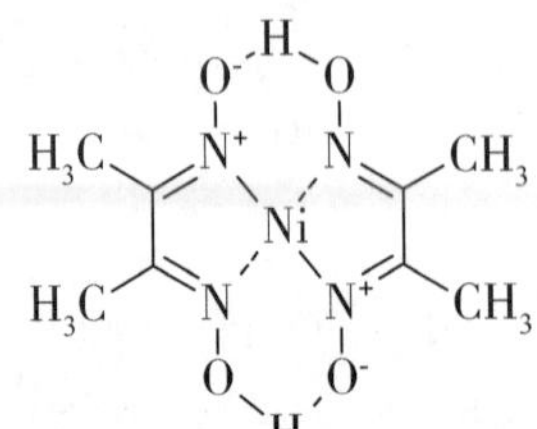

图 4-7 丁二酮肟镍红色沉淀

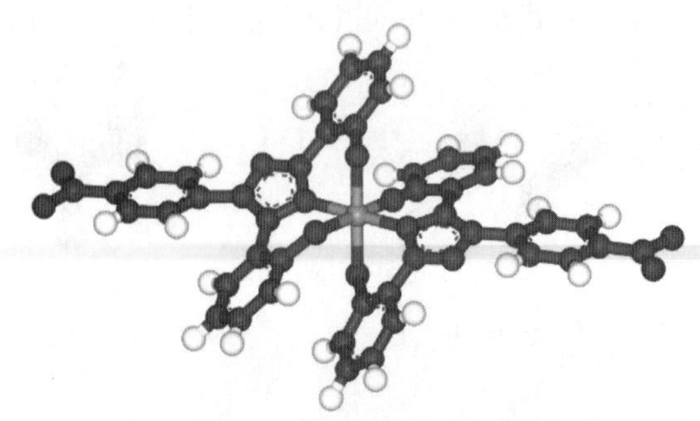

图 4-8 药物 deferasirox 球模模型能够清除体内过多的铁离子

(4) π 配体——提供定域或离域 π 电子，如(图 4-9)：

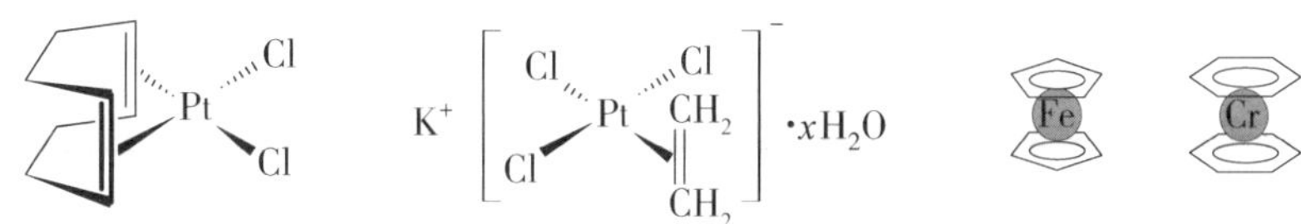


图 4-9 常见 π 配合物

**2. 配位数(coordination number)**

(1) 一个中心原子所拥有的配位原子数称为配位数：配位数=Σ(配体数×配体提供的配位原子数)

(2) 影响配位数大小的相关因素(表 4-2)

一般取决于中心体与配体的结构与性质(如半径、电荷、电子构型等)以及配合物的形成条件(浓度、温度等)。中心原子(离子)电荷越多、半径越大，配位数越大，如$[PtCl_6]^{2-}$、$[PtCl_4]^{2-}$；配体(离子)电荷越多、半径越大，配位数越小，如$[AlF_6]^{3-}$、$[AlCl_4]^{-}$。

表 4-2 中心离子电荷数与配位数的对应关系

| 一般情况下 | 中心离子电荷数 | +1 | +2 | +3 | +4 |
|---|---|---|---|---|---|
| | 配位数 | 2 | 4、6 | 4、6 | 6、8 |

(3) EAN 规则(effective atomic number，有效原子序数规则、十八电子规则)

羰基配合物、亚硝酰基配合物、π 配合物中，中心原子的配位数主要取决于中心体的电子构型。当配合物中心体自身的价电子数与配位原子提供的配电子数之和等于 18 时，配位数达到饱和，中心体达成稳定结构。

产生这一现象的结构原因一般认为是：中心原子一般属于过渡金属元素，其价层电子轨道为$(n-1)d$ $ns$ $np$，其全满排布为$(n-1)d^{10}ns^2np^6$。EAN 规则的主要应用有：

① 确定配位数。例如：$Fe(CO)_x(NO)_y$能稳定存在，则 $8+2x+3y=18$，$x=5$，$y=0$ 或 $x=2$，$y=2$。

② 判断化合物是否稳定(表 4-3)：

表 4-3 利用 EAN 规则判断化合物是否稳定

| 化合物 | $HCo(CO)_4$ | $Co(CO)_4^-$ | $Co(CO)_4$ |
|---|---|---|---|
| 价电子总数 | 1+9+2×4=18 | 9+2×4+1=18 | 9+2×4=17 |
| 是否稳定 | 稳定 | 稳定 | 不稳定 |

③ 判断中性羰基化合物是否双聚、双核配合中金属原子之间是否存在金属—金属键(表 4-4)：

表 4-4 利用 EAN 规则判断羰基化合物是否双聚、是否存在金属—金属键

| $Mn(CO)_5$，17e⁻<br>$(OC)_5Mn—Mn(CO)_5$，两个 Mn 均为 18e⁻ | $Co(CO)_4$，17e⁻<br>$(OC)_4Co—Co(CO)_4$，两个 Co 均为 18e⁻ |
|---|---|
| $Cl(OC)_4W$ (Cl)(Cl) $W(CO)_4Cl$<br>每个 $W^{2+}$ 有 4 个价电子<br>每个 $W^{2+}$ 与 3 个 $Cl^-$ 相连共获得 6 个价电子<br>每个 $W^{2+}$ 与 4 个 CO 相连共获得 8 个价电子<br>不需要形成 W—W 金属—金属键 | Mn≡Mn (C=O, C=O, C≡O, C≡O)<br>每个 $Mn^+$ 有 6 个价电子<br>每个 $Mn^+$ 与 3 个 CO 相连仅获得 4 个价电子<br>每个 $Mn^+$ 与 1 个 $C_5H_5^-$ 相连共获得 6 个 π 电子<br>还需要形成 2 个 Mn—Mn 金属—金属键 |

## 三、配合物的命名(简介,表 4-5)

**表 4-5　配合物命名的基本规则**

| | | | |
|---|---|---|---|
| 总则 | 分子配合物 | 某合某 | |
| | 离子配合物 | 外界是简单阴离子 | 某化某 |
| | | 外界是含氧酸根阴离子 | 某酸某 |
| | | 内界是配合物阴离子 | 某酸某 |
| 内界的命名格式 | 配体数+配体名+合+中心体名+(用罗马数字表示的中心体氧化数) | | |
| | 配体数为 1 时默认隐省 | | |
| 配体的命名顺序 | 不同配体之间用"·"隔开 | | |
| | 无机配体先于有机配体(有机配体一般加括号) | | |
| | 阴离子配体先于分子配体 | | |
| | 同类配体按配位原子英文字母顺序,如氨分子 N 先于水分子 O | | |
| | 同类同种配位原子,原子总数小的优先,如氨分子先于羟胺 | | |
| 多核配合物的命名 | 桥基数($\mu$—桥基名)·核数[内界名] | | |
| | 桥基数=1 时默认隐省桥基数和(　) | | |

| | |
|---|---|
| $Fe(CO)_5$ | 五羰基合铁 |
| $[Cr(H_2O)_4Cl_2]Cl$ | 氯化二氯·四水合铬(Ⅲ) |
| $[PtCl_2(NH_3)(C_2H_4)]$ | 二氯·氨·(乙烯)合铂(Ⅱ) |
| $PtCl_2(Ph_3P)_2$ | 二氯·二(三苯基膦)合铂(Ⅱ) |
| $K[PtCl_3(NH_3)]$ | 三氯·氨合铂(Ⅱ)酸钾 |
| $[Co(NH_3)_5H_2O]Cl_3$ | 三氯化五氨·水合钴(Ⅲ) |
| $[Pt(Py)(NH_3)(NO_2)(NH_2OH)]Cl$ | 氯化硝基·氨·羟胺·吡啶合铂(Ⅱ) |
| $(OC)_3Fe(\mu_2—CO)_3Fe(CO)_3$ | 三($\mu$-羰基)·二[三羰基合铁(0)] |
| $[(NH_3)_5Cr—O(H)—Cr(NH_3)_5]Cl_5$ | 五氯化 $\mu$-羟基·二[五氨合铬(Ⅲ)] |

## 四、配合物结构的价键理论

**1. 配合物结构价键理论的基本观点**(图 4-10)

(1) 配位原子提供孤对电子(后来拓展到 $\pi$ 电子);

(2) 中心原子提供空轨道且必须首先进行杂化,形成能量相同的、数目与配位原子数目相等的杂化轨道(有 $\pi$ 电子参与时,相应的轨道数=$\pi$ 电子数÷2);

(3) 配体提供的电子填入中心原子的杂化轨道,形成 $\sigma$ 配位键($\pi$ 电子形成 $\pi$ 配键)。

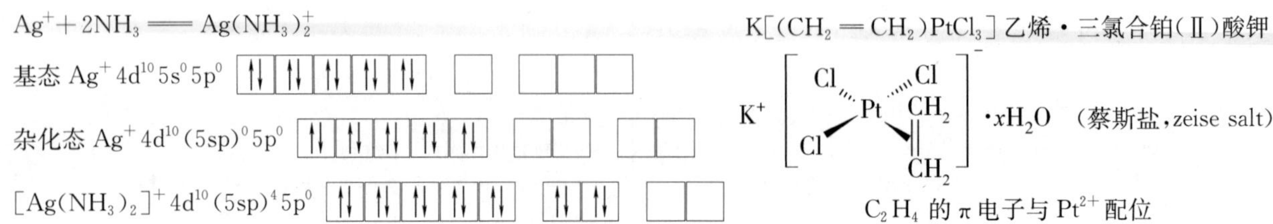


**图 4-10　$\sigma$ 配位键与 $\pi$ 配键对比表**

**2. 配合物的构型与中心的杂化方式**(表 4-6)

**表 4-6　配合物的构型与中心的杂化方式**

| | 配位数 | 空间构型 | 杂化轨道类型 | 实例 |
|---|---|---|---|---|
| 主族 | 4 | 正四面体 | $sp^3$ | $[BH_4]^-$ |
| | 6 | 正八面体 | $sp^3d^2$ | $[AlF_6]^{3-}$　$[SiF_6]^{2-}$ |
| 副族 | 2 | 直线形 | $sp$ | $[Ag(NH_3)_2]^+$　$[Ag(CN)_2]^-$ |
| | 3 | 平面三角形 | $sp^2$ | $[Cu(CN)_3]^{2-}$　$[HgI_3]^-$ |
| | 4 | 正四面体 | $sp^3$ | $[Zn(NH_3)_4]^{2+}$　$[Cd(CN)_4]^{2-}$ |
| | 4 | 四方形 | $dsp^2$ | $[Ni(CN)_4]^{2-}$ |
| | 5 | 三角双锥 | $dsp^3$ | $[Ni(CN)_5]^{3-}$　$Fe(CO)_5$ |
| | 5 | 四方锥 | $d^4s$ | $[TiF_5]^{2-}$ |
| | 6 | 正八面体 | $sp^3d^2$ | $[FeF_6]^{3-}$　$[PtCl_6]^{4-}$ |
| | 6 | 正八面体 | $d^2sp^3$ | $[Fe(CN)_6]^{3-}$　$[Co(NH_3)_6]^{3+}$ |

**3. 典型配合物中心原子杂化方式例析**(图 4-11、图 4-12)

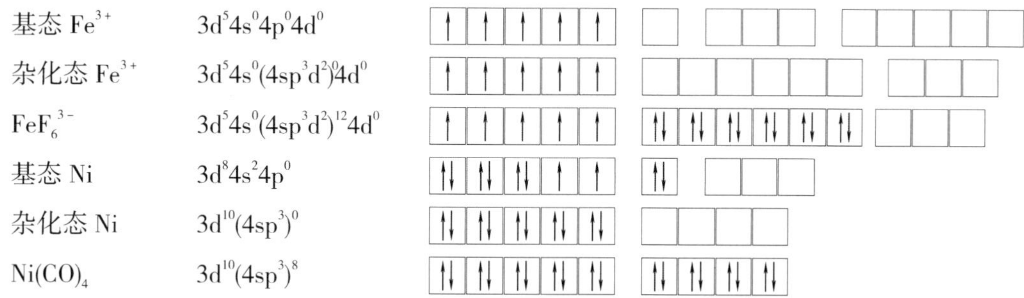


**图 4-11　$FeF_6^{3-}$ 与 $Ni(CO)_4$ 结构的对比**

$[FeF_6]^{3-}$(正八面体形)与 $Ni(CO)_4$(正四面体形)的相同点是：配体的孤对电子配入中心原子的外层空轨道，即 $ns\ np\ nd$ 杂化轨道，形成的配合物称为外轨型配合物(高自旋配合物)，所成的键称为电价配键，电价配键不是很强。$F^-$ 不能使中心的价电子重排，称为弱场配体(简称弱配体)，常见的弱配体有 $F^-$、$Cl^-$、$H_2O$ 等；

$[FeF_6]^{3-}$ 与 $Ni(CO)_4$ 的不同点是：CO 配体使中心原子的价电子发生重排，这样的配体称为强场配体(简称强配体)。常见的强配体有 CO、$CN^-$、$NO_2^-$ 等；

$NH_3$ 等则为中等强度配体。对于不同的中心原子，相同配体的强度是不同的。

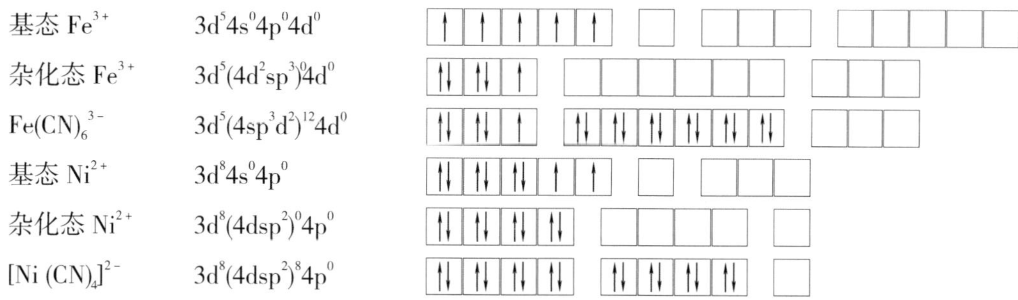


**图 4-12　$[Fe(CN)_6]^{3-}$ 与 $[Ni(CN)_4]^{2-}$ 结构的对比**

$[Fe(CN)_6]^{3-}$(正八面体形)与 $[Ni(CN)_4]^{2-}$(平面正方形)的相同点是：

杂化轨道均用到了$(n-1)$d 内层轨道，配体的孤对电子进入内层，能量低，称为内轨型配合物（低自旋配合物），比外轨型配合物稳定，所成的配位键称为共价配键。

**4. 内轨型配合物（低自旋配合物）、外轨配合物（高自旋配合物）及其能量问题**（表 4-7）

**表 4-7　内轨型配合物与外轨型配合物的对比**

| | 内轨型配合物（低自旋配合物） | 外轨型配合物（高自旋配合物） |
| --- | --- | --- |
| 键型 | 共价配键 | 电价配键 |
| 中心原子 | 中心原子用部分内层轨道接纳配体电子 | 中心原子用外层轨道接纳配体电子 |
| 中心原子 | 基态时$(n-1)$d 一般有空轨道 | 基态时$(n-1)$d 一般无空轨道 |
| 配体 | 强场配体，如 $CN^-$、CO、$NO_2^-$ 等，易形成内轨型 | 弱场配体，如 $X^-$、$H_2O$ 易形成外轨型 |
| 稳定性 | 一般较好 | 一般不好 |

既然内轨型配合物比较稳定，说明其键能 $E$(内)大于外轨的 $E$(外)，那么又如何解释有时仍然能形成外轨型配合物呢？其能量因素究竟如何？

从上面的例题中可以看到，形成内轨型配合物时通常会发生电子重排，使原来平行自旋的 d 电子违反洪特规则进入成对状态，电子相互排斥使得能量升高，每形成一对电子，能量升高 1P（成对能），具体究竟形成哪种轨型，取决于电子成对能与形成配位键所获得的稳定化能的相对大小：若电子成对能＜形成配位键所获得的稳定化能，则形成内轨型配合物；若电子成对能＞形成配位键所获得的稳定化能，则形成外轨型配合物。

配体的相对强弱源于实验测定，其大致顺序如下：

$$CO>CN^->NO_2^->bpy>en>NH_3>NCS^->H_2O>C_2O_4^{2-}>OH^->F^->NO_3^->Cl^->SCN^->S^{2-}>Br^->I^-$$

**5. 价键理论的局限性**

（1）价键理论的优点是化学键的概念比较明确，容易为业内所接受

① 解释许多配合物的配位数和几何构型。

② 可以说明含有离域 π 键的配合物，如氰离子为配位体的配离子特别稳定。

③ 可以解释配离子的某些性质。如$[Fe(CN)_6]^{4-}$配离子为什么比$[FeF_6]^{3-}$配离子稳定。利用价键理论可以较满意地予以说明：$[Fe(CN)_6]^{4-}$为低自旋型配离子，因此比较稳定。

（2）价键理论虽然成功地说明配离子的许多现象，但仍有不少局限性

① 价键理论在目前阶段还只是一个定性的理论，不能定量或半定量地说明配合物的性质。不能解释第一过渡系列+2 氧化态水合配离子$[M(H_2O)_6]^{2+}$的稳定性与 $d^x$ 有如下关系：

$$\begin{matrix} d^0 & < & d^1 & < & d^2 & < & d^3 & > & d^4 & > & d^5 & < & d^6 & < & d^7 & < & d^8 & > & d^9 & > & d^{10} \\ Ca^{2+} & & Sc^{2+} & & Ti^{2+} & & V^{2+} & & Cr^{2+} & & Mn^{2+} & & Fe^{2+} & & Co^{2+} & & Ni^{2+} & & Cu^{2+} & & Zn^{2+} \end{matrix}$$

② 不能说明每个配合物为何都具有自己的特征光谱（紫外光谱和可见吸收光谱以及红外光谱），无法解释过渡金属配离子为何具有不同的颜色。

③ 很难满意地解决夹心型配合物，即非经典配合物的成键原理，如二茂铁，二苯铬等的结构。事实上，$Fe(CO)_5$、$Co_2(CO)_8$、Cr、Fe 等都是稳定的配合物。

已知，CO 的电离能要比 $H_2O$、$NH_3$ 的电离能高，这意味着 CO 是弱的 σ 给予体，即 σ(M←CO)配键很弱，然而实际上羰基配合物是稳定性很高的配合物。

④ 对于 Cu(Ⅱ)离子在一些配离子中的电子分布情况不能给出合理的说明。如经 X 射线实验确定

$[Cu(H_2O)_4]^{2+}$配离子为平面正方形构型，是以 $dsp^2$ 杂化轨道成键。这样 $Cu^{2+}$ 离子在形成$[Cu(H_2O)_4]^{2+}$时，会有一个 3d 电子被激发到 4p 轨道上去，那么这个 4p 电子应该很容易失去，如此一来$[Cu(H_2O)_4]^{2+}$似乎应该极易被空气中的 $O_2$ 氧化成$[Cu(H_2O)_4]^{3+}$，但事实却是$[Cu(H_2O)_4]^{2+}$非常稳定，显然价键理论无法解释这个事实。

为了弥补价键理论的不足，只好求助于晶体场理论和配位场理论以及分子轨道理论，以期得到比较满意的解释。

## 五、配位化合物的异构现象

### 1. 化学结构异构(构造异构)(chemical structure isomerism)(表 4-8)

**表 4-8　常见的配合物化学结构异构类型**

| | | |
|---|---|---|
| 电离异构 | 两种配合物的组成相同、外界离子和配位个体不同、在水溶液中电离出不同的离子、能发生不同的化学反应 | $[Co(NH_3)_5Br]SO_4$<br>$[Co(NH_3)_5SO_4]Br$ |
| 溶剂合异构 | 内界中配位的溶液分子数目不同、物理性质、化学性质、稳定性的差别都比较明显<br>最常见的溶剂是 $H_2O$ | $[Cr(H_2O)_6]Cl_3$(紫罗兰色)<br>$[CrCl(H_2O)_5]Cl_2 \cdot H_2O$(蓝绿色)<br>$[CrCl_2(H_2O)_4]Cl \cdot 2H_2O$(绿色) |
| 配位异构 | 只出现在双配离子或双核配合物中，配体在两个金属离子之间的分配不同，物理性质、化学性质不同 | $[Co(NH_3)_6][Cr(CN)_6]$<br>$[Cr(NH_3)_6][Co(CN)_6]$ |
| 聚合异构 | 最简式(实验式、经验式)相同、聚合度不同、可以用组成通式$[ML_m]_n$表示($m$、$n$ 取有限整数) | $[Co(NH_3)_3(NO_3)_3]$<br>$[Co(NH_3)_6][Co(NO_3)_6]$ |
| 键连异构 | 两可配体使用不同的配位原子(或者是化学环境不同的同种配位原子)与中心体形成配合物 | $[Co(NO_2)(NH_3)_5]Cl_2$(黄色)<br>$[Co(ONO)(NH_3)_5]Cl_2$(红色) |

有些配体虽然也具有两个或多个配位原子，但在一定条件下，仅有一种配位原子与中心离子配位，这类配体称两可配体，如—$NO_2$ 与—ONO 以及—$SCN^-$ 与—$NCS^-$ 等，所以两可配体与螯合剂有所不同。

### 2. 立体异构(stereoisomerism)

部分教材将立体异构分为几何异构(geometrical isomerism)与光学异构(optical isomerism)，也有人认为：就配合物的立体异构问题来说，光学异构是在几何异构的基础之上形成的，或者说，光学异构是几何异构中的一种特殊类别，本书在讨论几何异构时一律将光学异构纳入范畴。

(1) 产生立体异构的主要相关因素

① 配合物的空间构型(表 4-9)

**表 4-9　常见的配合物空间构型**

| 组成 | 构型 | 几何异构 | 光学异构 | 典型事例 |
|---|---|---|---|---|
| $ML_2$ | 直线形(linear) | 无 | 无 | $[Ag(NH_3)_2]^+$、$[CuCl_2]^-$、$[Au(CN)_2]^-$ |
| $ML_3$ | 平面三角形(trigonal plane) | 无 | 无 | $[HgI_3]^-$ |
| $ML_4$ | 平面四方形(square planar)少见 | 有 | 无 | $[PtCl_4]^{2-}$、$[AuCl_4]^-$、$[Ni(CN)_4]^{2-}$ |
| $ML_4$ | 四面体形(tetrahedron) | 无 | 有 | $[CoCl_4]^{2-}$、$[Zn(NH_3)_4]^{2+}$、$[Ni(NH_3)_4]^{2+}$ |
| $ML_5$ | 四方锥形(tetragonal pyramid) | 有 | 无 | $[Ni(CN)_5]^{3-}$ |
| $ML_5$ | 三角双锥形(triangular biconical)少见 | 有 | 无 | $[Ni(CN)_5]^{3-}$ |
| $ML_5$ | 八面体形(octagonal)最常见 | 有 | 有 | $[Co(H_2O)_6]^{3+}$ |

② 配体的种类：在配合物中，配体的种类越多，产生的几何异构体种类越多。

③ 配体的齿数：常见双齿配体的两个原子只能放置在结构中的相邻位置上，不能放置在对位位置上(因为对位位置跨度较大、环中的张力太大无法形成稳定的配合物)，除非两个配位原子之间存在较长的原子链。

④ 多齿配体中配位原子的种类与化学环境越复杂，产生的几何异构体就越多。

(2) $ML_4$ 的几何异构(表 4-10、图 4-13、图 4-14)

像$[CoCl_4]^{2-}$、$[Zn(NH_3)_4]^{2+}$等，中心体采用 $sp^3$杂化方式与弱场配体形成四面体形配合物，只有少数几种金属离子能够形成平面四方形配合物，如 $d^8$ 电子构型的 $Pd^{2+}$、$Pt^{2+}$、$Au^{3+}$ 等形成的$[PtCl_4]^{2-}$、$[AuCl_4]^-$、$[Ni(CN)_4]^{2-}$。这是因为平面四方形的空间位阻>四面体形的空间位阻，而如果配体小一些，空间位阻变小，又将形成八面体构型。

表 4-10　transplatin 与 cisplatin 结构对比表

| trans-$Pt(NH_3)_2Cl_2$ | cis-$Pt(NH_3)_2Cl_2$ |
|---|---|
| 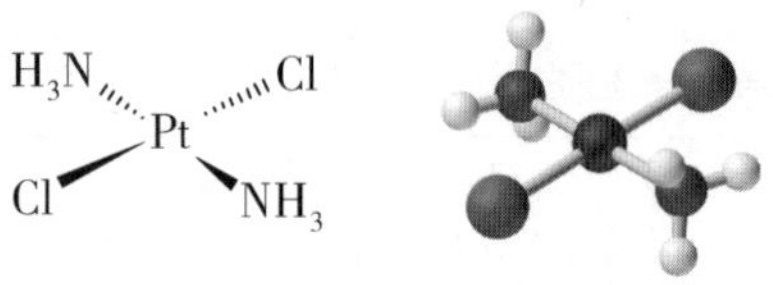 $H_3N$, Cl, Pt, Cl, $NH_3$ | 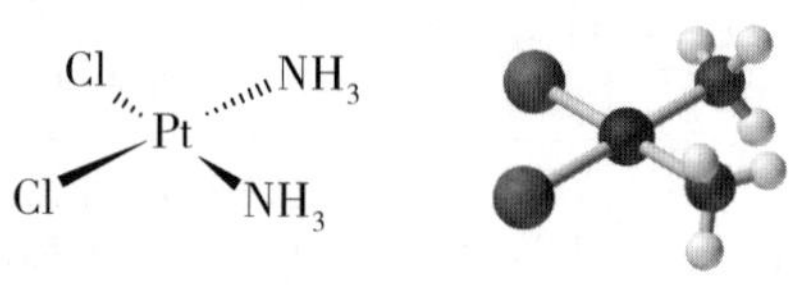 Cl, $NH_3$, Pt, Cl, $NH_3$ |
| 淡黄色，无抗癌活性，在水中溶解度小 | 黄绿色，有抗癌活性，在水中溶解度较大 |

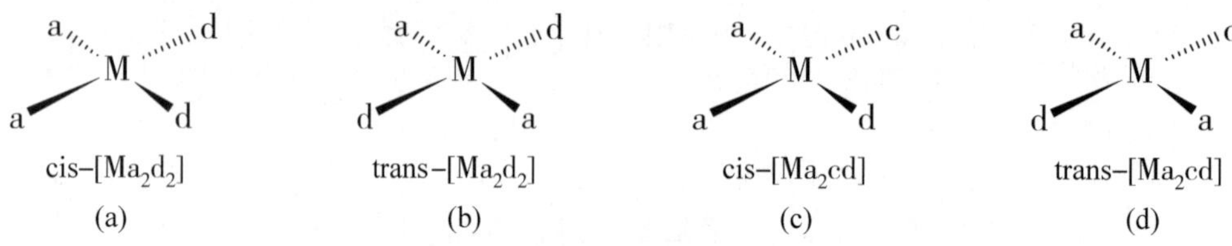


图 4-13　平面四方形几何异构例析(1)

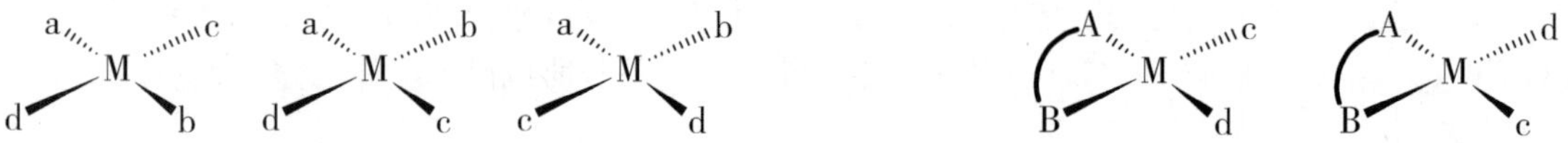

(a) Mabcd　(b) M(AB)cd

图 4-14　平面四方形几何异构例析(2)

四面体形几何异构例析——仅 Mabcd 存在光学异构(详情请参考《有机化学》部分相关内容)。

(3) $ML_6$的几何异构(图 4-15～图 4-23)

$Ma_4e_2$ 型，如$[Co(NH_3)_4Cl_2]^+$：无光学异构

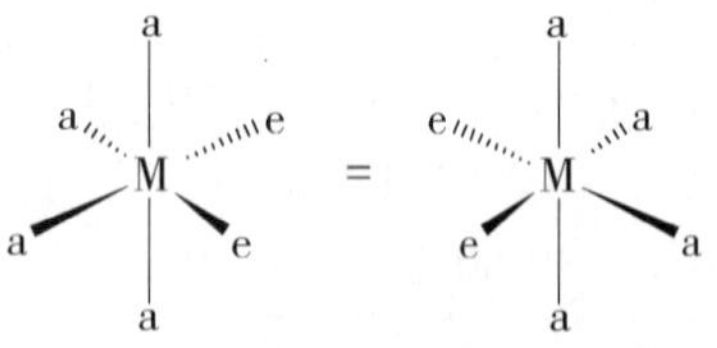

图 4-15　(cis-)顺式 $Ma_4e_2$ 型几何异构 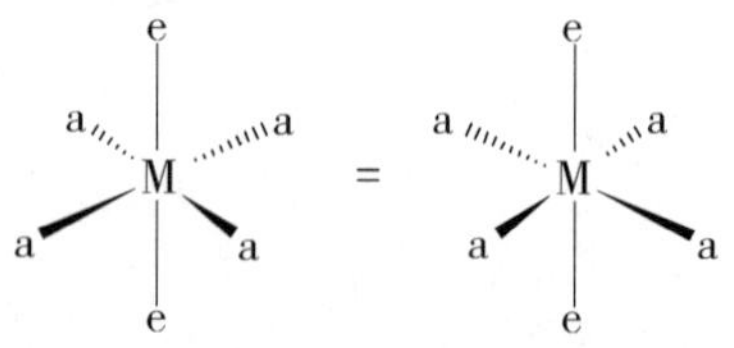　　图 4-16　(trans-)反式 $Ma_4e_2$ 型几何异构

$Ma_3d_3$ 型，如$[Ru(H_2O)_3Cl_3]$、$[Pt(NH_3)_3Br_3]^+$：无光学异构

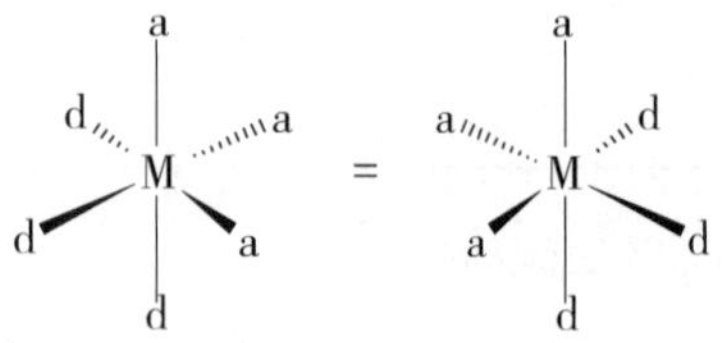

图 4-17　(fac-, facial)面式 $Ma_3d_3$ 型 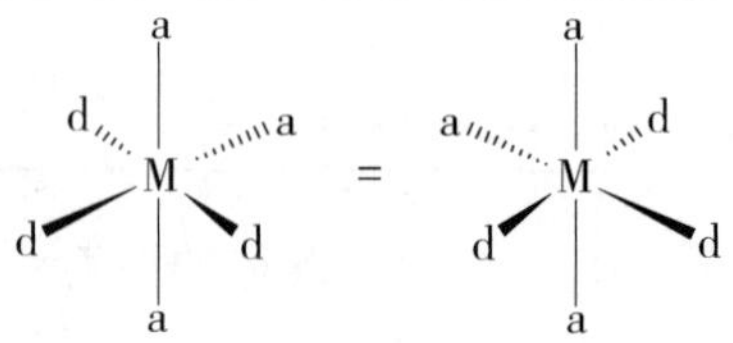　　图 4-18　(mer-, meridional)经式 $Ma_3d_3$ 型

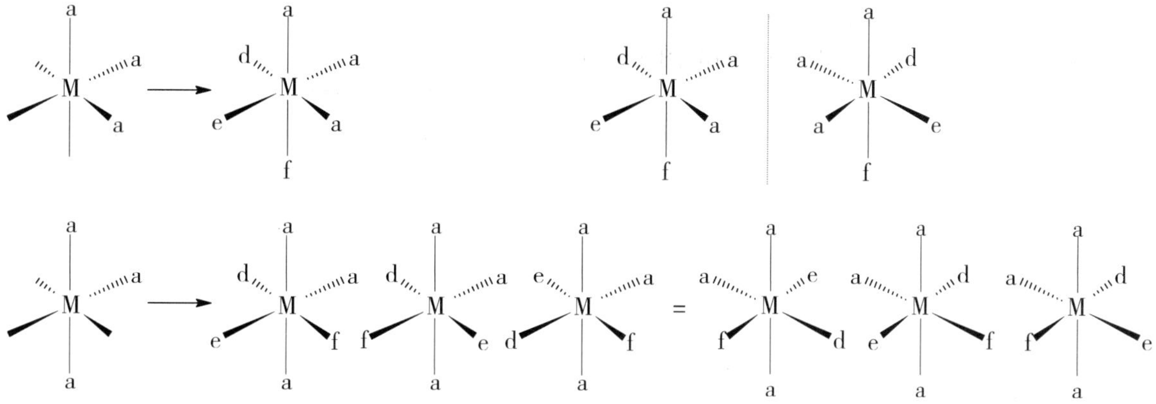

图 4-19　$Ma_3def$ 型：共 5 种(含光学异构)

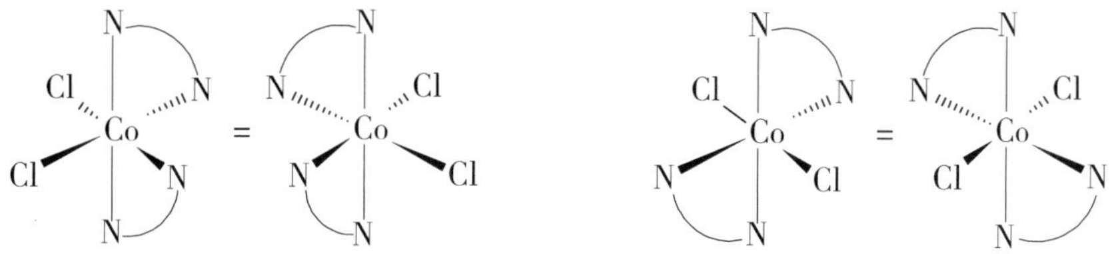

(a)（cis－）顺式　　(b)（trans－）反式

图 4-20　$M(AA)_2e_2$ 型，如$[Co(en)_2Cl_2]^+$

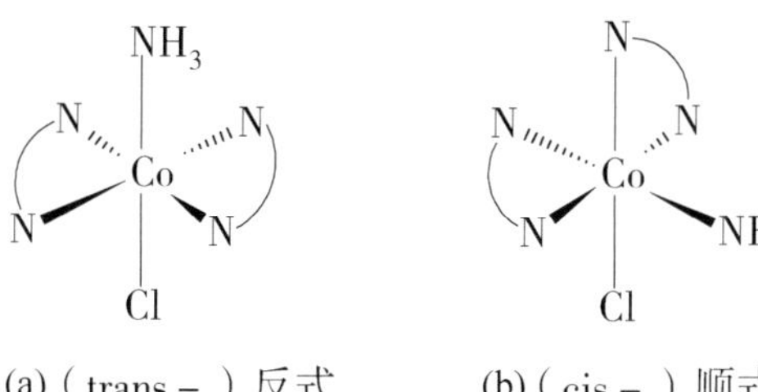

(a)（trans－）反式　　(b)（cis－）顺式

图 4-21　$M(AA)_2ef$ 型，如 trans—$[Co(en)_2(NH_3)Cl]^+$ 和 cis—$[Co(en)_2(NH_3)Cl]^+$

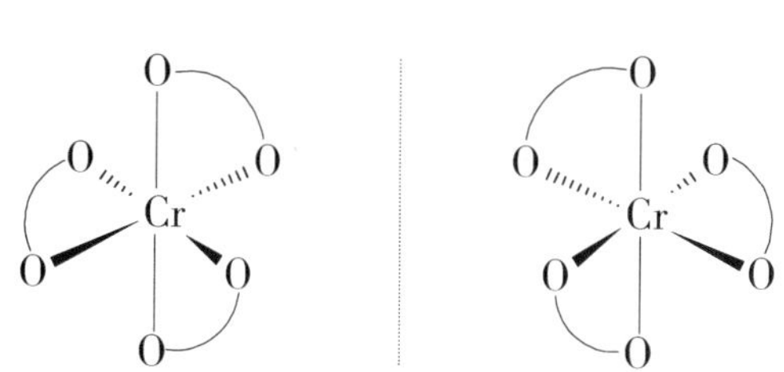

图 4-22　$M(AA)_3$ 型，如$[Cr(ox)_3]^{3-}$［三草酸合铬(Ⅲ)酸根］

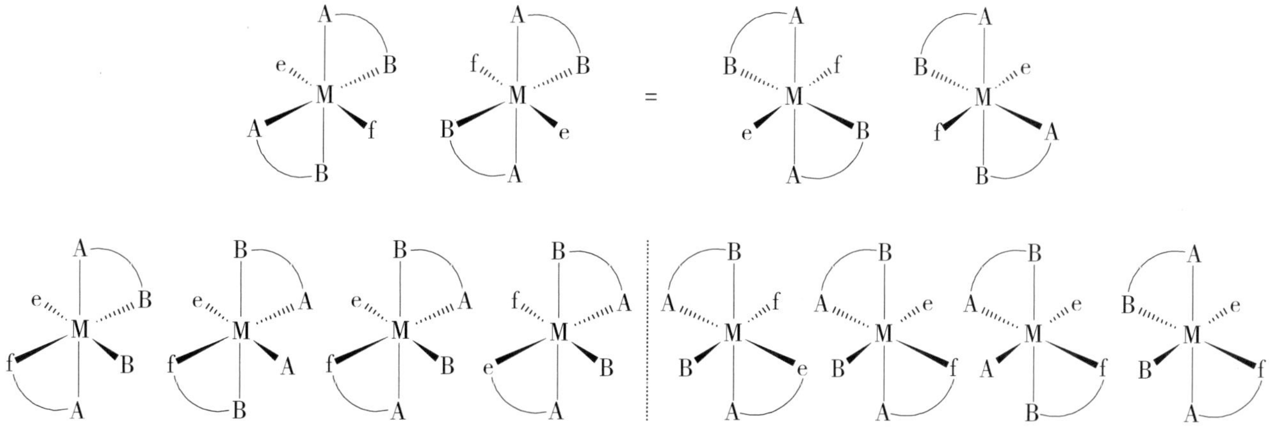

图 4-23　$M(AB)_2ef$ 型：共 10 种(含光学异构)

Mabcdef 型：共 30 种(包含光学异构)：$\frac{5\times4\times3\times2\times1}{4}=30$(种)

# 第五章　晶体结构

## 一、晶体结构常用术语

**1. 格点与晶格**(图 5-1)

用一个点代替微粒的位置，这个点就称为格点(或结点)；晶体中微粒排列的具体形式称晶体格子简称晶格。

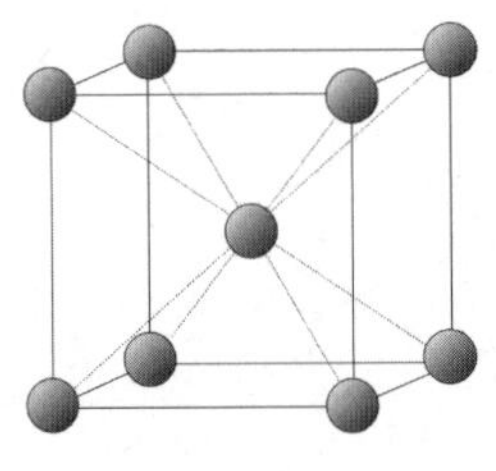

(a) 体心立方(bcc)

Fe　V　Nb　Cr

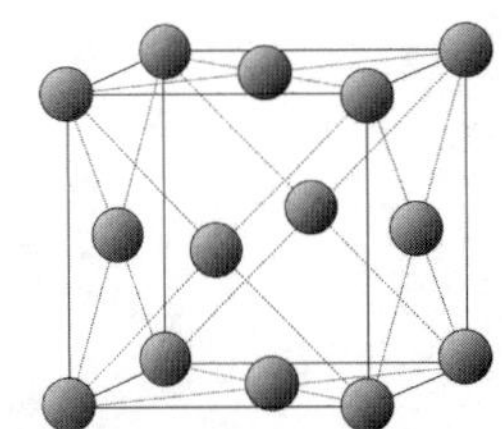

(b) 面心立方(fcc)

Al　Ni　Ag　Cu　Au

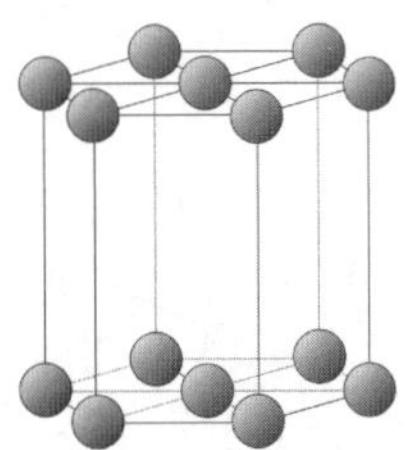

(c) 六方

Ti　Zn　Mg　Cd

**图 5-1　体心立方、面心立方与六方晶格**

**2. 晶胞**

(1) 定义

为同时反映晶体的周期性和对称性，常选用平行六面体(体积不一定最小)为原胞，称为结晶学原胞(或布拉维原胞)，简称晶胞。晶胞与晶胞无隙并置组成宏观晶体——晶胞之间完全共用顶角、共面、共棱，晶胞的取向一致、彼此之间不存在间隙，从一个晶胞到另一个晶胞只需平移、不需转动，进行或不进行平移操作，不改变整个晶体的微观结构——晶胞具有平移性。就晶胞内部而言，格点不仅可以在顶角上，还可以在体心和面心上，它的三边叫基矢，常用 $\boldsymbol{a}$, $\boldsymbol{b}$, $\boldsymbol{c}$ 表示，体积为 $\boldsymbol{a} \times \boldsymbol{b} \times \boldsymbol{c}$。

(2) 晶胞参数(图 5-2)

晶胞的形状和大小可以用 6 个参数来表示，此即晶格特征参数，简称晶胞参数。包括：

晶胞的三组棱长(即晶体的轴长) $ao$、$bo$、$co$，三组棱相互间的夹角(即晶体的轴角) $\alpha$、$\beta$、$\gamma$。

其中：$\alpha = bo \wedge co$　　$\beta = co \wedge ao$　　$\gamma = ao \wedge bo$

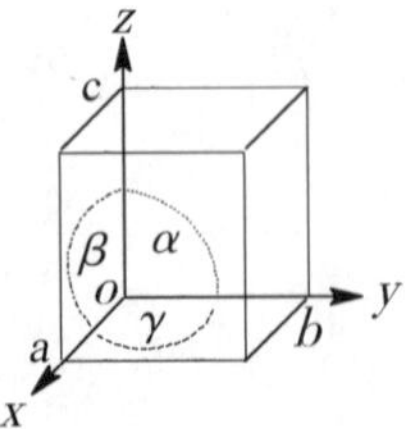


**图 5-2　晶胞参数**

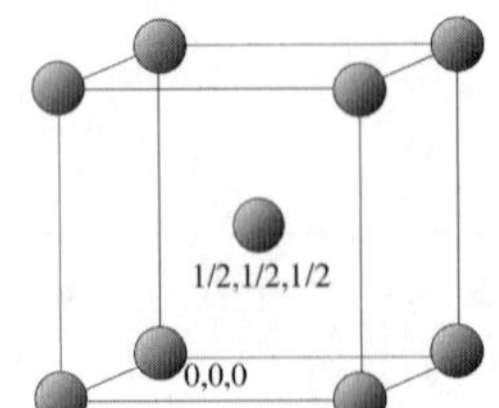


**图 5-3　体心立方晶胞原子的坐标**

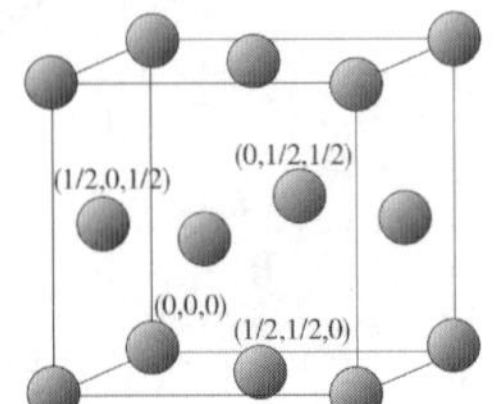


**图 5-4　面心立方晶胞原子的坐标**

(3) 晶胞的内容——晶胞中原子的种类、数目及位置(原子坐标)

晶胞中原子 $P$ 的位置用向量 $\overrightarrow{OP} = xa + yb + zc$ 代表，$x$、$y$、$z$ 就是分数坐标，它们永远 $\leqslant 1$。

图 5-3 为体心立方晶胞中原子的坐标，其中净含 2 个原子，所以写出 2 组坐标即可：所有顶点原子：0，0，0；体心原子：1/2，1/2，1/2。

图 5-4 为面心立方晶胞，其中净含 4 个原子，所以写出 4 组坐标即可(表 5-1)：

表 5-1 面心晶胞原子坐标

| 所有顶点原子 | (前)后面心原子 | 左(右)面心原子 | (上)下面心原子 |
|---|---|---|---|
| 0, 0, 0 | 0, 1/2, 1/2 | 1/2, 0, 1/2 | 1/2, 1/2, 0 |

## 二、布拉维系晶胞简介

**1. 布拉维系晶胞简介**(表 5-2)

表格中,每一个晶胞图中的小球点就是一个具体的原子或分子晶体中的分子。

表 5-2 布拉维系晶胞

| 布拉维格子 | 参数 | 简单立方(P) | 体心立方(I) | 底心(C) | 面心(F) |
|---|---|---|---|---|---|
| 三斜 triclinic or anorthic | $\alpha_1 \neq \alpha_2 \neq \alpha_3$ <br> $\alpha_{12} \neq \alpha_{23} \neq \alpha_{31}$ | 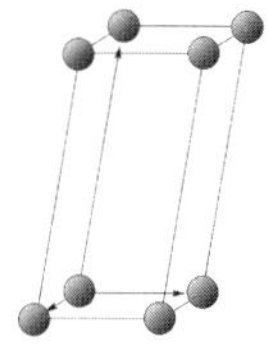 | | | |
| 单斜 monoclinic | $\alpha_1 \neq \alpha_2 \neq \alpha_3$ <br> $\alpha_{23} = \alpha_{31} = 90°$ <br> $\alpha_{12} \neq 90°$ | 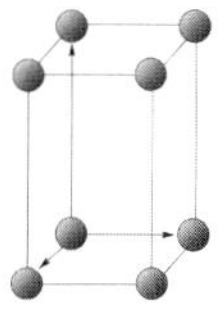 | 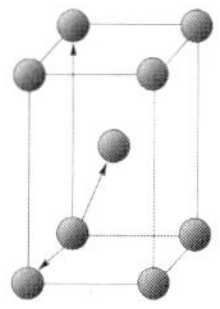 | | |
| 正交 orthorhombic | $\alpha_1 \neq \alpha_2 \neq \alpha_3$ <br> $\alpha_{12} = \alpha_{23} = \alpha_{31} = 90°$ | 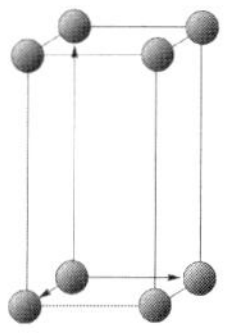 | 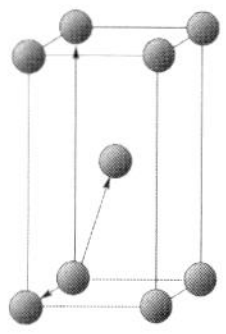 | 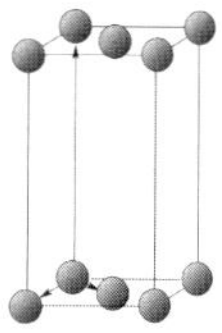 | 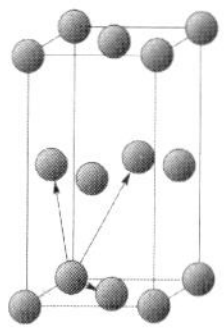 |
| 四方 tetragonal | $\alpha_1 = \alpha_2 \neq \alpha_3$ <br> $\alpha_{12} = \alpha_{23} = \alpha_{31} = 90°$ | 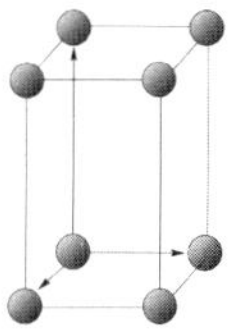 | 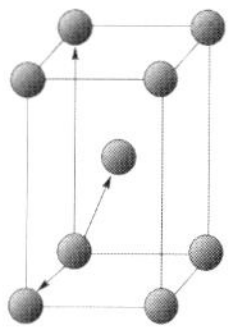 | | |
| 菱方 trigonal or rhombohedral | $\alpha_1 = \alpha_2 = \alpha_3$ <br> $\alpha_{12} = \alpha_{23} = \alpha_{31} < 120°$ | 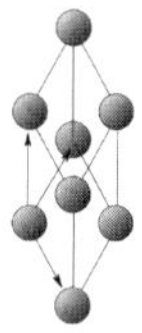 | | | |
| 立方 cubic | $\alpha_1 = \alpha_2 = \alpha_3$ <br> $\alpha_{12} = \alpha_{23} = \alpha_{31} = 90°$ | 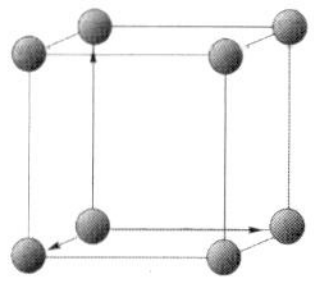 | 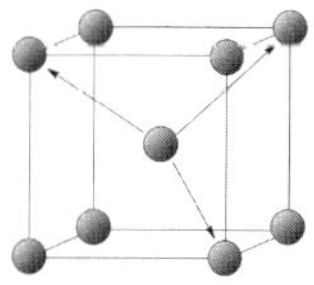 | | 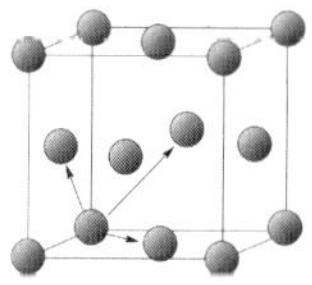 |
| 六方 hexagonal | $\alpha_1 = \alpha_2 \neq \alpha_3$ <br> $\alpha_{12} = 120°$ <br> $\alpha_{23} = \alpha_{31} = 90°$ | 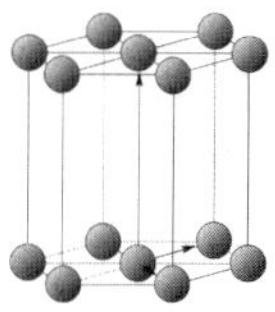 | | | |

**2. 布拉维系晶胞格点数的计算**(表 5-3)

**表 5-3 布拉维系晶胞格点数的计算**

| 顶点 | 棱心 | 面心 | 晶胞内 |
|---|---|---|---|
| 为 1/8(因为八格共用) | 为 1/4(因为四格共用) | 为 1/2(因为二格共用) | 为 1 |

**3. 布拉维系晶胞中指定微粒之间的距离与晶体的密度**

(1) 直角坐标系中任意两粒子间的距离

$$r_{ij}=\sqrt{(x_i-x_j)^2a^2+(y_i-y_j)^2b^2+(z_i-z_j)^2c^2} \tag{5-1}$$

(2) 在非直角坐标系中任意两粒子间的距离

$$r_{ij}=\sqrt{\lambda^2+\delta^2} \tag{5-2}$$

其中：

$$\lambda^2=(x_i-x_j)^2a^2+(y_i-y_j)^2b^2+(z_i-z_j)^2c^2 \tag{5-3}$$

$$\begin{aligned}\delta^2=&2(x_i-x_j)(y_i-y_j)ab\cdot\cos\gamma+2(x_i-x_j)(z_i-z_j)ac\cdot\cos\beta\\&+2(y_i-y_j)(z_i-z_j)bc\cdot\cos\alpha\end{aligned} \tag{5-4}$$

(3) 晶体的密度

$$D=\frac{Z\cdot M}{V\cdot N_A} \tag{5-5}$$

式(5-5)中：$Z$ 为晶胞中的“分子数”；$M$ 为“分子”的摩尔质量；$V$ 为晶胞的体积；$N_A$ 为阿伏加德罗常数。

**【例 5-1】** 比较 α-铁、γ-铁、赤铜矿晶体、氯化铯晶体、氯化钠晶体的晶胞(图 5-5)。

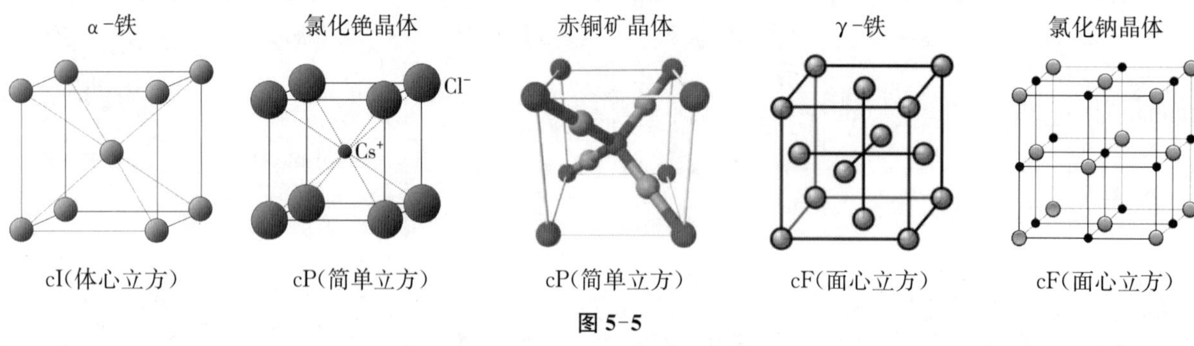


图 5-5

α-铁属于体心立方复晶胞，因为其顶角处的 Fe 原子平移到体心处后，整体晶体的结构保持不变；

CsCl 晶体属于简单立方素晶胞，因为其顶角处为 $Cl^-$ 而体心为 $Cs^+$；

$Cu_2O$ 体属于简单立方素晶胞，因为其顶角处的 Cu 原子平移到体心处后，整体晶体的结构不一样；

γ-铁属于面心立方，因为其顶角处的 Fe 原子平移到面心处后，整体晶体的结构保持不变；

NaCl 晶体属于面心立方晶胞而不属于体心立方晶胞，原因同上。

**【例 5-2】** 比较金刚石、干冰晶体、碘晶体的晶胞(图 5-6)。

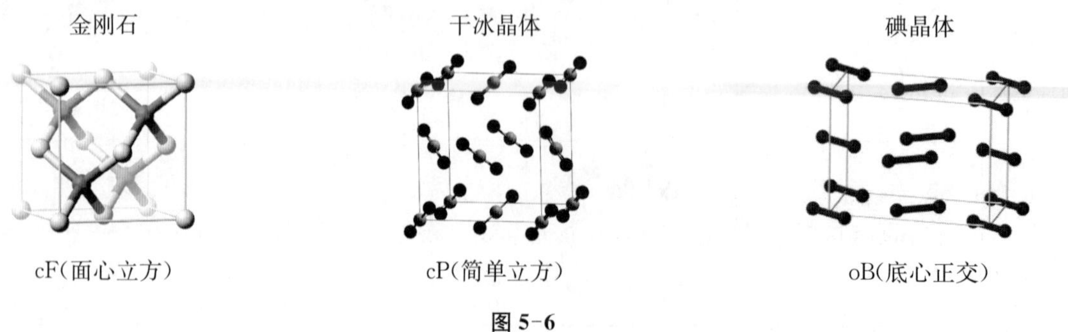


图 5-6

干冰晶体是简单立方晶胞、不是面心立方晶胞，因为其晶胞中 $CO_2$ 分子的取向有 4 种：6 个面心处的 $CO_2$ 分子的取向两两互不相同且与 8 个顶角处的 $CO_2$ 分子的取向也不相同，将底面心的 $CO_2$ 分子移到侧面心，其结构是不一样的。

碘晶体是 oB 底心正交、不是面心立方。因为其晶胞参数 $a \neq b \neq c$；晶胞中碘分子的伸展方向有两种，将晶胞原点移到 $ab$ 面心或 $bc$ 面心，其结构均与原本不同，只有将晶胞原点移到 $ac$ 面心，才与原本相同，所以是 oB 底心正交。

## 三、金属晶体与金属键

### 1. 金属原子的三维堆积方式分为 2 类 4 种（表 5-4）

表 5-4 金属原子的三维堆积

| 仅由非密置层堆集 | | 仅由密置层堆集 | |
|---|---|---|---|
| 简单立方堆积<br>SCP | 体心立方堆积<br>A2，BCP | 六方最密堆积<br>A3，HCP | 面心立方最密堆积<br>A1，CCP |
| | | | d<br>4r<br>d |
| 钋型（Po） | 钾型（Na/K/Fe） | 镁型（Mg/Zn/Ti） | 铜型（Cu/Ag/Au） |
| 配位数＝6 | 配位数＝8 | 配位数＝12 | 配位数＝12 |
| 空间利用率＝52% | 空间利用率＝68% | 空间利用率＝74% | 空间利用率＝74% |

### 2. 金属键的自由电子理论

在金属晶体中，自由电子做穿梭运动，它不专属于某个金属原子而为整个金属晶体所共有。这些自由电子与全部金属离子相互作用，从而形成某种结合，这种作用称为金属键。由于金属只有少数价电子能用于成键，金属在形成晶体时，倾向于构成极为紧密的结构，使每个原子都有尽可能多的相邻原子（金属晶体一般都具有高配位数和紧密堆积结构），这样，电子能级可以得到尽可能多的重叠，从而形成金属键。上述假设模型叫作金属的自由电子模型，也称为改性共价键理论。这一理论是 1900 年德鲁德（Drude）等人为解释金属的导电、导热性能所提出的一种假设。这种理论先后经过洛伦茨（Lorentz，1904）和佐默费尔德（Sommerfeld，1928）等人的改进和发展，对金属的许多重要性质都给予了一定的解释。如：

① 自由电子在金属晶体中做穿梭运动，在外电场作用下，自由电子做定向运动从而产生电流。加热时，因为金属原子振动加剧，阻碍了自由电子的穿梭运动，所以金属的电阻率一般和温度呈正相关。

② 当金属晶体受外力作用而变形时，尽管金属原子发生了位移，但自由电子的连接作用并没有发生改变，金属键没有被破坏，故金属晶体具有延展性。

③ 自由电子很容易被激发，所以它们可以吸收光电效应截止频率以上的光波，并发射各种可见光，所以大多数金属呈银白色、有特殊的金属光泽。

④ 温度是分子平均动能的量度，而金属原子和自由电子的振动很容易一个接一个的传导，故金属晶体

局部原子的振动可以快速地传导至整个晶体，所以金属的导热性能一般很好。

不过，由于金属的自由电子模型过于简单化，不能解释金属晶体中为什么存在结合力，也不能解释金属晶体为什么有导体、绝缘体和半导体之分。随着科技的发展，科学家基于量子理论建立了更为合理的金属能带理论，限于篇幅，本书不做详细介绍，有兴趣的读者可自行参阅相关论著。

## 四、离子晶体与离子键

### 1. 概况

(1) 一般认为，离子晶体是由正、负离子尽可能采取紧密堆积的方式通过强烈的静电作用——离子键所形成的。离子键没有饱和性、没有方向性，离子的配位数主要取决于正、负离子的相对大小，也与离子的价层电子构型有关。

(2) 堆积的主导方是负离子，因为：

① 一般情况下，负离子的半径比正离子的半径大得多。

② 负离子之间的排斥力比正离子之间的排斥力小得多(这是因为负离子的原子核更易吸引带负电荷的电子)，它们之间的距离可以靠得很近。负离子的堆积方式主要有 SCP(simple cubic packed，简单立方)、CCP(cubic centre，面心立方)、HCP(hexagonal closest packed，六方密堆积)、BCP(body centre packed，体心立方)等四种，它们所围成的空隙有立方体空隙、八面体空隙、四面体空隙等。

③ 堆积的顺应方是正离子，正离子有选择性地填入负离子所围成的空隙——主要选择尽可能高的配位数，尽可能与负离子接触。

### 2. 正、负离子半径比与堆积方式的一般对应关系(表 5-5、表 5-6)

**表 5-5　正、负离子半径比与堆积方式的一般对应关系 1**

| $r_+/r_-$ | [0.155, 0.225) | [0.225, 0.414) | [0.414, 0.732) | [0.732, 1) | ≈1 |
|---|---|---|---|---|---|
| 配位数 | 3 | 4 | 6 | 8 | 12 |
| 结构 | 三角形 | 正四面体 | 正八面体 | 立方体 | 最密堆积 |

不能小于对应的下限，否则会导致正、负离子脱离接触、负离子之间相互排斥，结构不稳定。

**表 5-6　正、负离子半径比与堆积方式的一般对应关系 2**

| 负离子堆积成三角形 | 负离子堆积成正四面体形 | 负离子堆积成正八面体形 | 负离子堆积成立方体形 |
|---|---|---|---|
|  | 2r |  |  |
| 负离子球心组成的三角形的边长 $=2r_-$<br>三角形的高 $h=2r_-\times\frac{\sqrt{3}}{2}$<br>$r_++r_-=\frac{2}{3}h=\frac{2}{3}\times\sqrt{3}r_-$<br>$\frac{r_-}{r_++r_-}=\frac{\sqrt{3}}{2}$<br>$\frac{r_+}{r_-}=0.155$ | 负离子球心组成的立方体边长$=\sqrt{2}r_-$<br>对角线长$=\sqrt{6}r_-$<br>$r_++r_-=\frac{\sqrt{6}}{2}r_-$<br>$\frac{r_+}{r_1}=0.225$ | 负离子球心组成的正方形的边长 $=2r_-$<br>$2(r_++r_-)=\sqrt{2}\times 2r_-$<br>$\frac{r_+}{r_-}=0.414$ | 负离子球心组成的立方体边长 $=2r_-$，<br>对角线长 $=2\sqrt{3}r_-$<br>$r_++r_-=\sqrt{3}r_-$<br>$\frac{r_+}{r_-}=0.732$ |

**3. 几种典型的离子晶体**

(1) NaCl 型(岩盐型,图 5-7、表 5-7)

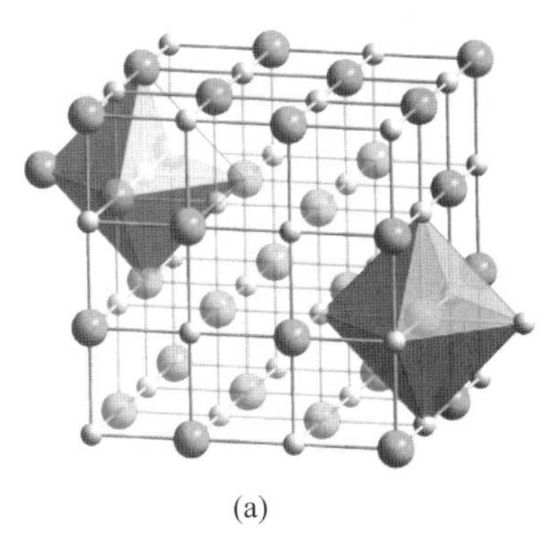

(a)

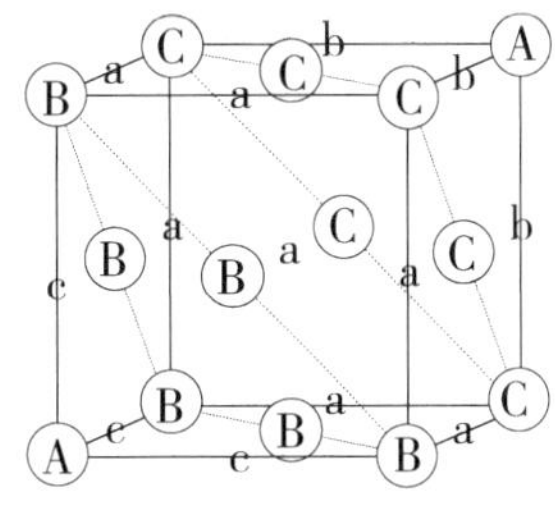


(b)

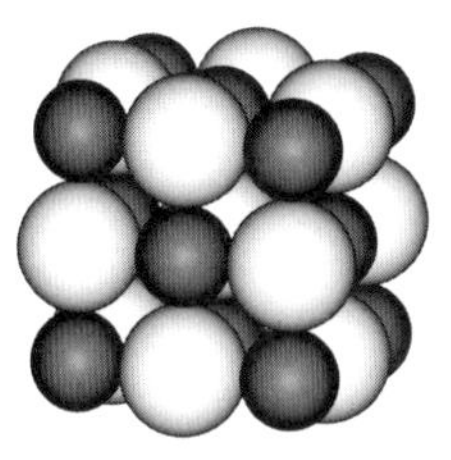

(c)

**图 5-7 NaCl 晶体结构示意图**

**表 5-7 晶胞中离子的分数坐标为**

| | | | | |
|---|---|---|---|---|
| $Cl^-$ | $(0, 0, 0)$ | $\left(\frac{1}{2}, \frac{1}{2}, 0\right)$ | $\left(\frac{1}{2}, 0, \frac{1}{2}\right)$ | $\left(0, \frac{1}{2}, \frac{1}{2}\right)$ |
| $Na^+$ | $\left(\frac{1}{2}, \frac{1}{2}, \frac{1}{2}\right)$ | $\left(\frac{1}{2}, 0, 0\right)$ | $\left(0, \frac{1}{2}, 0\right)$ | $\left(0, 0, \frac{1}{2}\right)$ |

$Cl^-$ 以 CCP 堆积,晶胞沿晶面(参阅本书晶体结构 2)法线方向的堆积周期为 AcBaCb……

方法思路:将晶胞切成 8 个小立方体,沿体对角线方向找对顶角,即为同字母的相反离子。

$Na^+$ 占有 $Cl^-$ 围成的所有正八面体空隙(占有率 100%),反之亦然。

正、负离子配位数之比为 6∶6=1∶1,晶体的化学式为 NaCl,晶胞中含有 4 个 NaCl 化学式。

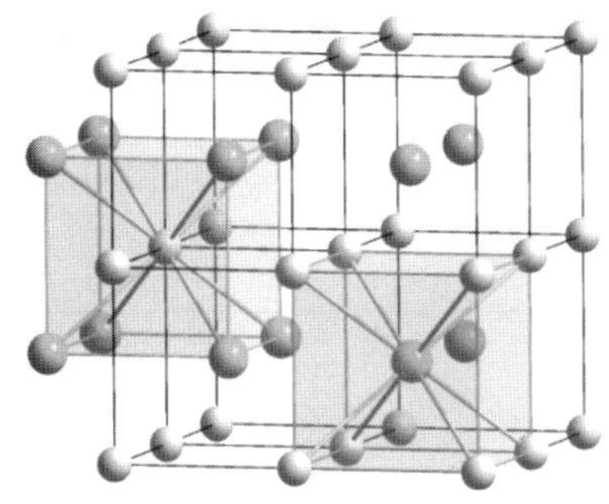

**图 5-8 CsCl 晶体结构示意图**

(2) CsCl 型(图 5-8)

$Cl^-$ 以 SCP 堆积。

$Cs^+$ 占有 $Cl^-$ 围成的所有立方体空隙(占有率 100%),反之亦然。

正、负离子配位数之比为 8∶8=1∶1,晶体的化学式为 CsCl,晶胞中含有 1 个 CsCl 化学式。离子的分数坐标:

$$Cl^-(0, 0, 0)$$

$$Cs^+\left(\frac{1}{2}, \frac{1}{2}, \frac{1}{2}\right)$$

(3) 立方 ZnS 型(闪锌矿,blende,图 5-9、表 5-8)

$S^{2-}$ 以 CCP 堆积,$Zn^{2+}$ 占有 $S^{2-}$ 围成的所有 8 个正四面体中互不相邻的 4 个空隙(占有率 50%),反之亦然。

正、负离子配位数之比为 4∶4=1∶1,晶体的化学式为 ZnS,晶胞中含有 4 个 ZnS 化学式。

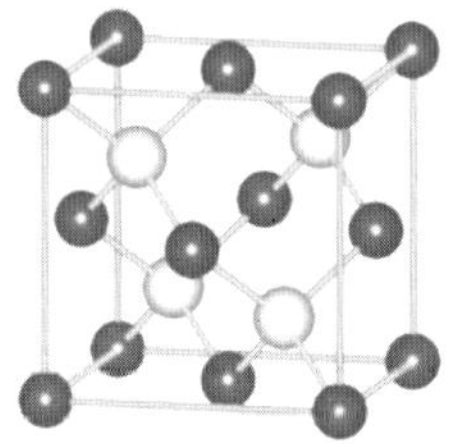

**图 5-9 立方 ZnS 晶体结构示意图**

**表 5-8 立方 ZnS 晶胞中离子的分数坐标**

| | | | | |
|---|---|---|---|---|
| $S^{2-}$ | $(0, 0, 0)$ | $\left(\frac{1}{2}, \frac{1}{2}, 0\right)$ | $\left(\frac{1}{2}, 0, \frac{1}{2}\right)$ | $\left(0, \frac{1}{2}, \frac{1}{2}\right)$ |
| $Zn^{2+}$ | $\left(\frac{1}{4}, \frac{1}{4}, \frac{1}{4}\right)$ | $\left(\frac{3}{4}, \frac{3}{4}, \frac{1}{4}\right)$ | $\left(\frac{3}{4}, \frac{1}{4}, \frac{3}{4}\right)$ | $\left(\frac{1}{4}, \frac{3}{4}, \frac{3}{4}\right)$ |

(4) 六方 ZnS 型(纤维锌矿, wurtgite, 图 5-10)

以 $S^{2-}$ 做 HCP 堆积为视角, $Zn^{2+}$ 占有 $S^{2-}$ 围成的所有正四面体中互不相邻的一半空隙(占有率 50%), 反之亦然。

正、负离子配位数之比为 4∶4=1∶1, 晶体的化学式为 ZnS, 晶胞中含有 2 个 ZnS 化学式。

晶胞中离子的分数坐标为:

$$S^{2-}(0,\ 0,\ 0),\ \left(\frac{1}{3},\ \frac{2}{3},\ \frac{1}{2}\right),\qquad Zn^{2+}\left(0,\ 0,\ \frac{5}{8}\right),\left(\frac{1}{3},\ \frac{2}{3},\ \frac{1}{8}\right)$$

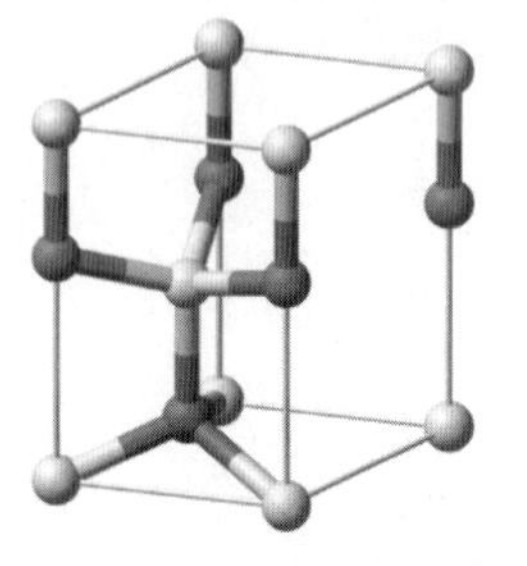

(a) $S^{2-}$ 以 hcp 堆积

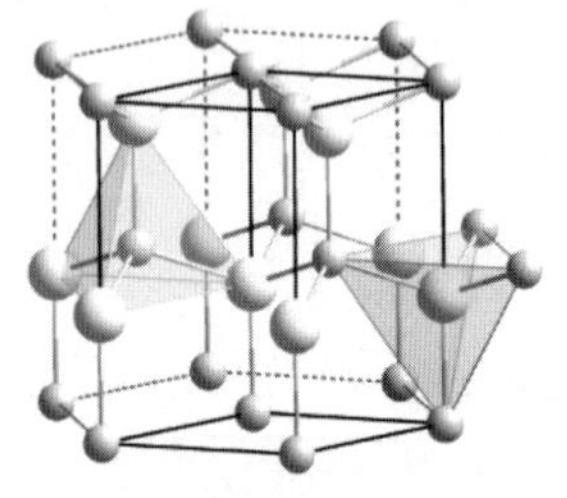

(b) $Zn^{2+}$ 以 hcp 堆积

图 5-10 六方 ZnS 晶体结构示意图

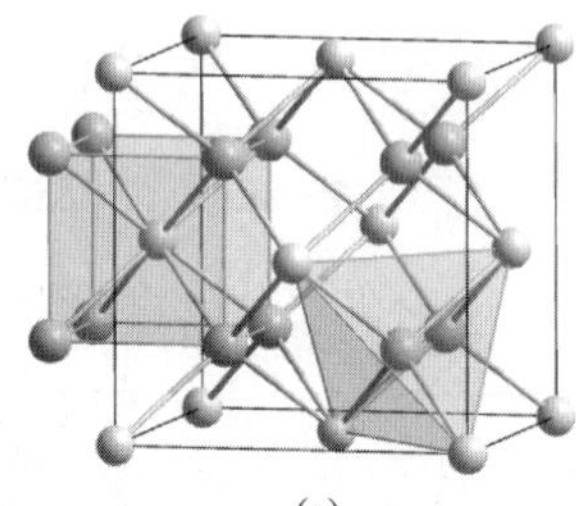

(a)

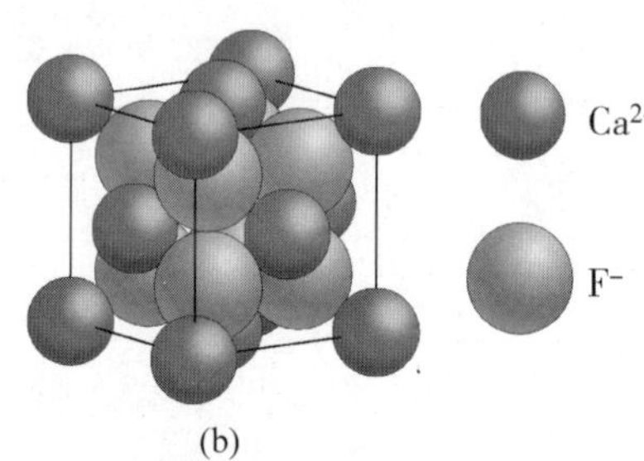


(b)

图 5-11 $CaF_2$ 晶胞结构示意图

(5) $CaF_2$ 型(萤石, fluorite)

① 以 $Ca^{2+}$ 做 CCP 堆积为视角取 $CaF_2$ 晶胞(图 5-11、表 5-9)

$F^-$ 占据 $Ca^{2+}$ 围成的所有正四面体空隙, 填充率 100%。

正、负离子配位数之比为 8∶4, 晶体的化学式为 $CaF_2$, 晶胞中含有 4 个 $CaF_2$ 化学式。

表 5-9 $CaF_2$ 晶胞中离子的分数坐标(1)

| | | | | |
|---|---|---|---|---|
| $Ca^{2+}$ | (0, 0, 0) | $\left(\frac{1}{2}, \frac{1}{2}, 0\right)$ | (0, 0, 0) | $\left(0, \frac{1}{2}, \frac{1}{2}\right)$ |
| $F^-$ | $\left(\frac{1}{4}, \frac{1}{4}, \frac{1}{4}\right)$ | $\left(\frac{3}{4}, \frac{3}{4}, \frac{1}{4}\right)$ | $\left(\frac{3}{4}, \frac{1}{4}, \frac{3}{4}\right)$ | $\left(\frac{1}{4}, \frac{3}{4}, \frac{3}{4}\right)$ |
| | $\left(\frac{3}{4}, \frac{3}{4}, \frac{3}{4}\right)$ | $\left(\frac{1}{4}, \frac{1}{4}, \frac{3}{4}\right)$ | $\left(\frac{1}{4}, \frac{3}{4}, \frac{1}{4}\right)$ | $\left(\frac{3}{4}, \frac{1}{4}, \frac{1}{4}\right)$ |

② 以 $F^-$ 做 SCP 堆积为视角取 $CaF_2$ 晶胞(图 5-12、图 5-13、表 5-10)

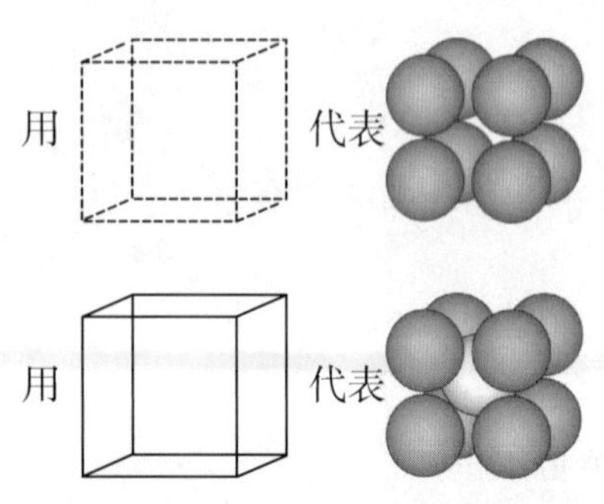


图 5-12 $CaF_2$ 晶体的两种构造单元

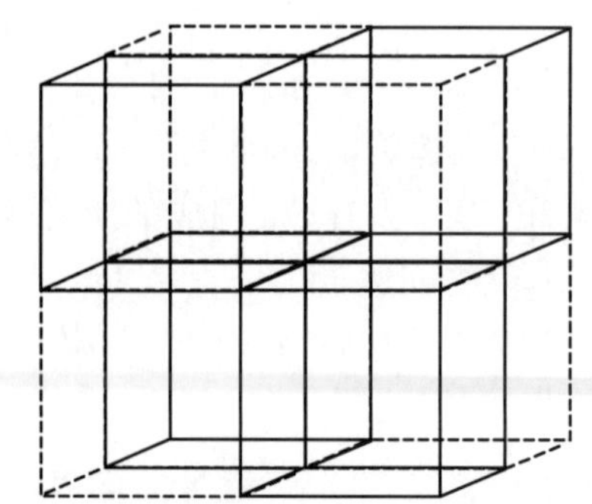

图 5-13 以 $F^-$ 做 scp 堆积为视角取 $CaF_2$ 晶胞

8 个 $F^-$ 围成 1 个小立方体, 需要 8 个这样的小立方体彼此共用顶角才能组成一个完整的晶胞, 其中 4 个小立方体的体心空隙各填充 1 个 $Ca^{2+}$, 填充率 50%, 正、负离子配位数之比为 8∶4。

一个这样的晶胞中含有 4 个 $Ca^{2+}$，$F^-$ 总数$=8\times\frac{1}{8}+12\times\frac{1}{4}+6\times\frac{1}{2}+1=8$，晶胞中含有 4 个 $CaF_2$ 化学式，晶体的化学式为 $CaF_2$。

**表 5-10 $CaF_2$ 晶胞中离子的分数坐标(2)**

| | | | | |
|---|---|---|---|---|
| $Ca^{2+}$ | $\left(\frac{3}{4},\frac{3}{4},\frac{3}{4}\right)$ | $\left(\frac{1}{4},\frac{1}{4},\frac{3}{4}\right)$ | $\left(\frac{1}{4},\frac{3}{4},\frac{1}{4}\right)$ | $\left(\frac{3}{4},\frac{1}{4},\frac{1}{4}\right)$ |
| $F^-$ | (0, 0, 0) | $\left(\frac{1}{2},\frac{1}{2},0\right)$ | $\left(\frac{1}{2},0,\frac{1}{2}\right)$ | $\left(0,\frac{1}{2},\frac{1}{2}\right)$ |
| | $\left(\frac{1}{2},\frac{1}{2},\frac{1}{2}\right)$ | $\left(0,0,\frac{1}{2}\right)$ | $\left(0,\frac{1}{2},0\right)$ | $\left(\frac{1}{2},0,0\right)$ |

（6）$TiO_2$ 型（金红石，rutile，图 5-14、图 5-15、表 5-11）

金红石（$TiO_2$）属于四方晶系，通常以 $Ti^{4+}$ 做四方堆积为视角取 $TiO_2$ 晶胞。

$O^{2-}$ 近似地以 HCP 堆积，$Ti^{4+}$ 填入 $O^{2-}$ 围成的正八面体中的一半；$O^{2-}$ 周围有 3 个近于正三角形配位的 $Ti^{4+}$；正、负离子配位数之比为 6∶3。

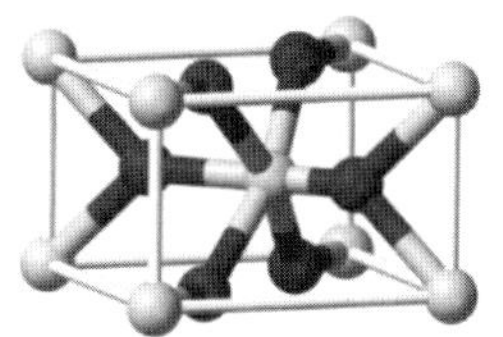

**图 5-14 一个 $TiO_2$ 晶胞**

（以 $Ti^{4+}$ 做四方堆积为视角）

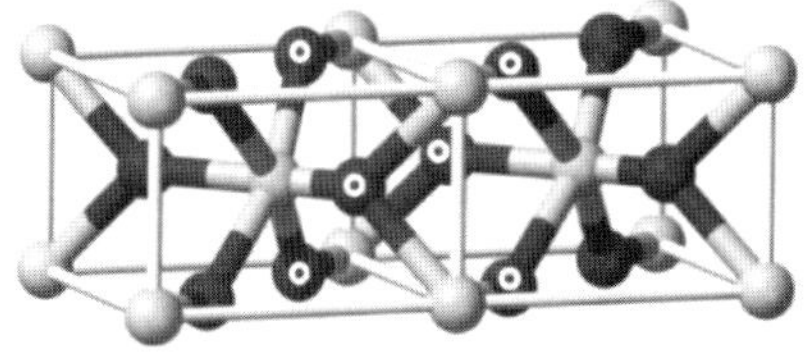

**图 5-15 两个并置的 $TiO_2$ 晶胞**

（加白圈的 $O^{2-}$ 围成的正八面体中心无 $Ti^{4+}$）

一个上述晶胞中含有 2 个 $TiO_2$ 化学式，晶体的化学式为 $TiO_2$。

**表 5-11 $TiO_2$ 晶胞中离子的分数坐标($x\approx0.305$)**

| $Ti^{4+}$ | | $O^{2-}$ | | | |
|---|---|---|---|---|---|
| (0, 0, 0) | $\left(\frac{1}{2},\frac{1}{2},\frac{1}{2}\right)$ | $(x, x, 0)$ | $(1-x, 1-x, 0)$ | $\left(\frac{1}{2}+x,\frac{1}{2}-x,\frac{1}{2}\right)$ | $\left(\frac{1}{2}-x,\frac{1}{2}+x,\frac{1}{2}\right)$ |

（7）$CaTiO_3$ 型（钙钛矿型，perovskite，图 5-16、表 5-12）

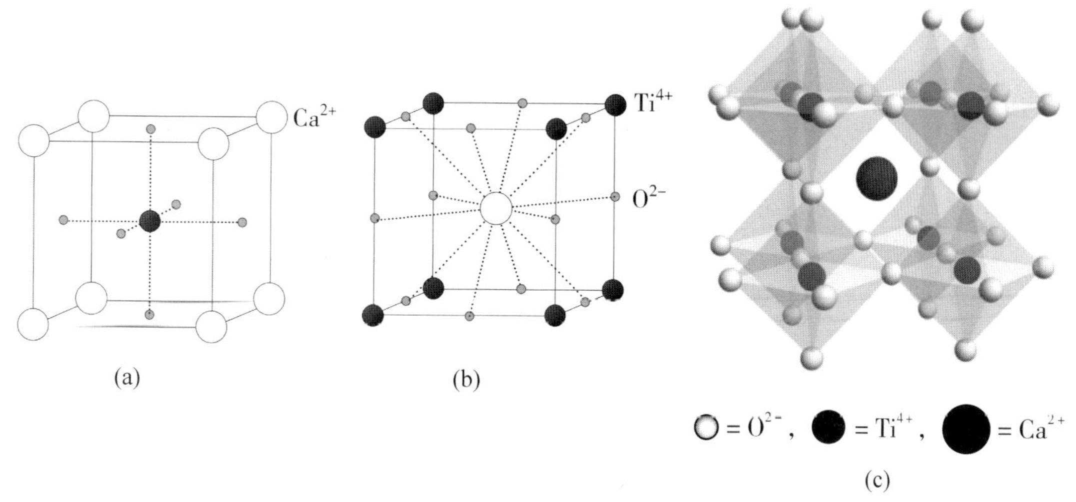


**图 5-16 $CaTiO_3$（钙钛矿型）晶体结构示意图**

**特别提醒：**(a)、(b)图中，圆球的大小与色彩仅用于离子的识别，完全不代表离子的实际大小比例！

$O^{2-}$ 与 $Ca^{2+}$ 的大小比较接近，所以 $O^{2-}$ 与 $Ca^{2+}$ 一起有序地按 CCP 堆积，若 $O^{2-}$ 占据晶胞顶点，则 $Ca^{2+}$ 占据晶胞面心(若 $Ca^{2+}$ 占据晶胞顶点，则 $O^{2-}$ 占据晶胞面心)，而 $Ti^{4+}$ 则占据 $O^{2-}$ 包围而成的正八面体的中心。所以 $Ca^{2+}$ 的配位数=12，$Ti^{4+}$ 的配位数=6，$O^{2-}$ 的配位数=6(2 个 $Ti^{4+}$，4 个 $O^{2-}$)。

若以 $Ti^{4+}$ 为顶角取晶胞[即图 5-16(b)、图 5-16(c)所示]，则：一个晶胞中含有 1 个 $CaTiO_3$ 化学式，晶胞的化学式为 $CaTiO_3$。

**表 5-12　$CaTiO_3$ 晶胞中离子的分数坐标**

| $Ti^{4+}$ | $Ca^{2+}$ | $O^{2-}$ | | |
|---|---|---|---|---|
| (0, 0, 0) | $\left(\frac{1}{2}, \frac{1}{2}, \frac{1}{2}\right)$ | $\left(\frac{1}{2}, 0, 0\right)$ | $\left(0, \frac{1}{2}, 0\right)$ | $\left(0, 0, \frac{1}{2}\right)$ |

(8) $MgAl_2O_4$ 型(尖晶石型，normal spinel and anormal spinel or inverted spinel，表 5-13)

**4. 离子键理论(简介)**

(1) 离子键的键能

以 NaCl 为例，1 mol 气态 NaCl 分子离解成气体原子时所吸收的能量，用 $E_i$ 表示：

$NaCl(g) = Na(g) + Cl(g)$　$\Delta H = E_i$　键能 $E_i$ 越大，离子键越强

**表 5-13　尖晶石晶体结构解析图**

| | $[A]_O$ 单元 | $[A]_T$ 单元 |
|---|---|---|
| 常式尖晶石 (normal spinel) | 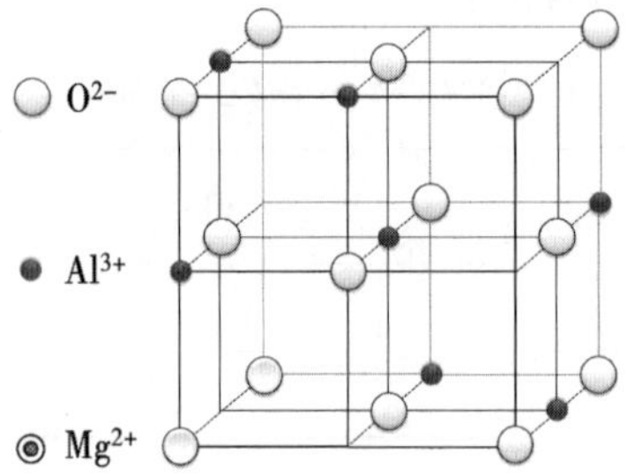 $O^{2-}$ $Al^{3+}$ $Mg^{2+}$ | 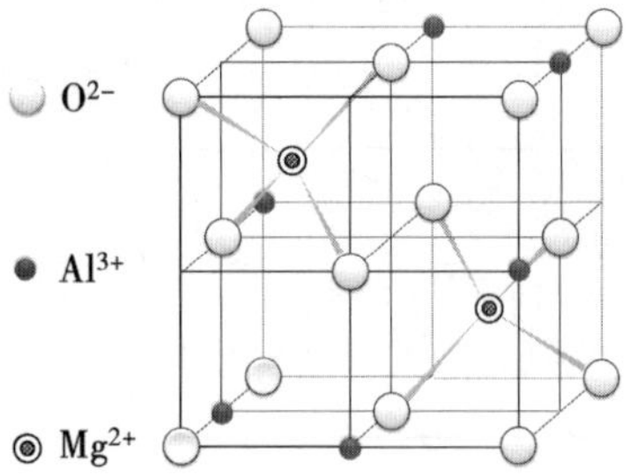 $O^{2-}$ $Al^{3+}$ $Mg^{2+}$ |
| 反式尖晶石 (inverted spinel) | 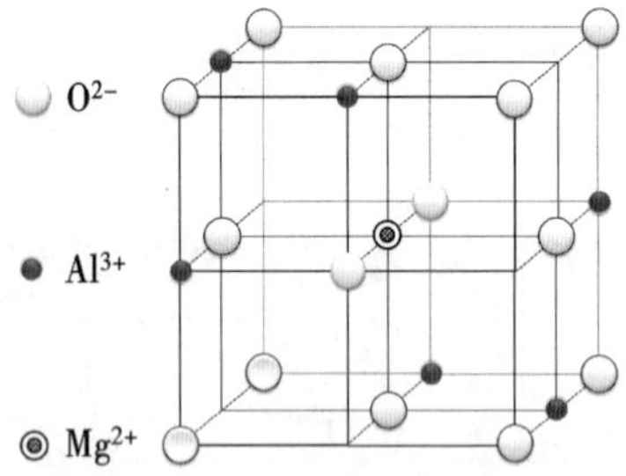 $O^{2-}$ $Al^{3+}$ $Mg^{2+}$ | 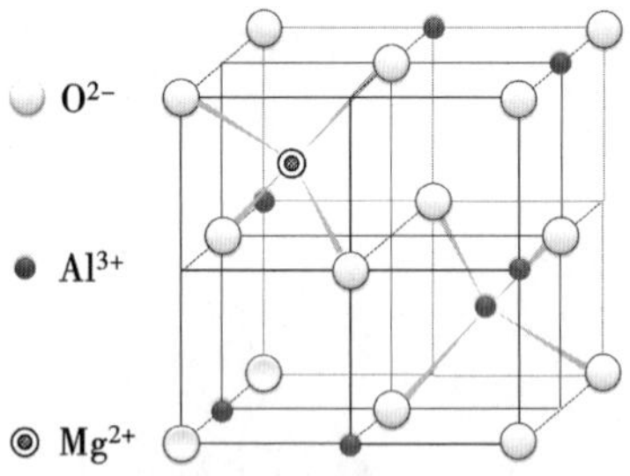 $O^{2-}$ $Al^{3+}$ $Mg^{2+}$ |
| 尖晶石晶胞结构示意图 | 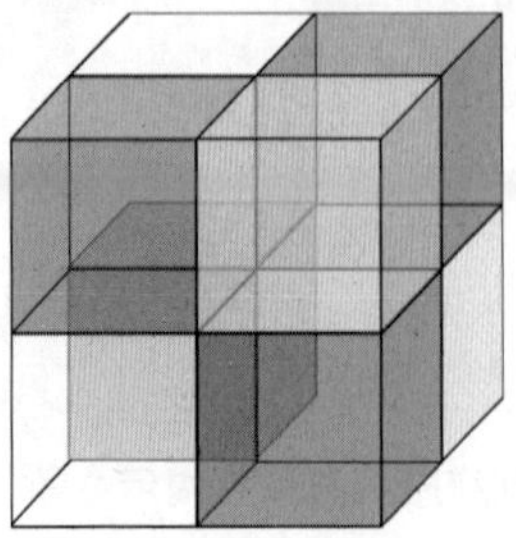 | 左图中 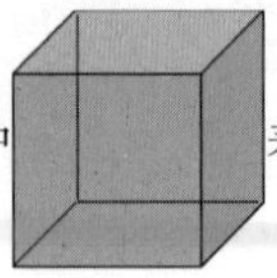 表示$[A]_O$单元<br>左图中 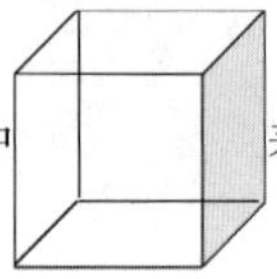 表示$[A]_T$单元 |

（2）晶格能

晶格能指的是气态离子形成 1 mol 离子晶体时释放的能量，用 $U$ 表示。

以 NaCl 为例，气态的 $Na^+$、$Cl^-$ 离子，结合成 1 mol NaCl 晶体时，放出的能量 $U$ 为：

$$Na^+(g) + Cl^-(g) = NaCl(s) \quad \Delta H = -U$$

晶格能 $U$ 越大，则形成离子键得到离子晶体时放出的能量越多，离子键越强。显然，晶格能≠键能，晶格能通常通过实验进行测定，也可以通过热力学方法进行理论估算。

## 五、共价晶体

共价晶体特指原子之间通过共价键直接形成立体网状结构所形成的晶体，大致分为两大类型（表 5-14）。

**表 5-14 两大类型的共价晶体**

| 晶体中的微粒 | 同种原子 | 不同种原子 |
| --- | --- | --- |
| 微粒间的作用力 | 非极性共价键 | 极性共价键 |
| 典型代表 | 金刚石、单晶硅 | 碳化硅、石英 |
| 化学式 | C、Si | SiC、$SiO_2$ |
| 物理共性 | 坚硬易碎、不溶于水、熔点沸点高、导电导热性能差 | |

常见的典型共价晶体为：

金刚石、单晶硅、碳化硅（图 5-17）；氮化硅、二氧化硅、硼（参阅本书硅、硼及其化合物部分）。

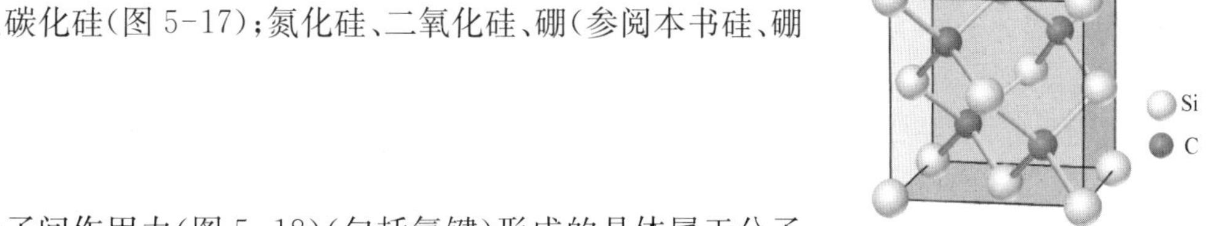


**图 5-17 碳化硅结构示意图**

## 六、分子晶体

分子之间通过分子间作用力（图 5-18）（包括氢键）形成的晶体属于分子晶体，分子间作用力包括范德华力和氢键两大类型。

### 1. 范德华力

分子间存在的一种较弱的相互作用，其结合力大约只有几个到几十个 $kJ \cdot mol^{-1}$，比化学键的键能小 1～2 个数量级。气体分子能凝聚成液体或固体，主要就是靠这种分子间作用力，又可以分成如下类型（表 5-15）。

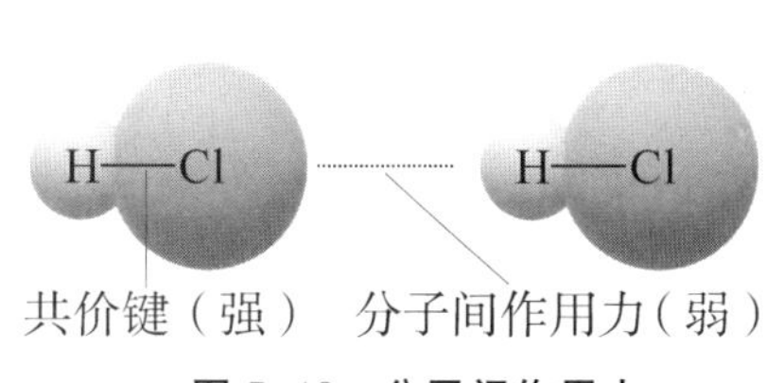


**图 5-18 分子间作用力**

**表 5-15 范德华力的分类**

| 类型 | 说明 |
| --- | --- |
| 取向力 | 极性分子之间 |
| | 离子与极性分子之间 |
| 诱导力 | 极性分子诱导非极性分子 |
| | 极性分子诱导极性分子 |
| 色散力 | 任何共价分子之间（与分子的变形性对应） |

（1）取向力

极性分子永久偶极与永久偶极之间的作用称为取向力，仅存在于极性分子之间，且 $F \propto \mu^2$。

（2）诱导力

诱导偶极与永久偶极之间的作用称为诱导力。极性分子作为电场源，使非极性分子产生诱导偶极或使极性分子的偶极增大（也产生诱导偶极），这时诱导偶极与永久偶极之间形成诱导力，因此诱导力存在于极性分子与非极性分子之间，也存在于极性分子与极性分子之间。

（3）色散力

瞬间偶极与瞬间偶极之间有色散力。任何分子均有瞬间偶极，故色散力存在于极性分子与极性分子、极性分子与非极性分子及非极性分子与非极性分子之间。色散力不仅存在广泛，而且在分子间作用力中，色散力经常是主要的。

取向力、诱导力和色散力统称范德华力，它们具有如下共性：

① 它是永远存在于分子之间的一种作用力。

② 它是弱作用力——一般只有几个～几十个 $kJ \cdot mol^{-1}$，远远弱于分子内存在的共价键。

③ 它没有方向性和饱和性。

④ 分子间作用力仅在近程有效——范德华力的作用范围只有几个 pm，当固体熔化成液体时，范德华力被削弱；当液体汽化时，范德华力被大大削弱（当分子发生分解时，分子内的共价键被破坏！）。

⑤ 对大多数分子来说，分子间的三种作用力中，色散力是最主要的（水分子等除外）。

分子间作用力与相对分子质量有关：在结构相似的情况下，分子的相对质量越大，范德华力越大。分子间作用力与分子极性、形状有关：在分子的相对质量相同的情况下，分子的极性越强，范德华力越大（表 5-16）。

**表 5-16 反-2-丁烯与顺-2-丁烯基本物理性质的比较**

| | 反-2-丁烯 $\overset{H}{}\;C{=}C\;$（H、$CH_3$ / $H_3C$、H）非极性 | 顺-2-丁烯 $C{=}C$（$H_3C$、$CH_3$ / H、H）极性 |
|---|---|---|
| 熔点/℃ | −105.53 | −139 |
| 沸点/℃ | 0.88 | 3.7 |

**2. 特殊的分子间作用力——氢键**

（1）氢键的形成（图 5-19）

氢键的生成，主要是由于偶极与偶极之间的静电吸引作用，当氢原子与电负性甚强的原子（用 A 表示）结合时，因极化效应，其键间的电荷分布不均，氢原子变成近乎氢正离子状态。此时再与另一电负性甚强的原子（用 B 表示）相遇时，即发生静电吸引。因为这种结合可看作是以“H 离子”为桥梁而形成的，故称为氢键，通常表示为 A—H…B，其中 A、B 是氧、氮或氟等电负性大且原子半径比较小的原子。

氢键的键长按 A—H…B 的长度计，氢键的键能约 20 $kJ \cdot mol^{-1}$（大约是普通分子间作用力的 10 倍）。

生成氢键时，给出氢原子的 A—H 基叫作氢给予基，与氢原子配位的电负性较大的原子 B 或基叫氢接受基，具有氢给予基的分子叫氢给予体。把氢键看作是由 B 给出电子向 H 配对，电子给予体 B 是氢接受体，电子接受体 A—H 是氢给予体。

氢键的形成，既可以在两个或多个分子之间形成，也可以在一个分子的内部形成。例如：氟化氢和甲醇可分别在其分子之间形成氢键，水杨醛可在其分子内部形成氢键。

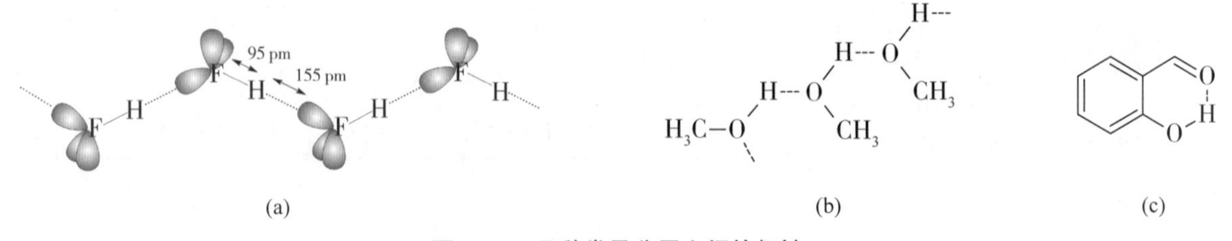


**图 5-19 几种常见分子之间的氢键**

分子内氢键和分子间氢键虽然生成本质相同，但前者是一个分子内部的缔合，后者是两个或多个分子之间的缔合，因此，两者在相同条件下生成的难易程度不一定相同。一般来说，分子内氢键在非极性溶剂的稀溶液里也能存在，而分子间氢键几乎不能存在。这是因为在很稀的溶液里，两个或两个以上分子靠近是比较困难的，溶液越稀越困难，所以很难形成分子间氢键。

氢键并不限于在同类分子之间形成，不同类分子之间亦可形成氢键，如醇、醚、酮、胺等相混时，都能生

成类似 O—H…O 状的氢键。例如,醇与胺相混合即形成下列形式的氢键: R—O—H…N(R)₃

一般认为,在氢键 A—H…B 中,A—H 键基本上是共价键,而 H…B 键则是一种较弱的有方向性的范德华引力。因为原子 A 的电负性较大,所以 A—H 的偶极距比较大,使氢原子带有部分正电荷,而氢原子又没有内层电子,同时原子半径(约 30 pm)又很小,因而可以允许另一个带有部分负电荷的原子 B 来充分接近它,从而产生强烈的静电吸引作用,形成氢键。

(2) 氢键的饱和性和方向性

氢键不同于范德华引力,它具有饱和性和方向性。由于氢原子特别小而原子 A 和 B 比较大,所以 A—H 中的氢原子只能和一个 B 原子结合形成氢键。同时由于负离子之间的相互排斥,另一个电负性大的原子 B′就难于再接近氢原子,这就是氢键的饱和性。

氢键具有方向性(图 5-20)则是由于电偶极矩 A—H 与原子 B 的相互作用,当 A—H…B 在同一条直线上时作用最强,同时原子 B 一般含有未共用电子对,在可能范围内氢键的方向一般须和未共用电子对电子云的对称轴一致,这样可使原子 B 中负电荷分布最多的部分最接近氢原子,这样形成的氢键最稳定。

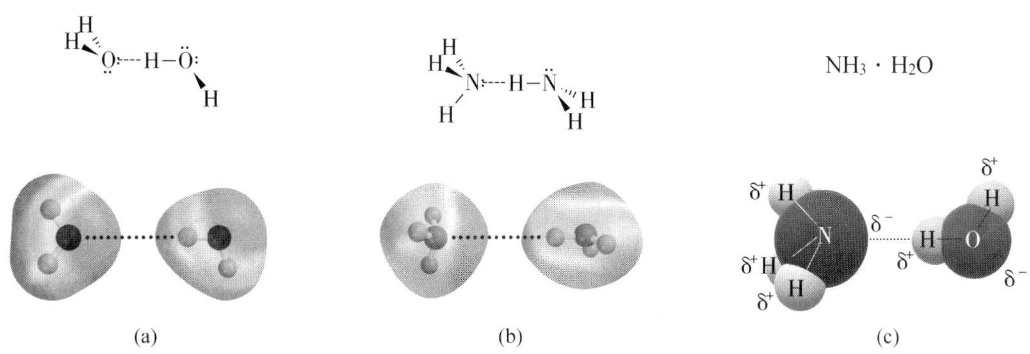


**图 5-20 氢键具有方向性**

(3) 影响氢键强弱的因素

氢键的强弱与原子 A 与 B 的电负性大小有关。A、B 的电负性越大,则氢键越强;

另外也与原子 B 的半径大小有关,即原子 B 的半径越小别越容易接近 H—A 中的氢原子,氢键越强。

例如:氟原子的电负性最大而半径很小,所以 F—H…F 是最强的氢键。

在 F—H、O—H、N—H、C—H 系列中,形成氢键的能力随着与氢原子结合的原子的电负性的降低而递降。

碳原子的电负性很小,C—H 一般不能形成氢键,但在 H—C≡N 或 $HCCl_3$ 等中,由于氮原子和氯原子的影响,碳原子的电负性增大,这时也可以形成氢键。例如三氯甲烷分子和丙酮分子之间能生成 $(H_3C)_2C{=}O\cdots H{-}CCl_3$ 氢键;HCN 分子之间可以生成氢键 H—C≡N…H—C≡N…H—C≡N 。

(4) 非常规氢键(本书略)

(5) 氢键对物质性质的影响

氢键是一种把分子彼此连接起来的很强的力,若晶体内的分子之间形成了氢键,会导致晶体变硬、熔点升高(分子间以氢键相连的化合物,其晶体的硬度和熔点介于离子晶体和仅由色散力形成的分子晶体之间);若液体内的分子之间形成了氢键,则液体黏度和表面张力会有所增加、沸点明显升高;当分子能与溶剂(如水)形成分子间氢键时,该物质将易溶于溶剂(如水);若分子形成了分子内氢键,则其与溶剂(如水)分子形成分子间氢键的概率将大大减小,从而导致该物质的水溶性下降;同理,若分子形成了分子内氢键,则分子之间的缔合概率下降、凝聚力减小，从而使得该物质沸点降低、容易汽化。例如，硝基苯酚有三种同分异构体，其中邻硝基苯酚可以形成分子内氢键，不能再与其他邻硝基苯酚分子和水分子形成分子间氢键，因此邻硝基苯酚容易挥发且不溶于水，而间硝基苯酚和对硝基苯酚不仅能形成分子间氢键，还能与水分子之间形成氢键(图 5-21)。分子间氢键的存在降低了物质的蒸气压，利用这种差别，可用水蒸气蒸馏方法将邻位异构体与间、对位异构体分开。

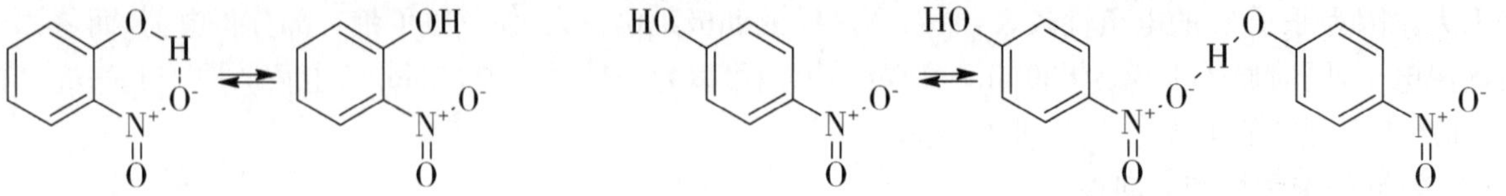

(a) 邻硝基苯酚可以形成分子内氢键
熔点约 44 ℃，沸点约 215 ℃。

(b) 对硝基苯酚可以形成分子间氢键
熔点约 113 ℃，沸点未知(发生分解)。

**图 5-21　邻硝基苯酚与对硝基苯酚基本物理性质的比较**

分子间氢键和分子内氢键的不同不仅影响物质的物理性质，还能对它们的化学性质和化学反应等产生影响。所以，分子能否形成氢键，对其多方面性质的影响都比较大。

**3. 分子晶体**(图 5-22、图 5-23)

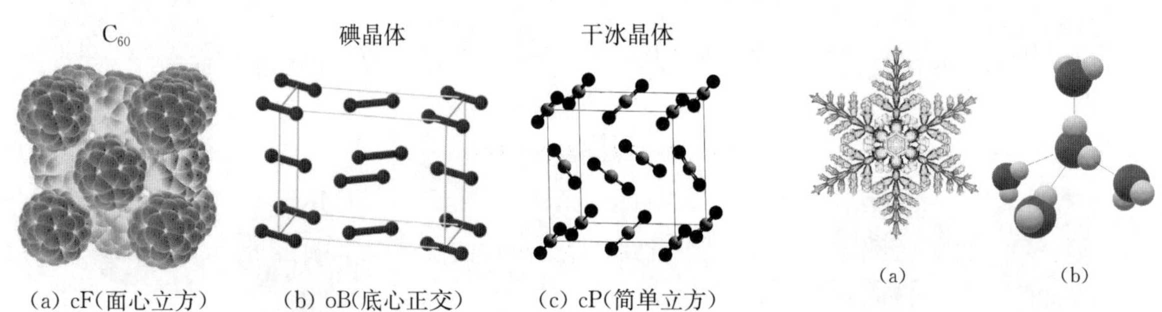


(a) cF(面心立方)　(b) oB(底心正交)　(c) cP(简单立方)

一般采用面心式堆积，分子配位数通常=12

**图 5-22　几种典型的无氢键型分子晶体**

水分子通过分子间氢键形成冰雪晶体

**图 5-23　典型的氢键型分子晶体——冰雪晶体**

## 七、混合型晶体的典型代表——石墨

**1. 理想石墨晶体**

理想石墨晶体属于六方晶系，具有层状结构，层内每个 C 与 3 个 C 连接，形成六方环状网层；层的重复规律为 ABAB……，上层六方网环的碳原子有一半对着下层六方网环的中心(图 5-24)。

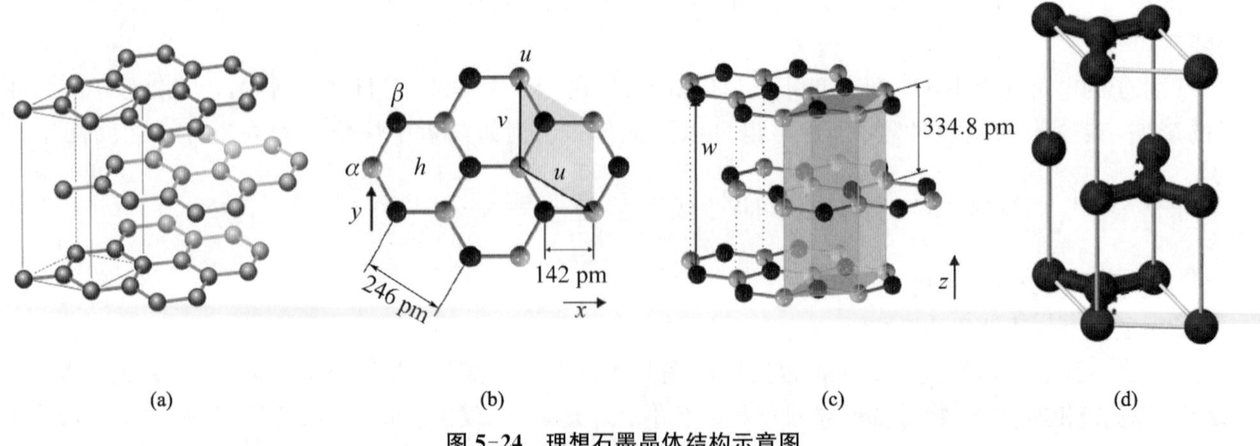


**图 5-24　理想石墨晶体结构示意图**

**2. 晶胞与结构基元**(图 5-25)

通常取石墨的六方晶胞,晶胞内容为 4 个 C 原子$\left(8\times\frac{1}{8}+4\times\frac{1}{4}+2\times\frac{1}{2}+1=4\right)$

C 原子坐标:(0, 0, 0), $\left(\frac{2}{3}, \frac{1}{3}, \frac{1}{2}\right)$,$\left(0, 0, \frac{1}{2}\right)$, $\left(\frac{1}{3}, \frac{2}{3}, \frac{1}{2}\right)$

石墨的结构基元中含有 2 个 C 原子。

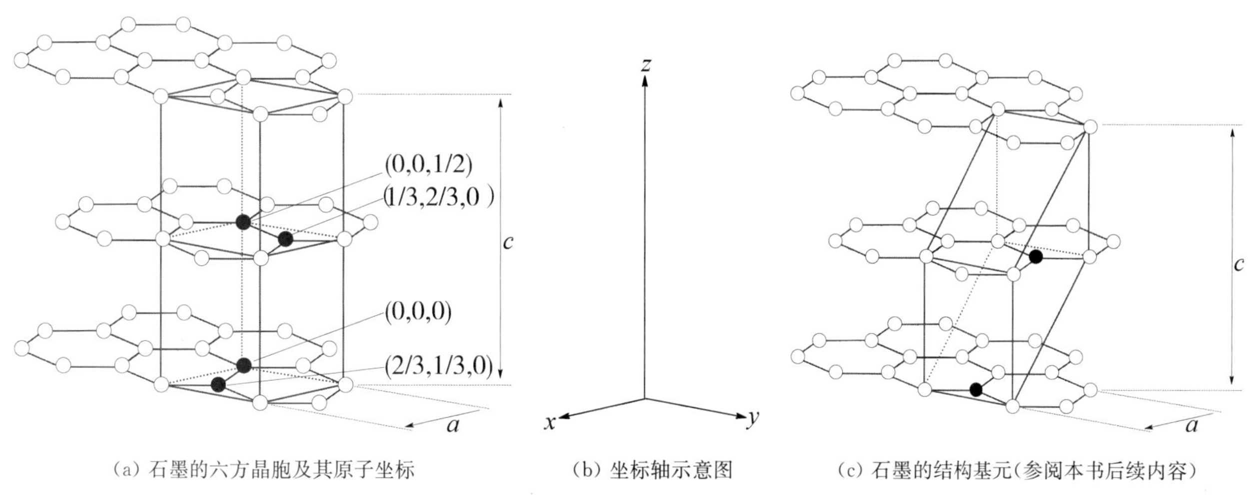


(a) 石墨的六方晶胞及其原子坐标　(b) 坐标轴示意图　(c) 石墨的结构基元(参阅本书后续内容)

**图 5-25　石墨的晶胞与结构基元**

**3. 理想石墨晶体有哪些特性**

既具有金属晶体那样良好的传导性,又具有共价晶体那样的高熔点(其熔点甚至高于金刚石),但又具有分子晶体那样较低的机械强度——软而滑。

# 第六章　化学热力学基础

## 一、体系和环境

**1. 体系**

我们研究的对象，称为体系。

**2. 环境**

体系以外的其他部分，称为环境。例如：我们研究杯子中的水，则水是体系，水面上的空气、杯子皆为环境。当然，桌子、房屋、地球、太阳也皆为环境。但我们着眼于和体系密切相关的环境，即为空气和杯子等。又如：若以 $N_2$ 和 $O_2$ 混合气体中的 $O_2$ 作为体系，则 $N_2$ 是环境，容器也是环境。

按照体系和环境之间的物质、能量的交换关系，将体系分为三类(表 6-1)：

**表 6-1　体系分为三类**

| 敞开体系 | 封闭体系 | 孤立体系 |
| --- | --- | --- |
| 环境 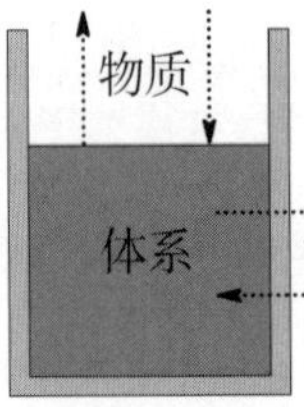 物质 体系 能量 | 环境 体系 能量 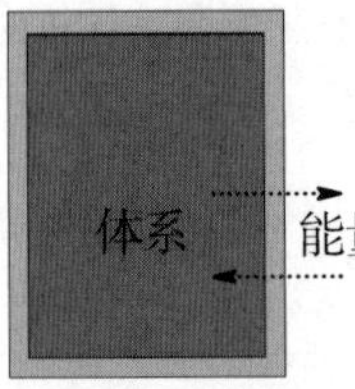 | 环境 体系  |
| 既有物质交换，也有能量交换 | 无物质交换，有能量交换 | 既无物质交换，也无能量交换 |

例如：一个盛满热水敞开瓶口的瓶子，以水为体系，则该体系是敞开体系；如果加上一个盖子，那么该体系变成封闭体系；如果再将瓶子换成杜瓦瓶(保温瓶)，那么该体系又变成孤立体系。热力学上研究得较多的是封闭体系。

## 二、状态和状态函数

**1. 状态**

由一系列表征体系性质的物理量所确定下来的体系的一种存在形式，称为体系的状态。

例：某理想气体体系 $n=1$ mol，$p=1.013\times10^5$ Pa，$V=22.4$ dm$^3$，$T=273$ K 这就是一种存在状态(因为 $p=1.013\times10^5$ Pa，所以又可称其处于一种标准状态，详见下文)。

**2. 热力学标准态**

为了研究的方便，定义了热力学标准态，简称标态：系统中各种气体的分压均为标准压力 $p^\ominus$；固体和液体表面所承受的压力均为标准压力 $p^\ominus$；溶液中各溶质的浓度均为 1 mol·L$^{-1}$(严格来说是 1 mol·kg$^{-1}$)。

务必注意如下两点：热力学标准态并未限定具体温度，即任何温度下都有其对应的热力学标准态；热力学标准态的概念不同于通常状态(298 K、101 325 Pa)，也不同于理想气体的标准状况(273 K、101 325 Pa)。

**3. 始态和终态**

体系变化前的状态为始态；体系变化后的状态为终态。

**4. 状态函数**

状态函数就是确定体系状态的物理量。状态函数有很多种，常见、常用的 $n$，$p$，$V$，$T$ 都是体系的状态函数，用于确定(多用于气体)物质的存在状态。状态一定，则体系的状态函数一定。体系的状态只要发生变化，则体系的一个或几个状态函数也必将发生变化；反之，体系的一个或几个状态函数发生了变化，则体系的状态也必定要发生变化。状态函数分为两大类型(表 6-2)。

**表 6-2　强度性质与广度性质**

| 分类 | 强度性质 | 广度性质 |
| --- | --- | --- |
| 典例 | 温度、压力(压强)、密度、比热 | 体积、质量、热量 |
| 特点 | 与体系中物质的数量无关、无加和性 | 与体系中物质的数量有关、有加和性 |
| 关系 | 有时，两个广度性质之比会成为体系的强度性质，如：质量与体积之比即为密度；体积与物质的量之比即为摩尔体积 | |

**5. 状态函数的改变量**

状态变化的始态和终态一经确定，则状态函数的改变量即随之确定。例如：

温度的改变量用 $\Delta T$ 表示，则 $\Delta T = T_{终} - T_{始}$；同样也可理解 $\Delta n$，$\Delta p$，$\Delta V$ 等的意义。

## 三、过程和途径

**1. 过程**

体系的状态发生变化，从始态到终态，我们说经历了一个热力学过程，简称过程(表 6-3)。

**表 6-3　常见的热力学过程**

| 等温过程即恒温过程 | 体系在恒温条件下发生了状态变化 |
| --- | --- |
| 等容过程即恒容过程 | 体系在恒容条件下发生了状态变化 |
| 绝热过程 | 体系变化时和环境之间无热量交换 |

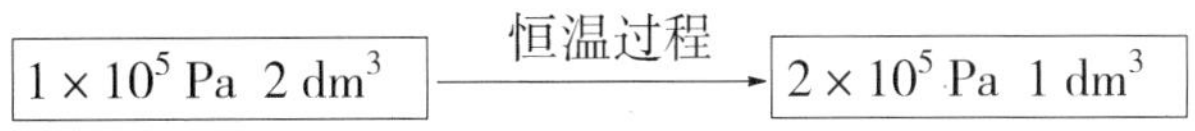


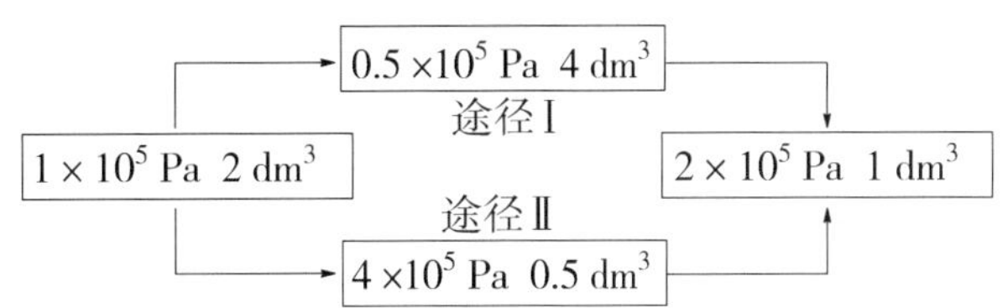


图 6-1　一个恒温过程可以有许多不同的途径

**2. 可逆过程**

能通过原来过程的反方向使得体系和环境同时复原而不留下任何痕迹的过程，被称为可逆过程(reversible progress)，详情参阅下文"可逆膨胀功"。

**3. 途径**

完成一个热力学过程，可以采取不同的方式，我们把每种具体的方式称为一种途径。过程着重于始态和终态，而途径着重于具体方式。例如：某理想气体，经历一个恒温过程可以有许多不同的途径(图 6-1)：

状态函数改变量，取决于始终态，无论途径如何不同。如上述过程的两种途径中：

$$\Delta p = p_{终} - p_{始} = 2 \times 10^5\ \text{Pa} - 1 \times 10^5\ \text{Pa} = 1 \times 10^5\ \text{Pa}$$

$$\Delta V = V_{终} - V_{始} = 1\ \text{dm}^3 - 2\ \text{dm}^3 = -1\ \text{dm}^3$$

## 四、体积功(也叫膨胀功)

**1. 体积功的概念**

化学反应过程通常伴随体积变化。体系反抗外压改变体积，产生体积功(也叫膨胀功)(图 6-2)。

按照传统功的定义：

$$W = F \cdot \Delta l = (F/S) \cdot \Delta l \cdot S = p \cdot \Delta V \tag{6-1}$$

提醒：上式中的 $p$ 不是体系的内压 $p_{体系}$，而是指环境的压力即外压 $p_{外}$。

设：在一截面积为 $S$ 的圆柱形筒内发生化学反应，体系反抗外压 $p$ 膨胀，活塞从Ⅰ位移动到Ⅱ位。这种 $W=p\cdot\Delta V$ 称为体积功，以 $W_{体}$ 表示。

若体积变化 $\Delta V=0$，则 $W_{体}=0$。

我们研究的体系与过程，若不加以特别说明，可以认为只做体积功，即 $W=W_{体}$。

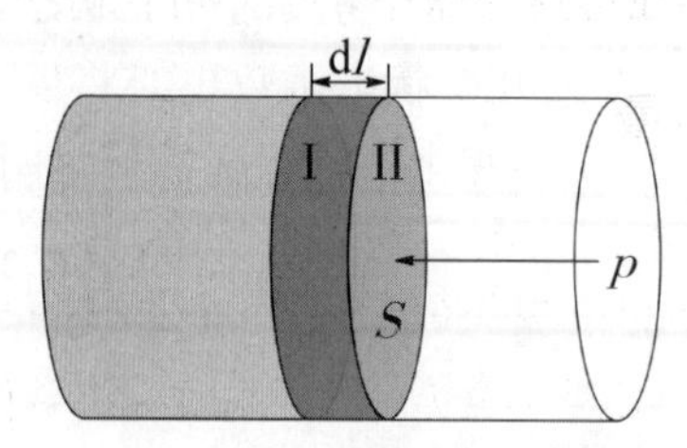


图 6-2　体积功的概念

**注：** 化学上将除膨胀功以外的其他功统称为有用功，仅仅是习惯说法而已，并不代表膨胀功真的无用！

**2. 可逆膨胀**(图 6-3、表 6-4)

气体在压缩的过程中，外压总是>体系的内压；气体在膨胀的过程中，外压总是<体系的内压。

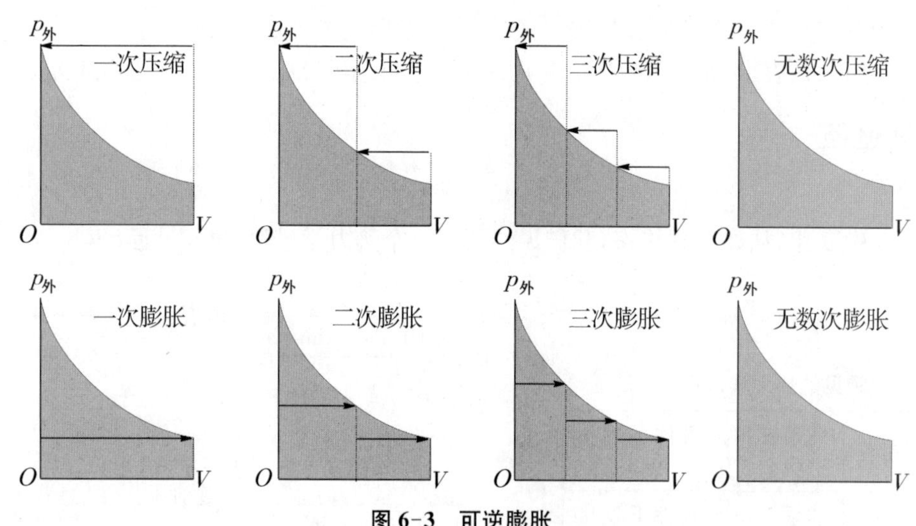


图 6-3　可逆膨胀

**表 6-4　不同膨胀方式的膨胀功**

| 膨胀方式 | 外压 | 膨胀功(图 6-3 中箭头与 $V$ 轴间矩形的面积) |
|---|---|---|
| 自由膨胀 | $p=0$ | $W=-p\Delta V=0$ |
| (一次)等压膨胀 | $p=p_{终}$ | $W=-p\Delta V$ |
| 多次梯级降压膨胀 | $p_1, p_1, p_1, \cdots, p_j=p_{终}$ | $W=-\sum_{i=j} p_i(\Delta V)_i$ |
| 可逆膨胀 | 由 $p=p_{始}$ 连续减小至 $p=p_{终}$ | $W=-nRT\ln(V_2/V_1)$ |

以可逆膨胀为例，如果将操作进行得无限缓慢：每次仅使外压略小于内压无限小，即：

$$p_{体系}-p_{外}=\Delta p \tag{6-2}$$

$$p_{外}=p_{体系}-\Delta p \tag{6-3}$$

若按物理学习惯，体系对外做功为"－"，则 $W=-p_{外}\Delta V=-(p_{体系}-\Delta p)\Delta V=-p_{体系}\Delta V+\Delta p\Delta V$

因为 $\Delta p\Delta V$ 属于二阶无穷小，可以忽略不计，此时，$W=-p_{体系}\Delta V$

因为 $W=\Sigma\delta W=-\int_{V_1}^{V_2} p_{体系}\Delta V$ 而 $p_{体系}=\dfrac{nRT}{V}$

所以 $W=\Sigma\delta W=-\int_{V_1}^{V_2}\dfrac{nRT}{V}\Delta V=-nRT\int_{V_1}^{V_2}\dfrac{1}{V}\Delta V=-nRT\ln(V_2/V_1)$

不难看出：在可逆膨胀中，$p_{体系}$ 可代替 $p_{外}$；可逆膨胀功的绝对值是做功的最大值。

## 五、热、热量

热量(heat)指的是由于温差的存在导致的能量转化过程中所转移的能量，该转化过程称为热交换或热传递。热量的公制单位为焦耳(J)。热量的绝对值也是无法测得的，$Q=c\cdot m\cdot \Delta T$，$c$ 称为系统的比热容，单位为 $J\cdot g^{-1}\cdot ℃^{-1}$；$m$ 为体系的总质量，单位为 g；$\Delta T$ 为温度差，单位为℃。化学学科习惯(注意与物理学科的差异)为：$Q$ 是指体系吸收的热量。体系吸热为正；放热为负。$W$ 是指体系对环境所做的功。体系对环境做功为正；环境对体系做功为负。

体系由同一始态经不同途径变化到同一终态时，不同途径做的功和热量变化不同，所以功和热不是状态函数。只提出过程的始终态，而不提出具体的途径时，是不能计算功和热的。

例如：同样的化学反应 $H_2(g)+1/2O_2(g)$ $=\!=\!=$ $H_2O(l)$

若以燃烧的方式实现该过程，则释放出 240.580 $kJ\cdot mol^{-1}$的热量；若以燃料电池的方式实现该过程，则释放出 228.527 $kJ\cdot mol^{-1}$的电功，而仅释放出 12.053 $kJ\cdot mol^{-1}$的热量；

而若让电池短路，则全部变成热能和光能(电火花)，其一点有用功也不做。

## 六、热力学能(内能)

热力学能(内能，internal energy)指的是体系内部所有能量之和，包括分子原子的动能、势能、核能、电子的动能……以及一些尚未研究的能量，热力学上用符号 $U$ 表示。

体系的内能尚不能求得，但是体系的状态一定时，内能是一个固定值，因此 $U$ 也是体系的状态函数。

体系的状态发生变化，始、终态确定后，则内能变化值 ($\Delta U$) 也将确定，$\Delta U=U_{终}-U_{始}$。

理想气体是最简单的体系，可以认为理想气体的内能只是温度的函数，温度一定，则 $U$ 一定。即 $\Delta T=0$，则 $\Delta U=0$。

## 七、热力学第一定律

某体系由状态Ⅰ变化到状态Ⅱ，在这一过程中体系吸热 $Q$，做功(体积功)$W$，体系的内能改变量用 $\Delta U$ 表示，则有：$\Delta U=Q-W$。即：体系的内能变化量等于体系从环境吸收的热量减去体系对环境所做的功。显然，热力学第一定律的实质是能量守恒。

例如：某过程中，体系吸热 100 J，对环境做功 20 J，求体系的内能改变量和环境的内能改变量。

由热力学第一定律表达式：$\Delta U=Q-W=100\ J-20\ J=+80\ J$

从环境考虑，吸热$-100$ J，做功$-20$ J，所以 $\Delta U_{环}=(-100\ J)-(-20\ J)=-80\ J$

体系的内能增加了 80 J，环境的内能减少了 80 J。

## 八、几个典型的热力学过程

### 1. 理想气体向真空膨胀——理想气体的内能

法国物理学家盖·吕萨克在 1807 年、英国物理学家焦耳在 1834 年做了如下实验图 6-4：连通器放在绝热水浴中，A 侧充满气体，B 侧抽成真空，实验时打开中间的活塞，使理想气体向真空膨胀，结果发现，膨胀完毕后，水浴的温度没有变化，$\Delta T=0$，说明体系与环境之间无热交换，$Q=0$(图 6-5)。

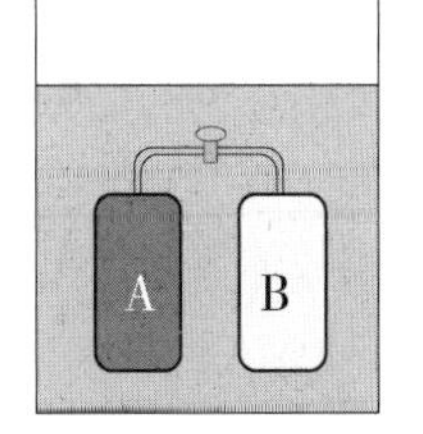

图 6-4 焦耳实验装置示意图

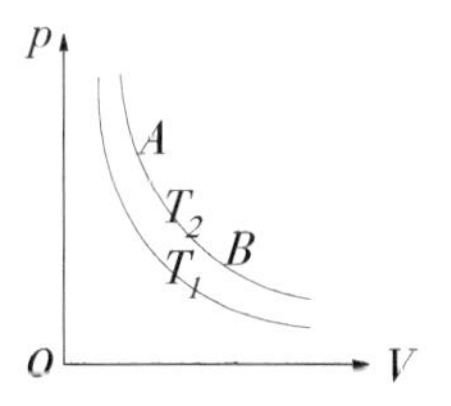

图 6-5 真空膨胀 p-V 曲线图

又因是向真空膨胀，$p_{外}=0$，所以 $W=p_{外}\cdot \Delta V=0$。

根据热力学第一定律：$\Delta U=Q-W=0-0=0$。

**2. 理想气体在非真空条件下的膨胀与压缩**(图 6-6)

理想气体在非真空条件下的膨胀与压缩则与真空条件下的膨胀与压缩有所不同：此时 $p_{外} \neq 0$，所以 $W = p_{外} \cdot \Delta V \neq 0$，非真空条件下气体膨胀时，体系反抗外界压力做功 $W$(即体系对环境做正功 $W$)，根据热力学第一定律：$\Delta U = -W < 0$，在绝热条件下，体系的温度必然降低；要想维持体系的温度不变，必然需要从环境中吸收热量。

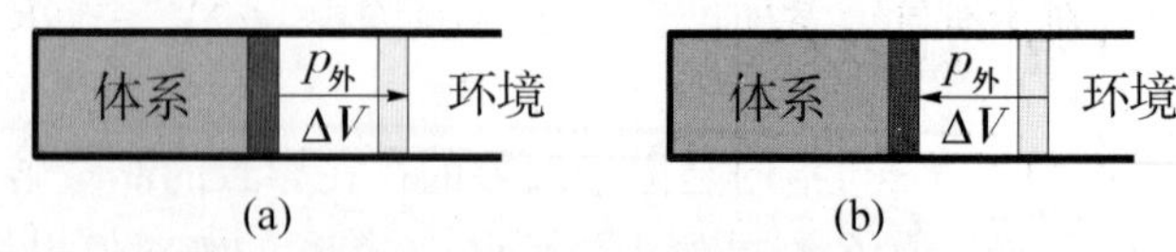


**图 6-6　理想气体在非真空条件下的膨胀与压缩**

反之，非真空条件下压缩气体时，环境对体系做功 $W$(即体系对环境做负功 $-W$)，根据热力学第一定律：$\Delta U = -(-W) = W > 0$，在绝热条件下，体系的温度必然升高；要想维持体系的温度不变，必然需要向环境中传递热量。

**3. 卡诺循环(本书略)**

## 九、焓

**1. 概念**

将 3 种状态函数——体系的内能 $U$ 以及与体系对环境做体积功的能力相关的压强 $p$、体积 $V$ 整合成一个新的状态函数 $H$，即：$H = U + pV$ 称热焓或焓(enthalpy)，是一个新的状态函数。

由于 $U$ 的具体值不可求，故焓 $H$ 的具体值也不可求；焓 $H$ 是一种和能量单位一致的物理量，属于广度性质，有加和性。

对于理想气体，$pV = nRT$，所以 $H$ 也只和 $T$ 有关。

**2. 恒容条件下化学反应的焓变值**

恒容反应中，$\Delta V = 0$ 故 $W = p \cdot \Delta V = 0$

则有：$\Delta_r U = Q_V - W = Q_V$ 即：$\Delta_r U = Q_V$

$Q_V$ 是恒容反应中体系的热量，从 $\Delta_r U = Q_V$ 可见，在恒容反应中体系所吸收的热量全部用来改变体系的内能。所以 $\Delta H = \Delta U = Q_V$ 称为恒容焓变值或恒容反应热。

当 $\Delta_r U > 0$ 时，$Q_V > 0$，是吸热反应；$\Delta_r U < 0$ 时，$Q_V < 0$，是放热反应。

至此 $Q_V$ 和状态函数的改变量 $\Delta_r U$ 建立了联系。

如：$H_2(g) + \frac{1}{2}O_2(g) \longrightarrow H_2O(g)$

$\Delta_r U_m^{\ominus} = -240.580\ \text{kJ} \cdot \text{mol}^{-1}$，即 $Q_V = -240.580\ \text{kJ} \cdot \text{mol}^{-1}$。

**3. 恒压条件下化学反应的焓变值**

恒压反应中，$\Delta p = 0$，则有：

$$\Delta_r U = Q_p - W = Q_p - p \cdot \Delta V = Q_p - \Delta(pV) \tag{6-4}$$

所以：$Q_p = \Delta_r U + \Delta(pV) = (U_2 - U_1) + (p_2V_2 - p_1V_1) = (U_2 + p_2V_2) - (U_1 + p_1V_1)$

$U$，$p$，$V$ 都是状态函数，所以 $U + pV$ 也是一个状态函数，

令 $H = U + pV$，则 $Q_p = \Delta(U + pV)$ 即：$\Delta_r H = Q_p$

$Q_p = \Delta_r H$ 说明，在恒压反应中，体系所吸收的热量 $Q_p$，全部用来改变体系的热焓。

$\Delta_r H > 0$时，$Q_p > 0$，是吸热反应；$\Delta_r H < 0$时，$Q_p < 0$，是放热反应。$\Delta_r H$ 称为恒压焓变值或恒压反应热。

**4. $Q_p$ 和 $Q_V$ 的关系**

$\Delta_r U$，$Q_V$，$\Delta_r H$，$Q_p$ 的单位均为焦耳(J)。

同一反应的 $Q_p$ 和 $Q_V$ 并不相等。$Q_V = \Delta_r U$，$Q_p = \Delta_r U + p\Delta V = \Delta_r H$

由于两个 $\Delta_r U$ 近似相等(对于理想气体，两个 $\Delta_r U$ 相等)，所以：$Q_p = Q_V + p\Delta V$

对于无气体参与的液体、固体反应，由于 $\Delta V$ 很小，故 $p\Delta V$ 可以忽略，则近似有：$Q_p = Q_V$

对于有气体参加反应，$\Delta V$ 不能忽略，$p\Delta V = \Delta nRT$，所以 $Q_p = Q_V + \Delta nRT$，即：

$$\Delta_r H = \Delta_r U + \Delta nRT \tag{6-5}$$

对于 1 mol 反应在标准状态下进行，则有：

$$\Delta_r H_m^\ominus = \Delta_r U_m^\ominus + (\nu_2 - \nu_1)RT \tag{6-6}$$

式(6-6)中 $\nu_2$ 是化学方程式右侧气态产物化学式前计量数之和，$\nu_1$ 是化学方程式左侧气态反应物化学式前计量数之和。

**5. 热化学方程式(概念略去)**

(1) 要写明反应的温度和压强

若不注明，则默认为 298 K，$1.013 \times 10^5$ Pa，即常温常压。

(2) 注明物质的存在状态

固相(s)，液相(l)，气相(g)，水溶液(aq)。有必要时，还要注明固体的晶形，如(石墨)、(金刚石)等。

(3) 方程式的系数

只代表化学计量数、不表示分子个数，所以可以是整数，也可以是分数。

(4) 注明反应的热效应，如：

① $C(石墨) + O_2(g) \xlongequal{} CO_2(g)$　　$\Delta_r H_m = -393.5\ kJ \cdot mol^{-1}$

② $C(金刚石) + O_2(g) \xlongequal{} CO_2(g)$　　$\Delta_r H_m = -395.4\ kJ \cdot mol^{-1}$

③ $H_2(g) + 1/2O_2(g) \xlongequal{} H_2O(g)$　　$\Delta_r H_m = -241.8\ kJ \cdot mol^{-1}$

④ $H_2(g) + 1/2O_2(g) \xlongequal{} H_2O(l)$　　$\Delta_r H_m = -285.8\ kJ \cdot mol^{-1}$

⑤ $2H_2(g) + O_2(g) \xlongequal{} 2H_2O(l)$　　$\Delta_r H_m = -571.6\ kJ \cdot mol^{-1}$

⑥ $H_2O(g) \xlongequal{} H_2(g) + 1/2O_2(g)$　　$\Delta_r H_m = +241.8\ kJ \cdot mol^{-1}$

从①和②对比，可以看出写出晶形的必要性。③和④对比，可以看出写出状态的必要性。④和⑤对比，可以看出计量数不同的热量变化。③和⑥对比，可以看出互逆反应热效应的关系。

**6. 盖斯定律**

1836 年，盖斯(Hess)指出：一个化学反应，不论是一步完成，还是分数步完成，其热效应是相同的。

前面讲过，热量的吸收和放出，是和途径相关的。盖斯定律成立的原因，在于当时研究的反应，基本上都是在恒压下进行的，即反应体系压强和外压相等。此时，$Q_p = \Delta_r H$，$H$ 是终态函数，故不受途径影响。也就是说盖斯定律暗含一个非常重要的前提条件：每一步均为恒压过程。

盖斯定律的实际意义：有的反应虽然简单，但其热效应难以测得。例如 $C + \frac{1}{2}O_2 \xlongequal{} CO$ 是一个很简单的反应但是难于保证产物的纯度，所以其反应热很难直接测定，而应用盖斯定律可以解决这一难题。

已知：$C(s,石墨) + O_2(g) \xlongequal{} CO_2(g)$　　① $\Delta_r H_{m(1)} = -393.5\ kJ \cdot mol^{-1}$

$CO(g) + 1/2O_2(g) \xlongequal{} CO_2(g)$　　② $\Delta_r H_{m(2)} = -283.0\ kJ \cdot mol^{-1}$

①式－②式，得 $C(s,石墨) + 1/2O_2(g) \xlongequal{} CO(g)$

$$\Delta_r H_m = \Delta_r H_{m(1)} - \Delta_r H_{m(2)} = -393.5\ kJ \cdot mol^{-1} - (-283.0\ kJ \cdot mol^{-1}) = -110.5\ kJ \cdot mol^{-1}$$

**7. 生成热**

某温度下，由处于标准态的各种元素的指定单质生成标准态的 1 mol 某物质时的反应称为该物质的生成反应；该生成反应过程的热效应，叫作该物质的标准摩尔生成热，简称标准生成热(或生成热)，用符号 $\Delta_f H_m^\ominus$ 表示，单位为 $kJ \cdot mol^{-1}$，f 为 formation(生成)。

指定单质——通常是最稳定的单质，它的 $\Delta_f H_m^\ominus$ 当然为零。

标准态——在生成热的定义中，涉及"标准态"，热力学上，对"标准态"有严格规定：①固态和液态：纯物质为标准态，即：$X_i=1$。②溶液中物质A：标准态是浓度 $b_A=1\ \text{mol}\cdot\text{kg}^{-1}$，即A的质量摩尔浓度为 $1\ \text{mol}\cdot\text{kg}^{-1}$，经常近似为物质的量浓度 $1\ \text{mol}\cdot\text{dm}^{-3}$。③气体：标准态是指气体分压为 $1.013\times10^5$ Pa。

通过大量试验，将298 K时物质的标准生成热列成表，供查阅使用(表略)。

在表中可查到：$\Delta_f H_m^\ominus[CO(g)]=-110.5\ \text{kJ}\cdot\text{mol}^{-1}$，意思是指CO(g)的生成热的值为 $-110.5\ \text{kJ}\cdot\text{mol}^{-1}$，同时CO(g)的生成反应 C(s,石墨)+$1/2O_2(g)$═══CO(g)的 $\Delta_r H_m^\ominus=-110.5\ \text{kJ}\cdot\text{mol}^{-1}$。

可以用标准生成热求出反应的热效应。例如：看如下关系图6-7：

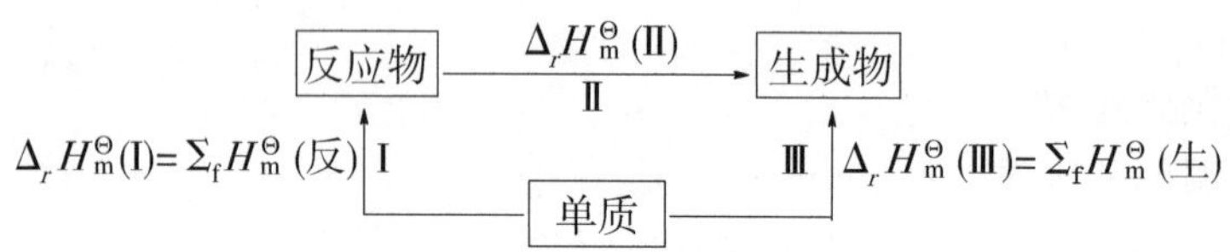


**图6-7 标准生成热的应用**

根据盖斯定律 $\Delta_r H_m^\ominus(Ⅰ)+\Delta_r H_m^\ominus(Ⅱ)=\Delta_r H_m^\ominus(Ⅲ)$

所以 $\Delta_r H_m^\ominus(Ⅱ)=\Delta_r H_m^\ominus(Ⅲ)-\Delta_r H_m^\ominus(Ⅰ)$ 即：$\Delta_r H_m^\ominus=\sum\Delta_f H_m^\ominus(生)-\sum\Delta_f H_m^\ominus(反)$

由于各种物质的 $\Delta_f H_m^\ominus$ 有表可查，故利用公式，可以求出各种反应的焓变 $\Delta_r H_m^\ominus$，即求出反应的热效应。

**【例6-1】** 利用表6-5数据推算反应 $3Fe_2O_3(s)+CO(g)$ ═══ $2Fe_3O_4(s)+CO_2(g)$ 的 $\Delta H$

**表6-5 一些物质的标准生成热** 单位：$\text{kJ}\cdot\text{mol}^{-1}$

| 物质 | $Fe_2O_3(s)$ | $CO(g)$ | $Fe_3O_4(s)$ | $CO_2(g)$ |
| --- | --- | --- | --- | --- |
| $\Delta_f H_m^\ominus$ | −824 | −110 | −1 118 | −393 |

**解法一** (图6-8)利用盖斯定律(可以设想生成物与反应物都是由最稳定的单质形成的)

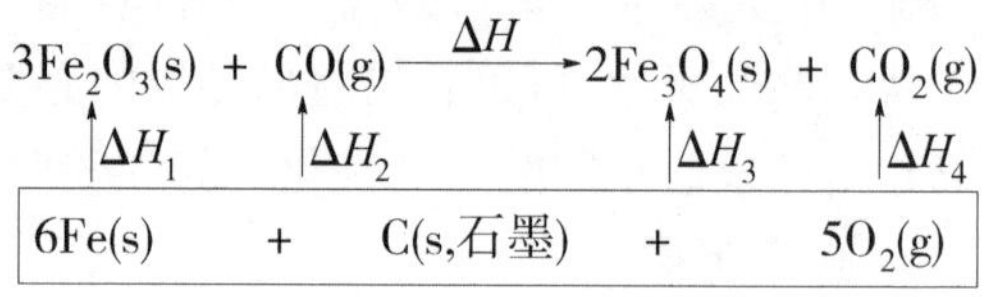

$$\Delta H_1+\Delta H_2+\Delta H=\Delta H_3+\Delta H_4$$

$$\begin{aligned}\Delta H&=\Delta H_3+\Delta H_4-(\Delta H_1+\Delta H_2)\\&=[(-1\,118)\times2+(-393)\times1]-[(-824)\times3+(-110)\times1]\\&=-47(\text{kJ}\cdot\text{mol}^{-1})\end{aligned}$$

$3Fe_2O_3(s)$ + $CO(g)$ $\xrightarrow{\Delta H}$ $2Fe_3O_4(s)$ + $CO_2(g)$

$\Delta H_1$ $\Delta H_2$ $\Delta H_3$ $\Delta H_4$

6Fe(s) + C(s,石墨) + $5O_2(g)$

**图6-8 解法一**

**解法二** 直接利用公式 $\Delta_r H_m^\ominus=\Sigma\Delta_f H_m^\ominus(生成物)-\Sigma\Delta_f H_m^\ominus(反应物)$

**8. 燃烧热**

热力学规定：在 $1.013\times10^5$Pa压强下，1 mol纯物质完全燃烧时的热效应，叫作该物质的标准摩尔燃烧热。简称标准燃烧热(或燃烧热)，用符号 $\Delta_c H_m^\ominus$ 表示，c为combustion(燃烧)，单位为 $\text{kJ}\cdot\text{mol}^{-1}$。

燃烧热终点严格规定：C：$CO_2(g)$ H：$H_2O(l)$ S：$SO_2(g)$ N：$NO_2(g)$ Cl：HCl(aq)

可以用燃烧热计算反应热，公式可由图6-9推出：

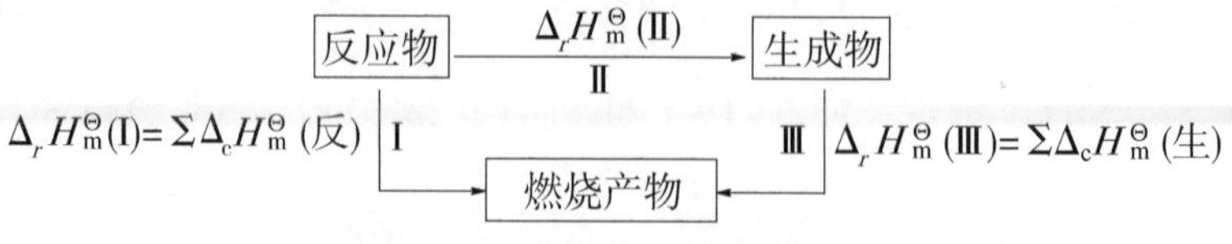

反应物 —— $\Delta_r H_m^\ominus$(Ⅱ) Ⅱ ——→ 生成物

$\Delta_r H_m^\ominus$(Ⅰ)=$\Sigma\Delta_c H_m^\ominus$(反) Ⅰ　　Ⅲ $\Delta_r H_m^\ominus$(Ⅲ)=$\Sigma\Delta_c H_m^\ominus$(生)

燃烧产物

**图6-9 用燃烧热计算反应热**

可知 $\Delta_r H_m^\ominus(Ⅰ)=\Delta_r H_m^\ominus(Ⅱ)+\Delta_r H_m^\ominus(Ⅲ)$

所以 $\Delta_r H_m^\ominus(Ⅱ)=\Delta_r H_m^\ominus(Ⅰ)-\Delta_r H_m^\ominus(Ⅲ)$ 即：$\Delta_r H_m^\ominus=\sum\Delta_c H_m^\ominus(反)-\sum\Delta_c H_m^\ominus(生)$

常见的有机物的燃烧热有表可查，因此，燃烧热为计算有机反应的反应热提供了可用的方法。

【例 6-2】 利用表 6-6 数据推算反应的 $CH_3COOH(l)+CH_3OH(l) \Longrightarrow CH_3COOCH_3(l)+H_2O(l)$ 的 $\Delta H$

表 6-6 一些物质的燃烧热 单位：$kJ \cdot mol^{-1}$

| 物质 | $CH_3COOH(l)$ | $CH_3OH(l)$ | $CH_3COOCH_3(l)$ | $H_2O(l)$ |
|---|---|---|---|---|
| $\Delta_c H_m^\ominus$ | −874.5 | −726.5 | −1 594.9 | 0 |

**解法一** 利用盖斯定律(可以设想生成物与反应物都燃烧生成最稳定的产物)

$$\Delta H_1+\Delta H_2=\Delta H+\Delta H_3+\Delta H_4$$

$$\Delta H=(\Delta H_1+\Delta H_2)-(\Delta H_3+\Delta H_4)$$

$$=[(-874.5)\times 1+(-726.5)\times 1]-[(-1\,594.9)\times 1+0]=-6.10(kJ \cdot mol^{-1})$$

**解法二** (图 6-10)直接利用公式 $\Delta H^\ominus=\Sigma\Delta_c H_m^\ominus$(反应物)—$\Sigma\Delta_c H_m^\ominus$(生成物)

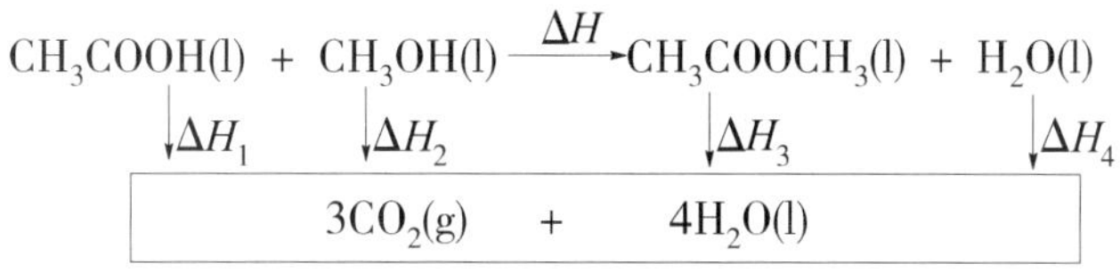

$$\begin{array}{ccc} CH_3COOH(l)+CH_3OH(l) & \xrightarrow{\Delta H} & CH_3COOCH_3(l)+H_2O(l) \\ \downarrow\Delta H_1 \quad \downarrow\Delta H_2 & & \downarrow\Delta H_3 \quad \downarrow\Delta H_4 \\ & 3CO_2(g)+4H_2O(l) & \end{array}$$

图 6-10 解法二

### 9. 从键能估算反应热

化学反应的实质，是反应物中化学键的断裂与生成物中化学键的形成，断键吸热，成键放热，这些旧键断裂和新键形成过程的热效应的总结果，就是反应热，所以知道了各种键的能量即可估算反应热：

$$\Delta_r H_m^\ominus=\sum \text{键能(反)}-\sum \text{键能(生)} \qquad (6-7)$$

之所以只能利用键能估算反应热，是因为同种键的键能在不同化合物中并不完全一致，如 $C_2H_4$ 和 $C_2H_5OH$ 中的 C—H 键键能就彼此不同；再者，键能的定义条件也和反应条件彼此不同。

【例 6-3】 利用表 6-7 数据推算反应的 $1/2N_2(g)+3/2H_2(g) \Longrightarrow NH_3(g)$ 的 $\Delta H$

表 6-7 一些化学键的键能数据 单位：$kJ \cdot mol^{-1}$

| 物质 | N≡N | H—H | N—H |
|---|---|---|---|
| $\Delta_b H_m^\ominus$ | 946 | 436 | 391 |

**解法一** (图 6-11)利用盖斯定律(可以设想生成物与反应物都断键生成气态原子)

$$\Delta H_1+\Delta H_2=\Delta H+\Delta H_3$$

$$\Delta H=(\Delta H_1+\Delta H_2)-\Delta H_3$$

$$=\left(946\times\frac{1}{2}+436\times\frac{3}{2}\right)-391\times 3$$

$$=-46(kJ \cdot mol^{-1})$$

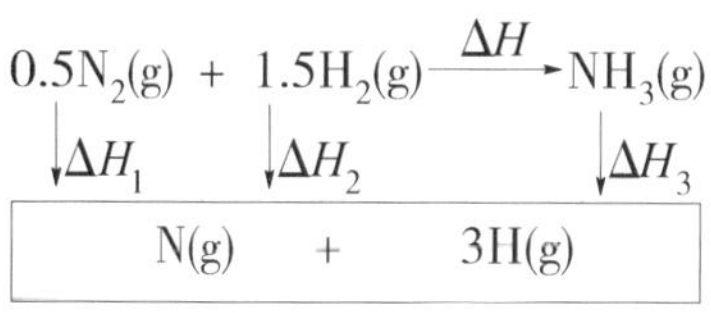

$$\begin{array}{ccc} 0.5N_2(g)+1.5H_2(g) & \xrightarrow{\Delta H} & NH_3(g) \\ \downarrow\Delta H_1 \quad \downarrow\Delta H_2 & & \downarrow\Delta H_3 \\ & N(g)+3H(g) & \end{array}$$

图 6-11 解法一

**解法二** 直接利用公式 $\Delta H^\ominus=\Sigma\Delta_b H_m^\ominus$(反应物)$-\Sigma\Delta_b H_m^\ominus$(生成物)

### 10. 从晶格能估算反应热(本书略)

## 十、状态函数——熵($S$)

### 1. 体系中微观粒子的状态数 $\Omega$

让我们来看一个比较简单的思维模型——用一片能够透过气体分子的假想薄膜隔开两个体积相等的

密闭容器Ⅰ和Ⅱ，先在Ⅰ室中放入A、B、C、D、E、F六个分子，然后让这些分子通过假想薄膜自由扩散(表6-8)。

**表6-8 不同数目分子扩散时的微观状态数**

| Ⅰ室分子数 | Ⅱ室分子数 | 哪些分子在Ⅱ室 | Ⅱ室微观状态数Ω | 绝对概率 | 相对概率 |
|---|---|---|---|---|---|
| 6 | 0 | 无 | 1 | 1/64 | 0.05 |
| 5 | 1 | A或B或C或D或E或F | C(6,1)=6! /[(6−1)! 1!]=6 | 6/64 | 0.30 |
| 4 | 2 | AB=BA或AC=CA…… | C(6,2)=6! /[(6−2)! 2!]=15 | 15/64 | 0.75 |
| 3 | 3 | ABC=ACB=BAC=…… | C(6,3)=6! /[(6−3)! 3!]=20 | 20/64 | 1.00 |
| 2 | 4 | …… | C(6,4)=6! /[(6−4)! 4!]=15 | 15/64 | 0.75 |
| 1 | 5 | …… | C(6,5)=6! /[(6−5)! 5!]=6 | 6/64 | 0.30 |
| 0 | 6 | ABCDEF或…… | C(6,6)=6! /[(6−6)! 6!]=1 | 1/64 | 0.05 |

从表6-8可以看出，对于6分子系统，当Ⅰ室和Ⅱ室各有3个分子的相对概率为100%时，Ⅰ室或Ⅱ室中只有2个分子(即2个与4个、4个与2个)的相对概率仅5%。

若不断增加系统中的分子数目，则两室中气体分子均匀分布的绝对概率和相对概率都将不断增大并趋向100%，图6-12中曲线的峰会越来越陡峭，最终近乎一条垂直于横轴的直线，而曲线的峰脚会越来越平坦，最终近乎一条与横轴重叠的直线，此时仅剩下一种可能性：Ⅰ室和Ⅱ室中的分子数各占50%，这种情况下，体系中的微观状态数Ω最多，体系内分子的分布最为混乱(图6-12)。

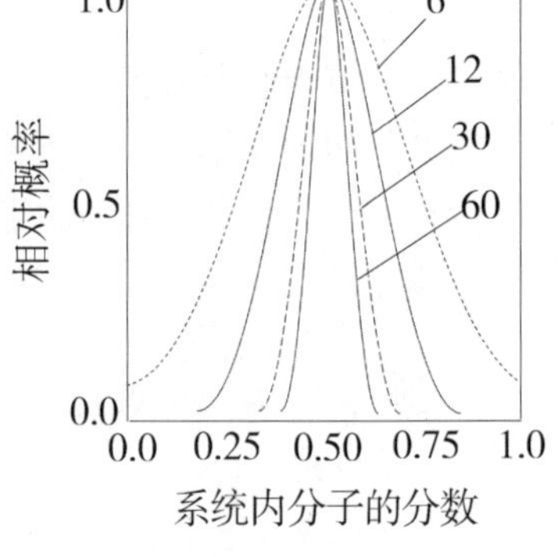


**图6-12 两室中气体分子均匀分布的相对概率**

**2. 混乱度与状态函数熵($S$)**

(1) 概念的引入

令体系中所有微粒的最大可能状态总数为Ω(无单位)。

显然，$\Omega=1$时，体系只有一种状态，意味着这样的体系最不混乱；

而Ω越大，则意味着体系内部的混乱程度就越大。

为便于进行微分、积分计算，通常取其自然对数值即$\ln\Omega$列式，显然：体系内部的混乱程度对应于$\ln\Omega$。

奥地利物理学家Boltzmann首先关注到了温度、热量与体系混乱度之间的相互关系：

对于理想气体$pV=nRT$，$R=pV/nT$，$R=8.314\ \mathrm{J\cdot mol^{-1}\cdot K^{-1}}$

那么温度每升高1 ℃，每个分子增加的动能，即“能温比”$=R/N_A$是一个常数$k$：

$k=R/N_A=8.314\ \mathrm{J\cdot mol^{-1}\cdot K^{-1}}/6.02\times10^{23}\ \mathrm{mol^{-1}}\approx1.380\ 7\times10^{-23}\ \mathrm{J\cdot K^{-1}}$，称为Boltzmann常数。

定义$S=k\ln\Omega$，单位为：$\mathrm{J\cdot K^{-1}}$。显然$S$对应于体系内部质点的混乱度，所以$S$也是一种状态函数，是广度性质，具有加和性。体系中微粒的总量为1 mol时，$S_m=k\ln\Omega=1.380\ 7\times10^{-23}\ln\Omega\ \mathrm{J\cdot mol^{-1}}\cdot K^{-1}$。

显然，若此时体系的$\Omega=1$(只有一种状态)，则意味着这样的体系最不混乱，$S_m=0$。科学上将$S$这一体系的状态函数叫作熵(entropy)。

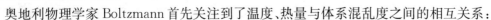

在物理化学课程中，可以证明体系在可逆变化过程中熵的变化值(简称熵变) $\Delta S=\dfrac{Q_r}{T}$

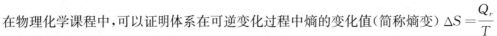

如：相变点的相变是可逆过程，如373 K时 $H_2O(l)=\!=\!=H_2O(g)$ 可逆且等温，此时$\Delta S=\dfrac{Q_r}{T}$。

其实这正是“熵”这个函数名称的来源——可逆过程的热温商(简称熵)。

(2) 熵增原理

大量研究发现，一个隔离体系(当然也就是绝热体系)中熵永不减少。具体来说有以下两种情形：隔离体系的熵在可逆变化过程保持不变，即 $\Delta S=0$；隔离体系的熵在不可逆变化过程中一定是增加的，即 $\Delta S>0$。换句话说：在绝热条件下，趋于平衡的任何过程必定使得体系的熵增加，这就是熵增加原理。

再换一个思路：把体系与环境看作是一个整体，则这个整体就是一个孤立体系，所以：

$\Delta S_{univ}=\Delta S_{sys}+\Delta S_{surr}>0$ 时，过程是自发的、不可逆的；$\Delta S_{univ}=\Delta S_{sys}+\Delta S_{surr}=0$ 时，过程是可逆的；

$\Delta S_{univ}=\Delta S_{sys}+\Delta S_{surr}<0$ 时，过程是不可能的。

(3) 标准熵

标准熵，全称为标准摩尔熵，符号 $S_m^\ominus$，指的是热力学标准状态下的熵值。

热力学第三定律指出：只有在温度 $T=0$ K 时，晶体的粒子运动完全停止，粒子完全固定在一定位置上，物质的熵值才等于零。体系从 $S=0$ 的始态出发，变化到温度 $T$ 且 $p=1.013\times10^5$ Pa，这一过程的 $\Delta S$ 值即等于终态体系的熵值。所以，在 298 K 下，任何物质的熵值一定大于零(图 6-13)。

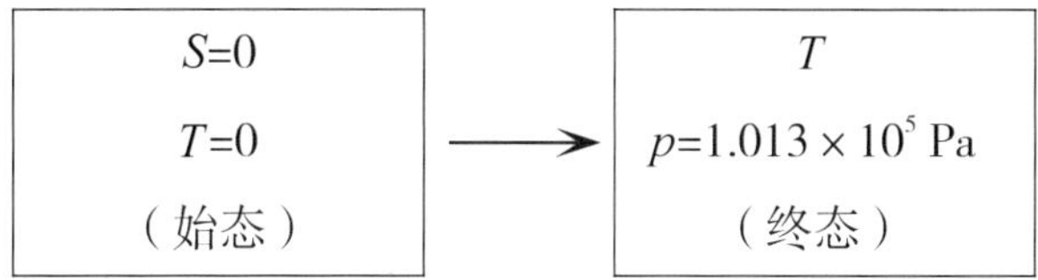


**图 6-13 在 298 K 下，任何物质的熵值一定大于零**

这个值可以利用某些热力学数据求出，故人们求出各种物质在 298 K 时的熵值后列成表，称之为 298 K 时的标准熵，用 $S_m^\ominus$ 表示，单位：$J\cdot mol^{-1}\cdot K^{-1}$。

① 等量的同种物质在同一物理状态下，温度越高，微观状态数越大，标准熵越大；

② 等量的同种物质，气态>液态>固态，如 $S(H_2O,\ g)>S(H_2O,\ l)>S(H_2O,\ s)$，所以气体增多的反应一般是熵增反应，如：

$NH_4Cl(s) = HCl(g)+NH_3(g)$　　固体变成气体

$N_2O_4(g) = 2NO_2(g)$　　气体少变成气体多

$CuSO_4\cdot5H_2O(s) = CuSO_4(s)+5H_2O(l)$　　固体变成液体

$NH_4HCO_3(s) = NH_3(g)+H_2O(l)+CO_2(g)$　　固体变成液体和气体

$Ba(OH)_2\cdot8H_2O(s)+2NH_4SCN(s) = Ba(SCN)_2(s)+2NH_3(g)+10H_2O(l)$

固体变成液体和气体

总之，生成物分子的活动范围变大，活动范围大的分子增多，体系的混乱度变大，这是一种趋势。

③ 等量的同类物质，相对分子质量越大熵值越高，如：$S(F_2)<S(Cl_2)<S(Br_2)<S(I_2)$

④ 等量的同类物质，结构越复杂、可变形态越多，熵值越高，如：$S[CH_3CH_2CH_2CH_2CH_3]>S[C(CH_3)_4]$

⑤ 等量的同类物质，粒子越分散无序，熵值越高，如：$S$(白磷)$>S$(红磷)

(4) 化学反应的标准熵变——简称反应熵 $\Delta S_m^\ominus=\Sigma[\nu_B(\Delta S_m^\ominus)]$，例如：利用表 6-9 的数据可以计算反应 $H_2(g)+1/2O_2(g) = H_2O(l)$ 的熵变：

**表 6-9 一些物质的标准熵**　　单位：$J\cdot mol^{-1}\cdot K^{-1}$

| 物质 | $H_2(g)$ | $O_2(g)$ | $H_2O(l)$ |
|---|---|---|---|
| $S_m^\ominus(298\ K)$ | 130.684 | 205.138 | 69.91 |

$$\begin{aligned}\Delta_r S_m^\ominus&=\Sigma[\nu_B(\Delta S_m^\ominus)]=69.91-205.138\times1/2-130.684\\&=-163.343(J\cdot mol^{-1}\cdot K^{-1})\end{aligned}$$

注意：

① 绝对零度以上，任何单质的标准绝对熵都不等于零；

② 化合物的标准绝对熵不等于由稳定的单质形成 1 mol 该化合物时反应的熵变，因为：

$$\Delta_r S_m^\ominus=S_m^\ominus(\text{化合物})-\Sigma S_m^\ominus(\text{单质}) \tag{6-8}$$

$$S_m^{\ominus}(化合物)=\Delta_r S_m^{\ominus}+\Sigma S_m^{\ominus}(单质) \quad (6\text{-}9)$$

③ $|\ \Delta_r S_m^{\ominus}(正反应)\ |=|\ \Delta_r S_m^{\ominus}(逆反应)\ |$，但两者的符号相反；

④ 温度与化学反应的 $\Delta_r S_m^{\ominus}$ 影响不大。这是因为：当温度升高时，反应物和生成物的熵都会增大。所以在实际应用中可以在一定温度范围内忽略温度对反应熵变的影响。

## 十一、状态函数——自由能($G$)

### 1. 概念的引入

现实生活、生产、科研活动中，绝大多数化学反应是在等温等压条件下进行的，大量研究表明，等温等压条件下系统做有用功(除了膨胀功以外的其他形式的各种功，如电功)的能力对应于过程的自发性：

体系能够做有用功，过程就具有自发性；

体系不能做有用功，过程就没有自发性。

同时，人们又发现过程的焓变与过程的熵变与温度(单位：K)的乘积的差也对应于过程的自发性(表6-10)：$\Delta H-T\cdot\Delta S<0$ 时，过程具有自发性；$\Delta H-T\cdot\Delta S>0$ 时，逆过程具有自发性；$\Delta H-T\cdot\Delta S=0$ 时，过程处于平衡状态。

**表 6-10 化学反应过程的临界温度**

| 熵减少的吸热反应 | 熵增加的放热反应 |
|---|---|
| 其逆反应总能自发进行 | 其正反应总能自发进行 |
| 熵增加的吸热反应，也存在一个临界温度 $T_c$ | 熵减少的放热反应，存在一个临界温度 $T_c$ |
| 高于此临界温度时，正反应自发进行<br>低于此临界温度时，逆反应自发进行<br>临界温度下，反应处于化学平衡状态 | 高于此临界温度时，逆反应自发进行<br>低于此临界温度时，正反应自发进行<br>临界温度下，反应处于化学平衡状态 |

1876 年，美国物理学家 Gibbs 提出了一个将焓与熵归并在一起的新的状态函数——体系的自由能($G$)：

$$G=H-T\cdot S \quad (6\text{-}10)$$

等温等压条件下系统的自由能变 $\Delta G=\Delta H-T\cdot\Delta S$

上式即著名的 Gibbs-Helmholtz 方程，通常用于判断化学反应的自发性。

图 6-14 可用于 Gibbs-Helmholtz 公式的直观理解与灵活运用。

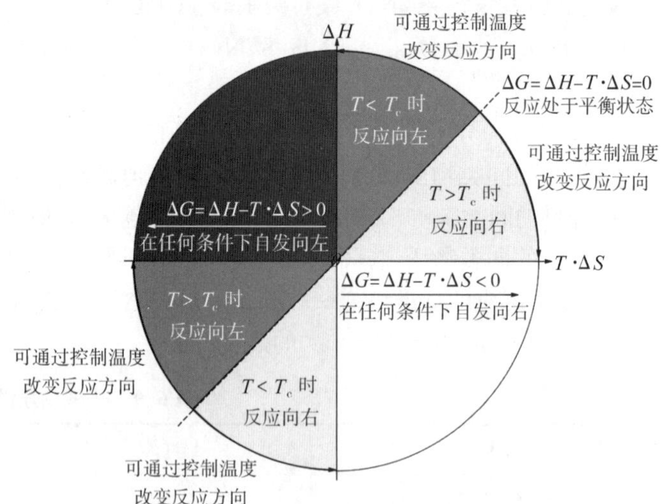

**图 6-14 Gibbs-Helmholtz 公式直观解析图**

不难看出，等温等压条件下，系统的自由能变 $\Delta G$ 即系统能做的最大有用功 $W'_{max}$。

例如，在电化学反应中，电功属于有用功(非膨胀功)：某化学电源在电动势为 $E$ 时向外电路释放 $n$ mol 的电子时，其对外所做的最大电功为 $W'_{max}=nFE$。$F$ 为法拉第常数，代表 1 mol 电子总电量，即：

$$F=1.602176\times10^{-19}\text{C}\times6.02214\times10^{23}\text{mol}^{-1}\approx(96485.3383\pm0.0083)\text{C}\cdot\text{mol}^{-1}。$$

所以，反应的 $\Delta G=-nFE$。

特别提醒：电池释放电子后，其电动势必然会下降，所以随着放电程度的增大，反应的 $|\Delta G|$ 也将逐渐

变小，最后，当 $E=0$ 时，$\Delta G=0$，体系达到平衡状态。

**2. Gibbs-Helmholtz 方程的主要应用**

求化学反应的转向温度 $T_{转}$；

当反应的熵变的绝对值很小时，可以直接用 $\Delta H$ 判断化学反应的方向；

求非标准状态下的自由能变(详见下文)。

**3. 标准生成自由能**

热力学规定：某温度下，由处于标准状态的各种元素的最稳定(指定)单质，生成 1 mol 某物质的自由能改变量，叫作这种温度下该物质的标准摩尔生成自由能，简称生成自由能，用符号 $\Delta_f G_m^\ominus$ 表示，单位 $kJ \cdot mol^{-1}$。

298 K 时的 $\Delta_f G_m^\ominus$ 有表可查。

**4. 化学反应的标准自由能变 $\Delta_r G_m^\ominus$**

$$\Delta_r G_m^\ominus = \sum \Delta_f G_m^\ominus(生) - \sum \Delta_f G_m^\ominus(反)$$

查表，利用公式即可计算已知反应的自由能变 $\Delta_r G_m^\ominus$：

**5. 非标准状态下化学反应的自由能变 $\Delta_r G_m(T)$**

因为 $G$ 包含焓、温、熵三种状态函数，所以 $\Delta G$ 与压强、温度等都有关，因此，在非热力学标准状态下，不能直接利用化学反应的标准自由能变 $\Delta_r G_m^\ominus$ 判断化学反应的自发性，而必须经过修正才能加以运用。

物理化学课程相关理论证明：

气体压强、体系温度与反应自由能变的相系关系符合范特霍夫(Van't Hoff)等温方程：

$$\Delta_r G_m(T) = \Delta_r G_m^\ominus(T) + RT\ln J \tag{6-11}$$

$$J = \prod (p_i/p^\ominus)^{\nu i} (\prod \text{ 为连乘运算符号}, p^\ominus = 100 \text{ kPa}) \tag{6-12}$$

溶液反应中： $J = \prod (c_i/c^\ominus)^{\nu i}$

有气体参加的溶液反应中： $J = \prod (p_i/p^\ominus)^{\nu i} \cdot \prod (c_i/c^\ominus)^{\nu i}$ (6-13)

例如：反应 $2H_2(g) + O_2(g) \!=\!=\!= 2H_2O(g)$ 的 $\Delta_r G_m^\ominus(298.15\text{ K})$ 为 $-457.144\text{ kJ} \cdot \text{mol}^{-1}$，

则：在 $p(H_2)=1.00\times10^2$ kPa，$p(O_2)=1.00\times10^3$ kPa，$p(H_2O)=6.00\times10^{-2}$ kPa 下进行时

$$J = \frac{[p(H_2O)/p^\ominus]^2}{[p(H_2)/p^\ominus]^2 \times [p(O_2)/p^\ominus]} \approx 3.6\times10^{-8}$$

$$\begin{aligned}\Delta_r G_m(298.15\text{ K}) &= -457.144\text{ kJ}\cdot\text{mol}^{-1} + 0.008\,314\text{ kJ}\cdot\text{mol}^{-1}\cdot\text{K}^{-1}\times298.15\text{ K}\cdot\ln(3.6\times10^{-8})\\ &= -475.60\text{ kJ}\cdot\text{mol}^{-1}\end{aligned}$$

# 第七章　化学反应动力学基础

## 一、化学反应速率

在化学反应中，某物质的浓度（物质的量浓度）随时间的变化率称反应速率。反应速率属于标量、并非矢量，所以只能为正值。

**1. 平均速率（average velocity，average rate）$\bar{v}$**

用单位时间内，反应物浓度的减少或生成物浓度的增加来表示：$\bar{v}=\frac{|\Delta c|}{\Delta t}$，例如：

| | $2N_2O_5$ ═══ | $4NO_2$ + | $O_2$ |
|---|---|---|---|
| 反应前浓度/（$mol\cdot L^{-1}$） | 2.10 | 0 | 0 |
| 变化持续时间 $\Delta t=100$ s | | | |
| 浓度变化 $\Delta c$/（$mol\cdot L^{-1}$） | −0.15 | +0.30 | +0.075 |
| 100 s 后浓度/（$mol\cdot L^{-1}$） | 1.95 | 0.30 | 0.075 |

$$\bar{v}_{(N_2O_5)}=-\frac{\Delta c_{N_2O_5}}{\Delta t}=-\frac{-0.15}{100}=1.5\times10^{-3}(mol\cdot L^{-1}\cdot s^{-1})$$

$$\bar{v}_{(NO_2)}=\frac{\Delta c_{NO_2}}{\Delta t}=\frac{0.30}{100}=3.0\times10^{-3}(mol\cdot L^{-1}\cdot s^{-1})$$

$$\bar{v}_{(O_2)}=\frac{\Delta c_{O_2}}{\Delta t}=\frac{0.075}{100}=7.5\times10^{-4}(mol\cdot L^{-1}\cdot s^{-1})$$

显然，以上计算所得的反应速率是在时间间隔为 $\Delta t$ 时的平均速率，它们只能描述一定时间间隔内反应速率的大致情况。

**2. 瞬时速率（instantaneous rate）$v_m$**

若将观察的时间间隔 $\Delta t$ 缩短，它的极限是 $\Delta t\to0$，此时的速率即为某一时刻的瞬时速率：

$$v_m=\lim_{\Delta t\to0}\left(\frac{|\Delta c|}{\Delta t}\right)=\frac{|dc|}{dt}$$

对于反应 $aA+bB=gG+hH$ 来说，其反应速率可用下列任一表示方法表示：

$$-\frac{dc_A}{dt},\ -\frac{dc_B}{dt},\ \frac{dc_G}{dt},\ \frac{dc_H}{dt}$$

这几种速率表示法不全相等，但有下列关系：

$$-\frac{1}{a}\cdot\frac{dc_A}{dt}=-\frac{1}{b}\cdot\frac{dc_B}{dt}=\frac{1}{g}\cdot\frac{dc_G}{dt}=\frac{1}{h}\cdot\frac{dc_H}{dt}$$

瞬时速率可用实验作图法求得。即将已知浓度的反应物混合，在指定温度下，每隔一定时间，连续取样分析某一物质的浓度，然后以 $c-t$ 作图，求某一时刻时曲线的斜率，即得该时刻的瞬时速率（如图 7-1 所示）。

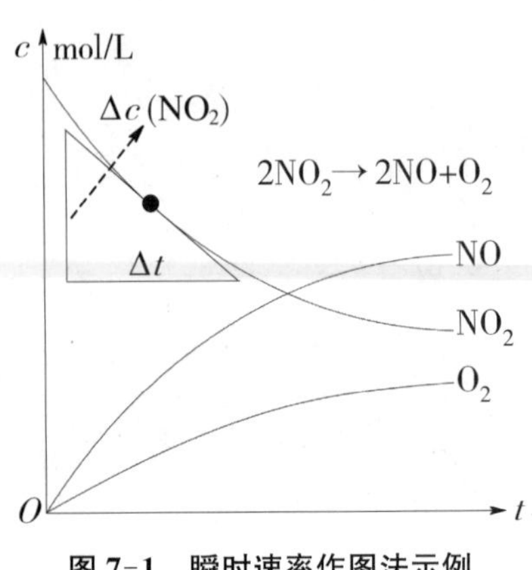


图 7-1　瞬时速率作图法示例

## 二、化学反应是如何发生的

### 1. 碰撞理论

(1) 基本思想

化学反应的发生，总要以反应物之间的接触为前提，即反应物分子之间的碰撞是先决条件，没有粒子间的碰撞，反应的进行则无从说起。那么，是不是只要发生碰撞就一定能引发化学反应呢?

计算结果表明，当反应 $2HI(g) = H_2(g) + I_2(g)$ 的反应物浓度为 $10^{-1}$ mol · L$^{-1}$(不浓)、反应温度为 973 K 时，每秒、每立方分米的体积内的碰撞总次数约 $3.5\times10^{28}$ 次。

若每次碰撞都能引发化学反应，则反应的速率将达到 $v = 3.5\times10^{28}/6.02\times10^{23} \approx 5.8\times10^{4}$ mol · L$^{-1}$ · s$^{-1}$，而实际反应速率仅为 $1.2\times10^{-6}$ mol · L$^{-1}$ · s$^{-1}$，两者相差甚远，原因何在?

(2) 有效碰撞

看来，并非每一次碰撞都发生预期的反应，只有非常少的碰撞才是有效的——那些能够引发化学反应的碰撞才能称为有效碰撞。那么什么样的碰撞才能成为有效碰撞呢?

① 发生有效碰撞的分子必须是活化分子(当然也包括原子、离子)

首先，当分子无限接近时需要克服分子之间的排斥力，这就要求分子具有足够的运动速度即能量，这种能量要求称之为活化能(activation energy)，用 $E_a$ 表示。即：分子具备足够的能量是有效碰撞的必要条件，这些具备足够能量的分子(其能量 $\geqslant E_a$)就是活化分子(activated molecule，图 7-2)，具备足够能量的反应物分子组称为活化分子组。

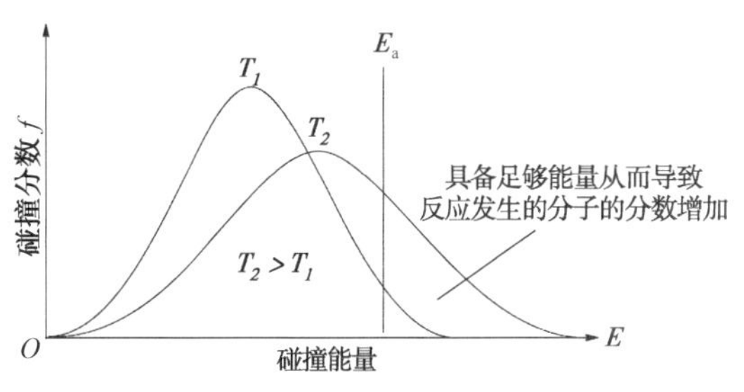


图 7-2 活化分子的概念

碰撞理论中，不同学者对化学反应活化能的理解也不完全相同，主要有如下三种：

Lewis：完成化学反应所必需的最低能量；

Arrhenius：由非活化分子转变成活化分子所需要的能量；

Tolman：活化分子的平均能量与全部反应物分子平均能量的差值。

另一方面，到目前为止，科学家还不能单独测量单个分子的行为细节，只能观测到大量分子行为的统计结果，从这个角度上看，Tolman 从统计热力学的角度对活化能的理解与阐述是最为科学合理的；但因为 Lewis 的说法更加通俗易懂，所以本书下方仍然沿用 Lewis 的说法。

如前所述，一组碰撞的反应物的分子的总能量必须具备一个最低的能量值，这种能量分布符合之前所讲的分布原则。用 $E$ 表示这种能量限制，则具备 $E$ 和 $E$ 以上的分子组的分数为：

$$f = e^{-\frac{E_a}{RT}} \tag{7-1}$$

$E_a$ 越大，活化分子组数则越少，有效碰撞分数越小，故反应速率越慢。

不同类型的反应，活化能差别很大。如反应：

$$2SO_2 + O_2 —— 2SO_3 \qquad E_a = 251\ \text{kJ} \cdot \text{mol}^{-1}$$

$$N_2 + 3H_2 = 2NH_3 \qquad E_a = 175.5\ \text{kJ} \cdot \text{mol}^{-1}$$

而中和反应：

$$HCl + NaOH = NaCl + H_2O \quad E_a \approx 20\ \text{kJ} \cdot \text{mol}^{-1}$$

分子不断碰撞，能量不断转移，因此，分子的能量不断变化，故活化分子组也不是固定不变的。

碰撞理论认为 $E_a$ 和温度无关，只要温度一定，活化分子组的百分数就是固定的。

② 发生有效碰撞的分子必须采取合适的取向

在研究过程中，科学家还发现：分子仅具有足够的能量还是未必会引发反应，如果分子在碰撞时的角度与方向不合适，将不会引发化学反应。这是因为分子都有各自的构型，其原子与化学键都有独特的空间分布。

如反应 $NO_2 + CO \xlongequal{} NO + CO_2$ 发生时，其可能的碰撞方式包括如下两种(图 7-3、图 7-4)：

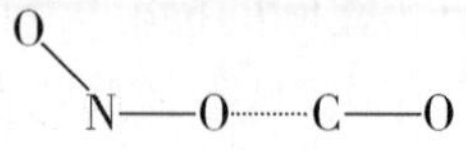

O—N—O……C—O

图 7-3 碰撞方式(a)

O—N—O……O—C

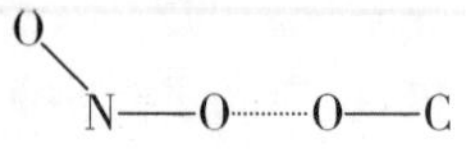

图 7-4 碰撞方式(b)

显然，(a)种碰接有利于反应的进行，而(b)种以及许多其他碰撞方式都是无效的。取向适合的次数占总碰撞次数的分数用 $p$ 表示。

若单位时间内，单位体积中碰撞的总次数为 $Z$ mol，则反应速率可表示为：

$$v = Zpf \tag{7-2}$$

其中，$p$ 称为取向因子，$f$ 称为能量因子。或写成：

$$\bar{v} = Zp\mathrm{e}^{-\frac{E_a}{RT}} \tag{7-3}$$

从式(7-3)可以看出，活化能越大，活化分子组的数量越少。

**2. 过渡状态理论**

(1) 基本思想——活化络合物

当反应物分子接近到一定程度时，分子的键连关系将发生变化，形成某种中间过渡状态，以如下反应为例：当反应 $NO_2 + CO \xlongequal{} NO + CO_2$ 进行到 O—N……O……C—O，即 N—O 部分断裂、C—O 部分形成时，分子的能量主要表现为势能，像 O—N……O……C—O 这样的中间过渡体通常称为活化络合物。活化络合物能量高、不稳定，它既可以进一步发展成为产物，也可以变成原来的反应物。于是，反应速率取决于活化络合物的浓度、活化络合物分解成产物的概率和分解成产物的速率。

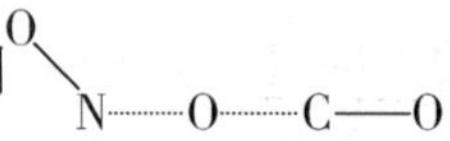

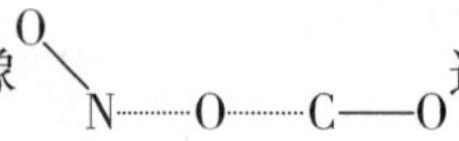

过渡态理论将反应中涉及的物质的微观结构和反应速率结合起来，是比碰撞理论先进的一面。然而，在该理论中，许多反应的活化络合物的结构尚无法从实验中加以确定，加上计算方法过于复杂，致使这一理论的应用受到限制。

(2) 反应进程-势能图

应用过渡态理论讨论化学反应时，可将反应过程中体系势能变化情况表示在反应进程-势能图(图 7-5)上。

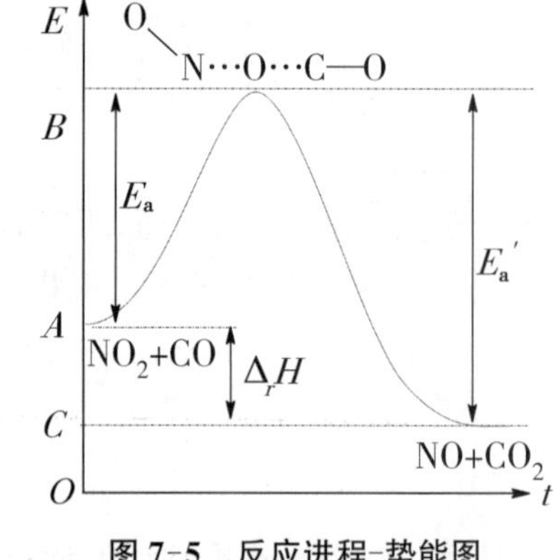


图 7-5 反应进程-势能图

以 $NO_2 + CO \xlongequal{} NO + CO_2$ 为例：

$A$—— 反应物的平均能量；$B$—— 活化络合物的能量；$C$ ——生成物的平均能量。

反应进程可概括为：反应物体系能量升高，吸收 $E_a$；反应物分子接近，形成活化络合物；活化络合物分解成产物，释放能量 $E'_a$。$E_a$ 可看作正反应的活化能，$E'_a$ 为逆反应的活化能。

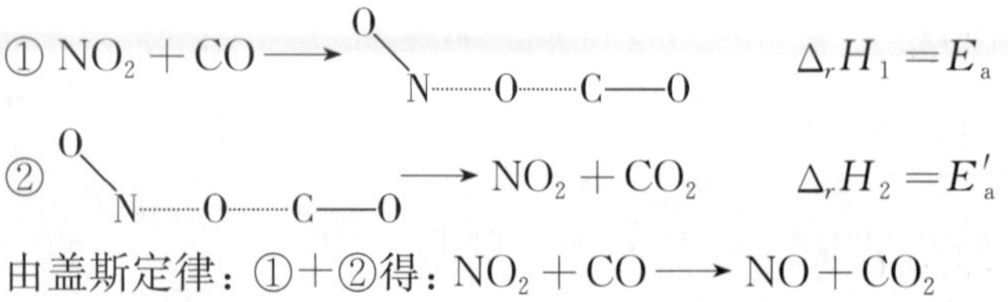

① $NO_2 + CO \longrightarrow$ O—N……O……C—O $\qquad \Delta_r H_1 = E_a$

② O—N……O……C—O $\longrightarrow NO_2 + CO_2 \qquad \Delta_r H_2 = E'_a$

由盖斯定律：①+②得：$NO_2 + CO \longrightarrow NO + CO_2$

所以，$\Delta_r H = \Delta_r H_1 + \Delta_r H_2 = E_a - E'_a$；若 $E_a > E'_a$，$\Delta_r H > 0$，吸热反应；若 $E_a < E'_a$，$\Delta_r H < 0$，放热反应。$\Delta_r H$ 是热力学数据，说明反应的可能性；$E_a$ 是决定反应速率的活化能，是现实性问题。

在过渡态理论中，$E_a$ 和温度的关系较为明显，$T$ 升高，反应物平均能量升高，差值 $E_a$ 要变小些。

**3. 基元反应与非基元反应**

(1) 基元反应和非基元反应

基元反应——能代表反应机理，由反应物微粒（可以是分子、原子、离子或自由基）直接一步实现的化学反应，称为基元步骤或基元反应。

非基元反应——由反应物微粒经过两步或两步以上才能完成的化学反应，称为非基元反应或复杂反应。

如复杂反应 $H_2 + Cl_2 \xlongequal{} 2HCl$ 由几个基元步骤构成，它代表了该链反应的机理：

$$Cl_2 + M \longrightarrow 2Cl\cdot + M$$
$$Cl\cdot + H_2 \longrightarrow HCl + H\cdot$$
$$H\cdot + Cl_2 \longrightarrow HCl + Cl\cdot$$
$$2Cl\cdot + M \longrightarrow Cl_2 + M$$

方程式中 M 表示只参加反应物微粒碰撞而不参加反应的其他分子或容器内壁，它只起转移能量的作用。

(2) 反应分子数

在基元步骤中，发生反应所需的最少分子数目称为反应分子数。

根据反应分子数可将反应区分为单分子反应、双分子反应和 3 分子反应三种（表 7-1）。

**表 7-1 反应分子数**

| | |
|---|---|
| 基元反应 | 单分子反应，如：$CH_3COCH_3 \longrightarrow CH_4 + CO + H_2$ |
| | 双分子反应，如：$CH_3COOH + C_2H_5OH \longrightarrow CH_3COOC_2H_5 + H_2O$ |
| | 3 分子反应，如：$H_2 + 2I\cdot \longrightarrow 2HI$ |
| 非基元反应 | |

反应分子数是理论上认定的微观量，反应分子数不可能为零或负数、分数，只能为正整数，且只有上面三种数值，从理论上分析，四分子或四分子以上的反应几乎是不可能存在的。

## 三、影响化学反应速率的因素

影响化学反应速率的因素很多，除主要取决于反应物的性质外，外界因素也对反应速率有重要作用，如浓度、温度、压力及催化剂等。

**1. 浓度对反应速率的影响**

(1) 化学反应速率方程、速率常数、反应级数

① 大量实验表明，对于一般的化学反应 $aA + bB \longrightarrow gG + hH$ 而言，化学反应的速率与相关反应物的浓度之间存在如下的对应关系：$v = k \cdot c^m(A) \cdot c^n(B)$。

上式称为该反应的速率方程，式中 $k$ 为速率常数，其意义是当各反应物浓度为 1 mol·$L^{-1}$ 时的反应速率。式中的 $c(A)$、$c(B)$ 表示反应物 A、B 的浓度，$a$、$b$ 表示 A、B 在反应方程式中的化学计量数。$m$、$n$ 分别表示速率方程中 $c(A)$ 和 $c(B)$ 的指数，$m$、$n$ 的值都只能通过实验进行测定，其值不一定与 $a$、$b$ 对应相等，$m$、$n$ 可能是正数，也或能是负数，可能是整数，还可能是分数。

通过实验可以得到许多化学反应的速率方程，如表 7-2 所示：

**表 7-2 某些化学反应的速率方程**

| 化学反应 | 速率方程 | 反应级数 |
|---|---|---|
| 1. $2H_2O_2 \longrightarrow 2H_2O + O_2$ | $v = k \cdot c(H_2O_2)$ | 1 |
| 2. $CH_3CHO \longrightarrow CH_4 + CO$ | $v = k \cdot c^{3/2}(CH_3CHO)$ | 1.5 |
| 3. $2NO_2 \longrightarrow 2NO + O_2$ | $v = k \cdot c^2(NO_2)$ | 2 |

质量作用定律——在总结大量实验结果的基础上，科学家发现：在恒温下，基元反应的速率与各种反应物浓度以反应分子数为幂的乘积成正比，这一成果通常被称为质量作用定律。

对于基元反应 $aA + bB \longrightarrow gG + hH$，质量作用定律的数学表达式为 $v = k \cdot c^a(A) \cdot c^b(B)$

强调：质量作用定律仅适用于一步完成的反应——基元反应，而不适用于几个基元反应组成的总反应——非基元反应。如 $N_2O_5$ 的分解反应 $2N_2O_5 = 4NO_2 + O_2$ 实际上分三步进行：

$N_2O_5 \longrightarrow NO_2 + NO_3$　　慢(定速步骤)

$NO_2 + NO_3 \longrightarrow NO_2 + O_2 + NO$　　快

$NO + NO_3 \longrightarrow 2NO_2$　　快

实验测定其速率方程为 $v = kc(N_2O_5)$

对于速率常数 $k$，应注意以下几点：a. 速率常数 $k$ 取决于反应物的结构本性。当其他条件相同时，快反应通常有较大的速率常数，而速率常数小的反应在相同的条件下反应速率较慢。b. 速率常数 $k$ 与浓度无关。c. $k$ 随温度而变化，温度升高，$k$ 值通常增大。d. $k$ 是有单位的量，不同方次的速率方程 $k$ 的单位不同。

② 反应级数

如前所述，一般的化学反应 $aA + bB \longrightarrow gG + hH$，其速率方程可表示为 $v = k \cdot c^m(A) \cdot c^n(B)$。

化学上将速率方程中反应物浓度的指数 $m$、$n$ 分别称为反应物 A 和 B 的反应级数，各组分反应级数的代数和称为该反应的总反应级数。即：反应级数 $= m + n$。

显然，反应级数不一定与化学计量数相符合(表 7-3)。对于基元反应，可以直接由反应化学方程式导出反应级数。对于非基元反应，不能直接由反应化学方程式导出反应级数。反应级数的大小，表示浓度对反应速率的影响程度，级数越大，速率受浓度的影响越大。

**表 7-3　反应分子数与反应级数对比**

| 比较 | 反应分子数 | 反应级数 |
|---|---|---|
| 根据 | 基元反应中发生碰撞而引起反应所需的分子数 | 反应速率与各物质浓度的关系 |
| 取值 | 只可能是 1、2、3 | 可以是零，正、负整数和分数 |
| 视角 | 是对微观上基元步骤而言的 | 是对宏观化学反应而言的 |

**2. 温度对反应速率的影响**

温度对反应速率的影响，主要体现在对速率常数 $k$ 的影响上。Arrhenius(阿仑尼乌斯)总结了 $k$ 与 $T$ 的经验公式：

$$k = Ae^{-\frac{E_a}{RT}} \text{(图 7-6)} \qquad (7\text{-}4)$$

取自然对数，得：

$$\ln k = -\frac{E_a}{RT} + \ln A \text{ (图 7-7)} \qquad (7\text{-}5)$$

常用对数：

$$\lg k = -\frac{E_a}{2.303RT} + \ln A \qquad (7\text{-}6)$$

式中：$k$ 为速率常数，$A$ 为指前因子、单位同 $k$，$E_a$ 为活化能，$R$ 为气体常数，$T$ 为绝对温度，e 为自然数，e＝2.71828……，lge ≈ 0.4343 ≈ 1/2.303。

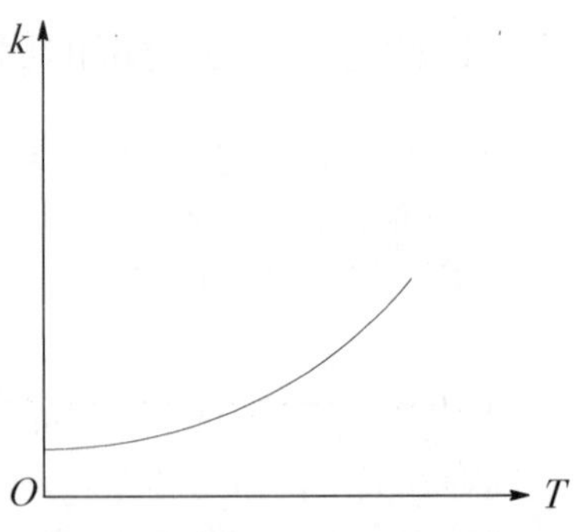

图 7-6　速率常数 $k$、温度 $T$ 曲线

应用阿仑尼乌斯公式讨论问题，可以认为 $E_a$、$A$ 不随温度变化。由于 $T$ 在指数上，故对 $k$ 的影响较大。

根据 Arrhenius 公式，知道了反应的 $E_a$、$A$ 和某温度 $T_1$ 时的 $k_1$，即可求出任意温度 $T_2$ 时的 $k_2$。

由对数式：

$$\lg k_1 = -\frac{E_a}{2.303RT_1} + \ln A \qquad (7\text{-}7)$$

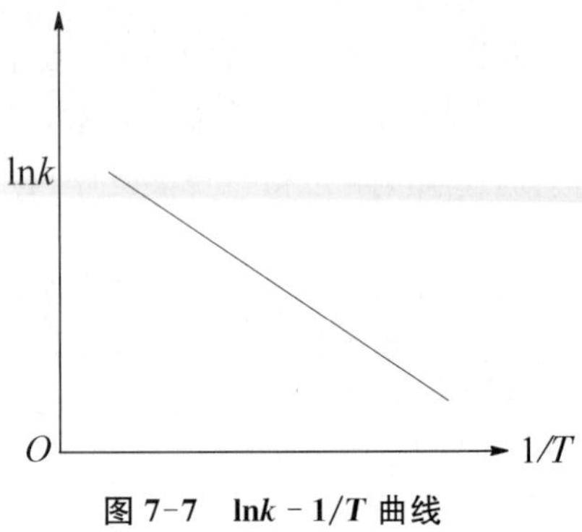

图 7-7　$\ln k - 1/T$ 曲线

$$\lg k_2 = -\frac{E_a}{2.303RT_2} + \ln A \tag{7-8}$$

式(7-8)—式(7-7)得：$\lg \frac{k_2}{k_1} = \frac{E_a}{2.303R}\left(\frac{1}{T_1} - \frac{1}{T_2}\right)$　　(7-9)

**3. 催化剂对反应速率的影响**

(1) 催化剂和催化反应

能在反应中改变反应的速率而自身的质量和组成保持不变的物质叫作催化剂。催化剂改变反应速率的作用，称为催化作用；有催化剂参加的反应，称为催化反应。催化反应分为均相催化和非均相催化两类。

① 反应和催化剂处于同一相中，不存在相界面的催化反应叫作均相催化。

如：$NO_2$ 催化：$2SO_2 + O_2 = 2SO_3$

若产物之一对反应本身有催化作用，则称之为自催化反应。

如：$2MnO_4^- + 6H^+ + 5H_2C_2O_4 = 10CO_2\uparrow + 8H_2O + 2Mn^{2+}$

产物中 $Mn^{2+}$ 对反应有催化作用。

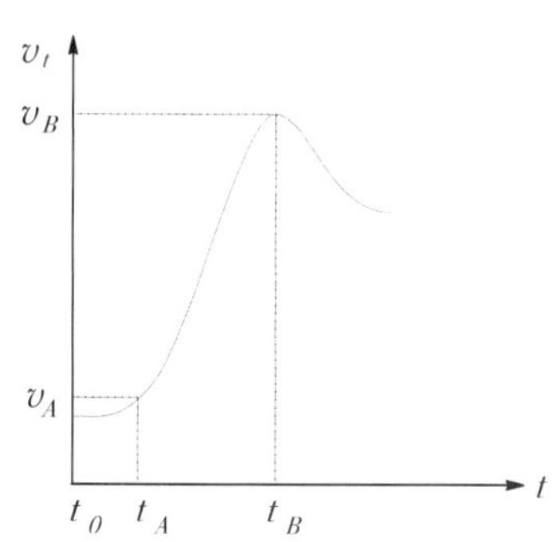

图 7-8　反应速率、时间曲线

图 7-8 为自催化反应过程的速率变化示意图。

初期，反应速率小；

中期，经过一段时间 $t_0 - t_A$ 诱导期后，速率明显加快，见 $t_A - t_B$ 段；

后期，$t_B$ 之后，由于反应物耗尽，速率下降。

② 反应物和催化剂不处于同一相，存在相界面，在相界面上进行的反应叫作多相催化反应或非均相催化、复相催化。例如：Fe 催化合成氨(固-气)；Ag 催化 $H_2O_2$ 的分解(固-液)。

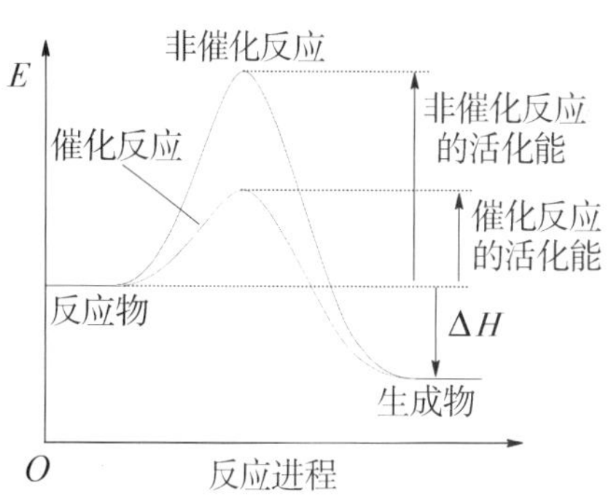

图 7-9　催化机理基本原理图

(2) 催化剂的选择性

① 特定的反应有特定的催化剂。

如：$2SO_2 + O_2 = 2SO_3$ 的催化剂可以使用 $V_2O_5$、$NO_2$ 或者 Pt；

$CO + 2H_2 = CH_3OH$ 的催化剂可以使用 $CuO - ZnO - Cr_2O_3$；

酯化反应的催化剂可以使用浓硫酸、浓硫酸＋浓磷酸、硫酸盐或者活性铝

② 同样的反应，催化剂不同时，产物可能不同。

如：$CO + 2H_2 = CH_3OH$（催化剂 $CuO - ZnO - Cr_2O_3$）；

$CO + 3H_2 = CH_4 + H_2O$（催化剂 $Ni + Al_2O_3$）

$2KClO_3 = 2KCl + 3O_2\uparrow$（催化剂 $MnO_2$）；

$4KClO_3 = 3KClO_4 + KCl$（无催化剂）

(3) 催化机理(图 7-9、图 7-10)

无催化剂，$E_a$ 很大，反应速率慢；加入正催化剂，减小活化能，$E_a$ 变小，反应速率加快。

从图 7-9 中可以看出，不仅正反应的活化能减小了，而且逆反应的活化能也降低了，因此，正逆反应都加快了，可使平衡时间提前，但不改变热力学数据。

催化剂之所以能改变反应的活化能，是因为催化剂改变了化学反应的机理。例如：

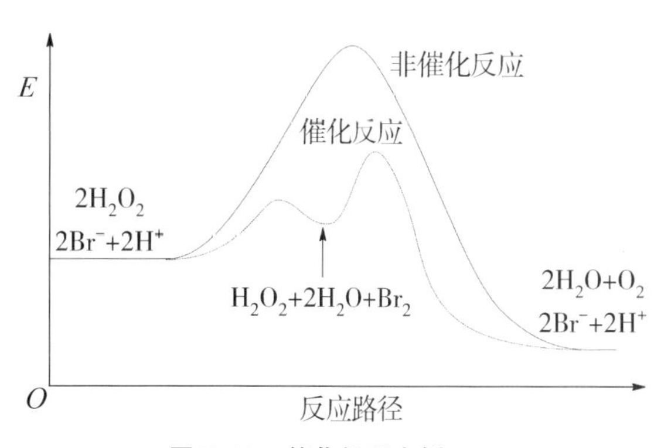

图 7-10　催化机理实例 1

$NO_2$ 催化氧化 $SO_2$ 的机理：

| | | |
|---|---|---|
| 总反应为： | $SO_2 + 1/2O_2 \xlongequal{} SO_3$ | $E_a$ 大 |
| 加 $NO_2$，催化机理为： | $SO_2 + NO_2 \xlongequal{} SO_3 + NO$ | $E'_a$ 小 |
| | $NO + 1/2O_2 \xlongequal{} NO_2$ | $E''_a$ 小 |

再例如图 7-11：

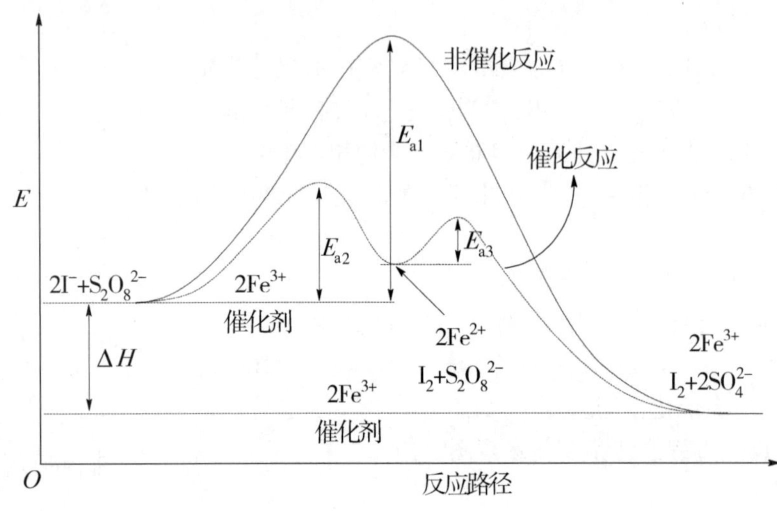


**图 7-11　催化机理实例 2**

# 第八章 化学平衡

## 一、化学平衡的条件

### 1. 概念

根据吉布斯自由能判据，在等温等压、$W_f=0$ 的条件下，$\Delta G_{T,p}<0$，则化学反应自发地由反应物变成产物，这时反应物的浓度（分压）逐渐减少，产物的浓度（分压）逐渐增加，反应物和产物的吉布斯自由能之差逐渐趋于零，直到 $\Delta G_{T,p}=0$ 时达到化学平衡，此时从宏观上看反应似乎停止了，其实从微观上正反应和逆反应仍在继续进行，只不过两者的反应速率正好相等而已，所以化学平衡是一个动态平衡。即：等温等压，$W_f=0$ 的条件下：$\Delta G_{T,p}<0$ 正反应自发进行；$\Delta G_{T,p}=0$ 达化学平衡——化学平衡的条件；$\Delta G_{T,p}>0$ 正反应不自发（逆反应自发）。

### 2. 化学反应达平衡时的特征

① 从热力学角度：等温等压，$W_f=0$，$\Delta G_{T,p}=0$。

② 从动力学角度：$v(+)=v(-)\neq 0$。

③ 反应物和生成物的浓度不变，即存在一个平衡常数。

## 二、实验平衡常数（经验平衡常数、浓度平衡常数）

### 1. 基本概念

大量实验事实证明，在一定条件下进行的可逆反应，其反应物和生成物的平衡浓度（处于平衡状态时物质的浓度）之间存在某种定量关系。例如：

反应 $N_2O_4(g) \rightleftharpoons 2NO_2(g)$，若将一定量的 $N_2O_4$ 或（和）$NO_2$ 置于 1 L 的密闭烧瓶内，然后将烧瓶置于 373 K 的恒温槽内，让其充分反应，达到平衡后，取样分析 $N_2O_4$ 的平衡浓度，再求算出 $NO_2$ 的平衡浓度，三次实验的数据列于表 8-1。

**表 8-1 三次实验的数据**

| 实验序号 | 起始浓度/$(mol\cdot L^{-1})$ | | 浓度变化/$(mol\cdot L^{-1})$ | | 平衡浓度/$(mol\cdot L^{-1})$ | | $\frac{[NO_2]^2}{[N_2O_4]}$ |
|---|---|---|---|---|---|---|---|
| | $N_2O_4$ | $NO_2$ | $N_2O_4$ | $NO_2$ | $N_2O_4$ | $NO_2$ | |
| 1 | 0.100 | 0.000 | −0.060 | +0.120 | 0.040 | 0.120 | 0.36 |
| 2 | 0.000 | 0.100 | +0.014 | −0.028 | 0.014 | 0.072 | 0.37 |
| 3 | 0.100 | 0.100 | −0.030 | +0.060 | 0.070 | 0.160 | 0.37 |

由上表数据可见，恒温条件下，尽管起始状态不同，浓度的变化（即转化率）不同，平衡浓度也不同，但产物 $NO_2$ 的平衡浓度的平方值 $[NO_2]^2$ 与反应物 $N_2O_4$ 的平衡浓度 $[N_2O_4]$ 的比值却是相同的，可用下式表示：

$$K_c=\frac{[NO_2]^2}{[N_2O_4]} \tag{8-1}$$

式中 $K_c$ 称为该反应在 373 K 时的平衡常数，对一切可逆反应都适用。这个常数是由实验直接测定的，因此常称之为实验平衡常数或经验平衡常数、浓度平衡常数。

若可逆反应用通式 $aA+bB \rightleftharpoons dD+eE$ 表达，则反应在一定温度下达到平衡时，有：

$$K_c=\frac{[D]^d\ [E]^e}{[A]^a\ [B]^b} \tag{8-2}$$

即在一定温度下，可逆反应达到平衡时，产物的浓度以反应方程式中化学计量数为指数的幂的乘积与反应物浓度以反应方程式中化学计量数为指数的幂的乘积之比是一个常数。

**2. 书写平衡常数关系式的注意点**

(1) 不要把反应体系中纯固体、纯液体以及稀水溶液中的水的浓度写进平衡常数表达式。

例如：

$$CaCO_3(s) \rightleftharpoons CaO(s)+CO_2(g) \qquad K_c=[CO_2]$$

$$Cr_2O_7^{2-}(aq)+H_2O(l) \rightleftharpoons 2CrO_4^{2-}(aq)+2H^+(aq) \qquad K_c=\frac{[CrO_4^{2-}]^2\ [H^+]^2}{[Cr_2O_7^{2-}]}$$

但在非水溶液中，若有水参加或生成时，则水的浓度不可视为常数，应写进平衡常数表达式中。

例如：$C_2H_5OH+CH_3COOH \rightleftharpoons CH_3COOC_2H_5+H_2O \qquad K_c=\frac{[CH_3COOC_2H_5][H_2O]}{[C_2H_5OH][CH_3COOH]}$

(2) 同一化学反应，化学方程式的写法不同，其平衡常数表达式及数值亦不同。

例如：

$$N_2O_4(g) \rightleftharpoons 2NO_2(g) \qquad K_{(373)}=\frac{[NO_2]^2}{[N_2O_4]}=0.36$$

$$\frac{1}{2}N_2O_4(g) \rightleftharpoons NO_2(g) \qquad K_{(373)}=\frac{[NO_2]}{[N_2O_4]^{1/2}}=\sqrt{0.36}=0.60$$

$$2NO_2(g) \rightleftharpoons N_2O_4(g) \qquad K_{(373)}=\frac{[N_2O_4]}{[NO_2]^2}=\frac{1}{0.36}\approx 2.8$$

因此书写平衡常数表达式及数值，要与具体反应的化学方程式相对应，否则意义就不明确。

**3. 平衡常数与反应限度的关系**

平衡常数是表明化学反应进行的最大程度(即反应限度)的特征值。平衡常数愈大，表示反应进行愈完全，所以能表示一定温度下各种起始条件下反应进行的限度。

虽然转化率也能表示反应进行的限度，但转化率不仅与温度条件有关，而且与起始条件有关。如表8-1的实验序号“1”中 $N_2O_4$ 的转化率为60%；实验序号“3”中 $N_2O_4$ 转化率为30%。若有几种反应物的化学反应，对不同反应物，其转化率也可能不同。

## 三、压强平衡常数 $K_p$

**1. 基本概念**

对于气相反应，平衡常数除可用如上所述的各物质平衡浓度表示外，也可用平衡时各物质的分压表示，如：

$$aA(g)+bB(g) \rightleftharpoons dD(g)+eE(g)$$
$$K_p=\frac{(p_D)^d\ (p_E)^e}{(p_A)^a\ (p_B)^b} \tag{8-3}$$

式中实验平衡常数以 $K_p$ 表示，以与前述 $K_c$ 相区别。$K_p$ 称为压强常数，$K_c$ 称为浓度平衡常数。

**2. $K_p$ 与 $K_c$ 的关系**

同一反应的 $K_p$ 与 $K_c$ 有固定关系。

若将各气体视为理想气体，因为 $pV=nRT$，所以 $p_i=\left(\frac{n_i}{V_T}\right)RT=c_iRT$。

所以 $p_A=[A]RT \quad p_B=[B]RT \quad p_D=[D]RT \quad p_E=[E]RT$

代入式(8-3),有 $K_p=\dfrac{(p_D)^d\ (p_E)^e}{(p_A)^a\ (p_B)^b}=\dfrac{[D]^d\ [E]^e}{[A]^a\ [B]^b}(RT)^{(d+e)-(a+b)}$

$$K_p=K_c(RT)^{\Delta\nu} \tag{8-4}$$

## 四、标准平衡常数 $K^\ominus$(理想气体的热力学平衡常数)

### 1. 概念

等温等压下,对理想气体反应 $dD+eE \rightleftharpoons fF+hH$ 设 $p_D$、$p_E$、$p_F$、$p_H$ 分别为 D、E、F、H 的平衡分压,则有:

$$K_p^\ominus=\frac{\left[\dfrac{p_F}{p^\ominus}\right]^f\cdot\left[\dfrac{p_H}{p^\ominus}\right]^h}{\left[\dfrac{p_D}{p^\ominus}\right]^d\cdot\left[\dfrac{p_E}{p^\ominus}\right]^e} \tag{8-5}$$

也有些资料上表达成 $K_p^\ominus=\prod\limits_{v_B}(p_B/p_B^\ominus)^{\nu_B}$,$p_B^\ominus=101.325\ \text{kPa}$。

式(8-5)中 $K_p^\ominus$ 称理想气体的热力学平衡常数——标准平衡常数。

### 2. 化学反应的等温方程式

(1) 气相反应

等温等压下,理想气体反应 $dD+eE \rightleftharpoons fF+hH$,气体的任意分压为 $p'_D$、$p'_E$、$p'_F$、$p'_H$ 时:

$$\begin{aligned}G_{m,D}&=G_{m,D}^\ominus+RT\ln\frac{p'_D}{p^\ominus}\\G_{m,E}&=G_{m,E}^\ominus+RT\ln\frac{p'_E}{p^\ominus}\\G_{m,F}&=G_{m,F}^\ominus+RT\ln\frac{p'_F}{p^\ominus}\\G_{m,H}&=G_{m,H}^\ominus+RT\ln\frac{p'_H}{p^\ominus}\end{aligned} \tag{8-6}$$

此时若反应自左至右进行了一个单位的化学反应(无限大量的体系中),

则:
$$\Delta_rG_m=\Delta_rG_m^\ominus+RT\ln\frac{\left[\dfrac{p'_F}{p^\ominus}\right]^f\cdot\left[\dfrac{p'_H}{p^\ominus}\right]^h}{\left[\dfrac{p'_D}{p^\ominus}\right]^d\cdot\left[\dfrac{p'_E}{p^\ominus}\right]^e} \tag{8-7}$$

令 $Q_p=\dfrac{\left[\dfrac{p'_F}{p^\ominus}\right]^f\cdot\left[\dfrac{p'_H}{p^\ominus}\right]^h}{\left[\dfrac{p'_D}{p^\ominus}\right]^d\cdot\left[\dfrac{p'_E}{p^\ominus}\right]^e}$,则 $\Delta_rG_m=\Delta_rG_m^\ominus+RT\ln Q_p$ (8-8)

这正是第六章曾经介绍过的范特霍夫(Van't Hoff)等温方程:

$$\Delta_rG_m(T)=\Delta_rG_m^\ominus(T)+RT\ln J \tag{8-9}$$

此时式(8-8)和式(8-9)中的 $Q_p$ 和 $J$ 均为压强商。则 $\Delta_rG_m=\Delta_rG_m^\ominus+RT\ln Q_p=-RT\ln K_p^\ominus+RT\ln Q_p$

恒温恒压条件下反应达到平衡时，$\Delta_r G_m(T)=0$，即 $\Delta_r G_m^\ominus(T)+RT\ln J=0$

此时，反应体系的 $J=K^\ominus$，$\Delta_r G_m^\ominus=-RT\ln K_p^\ominus$，式中说明了标准平衡常数 $K_p^\ominus$ 与标准吉布斯自由能增量 $\Delta_r G_m^\ominus$ 的相互关系：

对于给定反应，$K_p^\ominus$ 与 $\Delta_r G_m^\ominus$ 和 $T$ 有关。当温度指定时，$\Delta_r G_m^\ominus$ 只与标准态有关，与其他浓度或分压条件无关，它是一个定值。因此，定温下 $K_p^\ominus$ 必定是定值，即 $K_p^\ominus$ 仅是温度的函数。

如果化学反应尚未达到平衡，体系将发生化学变化，由化学等温方程式可以判断反应将自发地往哪个方向进行。

$$\Delta_r G_m=-RT\ln K_p^\ominus+RT\ln Q_p=RT\ln\frac{Q_p}{K_p^\ominus} \tag{8-10}$$

若 $K_p^\ominus>Q_p$，则 $\Delta_r G_m<0$，反应正向自发进行；若 $K_p^\ominus=Q_p$，则 $\Delta_r G_m=0$，体系已处于平衡状态；若 $K_p^\ominus<Q_p$，则 $\Delta_r G_m>0$，反应正向不能自发进行(逆向自发)。

(2) 溶液反应

$$\Delta_r G_m=\Delta_r G_m^\ominus+RT\ln Q_c=-RT\ln K_c^\ominus+RT\ln Q_c \tag{8-11}$$

$$K_c^\ominus=\frac{\left[\frac{c_F}{c^\ominus}\right]^f\cdot\left[\frac{c_H}{c^\ominus}\right]^h}{\left[\frac{c_D}{c^\ominus}\right]^d\cdot\left[\frac{c_E}{c^\ominus}\right]^e} \tag{8-12}$$

也有些资料上表达成 $$K_c^\ominus=\prod_{\nu_B}(c_B/c_B^\ominus)^{\nu_B},\ c_B^\ominus=1\ \text{mol}\cdot\text{dm}^{-3} \tag{8-13}$$

$$Q_c=\frac{\left[\frac{c'_F}{c^\ominus}\right]^f\cdot\left[\frac{c'_H}{c^\ominus}\right]^h}{\left[\frac{c'_D}{c^\ominus}\right]^d\cdot\left[\frac{c'_E}{c^\ominus}\right]^e} \tag{8-14}$$

也有些资料上表达成 $$Q_c=\prod_{\nu_B}(c'_B/c_B^\ominus)^{\nu_B},\ c_B^\ominus=1\ \text{mol}\cdot\text{dm}^{-3} \tag{8-15}$$

式中：$c$ 为平衡浓度；$c'$ 为任意浓度；$c^\ominus$ 为标准浓度，即在标准状态下，$c=1\ \text{mol}\cdot\text{dm}^{-3}$；$K_c^\ominus$ 为热力学平衡常数(标准平衡常数)；$Q_c$ 为浓度商。

(3) 纯固体或纯液体与气体间的反应(复相反应)

例如，$CaCO_3(s)\longrightarrow CaO(s)+CO_2(g)$ 反应是一个多相反应，其中包含两个不同的纯固体和一个纯气体。化学平衡条件 $\Delta_r G_m^\ominus$ 适用于任何化学平衡，不论是均相的还是多相的。

$$\Delta_r G_m=-RT\ln\frac{p_{CO_2}}{p^0} \tag{8-16}$$

又因为 $\Delta_r G_m=-RT\ln K_c$，所以 $K_c=\dfrac{p_{CO_2}}{p^0}=K_p$，$K_p=p_{CO_2}$。

式中 $p_{CO_2}$ 是平衡反应体系中 $CO_2$ 气体的压强，即 $CO_2$ 的平衡分压。这就是说，在一定温度下，$CaCO_3(s)$ 上面的 $CO_2$ 的平衡压力是恒定的，这个压强又称为 $CaCO_3(s)$的“分解压”。

注意：纯固体的“分解压”并不时刻都等于 $K_p$，例如反应：

$\frac{1}{2}CaCO_3(s)\longrightarrow\frac{1}{2}CaO(s)+\frac{1}{2}CO_2(g)$，$K_p=p_{CO_2}^{1/2}$，而“分解压”$=p_{CO_2}$

若分解气体产物不止一种，分解平衡时气体产物的总压称作“分解压”。例如：

$NH_4HS(s) \longrightarrow NH_3(g) + H_2S(g)$，由纯 $NH_4HS(s)$ 分解平衡时，$p_{NH_3} + p_{H_2S} = p$ 称作 $NH_4HS(s)$ 的“分解压”。

$$K_p = p_{NH_3} \cdot p_{H_2S} = \left(\frac{p}{2}\right)^2 = \frac{p^2}{4} \tag{8-17}$$

$$K_p^\Theta = \frac{p^2}{4}(p^\Theta)^{-2} \tag{8-18}$$

结论：对纯固体或纯液体与气体间的多相反应

$$K_c^\Theta = K_p^\Theta = K_p(p^\Theta)^{-\Delta\nu} \tag{8-19}$$

## 五、平衡常数的测定和平衡转化率的计算

### 1. 平衡常数的测定

测定平衡常数实际上是测定平衡体系中各物质的浓度(确切地说是活度)或压力。视具体情况可以采用物理或化学的方法。

(1) 物理方法

测定与浓度有关的物理量。如压力、体积、折射率、电导率等。优点：不会扰乱体系的平衡状态。缺点：必须首先确定物理量与浓度的依赖关系。

(2) 化学方法

利用化学分析的方法直接测定平衡体系中各物质的浓度。缺点：加入试剂往往会扰乱平衡，所以分析前首先必须使平衡“冻结”。通常采取的方式是：骤然冷却，取出催化剂或加入阻化剂等。

### 2. 平衡转化率的计算

(1) 平衡转化率(亦称理论转化率或最高转化率)

$$\text{平衡转化率} = \frac{\text{达平衡时转化为产品的原料的量}}{\text{投入原料的总量}} \times 100\% \tag{8-20}$$

平衡转化率是以原料的消耗来衡量反应的限度。注意：实际转化率≤平衡转化率(工厂通常说的转化率为实际转化率)

(2) 平衡产率(最大产率)——以产品来衡量反应的限度

$$\text{平衡产率} = \frac{\text{达平衡时主要产品的产量}}{\text{原料按反应的化学方程式全部转变为主要产品时的产量}} \times 100\% \tag{8-21}$$

产率通常用在多方向的反应中，即有副反应的反应，有副反应时，产率＜转化率。

## 六、外界因素对化学平衡的影响

### 1. 浓度对平衡的影响

对于一个已经达平衡的化学反应，若增加反应物浓度，会使 $Q(Q_p$ 或 $Q_c)$ 的数值因其分母增大而减小，而 $K^\Theta(K_c^\Theta$ 或 $K_p^\Theta)$ 却不随浓度改变而发生变化，于是 $Q < K^\Theta$，使原平衡破坏，反应正向进行。随着反应的进行，生成物浓度增大，反应物浓减小，$Q$ 值增大，直到 $Q$ 增大到与 $K^\Theta$ 再次相等，达到新的平衡为止。对于改变浓度的其他情况，亦可做类似分析。

结论概括如下：在其他条件不变的情况下，增加反应物浓度或减少生成物浓度，平衡向正反应方向移动；增加生成物浓度或减少反应物浓度，平衡向着逆反应方向移动。

### 2. 压强对平衡的影响

体系(总)压强的变化对没有气体参加或生成的反应影响很小。对于有气体参加且反应前后气体物质

化学计量数有变化的反应，压强变化对平衡有影响。例如合成氨反应 $N_2(g)+3H_2(g) \rightleftharpoons 2NH_3(g)$ 在某温度下达到平衡时有：

$$K_p^{\ominus}=\frac{(p_{NH_3}/p^{\ominus})^2}{(p_{N_2}/p^{\ominus})(p_{H_2}/p^{\ominus})^3}$$

如果将体系的容积减小一半，使体系的总压强增加至原来的 2 倍，这时各组分的分压分别为原来的 2 倍，反应商为：$Q_p=\dfrac{(2p_{NH_3}/p^{\ominus})^2}{(2p_{N_2}/p^{\ominus})(2p_{H_2}/p^{\ominus})^3}=\dfrac{1}{4}K_p^{\ominus}$，即 $Q_p<K_p^{\ominus}$，原平衡破坏，反应正向进行。随着反应进行，$p_{N_2}$、$p_{H_2}$ 不断下降，$p_{NH_3}$ 不断增大，使 $Q_p$ 值增大，直到 $Q_p$ 再次与 $K^{\ominus}$ 相等，达到新的平衡为止。可见，增大体系总压强平衡向着气体化学计量数减小的方向移动。

类似分析，可得如下结论：在等温下，增大总压强，平衡向气体化学计量数减小的方向移动；减小总压强，平衡向气体化学计量数增加的方向移动。如果反应前后气体化学计量数相等，那么压强的变化不会使平衡发生移动。

**3. 温度对平衡的影响**

温度的改变对于反应熵没有影响，却可以改变平衡常数。

第六章曾经介绍过范特霍夫(Van't Hoff)等温方程：

$$\Delta_r G_m(\mathrm{T})=\Delta_r G_m^{\ominus}(\mathrm{T})+RT\ln J$$

在恒温恒压条件下，反应达到平衡时，$\Delta_r G_m(\mathrm{T})=0$，即 $\Delta_r G_m^{\ominus}(\mathrm{T})+RT\ln J=0$

此时，反应体系的 $J=K^{\ominus}$，即 $\Delta_r G_m^{\ominus}=-RT\ln K^{\ominus}$

由 $\Delta_r G_m^{\ominus}=-RT\ln K^{\ominus}$ 和 $\Delta_r G_m^{\ominus}=\Delta_r H_m^{\ominus}-T\Delta_r S_m^{\ominus}$

得 $-RT\ln K^{\ominus}=\Delta_r H_m^{\ominus}-T\Delta_r S_m^{\ominus}$

即 $\ln K^{\ominus}=-\dfrac{\Delta_r H_m^{\ominus}}{RT}+\dfrac{\Delta_r S_m^{\ominus}}{R}$ (8-22)

式(8-22)是范特霍夫(van't Hoff)等温方程的另一种表达形式，说明了平衡常数与温度的关系。

设 $T_1$ 时，标准平衡常数为 $K_1^{\ominus}$，$T_2$ 时，标准平衡常数为 $K_2^{\ominus}$，且 $T_2>T_1$，有

$$\ln K_1^{\ominus}=-\frac{\Delta_r H_{m,1}^{\ominus}}{RT_1}+\frac{\Delta_r S_{m,1}^{\ominus}}{R}$$

$$\ln K_2^{\ominus}=-\frac{\Delta_r H_{m,2}^{\ominus}}{RT_2}+\frac{\Delta_r S_{m,2}^{\ominus}}{R}$$

当温度变化范围不大时，视 $\Delta_r H_m^{\ominus}$ 和 $\Delta_r S_m^{\ominus}$ 不随温度而改变。上两式相减，有

$$\ln\frac{K_2^{\ominus}}{K_1^{\ominus}}=-\frac{\Delta_r H_m^{\ominus}}{R}\left(\frac{T_2-T_1}{T_1\cdot T_2}\right) \tag{8-23}$$

式(8-23)可以说明温度对平衡的影响。设某反应在温度 $T_1$ 时达到平衡，有 $Q=K_1^{\ominus}$。当升温至 $T_2$ 时：若该反应为吸热反应，$\Delta_r H_m^{\ominus}>0$，则 $K_2^{\ominus}>K_1^{\ominus}$，则 $Q<K_2^{\ominus}$，所以平衡沿正反应方向移动；若该反应为放热反应，$\Delta_r H_m^{\ominus}<0$，则 $K_2^{\ominus}<K_1^{\ominus}$，则 $Q>K_2^{\ominus}$，所以平衡沿逆反应方向移动。

总之，升温使平衡向吸热方向移动；反之，降温使平衡向放热方向移动。

各种外界条件对化学平衡的影响，均符合勒夏特列概括的一条普遍规律：如果改变影响平衡的一个因素(如温度、压强及参加反应的物质的浓度)，平衡就向着能够减弱这种改变的方向移动。这条普遍规律称作勒夏特列原理(也称化学平衡移动原理)。

# 第九章　电解质溶液中的离子平衡

## 一、酸碱理论

**1. 阿仑尼乌斯酸碱电离理论(Arrhenius acid-base ionization theory)**

凡是在水溶液中电离产生的阳离子全部都是 $H^+$ 的化合物叫酸(acid);凡是在水溶液中电离产生的阴离子全部是 $OH^-$ 的化合物叫碱(base)。

酸碱中和反应就是 $H^+$ 和 $OH^-$ 结合生成中性水分子的过程。

**2. 布仑斯惕-劳瑞酸碱质子理论(Brønsted-Lowry acid-base proton theory)**

(1) 酸碱的定义

凡能给出质子($H^+$)的物质都是酸,如 HCl, $NH_4^+$, $HSO_4^-$, $H_2PO_4^-$ 等都是酸,因为它们能给出质子;凡能接受质子的物质都是碱,如 $CN^-$, $NH_3$, $HSO_4^-$, $SO_4^{2-}$ 等都是碱,因为它们都能接受质子。

若某物质既能给出质子,又能接受质子,就既是酸又是碱,可称为酸碱两性物质,如 $HCO_3^-$ 等。

$$HCO_3^- + H^+ = H_2O + CO_2\uparrow (HCO_3^- \text{是碱})$$

$$HCO_3^- + OH^- = H_2O + CO_3^{2-} (HCO_3^- \text{是酸})$$

对于某些物质,是酸、是碱取决于其参与的具体反应,如水解反应中的水。

(2) 酸碱的共轭关系

质子酸碱不是孤立的,它们通过质子相互联系,质子酸释放质子转化为它的共轭碱,质子碱得到质子转化为它的共轭酸,这种关系称为酸碱共轭关系,可用通式表示如图 9-1 所示(图中的酸碱称为共轭酸碱对)。

例如：

$$HCl \rightleftharpoons Cl^- + H^+$$

$$NH_4^+ \rightleftharpoons NH_3 + H^+$$

$$H_2CO_3 \rightleftharpoons HCO_3^- + H^+$$

$$HCO_3^- \rightleftharpoons CO_3^{2-} + H^+$$

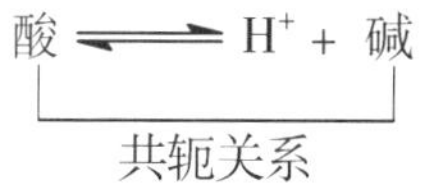

$$\text{酸} \rightleftharpoons H^+ + \text{碱}$$

共轭关系

**图 9-1　酸碱共轭关系的通式**

(3) 酸碱的相对强弱

酸和碱的强度是指酸给出质子的能力和碱接受质子的能力的强弱。酸和碱的强度与其本身的性质、溶剂的性质等因素都有关,常见共轭酸碱对的酸性、碱性的相对强弱如图 9-2 所示：酸越强,其共轭碱越弱;碱越强,其共轭酸越弱。反应总是由相对较强的酸和碱向生成相对较弱的酸和碱的方向进行。

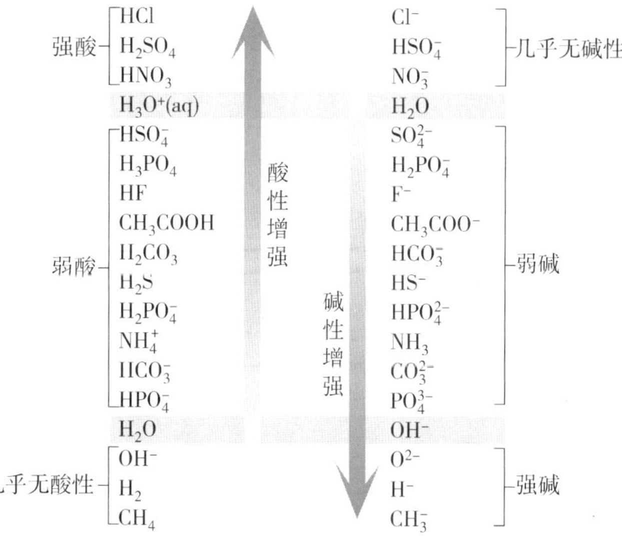


**图 9-2　常见共轭酸碱对的相对强弱**

**3. 路易斯(Lewis)酸碱电子理论(the electronic acid-base theory)**

Lewis 酸：凡是可以接受电子对的分子、离子或原子,如 $Fe^{3+}$、$Fe^{2+}$、$Ag^+$、$BF_3$ 等。

Lewis 碱：凡是给出电子对的离子或分子,如 $X^-$、$NH_3$、CO、$H_2O$ 等。

Lewis 酸与 Lewis 碱之间以配位键结合生成酸碱加合物,

例如：$HCl + :NH_3 \longrightarrow \left[\begin{array}{c} H \\ | \\ H—N—H \\ | \\ H \end{array}\right]^+ + Cl^-$；　$BF_3 + :F^- \longrightarrow \left[\begin{array}{c} F \\ | \\ F—B—F \\ | \\ F \end{array}\right]^-$

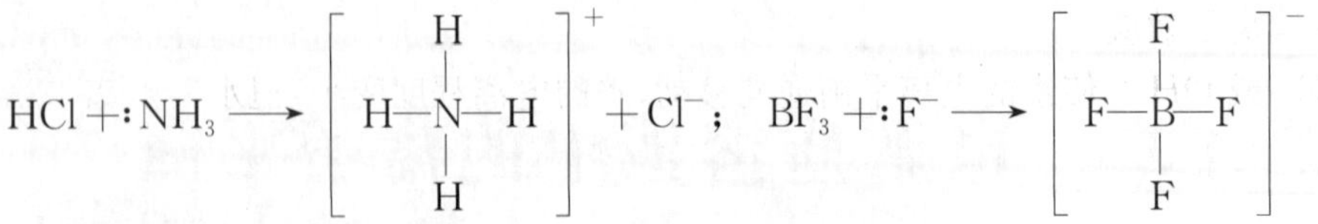

**4. 皮尔逊软硬酸碱理论( Pearson hard-soft-acid-base theory)**

在软硬酸碱理论中，酸、碱被分别归类为"硬""软"两种："硬"是指那些电荷密度较高、半径较小的粒子(离子、原子、分子)，即电荷密度与粒子半径的比值较大。"硬"粒子的可极化性较低，但极化性能较大。"软"是指那些电荷密度较低和半径较大的粒子。"软"粒子的可极化性较高，但极化性能较低。

此理论的中心主旨是：在所有其他因素相同时，"软"的酸与"软"的碱反应较快，形成较强键结；而"硬"的酸与"硬"的碱反应较快速，形成较强键结。大体上来说，"硬亲硬，软亲软"生成的化合物较稳定。

硬酸：碱土金属离子和 $Ti^{4+}$、$Fe^{3+}$、$Al^{3+}$、$Ln^{3+}$ 等；交界酸：三甲基硼烷、二氧化硫和 Fe(Ⅱ)、Co(Ⅱ)、Cs(Ⅰ)、Pb(Ⅱ)等；软酸：半径大，电荷低的阳离子如 $Ag^+$、$Pt^{2+}$、$Hg^{2+}$ 等；硬碱：半径小，变形小的阴离子如 $F^-$、$O^{2-}$ 等；交界碱：苯胺、吡啶、氮、叠氮化物、溴化物、亚硝酸根和亚硫酸根阴离子等；软碱：半径大，变形大的阴离子如 $I^-$、$Br^-$、$ClO_4^-$ 等。

$$\underset{\text{酸1}}{H_2O(l)} + \underset{\text{碱1}}{H_2O(l)} \xrightarrow{H^+} \rightleftharpoons \underset{\text{酸2}}{H_3O^+(aq)} + \underset{\text{碱2}}{OH^-(aq)}$$

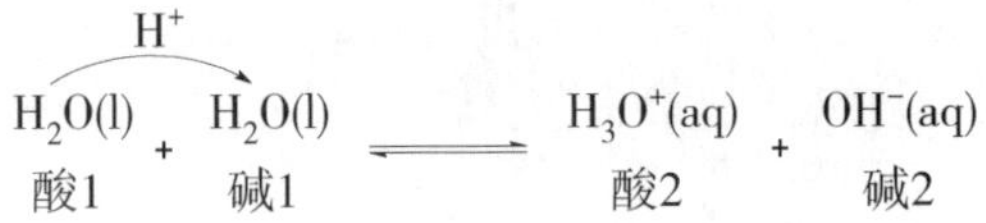

图 9-3　水的电离过程及其简化表达

## 二、弱电解质的电离平衡

**1. 水的电离平衡**

(1) 水的电离过程及其简化表达(图 9-3)

通常简化表达成 $H_2O(l) \rightleftharpoons H^+(aq) + OH^-(aq)$

(2) 水的电离平衡常数

$$c^0_{H_2O} \approx \frac{1\,000\text{ g} \div 18\text{ g} \cdot \text{mol}^{-1}}{1\text{ L}} = \frac{1\,000}{18}\text{ mol} \cdot \text{L}^{-1} \tag{9-1}$$

$$K_i = \frac{[H^+][OH^-]}{[H_2O]}$$

向水中加入其他物质，可能会影响水的电离平衡，但是水的 $K_i$ 必然保持不变。水的电离是吸热过程，所以，温度升高时，$K_i$ 值变大。

(3) 水的离子积

因为通常情况下的稀溶液中，水分子的浓度在电离前后的变化值极小，几乎是一个常数，所以：

$[H^+][OH^-] = K_i[H_2O] = K_w$，即 $K_w = [H^+][OH^-]$ 称为水的离子积常数。

显然，温度升高时，$K_w$ 值也变大(表 9-1)。

**表 9-1　不同温度下水的离子积常数 $K_w$**

| 温度/K | 273 | 295 | 373 |
|---|---|---|---|
| $K_w$ | $0.13\times10^{-14}$ | $1.0\times10^{-14}$ | $74\times10^{-14}$ |

$K_w$ 是标准平衡常数，式中的浓度都是相对浓度。由于本讲中使用标准浓度极其频繁，故省略除以 $c^\ominus$ 的写法，使用时要注意它的实际意义。

(4) 水的电离度 $\alpha$

$$\text{电离度}(\alpha) = \frac{\text{已电离的浓度}}{\text{初始浓度}} \times 100\% = \frac{c_0 - c_{eq}}{c_0} \times 100\% \tag{9-2}$$

升高温度，水的电离度变大，如 373 K 时，$\alpha_{H_2O} \approx 1.55 \times 10^{-8}$；降低温度，水的电离度变小，如 373 K 时，$\alpha_{H_2O} \approx 6.49 \times 10^{-10}$。

（5）水电离时的同离子效应

向纯水中加入 $H^+$ 或 $OH^-$，使水的电离平衡逆向移动，水的电离程度变小，但水的电离平衡常数 $K_i$ 不变，水分子的物质的量浓度变化极小、几乎不变，所以 $K_w$ 也几乎不变，也就是说 $K_w$ 可以推广到绝大多数稀溶液中。

在水溶液中，只要有 $H_2O$、$H^+$、$OH^-$ 三者共存，就必定会存在 $[H^+][OH^-]=K_w$ 的数量关系。

向水中加入其他物质，可能会影响水的电离平衡，水的电离度可能会变大，也可能会变小。

**2. 弱酸和弱碱的电离平衡**

（1）一元弱碱、一元弱酸的电离平衡

① 一元弱碱

ⓐ $K_b^\ominus$ 的概念

氨水 $NH_3 \cdot H_2O$ 是典型的弱碱，用 $K_b^\ominus$（简写成 $K_b$）表示碱式电离的电离平衡常数，则有：

$$NH_3 \cdot H_2O \rightleftharpoons NH_4^+ + OH^-$$

$$K_b(NH_3 \cdot H_2O)=\frac{[NH_4^+][OH^-]}{[NH_3 \cdot H_2O]} \approx 1.8 \times 10^{-5}\text{（常温下）}$$

平衡常数表示处于平衡状态的几种物质的浓度关系（公式中的浓度是平衡浓度而不是起始浓度），确切地说是活度的关系，但是在通常的近似计算中认为活度系数 $f=1$，即用浓度代替活度。

$K_b$ 的大小可以表示弱碱的电离程度，$K_b$ 值越大，电离程度越大，这一规律同样适用于下文中的弱酸。

设 $NH_3 \cdot H_2O$ 的初始浓度为 $c_0$ mol·L$^{-1}$，平衡时溶液中 $NH_4^+$、$OH^-$ 的浓度均为 $x$ mol·L$^{-1}$，则 $NH_3 \cdot H_2O$ 的平衡浓度必为 $(c_0-x)$mol·L$^{-1}$：

$$K_b(NH_3 \cdot H_2O)=\frac{[NH_4^+][OH^-]}{[NH_3 \cdot H_2O]}=\frac{x^2}{c_0-x}$$

展开得 $x^2+K_b \cdot x-K_b \cdot c_0=0$

$x$ 只取正值，

则 $x=\dfrac{-K_b+\sqrt{(K_b^2+4K_bc_0)}}{2}=-\dfrac{K_b}{2}+\dfrac{K_b}{2}\sqrt{\left(1+\dfrac{4c_0}{K_b}\right)}$

以最常用的 0.1 mol·L$^{-1}$的 $NH_3 \cdot H_2O$ 为例，其 $x$ 的精确值≈$1.33 \times 10^{-3}$ mol·L$^{-1}$，$\alpha(NH_3 \cdot H_2O)\approx$ 0.415%

ⓑ 近似计算规则

那么能否使用 $c_0$ 代替平衡浓度进行近似计算呢？可进行详细的分析演算：

若令 $c_0-x \approx c_0$，则 $x$ 的近似值 $\approx\sqrt{K_bc_0}\approx 1.34 \times 10^{-3}$ mol·L$^{-1}$，误差极小！也就是说，可以进行近似计算。那么，是不是在任何情况下都可以呢？

若令近似计算值为 $y$ mol·L$^{-1}$，则：

$$K_b(NH_3 \cdot H_2O)=\frac{[NH_4^+][OH^-]}{[NH_3 \cdot H_2O]}=\frac{x^2}{c_0-x}=\frac{y^2}{c_0}$$

$$\frac{x^2}{y^2}=\frac{c_0-x}{c_0}=1-\alpha\text{，即}\frac{x}{y}=\sqrt{1-\alpha}$$

只要 $\alpha \leqslant 5\%$，那么精确值相对于近似值的吻合度即 $\dfrac{x}{y} \geqslant 97.5\%$，完全在可容忍的范围之内。

此时 $K_b \leqslant \dfrac{(0.05c_0)^2}{c_0-0.05c_0}$，即 $\dfrac{c_0}{K_b} \geqslant \dfrac{c_0-0.05c_0}{c_0 0.05^2}=\dfrac{1-0.05}{0.05^2}=380$

所以，如果 $\frac{c_0}{K_b} \geqslant 380$，$\alpha \leqslant 5\%$，那么可进行近似计算；

如果 $\frac{c_0}{K_b} < 380$，$\alpha > 5\%$，那么不可进行近似计算，必须进行精确计算。

ⓒ $\alpha(NH_3 \cdot H_2O)$ 与 $K_b(NH_3 \cdot H_2O)$ 的关系——稀释定律

以 $NH_3 \cdot H_2O$ 为例：

$$NH_3 \cdot H_2O \rightleftharpoons NH_4^+ + OH^-$$

| | $NH_3 \cdot H_2O$ | $NH_4^+$ | $OH^-$ |
|---|---|---|---|
| 初始浓度 | $c$ | 0 | 0 |
| 平衡浓度 | $c - c\alpha$ | $c\alpha$ | $c\alpha$ |

精确计算：$K_b = \frac{c\alpha^2}{1-\alpha}$

近似计算：当 $\frac{c_0}{K_b} \geqslant 380$，$\alpha \leqslant 5\%$ 时，$1-\alpha \approx 1$，$K_b \approx c\alpha^2$，$\alpha \approx \sqrt{\frac{K_b}{c}}$；在一定温度下（$K_b$ 为定值），弱电解质的电离度随溶液的稀释而增大。这一规律同样适用于下文中的弱酸等其他弱电解质。

ⓓ 溶于水的酸、碱抑制水的电离

在上述氨水溶液中，$K_w = [H^+]_{H_2O} \times ([OH^-]_{H_2O} + [OH^-]_{NH_3 \cdot H_2O})$

受氨水电离生成的 $OH^-$ 的抑制，$[OH^-]_{H_2O} \ll [OH^-]_{NH_3 \cdot H_2O}$

$$K_w \approx [H^+]_{H_2O} \times [OH^-]_{NH_3 \cdot H_2O}$$

$$[H^+]_{H_2O} \approx 7.52 \times 10^{-12} mol \cdot L^{-1}$$

$$\alpha(H_2O) \approx 1.35 \times 10^{-13}$$

可见，溶于水的碱抑制了水的电离，使水的电离度减小了。同理，溶于水的酸也必定抑制水的电离，使水的电离度减小。

**【例 9-1】** 已知 25 ℃时，0.200 $mol \cdot L^{-1}$ 氨水的电离度为 0.95%，求 $c(OH^-)$、氨的电离常数。

解：$\alpha \leqslant 5\%$，可以进行近似计算

| | $NH_3(aq)$ + $H_2O(l)$ $\rightleftharpoons$ | $NH_4^+(aq)$ + | $OH^-(aq)$ |
|---|---|---|---|
| $c_0/(mol \cdot L^{-1})$ | 0.200 | 0 | 0 |
| $c_{eq}/(mol \cdot L^{-1})$ | 0.200(1 − 0.95%) | 0.200 × 0.95% | 0.200 × 0.95% |

$c(OH^-) = 0.200 \times 0.95\% = 1.9 \times 10^{-3}(mol \cdot L^{-1})$

$$K_b(NH_3 \cdot H_2O) = \frac{[NH_4^+][OH^-]}{[NH_3 \cdot H_2O]} = \frac{(1.9 \times 10^{-3})^2}{0.200 - 1.9 \times 10^{-3}} \approx 1.8 \times 10^{-5}$$

**【例 9-2】** 已知 $K_a(CH_2ClCOOH) = 1.4 \times 10^{-3}$，求 0.1 $mol \cdot L^{-1}$ 的一氯乙酸溶液的 pH。

解：$\frac{c_0}{K_b} < 380$，不可进行近似计算，必须进行精确计算。

若平衡时，$[H^+]$、$[CH_2ClCOO^-]$ 均为 $x$ $mol \cdot L^{-1}$，则 $[CH_2ClCOOH]$ 必为 $(0.1 - x)$ $mol \cdot L^{-1}$

$\frac{x^2}{0.1 - x} = 1.4 \times 10^{-3}$，即 $x^2 + 1.4 \times 10^{-3}x - 1.4 \times 10^{-4} = 0$（$x$ 只取正值）

解得 $x \approx 1.1 \times 10^{-2} mol \cdot L^{-1}$，pH≈1.96

**附：**逐步逼近法(method of sucessive approximation)

先令 $0.1 - x \approx 0.1$，则 $x^2/0.1 = 1.4 \times 10^{-3}$，$x \approx 1.18 \times 10^{-2}$

再将结果代入 $\frac{x^2}{0.1-x}$ 的分母项，即 $\frac{x^2}{0.1-1.18\times10^{-2}}=1.4\times10^{-3}$，解得 $x\approx1.11\times10^{-2}$

再将结果代入 $\frac{x^2}{0.1-x}$ 的分母项，即 $\frac{x^2}{0.1-1.11\times10^{-2}}=1.4\times10^{-3}$，解得 $x\approx1.11\times10^{-2}$

两次计算结果已经非常接近，结束操作。

这一结果与"精确计算"一致，但要比解一元二次方程简单得多。

② 一元弱酸

将醋酸的分子式简写成 HAc，用 $Ac^-$ 代表醋酸根，则醋酸的电离平衡可以表示成：

$$HAc+H_2O \rightleftharpoons H_3O^+ + Ac^-$$

通常简化表达成 $HAc \rightleftharpoons H^+ + Ac^-$

用 $K_a^\ominus$ 表示酸式电离的电离平衡常数，经常简写作 $K_a$。则：

$$K_a(HAc)=\frac{[H^+][Ac^-]}{[HAc]}\approx1.8\times10^{-5}\text{（常温下）（其他参照一元弱碱）}$$

**【例 9-3】**

| | $HAc(aq)+H_2O(l) \rightleftharpoons$ | $H_3O^+(aq)+$ | $Ac^-(aq)$ |
|---|---|---|---|
| 初始浓度/$(mol\cdot L^{-1})$ | 0.10 | 0 | 0 |
| 平衡浓度/$(mol\cdot L^{-1})$ | $0.10-x$ | $x$ | $x$ |

$$K_a(HAc)=\frac{[H^+][Ac^-]}{HAc}=\frac{x^2}{0.1-x}=1.8\times10^{-5}$$

$$x\approx1.33\times10^{-3}(mol\cdot L^{-1})$$

$$c(H_3O^+)=c(Ac^-)=1.33\times10^{-3}\,mol\cdot L^{-1}$$

$$c(HAc)=(0.10-1.33\times10^{-3})\,mol\cdot L^{-1}\approx0.10\,mol\cdot L^{-1}$$

$$K_w=[H^+][OH^-]$$

$$c(OH^-)\approx7.5\times10^{-12}\,mol\cdot L^{-1}$$

$$\text{醋酸的电离度}=\frac{1.33\times10^{-3}}{0.10}\times100\%=1.33\%$$

近似计算：$\frac{c_0}{K_a}\geqslant380$，可以进行近似计算

$$\frac{x^2}{0.1-x}\approx\frac{x^2}{0.1}=1.8\times10^{-5}，x\approx1.34\times10^{-3}\,mol\cdot L^{-1}$$

$$\text{醋酸的电离度}=\frac{1.34\times10^{-3}}{0.10}\times100\%=1.34\%$$

(2) 多元弱酸的电离平衡

多元弱酸的电离是分步进行的，对应每一步电离，各有其电离常数。

以 $H_2S$ 为例：

第一步 $H_2S \rightleftharpoons H^+ + HS^-$　　$K_1=\frac{[H^+][HS^-]}{[H_2S]}=1.3\times10^{-7}$

第二步 $HS^- \rightleftharpoons H^+ + S^{2-}$　　$K_2=\frac{[H^+][S^{2-}]}{[HS^-]}=7.1\times10^{-15}$

显然 $K_1\gg K_2$。

① 多元弱酸的电离

以第一步电离为主，溶液中的 $H^+$ 主要来自弱酸的第一步电离，计算时通常只要考虑第一步电离。

② 对于二元弱酸：$[A^{2-}] \approx K_2$

例如：对于 $H_2S$ 而言：$K_2 = \dfrac{[H^+][S^{2-}]}{[HS^-]}$

当 $K_1 \gg K_2$ 时，$[H^+] \approx [HS^-]$，所以 $[S^{2-}] \approx K_2$ 而几乎与弱酸的初始浓度无关。

③ 对于二元弱酸：$c$(弱酸)一定时，$c$(酸根离子)与 $c^2(H^+)$ 成反比

这是因为：如果将第一步和第二步的两个方程式相加可得

$$H_2S \rightleftharpoons 2H^+ + S^{2-}$$

$$K = \frac{[H^+]^2[S^{2-}]}{[H_2S]} = \frac{[H^+][HS^-]}{[H_2S]} \times \frac{[H^+][S^{2-}]}{[HS^-]} = K_1 \times K_2$$

$$[S^{2-}] = \frac{K[H_2S]}{[H^+]^2} = \frac{K_1 \cdot K_2[H_2S]}{[H^+]^2}$$

④ 多元弱酸溶液中微粒的分布系数(以碳酸溶液为例)

第一步 $H_2CO_3 \rightleftharpoons H^+ + HCO_3^-$，　$K_1 = \dfrac{[H^+][HCO_3^-]}{[H_2CO_3]} = 4.3 \times 10^{-7}$

第二步 $HCO_3^- \rightleftharpoons H^+ + CO_3^{2-}$，　$K_2 = \dfrac{[H^+][CO_3^{2-}]}{[HCO_3^-]} = 5.61 \times 10^{-11}$

累积平衡常数 $\beta_1$、$\beta_2$ 分别为：

$$H_2CO_3 \rightleftharpoons H^+ + HCO_3^-,\quad \beta_1 = \frac{[H^+][HCO_3^-]}{[H_2CO_3]} = 4.3 \times 10^{-7}$$

$$H_2CO_3 \rightleftharpoons 2H^+ + CO_3^{2-},\quad \beta_2 = \frac{[H^+]^2[CO_3^{2-}]}{[H_2CO_3]} = \frac{[H^+][HCO_3^-]}{[H_2CO_3]} \cdot \frac{[H^+][CO_3^{2-}]}{[HCO_3^-]} \approx 2.41 \times 10^{-17}$$

$$[HCO_3^-] = \frac{[H_2CO_3] \cdot \beta_1}{[H^+]},\ [CO_3^{2-}] = \frac{[H_2CO_3] \cdot \beta_2}{[H^+]^2}$$

设平衡时溶液中 $[H_2CO_3] + [HCO_3^-] + [CO_3^{2-}] = c_0$

定义 $\delta(H_2CO_3) = \dfrac{[H_2CO_3]}{c_0}$ 为 $H_2CO_3$ 分子在溶液中的分布系数

则 $$\delta(H_2CO_3) = \frac{[H_2CO_3]}{[H_2CO_3] + [HCO_3^-] + [CO_3^{2-}]}$$

$$= \frac{[H_2CO_3]}{[H_2CO_3] + \dfrac{[H_2CO_3] \cdot \beta_1}{[H^+]} + \dfrac{[H_2CO_3] \cdot \beta_2}{[H^+]^2}}$$

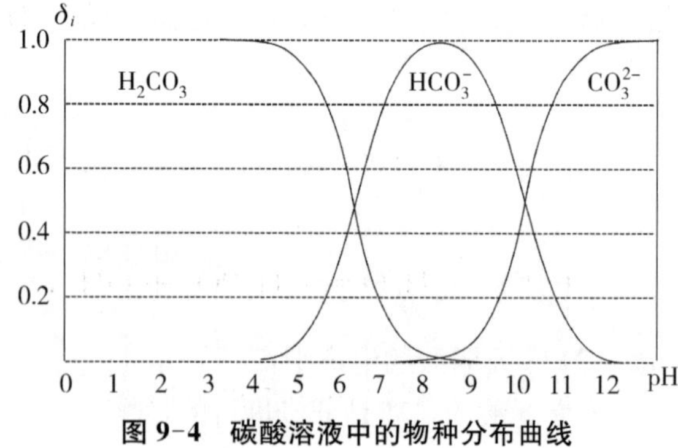


**图 9-4　碳酸溶液中的物种分布曲线**

即 $$\delta(H_2CO_3) = \frac{[H^+]^2}{[H^+]^2 + [H^+] \cdot \beta_1 + \beta_2}$$

同理 $\delta(HCO_3^-) = \dfrac{[H^+] \cdot \beta_1}{[H^+]^2 + [H^+] \cdot \beta_1 + \beta_2}$，$\delta(CO_3^{2-}) = \dfrac{\beta_2}{[H^+]^2 + [H^+] \cdot \beta_1 + \beta_2}$，这样，即可得到碳酸溶液中 $H_2CO_3$、$HCO_3^-$、$CO_3^{2-}$ 的分布曲线图(如图 9-4 所示)，三元酸(如 $H_3PO_4$)等其他弱酸依此类推。

(3) 多元弱碱的电离平衡

多元弱碱的电离其实也是分步进行的，只是一般关注很少而已，如 $Fe(OH)_3 \rightleftharpoons Fe(OH)_2^+ + OH^-$。

(4) 共轭酸碱对的电离平衡常数之间的关系

酸的电离平衡常数 $K_a$ 与其共轭碱的电离平衡常数 $K_b$ 之间有确定的对应关系。

例如，对于 HAc 与其共轭碱 $Ac^-$ 有：

$$HAc + H_2O \rightleftharpoons H_3O^+ + Ac^-,\ K_a(HAc) = \frac{[H^+][Ac^-]}{[HAc]}$$

$$Ac^- + H_2O \rightleftharpoons HAc + OH^-,\ K_b(Ac^-) = \frac{[HAc][OH^-]}{[Ac^-]}$$

$$K_a(HAc)K_b(Ac^-) = \frac{[H^+][Ac^-]}{[HAc]}\frac{[OH^-][HAc]}{[Ac^-]} = K_w$$

上式表示，$K_a$ 与 $K_b$ 成反比，说明酸愈强，其共轭碱愈弱；碱愈强，其共轭酸愈弱。若已知酸的酸度常数 $K_a$，就可以求出其共轭碱的碱度常数 $K_b$。

**【例 9-4】** 已知 $NH_3$ 的 $K_b$ 为 $1.79 \times 10^{-5}$，试求 $NH_4^+$ 的 $K_a$。

解：$NH_4^+$ 是 $NH_3$ 的共轭酸，故 $K_a = K_w/K_b = 1.00 \times 10^{-14}/(1.79 \times 10^{-5}) \approx 5.59 \times 10^{-10}$

对于多元弱酸（或多元弱碱）在水中的质子传递反应是分步进行的，情况复杂一些。例如 $H_3PO_4$，其质子传递分三步，每一步都有相应的质子传递平衡。

$$H_3PO_4 + H_2O \rightleftharpoons H_2PO_4^- + H_3O^+,\quad K_{a1} = \frac{[H_2PO_4^-][H_3O^+]}{[H_3PO_4]} = 6.92 \times 10^{-3}$$

$$H_2PO_4^- + H_2O \rightleftharpoons HPO_4^{2-} + H_3O^+,\quad K_{a2} = \frac{[HPO_4^{2-}][H_3O^+]}{[H_2PO_4^-]} = 6.23 \times 10^{-8}$$

$$HPO_4^{2-} + H_2O \rightleftharpoons PO_4^{3-} + H_3O^+,\quad K_{a3} = \frac{[PO_4^{3-}][H_3O^+]}{[HPO_4^{2-}]} = 4.79 \times 10^{-13}$$

多元弱酸的电离常数，以电离出第一个质子($H^+$)为一级电离，电离常数为 $K_{a1}$。相应质子碱的电离常数，以结合第一个质子($H^+$)为一级电离，电离常数为 $K_{b1}$。

$H_3PO_4$、$H_2PO_4^-$、$HPO_4^{2-}$ 都为酸，它们的共轭碱分别为 $H_2PO_4^-$、$HPO_4^{2-}$、$PO_4^{3-}$，其质子传递平衡常数为：

$$PO_4^{3-} + H_2O \rightleftharpoons HPO_4^{2-} + OH^-,\quad K_{b1} = \frac{[HPO_4^{2-}][OH^-]}{[PO_4^{3-}]} \times \frac{[H^+]}{[H^+]} = \frac{K_w}{K_{a3}} \approx 2.09 \times 10^{-2}$$

$$HPO_4^{2-} + H_2O \rightleftharpoons H_2PO_4^- + OH^-,\quad K_{b2} = \frac{[H_2PO_4^-][OH^-]}{[HPO_4^{2-}]} \times \frac{[H^+]}{[H^+]} = \frac{K_w}{K_{a2}} \approx 1.61 \times 10^{-7}$$

$$H_2PO_4^- + H_2O \rightleftharpoons H_3PO_4 + OH^-,\quad K_{b3} = \frac{[H_3PO_4][OH^-]}{[H_2PO_4^-]} \times \frac{[H^+]}{[H^+]} = \frac{K_w}{K_{a1}} \approx 1.44 \times 10^{-12}$$

**【例 9-5】** 已知 $H_2CO_3$ 的 $K_{a1} = 4.46 \times 10^{-7}$，$K_{a2} = 4.68 \times 10^{-11}$，求 $CO_3^{2-}$ 的 $K_{b1}$ 和 $K_{b2}$。

$$CO_3^{2-} + H_2O \rightleftharpoons HCO_3^- + OH^-,\quad K_{b1} = \frac{[HCO_3^-][OH^-]}{[CO_3^{2-}]} \times \frac{[H^+]}{[H^+]} = \frac{K_w}{K_{a2}} = \frac{1.0 \times 10^{-14}}{4.68 \times 10^{-11}} \approx 2.14 \times 10^{-4}$$

$$HCO_3^- + H_2O \rightleftharpoons H_2CO_3 + OH^-,\quad K_{b2} = \frac{[H_2CO_3][OH^-]}{[HCO_3^-]} \times \frac{[H^+]}{[H^+]} = \frac{K_w}{K_{a1}} = \frac{1.0 \times 10^{-14}}{4.46 \times 10^{-7}} \approx 2.24 \times 10^{-8}$$

**3. 水溶液的酸碱性及其度量**

(1) 水溶液的酸碱性取决于$[H^+]$与$[OH^-]$的相对大小而不是其绝对值大小

酸性水溶液中：$[H^+]<[OH^-]$；中性水溶液中：$[H^+]=[OH^-]$；碱性水溶液中：$[H^+]>[OH^-]$。

常温下，$[H^+]=1\times10^{-7}$，表示中性，因为这时 $K_w=1.0\times10^{-14}$；非常温时，溶液的中性只能是指$[H^+]=[OH^-]$。

(2) pH 和 pOH

$pH=-lg[H^+]$，$pOH=-lg[OH^-]$，$pK_w=-lg[K_w]$，$pH+pOH=pK_w$(表 9-2)

因为常温下 $K_w=1.0\times10^{-14}$，所以常温下 pH+pOH=14，pH 和 pOH 一般的取值范围是 1～14，但也有时超出，如：$[H^+]=10$，则 pH=−1。

**表 9-2　pH、pOH、$pK_w$ 的相互关系**

| | 酸性水溶液 | 中性水溶液 | 碱性水溶液 |
|---|---|---|---|
| 一般情况下 | $pH<\frac{1}{2}pK_w<pOH$ | $pH=\frac{1}{2}pK_w=pOH$ | $pH>\frac{1}{2}pK_w>pOH$ |
| 常温下 | pH<7<pOH | pH=7=pOH | pH>7>pOH |

**【例 9-6】**　已知 $K_a(HCN)=4.9\times10^{-10}$，求 $1.0\times10^{-5}\,mol\cdot L^{-1}$的 HCN 溶液的 pH。

解：$\frac{c_0}{K_a}\geqslant380$，可以进行近似计算，$[H^+]\approx\sqrt{(4.9\times10^{-10}\times1.0\times10^{-5})}=7.0\times10^{-8}(mol\cdot L^{-1})$，pH≈7.15

奇怪！氢氰酸溶液显碱性？这不可能啊！问题出在哪里？

原来，此时$[H^+]_{HCN}<10^{-7}mol\cdot L^{-1}<[H^+]_{H_2O}$，$[H^+]_{aq}=[H^+]_{HCN}+[H^+]_{H_2O}>10^{-7}mol\cdot L^{-1}$

同理，极稀的碱溶液则要考虑水电离出的 $OH^-$，此时$[OH^-]_{BOH}<10^{-7}mol\cdot L^{-1}<[OH^-]_{H_2O}$

$[OH^-]_{aq}=[OH^-]_{BOH}+[OH^-]_{H_2O}>10^{-7}mol\cdot L^{-1}$

所以，千万不要忘记“隐形的”底线——水的电离！

**【例 9-7】**　已知 $K_a(HSO_4^-)=1.26\times10^{-2}$，求 $0.1\,mol\cdot L^{-1}$的 $H_2SO_4$ 溶液的 pH。

解：$H_2SO_4 = H^+ + HSO_4^-$，$HSO_4^- \rightleftharpoons H^+ + SO_4^{2-}$

设平衡时$[SO_4^{2-}]=x\,mol\cdot L^{-1}$，则$[H^+]=(0.1+x)mol\cdot L^{-1}$，$[HSO_4^-]=(0.1-x)mol\cdot L^{-1}$

因为 $K_a(HSO_4^-)=\frac{[H^+][SO_4^{2-}]}{[HSO_4^-]}$，所以 $\frac{(0.1+x)x}{0.1-x}=1.26\times10^{-2}$

展开得 $x^2+0.112\,6x-1.26\times10^{-3}=0$，解得 $x\approx0.010\,3\,mol\cdot L^{-1}$

$[H^+]=0.1+0.010\,3=0.110\,3(mol\cdot L^{-1})$，pH≈0.957

反思：为什么这里没有考虑水电离的 $H^+$ 呢？显然，这是因为在这种溶液中，水电离出的 $H^+$ 极少，完全可以忽略不计。

**【例 9-8】**　将 $10^{-6}mol\cdot L^{-1}$的稀盐酸再稀释 100 倍，求溶液的 pH。

解：稀释 100 倍后，$[H^+]_{HCl}=10^{-8}mol\cdot L^{-1}$，设$[H^+]_{H_2O}=[OH^-]_{H_2O}=x\,mol\cdot L^{-1}$，

则：$(x+10^{-8})x=K_w=1.0\times10^{-14}$，展开得 $x^2+10^{-8}x-1.0\times10^{-14}=0$，解得 $x\approx9.51\times10^{-8}\,mol\cdot L^{-1}$

$[H^+]=1.0\times10^{-8}+9.51\times10^{-8}=1.051\times10^{-7}(mol\cdot L^{-1})$，pH≈6.98

(3) 酸碱指示剂

① 指示剂的变色原理

能通过颜色变化指示溶液酸碱性的物质，如石蕊、酚酞、甲基橙等，称为酸碱指示剂(表 9-3)。酸碱指示剂(acid-base indicator)一般是弱的有机酸。现以甲基橙为例，说明指示剂的变色原理：

$$HIn \rightleftharpoons In^- + H^+ \qquad K_a = 4 \times 10^{-4}$$

分子态 HIn 显红色，而酸根离子 $In^-$ 显黄色。当体系中 $H^+$ 的浓度大时，平衡左移，以分子态形式居多时，显红色；当体系中 $OH^-$ 的浓度大时，平衡右移，以离子态形式居多时，显黄色。究竟 pH 等于多少时指示剂的颜色发生变化，则与弱酸 HIn 的电离平衡常数 $K_a$ 的大小有关。

表 9-3　常见酸碱指示剂的颜色

| 指示剂 | pH | | | | | | | | | | | | | |
|---|---|---|---|---|---|---|---|---|---|---|---|---|---|---|
| | 1 | 2 | 3 | 4 | 5 | 6 | 7 | 8 | 9 | 10 | 11 | 12 | 13 | 14 |
| 甲基橙 | | 红 | 3.1 | 橙　4.4 | | 黄 | | | | | | | | |
| 甲基红 | | 红 | | 4.4 | 橙 | 6.2 | | 黄 | | | | | | |
| 溴百里酚蓝 | | | | 黄 | | | 6.2 绿 7.6 | 蓝 | | | | | | |
| 中性红 | | | 红 | | | | 6.8 | 橙　8.0 | 黄 | | | | | |
| 酚酞 | | 无 | | | | 微红 | | 8.0 | 浅红 | 10.0 | 红 | | 13 | 无 |

② 变色点和变色范围

仍以甲基橙为例，$HIn \rightleftharpoons In^- + H^+ \qquad K_a(HIn) = \frac{[H^+][In^-]}{HIn} = 4 \times 10^{-4}$

当$[In^-]=[HIn]$时介于红色和黄色之间显橙色，此时 $K_a(HIn)=[H^+]=4 \times 10^{-4}$

$$pH = pK_a \approx 3.4$$

当 pH<3.4，HIn 占优势时，红色成分大；当 pH>3.4，$In^-$ 占优势时，黄色成分大。故 $pH=pK_a$ 称为指示剂的理论变色点。

甲基橙的理论变色点为 pH=3.4，酚酞的理论变色点为 pH=9.1。距离理论变色点很近时，显色并不明显，因为一种物质的优势还不够大。

当$[HIn]=10[In^-]$时，显 HIn 的红色；当$[In^-]=10[HIn]$时，显$[In^-]$的黄色。这时有关系式 $pH=pK_a \pm 1$，这就是指示剂的变色范围。各种颜色互相掩盖的能力并不相同。红色易显色，对甲基橙，当$[HIn]=2[In^-]$时，即可显红色；

而当$[In^-]=10[HIn]$时，才显黄色。故甲基橙的实际变色范围为 pH 在 3.1 和 4.4 之间，酚酞的实际变色范围为 pH 在 8.0～10.0 之间。选用指示剂时，可以从手册中查找其变色点和实际变色范围。

**4. 缓冲溶液(buffer solution)**

(1) 缓冲溶液的概念

能够抵抗少量外来酸碱的影响和较多水稀释的影响，保持体系 pH 变化不大的溶液称之为缓冲溶液。如向由 1 L 0.10 $mol \cdot L^{-1}$的 HCN 和 0.10 $mol \cdot L^{-1}$ NaCN 组成的混合溶液中(pH=9.40)，加入0.010 mol HCl 时，pH 变为 9.31；加入 0.010 mol NaOH 时，pH 变为 9.49；用水稀释，体积扩大 10 倍时，pH 基本不变。可以认为，0.10 $mol \cdot L^{-1}$ HCN 和 0.10 $mol \cdot L^{-1}$ NaCN 的混合溶液是一种缓冲溶液，可以维持体系的 pH 为 9.40 左右。

(2) 缓冲溶液的原理

① 弱电解质电离时的同离子效应

在弱电解质的溶液中，加入与其具有相同离子的强电解质，从而使电离平衡逆向移动，降低弱电解质的电离度。这种现象称为同离子效应。例如：$HAc \rightleftharpoons H^+ + Ac^-$ 达到平衡时，向溶液中加入固体 NaAc(强电解质完全电离：$NaAc = Na^+ + Ac^-$)，$Ac^-$ 增多，使平衡逆向移动，HAc 的电离度减小。

**【例 9-9】** 在 0.10 $mol \cdot L^{-1}$的 HAc 溶液中，加入 $NH_4Ac(s)$，使 $NH_4Ac$ 的浓度为 0.10 $mol \cdot L^{-1}$，计算该溶液的 pH 和 HAc 的电离度。

解：$$HAc\,(aq) + H_2O(l) \rightleftharpoons H_3O^+\,(aq) + Ac^-\,(aq)$$

| | | | |
|---|---|---|---|
| $c_0/(mol \cdot L^{-1})$ | 0.10 | 0 | 0.10 |
| $c_{eq}/(mol \cdot L^{-1})$ | $0.10-x$ | $x$ | $0.10+x$ |

$$\frac{x \cdot (0.10+x)}{0.10-x} = 1.8\times10^{-5} \quad 0.10 \pm x \approx 0.10$$

$$x = 1.8\times10^{-5}$$

$$c(H^+) \approx 1.8\times10^{-5}\,mol \cdot L^{-1}$$

$$pH = 4.74$$

$$\alpha = 0.018\%$$

② 缓冲溶液的构成

缓冲溶液一般是由弱酸及其盐(如 HAc 与 NaAc)或弱碱及其盐(如 $NH_3$ 与 $NH_4^+$ 盐)以及多元弱酸及其次级酸式盐或酸式盐及其次级盐(如 $H_2CO_3$ 与 $NaHCO_3$，$NaHCO_3$ 与 $Na_2CO_3$)组成的混合溶液，也就是说缓冲溶液一般含有共轭酸碱对，如 HCN、NaCN 混合溶液，$NH_3 \cdot H_2O$、$NH_4Cl$ 混合溶液。

以 HAc-NaAc 缓冲体系为例，缓冲溶液之所以具有缓冲作用是因为其中存在的如下酸碱平衡：

$$HAc(\text{大量}) + H_2O(\text{大量}) \rightleftharpoons H_3O^+\,(\text{少量}) + Ac^-\,(\text{大量})$$

当向体系中加入少量 $H^+$ 或 $OH^-$ 时，无论上述平衡向左还是向右移动，[HAc]以及[$Ac^-$]的改变量都很小，这就使得两者的比值几乎不变。

$$K_a(HAc) = \frac{[H^+][Ac^-]}{[HAc]}$$

$[H^+] = K_a(HAc)\dfrac{[HAc]}{[Ac^-]}$ 几乎不变，从而使溶液 pH 基本不变。

加入适量水稀释时，由于弱酸与弱酸盐(或弱碱与弱碱盐)以同等倍数被稀释，其浓度比值亦不变。

③ 缓冲溶液的 pH——Henderson - Hasselbach 方程

弱酸及其盐 $$[H^+] = K_a\frac{c_{\text{酸}}}{c_{\text{盐}}},\ pH = pK_a - \lg\frac{c_{\text{酸}}}{c_{\text{盐}}} \quad (9\text{-}3)$$

弱碱及其盐 $$[OH^-] = K_b\frac{c_{\text{碱}}}{c_{\text{盐}}},\ pOH = pK_b - \lg\frac{c_{\text{碱}}}{c_{\text{盐}}} \quad (9\text{-}4)$$

④ 缓冲对与缓冲容量

缓冲溶液中的弱酸及其盐(或弱碱及其盐)组成酸碱缓冲对；缓冲对的浓度愈大，则它抵制外加酸碱影响的作用愈强，通常称缓冲容量愈大；缓冲对的浓度比也是影响缓冲容量的重要因素，浓度比为 1 时，缓冲容量最大。浓度比一般在 10 到 0.1 之间，因此缓冲溶液的 pH(或 pOH)在 $pK_a$(或 $pK_b$)$\pm1$ 范围内。

⑤ 如何配制缓冲溶液

配制缓冲溶液时，首先选择最靠近目标溶液 pH(或 pOH)的缓冲对 $pK_a$(或 $pK_b$)，然后再调整缓冲对的浓度比，使其达到所需的 pH。

**【例 9-10】** $Na_3PO_4$-$Na_2HPO_4$ 溶液显碱性

$$PO_4^{3-}(aq) + H_2O(l) \rightleftharpoons OH^-\,(aq) + HPO_4^{2-}(aq)$$

$K_b(PO_4^{3-}) = \dfrac{K_w}{K_{a3}(H_3PO_4)} \approx 0.022$ 较大，必须进行精确计算。

$$pOH = pK_b - \lg\frac{c_{\text{碱}}}{c_{\text{盐}}} = pK_b(PO_4^{3-}) - \lg\frac{c(PO_4^{3-})}{c(HPO_4^{2-})}$$

【例 9-11】 若在 50.00 mL 0.150 mol·$L^{-1}$ $NH_3$(aq)和 0.200 mol·$L^{-1}$ $NH_4Cl$ 组成的缓冲溶液中，加入0.100 mL 1.00 mol·$L^{-1}$的 HCl，求加入 HCl 前后溶液的 pH 各为多少？

解：加入 HCl 前：

$$pH = 14 - pK_b + \lg\frac{c(B)}{c(BH^+)} = 14 - (-\lg1.8\times10^{-5}) + \lg\frac{0.150}{0.200} = 9.26 + (-0.12) = 9.14$$

加入 HCl 后：$c(HCl) = \frac{1.00\times0.100}{50.10} mol\cdot L^{-1} \approx 0.002\,0 mol\cdot L^{-1}$

| | $NH_3(aq)$ + | $H_2O(l) \rightleftharpoons$ | $NH_4^+(aq)$ + | $OH^-(aq)$ |
|---|---|---|---|---|
| 加 HCl 前浓度/(mol·$L^{-1}$) | 0.150 | | 0.200 | |
| 加 HCl 后初始浓度/(mol·$L^{-1}$) | 0.150−0.0020 | | 0.200+0.0020 | |
| 平衡浓度/(mol·$L^{-1}$) | 0.150−0.0020−$x$ | | 0.200+0.0020+$x$ | $x$ |

$$\frac{(0.202+x)x}{0.148-x} = 1.8\times10^{-5}$$

$x \approx 1.3\times10^{-5}$　$c(OH^-) = 1.3\times10^{-5} mol\cdot L^{-1}$，pOH ≈ 4.89　pH ≈ 9.11

## 三、盐类的水解

### 1. 正盐水溶液的酸碱性及其由来——盐类水解的本质(表 9-4、表 9-5)

表 9-4　盐类水解的本质(强酸弱碱盐、强碱弱酸盐)

| 强酸弱碱盐，以 $NH_4Cl$ 为例 | | 强碱弱酸盐，以 NaAc 为例 | |
|---|---|---|---|
| $NH_4Cl = Cl^- + NH_4^+$<br>$H_2O \rightleftharpoons H^+ + OH^-$ | $\rightleftharpoons NH_3\cdot H_2O$ | $NaAc = Na^+ + Ac^-$<br>$H_2O \rightleftharpoons OH^- + H^+$ | $\rightleftharpoons HAc$ |
| $NH_4^+ + H_2O \rightleftharpoons NH_3\cdot H_2O + H^+$ | | $Ac^- + H_2O \rightleftharpoons HAc + OH^-$ | |
| 溶液中的微粒<br>分子：$H_2O$、$NH_3\cdot H_2O$<br>离子：$Cl^-$、$NH_4^+$、$H^+$、$OH^-$ | | 溶液中的微粒<br>分子：$H_2O$、HAc<br>离子：$Na^+$、$Ac^-$、$OH^-$、$H^+$ | |
| 离子浓度 | $[H^+]>[OH^-]$ | 离子浓度 | $[OH^-]>[H^+]$ |
| 溶液的酸碱性 | 酸性 | 溶液的酸碱性 | 碱性 |

表 9-5　盐类水解的本质(强酸强碱盐、弱酸弱碱盐)

| 强酸强碱盐，以 NaCl 为例 | | 弱酸弱碱盐，以 $NH_4Ac$ 为例 | |
|---|---|---|---|
| $NaCl = Cl^- + Na^+$<br>$H_2O \rightleftharpoons H^+ + OH$ | | $NH_4Ac = NH_4^+ + Ac^-$<br>$H_2O \rightleftharpoons OH^- + H^+$ | $\rightleftharpoons NH_3\cdot H_2O$<br>$\rightleftharpoons HAc$ |
| | | $NH_4^+ + Ac^- + H_2O \rightleftharpoons HAc + NH_3\cdot H_2O$ | |
| 溶液中的微粒<br>分子：$H_2O$<br>离子：$Cl^-$、$Na^+$、$H^+$、$OH^-$ | | 溶液中的微粒<br>分子：$H_2O$、$NH_3\cdot H_2O$、HAc<br>离子：$NH_4^+$、$Ac^-$、$OH^-$、$H^+$ | |
| 离子浓度 | $[H^+]=[OH^-]$ | 离子浓度 | $[OH^-]\approx[H^+]$ |
| 溶液的酸碱性 | 中性 | 溶液的酸碱性 | 大体上中性 |

盐电离出来的离子与 $H_2O$ 电离出的 $H^+$ 或 $OH^-$ 结合成弱电解质，促进了水的电离，破坏了水的电离平衡，使得$[H^+] \neq [OH^-]$的过程叫作盐类的水解。

**2. 水解平衡常数 $K_h$**

(1) 强酸弱碱盐

以 $NH_4Cl$ 为例：$NH_4^+ + H_2O \rightleftharpoons NH_3 \cdot H_2O + H^+$

$$K_h(NH_4^+) = \frac{[NH_3 \cdot H_2O][H^+]}{[NH_4^+]} = \frac{[NH_3 \cdot H_2O][H^+][OH^-]}{[NH_4^+][OH^-]} = \frac{[H^+][OH^-]}{[NH_4^+][OH^-]/[NH_3 \cdot H_2O]}$$

即 $K_h(NH_4^+) = \dfrac{K_w}{K_b(NH_3 \cdot H_2O)} = \overline{K}_a$（称为共轭酸的电离常数）

碱越弱，其共轭酸就越强——弱碱阳离子的水解程度越大。

因为 $c_0/\overline{K}_a > 380$，所以可以进行近似计算

$$[H^+] \approx \sqrt{\overline{K}_a c_0} = \sqrt{\frac{K_w}{K_b} c_0} \tag{9-5}$$

(2) 强碱弱酸盐，以 NaAc 为例

$$Ac^- + H_2O \rightleftharpoons HAc + OH^-$$

$$K_h(Ac^-) = \frac{[HAc][OH^-]}{[Ac^-]} = \frac{[HAc][OH^-][H^+]}{[Ac^-][H^+]} = \frac{[OH^-][H^+]}{[Ac^-][H^+]/[HAc]}$$

即 $K_h(Ac^-) = \dfrac{K_w}{K_a(HAc)} = \overline{K}_b$（称为共轭碱的电离常数）

酸越弱，其共轭碱就越强——弱酸根离子的水解程度越大。

因为 $c_0/\overline{K}_b > 380$，所以可以进行近似计算：

$$[OH^-] \approx \sqrt{\overline{K}_b c_0} = \sqrt{\frac{K_w}{K_a} c_0} \tag{9-6}$$

(3) 弱酸弱碱盐（本书略）

(4) 多元弱酸强碱的正盐（以 $Na_2CO_3$ 为例）

$Na_2CO_3$ 的水解是分步进行的，每步各有相应的水解常数。

$$Na_2CO_3 = 2Na^+ + CO_3^{2-}$$

$$CO_3^{2-} + H_2O \rightleftharpoons HCO_3^- + OH^- \qquad K_{h_1} = K_w/K_{a_2}$$

$$HCO_3^- + H_2O \rightleftharpoons H_2CO_3 + OH^- \qquad K_{h_2} = K_w/K_{a_1}$$

因为 $K_{a_2} \ll K_{a_1}$，所以 $K_{h_1} \gg K_{h_2}$，多元弱酸盐水解以第一步水解为主，计算溶液 pH 时，只考虑第一步水解即可。又因为 $c_0/K_{h_1} > 380$，所以可以进行近似计算：

$$[OH^-] \approx \sqrt{K_{h_1} \cdot c_0} \tag{9-7}$$

(5) 多元弱酸强碱的酸式盐

第一类：电离程度>水解程度，溶液显酸性，如 $NaHC_2O_4$、$NaHSO_3$、$NaH_2PO_4$ 等；

第二类：水解程度>电离程度，溶液显碱性，如 $NaHCO_3$、NaHS、$Na_2HPO_4$ 等。

先以 $NaHCO_3$ 为例讨论如下（特别提请读者注意的是：下文的推导过程，并未受到溶液显酸性或碱性的束缚，也就是说，推导所得的结论只要满足近似计算条件将同样适用于酸性酸式盐溶液。）：

在 $NaHCO_3$ 溶液中，$HCO_3^-$ 有两种变化：

$HCO_3^- \rightleftharpoons H^+ + CO_3^{2-}$ $K_{a2} = 5.6 \times 10^{-11}$

$HCO_3^- + H_2O \rightleftharpoons H_2CO_3 + OH^-$ $K_{h2} = K_w / K_{a1} = 1.0 \times 10^{-14} / (4.3 \times 10^{-7}) \approx 2.3 \times 10^{-8}$

$K_{h2} \gg K_{a2}$，故$[OH^-] > [H^+]$，溶液显碱性。

溶液中还有水的电离平衡：$H_2O \rightleftharpoons H^+ + OH^-$

根据电荷平衡，有$[Na^+] + [H^+] = [HCO_3^-] + [OH^-] + 2[CO_3^{2-}]$

$[Na^+]$应等于 $NaHCO_3$ 的原始浓度 $c$，$c + [H^+] = [HCO_3^-] + [OH^-] + 2[CO_3^{2-}]$

根据物料守恒，有 $c = [H_2CO_3] + [HCO_3^-] + [CO_3^{2-}]$

替换上两式中的 $c$，有$[H^+] + [H_2CO_3] = [CO_3^{2-}] + [OH^-]$

因为 $[H_2CO_3] = \dfrac{[H^+][HCO_3^-]}{K_{a1}}$，$[CO_3^{2-}] = \dfrac{K_{a2}[HCO_3^-]}{[H^+]}$，$[OH^-] = \dfrac{K_w}{[H^+]}$

所以 $[H^+] + \dfrac{[H^+][HCO_3^-]}{K_{a1}} = \dfrac{K_{a2}[HCO_3^-]}{[H^+]} + \dfrac{K_w}{[H^+]}$，整理后，得到 $[H^+] = \sqrt{\dfrac{K_{a1}(K_{a2} \cdot [HCO_3^-] + K_w)}{K_{a1} + [HCO_3^-]}}$

由于 $K_{a2}$、$K_{h2}$ 都很小，$HCO_3^-$ 发生电离和水解的部分都很少，故$[HCO_3^-] \approx c$，代入后有：

$$[H^+] \approx \sqrt{\frac{K_{a1}(K_{a2} \cdot c + K_w)}{K_{a1} + c}}$$

通常 $K_{a2}c \gg K_w$，所以 $K_{a2}c + K_w \approx K_{a2}c$；通常 $c \gg K_{a1}$，所以 $K_{a1} + c \approx c$

$$[H^+] = \sqrt{K_{a1}K_{a2}} \qquad (9\text{-}8)$$

上式是求算多元酸的酸式盐溶液$[H^+]$的近似公式。此式在 $c$ 不很小，$c/K_{a1} > 10$，且水的电离可以忽略的情况下应用。

那么，$NaHCO_3$ 溶液中，$[H^+] = \sqrt{4.3 \times 10^{-7} \times 5.6 \times 10^{-11}} \approx 4.91 \times 10^{-9}$，pH≈8.31

而在 $NaHSO_3$ 溶液中，$[H^+] = \sqrt{1.54 \times 10^{-2} \times 1.02 \times 10^{-7}} \approx 3.96 \times 10^{-5}$，pH≈4.40

**3. 水解度**

(1) 概念

$$\text{水解度}(h) = \frac{\text{水解平衡时盐水解部分的浓度}}{\text{盐的初始浓度}} \times 100\% = \frac{c_0 - c_{eq}}{c_0} \times 100\% \qquad (9\text{-}9)$$

(2) 水解度 $h$ 与水解平衡常数 $K_h$ 的关系

以 $NH_4Cl$ 为例：$[H^+] \approx \sqrt{(K_a c_0)}$ $\qquad h = \dfrac{[H^+]}{c_0} = \sqrt{\dfrac{K_a}{c_0}} = \sqrt{\dfrac{K_h}{c_0}}$ (9-10)

**4. 影响水解平衡的因素**

(1) 内因：盐的本性

① 越弱越水解——对应的弱电解质越弱，盐的水解程度就越大(参阅水解常数)

对应的酸越弱→酸越难电离→酸根离子与 $H^+$ 的结合能力越强→水解后 $OH^-$ 浓度大→碱性强→pH 大

对应的酸：$HClO < H_2CO_3$，碱性：$NaClO > NaHCO_3$

对应的碱：$Mg(OH)_2 > Al(OH)_3$，酸性：$MgCl_2 < AlCl_3$

对应的酸：$HCO_3^- < H_2CO_3$，碱性：$Na_2CO_3 > NaHCO_3$

所以正盐的水解程度>酸式盐的水解程度。

② 阳离子的离子势越大，越易发生水解

③ 阴离子所带的电荷越多，越易发生水解

④ 阴离子越易变形，越易发生水解

(2) 外因

① 盐的浓度

加水稀释,促进盐的水解,水解度增大。由上述水解反应式可以看出:加水稀释时,除弱酸弱碱盐外,水解平衡向右移动,使水解度增大,这点也可以从水解度公式 $h=\sqrt{K_h/c_0}$ 看出,当 $c_0$ 减小时,$h$ 增大。这说明加水稀释时,对水解产物浓度缩小的影响较大。例如 $Na_2SiO_3$ 溶液稀释时可得 $H_2SiO_3$ 沉淀。

② 温度

水解反应为吸热反应,水解度增大。盐类水解反应吸热,$\Delta H>0$,$T$ 增高时,$K_h$ 增大。故升高温度有利于水解反应的进行。

例如:$Fe^{3+}$ 的水解:$Fe^{3+}+3H_2O \rightleftharpoons Fe(OH)_3+3H^+$

若不加热,水解不明显;加热时颜色逐渐加深,最后得到红褐色的 $Fe(OH)_3$ 沉淀。

③ 溶液的酸碱度

水解的产物中,肯定有 $H^+$ 或 $OH^-$,故改变体系的 pH 会使平衡移动。

④ 双水解反应

有些盐的水解产物中既有 $H^+$ 又有 $OH^-$,所以能相互促进,甚至完全水解,这类反应通常被称为双水解反应,一般来说,有沉淀生成的双水解反应能够进行到底,如 $Al_2S_3$,$(NH_4)_2S$ 可以完全水解。

例如:泡沫灭火器的原理(图 9-5),$Al_2(SO_4)_3$ 和 $NaHCO_3$ 溶液:

混合前

$Al^{3+}+3H_2O \rightleftharpoons Al(OH)_3+3H^+$ 速度快

$HCO_3^-+H_2O \rightleftharpoons H_2CO_3+OH^-$ 耗盐少

混合后

$Al^{3+}+3HCO_3^- = Al(OH)_3\downarrow+3CO_2\uparrow$

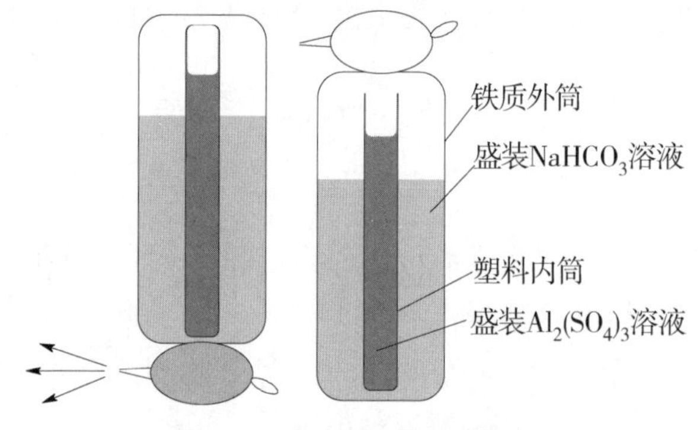

**图 9-5 泡沫灭火器原理简介**

**5. 盐类水解知识的应用**

(1) 某些盐溶液的配制要考虑水解问题

$FeCl_3$:加少量稀盐酸抑制水解;

$FeCl_2$:加少量稀盐酸和铁屑抑制水解;

$NH_4F$ 溶液:保存在铅容器或塑料瓶中。

(2) 某些物质的用途

① 用盐作净化剂:明矾、$FeCl_3$ 等(胶体可以吸附不溶性杂质)

$$Al^{3+}+3H_2O \rightleftharpoons Al(OH)_3(\text{胶体})+3H^+$$
$$Fe^{3+}+3H_2O \rightleftharpoons Fe(OH)_3(\text{胶体})+3H^+$$

② 用盐作杀菌剂

如:$Na_2FeO_4$、氯气和绿矾混合等[+6 的铁具有强氧化性,其还原产物水解生成 $Fe(OH)_3$ 胶体具有吸附性]。

$$Cl_2+2Fe^{2+} \rightleftharpoons 2Fe^{3+}+2Cl^-$$
$$Cl_2+H_2O \rightleftharpoons H^++Cl^-+HClO$$

③ 用盐作洗涤剂

$$CO_3^{2-}+H_2O \rightleftharpoons HCO_3^-+OH^-$$
$$C_{17}H_{35}COO^-+H_2O \rightleftharpoons C_{17}H_{35}COOH+OH^-$$

加热,平衡右移,碱性增强,去污效果好

(3) 判断溶液的酸碱性(相同温度、浓度下)(本书略)

(4) 某些盐的无水物，不能用蒸发溶液或灼烧晶体的方法制取(表 9-6)

**表 9-6　一些溶液在蒸干、灼烧条件下的产物**

| 溶液 | $FeCl_3$ | $Fe(NO_3)_3$ | $Fe_2(SO_4)_3$ | $Na_2CO_3$ | $KMnO_4$ | $Na_2SO_3$ | $Ca(HCO_3)_2$ |
|---|---|---|---|---|---|---|---|
| 产物 | $Fe_2O_3$ | $Fe_2O_3$ | $Fe_2(SO_4)_3$ | $Na_2CO_3$ | $K_2MnO_4$、$MnO_2$ | $Na_2SO_4$ | $CaCO_3$、$CaO$ |

**【讨论】** 加热蒸干 $AlCl_3$、$MgCl_2$、$FeCl_3$ 等溶液时，能否得到 $AlCl_3$、$MgCl_2$、$FeCl_3$ 晶体?

$FeCl_3+3H_2O \rightleftharpoons Fe(OH)_3+3HCl$ 加热促进水解，HCl 易挥发、$Fe(OH)_3$ 受热分解生成 $Fe_2O_3$ 措施：必须在蒸发过程中不断通入 HCl 气体，以抑制 $FeCl_3$ 的水解，才能得到其固体。

$$MgCl_2 \cdot 6H_2O \xrightarrow{\triangle} Mg(OH)_2 \xrightarrow{\triangle} MgO$$

晶体只有在干燥的 HCl 气流中加热，才能得到无水 $MgCl_2$。

(5) 某些试剂的实验室存放，需要考虑盐的水解

如：$Na_2CO_3$、$Na_2SiO_3$ 等水解呈碱性，不能存放在磨口玻璃塞的试剂瓶中；$NH_4F$ 不能存放在玻璃瓶中，因为 $NH_4F$ 水解应会产生 HF，腐蚀玻璃。

(6) 判断溶液中离子能否大量共存

当有弱碱阳离子和弱酸阴离子之间能发生完全双水解，则不能在溶液中大量共存。如 $Al^{3+}$ 与 $HCO_3^-$、$CO_3^{2-}$，$NH_4^+$ 与 $AlO_2^-$ 等在水中发生双水解，不能在溶液中大量共存。

(7) 选择制备盐的途径时，需考虑盐的水解。

如制备 $Al_2S_3$ 时，因无法在溶液中制取，会完全水解，只能由干法直接反应制取。加热蒸干 $AlCl_3$、$MgCl_2$、$FeCl_3$ 等溶液时，得不到 $AlCl_3$、$MgCl_2$、$FeCl_3$ 晶体，在蒸发过程中不断通入 HCl 气体，以抑制 $AlCl_3$、$MgCl_2$、$FeCl_3$ 的水解，才能得到其固体。

(8) 制备纳米材料

如用 $TiCl_4$ 制备 $TiO_2$ 的反应可表示如下：

$$TiCl_4+(x+2)H_2O(过量) \rightleftharpoons TiO_2 \cdot xH_2O+4HCl$$

制备时加入大量的水，同时加热，促进水解趋于完全，从而制得 $TiO_2 \cdot xH_2O$，经焙烧得 $TiO_2$。类似的方法也可用来制备 SnO、$SnO_2$、$Sn_2O_3$ 等。

## 四、电解质溶液中微粒浓度的三个基本的定量关系

**1. 电荷平衡**

溶液中所有阳离子所带的正电荷数等于溶液中所有阴离子所带的负电荷数，溶液呈电中性。

**2. 物料守恒(元素或原子守恒)**

某一元素的原始浓度等于该元素在溶液中各种存在形式的浓度之和。

如 $NH_4Cl$ 溶液中：$c(NH_4^+)+c(NH_3 \cdot H_2O)=c(Cl^-)$

$CH_3COONa$ 溶液中：$c(Na^+)=c(CH_3COO^-)+c(CH_3COOH)$

**3. 质子守恒**

水电离出的氢离子和氢氧根离子守恒，即水电离产生的 $H^+$ 和 $OH^-$ 的物质的量浓度总是相等的，无论溶液中的 $H^+$ 和 $OH^-$ 什么形式存在。建立质子守恒式的基本方法是“约简强离子法”。即：

先构建物料守恒式和电荷平衡式，再约简两式中相同的“强离子——不发生水解的离子”项。

例如：$CH_3COONa$ 溶液中：

电荷平衡式为：$c(Na^+)+c(H^+)=c(CH_3COO^-)+c(OH^-)$

物料守恒式为：$c(Na^+)=c(CH_3COO^-)+c(CH_3COOH)$
约去上述两式中的 $c(Na^+)$ 项即得质子守恒式 $c(H^+)+c(CH_3COOH)=c(OH^-)$

再如：$NH_4Cl$ 溶液中：
电荷平衡式为：$c(NH_4^+)+c(H^+)=c(Cl^-)+c(OH^-)$
物料守恒式为：$c(NH_4^+)+c(NH_3 \cdot H_2O)=c(Cl^-)$
约去上述两式中的 $c(Cl^-)$ 项即得质子守恒式 $c(H^+)=c(NH_3 \cdot H_2O)+c(OH^-)$

## 五、沉淀溶解平衡

难溶物质，如 AgCl 虽然难溶于水，但仍能微量地溶于水成为饱和溶液。其溶解的部分则几乎全部电离为 $Ag^+$ 和 $Cl^-$。一定温度时，当溶解速率和沉淀速率相等，就达到了沉淀溶解平衡：

$$AgCl(s) \rightleftharpoons Ag^+(aq) + Cl^-(aq)$$

**1. 溶度积(solubility product)**

(1) 基本概念

根据化学平衡原理，在 AgCl 的沉淀溶解平衡中存在如下关系：$K_{sp}=\frac{[Ag^+]}{c^0}\cdot\frac{[Cl^-]}{c^0}$

习惯上简写为：$K_{sp}=[Ag^+][Cl^-]$，式中 $K_{sp}$ 是溶度积常数，简称溶度积。

对于 $A_aB_b$ 型难溶电解质：$A_nB_m(s) \rightleftharpoons nA^{m+}(aq)+mB^{n-}(aq)$

$$K_{sp}=[A^{m+}]^n[B^{n-}]^m \tag{9-11}$$

严格讲，应以活度来计算溶度积，但在稀溶液中，离子强度很小，活度因子趋近于 1，$c \approx a$，故通常就可用浓度代替活度。

对于相同类型的物质，$K_{sp}$ 值的大小，反映了难溶电解质在溶液中溶解能力的大小，也反映了该物质在溶液中沉淀的难易。与平衡常数一样，$K_{sp}$ 与温度有关。不过温度改变不大时，$K_{sp}$ 变化也不大，常温下的计算可不考虑温度的影响。

(2) 溶度积与溶解度的关系

溶度积和溶解度都可表示难溶电解质在水中的溶解能力的大小，它们之间有内在联系，在一定条件下，可以直接进行换算(在换算时应注意所使用的浓度单位)。

设难溶电解 $A_nB_m(s)$ 在水中的溶解度为 $S\ mol \cdot L^{-1}$(为方便起见，这里使用饱和溶液中溶质的物质的量浓度表示溶质的溶解度，该值可以与同学们原本习惯的溶质溶剂质量比溶解度 $S\ g/100\ g$ 进行换算!)

则依据它在水中的沉淀溶解平衡 $A_nB_m(s) \rightleftharpoons nA^{m+}(aq)+mB^{n-}(aq)$

平衡时 $K_{sp}=[A^{m+}]^n[B^{n-}]^m=(nS)^n(mS)^m=n^nm^mS^{n+m}$

即

$$S=\sqrt[(n+m)]{\frac{K_{sp}(A_nB_m)}{n^nm^m}} \tag{9-12}$$

【例 9-12】 AgCl 在 298.15 K 时的溶解度为 $1.91\times10^{-3}\ g \cdot L^{-1}$，计算其溶度积。

解：已知 $M(AgCl)$ 为 $143.4\ g \cdot mol^{-1}$

以 $mol \cdot L^{-1}$ 表示的 AgCl 的溶解度为 $S=\frac{1.91\times10^{-3}\ g \cdot L^{-1}}{143.4\ g \cdot mol^{-1}}\approx 1.33\times10^{-5}\ mol \cdot L^{-1}$

$$AgCl(s) \rightleftharpoons Ag^+(aq) + Cl^-(aq)$$

所以 $[Ag^+]=[Cl^-]=S=1.33\times10^{-5}\ mol \cdot L^{-1}$

$K_{sp}(AgCl)=[Ag^+][Cl^-]=S^2=(1.33\times10^{-5})^2\approx1.77\times10^{-10}$

**【例 9-13】** $Ag_2CrO_4$ 在 298.15 K 时溶解度为 $6.54\times10^{-5}$ mol·L$^{-1}$，计算其溶度积。

解：$Ag_2CrO_4$ 的溶解度 $S=6.54\times10^{-5}$ mol·L$^{-1}$

根据其沉淀溶解平衡 $Ag_2CrO_4(s) \rightleftharpoons 2Ag^+(aq)+CrO_4^{2-}(aq)$

得：$K_{sp}(Ag_2CrO_4)=[Ag^+]^2[CrO_4^{2-}]=(2S)^2(S)=4S^3=4\times(6.54\times10^{-5})^3\approx1.12\times10^{-12}$

**【例 9-14】** $Mg(OH)_2$ 在 298.15 K 时的 $K_{sp}$ 为 $5.61\times10^{-12}$，求该温度时 $Mg(OH)_2$ 的溶解度。

解：设 $Mg(OH)_2$ 的溶解度为 $S$，根据其沉淀溶解平衡可得：

$$Mg(OH)_2(s) \rightleftharpoons Mg^{2+}(aq)+2OH^-(aq)$$

$$K_{sp}[Mg(OH)_2]=[Mg^{2+}][OH^-]^2=S(2S)^2=4S^3$$

由此可得 $\sqrt[3]{\dfrac{K_{sp}}{4}}=\sqrt[3]{\dfrac{5.61\times10^{-12}}{4}}\approx1.12\times10^{-4}(\text{mol}\cdot\text{L}^{-1})$

上述三道例题计算结果比较见表 9-7。

**表 9-7　上述三道例题计算结果比较**

| 电解质类型 | 难溶电解质 | 溶解度/(mol·L$^{-1}$) | 溶度积 |
|---|---|---|---|
| AB | AgCl | $1.33\times10^{-5}$ | $1.77\times10^{-10}$ |
| $A_2B$ | $Ag_2CrO_4$ | $6.54\times10^{-5}$ | $1.12\times10^{-12}$ |
| $AB_2$ | $Mg(OH)_2$ | $1.12\times10^{-4}$ | $5.61\times10^{-12}$ |

对于同类型的难溶电解质(即电离后生成相同数目的离子)，溶解度愈大，溶度积也愈大，例如 $A_2B$ 型或 $AB_2$ 型的难溶电解质的溶解度，溶度积的关系式相同。

对于不同类型的难溶电解质，不能直接根据溶度积来比较溶解度的大小。

由于影响难溶电解质溶解度的因素很多，因此，运用 $K_{sp}$ 与溶解度之间的相互关系进行换算时应注意：

适用于离子强度很小，浓度可以代替活度的溶液，对于溶解度较大的难溶电解质(如 $CaSO_4$、$CaCrO_4$ 等)，由于饱和溶液中离子强度较大，因此用浓度代替活度计算将会产生较大误差，因而用溶度积计算溶解度也会产生较大的误差；

适用于难溶电解质的离子在水溶液中不发生水解等副反应或者副反应程度很小的物质，对于难溶的硫化物、碳酸盐、磷酸盐等，由于 $S^{2-}$、$CO_3^{2-}$、$PO_4^{3-}$ 的水解(阳离子 $Fe^{3+}$ 等也易水解)，就不能用上述方法换算；

适用于难溶电解质溶解于水的部分必须完全电离，对于 $Hg_2Cl_2$、$Hg_2I_2$ 等共价性较强的化合物，溶液中还存在溶解了的分子与水合离子之间的电离平衡，用上述方法换算也会产生较大误差；

适用于难溶电解质溶于水后要一步完全电离，例如 $Fe(OH)_3$ 在水溶液中分三步电离，虽然相对总电离平衡存在 $[Fe^{3+}]\cdot[OH^-]^3=K_{sp}$ 的关系，但是溶液中 $[Fe^{3+}]$ 与 $[OH^-]$ 的比例并不等于 1∶3。

综上所述可知，按上述所介绍的溶解度和溶度积常数的换算关系是一种近似的计算，运算的结果与实验的数据可能有一定的差距。

**2. 沉淀溶解平衡的移动**

(1) 溶度积规则

离子积 $Q_c$ (ionic product)：表示在任意条件下(包括不饱和溶液)离子浓度幂的乘积(图 9-6)。

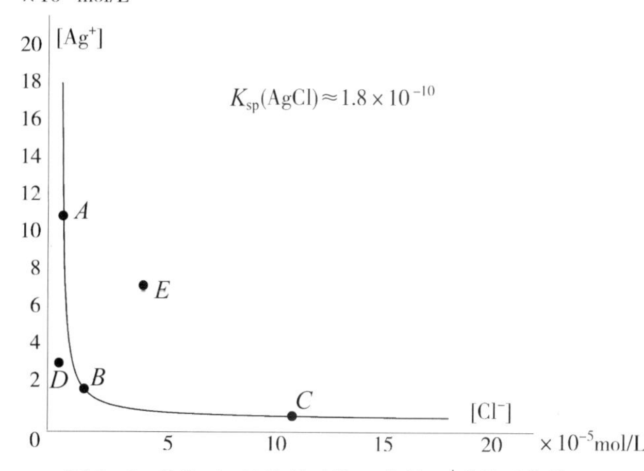


**图 9-6　饱和 AgCl 溶液中[Cl$^-$]、[Ag$^+$]关系曲线**

$Q_c$ 和 $K_{sp}$ 的表达形式类似，但是其含义不同。

$K_{sp}$ 表示难溶电解质的饱和溶液中离子浓度幂的乘积，仅是 $Q_c$ 的一个特例。在任意条件下，对于某一溶液，$Q_c$ 和 $K_{sp}$ 间的关系有以下三种可能。

① $Q_c = K_{sp}$ 表示该溶液是饱和的，这时沉淀与溶解达到动态平衡，溶液中既无沉淀生成又无沉淀溶解（如上图中的 $A$、$B$、$C$ 三点）。

② $Q_c < K_{sp}$ 表示溶液是不饱和溶液，无沉淀析出。若加入难溶电解质时，则会继续溶解直到饱和溶液（如上图中的 $D$ 点）。

③ $Q_c > K_{sp}$ 表示溶液处于过饱和状态，溶液会有沉淀析出（如上图中的 $E$ 点）。

上述三点结论称为溶度积规则，它是难溶电解质沉淀溶解平衡移动规律的总结，也是判断沉淀生产和溶解的依据。

（2）同离子效应（common ion effect）降低溶质的溶解度

（3）盐效应（salt effect）增大溶质的溶解度（表 9-8）

**表 9-8　AgCl 在 $KNO_3$ 溶液中的溶解度（25 ℃）**

| $c(KNO_3)/(mol \cdot L^{-1})$ | 0.00 | 0.001 00 | 0.005 00 | 0.010 0 |
|---|---|---|---|---|
| AgCl 的溶解度/$(10^{-5} mol \cdot L^{-1})$ | 1.278 | 1.325 | 1.385 | 1.427 |

$KNO_3$ 并不能与 AgCl 发生反应，为什么能够影响溶解度呢？

化学上将这种因加入不含与难溶电解质相同离子的易溶电解质，从而使难溶电解质的溶解度略微增大的效应称为盐效应。以前述内容为例：大量 $KNO_3$ 的溶入，虽然并未发生任何化学反应，但溶液中增加了 $K^+$ 和 $NO_3^-$，从而增大了溶液中的离子强度，离子之间的相互作用增强，使得离子重新回到晶体表面的趋势减弱，溶质的溶解度因此而变大。

值得注意的是：当加入含共同离子的强电解质时，在产生同离子效应的同时也会产生盐效应，而且同离子效应与盐效应两者的效果正好相反。只是盐效应对溶解度影响较小，一般不改变溶解度的数量级；而同离子效应却可以使溶解度减小几个数量级，因此在计算中，特别是较稀溶液中，一般不必考虑盐效应，具体影响要结合实验数据才能准确判断。

（4）生成配合物增大溶质的溶解度

例如：AgCl 沉淀可因与过量的 $Cl^-$ 离子发生以下反应而溶解：

$$AgCl(s) + Cl^- \rightleftharpoons [AgCl_2]^- \ (\text{或}[AgCl_3]^{2-})$$

（5）沉淀的溶解

根据溶度积规则，使沉淀溶解的必要条件是 $Q_c < K_{sp}$，因此创造条件使溶液中有关离子的浓度降低，就能达到此目的。降低溶液中相关离子的浓度有如下几种途径。

① 使相关离子生成弱电解质（如水、弱酸、弱碱、气体等）

下面以求算 0.01 mol 的 ZnS 溶于 1.0 L 盐酸中所需的盐酸的最低的浓度为例进行详细分析。

要使 ZnS 溶解，可以加 HCl，这是我们熟知的。$H^+$ 和 ZnS 中溶解下来的 $S^{2-}$ 相结合形成弱电解质 $HS^-$ 和 $H_2S$，于是 ZnS 继续溶解。所以只要 HCl 的量和浓度能满足需要，ZnS 就能不断溶解。

查表知：$K_{sp}[ZnS] = 2.0 \times 10^{-24}$；$K_{a1}(H_2S) = 1.3 \times 10^{-7}$；$K_{a2}(H_2S) = 7.1 \times 10^{-15}$。

溶液中存在下列平衡：

$ZnS(s) \rightleftharpoons Zn^{2+} + S^{2-}$　　$K_{sp}$

$H^+ + S^{2-} \rightleftharpoons HS^-$　　$1/K_{a2}$

$H^+ + HS^- \rightleftharpoons H_2S$　　$1/K_{a1}$

总反应：　　$ZnS(s) + 2H^+ \rightleftharpoons Zn^{2+} + H_2S$

平衡浓度/$(mol \cdot L^{-1})$　　$x$　　0.010　0.010

$$\frac{K_{sp}}{K_{a_1}K_{a_2}}=\frac{(0.010)^2}{x^2}\text{ 即 }\frac{2.0\times10^{-24}}{1.3\times10^{-7}\times7.1\times10^{-15}}=\frac{(0.010)^2}{x^2},\ x\approx0.21$$

即平衡时的维持酸度最低的浓度应为 0.21 mol·$L^{-1}$。考虑到使 ZnS 全部溶解，尚需消耗$[H^+]$= 0.020 mol·$L^{-1}$，因此所需 HCl 最低浓度为 0.21+0.020=0.23(mol·$L^{-1}$)。

上述解题过程是假定溶解 ZnS 产生的 $S^{2-}$ 全部转变成 $H_2S$。实际上应是$[H_2S]+[HS^-]+[S^{2-}]$= 0.010(mol·$L^{-1}$)。

大家可以自行验算，当维持酸度$[H^+]$=0.21 mol·$L^{-1}$时，与$[H_2S]$相比，$[HS^-]$、$[S^{2-}]$可以忽略不计，$[H_2S]\approx$0.010 mol·$L^{-1}$的近似处理是完全合理的。

同理，可以求出 0.01 mol 的 CuS 溶于 1.0 L 盐酸中，所需的盐酸的最低的浓度约是 $1.0\times10^9$ mol·$L^{-1}$。这样的盐酸浓度过大，即使是饱和盐酸也不可能达到，所以是根本不可能存在的。

不妨再看反应 $CuS+2H^+ = Cu^{2+}+H_2S$ 的平衡常数

$$K=\frac{K_{sp}}{K_1K_2}=\frac{8.5\times10^{-45}}{1.3\times10^{-7}\times7.1\times10^{-15}}=9.2\times10^{-24}$$

平衡常数过小，以至于 CuS 根本不可能溶于盐酸。

金属氢氧化物溶解于酸可以用同样的思路进行分析：

$M(OH)_n(s) \rightleftharpoons M^{n+}+n\,OH^-$　　　　$K_{sp}$

$H^+ + OH^- \rightleftharpoons H_2O$　　　　$1/K_w=10^{14}$

总反应：$M(OH)_n(s)+n\,H^+ \rightleftharpoons M^{n+}+n\,H_2O$

$$K=\frac{K_{sp}}{(K_w)^n}=K_{sp}\times10^{14n}\text{（具体数值计算过程略去）}$$

② 形成难电离的配离子

$$AgCl(s) \rightleftharpoons Ag^+(aq)+Cl^-(aq)$$
$$Ag^+(aq)+2NH_3\cdot H_2O(aq) \rightleftharpoons [Ag(NH_3)_2]^+(aq)+2H_2O(l)$$

总反应：$AgCl(s)+2NH_3\cdot H_2O(aq) \rightleftharpoons [Ag(NH_3)_2]^+(aq)+2H_2O(l)+Cl^-(aq)$

$$K=\frac{[Ag(NH_3)_2^+][Cl^-]}{[NH_3\cdot H_2O]^2}=\frac{[Ag(NH_3)_2^+][Cl^-][Ag^+]}{[NH_3\cdot H_2O]^2[Ag^+]}=K_s[Ag(NH_3)_2^+]\times K_{sp}(AgCl)$$

上式中 $K_s[Ag(NH_3)_2^+]$ 的为$[Ag(NH_3)_2]^+$的稳定常数(具体数值计算过程略去)

③ 利用氧化还原反应使沉淀溶解

以金属硫化物为例：金属硫化物的 $K_{sp}$ 相差很大，其在酸中的溶解情况差异也很大。像 ZnS、PbS、FeS 等 $K_{sp}$ 较大的金属硫化物都能溶于盐酸；而 $Ag_2S$、CuS 等 $K_{sp}$ 很小的金属硫化物就不能溶于盐酸，只能通过加入氧化剂，使 $S^{2-}$ 发生氧化还原反应从而达到溶解沉淀的目的。

ⓐ 氧化还原溶解：

CuS 在 $HNO_3$ 中可以溶解。原因是 $S^{2-}$ 被氧化，使得平衡 $CuS(s) \rightleftharpoons Cu^{2+}(aq)+S^{2-}(aq)$ 右移，CuS 溶解。反应的离子方程式为：$3CuS+2HNO_3+6H^+ = 3Cu^{2+}+2NO\uparrow+3S+4H_2O$

ⓑ 氧化-配位溶解：

$$3HgS(s)+12HCl(aq)+2HNO_3(aq) = 3H_2HgCl_4(aq)+2NO(g)+3S(s)+4H_2O(l)$$

(6) 沉淀的转化

顾名思义，由一种沉淀转化为另一种沉淀的过程称为沉淀的转化。如向 $BaCO_3$ 沉淀中加入 $Na_2CrO_4$

溶液，将会发现白色的 $BaCO_3$ 固体逐渐转化成黄色的 $BaCrO_4$ 沉淀。为什么产生这种现象呢？

根据溶度积规则分析，当加入少量 $CrO_4^{2-}$ 时，$[Ba^{2+}][CrO_4^{2-}]<K_{sp}[BaCrO_4]$，这时不生成 $BaCrO_4$ 沉淀；继续加入 $CrO_4^{2-}$，必将有一时刻刚好达到 $Q_c=K_{sp}$，即 $[Ba^{2+}][CrO_4^{2-}]=K_{sp}[BaCrO_4]$。这时，体系中同时存在两种平衡：$BaCO_3(s) \rightleftharpoons Ba^{2+}(aq)+CO_3^{2-}(aq)$

$$Ba^{2+}(aq)+CrO_4^{2-}(aq) \rightleftharpoons BaCrO_4(s)$$

上两式叠加得：$BaCO_3(s)+CrO_4^{2-}(aq) \rightleftharpoons BaCrO_4(s)+CO_3^{2-}(aq)$

其平衡常数为：$K_3=\dfrac{[CO_3^{2-}]}{[CrO_4^{2-}]}=\dfrac{K_{sp}[BaCO_3]}{K_{sp}[BaCrO_4]}=\dfrac{2.58\times10^{-9}}{1.6\times10^{-10}}\approx16$

再比如：分析化学中常将难溶的强酸盐(如 $BaSO_4$)转化为难溶的弱酸盐(如 $BaCO_3$)，然后再用酸溶解使阳离子($Ba^{2+}$)进入溶液。$BaSO_4$ 沉淀转化为 $BaCO_3$ 沉淀的反应为

$$BaSO_4(s)+CO_3^{2-}(aq) \rightleftharpoons BaCO_3(s)+SO_4^{2-}(aq)$$

$$K=\frac{[SO_4^{2-}]}{[CO_3^{2-}]}=\frac{K_{sp}[BaSO_4]}{K_{sp}[BaCO_3]}=\frac{1.07\times10^{-10}}{2.58\times10^{-9}}=\frac{1}{24}$$

虽然平衡常数小，转化不彻底，但只要 $[CO_3^{2-}]$ 比 $[SO_4^{2-}]$ 大 24 倍以上，经多次转化，即能将 $BaSO_4$ 转化为 $BaCO_3$。

从上面的事实中，我们应该得出一条普遍适用于沉淀转化的规律：

① 沉淀类型相同时，溶解度大的沉淀转化成溶解度小的沉淀，即 $K_{sp}$ 大的易溶者→ $K_{sp}$ 小的难溶者转化容易，两者 $K_{sp}$ 相差越大，反应的平衡常数大，转化越完全。

② 沉淀类型相同时，$K_{sp}$ 小的难溶者→ $K_{sp}$ 大的易溶者，反应的平衡常数小，转化要困难一些。

③ 沉淀类型不同，则必须计算。

(7) 沉淀的顺序与分步沉淀

① 沉淀的生成

根据溶度积规则，当 $Q_c>K_{sp}$ 时，将有生成沉淀。但是在配制溶液和进行化学反应过程中，有时 $Q_c>K_{sp}$ 时，却没有观察到沉淀物生成。其原因可能有两个方面：

ⓐ 盐效应与配合物的生成：如前所述，加入的沉淀剂的量过多、浓度过大；

ⓑ 过饱和现象：以 AgCl 为例，虽然 $[Ag^+][Cl^-]$ 略大于 $K_{sp}$，但是，由于体系内无结晶中心，即晶核的存在，沉淀亦不能生成，而将形成过饱和溶液，故观察不到沉淀物。

此时，如果向过饱和溶液中加入晶种(非常微小的晶体，甚至于灰尘微粒)或者用玻璃棒在溶液中摩擦容器内壁以形成静电中心，一般能立刻析出晶体甚至可能引起暴沸现象。

实际上有时即使有沉淀生成，若其量过小也可能观察不到。

一般当沉淀的量达到 $10^{-5}\,g\cdot mL^{-1}$ 时，正常的视力可以看出溶液变得浑浊。

② 沉淀顺序的一般原理

如果在溶液中有两种或两种以上的离子与同一试剂反应产生沉淀，那么首先析出的是离子积最先达到溶度积的化合物。这种按先后顺序沉淀的现象，称为分步沉淀(fractional precipitate)。

利用分步沉淀可进行离子间的相互分离。例如：在 1 L 溶液中 AgI、AgCl 沉淀的顺序为(图 9-7)

$$\left.\begin{array}{ll} I^- & 1.0\times10^{-3}\,mol\cdot L^{-1} \\ Cl^- & 1.0\times10^{-3}\,mol\cdot L^{-1} \end{array}\right\} \xrightarrow{\text{逐滴加入 }1.0\times10^{-3}\,mol\cdot L^{-1}\,AgNO_3} \begin{array}{l} \text{AgI 先析出} \\ \text{AgCl 后析出} \end{array}$$

**图 9-7　AgI、AgCl 沉淀的顺序**

分步沉淀的次序：

ⓐ 与 $K_{sp}$ 的大小及沉淀的类型有关

沉淀类型相同，被沉淀离子浓度相同，$K_{sp}$ 小者先沉淀，$K_{sp}$ 大者后沉淀；

沉淀类型不同，要通过计算确定——先满足 $Q_c > K_{sp}$ 条件的物质先沉淀。

ⓑ 与被沉淀离子浓度有关

例如在图 9-7 中，若要想使得 AgCl 反过来先于 AgI 沉淀，则必须满足下列条件：

$c(Ag^+) \times c(Cl^-) > K_{sp}[AgCl]$而同时 $c(Ag^+) \times c(I^-) < K_{sp}[AgI]$

即 $\dfrac{K_{sp}[AgCl]}{c(Cl^-)} < c(Ag^+) < \dfrac{K_{sp}[AgI]}{c(I^-)}$

即 $c(Cl^-) > \dfrac{K_{sp}[AgCl]}{K_{sp}[AgI]}c(I^-) = \dfrac{1.8 \times 10^{-10}}{8.3 \times 10^{-17}}c(I^-) \approx 2.2 \times 10^6 \times c(I^-)$

即当 $c(Cl^-) > 2.2 \times 10^6 c(I^-)$，即 $c(Cl^-) \gg c(I^-)$时，AgCl 才有可能优先析出。

溶液中离子的浓度不可能为零，通常当溶液中被沉淀离子浓度小于 $10^{-5}$ mol · L$^{-1}$时我们即可认为沉淀完全了。

沉淀完全：定性<$10^{-5}$ mol · L$^{-1}$；定量<$10^{-6}$ mol · L$^{-1}$。

通常为了使某一种离子沉淀完全，往往加入过量的沉淀剂(一般沉淀剂过量 20%～50%)。

**【思考】** 为什么不是过量越多越好？(提示：考虑盐效应)

ⓒ 金属氢氧化物沉淀与金属离子的沉淀分离法

**【例 9-15】** (1)通常当 $c$(ion)<$10^{-5}$ mol · L$^{-1}$时可被认为沉淀完全，试通过计算完成下列图表。

已知：$K_{sp}[Fe(OH)_2]=7.9\times10^{-15}$，$K_{sp}[Cu(OH)_2]=2.2\times10^{-20}$，$K_{sp}[Fe(OH)_3]=6.3\times10^{-38}$。若某溶液中金属阳离子的物质的量浓度均为 1 mol · L$^{-1}$，试通过计算填写表 9-9：

**表 9-9　三种常见金属离子形成沉淀与 pH 的相互关系**

| | 开始沉淀 pH | 沉淀完全 pH |
|---|---|---|
| $Fe(OH)_2$ | 6.95 | 9.45 |
| $Cu(OH)_2$ | 4.1 | 6.6 |
| $Fe(OH)_3$ | 1.6 | 3.3 |

慢慢加入粗 CuO 粉末(含有杂质 $Fe_2O_3$、FeO)充分反应，使之溶解，得一强酸性的混合溶液，欲从该混合液中制备纯净的 $CuCl_2$ 溶液。第一步除去 $Fe^{2+}$ 能否直接调整 pH=9.6 将 $Fe^{2+}$ 转化为沉淀除去？为什么？应该如何处理？

(1) 解：

$$M(OH)_n \rightleftharpoons M^{n+} + nOH^-$$

$$K_{sp} = c(M^{n+}) \cdot c^n(OH^-)$$

$$pK_{sp} = pM + n\,pOH$$

$$pOH = (pK_{sp} - pM)/n$$

$$pH = 14 - (pK_{sp} - pM)/n$$

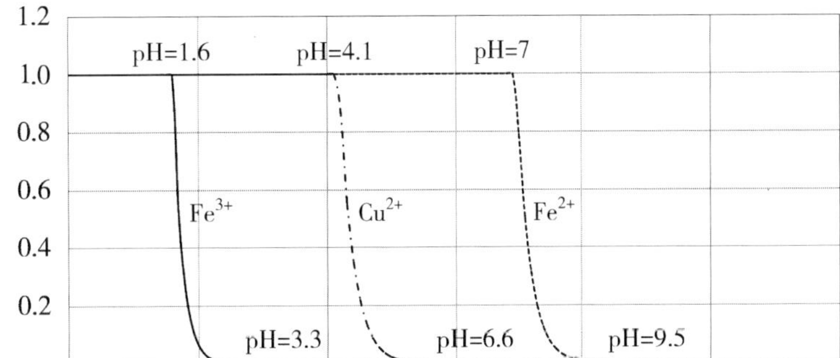

**图 9-8　三种常见金属氢氧化物沉淀的先后顺序**

(2) 略

三种常见金属氢氧化物沉淀的先后顺序(图 9-8)

ⓓ 沉淀滴定法原理简介

【例 9-16】 已知 $K_{sp}$(AgCl,白色)$=1.8\times10^{-10}$,$K_{sp}$($Ag_2CrO_4$,砖红色)$=1.9\times10^{-12}$,某混合溶液中 $CrO_4^{2-}$ 和 $Cl^-$ 浓度均为 0.010 mol·L$^{-1}$,当慢慢向其中滴入 $AgNO_3$ 溶液时,何种离子先生成沉淀?当第二种离子刚刚开始沉淀时,第一种离子的浓度为多少?

解:随着 $AgNO_3$ 溶液的滴入,$Ag^+$ 浓度逐渐增大,离子积 $Q_c$ 亦逐渐增大。当 $Q_c$ 达到 $K_{sp}$ 时:

$Cl^-$ 开始沉淀时所需的 $Ag^+$ 浓度为 $1.77\times10^{-10}/0.010\approx1.8\times10^{-8}$(mol·L$^{-1}$)

$CrO_4^{2-}$ 开始沉淀时所需的 $Ag^+$ 浓度为$\sqrt{1.12\times10^{-12}/0.010}\approx1.1\times10^{-5}$(mol·L$^{-1}$)

可见生成 AgCl 沉淀所需[$Ag^+$]低得多,于是先生成 AgCl 沉淀。继续滴加 $AgNO_3$ 溶液,AgCl 不断析出,使[$Cl^-$]不断降低。当 $Ag^+$ 浓度增大到 $1.1\times10^{-5}$ mol·L$^{-1}$时,才开始析出 $Ag_2CrO_4$ 沉淀。此时溶液中同时存在两种沉淀的溶解平衡,[$Ag^+$]同时满足两种平衡的要求,此时

$c(Cl^-)=1.77\times10^{-10}/(1.1\times10^{-5})\approx1.6\times10^{-5}$(mol·L$^{-1}$),即 $CrO_4^{2-}$ 开始沉淀时,$c(Cl^-)$已很小了。

通常把溶液中剩余的离子浓度$\leqslant10^{-5}$ mol·L$^{-1}$,视为沉淀已经"完全"了,也就是说,当 $CrO_4^{2-}$ 开始沉淀时,$Cl^-$ 已几乎沉淀完全了!

【例 9-17】 已知 $K_{sp}$(AgCl,白色)$=1.8\times10^{-10}$,$K_{sp}$($Ag_2CrO_4$,砖红色)$=1.9\times10^{-12}$,现用 0.01 mol/L $AgNO_3$ 溶液滴定 0.01 mol/L KCl 和 0.0001 mol/L $K_2CrO_4$ 混合溶液,通过计算回答:

(1) $Cl^-$、$CrO_4^{2-}$ 谁先沉淀?

(2) 当刚出现 $Ag_2CrO_4$ 沉淀时,溶液中的 $Cl^-$ 的浓度是多少(设混合液在反应中的体积不变)?

(3) $K_2CrO_4$ 常用作 AgCl 沉淀反应的指示剂,其原理是什么?

解:略

## 六、配位化合物的配位平衡(表 9-10)

**表 9-10 稳定常数、不稳定常数**

| $Ag^+ + 2NH_3 \rightleftharpoons [Ag(NH_3)_2]^+$ | $[Ag(NH_3)_2]^+ \rightleftharpoons Ag^+ + 2NH_3$ |
|---|---|
| $K_f=\dfrac{[Ag(NH_3)_2^+]}{[Ag^+][NH_3]^2}=1.6\times10^7$ | $K_d=\dfrac{[Ag^+][NH_3]^2}{[Ag(NH_3)_2^+]}=\dfrac{1}{K_f}=6.25\times10^{-8}$ |
| 稳定常数(stability constant or formation constant) | 不稳定常数(dissociation constant) |
| $K_f$ 的值越大,配位反应进行得越彻底,配合物越稳定 | $K_d$ 越大,离解反应越彻底,配离子越不稳定 |

**1. 配位-解离平衡**

$K_f[Ag(CN)_2^-]=1.0\times10^{21}>K_f[Ag(NH_3)_2^+]=1.6\times10^7$,$[Ag(CN)_2]^-$ 比$[Ag(NH_3)_2]^+$稳定得多。

$K_d[Ag(NH_3)_2^+]=6.25\times10^{-8}>K_d[Ag(CN)_2^-]=1.0\times10^{-21}$,$[Ag(NH_3)_2]^+$不如$[Ag(CN)_2]^-$稳定。

**特别提醒:**同类型的配合物,可以通过 $K_f$、$K_d$ 的比较来判断其稳定性的相对强弱,而不同类型的配合物,则不可以通过 $K_f$、$K_d$ 的比较来判断其稳定性的相对强弱,例如:

$K_f[Cu(en)_2^{2+}]=4\times10^{19}>K_f[CuY^{2-}]=6.3\times10^{18}$,而稳定性却是$[Cu(en)_2]^{2+}<[CuY]^{2-}$。

逐级稳定常数 $K_{f,i}$、累积稳定常数 $\beta_{f,i}$ 简介:

配位单元的形成可以认为是分步进行的,如:$[Cu(NH_3)_4]^{2+}$

① $Cu^{2+}+NH_3 \rightleftharpoons [Cu(NH_3)]^{2+}$ $K_1=1.41\times10^4$

② $[Cu(NH_3)]^{2+}+NH_3 \rightleftharpoons [Cu(NH_3)_2]^{2+}$ $K_2=3.17\times10^3$

③ $[Cu(NH_3)_2]^{2+}+NH_3 \rightleftharpoons [Cu(NH_3)_3]^{2+}$ $K_3=7.76\times10^2$

④ $[Cu(NH_3)_3]^{2+}+NH_3 \rightleftharpoons [Cu(NH_3)_4]^{2+}$ $K_4=1.39\times10^2$

$K_1$、$K_2$、$K_3$、$K_4$ 称为逐级稳定常数,$K_1>K_2>K_3>K_4$,$K_n$ 逐级减小,尤其是带电荷的配体,这是因为后续配体受到已成键配体的排斥力与空间位阻,自然要难一些。

① $Cu^{2+} + NH_3 \rightleftharpoons [Cu(NH_3)]^{2+}$　　$\beta_1 = K_1 = 1.41 \times 10^4$

①+②得 $Cu^{2+} + 2NH_3 \rightleftharpoons [Cu(NH_3)_2]^{2+}$　　$\beta_2 = K_1 \times K_2 \approx 4.47 \times 10^7$

①+②+③得 $Cu^{2+} + 3NH_3 \rightleftharpoons [Cu(NH_3)_3]^{2+}$　　$\beta_3 = K_1 \times K_2 \times K_3 \approx 3.47 \times 10^{10}$

①+②+③+④得 $Cu^{2+} + 4NH_3 \rightleftharpoons [Cu(NH_3)_4]^{2+}$　　$\beta_4 = K_1 \times K_2 \times K_3 \times K_4 \approx 4.82 \times 10^{12}$

上述 $\beta$ 称为累积稳定常数，记为 $\beta_{f,i}$，显然：$[Cu(NH_3)_i]^{2+} = \beta_{f,i} \times [Cu^{2+}] \times [NH_3]^i$

(1) 分布分数 $\delta_i$（也称为分布系数）

仍然以 $[Cu(NH_3)_4]^{2+}$ 溶液为例：

令平衡时 $[Cu^{2+}] + [Cu(NH_3)^{2+}] + [Cu(NH_3)_2^{2+}] + [Cu(NH_3)_3^{2+}] + [Cu(NH_3)_4^{2+}] = c_0$，则

$$c_0 = [Cu^{2+}] + \beta_1 \times [Cu^{2+}] \times [NH_3] + \beta_2 \times [Cu^{2+}] \times [NH_3]^2 + \beta_3 \times [Cu^{2+}] \times [NH_3]^3 + \beta_4 \times [Cu^{2+}] \times [NH_3]^4$$

$$\delta_0 = \delta_{[Cu^{2+}]} = \frac{[Cu^{2+}]}{c_0} = \frac{1}{1 + \beta_1[NH_3] + \beta_2[NH_3]^2 + \beta_3[NH_3]^3 + \beta_4[NH_3]^4}$$

$$\delta_1 = \delta_{[Cu(NH_3)]^{2+}} = \frac{[Cu(NH_3)^{2+}]}{c_0} = \frac{\beta_1[NH_3]}{1 + \beta_1[NH_3] + \beta_2[NH_3]^2 + \beta_3[NH_3]^3 + \beta_4[NH_3]^4}$$

$$\delta_2 = \delta_{[Cu(NH_3)_2]^{2+}} = \frac{[Cu(NH_3)_2^{2+}]}{c_0} = \frac{\beta_2[NH_3]^2}{1 + \beta_1[NH_3] + \beta_2[NH_3]^2 + \beta_3[NH_3]^3 + \beta_4[NH_3]^4}$$

$$\delta_3 = \delta_{[Cu(NH_3)_3]^{2+}} = \frac{[Cu(NH_3)_3^{2+}]}{c_0} = \frac{\beta_3[NH_3]^3}{1 + \beta_1[NH_3] + \beta_2[NH_3]^2 + \beta_3[NH_3]^3 + \beta_4[NH_3]^4}$$

$$\delta_4 = \delta_{[Cu(NH_3)_4]^{2+}} = \frac{[Cu(NH_3)_4^{2+}]}{c_0} = \frac{\beta_4[NH_3]^4}{1 + \beta_1[NH_3] + \beta_2[NH_3]^2 + \beta_3[NH_3]^3 + \beta_4[NH_3]^4}$$

因为对具体的配合物而言，$\beta_{f,i}$ 均为常数，所以 $\delta_i$ 仅与配合物的结构、性质以及配体浓度（如上述各式中的 $[NH_3]$）的大小有关，例如 $[Cu(NH_3)_4]^{2+}$ 溶液中各型体的 $\delta_i$-p$[NH_3]$ 曲线如图 9-9 所示：

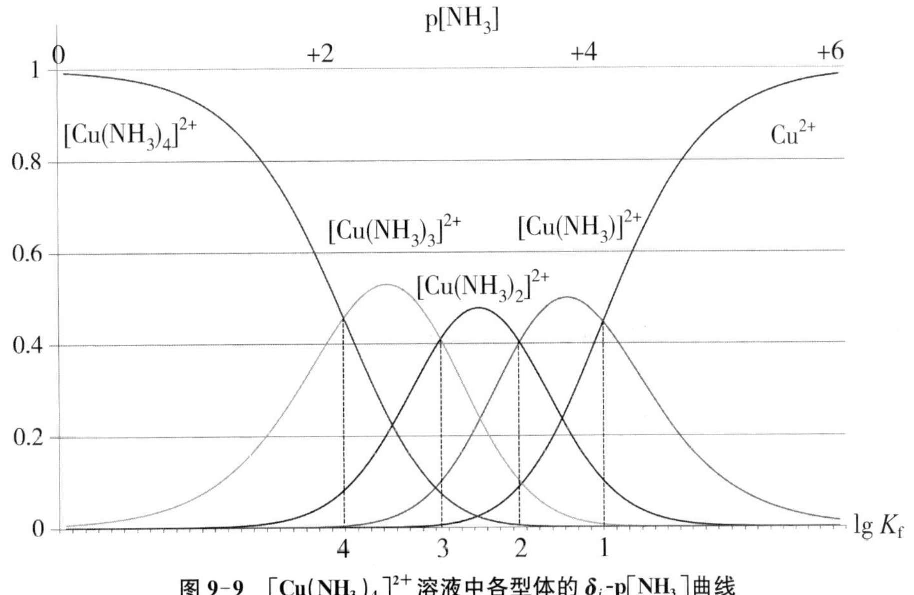


**图 9-9　$[Cu(NH_3)_4]^{2+}$ 溶液中各型体的 $\delta_i$-p$[NH_3]$ 曲线**

**【例 9-18】** 计算下列溶液中 $Ag^+$ 的物质的量浓度

(1) 含有 0.01 mol·L$^{-1}$ $NH_3$ 和 0.1 mol·L$^{-1}$ $[Ag(NH_3)_2]^+$ 的溶液（$K_f[Ag(NH_3)_2^+] = 1.6 \times 10^7$）；

(2) 含有 0.01 $mol \cdot L^{-1}$ $CN^-$ 和 0.1 $mol \cdot L^{-1}$ $[Ag(CN)_2]^-$ 的溶液 ($K_f[Ag(CN)_2^-]=1.3\times10^{21}$)。

解：设 $[Ag(NH_3)_2]^+ \sim NH_3$ 溶液中，$[Ag^+]=x\ mol \cdot L^{-1}$，则

$$Ag^+ + 2NH_3 \rightleftharpoons [Ag(NH_3)_2]^+$$

平衡时　　$x$　　$0.01+2x$　　$0.1-x$

$$K_f=\frac{[Ag(NH_3)_2^+]}{[Ag^+][NH_3]^2}=\frac{0.1-x}{x\cdot(0.01+2x)^2}=1.6\times10^7$$

$\because K_f \gg 1$，$\therefore x \ll 0.01, 0.1-x\approx0.1, 0.01+2x\approx0.01$

$\therefore K_f \approx \dfrac{0.1}{x\cdot(0.01)^2}\approx1.6\times10^7$，$x\approx6.25\times10^{-5}\ mol\cdot L^{-1}$

同理，设 $[Ag(CN)_2]^- \sim CN^-$ 溶液中，$[Ag^+]=y\ mol\cdot L^{-1}$

则 $K_f\approx\dfrac{0.1}{y\cdot(0.01)^2}\approx1.3\times10^{21}$，$y\approx7.69\times10^{-19}\ mol\cdot L^{-1}$

**【例 9-19】** 将 0.1 $mol\cdot L^{-1}$ 的 $AgNO_3(aq)$ 和 0.5 $mol\cdot L^{-1}$ 的 $NH_3\cdot H_2O(aq)$ 溶液等体积混合，求平衡时溶液中各物种的物质的量浓度 ($K_f[Ag(NH_3)_2^+]=1.6\times10^7$)。

解：若两种溶液混合的一瞬间彼此不发生反应，则 $[Ag^+]=0.05\ mol\cdot L^{-1}$，$[NH_3]=0.25\ mol\cdot L^{-1}$。

首先，不妨设过量的 $NH_3\cdot H_2O$ 使 $Ag^+$ 全部转化为 $[Ag(NH_3)_2]^+$，则

$[Ag^+]=0\ mol\cdot L^{-1}$，$[NH_3]=(0.25-0.05\times2)\ mol\cdot L^{-1}=0.15\ mol\cdot L^{-1}$，$[Ag(NH_3)_2^+]=0.05\ mol\cdot L^{-1}$

再设 $[Ag(NH_3)_2]^+ \sim NH_3\cdot H_2O$ 配位-解离平衡溶液中，$[Ag^+]=x\ mol\cdot L^{-1}$，则：

$$Ag^+ + 2NH_3 \rightleftharpoons [Ag(NH_3)_2]^+$$

平衡时　　$x$　　$0.15+2x$　　$0.05-x$

$$K_f=\frac{[Ag(NH_3)_2^+]}{[Ag^+][NH_3]^2}=\frac{0.05x}{x\cdot(0.15+2x)^2}=1.6\times10^7$$

$\because K_f\gg1$，$\therefore x\ll0.05, 0.05-x\approx0.05, 0.15+2x\approx0.15$，

$\therefore K_f\approx\dfrac{0.05}{x\cdot(0.15)^2}\approx1.6\times10^7$，$x\approx1.39\times10^{-7}\ mol\cdot L^{-1}$

即：$[Ag^+]\approx1.39\times10^{-7} mol\cdot L^{-1}$，$[NH_3]\approx0.15\ mol\cdot L^{-1}$，

$[Ag(NH_3)_2^+]\approx0.05\ mol\cdot L^{-1}$，$[NO_3^-]\approx0.05\ mol\cdot L^{-1}$。

(2) 配合物稳定性有哪些影响因素

① 内因——中心体与配体的结构与性质

用得较多的是皮尔逊软硬酸碱理论(详见本书酸碱理论部分，此略)

② 外因——溶液的酸度、浓度、温度、压强等因素

**2. 配位平衡的移动**

以 M 表示金属离子，L 表示配体，$ML_n$ 表示配位化合物，所有电荷省略不写，配位平衡反应式简写为：

$M+nL\rightleftharpoons ML_n$，若向上述溶液中加入酸，碱沉淀剂，氧化还原剂或其他配体试剂，由于这些试剂与 M 或 L 可能发生各种反应，而导致配位平衡的移动。限于篇幅，本书仅对常见因素做简单罗列，有需要的读者可以参阅相关高级课程的内容。

(1) 酸度对配位平衡的影响

① 配体的质子化、配体的质子化常数 $K_H$ 与酸效应系数 $\alpha_H$

以 $Cu^{2+}+4NH_3\rightleftharpoons[Cu(NH_3)_4]^{2+}$ 平衡为例：

若溶液酸度提高，$[H^+]$增大，$\delta_{NH_3}$减小，$Cu^{2+}+4NH_3 \rightleftharpoons [Cu(NH_3)_4]^{2+}$平衡逆向移动，将促进配合物的离解倾向。

② 金属离子的水解、金属离子的水解效应系数 $\alpha_D$

大多数过渡金属离子在水溶液中有明显的水解作用，这实质上是金属离子生成羟基配合物的反应。如$[Fe(H_2O)_6]^{3+}$，$[Zn(H_2O)_4]^{2+}$等，溶液酸度降低时，将生成羟基配合物$[Fe(H_2O)_5(OH)]^{2+}$，$[Fe(H_2O)_4(OH)_2]^+$，$[Zn(H_2O)_3(OH)]^+$，$[Zn(H_2O)_2(OH)_2]$等。因此溶液酸度降低，也会促使配合物离解。

仍然以$Cu^{2+}+4NH_3 \rightleftharpoons [Cu(NH_3)_4]^{2+}$平衡为例：

溶液酸度过低，$[OH^-]$增大，$\alpha_D$增大，$\delta_{Cu^{2+}}$减小，$Cu^{2+}+4NH_3 \rightleftharpoons [Cu(NH_3)_4]^{2+}$平衡逆向移动，将促进配合物的离解倾向。因此配合物稳定存在有一定的 pH 范围。

(2) 配位平衡与沉淀溶解平衡

沉淀生成能使配位平衡发生移动，配合物生成也能使沉淀溶解平衡发生移动。如：$AgNO_3$ 溶液中滴加 NaCl 溶液，生成白色 AgCl 沉淀。再加入适量 $NH_3$ 水，则沉淀溶解，得到无色$[Ag(NH_3)_2]^+$溶液。若再往其中加入 KBr 溶液，可观察到淡黄色 AgBr 沉淀。再加入适量 $Na_2S_2O_3$ 溶液，则沉淀又溶解，生成无色的$[Ag(S_2O_3)_2]^{3-}$溶液。若再往其中再加入 KI 溶液，则生成黄色 AgI 沉淀。继续加入 KCN 溶液，沉淀又溶解，得到无色$[Ag(CN)_2]^-$。最后加入 $Na_2S$ 溶液，则生成黑色 $Ag_2S$ 沉淀，这一系列变化是配位平衡与沉淀溶解平衡相互影响的典型例子，各步变化的平衡常数可以由多重平衡原理求得。

$$AgCl(s)+2NH_3 \rightleftharpoons [Ag(NH_3)_2]^+ + Cl^- \qquad K=K_f[Ag(NH_3)_2^+]\times K_{sp}[AgCl]\approx 2.8\times 10^{-3}$$

$$[Ag(NH_3)_2]^+ + Br^- \rightleftharpoons AgBr\downarrow + 2NH_3 \qquad K=\frac{1}{K_f[Ag(NH_3)_2^+]\cdot K_{sp}[AgBr]}\approx 1.1\times 10^5$$

$$AgBr(s)+2S_2O_3^{2-} \rightleftharpoons [Ag(S_2O_3)_2]^{3-} + Br^- \qquad K=K_f[Ag(S_2O_3)_2^{3-}]\times K_{sp}[AgBr]\approx 16$$

$$[Ag(S_2O_3)_2]^{3-} + I^- \rightleftharpoons AgI\downarrow + 2S_2O_3^{2-} \qquad K=\frac{1}{K_f[Ag(S_2O_3)_2^{3-}]\cdot K_{sp}[AgI]}\approx 4.1\times 10^2$$

$$AgI(s)+2CN^- \rightleftharpoons [Ag(CN)_2]^- + I^- \qquad K=K_f[Ag(CN)_2^-]\times K_{sp}[AgI]\approx 8.5\times 10^4$$

$$2[Ag(CN)_2]^- + S^{2-} \rightleftharpoons Ag_2S\downarrow + 4CN^- \qquad K=\frac{1}{K_f^2[Ag(CN)_2^-]\cdot K_{sp}[Ag_2S]}\approx 1.5\times 10^7$$

由上述变化的平衡常数得知，$Ag_2S$ 沉淀难溶于 NaCN 试剂；其余变化的平衡常数不大，控制不同条件，反应可以沿不同方向进行。

(3) 配位平衡和氧化还原平衡

配位平衡与氧化还原平衡也可以相互影响(本书略)。

(4) 配合物转化平衡

① 一般规律

若一种金属离子 M 能与溶液中两种配体试剂 L 和 L′发生配位反应，则溶液中存在如下平衡：

$$ML_n \rightleftharpoons M + nL$$

$$M + mL' \rightleftharpoons ML'_m$$

两式相加得：$ML_n + mL' \rightleftharpoons ML'_m + nL$

如向 $FeCl_3$ 溶液中加入 $NH_4SCN$ 溶液，生成血红色的 $Fe(SCN)_3$ 配合物。若再加入 $NH_4F$ 试剂，可观察到血红色褪去，生成无色的 $FeF_3$ 溶液：$Fe(SCN)_3 + 3F^- \rightleftharpoons FeF_3 + 3SCN^-$

由多重平衡原理求得该平衡的平衡常数为

$$K=\frac{K_f[FeF_3]}{K_f[Fe(SCN)_3]}=1.1\times 10^{12}/(2.0\times 10^3)=5.5\times 10^8$$

可见平衡常数很大，说明正向进行趋势大，这是由不够稳定的配合物向稳定配合物的转化。

若转化平衡常数很小（如小于 $10^{-8}$）说明正向反应不能发生，而逆向自发发生。

若平衡常数介于 $10^{8}\sim10^{-8}$ 之间，则转化的方向由反应的浓度条件而定。

② 螯合效应

螯合物的稳定性≫简单配合物的稳定性

$$[Ni(NH_3)_6]^{2+} + 3en \rightleftharpoons [Ni(en)_3]^{2+} + 6NH_3$$

$K_f[Ni(en)_3^{2+}] \gg K_f[Ni(NH_3)_6^{2+}]$，$K = \dfrac{K_f[Ni(en)_3^{2+}]}{K_f[Ni(NH_3)_6^{2+}]} \gg 1$，反应自发向右。

一般认为，熵的增加是其主要促进因素。所以一般来说，螯合物的稳定性≫简单配合物的稳定性。

需要强调指出的是，螯合物的稳定性也存在少数例外情况，如 $[Ag(en)]^+$ 的稳定性 $<$ $[Ag(NH_3)_2]^+$ 的稳定性，这是因为 $Ag^+$ 采用的杂化方式为 sp，形成 $[Ag(en)]^+$ 时，螯合环“跨度”偏大，存在张力。

③ 反位效应

本书略，有兴趣的读者可自行参阅相关著作。

# 第十章　电化学基础

## 一、电化学问题的起源——电解

**1. Farady 电解(electrolyse)定律**

(1) Farady 第一电解定律

电解时，在电极上生成产物的质量与通过电解池的电量成正比

(2) Farady 第二电解定律(现代表述)

1 mol 电子所带电荷的总量约为 96 500 库仑，即 $1\ F = 6.02 \times 10^{23} \times 1.602 \times 10^{-19} \approx 96\ 500(C \cdot mol^{-1})$

**2. 电流强度 *I*(安培)、电量 *Q*(库仑)、时间 *t*(秒)、Farady 常数 *F* 的相互关系**

$$I = \frac{Q}{t},\ I \cdot t = Q = n \cdot F \tag{10-1}$$

**3. 带电粒子在电场中的运动、电功**

$$W_E = Q \cdot V = n \cdot F \cdot V = n \cdot F \cdot \varepsilon \tag{10-2}$$

电子伏特(eV)——电荷量为一个元电荷电量的带电粒子在 1 伏特的电压下加速获得的能量，即 1 eV，其中 e 就是电子电量，V 就是电压单位"伏特"，$1\ eV = 1.602 \times 10^{-19}\ C \times 1\ V = 1.602 \times 10^{-19}\ J$。那么，1 mol 电子在 1 伏特的电压下加速获得的能量≈96 500 J。

## 二、原电池

**1. 基本概念与基本结构**

将锌片插入硫酸铜溶液中会自发地发生氧化还原反应：

$$Zn(s) + Cu^{2+}(aq) \rightleftharpoons Zn^{2+}(aq) + Cu(s) \qquad \Delta_r H_m^{\ominus}(298\ K) = -281.66\ kJ \cdot mol^{-1}$$

随着反应的进行，金属铜不断地沉淀在锌片上，同时锌片不断地溶解。反应是放热的，化学能转变为热能。

1863 年，J.F.Daniell 分别将锌片插入 $ZnSO_4$ 溶液中、铜片插入 $CuSO_4$ 溶液中，用这两个半电池组成了一个电池，称为 Daniell 电池。再后来，经过改进，用充满含有饱和 KCl 溶液的琼脂胶冻的倒置 U 形管作盐桥将两个半电池连通，在锌片和铜片间串联一个安培计，采用这样的装置获得了电流。

锌片为负极，发生氧化反应：$Zn(s) \rightleftharpoons Zn^{2+} + 2e^-$

铜片为正极，发生还原反应：$Cu^{2+} + 2e^- \rightleftharpoons Cu(s)$

氧化和还原反应分别在两处进行，还原剂失去电子经外电路转移给氧化剂形成了电子的有规则定向流动，产生了电流。这种借助于自发的氧化还原反应产生电流的装置称为原电池(primary cell，galvanic cell)。

在原电池中，两个半电池中发生的反应叫作半电池反应或电极反应。总的氧化还原反应叫作电池反应。

铜-锌原电池(图 10-1)反应为：$Zn(s) + Cu^{2+}(aq) \rightleftharpoons Zn^{2+}(aq) + Cu(s)$

(1) 常见的电极类型

① 金属-金属离子电极

金属浸入含有该金属离子的溶液中，如 $Zn\text{-}Zn^{2+}$、$Cu\text{-}Cu^{2+}$，金属既是正负极材料，又是电极导体。

② 气体-离子电极(图 10-2)

因为气体不能导电，所以必须用多孔的惰性金属作电极插入含有非金属离子的电解质溶液中，再通入

该非金属气体，如(Pt)$Cl_2$ ｜ $Cl^-$，(Pt)$H_2$ ｜ $H^+$，(Pt)$O_2$ ｜ $OH^-$等。

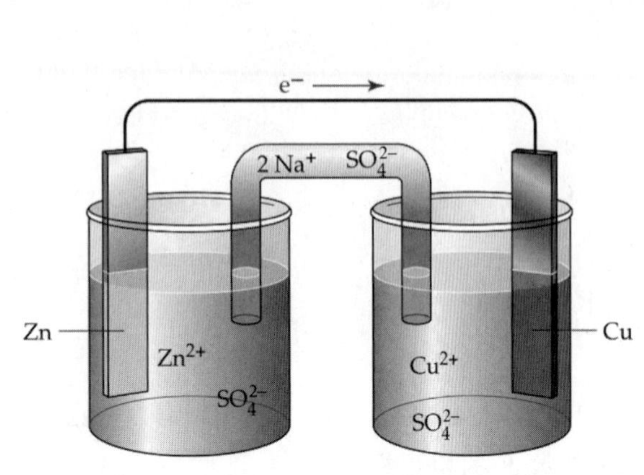


图 10-1 铜-锌原电池

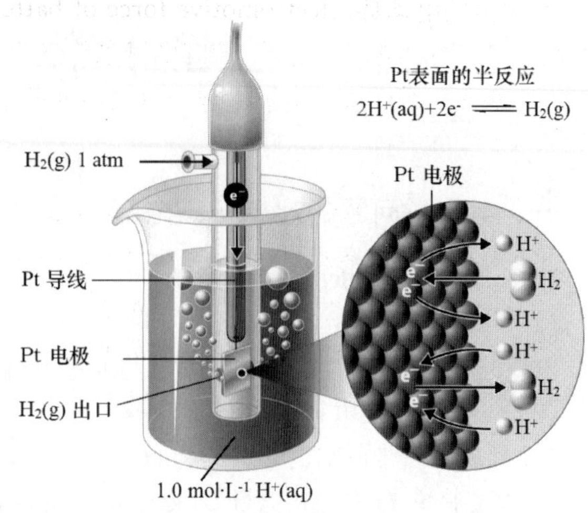


图 10-2 气体-离子(标准氢)电极

③ 金属-金属的难溶盐或金属的氧化物-阴离子电极(图 10-3)

此类电极通过在金属表面覆盖一层金属的难溶盐或金属的氧化物薄膜，然后浸入含有该微溶物阴离子的电解质溶液中构成，如：Ag(s)—AgCl(s)—$Cl^-$(aq)(氯化银电极)、Hg(l)—$Hg_2Cl_2$(s)—$Cl^-$(aq)(甘汞电极)、Hg(l)—HgO(s)—$OH^-$(aq)(氧化汞电极)等。

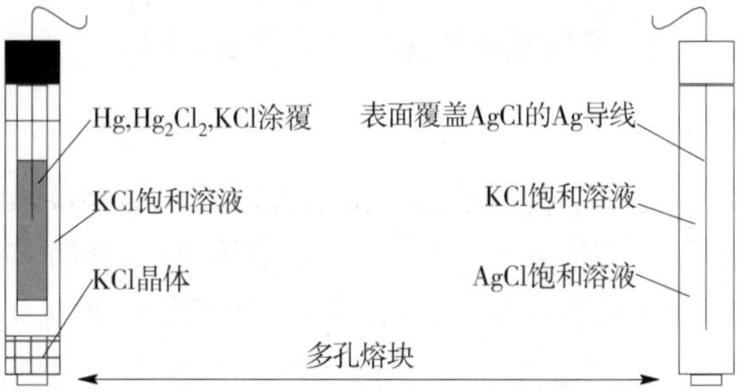

Hg,$Hg_2Cl_2$,KCl涂覆　表面覆盖AgCl的Ag导线　KCl饱和溶液　KCl饱和溶液　KCl晶体　AgCl饱和溶液　多孔熔块

图 10-3 甘汞电极与氯化银电极

(2) 电池符号

原电池可以用简单的符号表示，称为电池符号(或电池图示)。

例如铜-锌原电池的符号为：(－)Zn(s) ｜ $ZnSO_4(c_1)$ ‖ $CuSO_4(c_2)$ ｜ Cu(s)(＋)

在电池符号中，将负极写在左边，正极写在右边，用单竖线表示相与相之间的界面，用双竖线表示盐桥。书写时须标明物质的聚集状态、溶液应标明浓度、气体应标明压力及其依附的电极材料。有时多种固体之间用逗号隔开以免出现过多的竖线；有些原电池还需要用铂片或石墨作电极。

例如：(－)Pt ｜ $Sn^{2+}(c_1)$，$Sn^{4+}(c'_1)$ ‖ $Fe^{3+}(c_2)$，$Fe^{2+}(c'_2)$ ｜ Pt(＋)

相应的电池反应为：$2Fe^{3+}(aq) + Sn^{2+}(aq) \rightleftharpoons 2Fe^{2+}(aq) + Sn^{4+}(aq)$

当电池中使用相同浓度的相同电解质溶液时就不需要盐桥，此时就不再需要写 ‖ 了，所以铅酸电池为(－)Pb(s)，$PbSO_4$(s) ｜ $H_2SO_4$(aq) ｜ $PbO_2$(s)，$PbSO_4$(s) ｜ Pb(s)(＋)

**2. 电极电势与电池的电动势**

(1) 基本概念

① 电极电势(电极电位，electode potential)的产生

原电池的电动势是组成原电池的两个电极电势之差。每个电极的电势是如何产生的呢？以金属电极为例，将金属浸入其盐溶液时，在金属与其盐溶液接触的界面上会发生金属溶解和金属离子沉淀两个不同的过程：

$$M(s) \underset{结晶}{\overset{溶解}{\rightleftharpoons}} M^{2+}(aq) + 2e^-$$

当这两个过程速率相等时，达到动态平衡。金属表面因为有大量电子而带负电荷，而靠近金属的溶液中因为有大量的金属离子而带正电荷，形成了双电层，产生了电势差，称为电极电势。金属越活泼，这种差

值越大。

② 电池的电动势(electromotive force of battery)的产生

两个不同的半电池连通后,因其电极电势彼此不同,电子必然要从低电位向高电位迁移,也就是说:电池的电动势 $\varepsilon$ 等于正极的电极电势与负极的电极电势之差,即:

$$\varepsilon = \varepsilon^{+} - \varepsilon^{-} \tag{10-3}$$

为便于打印,有时也用 $E$ 代替 $\varepsilon$,特此说明。

电极电势的绝对值尚无法测定,科学上通常要选定一个参比电极,以其电极电势为基准,与其他电极相比较,从而确定其他电极的电极电势相对值。也就是说:用待测电极半反应与参比电极半反应组成电池,然后测定该电池的电动势,再经过换算即可得到待测电极的相对电极电势值。通常选取的参比电极是标准氢电极。

(2) 常用的标准电极

① 标准氢电极(见图 10-2)

国际上统一规定:298 K 下含 1 $mol \cdot L^{-1}$ $H^+$ 的溶液、1 个标准大气压下的 $H_2$ 构成的半电池的电极电势 $\varepsilon^{\ominus}(H^+/H_2)=0$,氢电极的电极电势十分稳定,有利于测定其他半电池的电极电势。

若其他半电池与氢标准半电池构成电池时作正极,则其电极电势为正值,如:

$$\varepsilon^{\ominus}(Cu^{2+}/Cu) = +0.34\ V,\ \varepsilon^{\ominus}(Zn^{2+}/Zn) = -0.76\ V$$

② 标准电极电势(standard electode potential)

标准电极电势即半电池反应在热力学标准态下与标准氢电极所构成的电池反应的标准电动势 $\varepsilon^{\ominus}$ 的值:

温度为 298 K、气体的压力为 1 个标准大气压($1.013\times10^5$ Pa)、溶液中相关物种的浓度为 1 $mol \cdot L^{-1}$;

另外,从严格的角度看,上述内容中的压力应该用逸度代替、浓度应该用活度代替,但在通常情况下,如果精度要求不高,可以直接使用压力和浓度做近似处理。

标准电极电势的表达主要有两种形式,本书主要采用还原电势。

特别提醒:还原电势 $\varepsilon^{\ominus}(Cu^{2+}/Cu)$, $\varepsilon^{\ominus}(H^+/H_2)$, $\varepsilon^{\ominus}(Zn^{2+}/Zn)$

氧化电势 $\varepsilon^{\ominus}(Cu/Cu^{2+})$, $\varepsilon^{\ominus}(H_2/H^+)$, $\varepsilon^{\ominus}(Zn/Zn^{2+})$

ⓐ 默认的标准电极电势是以水溶液为背景的,只能适用于水溶液体系,高温反应、非水溶液反应均不能采用相关数据来说明问题。

ⓑ 电极电势的值与半反应的书写顺序无关。如:

$$\varepsilon^{\ominus}(Cu^{2+}/Cu) = \varepsilon^{\ominus}(Cu/Cu^{2+}) = +0.34\ V$$

ⓒ 电极电势的值与半反应的化学计量数无关。如:

$$O_2 + 4H^+ + 4e^- \rightleftharpoons 2H_2O \qquad \varepsilon^{\ominus}(O_2/H^+(aq), H_2O) = +1.23\ V$$

$$1/2O_2 + 2H^+ + 2e^- \rightleftharpoons H_2O \qquad \varepsilon^{\ominus}(O_2/H^+(aq), H_2O) = +1.23\ V$$

ⓓ 电极电势的值与半反应中物质的形态有关。如:

$$2H^+ + 2e \rightleftharpoons H_2\uparrow \qquad \varepsilon^{\ominus}(H_2/H^+) = 0$$

$$2H_2O + 2e^- \rightleftharpoons H_2\uparrow + 2OH^- \qquad \varepsilon^{\ominus}(H_2/OH^-) = -0.83\ V$$

ⓔ 严格来说,标准电极电势只适用于热力学标准态,非标准态标准电极电势可以通过 Nernst 方程进行计算(详见本讲后续内容)。

ⓕ 标准电极电势是热力学数据,与反应速率无关,不能保证动力学性质与热力学性质不发生矛盾。例如:钙的电极电势低于钠,但是钠与水的反应要比钙与水的反应剧烈。

电极电势越高、氧化剂的氧化性越强、其还原产物的还原性越弱;

电极电势越低、氧化剂的氧化性越弱、其还原产物的还原性越强。

## 三、能斯特方程

### 1. 能斯特方程表达式 1

$$\varepsilon = \varepsilon^{\ominus} - \frac{RT}{nF}\ln J = \varepsilon^{\ominus} - \frac{0.0592}{n} \times \lg J \tag{10-4}$$

推导过程如下：

范特霍夫(Van't Hoff)等温方程：$\Delta_r G_m = \Delta_r G_m^{\ominus} + RT\ln J$

而 $\Delta_r G_m = -nF\varepsilon$，$\Delta_r G_m^{\ominus} = -nF\varepsilon^{\ominus}$

所以 $nF\varepsilon = nF\varepsilon^{\ominus} - RT\ln J$ 即 $\varepsilon = \varepsilon^{\ominus} - \frac{RT}{nF}\ln J$

因为 $R = 8.3144\ \text{J}\cdot\text{mol}^{-1}\cdot\text{K}^{-1}$，$T = 298.15\ \text{K}$，$F = 96500\ \text{C}\cdot\text{mol}^{-1}$，$\ln J = \frac{\lg J}{\lg e}$

所以 $\varepsilon = \varepsilon^{\ominus} - \frac{RT}{nF}\ln J = \varepsilon^{\ominus} - \frac{RT}{n \times F}\frac{\lg J}{\lg e} = \varepsilon^{\ominus} - \frac{8.3144 \times 298.15}{n \times 96500} \times \frac{\lg J}{0.4343} = \varepsilon^{\ominus} - \frac{0.0592}{n} \times \lg J$

### 2. 能斯特方程表达式 2

$$\varepsilon_{\text{Ox/Red}} = \varepsilon^{\ominus}_{\text{Ox/Red}} - \frac{0.0592}{n}\lg J_{\text{Red/Ox}} \text{ 或 } \varepsilon_{\text{Ox/Red}} = \varepsilon^{\ominus}_{\text{Ox/Red}} + \frac{0.0592}{n}\lg J_{\text{Ox/Red}} \tag{10-5}$$

以反应 $MnO_4^- + 5Fe^{2+} + 8H^+ \rightleftharpoons Mn^{2+} + 5Fe^{3+} + 4H_2O$ 为例：

$$\varepsilon(MnO_4^-/Mn^{2+}) = \varepsilon^{\ominus}(MnO_4^-/Mn^{2+}) + \frac{0.0592}{5}\lg\frac{[MnO_4^-][H^+]^8}{[Mn^{2+}]}$$

$$\varepsilon(Fe^{3+}/Fe^{2+}) = \varepsilon^{\ominus}(Fe^{3+}/Fe^{2+}) + 0.0592\lg\frac{[Fe^{3+}]}{[Fe^{2+}]}$$

### 3. 能斯特方程的应用

(1) 溶质浓度、气体压力对电极电势的影响

受系数 0.059 2 的限定，浓度及气体压力变化对电极电势的影响一般不大，除非发生数量级的巨大变化。

(2) pH 对电极电势的影响——pH-电势图

pH 的变化对应于氢离子浓度的变化，所以，除非氢离子浓度发生数量级的巨大变化，pH 的变化对电极电势的影响一般也不大。

**【例 10-1】** 已知 $\varepsilon^{\ominus}(MnO_4^-/Mn^{2+}) = 1.56\ \text{V}$，将标准态的高锰酸钾和硫酸锰混合溶液稀释 10 倍，其电极电势变成多少？

$$\varepsilon(MnO_4^-/Mn^{2+}) = \varepsilon^{\ominus}(MnO_4^-/Mn^{2+}) + \frac{0.0592}{5}\lg\frac{[MnO_4^-][H^+]^8}{[Mn^{2+}]}$$

$$= 1.56\ \text{V} + \frac{0.0592}{5}\lg(0.1)^8\ \text{V} \approx 1.47\ \text{V}$$

**【例 10-2】** 计算氧气在 $[H^+] = 10^{-7}\ \text{mol}\cdot\text{L}^{-1}$ 的中性水溶液中以及 $[H^+] = 10^{-14}\ \text{mol}\cdot\text{L}^{-1}$ 的碱性水溶液中的电极电势，已知 $\varepsilon^{\ominus}(O_2/H_2O) = 1.229\ \text{V}$，$p(O_2) = 1$。

半反应式为 $O_2 + 4H^+ + 4e^- \longrightarrow 2H_2O$

$$\varepsilon(O_2/H_2O)=\varepsilon^{\ominus}(O_2/H_2O)+\frac{0.059\,2}{4}\lg p(O_2)[H^+]^4=1.229\text{ V}+\frac{0.059\,2}{4}\lg[H^+]^4\text{ V}$$
$$=1.229\text{ V}-0.059\,2\times\text{pH V}$$

**表 10-1　不同 pH 条件下氧气的电极电势**　　单位：V

| pH | 0 | 7 | 14 |
|---|---|---|---|
| $\varepsilon(O_2/H_2O)$ | 1.229 | 0.815 | 0.401 |

上述数据说明：氧气的电极电势受到溶液酸碱度的明显影响(表 10-1)。其中 pH=14 时的电极电势实际上就是氧气在碱性溶液中半反应 $O_2+2H_2O+4e^-=4OH^-$ 对应的标准电极电势(此时$[OH^-]=1\text{ mol}\cdot L^{-1}$)。

上述结果具有一般性，可以用于互求任何半反应酸性溶液的标准电极电势和碱性溶液的标准电极电势：

即
$$\varepsilon=\varepsilon^{\ominus}-\frac{0.059\,2}{n}\times m\times\text{pH}\qquad(10-6)$$

式中 $n$ 为半反应得失电子数，$m$ 为 $H^+$ 的化学计量数。

如：半反应 $NO_3^-+4H^++3e^-=NO\uparrow+2H_2O$ 中，$n=3$，$m=4$

若半反应式中没有出现 $H^+$，如 $MnO_4^-+2H_2O+3e^-=MnO_2+4OH^-$，$[MnO_4^-]=1\text{ mol}\cdot L^{-1}$怎么办？

$$\varepsilon(MnO_4^-/MnO_2)=\varepsilon^{\ominus}(MnO_4^-/MnO_2)+\frac{0.059\,2}{3}\lg\frac{[MnO_4^-]}{[OH^-]^4}$$

即 $\varepsilon(MnO_4^-/MnO_2)=\varepsilon^{\ominus}(MnO_4^-/MnO_2)-\dfrac{0.059\,2}{3}\times4\times\lg[OH^-]$

即 $\varepsilon=\varepsilon^{\ominus}+\dfrac{0.059\,2}{n}\times m\times\text{pOH}=\varepsilon^{\ominus}+\dfrac{0.059\,2}{n}\times m(14-\text{pH})=\varepsilon^{\ominus}-\dfrac{0.059\,2}{n}\times m\times\text{pH}+\dfrac{0.828\,8\times m}{n}$

(10-7)

式中 $n$ 为半反应得失电子数，$m$ 为 $OH^-$ 的化学计量数。

上述两个酸、碱不同条件下的公式，其形态居然完全对应，这是因为从电荷守恒的角度来看：在得电子($e^-$)的还原型半反应中，$H^+$ 必定出现在反应式的左侧，而 $OH^-$ 必定出现在反应式的右侧！将 pH 对电极电势的影响制作成直角坐标图形，就得到了 pH-电势图，图 10-4 为铁元素的 pH-电势图。

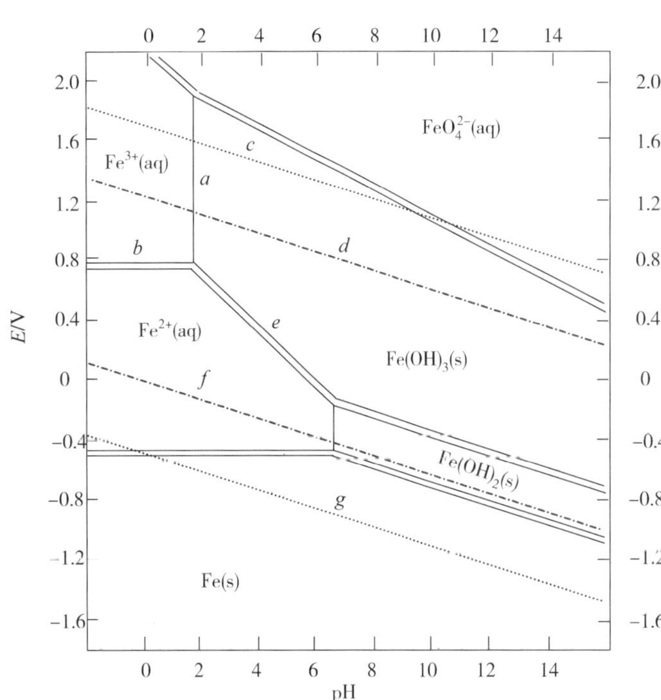

图 10-4　铁元素的 pH-电势图

图中 $d$ 线为氧气的理论线、$f$ 线为氢气的理论线，$d$ 线以上的物质能够将水氧化成氧气，$f$ 线以下的物质能够将水还原成氢气，$d\sim f$ 线之间的物质溶解于水时不能与水发生氧化还原反应。动力学原因，稳定区通常要更宽广一些，分别向上、向下移动约 0.5 V。

(3) 电极电势与氧化还原反应的逆转

**【例 10-3】** 已知：半反应 $H_3AsO_4+2H^++2e^-\rightleftharpoons H_3AsO_3+H_2O$ 的标准电极

电势为$+0.56\ V$；半反应$I_2 + 2e^- \rightleftharpoons 2I^-$的标准电极电势为$+0.54\ V$。试分析：

ⓐ 当溶液处于热力学标准态时，氧化还原反应的方向；

ⓑ 上述氧化还原反应能否通过控制溶液的 pH 使其发生逆转。

ⓒ 是否任何氧化还原反应都能通过控制溶液的 pH 使其发生逆转？

解：

ⓐ $H_3AsO_4 + 2I^- + 2H^+ \rightleftharpoons H_3AsO_3 + I_2 + H_2O$ 的标准电动势 $\varepsilon^\ominus = 0.56\ V - 0.54\ V = 0.02\ V$

$\Delta_r G_m^\ominus = -nF\varepsilon^\ominus = -2 \times 96\ 500 \times 0.02\ J = -3\ 860\ J = -3.86\ kJ < 0$，反应能够自发向右进行

ⓑ 根据范特霍夫(Van't Hoff)等温方程：$\Delta_r G_m = \Delta_r G_m^\ominus + RT\ln J$

当 $\Delta_r G_m = 0$ 时，反应处于平衡状态，$\Delta_r G_m^\ominus = -RT\ln J = -nF\varepsilon^\ominus$，即 $\varepsilon^\ominus = \dfrac{RT}{nF}\ln J = \dfrac{0.059\ 2}{n}\lg J$

在$[H_3AsO_4] = [H_3AsO_3] = [I_2] = [I^-] = 1\ mol \cdot L^{-1}$时

$$0.02 = \frac{0.059\ 2}{2}\lg\frac{[H_3AsO_3][I_2]}{[H_3AsO_4][I^-]^2[H^+]^2} = 0.059\ 2 \times pH，解得\ pH \approx 0.34$$

即：向热力学标准态溶液中加入碱，使溶液的 pH 从 0 上升到 0.34，即可使反应达成平衡状态，再向其中加碱，进一步增大 pH，则反应方向会发生逆转。

ⓒ 并非所有的氧化还原反应都能通过控制溶液的 pH 使其发生逆转，显然：

没有 $H^+$ 或 $OH^-$ 参与的氧化还原反应，不能通过控制溶液的 pH 使其发生逆转；

标准电极电势值较大的氧化还原反应，不能通过控制溶液的 pH 使其发生逆转。

(4) 电极电势的推算

① 利用热力学数据推算不便于直接测定的电极电势

科学上默认：单质、水合氢离子、水合电子的标准生成自由能变值均为 0。

**【例 10-4】** 已知 $\Delta_f G_m^\ominus(Na^+) = -262\ kJ \cdot mol^{-1}$，$\Delta_f G_m^\ominus(Ca^{2+}) = -553.5\ kJ \cdot mol^{-1}$，求 $\varepsilon^\ominus(Na^+/Na)$ 和 $\varepsilon^\ominus(Ca^{2+}/Ca)$。

解：已知 $Na + H^+ \rightleftharpoons \dfrac{1}{2}H_2\uparrow + Na^+$，$\varepsilon^\ominus = \varepsilon^\ominus(H^+/\dfrac{1}{2}H_2) - \varepsilon^\ominus(Na^+/Na) = 0 - \varepsilon^\ominus(Na^+/Na)$

$$\Delta_r G_m^\ominus = \frac{1}{2}\Delta_f G_m^\ominus(H_2) + \Delta_f G_m^\ominus(Na^+) - \Delta_f G_m^\ominus(H^+) - \Delta_f G_m^\ominus(Na) = 0 + (-262\ kJ \cdot mol^{-1}) - 0 - 0$$

因为 $\Delta_r G_m^\ominus = -nF\varepsilon^\ominus$，$\varepsilon^\ominus = -\dfrac{1}{nF}\Delta_r G_m^\ominus$，所以 $0 - \varepsilon^\ominus(Na^+/Na) = -\dfrac{1}{nF}\Delta_r G_m^\ominus$

$$\varepsilon^\ominus(Na^+/Na) = \frac{1}{nF}\Delta_r G_m^\ominus = \frac{1}{1 \times 96\ 500}(-262 \times 1\ 000)\ V \approx -2.715\ V$$

同理 $\varepsilon^\ominus(Ca^{2+}/Ca) = \dfrac{1}{2 \times 96\ 500}(-553.5 \times 1\ 000)\ V \approx -2.868\ V$

注：钙的电极电势低于钠的电极电势的主要原因在于钙离子的水合热($-1\ 635\ kJ \cdot mol^{-1}$)的绝对值远远大于钠离子的水合热($-397\ kJ \cdot mol^{-1}$)的绝对值。

② Latimer 图(latimer diagrams)

物理学家 Latimer 将同种元素不同氧化态之间的标准电极电势按照氧化态由高到低的顺序排列成图解的方式所得到的数据图被称为元素的电极电势图，俗称 Latimer 图，例如图 10-4：

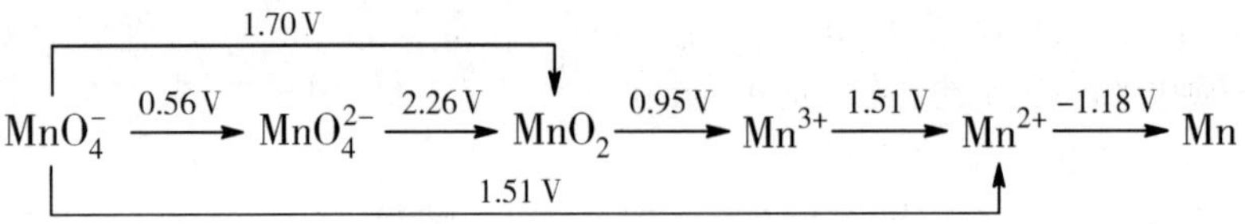

$$MnO_4^- \xrightarrow{0.56\ V} MnO_4^{2-} \xrightarrow{2.26\ V} MnO_2 \xrightarrow{0.95\ V} Mn^{3+} \xrightarrow{1.51\ V} Mn^{2+} \xrightarrow{-1.18\ V} Mn$$

（$MnO_4^- \to MnO_2$：1.70 V；$MnO_4^- \to Mn^{2+}$：1.51 V）

图 10-4 锰元素的 Latimer 图

特别提醒：以上图中的 $MnO_4^- \sim MnO_4^{2-} \sim MnO_2$ 为例 $0.56+2.26 \neq 1.70$，$\varepsilon^\ominus$ 不能简单加减，为什么？原来，自由能属于广度性状态函数，其值仅取决于起止状态，可以进行简单加减，所以：

$$\Delta_r G_m^\ominus(MnO_4^- \rightarrow MnO_4^{2-}) + \Delta_r G_m^\ominus(MnO_4^{2-} \rightarrow MnO_2) = \Delta_r G_m^\ominus(MnO_4^- \rightarrow MnO_2)$$

因为 $\Delta_r G_m^\ominus = -nF\varepsilon^\ominus$，所以

$$1 \times F \times \varepsilon^\ominus(MnO_4^- \rightarrow MnO_4^{2-}) + 2 \times F \times \varepsilon^\ominus(MnO_4^{2-} \rightarrow MnO_2) = 3 \times F \times \varepsilon^\ominus(MnO_4^- \rightarrow MnO_2)$$

即 $\varepsilon^\ominus(MnO_4^- \rightarrow MnO_2) = \dfrac{1 \times \varepsilon^\ominus(MnO_4^- \rightarrow MnO_4^{2-}) + 2 \times \varepsilon^\ominus(MnO_4^{2-} \rightarrow MnO_2)}{3}$

上式可简化为 $\varepsilon_3^\ominus = \dfrac{n_1 \times \varepsilon_1^\ominus + n_2 \times \varepsilon_2^\ominus}{n_3}$

验算：$\dfrac{1 \times 0.56 + 2 \times 2.26}{3} \approx 1.70$，完全符合。

③ Latimer 图的应用

ⓐ 利用 Latimer 图中的已知数据求算未知电对的电极电势

例如：$\varepsilon_3^\ominus = \dfrac{n_1 \times \varepsilon_1^\ominus + n_2 \times \varepsilon_2^\ominus}{n_3}$，具体计算略。

ⓑ 利用 Latimer 图判断指定的物种能否发生歧化、指定的电对能否发生逆歧化(俗称归中)

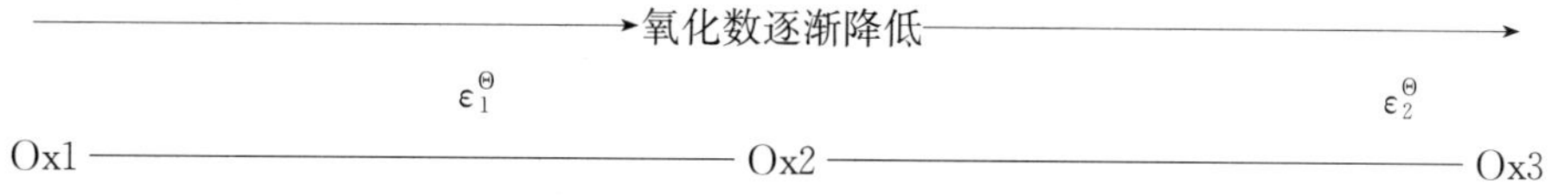

$$\xrightarrow{\qquad\qquad} \text{氧化数逐渐降低} \xrightarrow{\qquad\qquad}$$

$$Ox1 \xrightarrow{\quad \varepsilon_1^\ominus \quad} Ox2 \xrightarrow{\quad \varepsilon_2^\ominus \quad} Ox3$$

若 $\varepsilon_1^\ominus > \varepsilon_2^\ominus$，则可以发生逆歧化(俗称归中)反应：$Ox1 + Ox3 \longrightarrow Ox2$

若 $\varepsilon_1^\ominus < \varepsilon_2^\ominus$，则可以发生歧化反应：$Ox2 \longrightarrow Ox1 + Ox3$(例图 10-5)

pH=0

$$IO_3^- \xrightarrow{+1.19\ V} I_2 \xrightarrow{+0.54\ V} I^-$$

$$IO_3^- + 5I^- + 6H^+ = 3I_2 + 3H_2O$$

pH=14

$$IO_3^- \xrightarrow{+0.205\ V} I_2 \xrightarrow{+0.54\ V} I^-$$

$$3I_2 + 6OH^- = IO_3^- + 5I^- + 3H_2O$$

**图 10-5　碘元素的 Latimer 图**

④ Frost 自由能氧化态图

自由能氧化态图是 A.Frost 于 1950 年首先提出来的，现已在国外一些无机化学教材和参考书中被采用。它是用图解的方式直观而简明地表示出自由能与标准电极电位的数据及其关系；方便地说明了一些氧化还原反应自发进行的方向及趋势的大小；对于一些多价态的元素的单质和化合物发生歧化反应的情况以及同一列过渡元素的化学性质的变化规律，也都能给出明确的半定量的说明。例如图 10-6：

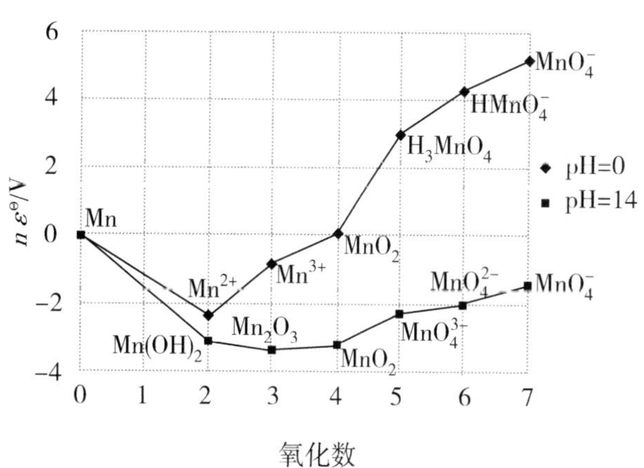


**图 10-6　锰元素的 Frost 自由能氧化态图**

自由能属于广度性状态函数，其值仅取决于起止状态，可以进行简单加减。因为 $\Delta_r G_m^\ominus = -nF\varepsilon^\ominus$，所以 $\dfrac{\Delta_r G_m^\ominus}{F} = -n\varepsilon^\ominus$ 也可以进行简单加减。这样，以单质的

$\Delta_f G_m^\ominus = 0$ 为起点，即可生成指定元素的 Frost 自由能氧化态图。

与 Latimer 图相比，Frost 图更加直观简便：

Frost 图中的最低点，即热力学标准状态下指定元素的最稳定氧化态，如图 10-6 中酸性条件下的 $Mn^{2+}$；

Frost 图中的 V 字形区域，V 字两头的氧化态能相互反应生成其中间价态（俗称归中反应），如图 10-6 中酸性条件下 $Mn + 2Mn^{3+} = 3Mn^{2+}$；

Frost 图中的 A 字形、「字形、]字形区域，其整体过程的 $\Delta_r G_m^\ominus < 0$，所以，中间氧化态能够发生歧化反应生成两侧的氧化态，如图 10-6 中酸性条件下 $3MnO_4^{2-} + 4H^+ = 2MnO_4^- + MnO_2\downarrow + 2H_2O$。

## 四、电解

### 1. 理论分解电压（通常用绝对值表示）

为使电解反应发生，需向电解池的两电极施加的最低电压称为电解池的理论分解电压。电解池的理论分解电压在理论上＝电解反应的逆反应即电池反应的电动势。

**【例 10-5】** 设食盐水中 $[Cl^-] = 3.2\ mol\cdot L^{-1}$，$[OH^-] = 1\ mol\cdot L^{-1}$，电解产生的气体的分压均为标准压强。已知：$p(H_2) = p(Cl_2) = 1$，$\varepsilon^\ominus(H^+/H_2) = 0\ V$，$\varepsilon^\ominus(Cl_2/Cl^-) = 1.36\ V$，求电解上述食盐水的理论分解电压。

解：半反应是 $2H^+ + 2e^- = H_2\uparrow$ 以及 $Cl_2 + 2e^- = 2Cl^-$

$$\varepsilon(H^+/H_2) = \varepsilon^\ominus(H^+/H_2) - \frac{0.059\,2}{2}\times \lg\frac{p(H_2)}{[H^+]^2} = 0\ V - 0.059\,2\times 14\ V \approx -0.83\ V$$

$$\varepsilon(Cl_2/Cl^-) = \varepsilon^\ominus(Cl_2/Cl^-) - \frac{0.0592}{2}\times \lg\frac{[Cl^-]^2}{p(Cl_2)} = 1.36\ V - 0.0592\times \lg 3.2\ V \approx 1.33\ V$$

$$\varepsilon = \varepsilon(Cl_2/Cl^-) - \varepsilon(H^+/H_2) = 1.33\ V - (-0.83\ V) = 2.16\ V$$

上述食盐水的理论分解电压也就是 2.16 V

### 2. 实际分解电压

(1) 规律

从实验结果看，实际分解电压总是＞理论分解电压，其原因是多方面的，一般包括：

电解池各界面、介质都存在电阻，电流通过时会有一部分电能转化为热能而产生损耗，使得作用于电解质的实际作用电压小于表观电压，为了让实际作用电压达到理论分解电压，必须提升表观电压；

实际分解电压＞理论分解电压，其最重要的因素是所谓的超电势 $\eta$（也叫过电位，部分资料用 $\xi$ 表示）问题。

(2) 过电位（overpotential）

过电位一般主要归咎于动力学原因：当外加电压施加于电解池的两极时，必然吸引溶液中的相反离子向己方电极运动，进而导致电极表面与溶液中一段空间距离内离子浓度的梯度分布（图 10-7），这样正极（阳极）必须具备更高的电位才能吸引阴离子向己方迁移、负极（阴极）必须具备更低的电位才能吸引阳离子向己方迁移，这就产生了过电位问题。

氧化电位＝理论电极电势＋$\eta$；还原电位＝理论电极电势－$\eta$。

研究表明，过电位的大小主要与电极材料和电流密度 $i$ 有关。其中电流密度指的是电流强度与电极有效表面积的比：$i = \dfrac{I}{S}$。超电位的存在有可能使得电解时电极上的放电次序发生改变。

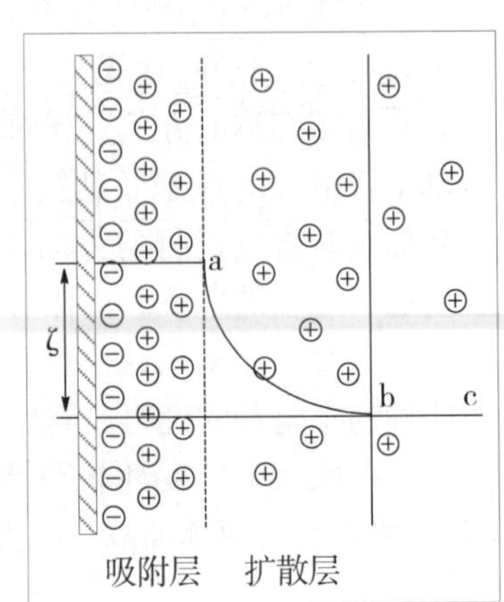


图 10-7 过电位的形成示意图

# 第十一章　非金属元素简介

## 第一节　非金属元素概论

### 一、非金属单质(表 11-1)

**表 11-1　非金属单质**

| $H_2$ | 从左到右,金属性逐渐减弱、还原性逐渐减弱;非金属性逐渐增强、氧化性逐渐增强。 | | | | | | He |
|---|---|---|---|---|---|---|---|
| | 从上到下<br>金属性、还原性逐渐增强<br>非金属性、氧化性逐渐减弱 | $B_{12}$<br>有同素异形体 | C<br>有同素异形体 | $N_2$ | $O_2$<br>有同素异形体 | $F_2$ | Ne |
| | | | Si<br>有同素异形体 | $P_4$<br>有同素异形体 | $S_8$、$S_n$<br>有同素异形体 | $Cl_2$ | Ar |
| | | | | $As_4$<br>有同素异形体 | $Se_8$、$Se_n$<br>有同素异形体 | $Br_2$ | Kr |
| | | | | | $Te_n$ | $I_2$ | Xe |
| | | | | | | $At_2$ | Rn |

**1. (8−$N$)规则**

(1) 大多数非金属单质中的原子形成(8−$N$)根共价键($N$ 代表主族序数,H、He 为 2−$N$)。

(2) 少数非金属单质不遵守(8−$N$)规则,如 $N_2$、$O_2$、$B_n$(单质硼)、$C_n$(石墨、$C_{60}$ 系列等),这是由于这些物质的单质结构中存在 π 键、多中心键等。

**2. 晶体类型**

(1) 单原子分子晶体——稀有气体

(2) 双原子分子晶体——$H_2$、$N_2$、$O_2$、$X_2$(卤素)

(3) 多原子分子晶体——$P_4$、$As_4$、$S_8$、$Se_8$、$S_x$、$Se_x$、$Te_x$

(4) 共价晶体——金刚石、晶体硅、单质硼以及复合型晶体(石墨、黑磷、灰砷等)

### 二、非金属氢化物(表 11-2)

**表 11-2　非金属氢化物**

| | →简单氢化物的沸点升高、热稳定性增强、还原性减弱、水溶性氢化物酸性增强 | | | | | |
|---|---|---|---|---|---|---|
| ↓<br>沸点升高 | $B_2H_6$ 易水解<br>($B_xH_y$) | $CH_4$ 难溶于水<br>($C_xH_y$) | $NH_3$ 弱碱性<br>($N_2H_4$) | $H_2O$<br>($H_2O_2$) | HF<br>形成氢键 | ↓<br>稳定性减弱<br>还原性增强<br>酸性增强 |
| | | $SiH_4$ 易水解 | $PH_3$ 更弱碱性 | $H_2S$ | HCl | |
| | | | $AsH_3$ 极弱碱性 | $H_2Se$ | HBr | |
| | | | | $H_2Te$ | HI | |

一般来说，阴离子的电荷密度越大，对 $H^+$ 的束缚能力越强，$H^+$ 就越难电离出来，氢化物的酸性就越弱、碱性就越强。

## 三、含氧酸及其盐的氧化性、还原性(表 11-3)

**表 11-3 非金属含氧酸及其盐的氧化性、还原性**

| p 区元素最高氧化态物种的标准电极电势 ($E^\ominus_A/V$) | | | | |
|---|---|---|---|---|
| ⅢA | ⅣA | ⅤA | ⅥA | ⅦA |
| $H_3BO_3/B$<br>−0.87 | $CO_2+H^+$/甲酸<br>−0.12 | $HNO_3/HNO_2$<br>0.93 | | |
| $Al^{3+}/Al$<br>−1.66 | $SiO_2+H^+/Si$<br>−0.86 | $H_3PO_4/H_3PO_3$<br>−0.28 | $H_2SO_4/H_2SO_3$<br>0.17 | $HClO_4/ClO_3^-$<br>1.19 |
| $Ga^{3+}/Ga$<br>−0.55 | $H_2GeO_3/Ge$<br>−0.18 | $H_3AsO_4/HAsO_2$<br>0.56 | $H_2SeO_4/H_2SeO_3$<br>1.15 | $HBrO_4/BrO_3^-$<br>1.76 |
| $In^{3+}/In$<br>−0.34 | $SnO_2/Sn$<br>−0.12 | $Sb_2O_5/SbO^+$<br>0.58 | $H_6TeO_6/TeO_2$<br>1.02 | $HIO_4/IO_3^-$<br>1.60 |
| $Tl^{3+}/Tl$<br>0.74 | $PbO_2/Pb$<br>理论 0.66 | $Bi_2O_5/BiO^+$<br>1.59 | $PoO_3+H^+/PoO_2$<br>1.52 | |

**1. 一般来说，含氧酸的氧化性>对应的盐的氧化性**

如：相同物质的量浓度的 $HNO_3(aq)>NaNO_3(aq)$（参阅“能斯特方程”部分内容）

**2. 浓酸氧化性>稀酸的氧化性**

如：$HNO_3$(浓)>$HNO_3$(稀)

浓酸中一般以分子态存在，存在 $H^+$ 的反极化作用⟶R—O 键较弱⟶易发生断键离去⟶氧化性增强。

稀酸、盐溶液中一般以酸根离子态存在，不存在 $H^+$ 的反极化作用。

**3. 一般来说，相同物质的量浓度的、同种主族元素的不同氧化态的含氧酸，低氧化态含氧酸的氧化性反而强于高氧化态的含氧酸的氧化性**

如：$HNO_2>HNO_3$(稀)；$H_2SO_3>H_2SO_4$(稀)；$HClO>HClO_2>HClO_3>HClO_4$(稀)。

对这一现象，可以从中心原子的离子势角度进行理解：离子势越强，“抗反极化能力”越强⟶R—O 键较强⟶不易发生断键离去⟶氧化性变弱。

R—O 键增多⟶R—O 键变短⟶R—O 键增强⟶稳定性增强⟶氧化性变弱。

酸根离子的对称性增强⟶稳定性增强⟶氧化性变弱。

**4. 同周期从左到右，最高含氧酸的氧化能力“弱⟶强”**

如：$H_4SiO_4<H_3PO_4<H_2SO_4<HClO_4$

对这一现象，也可以从中心原子的离子势角度进行理解：同周期从左到右，中心原子半径减小、电负性增大、获取以及控制电子的能力增强，最高含氧酸的氧化性增强。

同主族从上到下，中心原子半径增大、电负性减小、获取以及控制电子的能力减弱，低氧化态含氧酸及其盐的氧化性减弱；而最高含氧酸及其盐的氧化性则呈锯齿形变化。相关原理参阅 p 区元素的次级周期性。

## 四、含氧酸盐的性质

**1. 热稳定性(参阅“离子极化理论”相关书籍)**

总体上来说：硅酸盐>磷酸盐>硫酸盐>碳酸盐>卤酸盐>硝酸盐

(1) 考虑熵增效应

若分解产物中气体较多⟶熵增加值较大⟶更加容易分解⟶稳定性差。

(2) 考虑外侧阳离子的“反极化能力”

外侧阳离子的“反极化能力”强⟶R—O 键被削弱⟶易发生分解⟶稳定性差。如：

稳定性：$H_2CO_3 < Li_2CO_3 < Na_2CO_3 < K_2CO_3$；$NaHCO_3 < Na_2CO_3$；

稳定性：$CdCO_3 < MgCO_3 < CaCO_3 < SrCO_3 < BaCO_3$

(3) 考虑“抗反极化能力”

中心原子“抗反极化能力”越强⟶R—O 键较强⟶不易发生分解⟶热稳定性好。

如:硫酸盐>碳酸盐

**2. 氧化性、还原性(参考“含氧酸”部分)**

**3. 溶解性**

(1) 不能单纯从离子势的大小角度进行预测

这是因为：离子势越大⟶晶格能越大⟶溶解度越小

离子势越大⟶离子水合热越大⟶溶解度越大

(2) 阴阳离子半径大小越近⟶晶格能越大⟶溶解度越小

这是因为:含氧酸根阴离子都比较大⟶只有那些较大的阳离子才能够将含氧酸根阴离子隔开⟶减小含氧酸根阴离子之间的排斥力⟶晶格能增大⟶溶解度越小，如：溶解度：$MgSO_4 > CaSO_4 > SrSO_4 > BaSO_4$;溶解度：$NaClO_4 > KClO_4 > RbClO_4$。同理:“小阳＋小阴”离子形成的化合物溶解度也比较小，如 $CaF_2$：$r(Ca^{2+}) = 0.1\ nm$，$r(F^-) = 0.133\ nm$。

(3) 离子带电荷越多⟶晶格能越大⟶溶解度越小

如 $CaC_2O_4$、$BaCO_3$、$FePO_4$ 等,溶解度都很小。

## 第二节　稀有气体——因为完美,所以懒惰

### 一、结构概况

**1. 价电子层结构**

稀有气体的价电子层结构为饱和电子层结构,因此稀有气体既不易失去电子、又不易得到电子,不易形成化学键,均为单原子分子,以单质形式存在。He 是所有单质中沸点最低的气体。

**2. 氟化物与氧化物**

目前比较明确的有 $XeF_2$、$XeF_4$、$XeF_6$、$XeOF_4$、$XeO_2F_2$、$XeO_2$、$XeO_3$、$XeO_4$,其分子结构一般都可以通过 VSEPR 理论进行预测,其中 $XeO_2$、$XeF_6$ 的分子结构稍显特殊(如图 11-1、图 11-2 所示)：

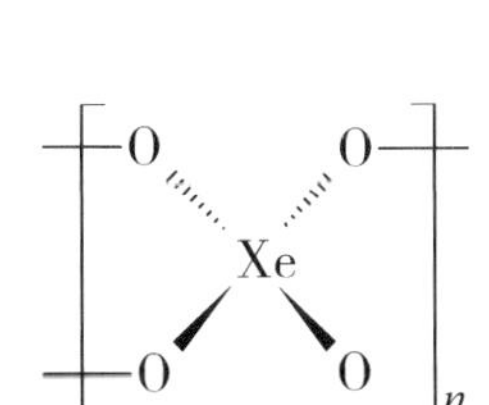


**图 11-1　$XeO_2$ 分子结构示意图**

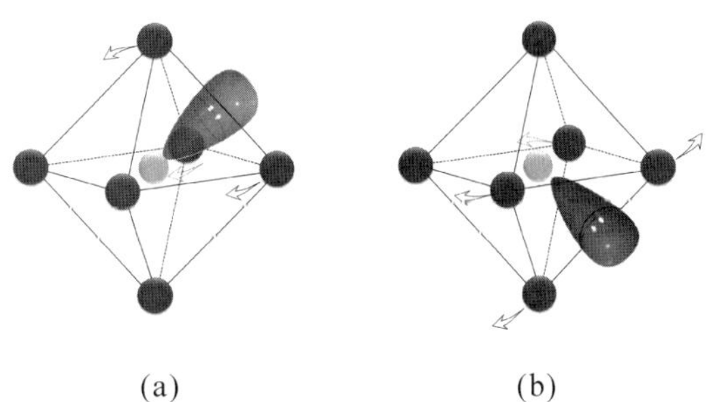


**图 11-2　$XeF_6$ 分子结构示意图**

### 二、稀有气体的制法

空气的液化、稀有气体的分离

## 三、性质与变化(图 11-3、图 11-4)

图 11-3　氙元素的电极电势图

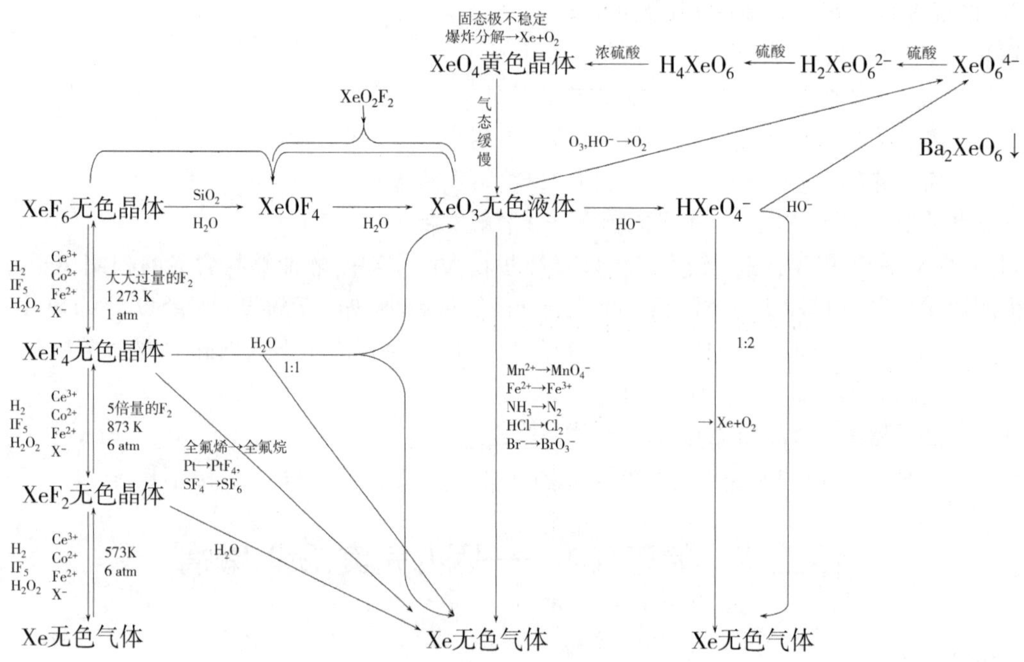


图 11-4　氙及其常见化合物相互转化关系网络图

# 第三节　电负性最强的非金属元素——氟

## 一、氟的单质——氟气($F_2$)

气态氟分子的电子跃迁时吸收的能量最大,对应的吸收光为波长较短的紫光,所以显淡黄绿色。

$F_2$ 是氧化性最强的单质,能与所有金属反应并将之氧化到最高价态,且反应猛烈,常伴随燃烧和爆炸,如 $CoF_3$、$BiF_5$、$VF_5$ 等;$F_2+UF_4$ ══ $UF_6$

室温下或不太高的温度下,$F_2$ 与 Mg、Ca、Fe、Ni、Pb、Cu 等块状金属反应,在其表面形成一层致密的金属氟化物薄膜,可阻止内部的金属继续反应,这一性质可用于氟气的储存。氟气能跟绝大多数非金属单质反应,使其氧化到最高价,如 HF、$BF_3$、$SiF_4$、$PF_5$、$SF_6$、$IF_7$ 等。

① 到目前为止,还未发现或证实 He、Ne、Ar 与 $F_2$ 的反应。这是因为 He、Ne、Ar 的原子半径较小、原子最外电子层均为全满型稳定结构,其第一电离能都在 1 500 kJ · $mol^{-1}$ 以上,即使是氟也很难与其直接反应。

② $O_2$ 能与 $F_2$ 反应,但不能氧化到最高价。这是因为 O 原子半径较小、电负性与 F 非常接近,而且,O 原子不存在 d 轨道,所以不可能与氟形成组成为"$OF_6$"的最高氧化态氟化物(表 11-4)。

表 11-4　$O_2F_2$、$OF_2$ 分子结构、主要性质对照表

| $O_2F_2$ 红色液体、易挥发、不稳定、有强氧化性 | $OF_2$ 浅黄色气体、有毒、不稳定、有强氧化性 |
|---|---|
| 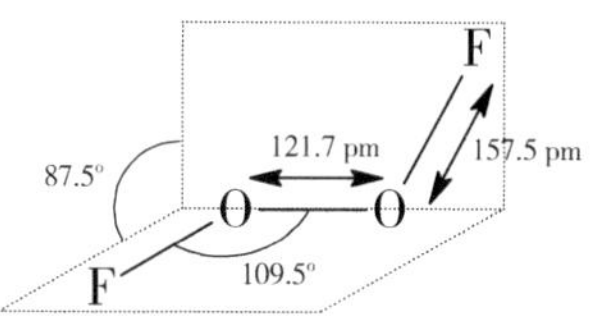<br>$-190$ ℃放电或光照时：$O_2(g)+F_2(g)═O_2F_2(l)$<br>$H_2S(g)+4O_2F_2(l)═SF_6(g)+2HF(aq)+4O_2(g)$<br>$2O_2F_2(l)+2PtF_5(s)═2O_2^+(PtF_6)^-(s)+F_2(g)$ | 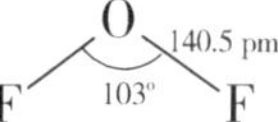<br>将用稀有气体稀释了的氟气通过冰面：<br>$2F_2(g)+2NaOH(aq)═OF_2(g)+2NaF(aq)+H_2O(l)$<br>$OF_2(g)+2OH^-(aq,浓)═O_2(g)+2F^-(aq)+H_2O(l)$ |

③ $N_2$ 能与 $F_2$ 反应，但不能氧化到最高价

N 原子的半径及其电负性与 F 相比，已经有了一定的差距，所以 $N_2$ 能与 $F_2$ 直接反应。

在放电条件下：$N_2+3F_2 \xlongequal{放电} 2NF_3$

那么，是否存在 $NF_5$ 呢？目前还没有发现。这是因为 N 原子核外没有 d 轨道，不可能形成 5 个 σ 键。不过，通过 $sp^3$ 杂化轨道形成的 $NF_4^+$ 已经被证实是存在的：$NF_3+F_2+SbF_5 \longrightarrow NF_4^+SbF_6^-$。值得关注的是 $NH_3$、$NF_3$ 分子内键角的差异如表 11-5：

表 11-5　$NH_3$、$NF_3$ 分子内键角的差异

| | |
|---|---|
| N　101.7 pm<br>H　H　H　107.8° | N 原子的电负性大于 H 原子的电负性，N—H 键上的共用电子对明显偏向 N 原子，共用电子对之间的距离比较近，共用电子对之间的排斥力比较大，导致 N—H 键之间的夹角扩大 |
| N　137 pm<br>F　F　F　102.5° | 而 F 原子的电负性大于 N 原子的电负性，N—F 键上的共用电子对明显偏向 F 原子，共用电子对之间的距离变远了，共用电子对之间的排斥力比较小，导致 N—F 键之间的夹角变小 |

$F_2$ 的工业制法：$2KHF_2(熔融) \xlongequal{通电} 2KF+H_2\uparrow+F_2\uparrow$

试剂氧化法制取 $F_2$：$2K_2MnF_6+4SbF_5 ═ 4KSbF_6+2MnF_3+F_2\uparrow$（1986 年，Karl Chrite）

## 二、氟的氢化物——HF

（1）HF 的自耦电离：$3HF(l) \rightleftharpoons H_2F^+ + F-H-F^-$　　$K_i \approx 8\times10^{-12}(>K_w \approx 1\times10^{-14})$

（2）HF 易溶于水，形成的水溶液具有弱酸性：$K_a(HF)=3.3\times10^{-4}$（20 ℃）

（3）氟元素特别"亲硅"（参阅硅及其常见化合物部分）

$SiO_2+4HF═SiF_4\uparrow+2H_2O$

$CaSiO_3+6HF═CaF_2+SiF_4\uparrow+3H_2O$

$SiF_4+2HF═H_2SiF_6$（强度接近 $H_2SO_4$）

（4）实验室制取 HF 气体：在铅皿中 $CaF_2$（萤石）$+H_2SO_4(浓)═CaSO_4+2HF\uparrow$

# 第四节　最活泼的氧族元素——氧

## 一、氧的单质($O_2$、$O_3$)

### 1. $O_2$、$O_3$ 分子结构(表 11-6)

表 11-6　$O_2$、$O_3$ 分子结构对照表

| $O_2$：有 2 个单电子，所以有明显的顺磁性 | $O_3$：无单电子，所以具有明显的抗磁性 |
| --- | --- |
| $KK(\sigma_{2s})^2(\sigma_{2s}^*)^2(\sigma_{2p})^2(\pi_{2p})^4(\pi_{2p}^*)^2$　:O—O: | $\ddot{O}$—O=$\ddot{O}$ $\rightleftharpoons$ $\ddot{O}$=O—$\ddot{O}$ |

### 2. $O_2$、$O_3$ 物理性质(表 11-7)

表 11-7　$O_2$、$O_3$ 物理性质对照表

| | $O_2$ | $O_3$ |
| --- | --- | --- |
| 通常状态 | 无色、无味、无臭的气体 | 浅蓝色、有鱼腥气味的气体，低浓度时无臭 |
| 水溶性 | 微溶于水 | 可溶于水，分子有极性 |
| 液态 | 淡蓝色，沸点−182.95 ℃ | 深蓝紫色液体，沸点−111.35 ℃ |
| 固态 | 淡蓝色，熔点−218.79 ℃ | 黑色晶体，熔点−193 ℃ |

### 3. 化学性质

(1) $O_2$ 主要显示氧化性，只在极少数反应中显示还原性，如：

−190 ℃时放电 $O_2(g)+F_2(g)=O_2F_2(l)$红色挥发性液体

$$O_2+PtF_6=O_2^+[PtF_6]^-$$ (dioxygenyl hexafluoroplatinate)

(2) $O_3$ 主要显示不稳定性、强氧化性

$$PbS(s)+4O_3(g)=PbSO_4(s)+4O_2(g)$$

$$2I^-(aq)+O_3(g)+H_2O(l)=I_2(s)+O_2(g)+2OH^-(aq)$$

$$2CN^-(aq)+5O_3(g)+H_2O(l)=2HCO_3^-(aq)+N_2(g)+5O_2(g)$$

$$XeO_3(aq)+2H_2O(l)+O_3(g)=H_4XeO_6(aq)+O_2(g)$$

(3) 相互转化：在高压放电条件或紫外线照射下：$3O_2 \rightleftharpoons 2O_3$

### 4. 制备方法

(1) $O_2$工业主要采用液化空气分馏法，实验室主要采用热分解法，如：$KMnO_4$、$KClO_3$、$NaNO_3$、$BaO_2$、HgO……的受热分解。

(2) $O_3$主要采用高压放电法：$3O_2 \rightleftharpoons 2O_3$

## 二、$H_2O_2$(hydrogen peroxide)(图 11-5)

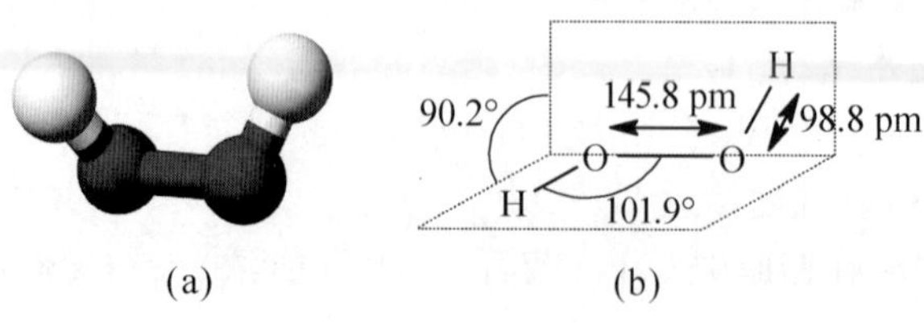


图 11-5　$H_2O_2$ 分子结构

**1. $H_2O_2$ 具有弱的酸碱两性**

$2H_2O_2 \rightleftharpoons H_3O_2^+ + HO_2^-$（自耦电离）

$H_2O_2 + Ba(OH)_2 = BaO_2\downarrow + 2H_2O$　　（$H_2O_2$ 显示弱酸性）

$NH_3 + H_2O_2 = NH_4O-OH$（白色固体）（$H_2O_2$ 显示弱酸性，但不能使蓝色石蕊溶液变红）

$H_2O_2 + HF + MF_5 = [H_3O_2]^+[MF_6]^-$　　如$[H_3O_2]^+[SbF_6]^-$　（$H_2O_2$ 显示弱碱性）

**2. $H_2O_2$ 具有氧化、还原双重性，不稳定性**

$H_2O_2 + 2H^+ + 2I^- = I_2 + 2H_2O$

$H_2O_2 + 2H^+ + 2Fe^{2+} = 2Fe^{3+} + 2H_2O$

$PbS + 4H_2O_2 = PbSO_4 + 4H_2O$

$2[Cr(OH)_4]^- + 3H_2O_2 + 2OH^- = 2CrO_4^{2-} + 8H_2O$

$Mn(OH)_2 + H_2O_2 = MnO_2 + 2H_2O$（同时 $H_2O_2$ 发生快速分解）

$2H_2O_2 = 2H_2O + O_2\uparrow$　　（$Fe^{2+}$、$Mn^{2+}$、$Cu^{2+}$、$Cr^{3+}$……320～380 nm 的光、热都能加速其分解，$Na_2SnO_3$、$Na_4P_2O_7$、8-羟基喹啉可以通过螯合作用屏蔽杂质离子从而抑制 $H_2O_2$ 的分解）

$H_2O_2 + Ag_2O = 2Ag + O_2\uparrow + H_2O$

$H_2O_2 + Cl_2 = 2HCl + O_2$

$H_2O_2 + MnO_4^- \longrightarrow O_2 + \cdots\cdots$（还原产物与 pH 有关）

$H_2O_2$ 还可以通过“过氧键取代反应”形成过氧配合物（参阅铬部分）

**3. $H_2O_2$ 的制取**

（1）化学法制取过氧化氢

$BaO_2(s) + H_2SO_4(aq) = BaSO_4(s) + H_2O_2(aq)$

$BaO_2(s) + H_2O(l) + CO_2(g) = BaCO_3(s) + H_2O_2(aq)$

$Na_2O_2(s) + 2NaH_2PO_4(aq) = 2Na_2HPO_4(aq) + H_2O_2(aq)$

（2）电解-水解法制取过氧化氢

$2NH_4HSO_4(aq) = (NH_4)_2S_2O_8(aq) + H_2(g)$

$(NH_4)_2S_2O_8(aq) + 2H_2SO_4(aq) = 2NH_4HSO_4(aq) + H_2S_2O_8(aq)$

（过二硫酸，参阅本讲后续内容）

$H_2S_2O_8(aq) + 2H_2O(l) = 2H_2SO_4(aq) + H_2O_2(aq)$

（3）乙基恩醌法制取过氧化氢（图 11-6）：

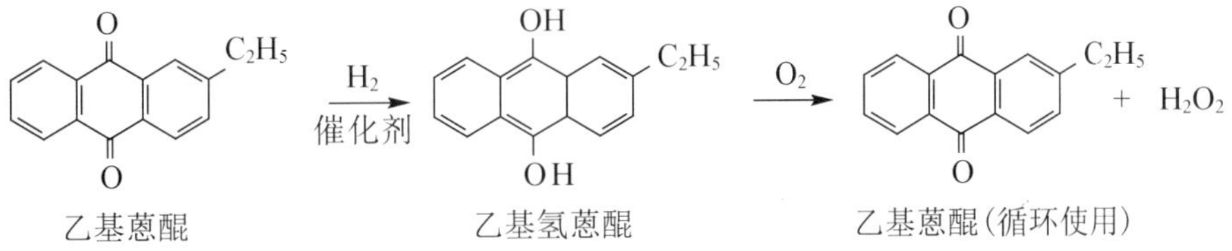

图 11-6　乙基恩醌法制取过氧化氢

## 第五节　半金属元素——氢

### 一、氢原子的结构与相关核反应（表 11-8）

氢位于周期表的第一周期ⅠA 族，具有最简单的原子结构。

表 11-8 氢的三种常见同位素：${}^1_1H$、${}^2_1H$、${}^3_1H$

| | |
|---|---|
| (1) 在自然界中 | ${}^{14}_{7}N+{}^1_0n \longrightarrow {}^3_1H+{}^{12}_{6}C$ |
| (2) 在核反应堆中 | ${}^6_3Li+{}^1_0n \longrightarrow {}^3_1H+{}^4_2He$ |
| (3) β衰变 | ${}^3_1H \longrightarrow {}^3_2He+{}^{0}_{-1}\beta$ |
| (4) 热核聚变反应 | ${}^2_1D+{}^3_1T \longrightarrow {}^4_2He(3.52\ MeV)+{}^1_0n(14.06\ MeV)$ |
| | ${}^2_1D+{}^2_1D \longrightarrow {}^3_1T(1.01\ MeV)+{}^1_1p(3.03\ MeV)$ |
| | ${}^2_1D+{}^2_1D \longrightarrow {}^3_2He(0.82\ MeV)+{}^1_0n(2.45\ MeV)$ |
| | ${}^2_1D+{}^3_2He \longrightarrow {}^4_2He(3.67\ MeV)+{}^1_1p(14.67\ MeV)$ |

## 二、氢在化学反应中的成键情况

(1) 氢原子失去 1s 电子成为 $H^+$。除了气态的质子外，$H^+$ 总是与其他的原子或分子相结合，如：

在水溶液中为 $H_3O^+$，与 $NH_3$ 形成 $NH_4^+$。

$H^+$ 的离子势非常大，有很强的极化作用——使其他原子的电子云发生变形。

(2) 氢原子得到 1 个电子形成 $H^-$ 离子，主要存在于氢和ⅠA、ⅡA 中的金属(除 Be 外)所形成的离子型氢化物晶体中，如 NaH、$CaH_2$ 以及 $LiAlH_4$、$NaBH_4$ 等。

(3) 氢原子和其他电负性不大的非金属原子通过共用电子对结合，形成共价型氢化物。如：

$CH_4$、$CH_2{=}CH_2$、$CH{\equiv}CH$ 、$C_6H_6$、$NH_3$、$N_2H_4$、$H_2O$、$H_2O_2$、HF、HCl 等。

(4) 特殊键型

① 氢桥键——B⌒H⌒B(详见硼桥键部分)。

② 氢桥配位键——某些特殊的多核配位化合物，如图 11-7：

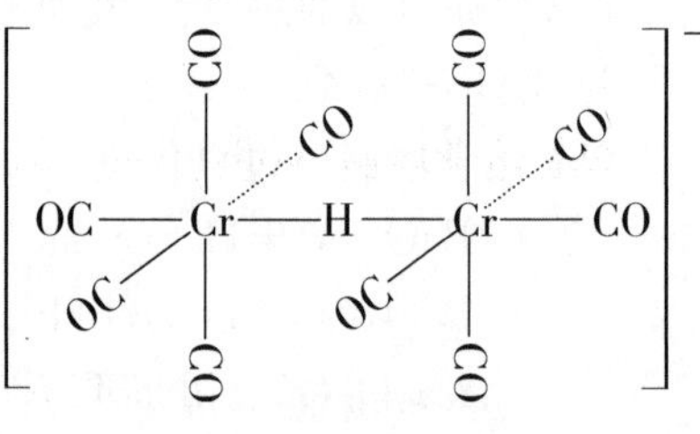


图 11-7 氢桥配位键

③ 间充金属型氢化物，如 $ZrH_{1.30}$、$LaH_{2.87}$等。

④ 与电负性极强的元素相结合的氢原子易与电负性极强的其他原子形成氢键，氢键不属于化学键。如 HF、$H_2O$、$NH_3$ 等分子之间。

## 三、单质氢

### 1. 物理性质(中学化学常规基础知识略去，下同。)

单质的沸点：$H_2<D_2<T_2$。金属氢是当前研究热点之一，目前还没有成功。金属氢可能具有体心立方(BCP)结构，也有人认为可能是六方密堆积结构(HCP)。

### 2. 化学性质

在高温下，$H_2$ 是极好的还原剂(本书略，下同)。

(1) 常温下比较稳定，这是因为 $E$(H—H)高达 436 kJ·mol$^{-1}$(几乎达到常见双键的离解能)。

(2) 在高温、电弧、低压放电或紫外线照射下，$H_2 \longrightarrow 2H$，原子氢具有很强的还原性，如：

$$BaSO_4(s)+8H(g) \xrightarrow{\triangle} BaS(s)+4H_2O(l)$$

(3) 在高温下，$H_2$ 是极好的还原剂，如：

$$3H_2(g)+N_2(g) = 2NH_3(g)$$

$$H_2(g)+2Na(s) = 2NaH(s)$$

### 3. 制取方法

(1) 实验室

$Zn(s)+2H^+(aq) = H_2(g)+Zn^{2+}(aq)$，通常混有有毒的 $AsH_3$ 气体

$2Al(s)+2OH^-(aq)+2H_2O(l) = 3H_2(g)+2AlO_2^-(aq)$

电解 25%的 NaOH 或 KOH 溶液(所得氢气纯度更高，请自行推导电极反应方程式。)

(2) 野外

粉末闷烧 $Si(s)+2NaOH(s)+Ca(OH)_2(s) = 2H_2(g)+CaO(s)+Na_2SiO_3(s)$

(3) 工业法

1 273 K 时，C(红热)$+H_2O(g)=H_2(g)+CO(g)$

723 K 以上在 $Fe_2O_3$ 催化下，$CO(g)+H_2O(g)=H_2(g)+CO_2(g)$(思考：如何除去 $CO_2$?)

1 273 K 在催化剂作用下，$CH_4(g)\longrightarrow 2H_2(g)+C(s)$

高温、催化剂作用下，$CH_4(g)+H_2O(g)\longrightarrow 3H_2(g)+CO(g)$

高温、催化剂作用下，$C_3H_8(g)+3H_2O(g)\longrightarrow 7H_2(g)+3CO(g)$

## 四、氢化物

都有还原性，中学化学常规基础知识略去，下同。

**1. 分子型氢化物**

(1) 硼烷的特殊性(参阅相关章节)

(2) 烃(参阅相关章节)

(3) $SiH_4(g)+(n+2)H_2O(l)=4H_2(g)+SiO_2\cdot nH_2O(s)$

(4) 弱碱性分子型氢化物：碱性 $NH_3>PH_3$

(5) 酸性氢化物：酸性 $H_2R<HX$；$H_2O<H_2S<H_2Se<H_2Te$，$HF<HCl<HBr<HI$。

**2. 离子型氢化物**

(1) $H_2(g)+2e^-=2H^-(g)\quad \Delta H>0$(比卤素 $X_2$ 困难很多)

(2) LiH、$BaH_2$ 稳定性较好

(3) 熔融电解 $MH_n(l)=n/2H_2(g)+M(l)$

(4) 在乙醚中 $2LiH+B_2H_6=2LiBH_4$

$2NaH+B_2H_6=2NaBH_4$

$4LiH+AlCl_3=LiAlH_4+3LiCl$

(5) $NaH+H_2O=H_2\uparrow+NaOH$(KH、$CaH_2$……与之类似)

$LiAlH_4+4H_2O=4H_2\uparrow+LiOH+Al(OH)_3$

**3. 间充型过渡金属氢化物**

d 区、f 区元素一般能形成金属型氢化物——保留金属的外观，导电性与氢的含量相反。

# 第六节　卤　　素

## 一、卤族元素通性及其内部变化规律概况

(1) 卤素原子外层电子层结构 $ns^2np^5$，很容易得到一个电子形成 8 电子稳定结构。

(2) 卤素原子中 F 的电负性最大，氟原子外层电子层结构是 $2s^22p^5$，价电子在 L 层上，只能显示$-1$ 价。

(3) 氯、溴、碘的原子最外层电子层结构中存在空的 $n$d 轨道，当这些元素与电负性更大的元素化合时，它们的 $n$d 轨道可以参加成键，因此这些元素可以表现$+1$、$+3$、$+5$、$+7$ 等更高的氧化态。

(4) 卤素单质的分子都是双原子分子，单质的颜色从 $F_2$ 到 $I_2$ 逐渐加深：$F_2$ 淡黄绿色、$Cl_2$ 黄绿色、$Br_2$ 棕红色、$I_2$ 紫黑色；溶液的颜色(表 11-9)与溶剂的极性有关，水溶液的颜色既要考虑与水的反应，又要考虑浓度大小。

**表 11-9　卤素溶液的颜色**

| | 在非极性溶剂(如 $CS_2$、$CCl_4$)中 | 在极性溶剂(如醇、酮、醚、酯、液态 $SO_2$)中 |
|---|---|---|
| 以碘为例 | 无溶剂化作用，与 $I_2(g)$颜色相同 | 形成溶剂化物，显棕色或棕红色 |

（5）卤素单质都有氧化性，氧化能力 $F_2>Cl_2>Br_2>I_2$，卤素的主要化学性质如表 11-10～表 11-11 所示：

**表 11-10　卤素单质的主要化学性质**

| | $F_2$ | $Cl_2$ | $Br_2$ | $I_2$ |
|---|---|---|---|---|
| 与活泼金属 | 氟化物 | 氯化物 | 溴化物 | 碘化物 |
| 与变价金属 | 高价氟化物 | 高价氯化物 | 高价溴化物 | 低价碘化物 |
| 与不活泼金属 | 氟化物 | 氯化物 | △→溴化物 | △→碘化物 |
| 补充说明 | $MgF_2/NiF_2/CuF_2$ 致密(用于储存 $F_2$) | 干燥 $Cl_2$ 不与铁反应 用于氯的储存、运输 | | |
| 与 $H_2 \longrightarrow HX$ | 爆炸 | 爆炸或燃烧 | 350 ℃，Pt 催化可逆 | 催化、△⇌ |
| 与 C、Si | $CF_4$、$SiF_4$ | 高温→$CCl_4$、$SiCl_4$ | | |
| 与 P | $PF_5$ | 点燃→$PCl_3$、主 $PCl_5$ | 主 $PBr_3$、$PBr_5$ | △→$PI_3$ |
| 与 S | $SF_6$ | $S_2Cl_2$、$SCl_2$ | | |
| 与 $NH_3$ | $NF_3+N_2$ | $NH_4Cl+N_2$ | $NH_4Br+N_2$ | |
| 与 $H_2O$ | $4HF+O_2$ | ⇌$HCl+HClO$ | 少量⇌$HBr+HBrO$ | 极少⇌$HI+HIO$ |
| 与 NaOH(aq) | $H_2O+F^-+O_2$ | $H_2O+Cl^-+ClO^-$ | $H_2O+Br^-+BrO^-$ | $H_2O+I^-+IO^-$ |
| 与 $SO_3^{2-}$(aq) | 与水反应 | $SO_4^{2-}+Cl^-+H_2O$ | $SO_4^{2-}+Br^-+H_2O$ | $SO_4^{2-}+I^-+H_2O$ |
| 与 $Fe^{2+}$(aq) | 与水反应 | $Fe^{3+}+Cl^-$ | $Fe^{3+}+Br^-$ | — |

在溶液反应中置换情况：$F_2 \rightarrow O_2$，$Cl_2 \rightarrow Br_2 \rightarrow I_2 \rightarrow S$。

**表 11-11　卤素含氧酸及其盐(盐的稳定性好于对应的酸)**

| 酸性 | | 弱 | | 强 | |
|---|---|---|---|---|---|
| | | 次卤酸——不稳定 | 亚卤酸——最不稳定 | 卤酸——较稳定 | 高卤酸(高溴酸不稳定) |
| 强 | F | HOF(aq)弱酸 | — | — | — |
| | Cl | HOCl(aq)更弱酸 | $HClO_2$(aq)强于次氯酸 | $HClO_3$(aq)强酸 | $HClO_4$ 酸性最强 |
| | Br | HOBr(aq)再更弱酸 | — | $HBrO_3$(aq)强酸 | $HBrO_4$(aq)氧化性特强 |
| 弱 | I | HOI(aq)很弱的酸 | — | $HIO_3$(aq)中强酸 碘酸最稳定 | $HIO_4$ 等 $H_5IO_6$ 属于弱酸 |

卤素的电极电势见表 11-12。

**表 11-12　卤素电极电势**　　单位：V

| | |
|---|---|
| $E_A^{\ominus}$ | $F_2 \xrightarrow{3.053} HF$<br>$ClO_4^- \xrightarrow{1.201} ClO_3^- \xrightarrow{1.18} HClO_2 \xrightarrow{1.70} HClO \xrightarrow{1.63} Cl_2 \xrightarrow{1.358} Cl^-$<br>$BrO_4^- \xrightarrow{1.85} BrO_3^- \xrightarrow{1.45} HBrO \xrightarrow{1.60} Br_2(l) \xrightarrow{1.065} Br^-$<br>$H_5IO_6 \xrightarrow{1.60} IO_3^- \xrightarrow{1.13} HIO \xrightarrow{1.44} I_2(s) \xrightarrow{0.535} I^-$ |
| $E_B^{\ominus}$ | $F_2 \xrightarrow{2.87} F^-$<br>$ClO_4^- \xrightarrow{0.374} ClO_3^- \xrightarrow{-0.48} ClO_2 \xrightarrow{1.07} ClO_2^- \xrightarrow{0.681} ClO^- \xrightarrow{0.421} Cl_2 \xrightarrow{1.358} Cl^-$<br>$BrO_4^- \xrightarrow{1.025} BrO_3^- \xrightarrow{0.49} BrO^- \xrightarrow{0.455} Br_2(l) \xrightarrow{1.065} Br^-$<br>$H_3IO_6^{2-} \xrightarrow{0.65} IO_3^- \xrightarrow{0.15} IO^- \xrightarrow{0.42} I_2(s) \xrightarrow{0.535} I^-$ |

氟及其化合物参阅本章第三节，此略。氯的性质参阅图 11-8。

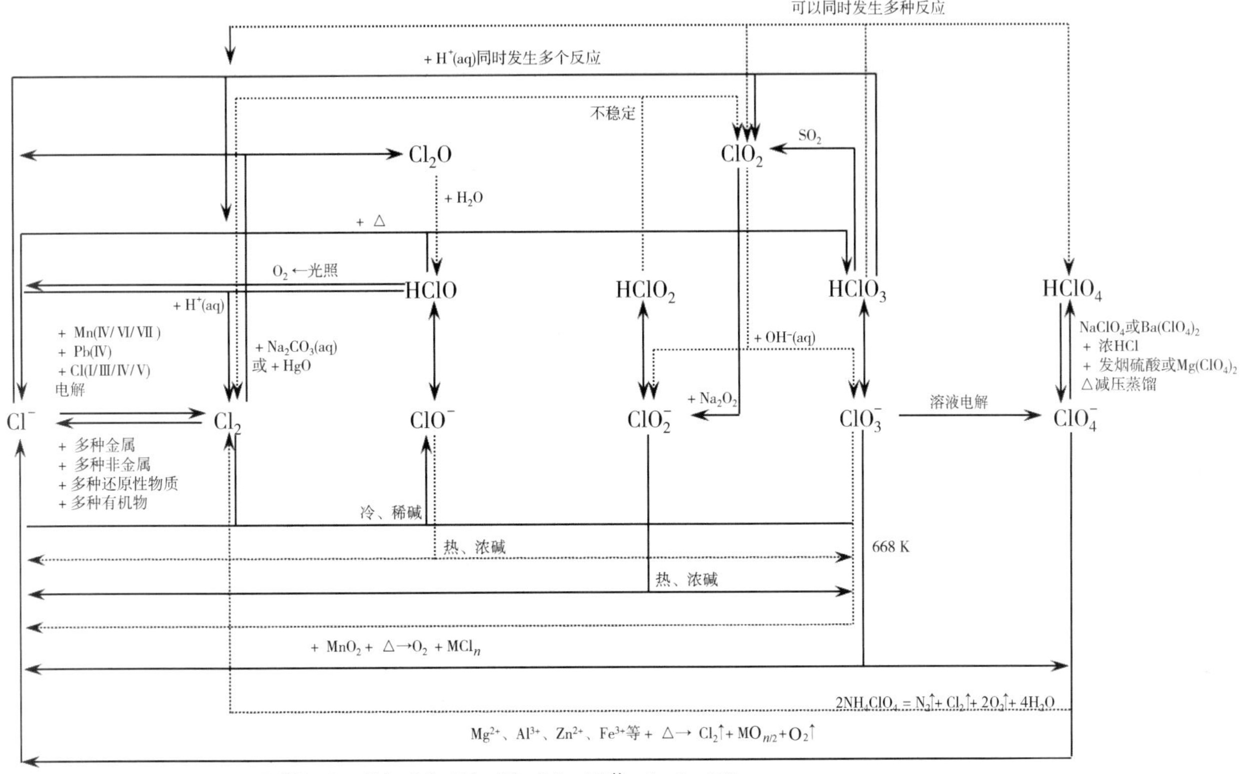


**图 11-8 氯及其常见化合物相互转化关系图**

## 二、溴及其化合物性质的总体规律

**1. 溴是常温下唯一的液态非金属单质**

**2. 高溴酸的氧化性特别强**

**3. 溴单质的提取**

$2Br^-+Cl_2 = Br_2+2Cl^-$

$3Br_2+3Na_2CO_3 = 5NaBr+NaBrO_3+3CO_2\uparrow$

$5Br^-+BrO_3^-+6H^+ = 3Br_2+3H_2O$

## 三、碘及其化合物性质的总体规律

**1. $I_2$ 与淀粉显蓝色**

**2.** $I_2+2Na_2S_2O_3 = 2NaI+Na_2S_4O_6$

**3. 碘的提取**

$2IO_3^-+6HSO_3^- = 2I^-+6SO_4^{2-}+6H^+$；　$5I^-+IO_3^-+6H^+ = 3I_2+3H_2O$

$I^-+Ag^+ = AgI\downarrow$；　$2AgI+Fe = 2Ag+FeI_2$

$FeI_2+Cl_2 = FeCl_2+I_2$；　$3Ag+4H^++NO_3^- = 3Ag^++NO\uparrow+2H_2O$

## 四、拟卤素及其化合物(本书略)

# 第七节 氧族元素——硫、硒、碲

## 一、氧族元素通性及其内部变化规律

(1) 价电子层结构为 $ns^2np^4$,氧化态−2、+2、+4、+6,氧仅显−2 价($H_2O_2$、$O_2F_2$ 及 $OF_2$ 除外)。

(2) 氧族元素原子最外层 6 个电子,因而它们是非金属(钋除外),但不及卤素活泼。

(3) 随着原子序数的增大,非金属性逐渐减弱——氧、硫是非金属,硒、碲是半金属,钋是典型金属。氧的电负性最高,仅次于氟,所以性质非常活泼,与卤族元素较为相似。

## 二、硫的化学性质

硫的主要化学性质参阅图 11-9

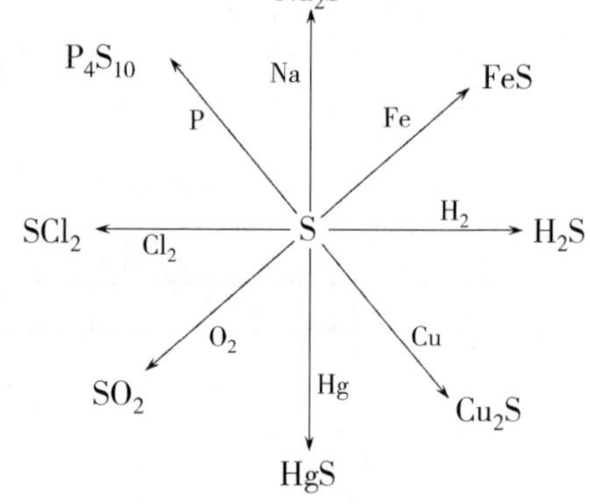


图 11-9 硫的主要化学性质

**1. 硫能与多种金属、非金属单质反应**

$S(s)+Hg(l)═══HgS(s)$ 黑色固体

$S(s)+3F_2(g)═══SF_6(g)$ 无色无嗅气体

$2S(s)+C(s)═══CS_2(l)$ 有浓烈臭味的无色液体

$2S(s)+Si(s)═══SiS_2(s)$

**2. 硫能与强氧化性酸反应**

$S(s)+2HNO_3$(浓,l)$═══H_2SO_4(aq)+2NO(g)$

$S(s)+2H_2SO_4$(浓,l)$═══3SO_2(g)+2H_2O(l)$

**3. 硫能与强碱溶液发生歧化反应**

$3S(s)+6NaOH(aq)═══2Na_2S(aq)+Na_2SO_3(aq)+3H_2O(l)$

## 三、常见含硫化合物的结构及其演化关系(表 11-13、图 11-10)

表 11-13 $H_2SO_4$ 分子的结构(其中 $SO_4^{2-}$ 内含 $\Pi_5^8$,可参考 $PO_4^{3-}$)

| 8 隅体理论 | 轨道杂化理论(更接近实验测定数据) |
| --- | --- |
| :O:<br>H:O:S:O:H<br>:O:<br>不符合实验测定数据 | 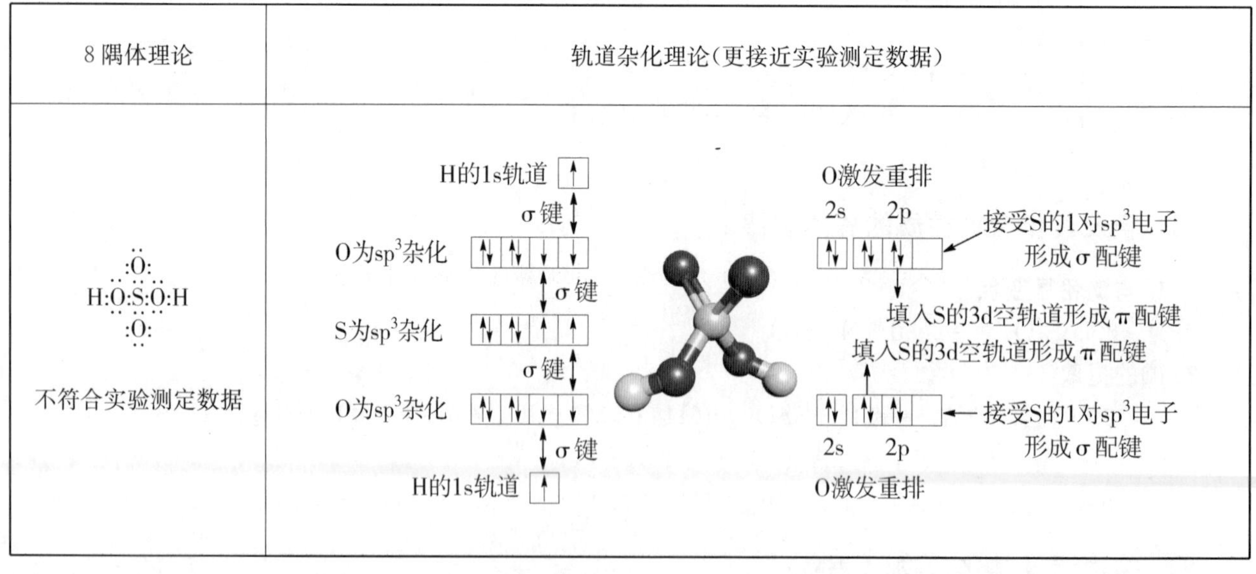 |

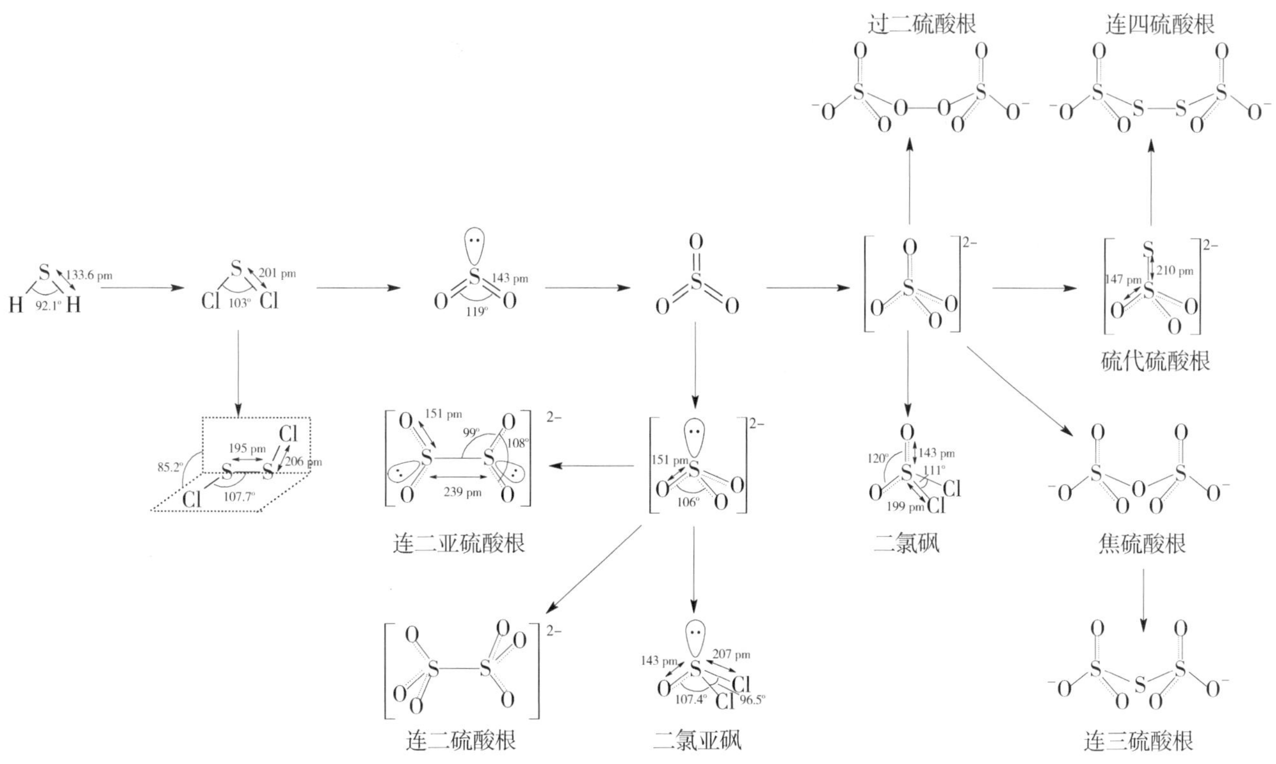


图 11-10　常见含硫化合物的结构演化关系

## 四、常见含硫化合物的性质与制备

**1. 硫化物、多硫化物**

(1) 绝大多数硫化物难溶于水且有较深的颜色，可溶性硫化物都能发生水解。

(2) S(−2 价)有还原性

如 $H_2S$ 能被 $KMnO_4+H_2SO_4(aq)$、$HNO_3(aq)$、浓 $H_2SO_4$、$Fe^{3+}(aq)$、$O_2$、$X_2$ 等多种氧化剂氧化。

(3) 多硫化物(如：[ ⁻S＼S／S＼S／S＼S⁻ ])不稳定，在酸性溶液中易发生歧化：

$S_n^{2-}(aq)+2H^+(aq)=\!=\!=H_2S(g)+(n-1)S(s)$(对比 $Na_2O_2$)

$S_2^{2-}$ 对应于 $O_2^{2-}$，所以也被称为过硫离子。

**2. 二氧化硫、亚硫酸及其盐**

(1) 酸性与配位反应(形成 metal sulfur dioxide complex，限于篇幅本书略去)

① $SO_2(g)+H_2O(l)\rightleftharpoons H_2SO_3(aq)\rightleftharpoons H^+(aq)+HSO_3^-(aq)$

② $SO_2/H_2SO_3(aq)+$品红溶液$\rightleftharpoons$ 无色(aq)

(2) 具有氧化、还原双重性，以还原性为主

① 能被 $KMnO_4+H_2SO_4(aq)$、$HNO_3(aq)$、$Fe^{3+}(aq)$、$O_2$、$X_2$ 等多种氧化剂氧化成 $SO_4^{2-}$，但不能被浓 $H_2SO_4$ 氧化(因为 S 不存在+5 氧化态)，所以可以用浓硫酸干燥 $SO_2$ 气体)。

② 有弱氧化性，如 $SO_2(g)+2H_2S(g)=\!=\!=3S(s)+2H_2O(l)$

③ 亚硫酸盐在加热条件下能发生歧化，如 $4Na_2SO_3(s)=\!=\!=3Na_2SO_4(s)+Na_2S(s)$

(3) 工业制法

① 点燃时：$S(s)+O_2(g)=\!=\!=SO_2(g)$

② 高温下：$4FeS_2(s)+11O_2(g)=\!=\!=2Fe_2O_3(s)+8SO_2(g)$

**3. 三氧化硫、硫酸及其盐**

(1) $SO_3$ 能与 $H_2SO_4$ 化合生成多硫酸($H_2SO_4 \cdot nSO_3$)，如焦硫酸 $H_2S_2O_7$

$$H_2SO_4(l) + SO_3(g) = H_2S_2O_7(l)$$

$$H_2SO_4 \cdot nSO_3(l) + nH_2O(l) = (n+1)\ H_2SO_4(l)$$

浓硫酸有很强的脱水性、吸水性，还有强氧化性，能使 Fe、Cr、Al 等金属发生钝化。

(2) $SO_3$ 能与多种物质化合生成强酸，如 $SO_3 + HF = H^+[SO_3F]^-$(氟磺酸，属于超强酸)

(3) 硫酸盐多数易溶，$CaSO_4$、$Ag_2SO_4$ 微溶；$SrSO_4$、$BaSO_4$、$PbSO_4$、$Hg_2SO_4$ 难溶。含有结晶水的硫酸盐一般都易溶于水(但 $CaSO_4 \cdot 2H_2O$、$2CaSO_4 \cdot H_2O$ 例外)。因为 $SO_4^{2-}$ 不易变形，所以硫酸盐的热稳定性总体较好。

**4. 过硫酸及其盐**

(1) 形成路径——在电解条件下 $2NH_4HSO_4 = H_2\uparrow + (NH_4)_2S_2O_8$

(2) 有强氧化性，如 $K_2S_2O_8(aq) + Cu(s) = CuSO_4(aq) + K_2SO_4(aq)$

在 $Ag^+$ 催化下：$5S_2O_8^{2-}(aq) + 2Mn^{2+}(aq) + 8H_2O(l) = 2MnO_4^-(aq) + 10SO_4^{2-}(aq) + 16H^+(aq)$

**5. 硫代硫酸及其盐：以 $Na_2S_2O_3$ 为例**

(1) $Na_2S_2O_3 \cdot 5H_2O$ 俗称海波、大苏打，无色透明晶体、易溶于水。

① $Na_2S_2O_3$ 易与酸反应　$S_2O_3^{2-}(aq) + 2H^+(aq) = H_2O(l) + SO_2(g) + S(s)$

② $Na_2S_2O_3$ 有还原性　$2S_2O_3^{2-}(aq) + I_2(aq) = 2I^-(aq) + S_4O_6^{2-}(aq)$(即连四硫酸根)

③ $Na_2S_2O_3$ 具有较强的配位能力，如 $AgBr(s) + 2Na_2S_2O_3(aq) = Na_3[Ag(S_2O_3)_2](aq) + NaBr(aq)$

在沸腾状态下 $Na_2SO_3(aq) + S(s) = Na_2S_2O_3(aq)$ 可用于制取 $Na_2S_2O_3$

或者在加热条件下 $Na_2CO_3(aq) + 2Na_2S(aq) + 4SO_2(g) = 3Na_2S_2O_3(aq) + CO_2(g)$

(2) $Ag_2S_2O_3$ 为白色难溶物，在水中迅速分解，白色→黄色→棕色→黑色，可用于 $S_2O_3^{2-}$ 的鉴定：

$$Ag_2S_2O_3(s) + H_2O(l) = Ag_2S(s) + H_2SO_4(aq)$$

**6. 连硫酸及其盐**(本书略)

**7. 连二亚硫酸及其盐**(本书略)

不稳定、在碱性条件下有强还原性，$Na_2S_2O_4 \cdot 2H_2O$ 俗称保险粉(防止其他物质吸收氧气被氧化)。

**8. 硫的含氧酸的衍生物的组成与性质**(图 11-11、图 11-12)

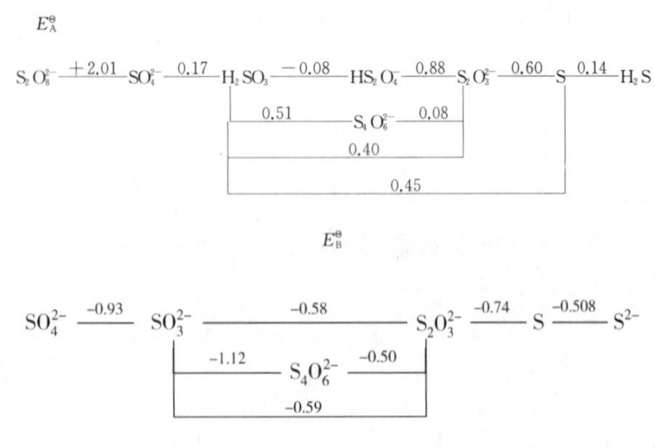


**图 11-11　硫元素电极电势图(单位：V)**

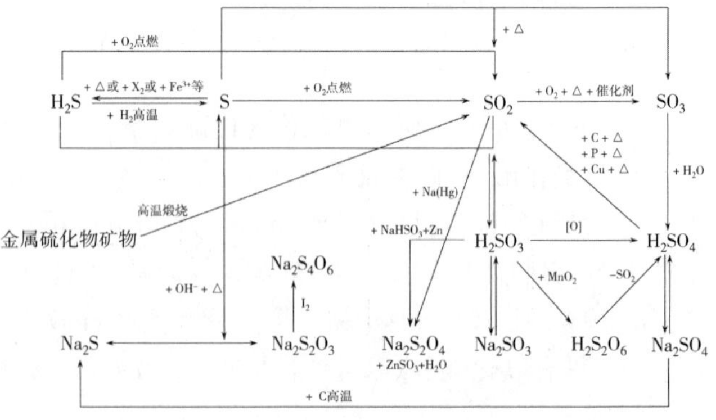


**图 11-12　硫及其常见化合物转化关系图**

(1) $SOCl_2$(亚硫酰氯、二氯亚砜)无色液体，有机氯化剂、金属氧化物氯化剂、金属氯化物脱水剂

(2) $SO_2Cl_2$(硫酰氯、二氯砜)无色发烟液体，有机氯化剂、氯磺化剂

(3) $HSO_3Cl$(氯磺酸)无色发烟液体，强酸、温和的磺化剂、氯磺化剂

## 五、硒、碲及其常见化合物(本书略)

# 第八节　氮族元素——氮、磷

## 一、氮族元素通性及其内部变化规律(图 11-13)

(1) 价电子层结构为 $ns^2np^3$，主要氧化态为－3、＋3、＋5。其中，N 原子核外没有 d 轨道，价电子不能向 d 轨道跃迁，所以不能形成 5 个价键。

(2) 氮族元素得电子趋势较小，显负价较为困难，因此氮族元素的氢化物除 $NH_3$ 外都不稳定，而氧化物均较为稳定。

(3) 从 As 到 Bi，随着原子量的增加，$ns^2$ 惰性电子对的稳定性增加。

$$E_A^\ominus$$

$$NO_3^- \xrightarrow{0.803} N_2O_4 \xrightarrow{1.07} HNO_2 \xrightarrow{0.996} NO \xrightarrow{1.59} N_2O \xrightarrow{1.77} N_2 \xrightarrow{-1.87} NH_3OH^+ \xrightarrow{1.41} N_2H_5^+ \xrightarrow{1.275} NH_4^+$$

$$H_3PO_4 \xrightarrow{-0.276} H_3PO_3 \xrightarrow{-0.499} H_3PO_2 \xrightarrow{-0.365} P_4 \xrightarrow{-0.100} P_2H_4 \xrightarrow{-0.006} PH_3$$

$$H_3AsO_4 \xrightarrow{0.560} H_3AsO_3 \xrightarrow{0.240} As \xrightarrow{-0.225} AsH_3$$

(a)

$$E_B^\ominus$$

$$NO_3^- \xrightarrow{-0.86} N_2O_4 \xrightarrow{0.867} HNO_2^- \xrightarrow{-0.46} NO \xrightarrow{0.76} N_2O \xrightarrow{0.94} N_2 \xrightarrow{-3.04} NH_2OH \xrightarrow{0.73} N_2H_4 \xrightarrow{0.1} NH_3$$

$$PO_4^{3-} \xrightarrow{-1.12} HPO_3^{2-} \xrightarrow{-1.57} H_2PO_2^- \xrightarrow{-2.05} P_4 \xrightarrow{-0.89} PH_3$$

$$AsO_4^{3-} \xrightarrow{-0.67} H_2AsO_3^- \xrightarrow{-0.68} As \xrightarrow{-1.37} AsH_3$$

(b)

**图 11-13　氮族元素(氮、磷、砷)电极电势图(单位：V)**

## 二、氮元素及其常见化合物(图 11-14、图 11-15)

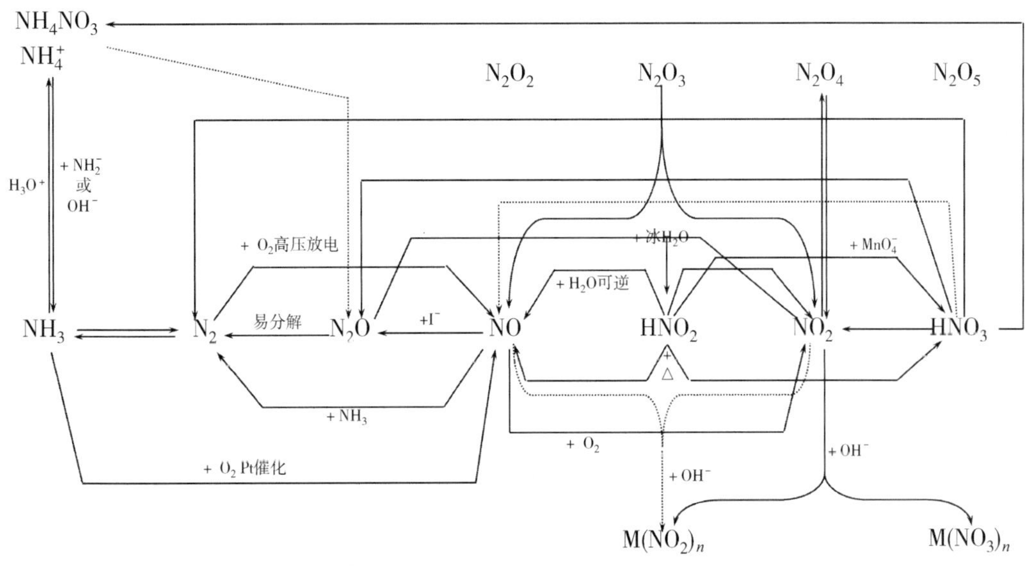


**图 11-14　氮及其常见化合物转化关系 1**

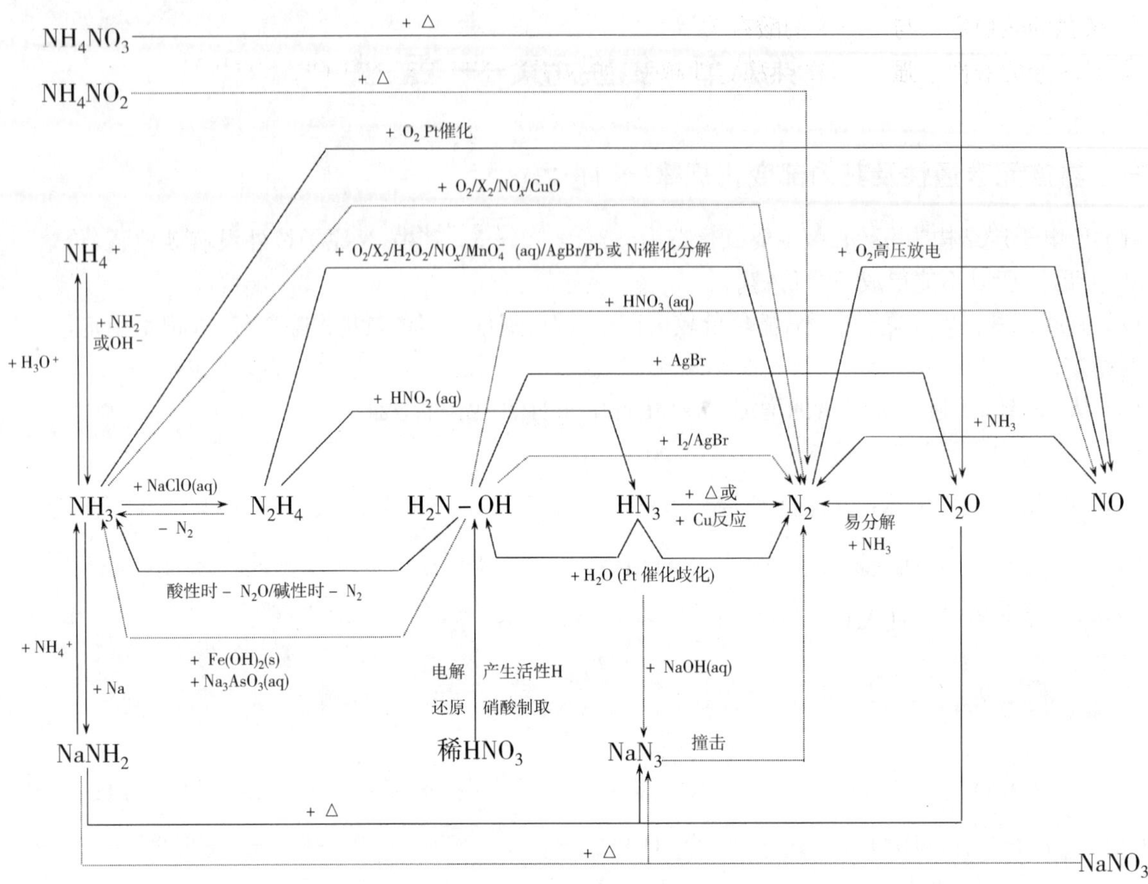


$$Cu(s) + 3HN_3(aq) \xlongequal{} Cu(N_3)_2(s) + N_2(g) + NH_3(g)$$

**图 11-15　氮及其常见化合物转化关系 2**

**1. 氮气($N_2$)的化学性质是所有双原子分子中最稳定的**

1 100 ℃时 $CaC_2(s) + N_2(g) \xlongequal{} C(s) + CaCN_2(s)$（氨基氰酸钙）

**2. 氮的氢化物(1)——氨($NH_3$)**

(1) 氨能发生自耦电离 $2NH_3 \rightleftharpoons NH_4^+ + NH_2^-$。

(2) 氨能形成氨合电子 $Na(s) + (x+y)NH_3(l) \xlongequal{} Na(NH_3)_x^+(l) + e(NH_3)_y^-(l)$。

(3) 氨能发生取代反应——与活泼金属，如碱金属，例如，钠的液氨溶液久置时，缓慢发生：$2Na + 2NH_3(l) \xlongequal{} H_2\uparrow + 2NaNH_2$（白色固体），铁能催化上述反应的发生。

(4) 氨能发生配位反应（限于篇幅此处略去，详情请参阅配合物部分）。

(5) 氨能发生氨解反应（与水解反应类似，氨与水的相似性相关内容详见高级课程），例如：

$$HgCl_2 + 2NH_3(aq) \xlongequal{} Hg(NH_2)Cl\downarrow\text{（白色）} + NH_4Cl(aq)$$

(6) 氨能发生氧化反应

例如：$8NH_3 + 3Cl_2 \xlongequal{} N_2 + 6NH_4Cl$

点燃时　$4NH_3 + 3O_2 \xlongequal{\text{点燃}} 2N_2 + 6H_2O$

加热时　$2NH_3 + 3CuO \xlongequal{\triangle} N_2 + 3H_2O + 3Cu$

在 Pt 催化下 $4NH_3 + 5O_2 \xlongequal{Pt} 4NO + 6H_2O$

$2NH_3(g) + NaClO(aq) \xlongequal{} NaCl(aq) + H_2O(l) + N_2H_4(l)$（可用于肼的制备）

(7) 铵盐

① $NH_4^+$ 与 $K^+$ 电荷相同、半径相似，铵盐的物理性质一般也类似于钾盐。

② 铵盐的热稳定性与其对应的酸有关

ⓐ 对应酸的酸性越强、铵盐的热稳定性越强，如 $NH_4I > NH_4Br > NH_4Cl > NH_4F$

ⓑ 对应的酸越稳定、越不易挥发，铵盐的热稳定性越强。

**3. 氮的氢化物(2)——肼($N_2H_4$)**(图 11-16)

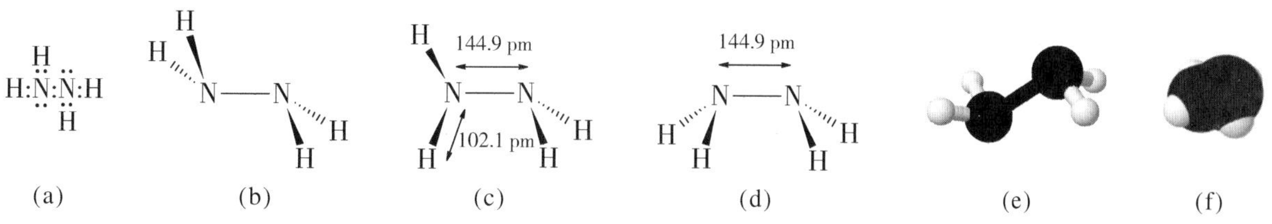


图 11-16　肼的分子结构

肼属于二元弱碱　$N_2H_4(l) + H_2O(l) \rightleftharpoons N_2H_5^+ + OH^-$

$N_2H_5^+ + H_2O(l) \rightleftharpoons N_2H_6^{2+} + OH^-$

肼稳定性差　$3N_2H_4(l) = N_2(g) + 4NH_3(g)$

过渡金属及其离子(如 Pb 或 Ni)能催化肼的分解：$N_2H_4(l) = N_2(g) + 2H_2(g)$

肼有较强的还原性(特别在碱性条件下)

$N_2H_4(l) + HNO_2(aq) = 2H_2O(l) + HN_3(aq)$ 氢叠氮酸(详见下文，此法可用于氢叠氮酸的制备)

**4. 氮的氢化物(3)——氢叠氮酸($HN_3$)**(图 11-17)

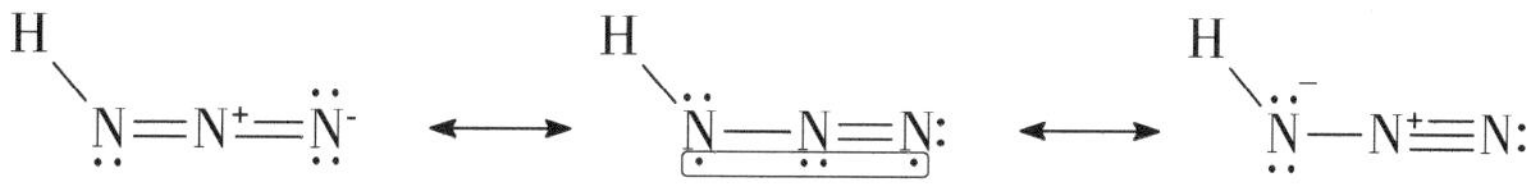

图 11-17　氢叠氮酸的分子结构

氢叠氮酸是一种油状液体，不稳定、易爆炸，酸性弱但具有强氧化性($\approx HNO_3$)，$HN_3$ 与 HCl 的混酸也能溶解 Au、Pt。

$$Cu(s) + 3HN_3(aq) = Cu(N_3)_2(aq) + N_2(g) + NH_3(g)$$

特定条件下氢叠氮酸能在水中发生分解、歧化，

例如：Pt 催化时 $HN_3(aq) + H_2O(l) = N_2(g) + NH_2OH(s)$ 羟胺。

**5. 羟胺——$NH_2OH$ 即 $H_2NOH$**(图 11-18)

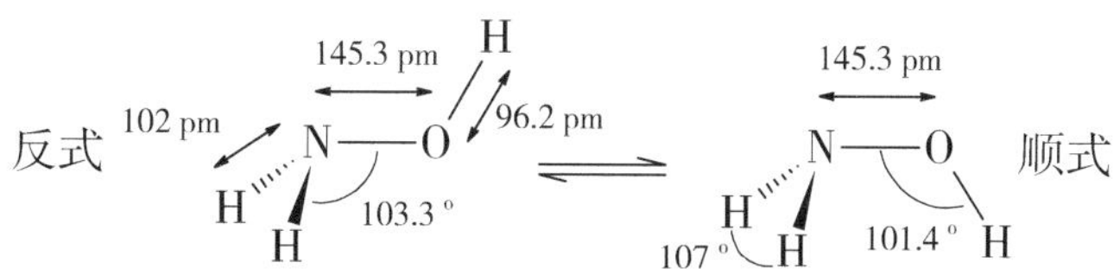


图 11-18　羟胺的分子结构

羟胺是一种不太稳定的、强还原性的、碱性比 $NH_3$ 弱的白色固体：

① 在水溶液中比较稳定 $NH_2OH(l) + H_2O(l) \rightleftharpoons NH_3OH^+ + OH^-$

② 在酸性条件下有强还原性；而在碱性条件下则可以有弱氧化性。

**6. 氮的氧化物**(表 11-14)

表 11-14　氮的氧化物

| | |
|---|---|
| $N_2O$ | 无色气体、微溶于水($S \approx 0.5$ g/100 g 水)，可刺激笑感神经，曾经用作牙科麻醉剂 |
| NO | 无色气体、有毒，难溶于水；低温时，一部分 NO 分子会聚合成$(NO)_2$ 分子 |

（续表）

| | |
|---|---|
| $N_2O_3$ | 气体淡蓝色、液态淡蓝色、固态为蓝色 |
| $NO_2$ | 气体红棕色，易聚合成无色的 $N_2O_4$ 气体：$2NO_2 \rightleftharpoons N_2O_4$ |
| $N_2O_5$ | 固态 $N_2O_5$ 为离子晶体，由 $NO_2^+$ 和 $NO_3^-$ 两种离子构成 |

**7. 亚硝酸及亚硝酸盐**

亚硝酸是一种不稳定的弱酸，亚硝酸盐有毒（是一种致癌物）

**8. 硝酸及硝酸盐**

见图 11-19、图 11-20、表 11-15～表 11-17。

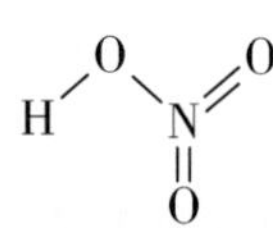
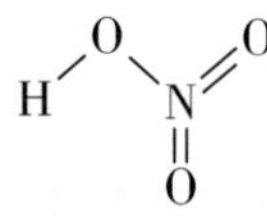

**图 11-19　$HNO_3$ 分子中有 1 个离域 Π 键—$\Pi_3^4$**

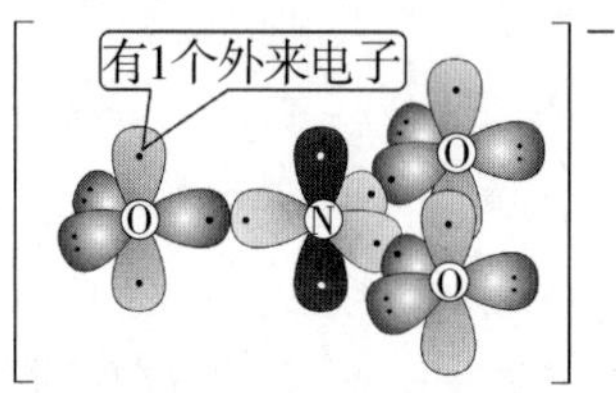


**图 11-20　$NO_3^-$ 中有 1 个离域 Π 键—$\Pi_4^6$**

**表 11-15　硝酸与金属单质的反应**

| 硝酸种类 | 金属的活动性 | | | |
|---|---|---|---|---|
| | 强 | 中强 | 弱（以 Cu、Hg、Ag） | 极弱（Pt、Au） |
| 浓硝酸 | | →硝酸盐＋$NO_2$＋$H_2O$ | →硝酸盐＋$NO_2$＋$H_2O$ | 王水 |
| 稀硝酸 | 反应猛烈 | →硝酸盐＋NO＋$H_2O$ | →硝酸盐＋NO＋$H_2O$ | |
| 较稀的硝酸 | 产物复杂 | →硝酸盐＋$N_2O$＋$H_2O$ | × | |
| 极稀的硝酸 | | →硝酸盐＋$NH_4NO_3$＋$H_2O$ | × | |

**表 11-16　金属硝酸盐的热分解**

| K～Na | Mg～H～Cu | Hg～Ag…… |
|---|---|---|
| 生成亚硝酸盐＋$O_2$ | 生成金属氧化物（或水）＋$NO_2$＋$O_2$ | 生成金属单质＋$NO_2$＋$O_2$ |

**表 11-17　亚硝酸盐、硝酸盐对比**

| 对比 | 亚硝酸盐 | 硝酸盐 |
|---|---|---|
| ＋浓硝酸 | →$NO_2$ 红棕色气体 | |
| ＋硫酸亚铁＋浓硫酸 | 溶液显棕色但无棕色环 | 棕色环反应：→棕色的$[Fe(NO)(H_2O)_5]^{2+}$ |

$HNO_3$ 几乎溶解所有的金属（除 Au、P 外），$HNO_3$ 的还原产物决定于 $HNO_3$ 浓度及金属的活泼性。浓 $HNO_3$ 一般被还原为 $NO_2$，稀 $HNO_3$ 还原产物为 NO，活泼金属如 Zn、Mg 与稀 $HNO_3$ 还原产物为 $N_2O$，极稀 $HNO_3$ 的还原产物为 $NH_4^+$。

常温下，浓硝酸使 Fe、Cr、Al 发生钝化。

$$3Cu+8HNO_3(稀) = 3Cu(NO_3)_2+2NO\uparrow+4H_2O$$

$$6Hg+8HNO_3(稀) = 3Hg_2(NO_3)_2+2NO\uparrow+4H_2O$$

$$3Pt+4HNO_3(浓)+18HCl(浓) = 3H_2[PtCl_6]+4NO\uparrow+8H_2O$$

$$Au+HNO_3(浓)+4HCl(浓) = H[AuCl_4]+NO\uparrow+2H_2O$$

$HNO_3$ 是强氧化剂，许多非金属都易被其氧化为相应的酸，而 $HNO_3$ 的还原产物一般为 NO。

$C + 4HNO_3(浓) = CO_2\uparrow + 4NO_2\uparrow + 2H_2O$

$S + 2HNO_3(浓) = H_2SO_4 + 2NO\uparrow$

$3P + 5HNO_3(浓) + 2H_2O = 3H_3PO_4 + 5NO\uparrow$

硝酸盐较硝酸稳定，氧化性差，只有在酸性介质中或较高温度下才显氧化性。例如：

$NH_4NO_3 \xlongequal{200\ ℃} N_2O\uparrow + 2H_2O$

**9. 氮的卤化物(限于篇幅本书略去)**

## 三、磷元素及其常见化合物

**1. 磷的原子结构与成键特征**

(1) 磷的原子结构：$1s^2 2s^2 2p^6 3s^2 3p^3$

(2) 磷的成键与价态特征

① 可以形成−3、+1、+3、+5 等多种氧化态的化合物。

② 可以采取 $sp^3$、$sp^3d$、$sp^3d^2$ 等多种杂化方式，P 原子最大配位数可达 6。

(3) 磷的性质与 N 相比有较大的差异，其主要原因就是 P 原子核外存在 3d 轨道。

例如：$PO_4^{3-}$ 离子中，P 原子采用 $sp^3$ 杂化方式，氧化态为+5的 P 原子可以看作"失去"了全部价电子形成了"$P^{5+}$离子"，4 个 $O^{2-}$ 中的每一个 $O^{2-}$ 都各提供 2 对电子按如下方式与"$P^{5+}$离子"成键(图 11-21)：

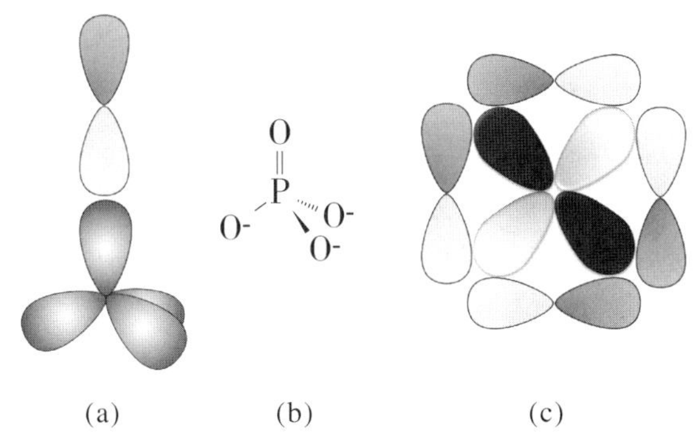


图 11-21　$PO_4^{3-}$ 离子的结构

1 对 2p 电子与"$P^{5+}$离子"的 1 个 $sp^3$ 杂化轨道形成 1 个配位 σ 键，共形成 4 个 σ 键；

1 对 2p 电子与"$P^{5+}$离子"的某 1 个 3d 轨道形成 1 个离域键——$\Pi_5^8$。

注意：虽然 4 个 $O^{2-}$ 与中心 $P^{5+}$ 都不在同一平面内，但是由于 d 轨道的空间分布特点，仍然有多次与 p 轨道的"肩并肩"重叠的机会！事实上，同样的思路可以应用于 $SO_4^{2-}$、$ClO_4^-$ 等结构的理解。图 11-22 详细描述了 $H_3PO_4$ 分子的结构。

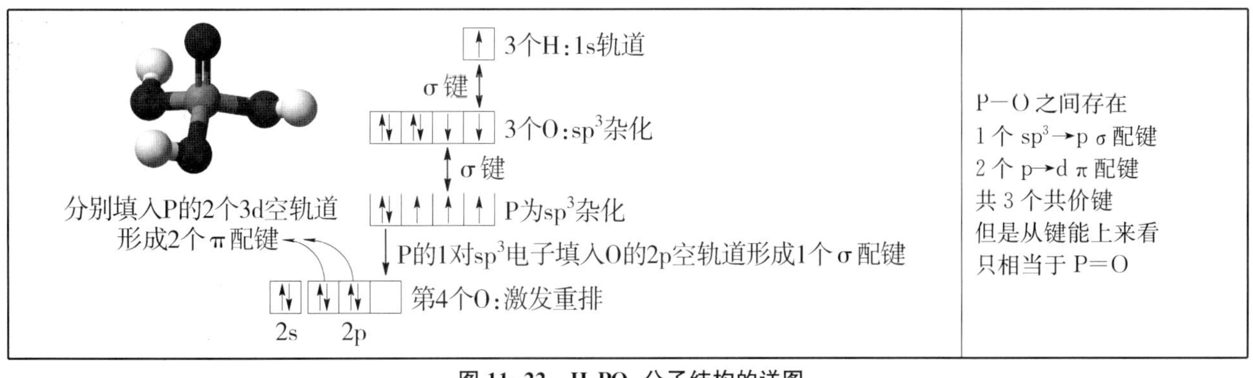


图 11-22　$H_3PO_4$ 分子结构的详图

磷单质及其常见化合物相互转化关系参阅图 11-23：

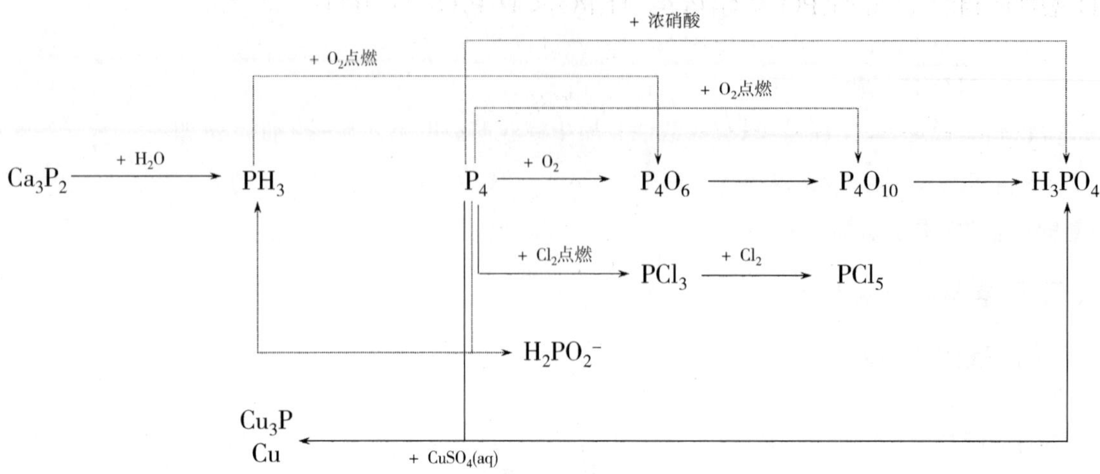


**图 11-23　磷单质及其常见化合物相互转化关系简图**

**2. 磷的单质有多种同素异形体**

常见的是白磷与红磷，其中白磷的分子结构球棍模型为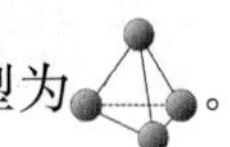。

1 500 ℃电炉中：$2Ca_3(PO_4)_2+10C+6SiO_2 \xlongequal{高温} 6CaSiO_3+10CO\uparrow+P_4$（反应大量吸热）

**3. 磷化物、磷的氧化物、磷的硫化物**

只存在极少的 $P^{3-}$ 离子化合物（如 $Na_3P$、$Ca_3P_2$ 等）且在水溶液中易发生水解。

$Ca_3P_2+6H_2O = 3Ca(OH)_2+2PH_3\uparrow$（这一性质通常用于 $PH_3$ 的制取）

磷的氢化物以 $PH_3$ 为主，是一种有大蒜气味的无色剧毒气体，分子的极性、碱性、在水中的溶解性远比 $NH_3$ 弱（所以 $PH_4^+$ 极易水解产生 $PH_3$），有较强的还原性：

50 ℃时，燃烧：$PH_3+2O_2 \xlongequal{点燃} H_3PO_4$（$P_2H_4$ 联磷的还原性更强——能在空气中自燃），能将溶液中的 $Cu^{2+}$、$Hg^{2+}$、$Ag^+$、$Au^{3+}$ 等还原为金属单质，同时自身被氧化生成磷酸。

磷的氧化物（表 11-18、图 11-24）有多种，磷在充足的空气中燃烧生成 $P_4O_{10}$，这是由 $P_4$ 四面体结构所决定的。

**表 11-18　磷氧化物的主要化学性质**

| $P_4O_6$ | $P_4O_{10}$ |
|---|---|
| $P_4O_6(s)+6H_2O$(l,冷)$=4H_3PO_3(aq)$ 亚磷酸<br>$P_4O_6(s)+6H_2O$(l,热)$=PH_3(g)+3H_3PO_4(aq)$ 磷酸 | $P_4O_{10}(s)+2H_2O$(l,冷)$=4HPO_3(aq)$ 偏磷酸、剧毒<br>$P_4O_{10}(s)+6H_2O$(l,热)$=4H_3PO_4(aq)$ 磷酸、无毒 |

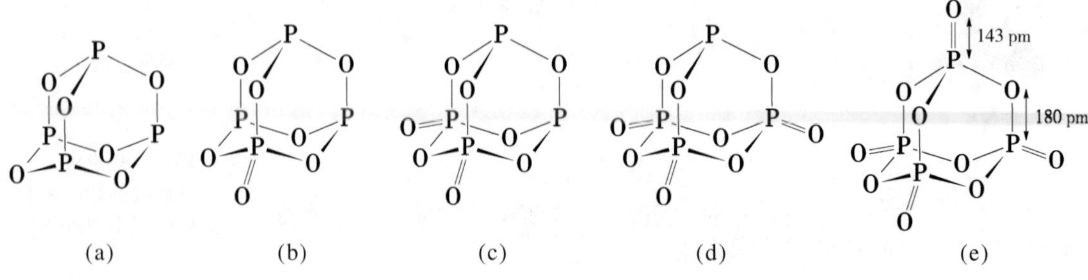


**图 11-24　磷氧化物的结构**

**4. 磷的含氧酸及其盐**(表 11-19)

(1) 酸性的相对强弱：$H_3PO_4 < H_3PO_3 < H_3PO_2 < H_4P_2O_7 < (HPO_3)_n$

(2) 次磷酸——次磷酸及其盐都有强还原性(在碱性条件下更强)、弱氧化性,易发生歧化反应。

**表 11-19　磷的含氧酸概况**

| | | |
|---|---|---|
| 磷酸 $H_3PO_4(+5)$<br>152 pm　157 pm<br>三元中强酸 | 焦磷酸 $H_4P_2O_7(+5)$<br>酸性强于次磷酸 | 多聚偏磷酸$(HPO_3)_n(+5)$<br>酸性强于焦磷酸 |
| 亚磷酸 $H_3PO_3(+3$,二元中强酸) <br>155 pm　150 pm　139 pm | 焦亚磷酸 $H_4P_2O_5(+3)$ | 偏亚磷酸 $HPO_2(+3)$ |
| 次磷酸 $H_3PO_2(+1$,一元中强酸) | 连二磷酸 $H_4P_2O_6(+4)$ | 过二磷酸 $H_4P_2O_8(+6)$ |

能将 $Ni^{2+}$、$Cu^{2+}$、$Ag^{+}$、$Hg^{2+}$ 还原为金属单质;能将卤素单质 $X_2$ 还原为 $X^-$

在加热条件下：$3H_3PO_2(aq) = PH_3(g) + 2H_3PO_3(aq)$ 亚磷酸

在加热条件下：$H_2PO_2^-(aq) + OH^-(aq) = H_2(g) + HPO_3^{2-}(aq)$ 亚磷酸盐

(3) 亚磷酸

亚磷酸及其盐都有强还原性、极弱的氧化性,易发生歧化反应。

能将溶液中的 $Hg^{2+}$、$Ag^{+}$、$Au^{3+}$ 等还原为金属单质;也能被卤素单质、二氧化氮、浓硝酸、浓硫酸氧化。加热时：$4H_3PO_3(aq) = PH_3(g) + 3H_3PO_4(aq)$

(4) 磷酸

磷酸属于三元中强酸,几乎没有氧化性,磷酸的盐类(表 11-20)种类繁多。

**表 11-20　磷酸盐的简单分类与主要理化性质**

| 磷酸盐种类 | | | 水溶性 | 水解性 | 热稳定性 | 与 $AgNO_3$ |
|---|---|---|---|---|---|---|
| 正磷酸盐 | 磷酸盐 | | 钾钠铵盐一般易溶<br>锂、M(Ⅱ)、M(Ⅲ)一般难溶 | 水解 | 好 | $Ag_3PO_4\downarrow$<br>黄色 |
| | 磷酸一氢盐 | | 磷酸盐<一般<磷酸二氢盐 | 水解>电离 | 易脱水聚合 | $Ag_3PO_4\downarrow$ |
| | 磷酸二氢盐 | | 一般都易溶 | 水解<电离 | 更易脱水聚合 | $Ag_3PO_4\downarrow$ |
| 多磷酸盐 | 链状 | | 磷氧四面体共用 O 原子<br>阴离子通式：$[(PO_3)_nO]^{(n+2)-}$<br>$Na_4P_2O_7$ 易溶于水<br>在水中有很大的溶解度<br>对 $Ca^{2+}$、$Mg^{2+}$、$Fe^{2+}$ 等有较强的配位作用 | 解聚 | 好 | $Ag_4P_2O_7\downarrow$<br>白色 |
| | 环状偏磷酸盐 | 三聚 | 磷氧四面体共用 O 原子<br>阴离子通式：$[(PO_3)]_n^{n-}$<br>在水中有很大的溶解度<br>有较强的分散能力<br>能降低浆液的黏度 | 解聚 | 好 | |
| | | 四聚 | | | | |
| | | …… | | | | |
| | | 磷酸盐玻璃体(格氏盐)Graham | | | | |
| 偏磷酸盐 | | | $NaPO_3$ 易溶于水 | 水解 | 不好 | $AgPO_3\downarrow$ 白色 |

磷酸根能与某些金属离子形成可溶性配合物，如 $H_3[Fe(PO_4)_2]$、$H[Fe(HPO_4)_2]$均无色，通常用于屏蔽溶液中的 $Fe^{3+}$。

正磷酸盐在氨水中与氯化镁溶液反应生成白色的磷酸铵镁($NH_4MgPO_4$)沉淀。

正磷酸盐在酸性条件下与饱和钼酸铵溶液混合加热产生$(NH_4)_3PMo_{12}O_{40}\cdot 6H_2O$ 黄色沉淀，是为数不多的几种难溶性铵盐之一，可用于 $NH_4^+$ 或 $PO_4^{3-}$ 的检验。

**5. 磷的卤化物**

(1) 三卤化磷——都易发生水解生成亚磷酸 $H_3PO_3$，都易形成配合物。

$$PCl_3+3H_2O \xlongequal{} 3HCl+H_3PO_3$$

(2) 五卤化磷——都易发生水解生成磷酸 $H_3PO_4$，都易形成配合物。

**6. 磷的氮化物简介**(图 11-25、表 11-21、图 11-26)

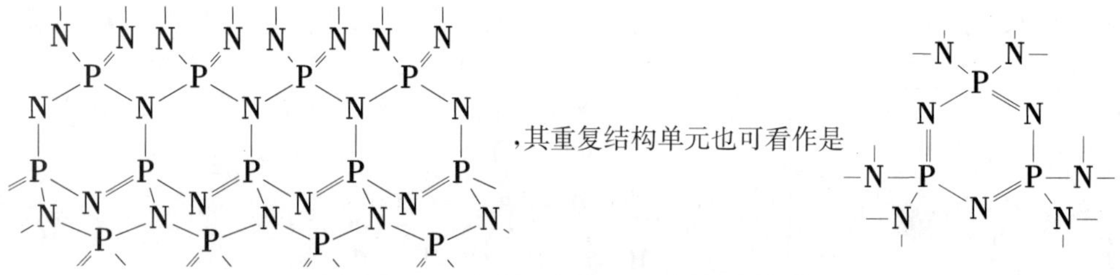


**图 11-25　$P_3N_5$(一种白色固体，用途尚未明确)**

不难看出，$P_3N_5$ 中，每个 N 原子都有 1 对孤对电子。

$$3PCl_5+5NH_3 \xlongequal{} P_3N_5+15HCl$$
$$3PCl_5+15NaN_3 \xlongequal{} P_3N_5+15NaCl+20N_2\uparrow$$

**表 11-21　氯磷腈简介**

| 二氯磷腈 | 三磷腈 | 四磷腈 | 线型多磷腈 |
|---|---|---|---|
| $NPCl_2$ | $(NPCl_2)_3$ | $(NPCl_2)_4$ | $(NPCl_2)_n$ |
| | | | |

1PCl$_5$ —1NH$_3$→ 1NPCl$_2$ + 3HCl

1NPCl$_2$ → 1/3 $N_3P_3Cl_6$

1NPCl$_2$ —2NH$_3$→ 2HCl + 1NP(NH$_2$)$_2$ → 1/3 $N_3P_3(NH_2)_6$

1PCl$_5$ → $P_3N_5$

$3PCl_5 + 5NH_3 \rightarrow P_3N_5 + 15HCl$

**图 11-26　氯磷腈的一般形成路径**

# 第九节　碳族元素——碳、硅

## 一、碳及其常见化合物

**1. 金刚石、石墨**(图 11-27)、石墨金属间充化合物(表 11-22)

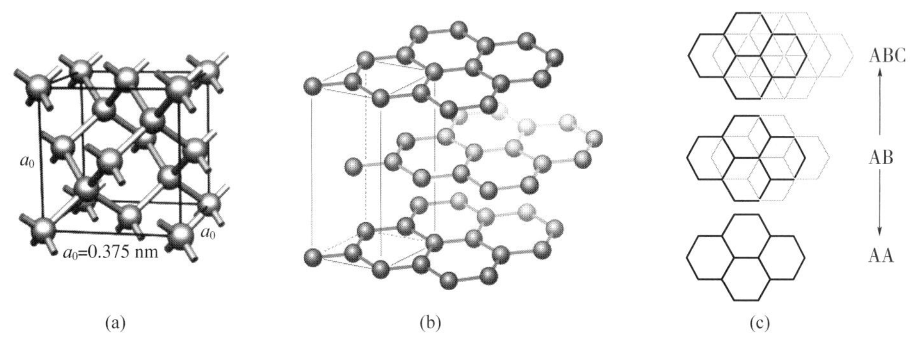


**图 11-27　金刚石、石墨结构示意简图**

用过量钾处理石墨，石墨片层和 π 体系保持不变，但石墨晶体中的 A、B 层发生相对滑动，导致 A、B 层在 $z$ 轴方向的投影完全重叠。这是由于 K 失去电子形成 $K^+$，使石墨层带负电荷，它们之间形成 R 离子键的驱动作用引起的。

**表 11-22　石墨金属间充化合物典例**

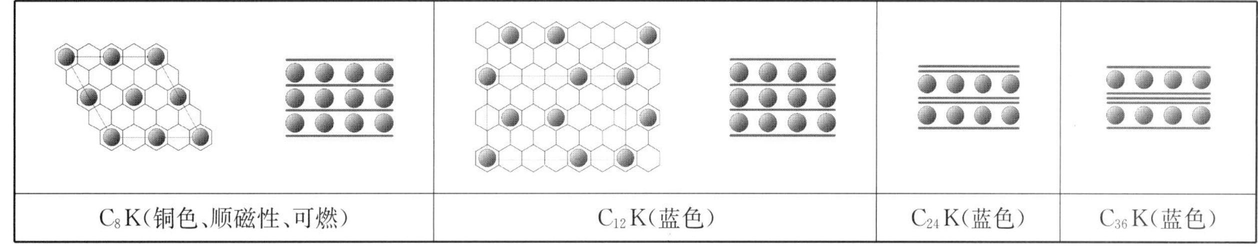

| $C_8K$(铜色、顺磁性、可燃) | $C_{12}K$(蓝色) | $C_{24}K$(蓝色) | $C_{36}K$(蓝色) |
|---|---|---|---|

$$2C_8K(s)+2H_2O(l)=H_2(g)+2KOH(aq)+16C(s)$$

加热时，$xC_8K(s)=xC_{12n}K(s)+(8x-12xn)C$

**2. 富勒烯**

(1) 欧拉(Euller)公式

欧拉发现，多面体的平面数、顶点数及其棱边数符合公式 $F$(面数)$+V$(顶点数)$=E$(棱边数)$+2$

(2) 多面体 $C_V$ 分子的组成规律

设多面体 $C_V$ 分子中有 $x$ 个⬠、$y$ 个⬡，则：$F=x+y$

$V=(5x+6y)/3$　(因为每外顶点被三个环所共享)

$E=(5x+6y)/2$　(因为每条棱边被两个环所共享)

联解得：$x-12$，$V-20+2y$

(3) 富勒烯

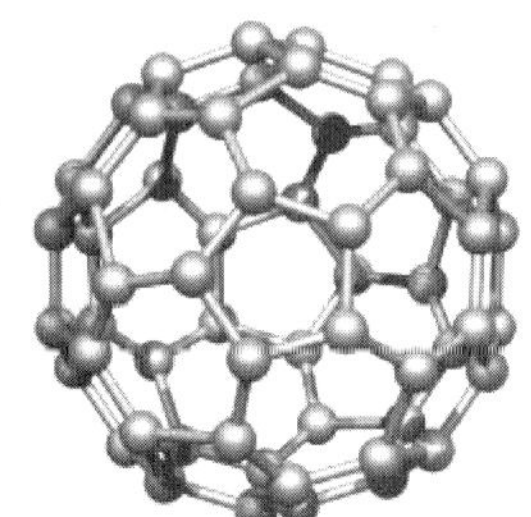

**图 11-28　$C_{60}$分子结构示意图**

富勒烯是一系列由碳原子构成的、高对称性的、球形笼状分子或封闭的多面体纯碳原子簇。因为要考虑分子的对称性，所以，不是任何 $V\geqslant20$ 的偶碳原子数 $C_V$ 都能称为富勒烯，如：$C_{22}$分子不属于富勒烯，而 $C_{60}$分子(图 11-28)属于富勒烯。

**3. $C_{60}$晶体、$K_3C_{60}$晶体、$K_6C_{60}$晶体**(表 11-23)

① 在 $K_3C_{60}$晶体中，K 填充 CCP 晶胞体心处及 12 条棱的中心处的“正八面体”空隙、8 个顶角与其余 3 个 $C_{60}$分子组成的“正四面体”空隙，所以 $N(K):N(C_{60})=(1+12\div4+8):(8\div8+6\div2)=3:1$。

② 在 $K_6C_{60}$ 晶体中，K 填充 BCP 晶胞所有"正四面体"空隙

每个侧面上都有 4 个与另一晶胞共享的正四面体中心

空隙总数 $=4\times6\div2=12$，$N(K):N(C_{60})=(1+12\div4+8):(8\div8+1)=6:1$。

表 11-23　$C_{60}$ 晶体、$K_3C_{60}$ 晶体、$K_6C_{60}$ 晶体结构示意图

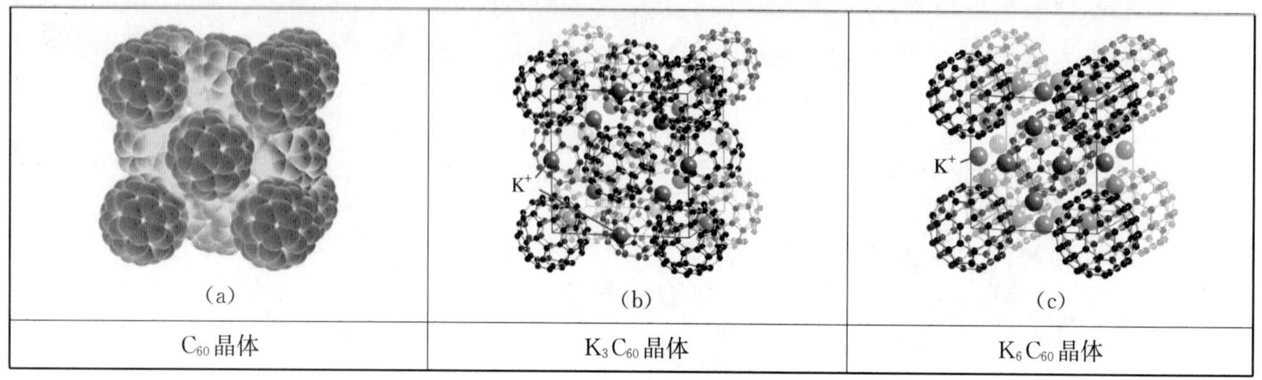


| (a) | (b) | (c) |
|---|---|---|
| $C_{60}$ 晶体 | $K_3C_{60}$ 晶体 | $K_6C_{60}$ 晶体 |

**4. 碳的氧化物**

常见的是 CO、$CO_2$。

CO 易燃，有较强的还原性。例如：

$$CO(g)+PdCl_2(aq)+H_2O(l)=\!=\!=Pd(s)+CO_2(g)+2HCl(aq)$$

$$CO(g)+2Ag(NH_3)_2OH(aq)=\!=\!=2Ag(s)+CO_3^{2-}(aq)+2NH_3(g)+2NH_4^+(aq)$$

CO 有很强的配位能力，能与多种过渡金属形成羰基配合物，如：$Fe(CO)_5$、$Ni(CO)_4$……

$HCOOH\xrightarrow[\triangle]{浓硫酸}CO\uparrow+H_2O$ 可用于实验室制取 CO，但是 CO 不是甲酸的酸酐(甲酸的酸酐是 HCO—O—CHO)，CO 属于不成盐氧化物。

**5. 碳酸盐**

① 稳定性：$M_2CO_3>MHCO_3>H_2CO_3$(可以通过离子极化理论中的反极化进行解释)

② 溶解度：$M_2CO_3>MHCO_3>H_2CO_3$(特殊：溶解度 $Na_2CO_3<NaHCO_3$)

**6. 碳化物**(表 11-24)

表 11-24　常见离子型碳化物结构与性质简介

| $C^{4-}$ | $[:\ddot{\underset{..}{C}}:]^{4-}$ | $Be_2C$、$Al_4C_3$…… | $+H_2O\rightarrow M(OH)_n+CH_4\uparrow$ |
|---|---|---|---|
| $C_2^{2-}$ | $[:C\vdots\vdots C:]^{2-}$ | $Li_2C_2$、$BeC_2$、$CaC_2$、$HgC_2$…… | $+H_2O\rightarrow M(OH)_n+C_2H_2\uparrow$ |
| $C_3^{4-}$ | $[\ddot{\underset{..}{C}}::C::\ddot{\underset{..}{C}}]^{4-}$ | 只有 $Mg_2C_3$ | $+H_2O\rightarrow M(OH)_n+C_3H_4\uparrow$ |

离子型碳化物——硬而脆

共价型碳化物——硬度大、耐研磨，如 SiC：在电炉中 $SiO_2+3C\xrightarrow{高温}SiC+2CO\uparrow$

金属型碳化物——硬度极大、熔点高，如 TiC、VC、$W_2C$

碳原子的价电子进入过渡金属原子的 d 轨道，金属原子中空的 d 轨道越多，该金属与碳原子之间的结合力就越强、碳化物越稳定(所以 Cu 不能形成相应的金属碳化物)。

## 二、硅及其常见化合物的结构

(1) 硅原子的成键方式与碳原子有很多不同(表 11-25)

Si 原子难以形成 p-p π 键，其 sp、$sp^2$ 杂化状态不稳定。

Si 原子的最大配位数可以超过 4，可以形成 d-p π 键

$SiCl_4$ 易水解($CCl_4$ 难水解)、$[SiO_4]^{4-}$ 能稳定存在($CO_3^{2-}$ 能稳定存在)、碱性 $N(CH_3)_3 > N(SiH_3)_3$ 这些性质都与硅原子的价轨道存在 3d 空轨道有关：

表 11-25　硅原子的成键方式与碳原子有很多不同

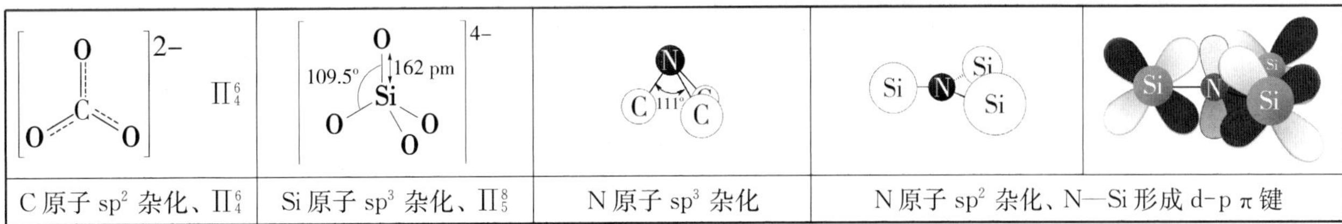


| C 原子 $sp^2$ 杂化、$\Pi_4^6$ | Si 原子 $sp^3$ 杂化、$\Pi_5^8$ | N 原子 $sp^3$ 杂化 | N 原子 $sp^2$ 杂化、N—Si 形成 d-p π 键 |
|---|---|---|---|

(2) 氮化硅 $Si_3N_4$——坚硬、难熔

(3) 二氧化硅(参阅晶体结构部分，此略)

(4) 硅酸盐、原硅酸、偏硅酸、多聚硅酸、石英之间的结构关系(参阅图 11-29，其他略去)

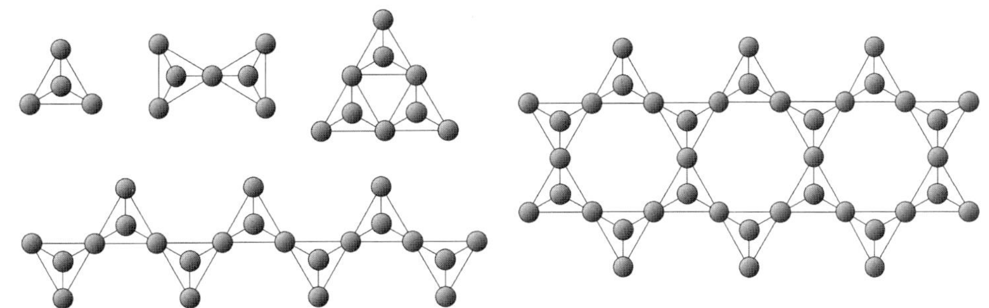

图 11-29　硅酸盐、原硅酸、偏硅酸、多聚硅酸、石英之间的结构关系

硅及其常见化合物之间的相互转化见图 11-30。

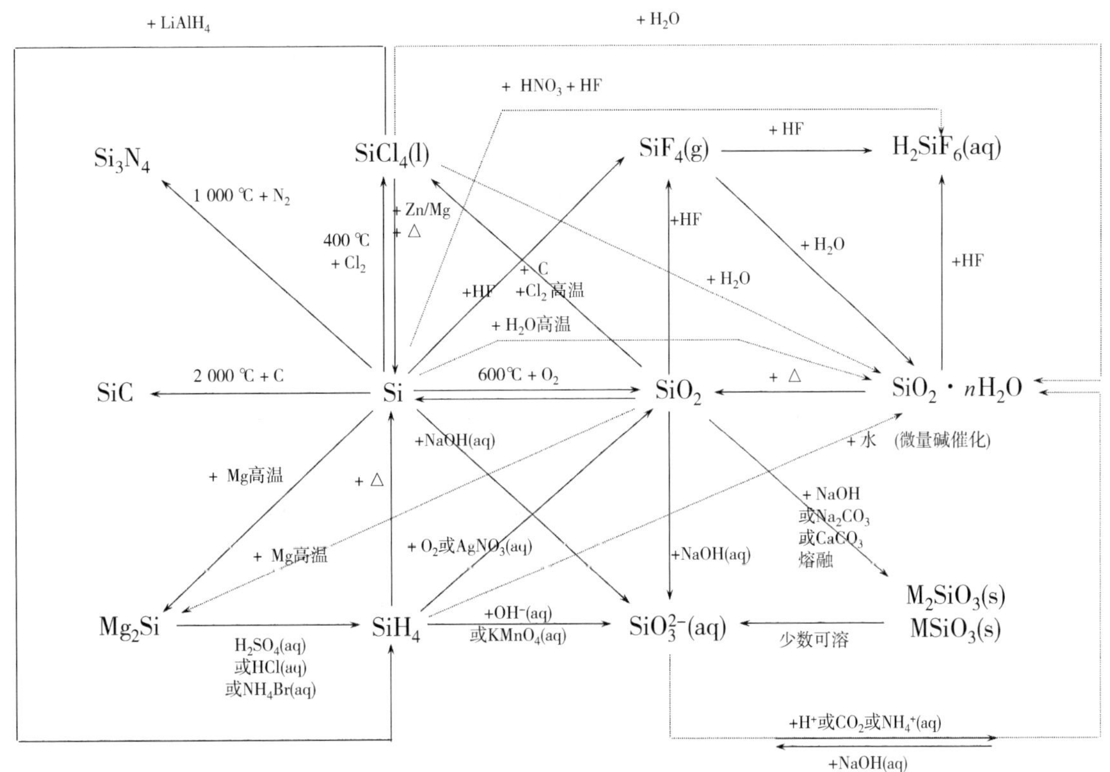


图 11-30　硅单质及其常见化合物相互转化关系图

# 第十节　硼族元素——硼

## 一、结构知识

### 1. 硼原子

(1) 电子排布式为 $1s^2 2s^2 2p^1$，轨道表示式为[↑↓] [↑↓][↑][ ][ ]。

(2) 硼原子成键的三大特征(显得非常另类、特殊！)(表 11-26)

① 主要通过共价方式成键(B—H 键、B—B 键等等)。

② 既可进行 $sp^2$ 杂化又可进行 $sp^3$ 杂化，且在反应过程中能发生改变。

③ 既能形成 2C—2e 经典共价键，又能形成 3C—2e 的 BHB、BBB 桥连共价键。

**表 11-26　硼原子成键方式的多样性与复杂性**

| B、B、B（2e、2e、2e） | B、B、B（2e） | H、B、B（2e、2e） | H、B、B（2e） |
|---|---|---|---|
| 经典 2C—2e<br>共价单键 | 3C—2e<br>BBB 桥键 | 经典 2C—2e<br>共价单键 | 3C—2e<br>BHB 桥键 |

### 2. 单质硼(图 11-31、图 11-32)

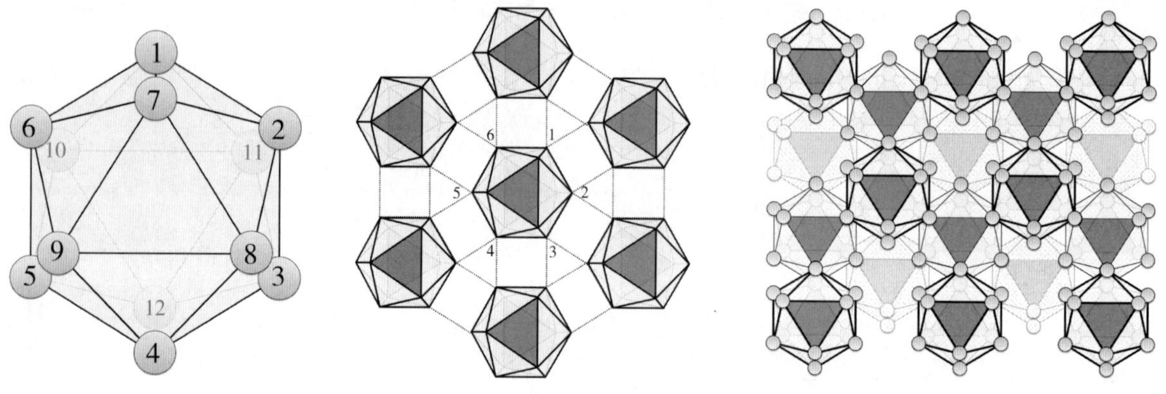


**图 11-31　$B_{12}$ 结构单元示意图**　　**图 11-32　$B_{12}$ 结构单元构成 α-菱形硼示意图**

$B_{12}$ 不是独立的分子，只是形成单质硼晶体的基本结构单元。

### 3. 硼烷简介

最简单的硼烷是 $B_2H_6$，多数是 $B_nH_{n+4}$、$B_nH_{n+6}$，少数是 $B_nH_{n+8}$、$B_nH_{n+10}$，主要分为封闭型、鸟巢型、蛛网型、链式开放型等四大类型，下图是几种常见硼烷分子的组成与结构示例如图 11-33。

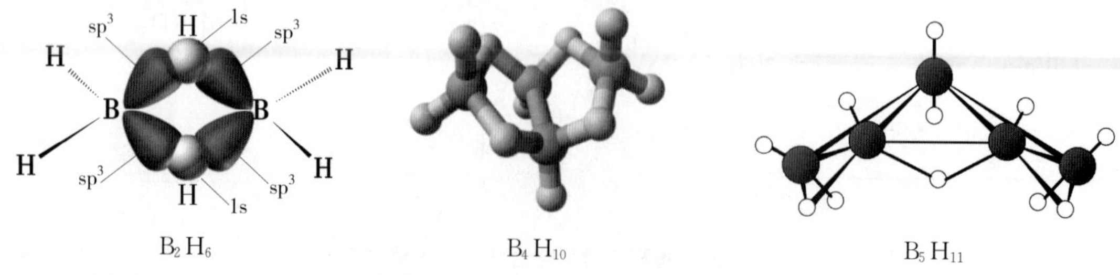


**图 11-33　几种常见硼烷分子的组成与结构示例**

为解释硼烷分子形成过程中成键价电子不足的问题，1957—1959 年美国科学家 Lipscomb 提出“三中心键理论”，取得巨大成功并因此荣获 1976 年 Nobel 化学奖。限于篇幅，本书不对相关理论做详细介绍，有兴趣的同学可以参阅相关资料。

**4. 硼氢化物的衍生物**

（1）硼氢化钠、氰基硼氢化钠(图 11-34～图 11-36)

B 原子为 $sp^3$ 杂化

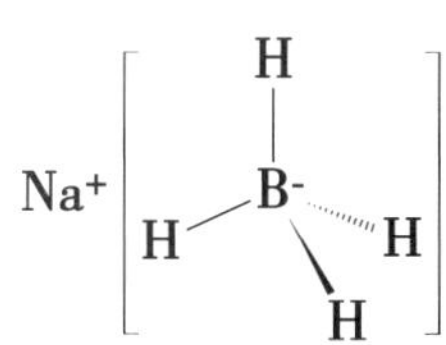


图 11-34　$NaBH_4$ 的结构

B 原子为 $sp^3$ 杂化

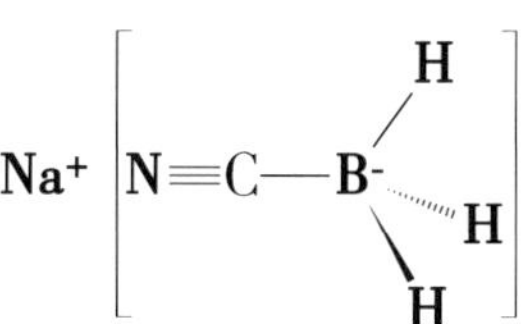


图 11-35　$NaBH_3CN$ 的结构

B 原子从 $sp^2$ 杂化转变为 $sp^3$ 杂化

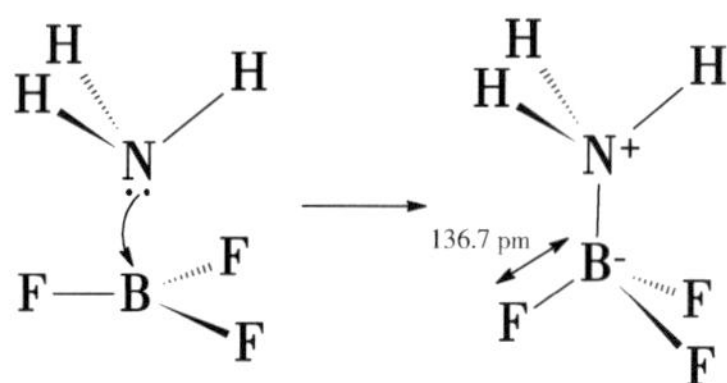


图 11-36　$BF_3+NH_3 = BF_3 \cdot NH_3$

（2）硼的卤化物

化学组成为 $BX_3$，分子中 B 原子以 $sp^2$ 杂化方式参与成键，存在 $\Pi_4^6$，如 $BF_3$(图 11-37)。

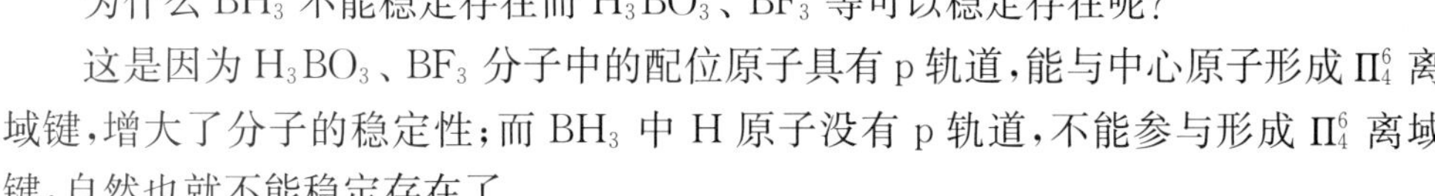

为什么 $BH_3$ 不能稳定存在而 $H_3BO_3$、$BF_3$ 等可以稳定存在呢?

这是因为 $H_3BO_3$、$BF_3$ 分子中的配位原子具有 p 轨道，能与中心原子形成 $\Pi_4^6$ 离域键，增大了分子的稳定性；而 $BH_3$ 中 H 原子没有 p 轨道，不能参与形成 $\Pi_4^6$ 离域键，自然也就不能稳定存在了。

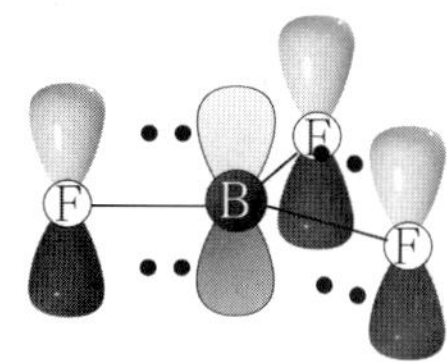


图 11-37　$BF_3$ 的分子结构

（3）硼的氮化物(图 11-38～图 11-40)

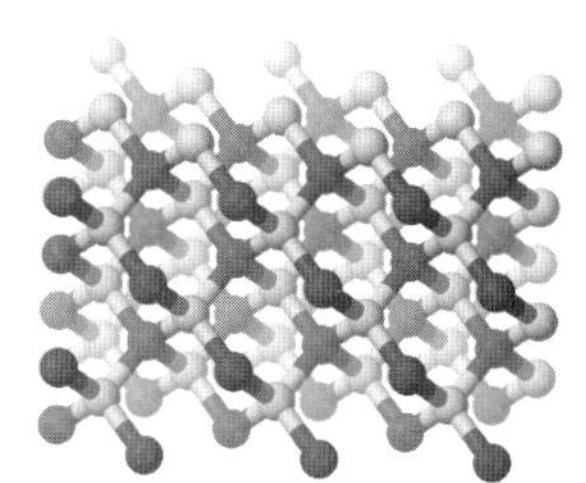

图 11-38　立方 BN 的结构

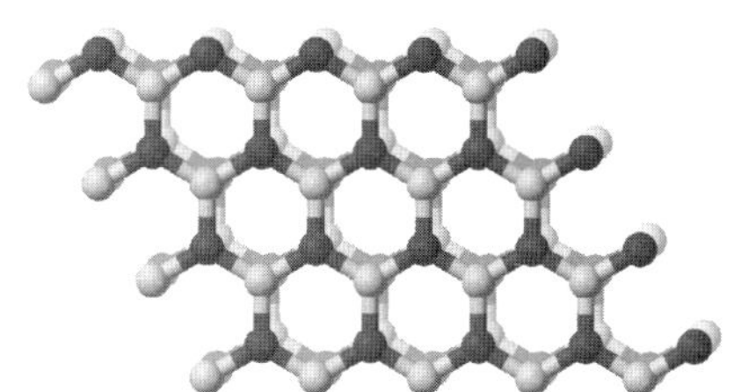

图 11-39　六方 BN 的结构

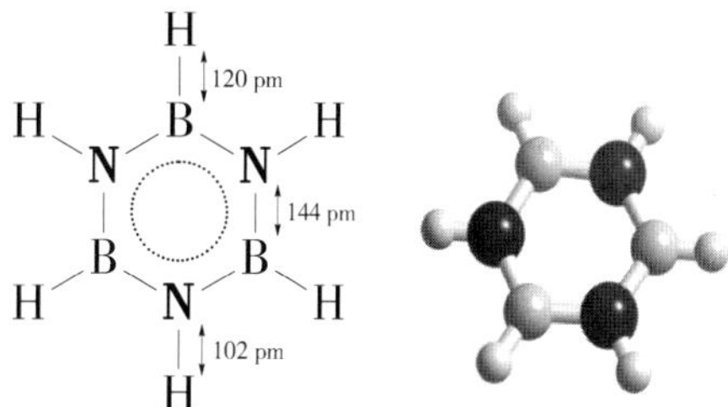


图 11-40　无机苯 $B_3N_3H_6$ 的结构

**5. 硼的氧化物**

化学组成为 $B_2O_3$，蒸气中的分子结构可能为如图 11-41 所示的两种形式，即分子中的 B 原子以 $sp^2$ 杂化方式参与成键，存在 $\Pi_4^6$(限于篇幅，其晶体结构本书略去)。

**6. 硼酸**(图 11-42)

硼酸的化学组成为 $H_3BO_3$，即 $B(OH)_3$。$H_3BO_3$ 分子中 B 原子以 $sp^2$ 杂化方式参与成键，存在 $\Pi_4^6$ 结构。

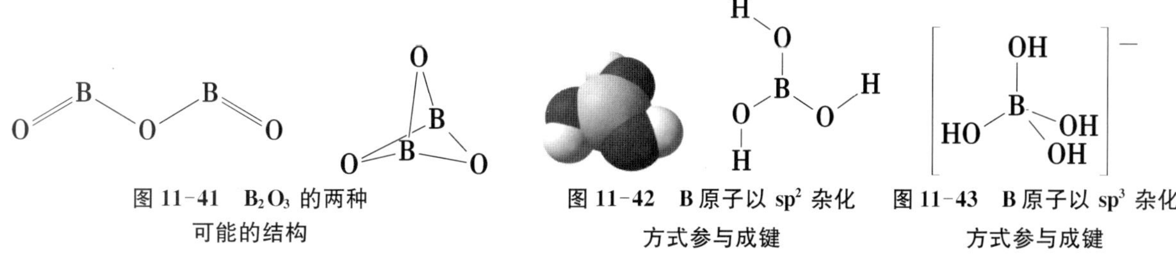


图 11-41　$B_2O_3$ 的两种可能的结构

图 11-42　B 原子以 $sp^2$ 杂化方式参与成键

图 11-43　B 原子以 $sp^3$ 杂化方式参与成键

硼酸分子通过分子间氢键形成层状结构。

硼酸的电离：$H_3BO_3 + 2H_2O \rightleftharpoons H_3O^+ + [B(OH)_4]^-$。

$[B(OH)_4]^-$的结构如图 11-43 所示。

**7. 硼酸盐**

硼酸盐有多种，其典型代表为硼砂(图 11-44)，固体的结构与水溶液中的略有差异，一般写作 $Na_2B_4O_7 \cdot 10H_2O$。过硼酸钠结构如图 11-45。

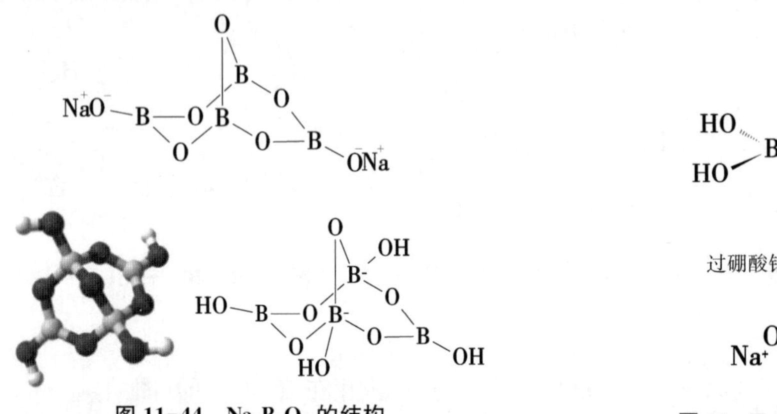


图 11-44 $Na_2B_4O_7$ 的结构

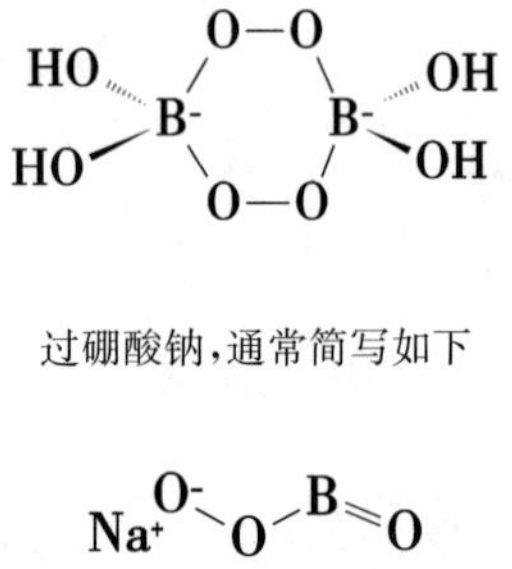

图 11-45 过硼酸钠的结构

## 二、性质与变化(图 11-46)

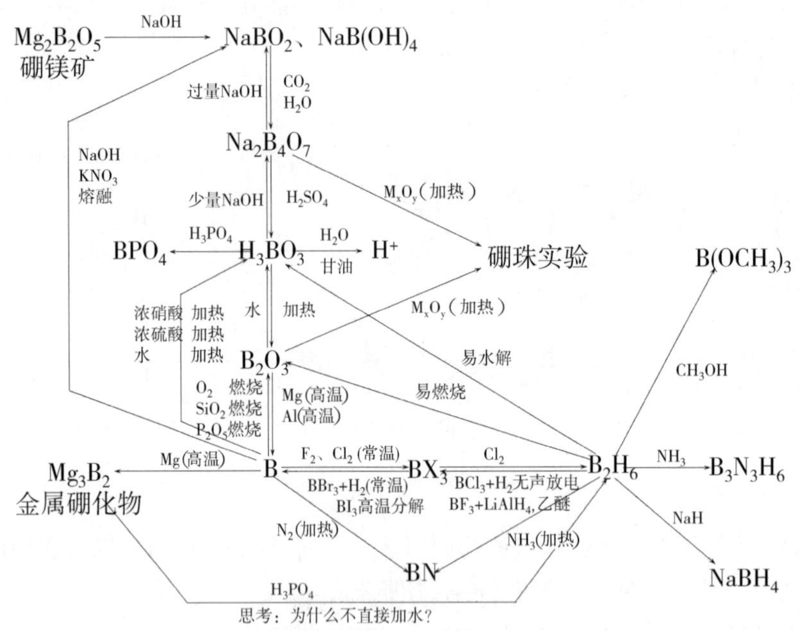


图 11-46 硼及其常见化合物的相互转化关系图

硼砂水解：$[B_4O_5(OH)_4]^{2-} + 5H_2O \rightleftharpoons 2H_3BO_3 + 2[B(OH)_4]^-$，形成缓冲溶液，硼砂稀溶液的pH≈9.24。

硼砂与氯化铵共热，再用盐酸、热水处理，可以得到白色的固体氮化硼 BN。

$$Na_2B_4O_7 + 2NH_4Cl = 2NaCl + B_2O_3 + 2BN + 4H_2O$$

$$2NaBO_2 + 2H_2O_2 = Na_2H_4B_2O_8 \text{(过硼酸钠)}$$

$$BF_3 + 3H_2O = B(OH)_3 + 3HF \quad BF_3 + HF = H^+ + BF_4^-$$

$$BCl_3 + 3H_2O = B(OH)_3 + 3HCl$$

# 第十二章　s区、p区金属元素简介

## 第一节　碱　金　属

### 一、整体相似性及其结构相关性、同族递变性(表12-1)

(1) 原子的价电子构型为$ns^1$,都是活泼性很高的金属,很易失去电子呈现+1价氧化态。

(2) 单质的密度小,质软,熔点、沸点低,一般做还原剂,主要形成离子化合物,在特定情况下也能形成共价键[如气态的$Na_2$、$Cs_2$,共价化合物$Li_4(CH_3)_4$(图12-1)等]。

表12-1　碱金属的同族递变性(按从上到下的顺序)

| | |
|---|---|
| 单质 | 密度逐渐增大 |
| | 硬度、熔点、沸点逐渐减小 |
| | 熔融态的电极电位逐渐降低 |
| | 活动性逐渐增强 |
| 氢氧化物 | 碱性逐渐增强 |
| | 热稳定性逐渐增强 |

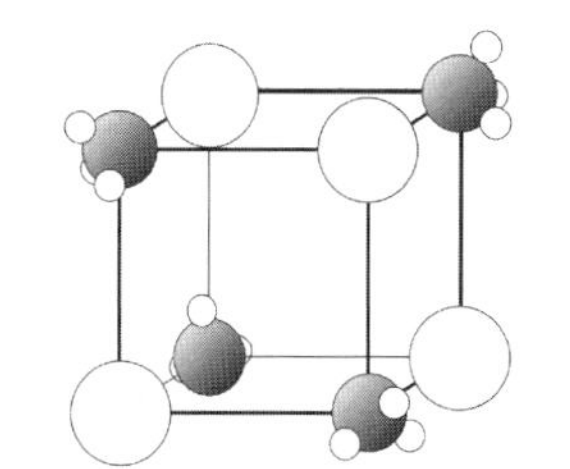

图12-1　$Li_4(CH_3)_4$结构示意图

### 二、特殊性

(1) 锂总体性质更像镁,但其水溶液条件下的电极电位在本族中最低,这是因为其汽化热正常,第一电离能正常,$Li^+$的水化热特别大;锂与水的反应不如钠活泼,这是因为锂单质的熔点高,LiOH微溶于水,覆盖在Li的表面上,对后续反应有阻碍作用。

(2) 密度:$\rho(K)<\rho(Na)$。

(3) 铯是金黄色,其余单质都是密度小(其中钾的密度比水的还要小)、质地柔软的、光亮的银白色金属。

### 三、碱金属能形成多种氧化物(表12-2)

表12-2　碱金属氧化物

| 单质 | 氧化物($M_2O$) | 过氧化物($M_2O_2$) | 超氧化物($MO_2$) | 臭氧化物($MO_3$) |
|---|---|---|---|---|
| Li | √,白色 | 一般× | × | × |
| Na | √,白色 | √,淡黄色 | × | × |
| K | √(间接)淡黄色 | √(间接) | √,顺磁性,橙黄色 | √,顺磁性 |
| Rb | √(间接)亮黄色 | √(间接) | √,顺磁性,深棕色 | √,顺磁性 |
| Cs | √(间接)橙红色 | √(间接) | √,磁性,深黄色 | √,顺磁性 |

在液氨中,超氧化物$MO_2$能形成红色晶体,而臭氧化物$KO_3$则形成橘红色晶体。

臭氧化物、超氧化物都不稳定：$MO_3 \xrightarrow[\triangle]{-O_2} MO_2 \xrightarrow[H_2O]{+H^+} M^+ + H_2O_2 + O_2\uparrow$。臭氧化物、超氧化物都易与硫单质反应形成多硫化物 $M_2S_n$，且多硫化物的稳定性从 Li 到 Cs 逐渐增强。

## 四、碱金属单质的制取

### 1. 电解法

如电解 LiCl、NaCl、$BeCl_2$、$MgCl_2$ 等，但有两点值得关注：

(1) 因为 LiCl、$BeCl_2$ 有明显的共价性，所以必须通过电解共熔物的方法才能完成。

(2) 不能通过电解熔融 KCl 的方法来制取 K，因为易产生 $KO_2$ 和 K 而发生爆炸。

### 2. 金属置换法

如 $KCl + Na \longrightarrow NaCl + K\uparrow$，这是因为 NaCl 晶格能大于 KCl，K 比 Na 易挥发离开体系，能够使得平衡右移。

### 3. 热分解法

$$4KCN \xlongequal{} 4K + 4C + 2N_2\uparrow$$

$$2MN_3 \xlongequal{\triangle} 2M + 3N_2\uparrow \quad (M \xlongequal{} Na、K、Rb、Cs)$$

### 4. 热还原法

$$K_2CO_3 + 2C \xlongequal[\text{真空}]{1\,473\ K} 2K\uparrow + 3CO\uparrow$$

$$2KF + CaC_2 \xlongequal{1\,273 \sim 1\,423\ K} CaF_2 + 2K\uparrow + 2C$$

## 五、碱金属的典型代表——钠(图 12-2、图 12-3)

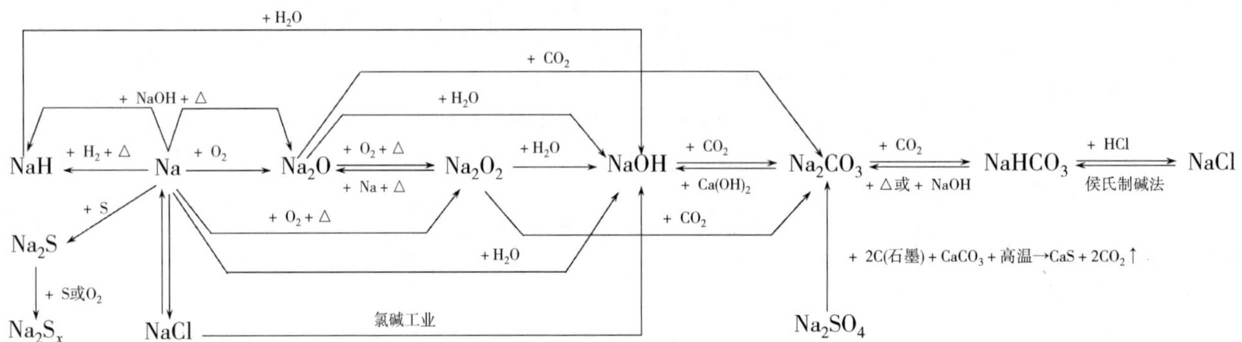


**图 12-2　钠及其常见化合物转化关系图**

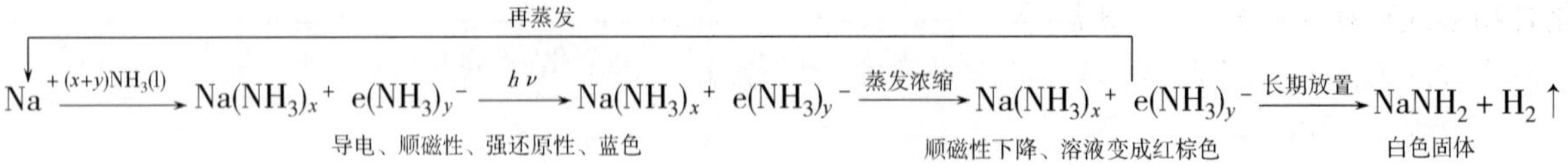

再蒸发

$$Na \xrightarrow{+(x+y)NH_3(l)} Na(NH_3)_x^+ \ e(NH_3)_y^- \xrightarrow{h\nu} Na(NH_3)_x^+ \ e(NH_3)_y^- \xrightarrow{\text{蒸发浓缩}} Na(NH_3)_x^+ \ e(NH_3)_y^- \xrightarrow{\text{长期放置}} NaNH_2 + H_2\uparrow$$

导电、顺磁性、强还原性、蓝色　　顺磁性下降、溶液变成红棕色　　白色固体

**图 12-3　钠形成氨合电子**

$NaHCO_3$(微溶)；$NaBiO_3$(铋酸钠)是难溶于冷水的褐色或浅黄色无定形粉末，是一种为数不多的钠盐沉淀，铋酸钠的生成通常用于钠离子的检验；$NaAc \cdot ZnAc_2 \cdot 3UO_2(Ac)_2 \cdot 6H_2O$(醋酸双氧铀酰锌钠)为柠檬黄色，是另一种为数不多的钠盐沉淀，也可用于钠离子的检验。

## 六、碱金属的钾分族元素——钾、铷、铯(图 12-4)

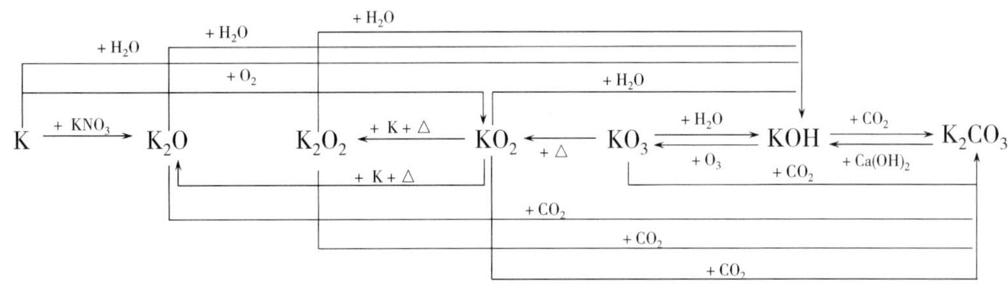


图 12-4　钾及其常见化合物转化关系图

单质的化学性质比钠活泼，通常也只能保存在煤油中。$MClO_4$、$M_2PtCl_6$($K_2PtCl_6$ 为黄色固体)难溶于水。$M_3[Co(NO_2)_6]$(如 $K_3[Co(NO_2)_6]$)也是难溶于水的黄色固体，可用于钾分族离子的鉴定。

## 七、更像碱土金属的锂(图 12-5)

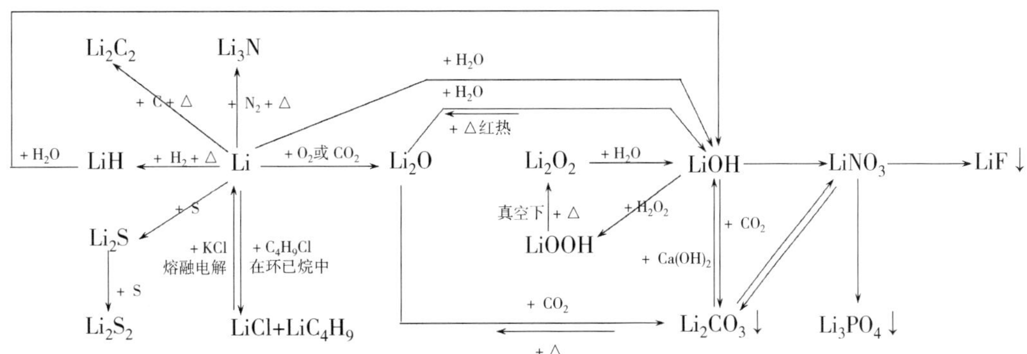


图 12-5　锂及其常见化合物转化关系图

# 第二节　碱土金属

## 一、概况

### 1. 碱土金属原子结构

碱土金属原子的价电子构型为 $ns^2$，易失去 2 个价电子呈+2 氧化态，单质的活泼性稍次于碱金属，只能以化合物形式存在于自然界中，如盐($X^-$、$CO_3^{2-}$、$SiO_3^{2-}$、$SO_4^{2-}$ 等)、氧化物(BeO 等)等。

碱土金属的原子半径略小于同周期的碱金属，但仍然较大，同族中从上到下逐渐增大。

### 2. 碱土金属单质

碱土金属单质都具有金属光泽，都有良好的导电性和延展性，除 Be 和 Mg 外，其他均比较柔软，但它们在密度、熔点、沸点和硬度方面差别较大。

碱土金属单质具有很高的化学活泼性，一般能直接或间接地与非金属元素(如卤素、硫、氧、磷、氮和氢等)形成离子化合物(Be 及 Mg 的卤化物除外)。碱土金属单质均能与水反应放出氢气，但是，Be 和 Mg 由于表面存在致密的氧化膜，从而在水中显得相对稳定。

### 3. 氧化物和氢氧化物

(1) 碱土金属的氧化物比碱金属的氧化物种类要少，多为正常氧化物，少有过氧化物。

(2) 氢氧化物除 $Be(OH)_2$ 呈两性外，其余均为中强碱或强碱。

**4. 盐类**

碱土金属盐的其溶解度与碱金属盐有些差别：碱土金属的碳酸盐、磷酸盐和草酸盐均难溶于水，$BaSO_4$、$BaCrO_4$ 的溶解度亦很小；碱土金属的碳酸盐在常温下均较稳定（$BeCO_3$ 例外），但加热可分解，热稳定性由 Mg 到 Ba 逐渐增强。

## 二、各成员的个性与特殊性

**1. 更像铝的碱土金属**

铍的简单化合物都有毒，$Be^{2+}$ 强烈水解（图 12-6、图 12-7）。

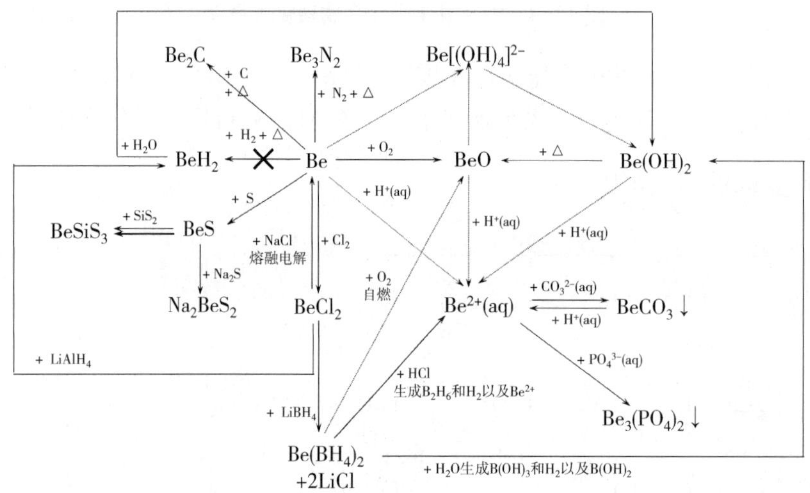


图 12-6 铍及其常见化合物转化关系图

图 12-7 $BeCl_2$ 的结构

$2BeCl_2(l) \rightleftharpoons BeCl_3^-(aq) + BeCl^+(aq)$，电解 $BeCl_2 \sim NaCl$ 共熔盐可以制取金属铍。

**2. 更像锂的碱土金属**

镁及其常见化合物转化关系见图 12-8。

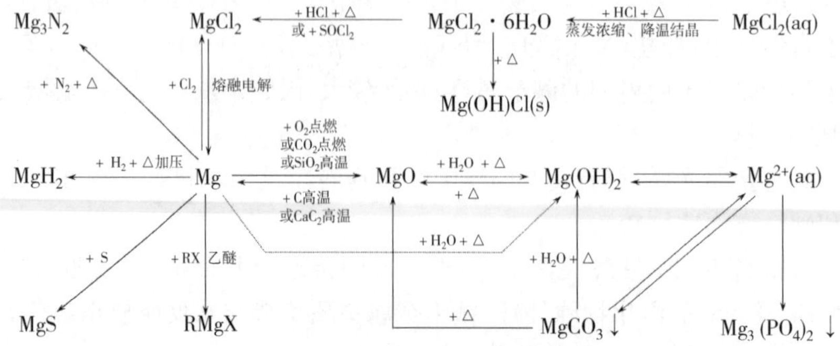


图 12-8 镁及其常见化合物转化关系图

**3. 钙分族**

钙、锶、钡及其常见化合物转化关系见图 12-9。

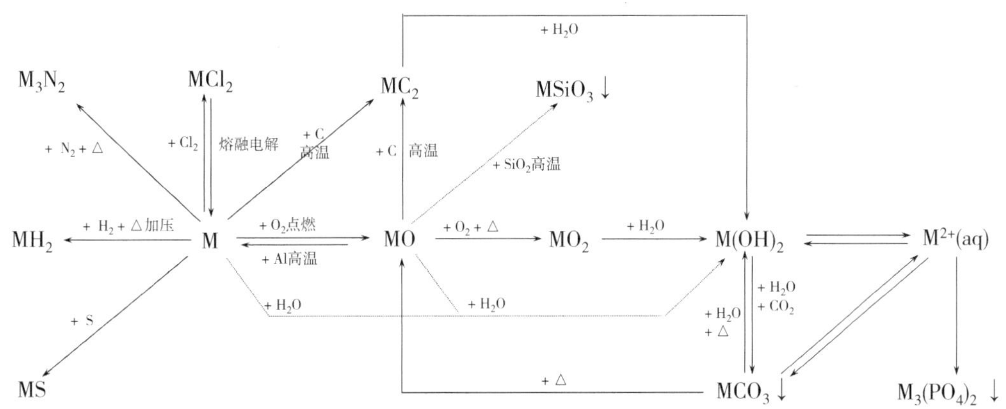


**图 12-9　钙、锶、钡及其常见化合物转化关系图**

$2CaSO_4 \cdot H_2O$(熟石膏)$+3H_2O$ ══ $2[CaSO_4 \cdot 2H_2O]$(生石膏)

$CaC_2O_4$ 难溶于水，常用于 $Ca^{2+}$ 的检验或 $H_2C_2O_4$、$Ca^{2+}$ 含量的测定。

氰氨基化钙 $CaCN_2$ 即 CaNCN 是白色或淡黄色粉末，结构可表示为 $Ca^{2+}[N=C=N]^{2-}$，常用作氮肥。

$CaCN_2+3H_2O$ ══ $CaCO_3+2NH_3$，其合成方法一般是在 1 000℃的电炉中：$CaC_2+N_2$ ══ $CaCN_2+C$。

733～793 K 时，$2BaO+O_2$ ══ $2BaO_2$；$BaO_2+H_2SO_4$ ══ $BaSO_4\downarrow+H_2O_2$。

**提示资料**：离子型盐类的溶解性规律(参阅"离子极化"相关理论)

阴阳离子半径大小越近→晶格能越大→溶解度越小(即"大大"的难溶、"小小"的难溶！)

$Na[Sb(OH)_6]$、$NaZn(UO_2)_3(CH_3COO)_9 \cdot 6H_2O$、$K_2[PtCl_6]$、$K[B(C_6H_5)_4]$等都是"大大"的难溶的典范，而 LiF 则是"小小"的难溶的典范。

因为大部分阴离子的半径大于大部分阳离子的半径，所以：

① 阴离子相同时，阳离子电荷越少、半径越大、离子势越小、溶解度越大，如 $S(KF)>S(CaF_2)$；

② 阴离子半径较大时，相同电荷数的阳离子原子序数越大、半径越大、溶解度 $S$ 越小，如：

$S(Li_2SO_4)>S(Cs_2SO_4)$，$S(BeSO_4)>S(BaSO_4)$；

$S(Li_2CrO_4)>S(Cs_2CrO_4)$，$S(BeCrO_4)>S(BaCrO_4)$；

$S(LiI)>S(CsI)$，$S(BeI_2)>S(BaI_2)$。

③ 阴离子半径较小时，相同电荷数的阳离子原子序数越大、半径越大、溶解度越大，如：

$S(LiF)<S(CsF)$，$S(BeF_2)<S(BaF_2)$；

$S(LiOH)<S(CsOH)$，$S[Be(OH)_2]<S[Ba(OH)_2]$。

# 第三节　铝分族元素

## 一、结构知识

**1. 氧化铝 $Al_2O_3$ 有多种晶体类型**

(1) $\gamma$-$Al_2O_3$：$O^{2-}$ 以 ccp 堆积，$Al^{3+}$ 不规则地填入八面体空隙和四面体空隙(有空缺)，有活性。

(2) $\alpha$-$Al_2O_3$：$O^{2-}$ 以 hcp 堆积，$Al^{3+}$ 有序填入八面体空隙(有 1/3 的八面体空隙空缺)，稳定。

**2. 冰晶石($Na_3AlF_6$)**

$F^-$ 半径小，可以与 $Al^{3+}$ 形成 6 配位，而其他卤离子则只能与 $Al^{3+}$ 形成 $AlX_4^-$ 离子。

**3. 氯化铝**

气态时存在 $Al_2Cl_6$ 双聚分子。

(1) 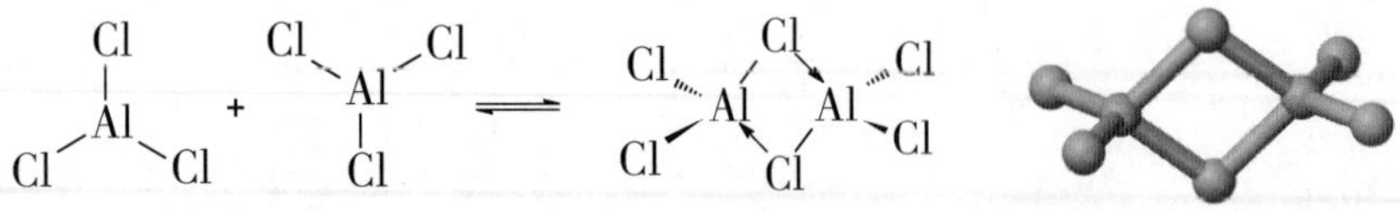 $AlCl_3 + AlCl_3 \rightleftharpoons Al_2Cl_6$

(2) 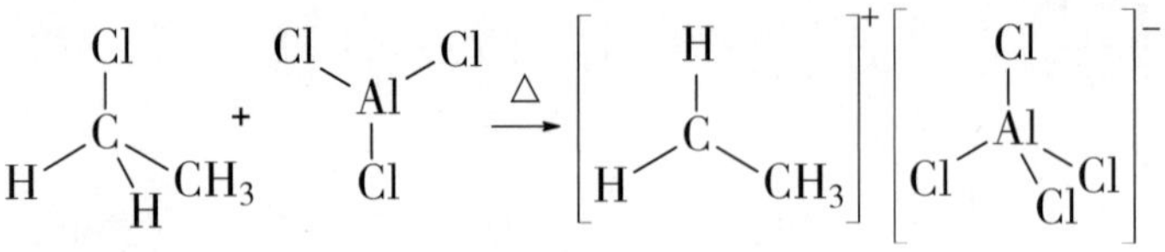 $CH_3CHCl$-$H$ + $AlCl_3$ $\xrightarrow{\triangle}$ $[CH_3CH_2]^+[AlCl_4]^-$

**4. 氢氧化铝**

$$6H_2O + 4\,Al(OH)_3 \rightleftharpoons [Al(OH_2)_6]^{3+} + 3[Al(OH)_4]^-$$

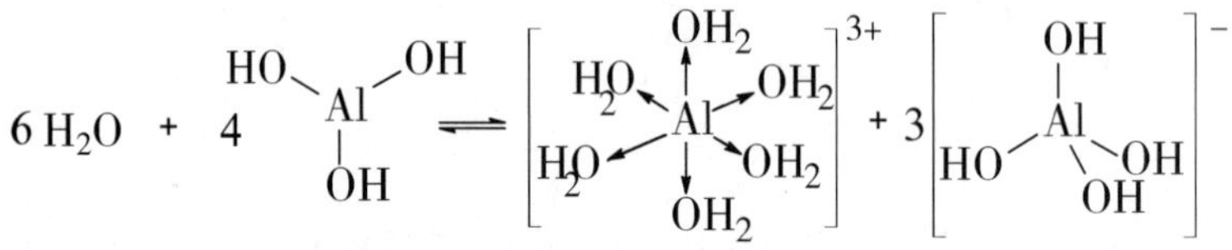

## 二、铝及其常见化合物的相互转化关系图(图 12-10)

$4Al + 3TiO_2 + 3C = 2Al_2O_3 + 3TiC$

$Al_2O_3 + 3C + 3Cl_2 = 2AlCl_3 + 3CO$

$Al_2O_3 + N_2 + 3H_2 = 2AlN + 3H_2O$

(本书略去"镓分族"相关内容)

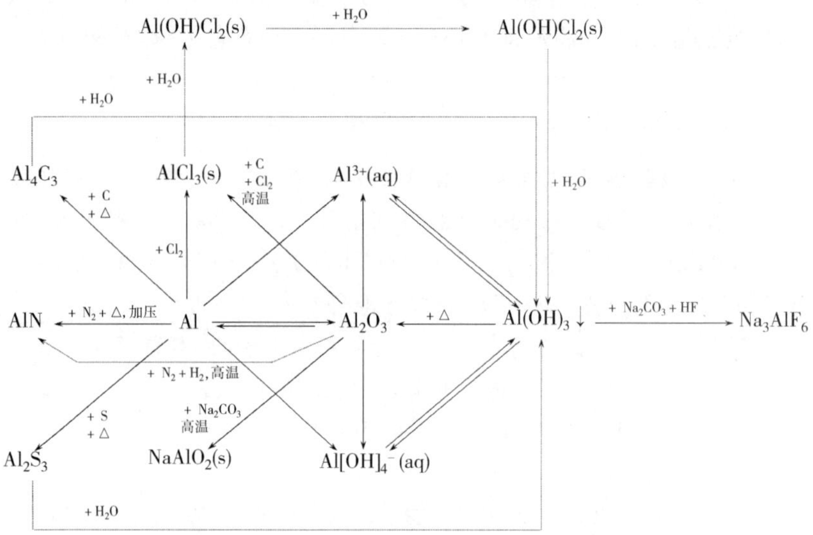

图 12-10　铝及其常见化合物转化关系图

# 第四节　锗　分　族

## 一、锗分族的价态(表 12-3)

表 12-3　锗分族的价态

| 0 | +2 | +4 |
|---|---|---|
| Ge | 有强还原性,易被氧化 | 稳定 |
| Sn | 有强还原性,易被氧化 | 有弱氧化性 |
| Pb | 稳定 | 有强氧化性,易被还原 |

## 二、锗分族的单质(都是两性金属)(表 12-4)

表 12-4 锗分族的单质

| 单质 | 与强碱 | 与稀 $H_2SO_4$ | 与稀 HCl | 与浓 HCl | 与稀 $HNO_3$ | 与浓 $H_2SO_4$(△) | 与浓 $HNO_3$ |
|---|---|---|---|---|---|---|---|
| Ge | $+H_2O_2+OH^- \longrightarrow Ge(OH)_6^{2-}$ | — | — | — | — | $H_2GeO_3(s)+SO_2$ | $H_2GeO_3(s)+NO_2$ |
| Sn | $Sn(OH)_4^{2-}+H_2\uparrow$ | — | $SnCl_2(aq)+H_2$ | $[SnCl_4]^{2-}(aq)+H_2$ | $Sn(NO_3)_2+NO$ | $Sn(SO_4)_2+SO_2$ | $H_2SnO_3(s)+NO_2$ |
| Pb | $Pb(OH)_4^{2-}+H_2\uparrow$ | $PbSO_4(s)+H_2$ | $PbCl_2(s)+H_2$ | $[PbCl_3]^-(aq)+H_2$<br>$[PbCl_4]^{2-}(aq)+H_2$ | $Pb(NO_3)_2+NO$ | $PbHSO_4+SO_2$ | 钝化 |

$$Ge(s)+4HNO_3(aq)+6HF(aq) = H_2[GeF_6](aq)+4NO_2(g)+4H_2O(l)$$

$$2Pb(s)+O_2(g)+4CH_3COOH(aq) = 2H_2O(l)+2\ Pb(CH_3COO)_2(aq)$$

$Pb(CH_3COO)_2$ 是一种易溶于水、难电离的弱电解质,经浸泡晾干后制成白色试纸用于 $H_2S$ 气体的检测。

## 三、锗分族的氧化物(表 12-5)

表 12-5 锗分族的氧化物

| | MO | $MO_2$ |
|---|---|---|
| Ge | 黑色固体(两性) | 白色固体(弱酸性) |
| Sn | 黑色固体(两性略偏碱性) | 白色固体(两性偏酸性) |
| Pb | 黄或黄红色固体(两性偏碱性) | 棕黑色固体(两性略偏酸性) |

## 四、铅的氧化物(表 12-6)

表 12-6 铅的氧化物

| PbO | $PbO\cdot PbO_2$ | $2PbO\cdot PbO_2$ | $PbO_2$ |
|---|---|---|---|
| 黄色(密陀僧) | 黄色 | 红色(铅丹) | 黑色 |

Pb(Ⅳ)有强氧化性,例如:

$$PbO_2(s)+4HCl(aq) = PbCl_2(aq)+Cl_2(g)+2H_2O(l)$$

$$5PbO_2(s)+2Mn^{2+}(aq)+4H^+(aq) = 5Pb^{2+}(aq)+2MnO_4^-(aq)+2H_2O(l)$$

## 五、锗分族的卤化物(表 12-7)

表 12-7 锗分族的卤化物

| 0 | +2 | +4 |
|---|---|---|
| Ge | — | $GeCl_4(aq)+2H_2O(l) \rightleftharpoons GeO_2(s)+4HCl(aq)$ |
| Sn | (1) $SnCl_2$ 易水解,生成 Sn(OH)Cl<br>(2) $SnCl_2$ 能被空气中的氧气氧化成 $SnCl_4$<br>$SnCl_2(aq)+2HgCl_2(aq) = SnCl_4(aq)+Hg_2Cl_2(s)$<br>$SnCl_2(aq)+Hg_2Cl_2(s) = SnCl_4(aq)+2Hg(l)$ | (1) $SnCl_4(aq)+2H_2O(l) = SnO_2(s)+4HCl(aq)$<br>(2) $SnCl_4(aq)+2HCl(aq) = H_2SnCl_6(aq)$<br>(3) $SnCl_4+Sn = 2SnCl_2$ |
| Pb | $PbCl_2(s)+2Cl^-(aq) = PbCl_4^{2-}(aq)$ | $PbCl_4(l) = PbCl_2(s)+Cl_2(g)$ |

$Pb^{2+}+H_2S = 2H^++PbS\downarrow$(黑色)

$Pb(CH_3COO)_2+H_2S = 2CH_3COOH+PbS\downarrow$(黑色)[$Pb(CH_3COO)_2$ 试纸可用于 $H_2S$ 的检验]

# 第五节 砷、锑、铋

## 一、砷、锑、铋概况(表 12-8、图 12-11、图 12-12)

表 12-8 砷、锑、铋概况

| | E | | $EH_3$ | | E(+3) | | | $E_2O_5$ | | |
|---|---|---|---|---|---|---|---|---|---|---|
| | 熔点/℃ | 化学性质 | 物理性质 | 化学性质 | $E_2O_3$ | $E^{3+}$ | $E(OH)_3$ | 性质 | 对应的水化物 | 对应的含氧酸盐 |
| As | 817 | 两性 | 无色有毒↑ 有大蒜气味 | 250～300℃分解 | 砒霜、剧毒 两性偏酸 | — | $H_3AsO_3$ 两性偏弱酸性 | 酸性 | $H_3AsO_4$ 弱酸 | $Na_3AsO_4$ |
| Sb | 630.6 | 金属 | 无色有毒↑ | 室温下分解 | 两性 | $Sb^{3+} \longrightarrow SbO^+$ | $Sb(OH)_3$ 两性偏弱碱性 | 酸性 | $H[Sb(OH)_6]$ 弱酸 | $Na[Sb(OH)_6]\downarrow$ $K[Sb(OH)_6]\downarrow$ |
| Bi | 271.4 | 金属 | 无色有毒↑ | −45℃开始分解 | 碱性 | $Bi^{3+} \longleftrightarrow BiO^+$ | $Bi(OH)_3$ 碱性 | — | — | $NaBiO_3$ 微溶 |

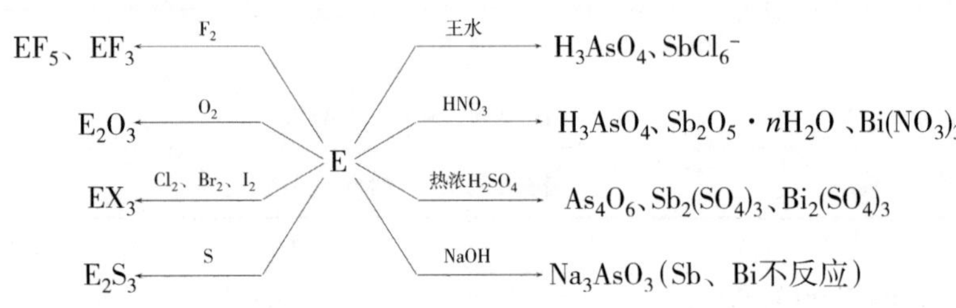


图 12-11 锑、铋单质的主要性质

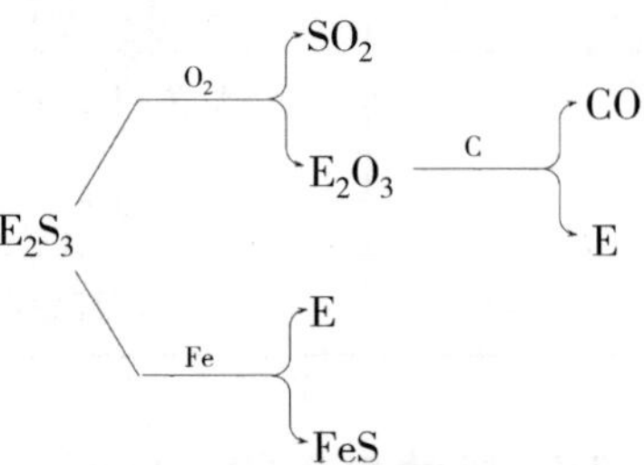


图 12-12 锑、铋单质的工业制备

## 二、砷、锑、铋氢化物简介

**1. 主要性质**

(1) 很难形成 $AsH_4^+$,未发现存在 $SbH_4^+$、$BiH_4^+$,仅在低温下:$AsH_3(g)+HI(g)=\!=\!=AsH_4I(s)$。

(2) 热稳定性差

其中,300℃左右的无氧条件下:

$2AsH_3(g)=\!=\!=3H_2(g)+2As(s)$(有金属光泽的砷镜)马氏试砷法

$2SbH_3(g)=\!=\!=3H_2(g)+2Sb(s)$(有金属光泽的锑镜)

(3) 有较强的还原性

① 能自燃,如:$2AsH_3(g)+3O_2(g)=\!=\!=As_2O_3(s)+3H_2O(l)$。

② 能与 $KMnO_4$、$HNO_3$、浓 $H_2SO_4$、$AgNO_3$ 等氧化剂发生反应。

其中,$2AsH_3(g)+12AgNO_3(aq)+6H_2O(l)=\!=\!=2H_3AsO_4(aq)+12HNO_3(aq)+12Ag(s)$ 古氏试砷法

灵敏度:马氏试砷法<古氏试砷法

**2. 制备方法**

(1) $Mg_3E_2(s)+6HCl(aq)=\!=\!=3MgCl_2(aq)+2EH_3(g)$

(2) $Na_3As(s)+3H_2O(l)=\!=\!=3NaOH(aq)+AsH_3(g)$

(3) $As_2O_3(s)+6H_2SO_4(aq)+6Zn(s)=\!=\!=6ZnSO_4(aq)+3H_2O(l)+2AsH_3(g)$

所以,吸入“含砷锌”与稀硫酸反应制取的“氢气”是非常危险的!

# 第十三章　ds区、d区金属元素简介

## 第一节　概　　况

### 一、本区元素原子的基态电子构型

表13-1为ds区、d区元素原子的基态电子构型，特例较多，这是因为电子层数越多，挤压效应、相对论效应愈加明显，导致4d与5s、5d与6s之间的能量差比第一过渡系的3d与4s之间的能量差更小，所以4d与5s、5d与6s之间的能级交错现象更加复杂。

**表13-1　ds区、d区元素原子的基态电子构型**

| ⅢB | ⅣB | ⅤB | ⅥB | ⅦB | Ⅷ | | | ⅠB | ⅡB |
|---|---|---|---|---|---|---|---|---|---|
| $_{21}Sc$ $3d^1 4s^2$ | $_{22}Ti$ $3d^2 4s^2$ | $_{23}V$ $3d^3 4s^2$ | $_{24}Cr$ $3d^5 4s^1$ | $_{25}Mn$ $3d^5 4s^2$ | $_{26}Fe$ $3d^6 4s^2$ | $_{27}Co$ $3d^7 4s^2$ | $_{28}Ni$ $3d^8 4s^2$ | $_{29}Cu$ $3d^{10} 4s^1$ | $_{30}Zn$ $3d^{10} 4s^2$ |
| $_{39}Y$ $4d^1 5s^2$ | $_{40}Zr$ $4d^2 5s^2$ | $_{41}Nb$ $4d^4 5s^1$ | $_{42}Mo$ $4d^5 5s^1$ | $_{43}Tc$ $4d^5 5s^2$ | $_{44}Ru$ $4d^7 5s^1$ | $_{45}Rh$ $4d^8 5s^1$ | $_{46}Pd$ $4d^{10} 5s^0$ | $_{47}Ag$ $4d^{10} 5s^1$ | $_{48}Cd$ $4d^{10} 5s^2$ |
| $_{57}La$ $5d^1 6s^2$ | $_{72}Hf$ $5d^2 6s^2$ | $_{73}Ta$ $5d^3 6s^2$ | $_{74}W$ $5d^4 6s^2$ | $_{75}Re$ $5d^5 6s^2$ | $_{76}Os$ $5d^6 6s^2$ | $_{77}Ir$ $5d^7 6s^2$ | $_{78}Pt$ $5d^9 6s^1$ | $_{79}Au$ $5d^{10} 6s^1$ | $_{80}Hg$ $5d^{10} 6s^2$ |

### 二、本区元素水合离子以及含氧酸根的颜色

ds区、d区元素水合离子的颜色见表13-2。

某些常见酸根离子的颜色：$CrO_4^{2-}$ 黄色；$Cr_2O_7^{2-}$ 橙色；$MnO_4^{2-}$ 绿色；$MnO_4^-$ 紫红色。

物质的颜色与电子的跃迁、回落及其过程中的能量吸收与释放有关。

单电子较多的水合离子，电子的跃迁、回落能差较小，也就容易发生跃迁、回落，所以一般都显示鲜艳的色彩，如 $V^{3+}$、$Cr^{3+}$；$d^5$ 结构半满，相对稳定，电子的跃迁、回落能差较大，较少发生跃迁、回落，所以其水合离子几乎无色或颜色很浅，如 $Mn^{2+}$ 为很淡的粉红色；没有单电子的水合离子是无色的，如 $d^0$ 的 $Sc^{3+}$、$Cu^+$。

而像 $VO_3^-$、$CrO_4^{2-}$、$MnO_4^-$ 这样的含氧酸根离子，其中心离子都是 $d^0$ 电子构型，按理来说应该是无色的，事实上却分别为明显的黄色、橙色、紫色，这样的结果是另有原因的——通常被称为“荷移跃迁”。具体来说，就是在这些含氧酸根离子中，受“高氧化态中心离子强离子势”的影响，配体 $O^{2-}$ 上的电子能够发生从 $O^{2-}$ 到高氧化态中心离子的跃迁，这种跃迁对光子有很强的吸收能力，而且，中心离子的离子势越强，这种迁移越容易，所需吸收光的能量越低，光的波长越长、波数就越低，显色光的

**表13-2　ds区、d区元素水合离子的颜色**

| 电子构型 | 未成对电子数 | 阳离子 | 水合离子颜色 |
|---|---|---|---|
| $3d^0$ | 0<br>0 | $Sc^{3+}$<br>$Ti^{4+}$ | 无色<br>无色 |
| $3d^1$ | 1<br>1 | $Ti^{3+}$<br>$V^{4+}$ | 紫色<br>蓝色 |
| $3d^2$ | 2 | $V^{3+}$ | 绿色 |
| $3d^3$ | 3<br>3 | $V^{2+}$<br>$Cr^{3+}$ | 紫色<br>紫色 |
| $3d^4$ | 4<br>4 | $Mn^{3+}$<br>$Cr^{2+}$ | 紫色<br>蓝色 |
| $3d^5$ | 5<br>5 | $Mn^{2+}$<br>$Fe^{3+}$ | 肉色<br>浅紫色 |
| $3d^6$ | 4 | $Fe^{2+}$ | 绿色 |
| $3d^7$ | 3 | $Co^{2+}$ | 粉红色 |
| $3d^8$ | 2 | $Ni^{2+}$ | 绿色 |
| $3d^9$ | 1 | $Cu^{2+}$ | 蓝色 |
| $3d^{10}$ | 0 | $Zn^{2+}$ | 无色 |

波长越短、波数就越高。

## 三、本区元素的离子以及多数原子形成配合物的能力

本区元素的离子以及多数原子都具有较强的形成配合物的能力。这是因为：

本区元素的离子的$(n-1)d\ ns\ np$共有9个轨道，其中很多是空轨道，所以非常有利于形成各种成键能力较强的杂化轨道。

$(n-1)d$轨道电子屏蔽能力较弱，原子核的有效核电荷数较大，所以相关离子的极化能力较强。

$(n-1)d^{10}\ ns^2\ np^6$类的18电子构型的变形性也较大。

在水溶液或晶体中，所有第一过渡系金属的+Ⅲ和+Ⅱ氧化态的配合物，通常都是6配位或4配位的，因此，其在化学性质方面也具有一定的相似性。

## 四、本区元素化合物的磁性

物质的磁性一般主要是由电子的自旋以及电子的绕核运动产生的，单电子越多，其顺磁性越强；不具有单电子的物质则一般是反磁性的。本区元素的原子中一般都有未成对的d电子，所以其化合物多是顺磁性的。

# 第二节 铜 分 族

## 一、铜副族元素的基本性质

ⅠA、ⅠB两族元素的比较见表13-3。

**表13-3 ⅠA、ⅠB两族元素的简单比较**

| | ⅠA | ⅠB |
|---|---|---|
| 特征电子构型 | $(n-1)d^{10}ns^1$ | $(n-1)d^{10}ns^1$ |
| 原子半径 | 较大 | 较小 |
| 第一电离势 | 较小 | 较大 |
| 单质的熔点、沸点、硬度、密度 | 均较低、属于轻金属 | 均较高、属于重金属 |
| 单质的延展性、导热性和导电性 | 较好 | 很好 |
| 单质的标准电极电势 | $<0$ | $>0$ |
| 单质的化学活动性 | 极活泼<br>在空气中极易被氧化<br>能与水剧烈反应<br>同族内活性自上而下增大 | 不活泼<br>在空气中比较稳定<br>几乎不能与水反应<br>同族内活性自上而下减小 |
| 氧化态 | 只有+1一种，很难被还原 | 有+1、+2、+3等三种，容易被还原 |
| 水合离子 | 一般是无色的 | 大多数显颜色 |
| 化合物 | 多数是离子型化合物<br>氢氧化物都是极强的碱<br>且非常稳定 | 化合物有相当程度的共价性<br>氢氧化物碱性较弱<br>且不稳定，易脱水形成氧化物 |
| 形成配合物的情况 | 一般很难成为配合物的形成体 | 有很强的配合能力 |

铜族元素包括铜、银、金，属于ⅠB族元素，位于周期表中的ds区。

**1. 为什么金属活动性ⅠA远远强于ⅠB**

8电子构型的屏蔽效应远远强于18电子构型的屏蔽效应，ⅠA的有效核电荷数$Z^*$远远弱于ⅠB的有效核电荷数$Z^*$，ⅠA原子核对最外层s电子的引力远远弱于ⅠB原子核对最外层s电子的引力。

**2. 为什么Cu(+Ⅰ)在高温下稳定而Cu(+Ⅱ)在常温下的水溶液中稳定**

$Cu^{2+}$的半径更小，带电荷更多，离子势更大，Cu(+Ⅱ)的水化能>Cu的第二电离能$I_2$>Cu(+Ⅰ)的水

化能，高温下不存在离子的水合问题，$Cu^{+}$ 的电子构型为 $3d^{10}4s^{0}$，而 $Cu^{2+}$ 的电子构型为 $3d^{9}4s^{0}$。

**3. 为什么 Ag(＋Ⅰ)稳定、而 Ag(＋Ⅱ)不稳定**

$Ag^{+}$ 和 $Ag^{2+}$ 的半径明显＞$Cu^{+}$ 的半径，$Ag^{+}$ 和 $Ag^{2+}$ 的离子势较小，Ag 的第二电离能 $I_2$＞Ag(＋Ⅱ)的水化能＞Ag(＋Ⅰ)的水化能，$Ag^{+}$ 的电子构型为 $4d^{10}5s^{0}$（$4d^{10}$ 具有较高的稳定性），而 $Ag^{2+}$ 的电子构型为 $4d^{9}5s^{0}$。

**4. 为什么 Au 特别稳定、但也能形成 Au(＋Ⅲ)**

(1) 6s 惰性电子效应（不仅能钻穿 5d，还能钻穿 4f 电子的屏蔽，能量下降明显）。

(2) 离子半径：$Au^{+}$＞$Au^{2+}$＞$Ag^{+}$，相对更有可能失去第 3 个电子。

(3) $d^8$ 离子的平面正方形结构具有较高的晶体场稳定化能（详细内容请参阅其他相关资料）。

## 二、铜、银、金及其化合物

铜及其化合物的转化见图 13-1～图 13-3。

$$3F_2 + 3KCl + 5CuCl \xrightarrow{250℃} 4CuCl_2 + K_3CuF_6 \text{(绿色)}$$

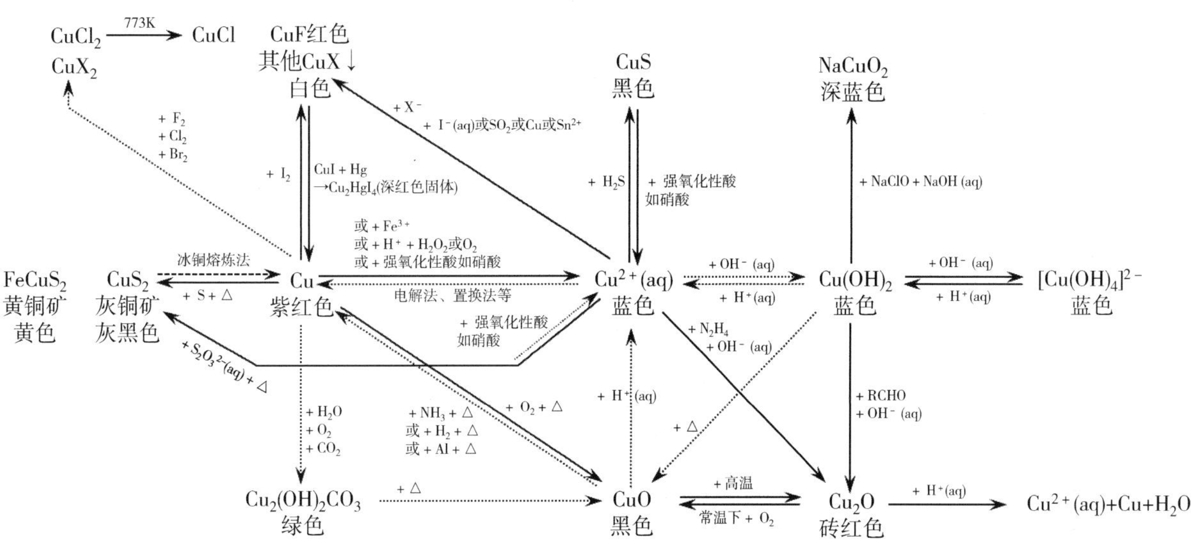


图 13-1 铜的基础知识框图

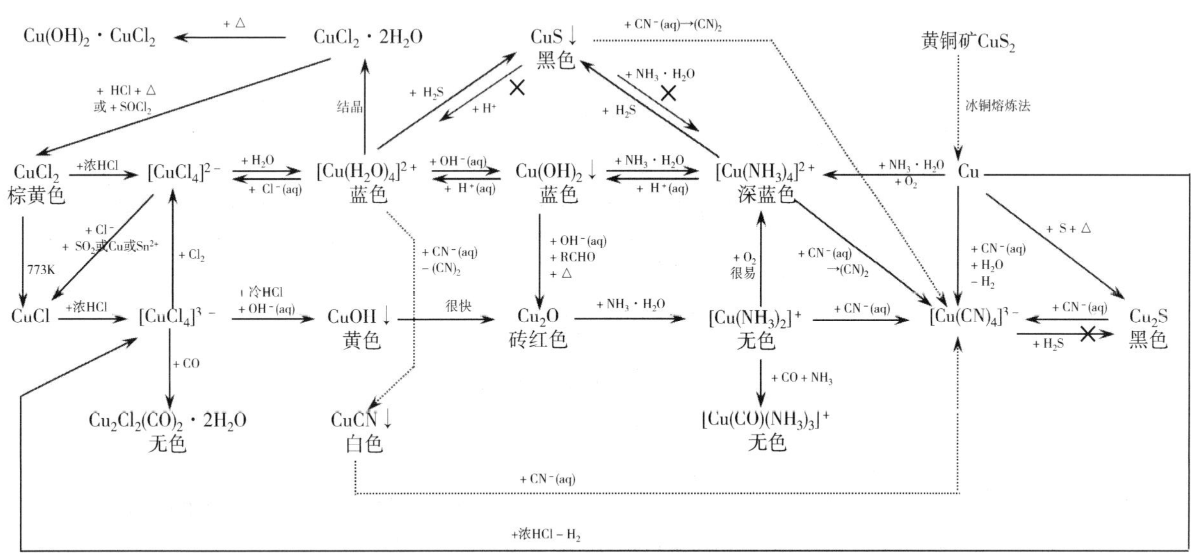


图 13-2 铜的配位化合物

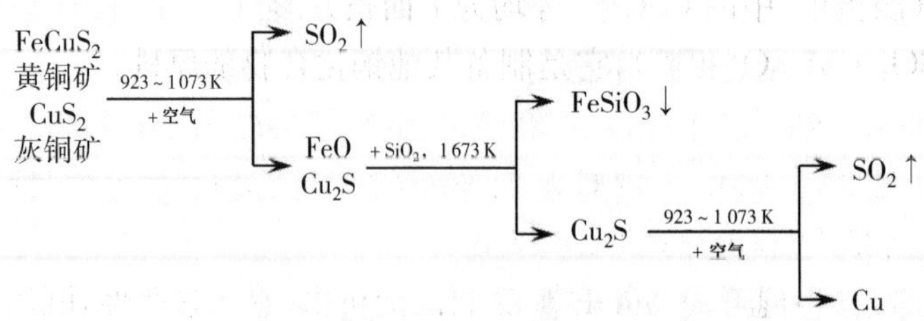


图 13-3　冰铜法工艺流程简图

**1. 铜、银和金**

铜族元素的化学活性从 Cu 至 Au 降低,主要表现在与空气中氧的反应和与酸的反应上(表 13-4)。

表 13-4　铜族元素化学活性对照表

| | 在纯净干燥的空气中 | 加热时 | 在含有 $CO_2$ 的潮湿空气中久置 |
|---|---|---|---|
| Cu | 很稳定 | $2Cu+O_2 = 2CuO$ | $2Cu+O_2+H_2O+CO_2 = Cu(OH)_2\cdot CuCO_3$ |
| Ag | 很稳定 | 不反应 | 不反应 |
| Au | 很稳定 | 不反应 | 不反应 |

金不与硫直接反应,铜、银可以被硫腐蚀,特别是银对硫及硫化物($H_2S$)极为敏感,这是银器暴露在含有这些物质的空气中生成一层 $Ag_2S$ 的黑色薄膜而使银失去白色光泽的主要原因。

$$4Ag+2H_2S+O_2 = 2Ag_2S+2H_2O$$(原因:$Ag^+$ 属于软酸、$S^{2-}$ 属于软碱)

铜在常温下就能与卤素反应,银反应很慢,金必须加热才能与干燥的卤素起反应。铜、银、金都不能与稀盐酸或稀硫酸作用放出氢气,但在有空气存在时,铜可以缓慢溶解于稀酸中,铜还可溶于热的浓盐酸中。

$$2Cu+4HCl+O_2 = 2CuCl_2+2H_2O$$

$$2Cu+2H_2SO_4+O_2 = 2CuSO_4+2H_2O$$

$$2Cu+8HCl(浓) \xlongequal{\triangle} 2H_3[CuCl_4]+H_2\uparrow$$

铜和银溶于硝酸或热的浓硫酸,而金只能溶于王水(这时 $HNO_3$ 做氧化剂,HCl 做配位剂)。

$$Au+4HCl+HNO_3 = HAuCl_4+NO\uparrow+2H_2O$$

**2. 铜的化合物**

(1) Cu(I) 的化合物

在酸性溶液中 $Cu^+$ 易于歧化,因而 $Cu^+$ 不能在酸性溶液中稳定存在。

$$2Cu^+ \rightleftharpoons Cu+Cu^{2+}\quad K=1.2\times10^6(293\ K)$$

但必须指出,$Cu^+$ 在高温及固态时比 $Cu^{2+}$ 稳定。

$Cu_2O$ 和 $Ag_2O$ 都是共价型化合物,不溶于水。$Ag_2O$ 在 573 K 分解为银和氧;而 $Cu_2O$ 对热稳定。

CuOH 和 AgOH 均很不稳定,很快分解为 $M_2O$。

用适量的还原剂(如 $SO_2$、$Sn^{2+}$、Cu 等)在相应的卤素离子存在下还原 $Cu^{2+}$ 可制得 CuX。

$$Cu^{2+}+2Cl^-+Cu \xlongequal{\triangle} 2CuCl\downarrow(白) \xlongequal{浓\ HCl(aq)} H[CuCl_2]或\ H_3[CuCl_4]$$

$$2Cu^{2+}+4I = 2CuI\downarrow(白)+I_2$$

$Cu^+$ 为 $d^{10}$ 型离子,具有空的外层 s、p 轨道,能和 $NH_3$、$X^-$($F^-$ 除外)、$CN^-$、$S_2O_3^{2-}$、$P_2O_7^{4-}$ 等配体形成稳定程度不同的配离子。

无色的$[Cu(NH_3)_2]^+$在空气中易被氧化成深蓝色的$[Cu(NH_3)_4]^{2+}$。

(2) Cu(+Ⅱ)的化合物

+2 氧化态是铜的特征氧化态,$Cu^{2+}$ 为 $d^9$ 构型,易形成配合物且绝大多数配离子为四短两长键的细长八面体,有时干脆成为平面正方形结构,如$[Cu(H_2O)_4]^{2+}$(蓝色)、$[Cu(NH_3)_4]^{2+}$(深蓝色)、$[Cu(en)_2]^{2+}$

(深蓝紫)、$(NH_4)_2CuCl_4$(淡黄色)中的 $CuCl_4^{2-}$ 等均为平面正方形。

最常见的铜盐是 $CuSO_4 \cdot 5H_2O$(胆矾),它是制备其他铜化合物的原料。

$$Cu^{2+} + H_2S \longrightarrow CuS\downarrow + 2H^+$$

由于 $Cu^{2+}$ 有一定的氧化性,所以 $Cu^{2+}$ 或 CuS 与还原性阴离子,如 $I^-$、$CN^-$ 等发生反应生成较稳定的 CuI 及 $[Cu(CN)_2]^-$,而不是 $CuI_2$ 和 $[Cu(CN)_4]^{2-}$。

在 $Cu^{2+}$ 溶液中加入强碱,即有蓝色 $Cu(OH)_2$ 絮状沉淀析出,它微显两性,既溶于酸也能溶于浓 NaOH 溶液,形成蓝紫色 $[Cu(OH)_4]^{2-}$。

$$Cu(OH)_2 + 2OH^- \longrightarrow [Cu(OH)_4]^{2-}$$

$Cu(OH)_2$ 加热脱水变为黑色 CuO。

在碱性介质中,$Cu(OH)_2$ 可被含醛基的葡萄糖还原成红色的 $Cu_2O$,用以检验糖尿病。

**3. 银的化合物**

银及其常见化合物的相互转化关系见图 13-4。绝大多数氧化态为+1 的银盐难溶于水(只有 $AgNO_3$、AgF 和 $AgClO_4$ 等少数几种盐可溶于水且非常特殊的是 $AgClO_4$ 和 AgF 的溶解度高得惊人,298 K 时分别为 5 570 g·L$^{-1}$ 和 1 800 g·L$^{-1}$)。

Cu(Ⅰ)不存在硝酸盐,而 $AgNO_3$ 却是一种很重要的试剂。

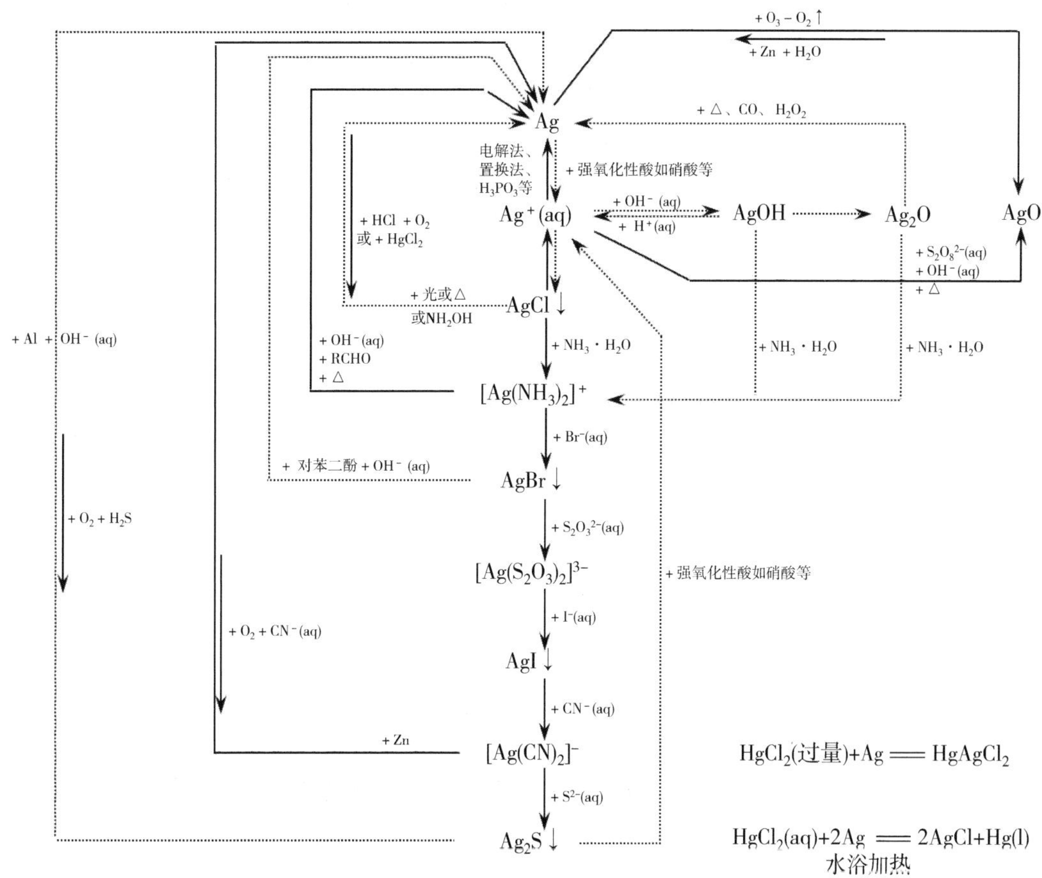


**图 13-4 银及其常见化合物的相互转化关系图**

固体 $AgNO_3$ 及其溶液都是氧化剂[$\varepsilon^\ominus(Ag^+/Ag) = 0.799$ V],可被氨、联氨、亚磷酸等还原成 Ag。

$$2NH_2OH + 2AgNO_3 \longrightarrow N_2\uparrow + 2Ag\downarrow + 2HNO_3 + 2H_2O$$

$$N_2H_4 + 4AgNO_3 \longrightarrow N_2\uparrow + 4Ag\downarrow + 4HNO_3$$

$$H_3PO_3 + 2AgNO_3 + H_2O \longrightarrow H_3PO_4 + 2Ag\downarrow + 2HNO_3$$

$Ag^+$ 和 $Cu^{2+}$ 相似,形成配合物的倾向很大,把难溶银盐转化成配合物是溶解难溶性银盐的重要方法。

$Ag_2O_2$(通常简写为 AgO)的实际组成为 Ag(Ⅰ)Ag(Ⅲ)$O_2$。

**4. 金的化合物**

金及其常见化合物的相互转化关系见图 13-5。

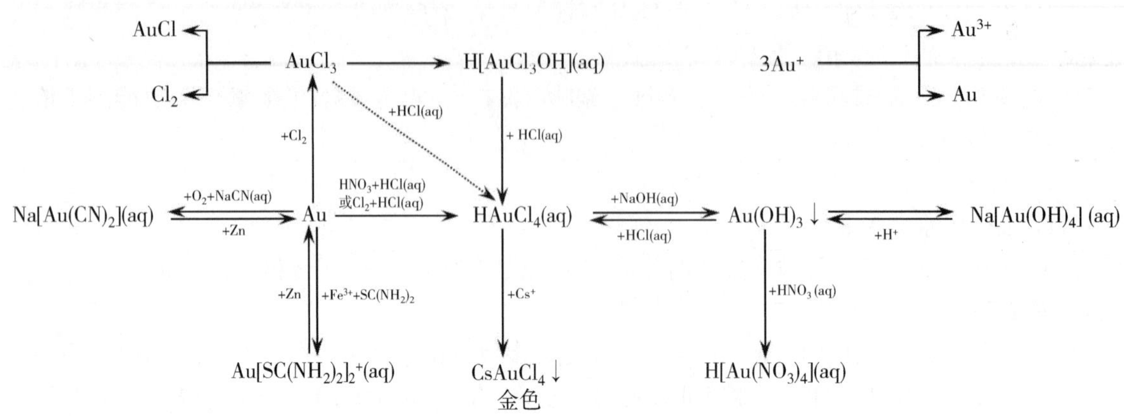


**图 13-5　金及其常见化合物的相互转化关系图**

Au(Ⅲ)化合物最稳定，$Au^+$像 $Cu^+$一样容易发生歧化反应，298 K 时反应的平衡常数为 $1\times10^{13}$。

$$3Au^+ \rightleftharpoons Au^{3+} + 2Au$$

可见 $Au^+$在水溶液中不能存在，$Au^+$像 $Ag^+$一样，容易形成二配位的配合物，例如$[Au(CN)_2]^-$。

在最稳定的+3 氧化态的化合物中有氧化物、硫化物、卤化物及配合物。$Au^{3+}$与碱溶液作用产生一种沉淀物，这种沉淀脱水后变成棕色的 $Au_2O_3$，$Au_2O_3$ 溶于浓碱形成含$[Au(OH)_4]^-$的盐。

将 $H_2S$ 通入 $AuCl_3$ 的无水乙醚冷溶液中，可得到 $Au_2S_3$，它遇水后很快被还原成 Au(Ⅰ)或 Au。

金在 473 K 时同氯气作用，可得到褐红色晶体 $AuCl_3$。在固态和气态时，该化合物均为二聚体(类似于 $Al_2Cl_6$)。$AuCl_3$ 易溶于水，并水解形成一羟三氯合金(Ⅲ)酸。

$$AuCl_3 + H_2O = H[AuCl_3OH]$$

将金溶于王水或将 $Au_2Cl_6$ 溶解在浓盐酸中，然后蒸发得到黄色的氯代金酸 $HAuCl_4\cdot4H_2O$。由此可以制得许多含有平面正方形离子$[AuX_4]^-$(X=F，Cl，Br，I，CN，SCN，$NO_3$)的盐。

## 第三节　锌族元素

### 一、锌族元素的基本性质

锌族元素包括锌、镉、汞，是ⅡB 族元素，与铜族元素同处于周期表中的 ds 区(表 13-5)。

**表 15-5　ⅡA、ⅡB 两族元素的简单比较**

| 比较 | ⅡA | ⅡB |
|---|---|---|
| 特征电子构型 | $(n-1)d^{10}ns^2$ | $(n-1)d^{10}ns^2$ |
| 原子半径、$M^{2+}$离子半径 | 较大 | 较小 |
| $I_1+I_2$ | 较小 | 较大 |
| 单质的熔点、沸点 | 略高 | 略低(汞在常温下是液体) |
| 单质的延展性、导热性和导电性 | 都较差 | 都较差(只有镉有延展性) |
| 单质的标准电极电势 | 都<0 | Zn<Cd<0<Hg |

（续表）

| 比较 | ⅡA | ⅡB |
| --- | --- | --- |
| 单质的化学活动性 | 活泼<br>在空气中极易被氧化<br>能与水剧烈反应<br>能与稀酸剧烈反应<br>同族内活性自上而下增大 | 不太活泼<br>在空气中比较稳定<br>几乎不能与水反应<br>除了锌，其余不能与稀酸反应<br>同族内活性自上而下减小 |
| 氧化态 | 只有+1一种<br>很难被还原 | 有+1、+2、+3等三种<br>容易被还原 |
| 水合离子 | 一般是无色的 | 一般也是无色的 |
| 化合物 | 多数是离子型化合物<br>$Be(OH)_2$ 两性<br>氢氧化物都是强碱<br>且非常稳定 | 化合物有相当程度的共价性<br>$Zn(OH)_2$ 两性<br>氢氧化物碱性都较弱<br>且不稳定易脱水形成氧化物 |
| 盐的溶解度 | 硝酸盐都易溶于水<br>碳酸盐都难溶于水<br>钙、锶、钡的硫酸盐微溶 | 硝酸盐都易溶于水<br>碳酸盐都难溶于水<br>硫酸盐都易溶 |
| 盐的水解情况 | 钙、锶和钡的盐不水解 | 都有一定程度的水解 |
| 形成配合物的情况 | 一般很难成为配合物的形成体 | 有很强的配合能力 |

为什么金属活动性ⅡA远远强于ⅡB?

ⅡB元素的离子具有很强的极化力和明显的变形性，ⅡA的8电子构型的屏蔽效应远远强于ⅡB的18电子构型的屏蔽效应，ⅡA的有效核电荷数 $Z^*$ 远远弱于ⅡB的有效核电荷数 $Z^*$，ⅡA原子核对最外层s电子的引力远远弱于ⅡB原子核对最外层s电子的引力。

## 二、锌及其化合物

锌及其常见化合物相互转化关系见图13-6。

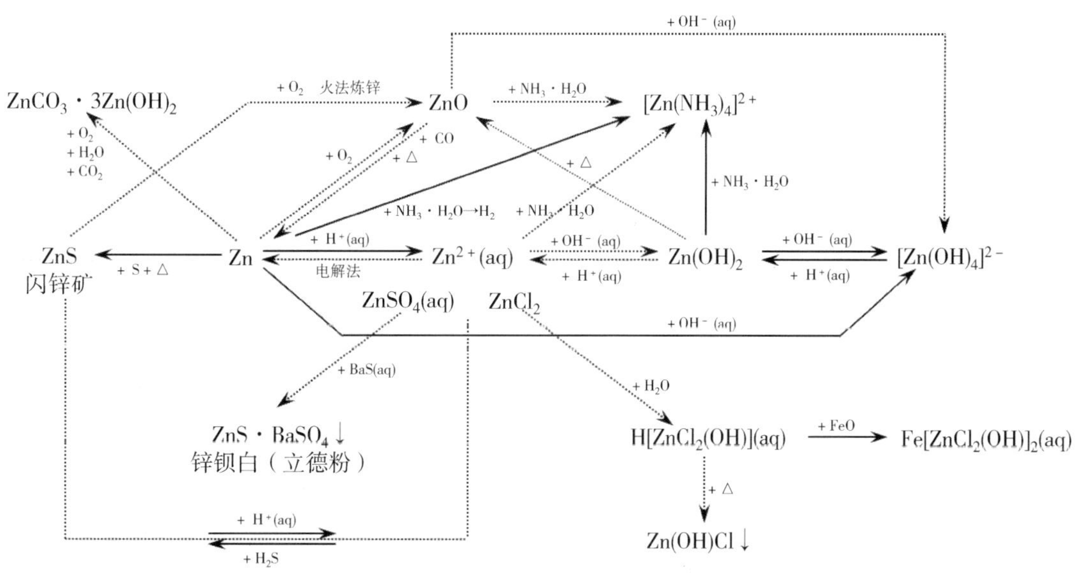


图13-6 锌及其常见化合物的相互转化关系图

(1) 锌、汞都能与其他各种金属形成合金，其中锌与铜的合金称为黄铜，锌与汞的合金称为锌汞齐

(2) 锌在含有 $CO_2$ 的潮湿空气中很快变暗，生成一层碱式碳酸锌，它是一层较紧密的保护膜

$$4Zn+2O_2+3H_2O+CO_2 \xlongequal{} ZnCO_3 \cdot 3Zn(OH)_2$$

锌在加热条件下，可以与绝大多数非金属反应，在 1 273 K 时锌在空气中燃烧生成氧化锌；锌粉与硫黄共热可形成硫化锌。锌既可以与非氧化性的酸反应，又可以与氧化性的酸反应。

锌与铝相似，都是两性金属，能溶于强碱溶液中：

$$Zn+2NaOH+2H_2O \xlongequal{} Na_2[Zn(OH)_4]+H_2\uparrow$$

锌和铝又有区别，锌可溶于氨水形成氨配离子，而铝不可溶于氨水形成配离子：

$$Zn+4NH_3+2H_2O \xlongequal{} [Zn(NH_3)_4]^{2+}+H_2\uparrow+2OH^-$$

(3) $Zn^{2+}$ 为 18 电子构型，无色，故一般化合物也无色。如 ZnS(白色、难溶)、$ZnI_2$(无色、易溶)

$Zn^{2+}$ 溶液中加适量碱，发生如下反应：

$$Zn^{2+}+2OH^- \xlongequal{} Zn(OH)_2\downarrow(白色)$$

$Zn(OH)_2$ 为两性，既可溶于酸又可溶于碱。受热脱水变为 ZnO。

(4) $ZnCl_2$ 是固体盐中溶解度最大的(283 K，333 g/100 g $H_2O$)

$ZnCl_2$ 在浓溶液中形成配合酸：

$$ZnCl_2+H_2O \xlongequal{} H[ZnCl_2(OH)]$$

$H[ZnCl_2(OH)]$ 有显著的酸性，能溶解金属氧化物：

$$FeO+2H[ZnCl_2(OH)] \xlongequal{} Fe[ZnCl_2(OH)]_2+H_2O$$

故 $ZnCl_2$ 的浓溶液可用作焊药。

## 三、汞及其化合物

汞及其化合物的转化见图 13-7。

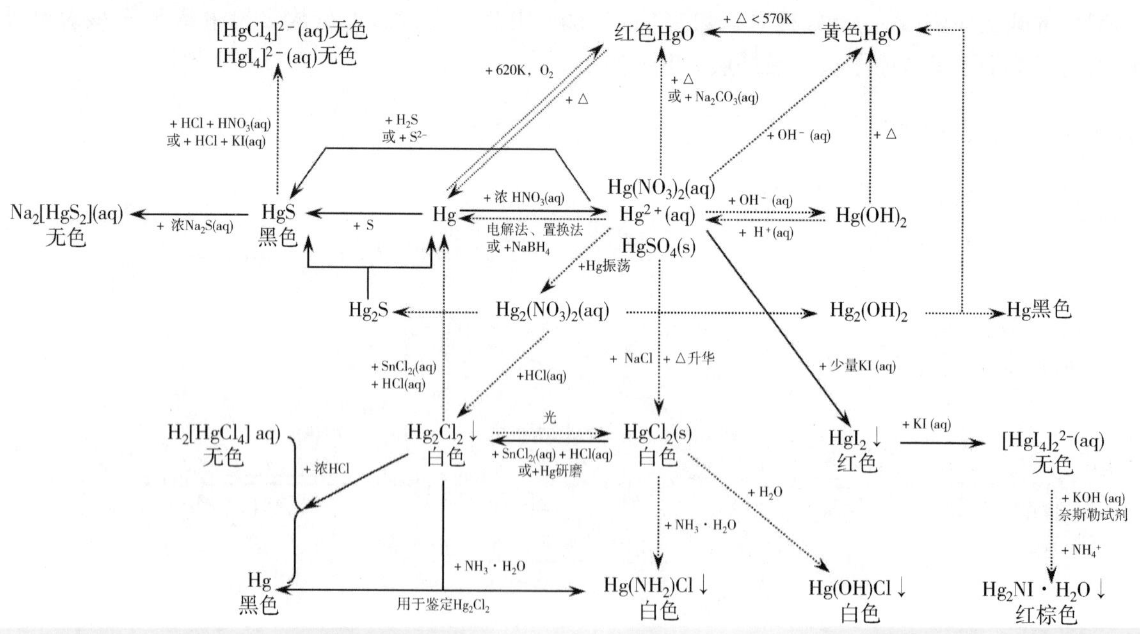


**图 13-7 汞及其常见化合物的相互转化关系图**

(1) 汞在约 620 K 时与氧反应明显，但在约 670 K 以上 HgO 又分解为单质汞。

汞与硫黄粉研磨即能形成硫化汞。这种反常的活泼性是因为汞是液态，研磨时汞与硫黄接触面增大，反应就容易进行。

在通常情况下汞只能与氧化性的酸反应。汞与热的浓硝酸反应，生成硝酸汞：

$$3Hg+8HNO_3 \xlongequal{} 3Hg(NO_3)_2+2NO\uparrow+4H_2O$$

用过量的汞与冷的稀硝酸反应，生成硝酸亚汞：

$$6Hg+8HNO_3 \xlongequal{} 3Hg_2(NO_3)_2+2NO\uparrow+4H_2O$$

(2) $Hg^{2+}$ 均为 18 电子构型，无色，但 $Hg^{2+}$ 的极化力和变形性较强，与易变形的 $S^{2-}$、$I^-$ 形成的化合物往往显共价性，呈现很深的颜色和较低的溶解度(表 13-6)。

**表 13-6　硫化物、碘化物比较表**

| ZnS(白色，难溶) | $ZnI_2$(无色，易溶) |
|---|---|
| HgS(黑色或红色，极难溶) | $HgI_2$(红色或黄色，微溶) |

$Hg(OH)_2$ 在室温下不存在，只生成 HgO，所以含 $Hg^{2+}$ 溶液中加适量碱，发生如下反应：

$$Hg^{2+}+2OH^- \xlongequal{} HgO(黄色)\downarrow+H_2O$$

而 HgO 也不够稳定，受热分解成单质。

(3) $Hg_2^{2+}$ 在水溶液中能稳定存在，且与 $Hg^{2+}$ 有下列平衡：

$$Hg^{2+}+Hg \rightleftharpoons Hg_2^{2+} \quad K=166$$

$Hg_2Cl_2$ 俗称甘汞，微溶于水，无毒，无味，但见光易分解：

$$Hg_2Cl_2 \xlongequal{光} HgCl_2+Hg$$

$Hg_2Cl_2$ 在氨水中发生歧化反应：

$$Hg_2Cl_2+2NH_3 \xlongequal{} HgNH_2Cl\downarrow(白色)+Hg\downarrow(黑色)+NH_4Cl$$

此反应可用以检验 $Hg_2^{2+}$(表 13-7)。

**表 13-7　氯化汞($HgCl_2$)、氯化亚汞($Hg_2Cl_2$)对比表**

| 氯化汞($HgCl_2$) | 氯化亚汞($Hg_2Cl_2$) |
|---|---|
| 熔点低、易升华，有剧毒 | 无毒、略有甜味 |
| 稍溶解于水、难电离 | 难溶于水 |
| 有较强的氧化性 | 易分解、易歧化 |

(4) $HgCl_2$(熔点 549 K)加热能升华，常称升汞，有剧毒！稍有水解，但易氨解：

$$HgCl_2+2H_2O \xlongequal{} Hg(OH)Cl+H_3O^++Cl^-$$

$$HgCl_2+2NH_3 \xlongequal{} Hg(NH_2)Cl\downarrow(白色)+NH_4^++Cl^-$$

可被 $SnCl_2$ 还原成 $Hg_2Cl_2$(白色沉淀)：

$$2HgCl_2+SnCl_2+2HCl \xlongequal{} Hg_2Cl_2\downarrow+H_2SnCl_6$$

若 $SnCl_2$ 过量，则进一步还原为 Hg：

$$Hg_2Cl_2+SnCl_2+2HCl \xlongequal{} 2Hg\downarrow(黑色)+H_2SnCl_6$$

红色 $HgI_2$ 可溶于过量 $I^-$ 溶液中：

$$Hg^{2+}+2I^- \xlongequal{} HgI_2\downarrow \quad HgI_2+2I^- \xlongequal{} [HgI_4]^{2-}(无色)$$

$K_2[HgI_4]$和 KOH 的混合液称为奈斯勒试剂，可用以检验 $NH_4^+$ 或 $NH_3$。

$$NH_4Cl+2K_2[HgI_4]+4KOH \xlongequal{} Hg_2NI\cdot H_2O\downarrow(红色)+KCl+7KI+3H_2O$$

## 第四节　钪

### 一、钪的电子构型

$_{21}Sc$ 的电子构型为 $3d^14s^2$，因为 3d 轨道和 4s 轨道的能量差异不大，与 $_{13}Al$ 的 $3s^23p^1$ 电子构型非常相似。

## 二、钪的性质

钪与铝特别相似，而不太像典型的过渡金属元素。

(1) Sc单质密度小，是第一过渡系中最活泼的金属元素（接近于碱土金属），只有一种高氧化态（+Ⅲ），形成配合物的倾向不强。

① 在空气中能迅速被氧化生成 $Sc_2O_3$。

② 与水反应生成 $H_2$ 和 $Sc(OH)_3$。

③ 能溶于酸生成 $H_2$ 和 $Sc^{3+}(aq)$。

④ 唯一与铝不同的性质就是暂时没有看到有教材指出"钪能溶于强碱溶液"！

(2) $Sc_2O_3$、$Sc(OH)_3$ 也分别与 $Al_2O_3$、$Al(OH)_3$ 性质相似。

(3) 卤化物

① $ScF_3$ 不溶于水，但能在 NaF 溶液中形成 $Na_3ScF_6$（与 $Na_3AlF_6$ 相似）。

② $ScCl_3$ 易溶于水、易发生水解（与 $AlCl_3$ 相似）。

③ 能形成 $KSc(SO_4)_2 \cdot nH_2O$[与 $KAl(SO_4)_2 \cdot 12H_2O$ 相似]。

(4) 配合物

与其他过渡元素相比，Sc 的配位能力是较弱的，但却是ⅢB 族中最强的，如：$[Sc(bipy)_3]^{3+}$、$[Sc(bipy)_2(NCS)_2]^+$、$[Sc(bipy)_2Cl_2]^+$、$[Sc(DMSO)_6]^{3+}$（DMSO为二甲基亚砜）。

# 第五节　钛分族

## 一、钛副族元素的基本性质

钛副族元素原子的价电子层结构为 $(n-1)d^2ns^2$，所以钛、锆和铪的最稳定氧化态是+4，其次是+3，比较少见+2氧化态。在个别配位化合物中，钛还可以呈低氧化态0和−1。锆、铪生成低氧化态的趋势比钛小。它们的M(Ⅳ)化合物主要以共价键结合，在水溶液中主要以 $MO^{2+}$ 形式存在且容易发生水解。由于镧系收缩，铪与锆的原子、离子半径接近，因此它们的化学性质极其相似，造成锆和铪分离上的困难。

## 二、钛及其化合物简介

### 1. 钛的单质

钛是活泼金属，在室温下因形成钛氧化膜而不能与 $O_2$、$X_2$、$H_2O$ 以及包括硝酸、王水的无机酸和强碱溶液持续反应，能缓慢溶于浓、热的盐酸和硫酸中，与热的浓硝酸反应生成 $TiO_2 \cdot nH_2O$，在高温下能直接与绝大多数非金属元素反应。

$$2Ti + 6HCl(浓) \xlongequal{\triangle} 2TiCl_3(紫色溶液) + 3H_2\uparrow$$

$$2Ti + 3H_2SO_4(浓) \xlongequal{\triangle} 2Ti_2(SO_4)_3(紫色溶液) + 3H_2\uparrow$$

$$3Ti + 4HNO_3(浓) + (3n-2)H_2O \xrightarrow{\triangle} 3[TiO_2 \cdot nH_2O] + 4NO\uparrow$$

钛易溶于氢氟酸或含有氟离子的酸中：

$$Ti + 6HF \xrightarrow{\triangle} TiF_6^{2-}(无色溶液) + 2H^+ + 2H_2\uparrow$$

### 2. 钛的氧化物

二氧化钛在自然界以金红石最为重要，不溶于水，也不溶于稀酸，但能溶于氢氟酸和热的浓硫酸中：

$$TiO_2 + 6HF = H_2[TiF_6] + 2H_2O$$

$$TiO_2 + 2H_2SO_4 = Ti(SO_4)_2 + 2H_2O$$

$$TiO_2 + H_2SO_4 = TiOSO_4 + H_2O$$

**3. 钛的卤化物**

四氯化钛是一种钛的重要卤化物，以它为原料可以制备一系列钛的化合物和金属钛。

四氯化钛在水中或潮湿空气中都极易水解，暴露在空气中会发烟：

$$TiCl_4 + 2H_2O = TiO_2 + 4HCl$$

**4. 水溶液中的 Ti(Ⅲ，Ⅳ)**(表 13-8)

**表 13-8 钛副族元素电极电位及钛元素的电极电势-pH 图**

| $E_A^\ominus/V$ | $E_B^\ominus/V$ |
|---|---|
| $TiO^{2+} \xrightarrow{0.10} Ti^{3+} \xrightarrow{0.37} Ti^{2+} \xrightarrow{-1.63} T$ | $TiO_2 \xrightarrow{-1.90} Ti$ |
| $Zr^{4+} \xrightarrow{-1.45} Zr$ | $ZrO(OH)_2 \xrightarrow{-2.36} Zr$ |
| $Hf^{4+} \xrightarrow{-1.55} Hf$ | $HfO(OH)_2 \xrightarrow{-2.50} Hf$ |

Ti(Ⅳ)是水溶液中最稳定的钛的氧化态，能与许多配合剂形成配合物，如$[TiF_6]^{2-}$、$[TiCl_6]^{2-}$、$[Ti(SO_4)_3]^{2-}$、$[TiO(H_2O_2)]^{2+}$等。Ti(Ⅳ)与 $H_2O_2$ 的配合物$[TiO(H_2O_2)]^{2+}$较重要，利用这个反应可进行钛的比色分析，加入氨水则生成黄色的过氧钛酸($H_4TiO_6$)沉淀，这是定性检出钛的灵敏方法。

$O_2^{2-}$ 相关配离子之所以有颜色，是因为 $O_2^{2-}$ 变形性较大，$O_2^{2-}$ 上的负电荷容易向 Ti(Ⅳ)上跃迁，这种跃迁称为电荷跃迁。

**5. 钛及其常见化合物转化关系图**(图 13-8)

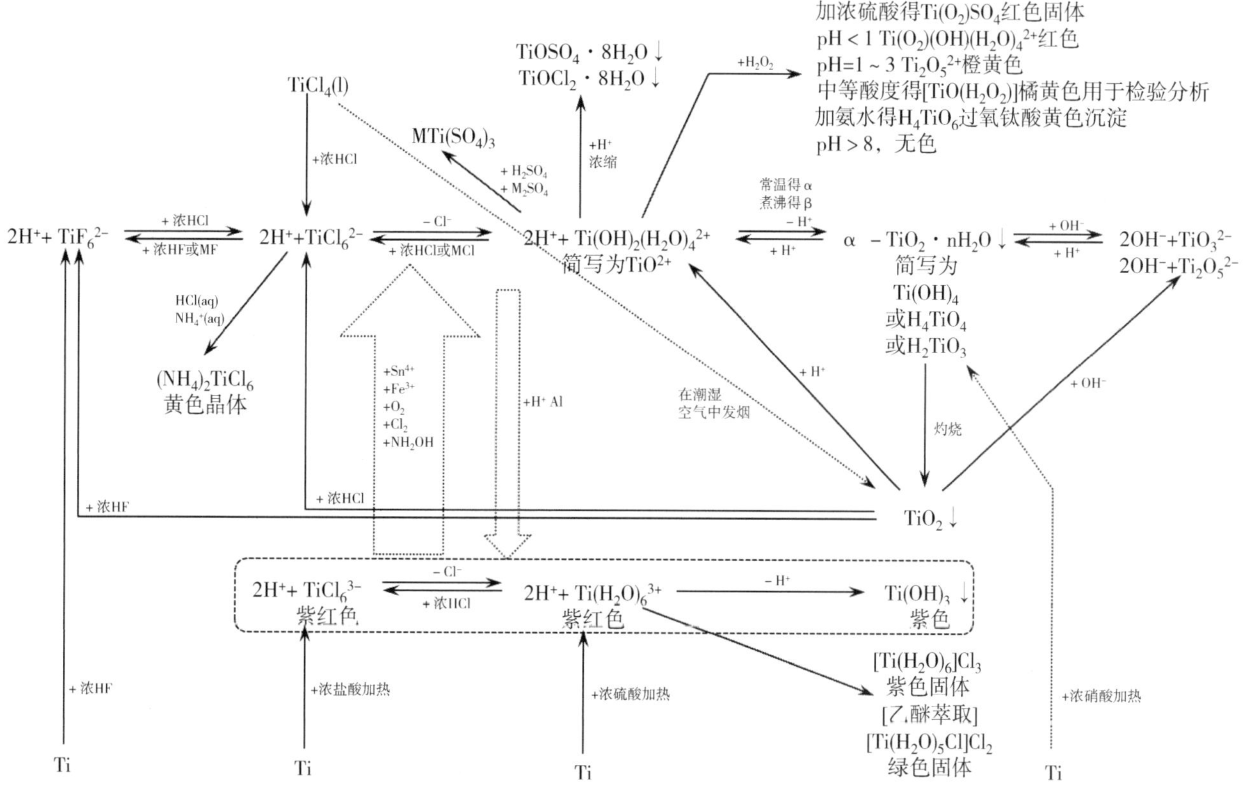


**图 13-8 钛及其常见化合物转化关系图**

**6. 钛的冶炼：以气态、固态为主的主要反应**（图 13-9）

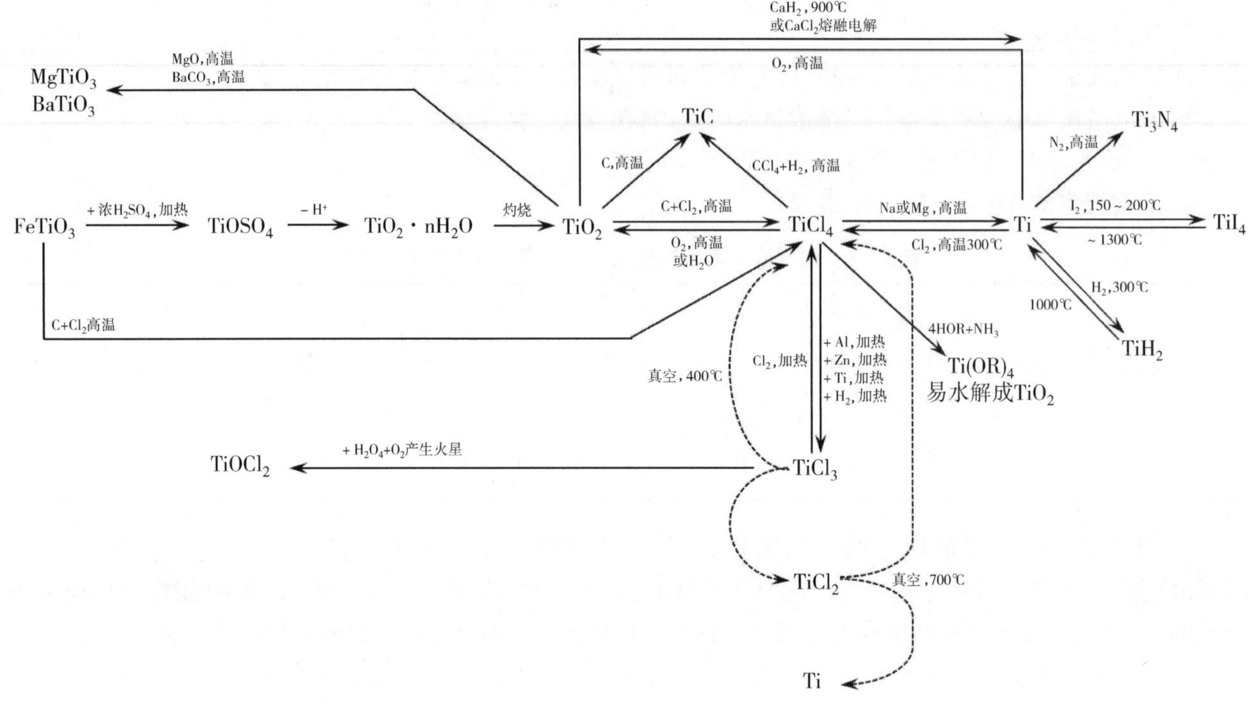


图 13-9 钛的冶炼

# 第六节 钒 分 族

## 一、钒副族元素的基本性质

钒副族包括钒、铌、钽三种元素，它们的价电子层结构为$(n-1)d^3ns^2$，5 个价电子都可以参加成键，因此最高氧化态为+5（相当于$d^0$的结构），是钒族元素最稳定的一种氧化态，按 V、Nb、Ta 顺序稳定性依次增强，而低氧化态的稳定性依次减弱（表 13-9）。铌、钽由于半径相近，性质非常相似。

**表 13-9 钒族元素的电极电位图**

| $E_A^{\ominus}/V$ | $E_B^{\ominus}/V$ |
| --- | --- |
| $V(OH)_4^+ \xrightarrow{1.00} VO^{2+} \xrightarrow{0.34} V^{3+} \xrightarrow{-0.26} V^{2+} \xrightarrow{-1.175} V$ | $VO_4^{2-} \xrightarrow{0.120} V$ |
| $Nb_2O_5 \xrightarrow{-0.644} Nb$ | |
| $Ta_2O_5 \xrightarrow{-0.644} Ta$ | |

## 二、钒及其化合物简介

**1. 钒及其常见化合物的相互转化**（图 13-10）

**2. 金属钒及其羰基化合物**

金属钒呈银灰色，容易呈钝态，因此在常温下活泼性较低。块状钒在常温下不与空气、水、苛性碱作用，也不与非氧化性的酸作用，但溶于氢氟酸，也溶于强氧化性的酸（如硝酸和王水）中。

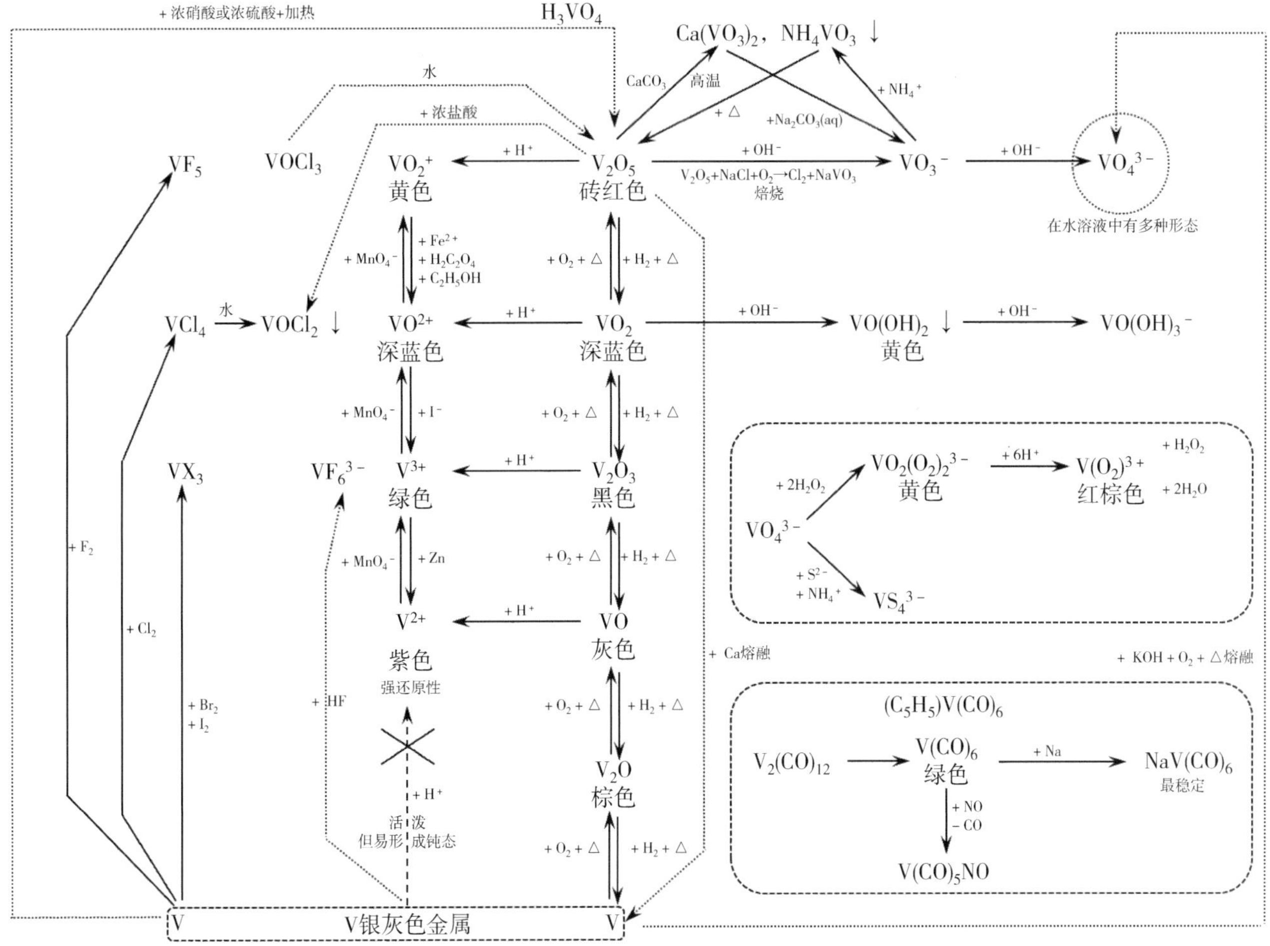


图 13-10　钒及其常见化合物的相互转化

在高温下，钒与大多数非金属元素反应，并可与熔融苛性碱发生反应。

$V(CO)_6$ 不稳定，因为其不符合 EAN 规则（Effective Atomic Number），有顺磁性。

$V(CO)_6^-$、$V(CO)_5NO$ 稳定，因为其符合 EAN 规则。

$(C_5H_5)V(CO)_6$、$V_2(CO)_{12}$ 符合 EAN 规则，但不太稳定，因为此时 V 的配位数达到了 7，存在空间位阻效应，所以只能在低温下存在。

**3. V(＋Ⅳ)及其相关物质**

$VO^{2+}$ 呈蓝色，其中的 V—O 键近乎为双键，所以 $VO^{2+}$ 非常稳定。

绝大多数 V(Ⅳ)的配合物都是 $VO^{2+}$ 的衍生物，如$[VO(bypy)_2Cl]^+$（畸变八面体）、$[VO(NCS)_4]^{2-}$（四方锥形）、$[VO(acac)_2]$（二乙酰丙酮合钒氧酰，[结构式：$H_3C$、$CH_3$、O、V] 四方锥形）等。

**4. 五氧化二钒**

（1）橙黄色或砖红色固体，无味、无臭、有毒。

（2）$V_2O_5$ 可通过加热分解偏钒酸铵或三氯氧化钒的水解而制得：

$$2NH_4VO_3 \xlongequal{\triangle} V_2O_5 + 2NH_3 + H_2O$$

$$2VOCl_3 + 3H_2O \xlongequal{} V_2O_5 + 6HCl$$

在工业上用氯化焙烧法处理钒铅矿，提取五氧化二钒。

(3) 五氧化二钒微溶于水，属于两性氧化物，主要显酸性，易溶于碱生成钒酸盐：

$$V_2O_5 + 6NaOH = 2Na_3VO_4 + 3H_2O$$

也能显碱性，溶解在强酸中（pH<1）生成 $VO_2^+$（钒酰根离子）：

$$V_2O_5 + 2H^+ = 2VO_2^+ + H_2O$$

(4) $V_2O_5$ 是较强的氧化剂（酸性、氧化性都是 $V_2O_5 > TiO_2$）

$$V_2O_5 + 6HCl = 2VOCl_2 + Cl_2 + 3H_2O$$

**5. 钒酸盐**（表 13-10、图 13-11）

钒酸盐有偏钒酸盐（$MVO_3$）、正钒酸盐（$M_3VO_4$）和多钒酸盐（$M_4V_2O_7$、$M_3V_3O_9$）等。

**表 13-10　钒的含氧酸根主要有三种基本结构单元**

| $VO_4$ 正四面体： | $VO_5$ 三角双锥： | $VO_6$ 正八面体： |
| --- | --- | --- |
| 无水偏钒酸盐 | 水合偏钒酸盐 | 十钒酸根 |
|  |  |  |
| 由 $VO_4$ 正四面体共用顶角形成长链 | 由 $VO_5$ 三角双锥共用棱边形成长链 | 由 10 个 $VO_6$ 正八面体堆积而成 |

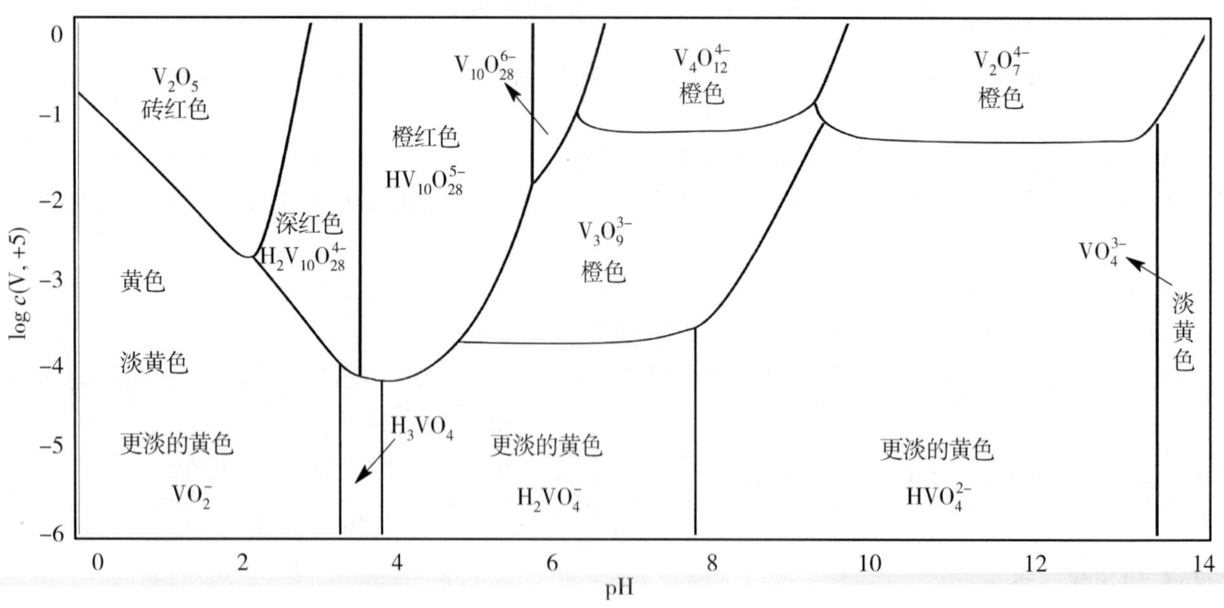


**图 13-11　水溶液中的 V(+5)**

# 第七节　铬　分　族

## 一、铬副族元素的基本性质（表 13-11）

第ⅥB 族包括铬、钼、钨三种元素。铬和钼的价电子层结构为$(n-1)d^5ns^1$，钨为$5d^46s^2$。它们的最高氧化态为+6，都具有 d 区元素多种氧化态的特征。它们的最高氧化态按 Cr、Mo、W 的顺序稳定性增强，而低氧化态的稳定性则相反。

表 13-11　铬副族元素的电极电位图

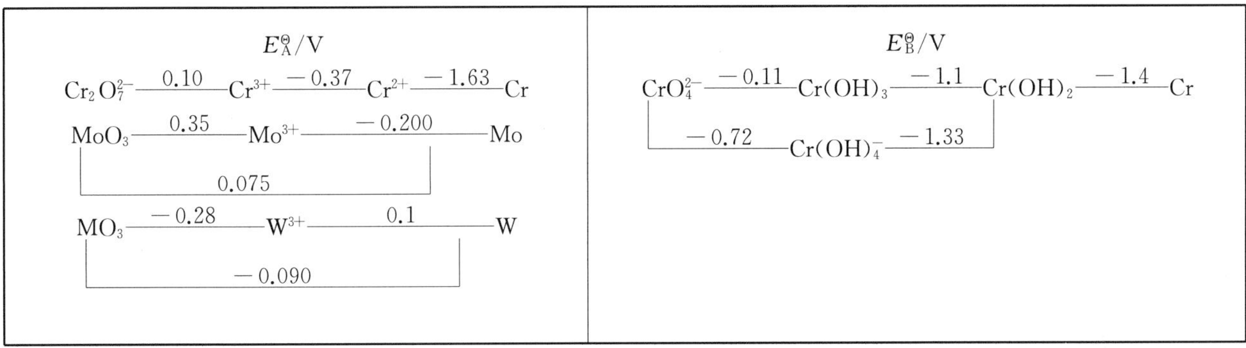


## 二、铬及其化合物

### 1. 铬

铬较活泼，能溶于稀 HCl、稀 $H_2SO_4$，起初生成蓝色 $Cr^{2+}$ 溶液，后易被空气迅速氧化成绿色的 $Cr^{3+}$ 溶液：

$$Cr + 2HCl = CrCl_2 + H_2\uparrow$$

$$4CrCl_2 + 4HCl + O_2 = 4CrCl_3 + 2H_2O$$

铬在冷、浓 $HNO_3$ 中钝化。

### 2. 铬(Ⅱ)的化合物

$$Cr_2O_7^{2-} + 14H^+ + 4Zn = 2Cr^{2+} + 4Zn^{2+} + 7H_2O$$

$$2Cr^{2+} + 4CH_3COO^- + 2H_2O = Cr_2(CH_3COO)_4 \cdot 2H_2O$$

### 3. 铬(Ⅲ)的化合物

(1) $Cr_2O_3$

与氧化铝相似，$Cr_2O_3$ 也具有两性，但是燃烧过的 $Cr_2O_3$ 具有惰性，既不溶于酸、也不溶于碱，必须与 $K_2S_2O_7$ 或 $KHSO_4$ 共熔才能转化为可溶于水的 $Cr_2(SO_4)_3$。

(2) 向 $Cr^{3+}$ 溶液中逐滴加入 2 mol·L$^{-1}$ NaOH 溶液，则生成灰绿色 $Cr(OH)_3$ 沉淀。

(3) $Cr(OH)_3$ 具有两性：

$$Cr(OH)_3 + 3H^+ = Cr^{3+}(\text{绿色}) + 3H_2O$$

$$Cr(OH)_3 + OH^- = Cr(OH)_4^-(\text{亮绿色})$$

(4) 铬(Ⅲ)的配合物配位数大多是 6(少数例外)，其单核配合物的空间构型为八面体，$Cr^{3+}$ 提供 6 个空轨道，形成六个 $d^2sp^3$ 杂化轨道，这类物质的颜色非常丰富。例如：

$$\underset{\text{紫色}}{[Cr(H_2O)_6]^{3+}} \underset{NH_4^+}{\overset{NH_3}{\rightleftharpoons}} \underset{\text{紫红色}}{[Cr(NH_3)_2(H_2O)_4]^{3+}} \underset{NH_4^+}{\overset{NH_3}{\rightleftharpoons}} \underset{\text{浅红色}}{[Cr(NH_3)_3(H_2O)_3]^{3+}} \underset{NH_4^+}{\overset{NH_3}{\rightleftharpoons}}$$

$$\underset{\text{橙红色}}{[Cr(NH_3)_4(H_2O)_2]^{3+}} \underset{NH_4^+}{\overset{NH_3}{\rightleftharpoons}} \underset{\text{橙黄色}}{[Cr(NH_3)_5(H_2O)]^{3+}} \underset{NH_4^+}{\overset{NH_3}{\rightleftharpoons}} \underset{\text{黄色}}{[Cr(NH_3)_6]^{3+}}$$

$Cr(OH)_3$ 的溶度积很小($K_{sp}=6.3\times10^{-31}$)，而$[Cr(NH_3)_6]^{3+}$的稳定常数不是很大，所以 $Cr(OH)_3$ 只能少量溶解于氨水。

【讨论】 如何分离 $Al^{3+}$ 和 $Cr^{3+}$？(图 13-12)

$$\begin{matrix} Cr^{3+} \\ Al^{3+} \end{matrix} \xrightarrow[H_2O_2]{NH_3\cdot H_2O} \begin{matrix} CrO_4^{2-}(aq) \\ Al(OH)_3(\text{胶状沉淀，很难过滤}) \end{matrix} \xrightarrow[\text{加入 } Ba^{2+} \text{ 过滤}]{\text{调节 pH 至弱酸性}} \begin{matrix} Al^{3+} \\ BaCrO_4\downarrow \end{matrix}$$

**图 13-12 分离 $Al^{3+}$ 和 $Cr^{3+}$**

$$\underset{\text{暗绿色}}{[Cr(H_2O)_4Cl_2]Cl\cdot 2H_2O} \underset{\text{冷却}}{\overset{HCl(aq)}{\rightleftharpoons}} \underset{\text{蓝紫色}}{[Cr(H_2O)_6]Cl_3} \underset{\text{乙醚}}{\overset{HCl(aq)}{\rightleftharpoons}} \underset{\text{淡绿色}}{[Cr(H_2O)_5Cl]Cl_2\cdot H_2O}$$

$$CrCl_3\cdot 6H_2O \overset{\triangle}{=\!=} Cr(OH)Cl_2+HCl+5H_2O$$

硫酸铬易与碱金属等硫酸盐形成铬矾 $MCr(SO_4)_2\cdot 12H_2O$($M=Na^+$、$K^+$、$Rb^+$、$Cs^+$、$NH_4^+$、$Tl^+$)。

**4. 三氧化铬、铬酸、铬酸盐和重铬酸盐**

(1) $CrO_3$ 的结构实际为由 $CrO_4$ 正四面体基本单元通过共享顶角的氧原子形成的长链，所以熔点较低，受热时不是汽化而是发生分解。

(2) 若向黄色 $CrO_4^{2-}$ 溶液中加酸，溶液变为橙色 $Cr_2O_7^{2-}$(重铬酸根)溶液。反之，向橙色 $Cr_2O_7^{2-}$ 溶液中加碱，又变为 $CrO_4^{2-}$ 黄色溶液：

$$2\,CrO_4^{2-}(\text{黄色})+2H^+ \rightleftharpoons Cr_2O_7^{2-}(\text{橙色})+H_2O \quad K=1.2\times10^{14}$$

$H_2CrO_4$ 是一个较强酸($K_{a_1}=4.1$，$K_{a_2}=3.2\times10^{-7}$)，只存在于水溶液中。

由于 Cr—O 键较强，所以不能形成除 $Cr_2O_7^{2-}$(重铬酸根)以外的多酸根。

(3) 常见的难溶铬酸盐中，$Ag_2CrO_4$ 呈砖红色，$PbCrO_4$ 呈黄色，$BaCrO_4$ 呈黄色，$SrCrO_4$ 呈黄色，它们均可溶于强酸生成 $M^{2+}$ 和 $Cr_2O_7^{2-}$。

$$2Ag_2CrO_4+2H^+ = 4Ag^+ +Cr_2O_7^{2-}+H_2O$$
$$2PbCrO_4+2H^+ = 2Pb^{2+}+Cr_2O_7^{2-}+H_2O$$
$$2BaCrO_4+2H^+ = 2Ba^{2+}+Cr_2O_7^{2-}+H_2O$$
$$2Ag_2CrO_4+2H^+ +4Cl^-(aq) = 4AgCl+Cr_2O_7^{2-}+H_2O$$
$$2PbCrO_4+2H^+ +4Cl^-(aq) = 2PbCl_2+Cr_2O_7^{2-}+H_2O$$
$$2PbCrO_4+2H^+ +2SO_4^{2-} = 2PbSO_4+Cr_2O_7^{2-}+H_2O$$
$$2BaCrO_4+2H^+ +2SO_4^{2-} = 2BaSO_4+Cr_2O_7^{2-}+H_2O$$
$$Ag_2CrO_4+2OH^- = Ag_2O+CrO_4^{2-}+H_2O$$
$$PbCrO_4+4OH^- = [Pb(OH)_4]^{2-}+CrO_4^{2-}$$

(4) $K_2Cr_2O_7$ 是常用的强氧化剂[$\varepsilon^{\ominus}0(Cr_2O_7^{2-}/Cr^{3+})=1.33\ V$]，饱和 $K_2Cr_2O_7$ 溶液和浓 $H_2SO_4$ 混合液用作实验室的洗液。在碱性溶液中将 $Cr(OH)_4^-$ 氧化为 $CrO_4^{2-}$，要比在酸性溶液中将 $Cr^{3+}$ 氧化为 $Cr_2O_7^{2-}$ 容易得多。而将 Cr(Ⅵ)转化为 Cr(Ⅲ)，则常在酸性溶液中进行。

$K_2Cr_2O_7$ 的生产：$Fe(CrO_2)_2 \longrightarrow Na_2CrO_4 \longrightarrow Na_2Cr_2O_7 \longrightarrow K_2Cr_2O_7$

氯化铬酰 $CrO_2Cl_2$ 是血红色液体，遇水易分解：

$$CrO_2Cl_2+2H_2O = H_2CrO_4+2HCl$$

**5. 过氧化铬(蓝色)**

$$Cr_2O_7^{2-}+2H^+ +4H_2O_2 = 2CrO_5+5H_2O$$

$CrO_5$ 不稳定，在酸性溶液中易发生分解：$4\,CrO_5+12H^+ = 4Cr^{3+}+6H_2O+7O_2\uparrow$

$CrO_5$ 易溶于乙醚或戊醇，稳定性好于水溶液，溶液显蓝色。

铬及其化合物相互转化关系见图 13-13。

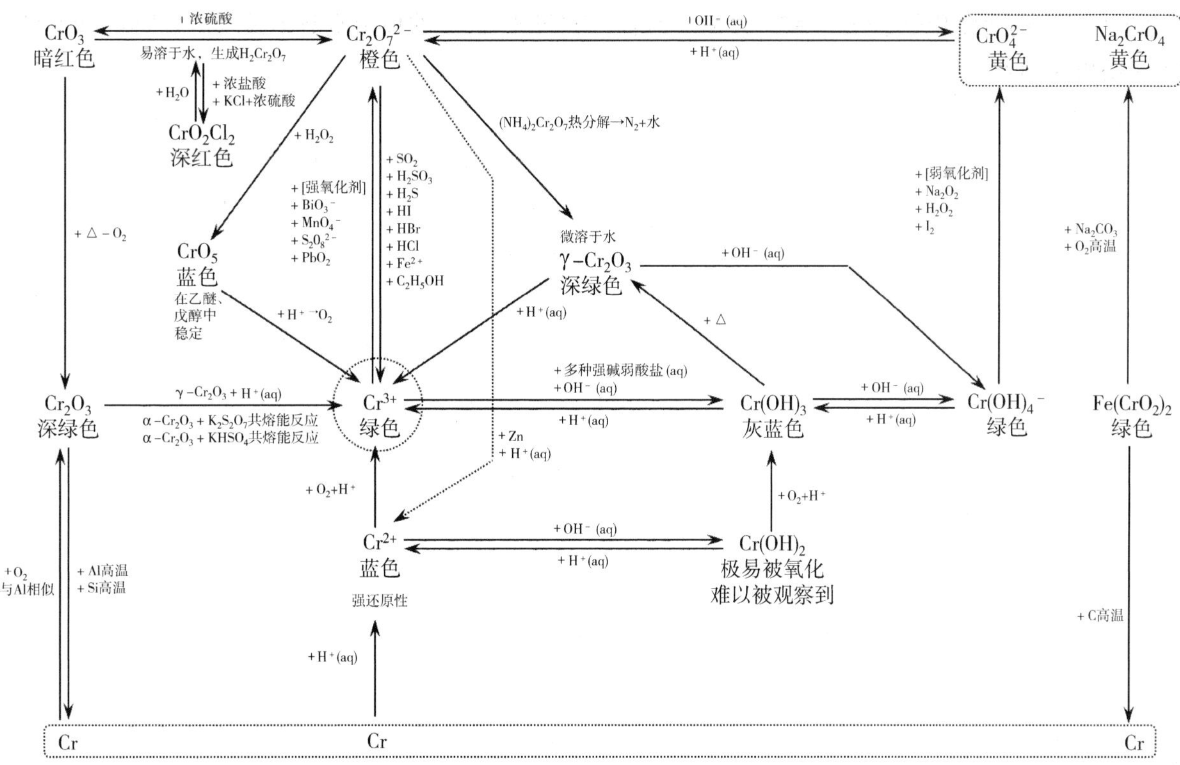


**图 13-13　铬及其化合物相互转化关系图**

# 第八节　锰 分 族

## 一、锰分族元素的基本性质

ⅦB 族包括锰、锝和铼三种元素，其中只有锰及其化合物有很大实用价值。同其他副族元素性质的递变规律一样，从 Mn 到 Re 高氧化态趋向稳定，低氧化态则相反，以 $Mn^{2+}$ 为最稳定(表 13-12)。

**表 13-12　锰分族元素的电极电位图**

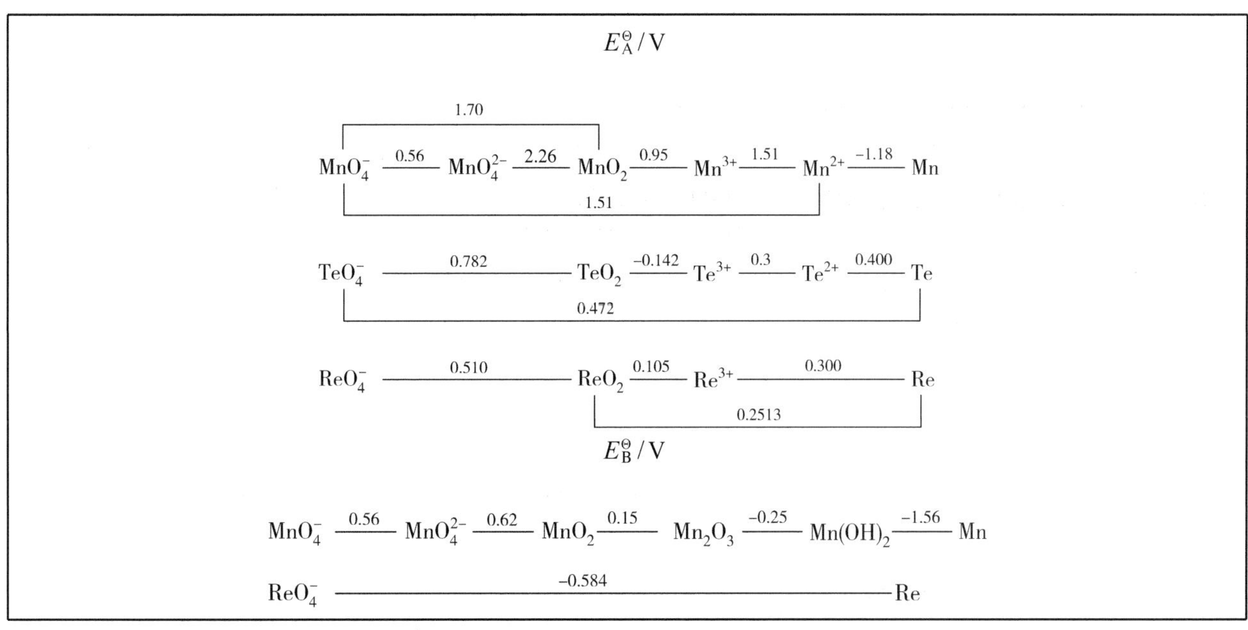

## 二、锰及其化合物简介

**1. 锰**

(1) 锰是活泼金属，在空气中表面生成一层氧化物保护膜。

(2) 锰在水中，因表面生成氢氧化锰沉淀而阻止反应继续进行。

(3) 锰和强酸反应生成 Mn(Ⅱ)盐和氢气。但和冷、浓 $H_2SO_4$ 反应很慢(钝化)。

**2. 锰(Ⅱ)的化合物**

(1) $Mn^{2+}$ 的强酸盐易溶于水，化合物的颜色一般都比较浅，水合物及水溶液大多数是粉红色或玫瑰色(表 13-13)。而氢氧化物及弱酸盐都难溶于水，如 $K_{sp}[Mn(OH)_2]=4.0\times10^{-14}$。

$$MnS+2CH_3COOH \xlongequal{} H_2S\uparrow+Mn(CH_3COO)_2$$

**表 13-13 锰(Ⅱ)化合物的颜色**

| $MnC_2O_4$ | $MnCO_3$ | $Mn(OH)_2$ | MnO | $MnS\cdot nH_2O$ | α-MnS | β-MnS | γ-MnS |
|---|---|---|---|---|---|---|---|
| 白色 | 白色 | 白色 | 暗红色 | 粉红色 | 绿色 | 红色 | 红色 |

(2) 在碱性介质中，Mn(Ⅱ)极易被氧化成 Mn(Ⅳ)化合物。如 $Mn(OH)_2$ 极易被空气氧化，甚至溶于水中的少量氧气也能将其氧化成褐色 $MnO(OH)_2$ 沉淀。

$$2Mn(OH)_2+O_2 \xlongequal{} 2MnO(OH)_2\downarrow$$

$$MnCl_2+Na_2O_2 \xlongequal{} MnO_2+2NaCl$$

$$3MnSO_4+2KClO_3+12KOH \xlongequal{} 3K_2MnO_4+2KCl+3K_2SO_4+6H_2O$$

(3) 在酸性介质中 $Mn^{2+}$ 很稳定，尤以 $MnSO_4$ 为佳。只有遇强氧化剂 $(NH_4)_2S_2O_8$、$NaBiO_3$、$PbO_2$、$H_5IO_6$ 时才被氧化。

$$2Mn^{2+}+5S_2O_8^{2-}+8H_2O \xlongequal{} 2MnO_4^-+10SO_4^{2-}+16H^+$$

$$2Mn^{2+}+5NaBiO_3+14H^+ \xlongequal{} 2MnO_4^-+5Bi^{3+}+5Na^++7H_2O$$

(4) 加热时

$$MnC_2O_4 \xlongequal{} MnO+CO\uparrow+CO_2\uparrow$$

$$MnCO_3 \xlongequal{} MnO+CO_2\uparrow$$

(5) 锰的羰基化合物

$$2MnI_2+10CO \xlongequal{加压} Mn_2(CO)_{10}+2I_2$$

$$Mn_2(CO)_{10}+2Na-Hg \xlongequal{} 2Na[Mn(CO)_5]+2Hg$$

$$Na[Mn(CO)_5]+2Na-Hg \xlongequal{} Na_3[Mn(CO)_4]+CO+2Hg$$

$Na[Mn(CO)_5]+H^+ \xlongequal{} Na^++[MnH(CO)_5]$(八面体配合物)

$$[MnH(CO)_5]+CH_2N_2 \xlongequal{} [MnCH_3(CO)_5]+N_2$$

$$Mn_2(CO)_{10}+Cl_2 \xlongequal{} 2[Mn(CO)_5Cl]$$

$$[Mn(CO)_5Cl]+CO+AlCl_3 \xlongequal{加压} [Mn(CO)_6]^+[AlCl_4]^-$$

$Mn_2(CO)_{10}$的结构见图 13-14，锰的羰基配合物转化见图13-15。

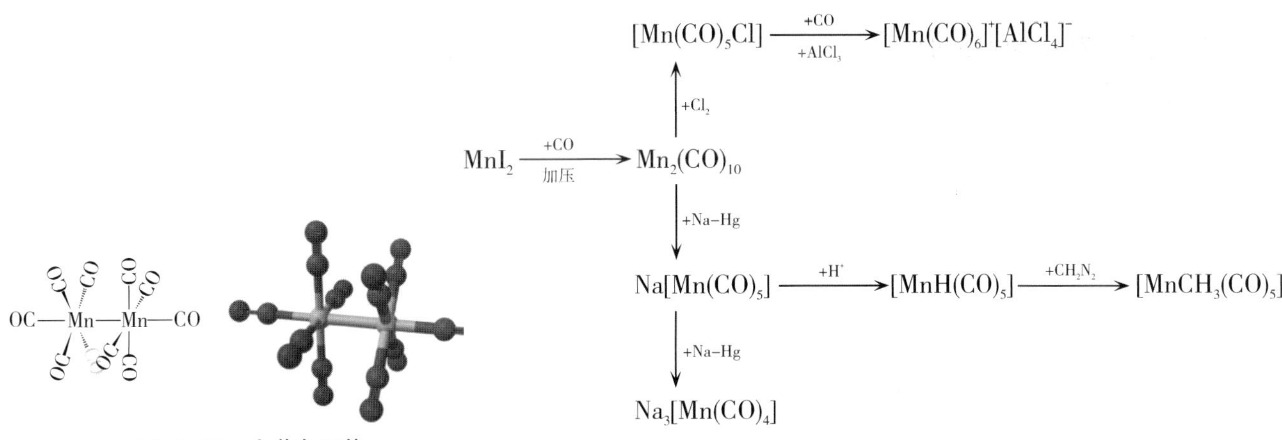


图 13-14 金黄色固体 $Mn_2(CO)_{10}$ 的结构简介

图 13-15 锰的羰基配合物

**3. 锰(Ⅲ)的化合物**

$Mn^{3+}$ 的化合物都不太稳定，在水溶液中易发生歧化反应，而形成配合物可以提升稳定性(表 13-14)。

**表 13-14 $Mn^{3+}$ 的化合物的典型代表物**

| $Mn_2O_3$ | $MnF_3$ | $Mn(CH_3COO)_3 \cdot 3H_2O$ | $[Mn(CN)_6]^{3-}$ | $[Mn(PO_4)_2]^{3-}$ |
|---|---|---|---|---|
| 黑色 | 紫红色 | 紫红色 | 棕红色 | 紫色 |

**4. 锰(Ⅳ)的化合物**

最重要的 Mn(Ⅳ)的化合物是 $MnO_2$，在中性介质中很稳定。

(1) 在隔绝空气的条件下与碱共熔：

$$MnO_2 + 2KOH \xlongequal{} K_2MnO_3 + H_2O$$

(2) 在碱性介质中，$MnO_2$ 倾向于转化成锰(Ⅵ)酸盐，例如：

$MnO_2$ 在熔融碱中被空气氧化：

$$2MnO_2 + O_2 + 4KOH \xlongequal{} 2K_2MnO_4(\text{深绿色}) + 2H_2O$$

$MnO_2$ 在熔融碱中被 $KClO_3$ 氧化：

$$3MnO_2 + KClO_3 + 6KOH \xlongequal{} 3K_2MnO_4(\text{深绿色}) + KCl + 3H_2O$$

(3) 在酸性介质中 $MnO_2$ 是一个强氧化剂，倾向于转化成 $Mn^{2+}$。例如：

$$MnO_2 + 4HCl(\text{浓}) \xlongequal{\triangle} MnCl_2 + Cl_2\uparrow + 2H_2O$$

$MnO_2$ 与浓强酸反应生成氧气和 Mn(Ⅲ)，试管上部溶液显紫红色：

$$4MnO_2 + 6H_2SO_4(\text{浓}) \xlongequal{\triangle} 2Mn_2(SO_4)_3 + O_2\uparrow + 6H_2O$$

加热时，则生成更加稳定的 Mn(Ⅱ)：

$$2MnO_2 + 2H_2SO_4(\text{浓}) \xlongequal{\triangle} 2MnSO_4 + O_2\uparrow + 2H_2O$$

(4) 简单的 Mn(Ⅳ)盐在水溶液中极不稳定，易水解生成水合二氧化锰 $MnO(OH)_2$。

**5. 锰(Ⅵ)的化合物**

最重要的 Mn(Ⅵ)的化合物是锰酸钾 $K_2MnO_4$。

(1) $K_2MnO_4$ 在酸性、中性及弱碱性介质中发生歧化反应：

$$3K_2MnO_4 + 2H_2O \xlongequal{} 2KMnO_4 + MnO_2 + 4KOH$$

$$3K_2MnO_4 + 2CO_2 \xlongequal{} 2KMnO_4 + MnO_2 + K_2CO_3$$

(2) 锰酸钾是制备高锰酸钾($KMnO_4$)的中间体。

$$2MnO_4^{2-} + 2H_2O \xrightarrow{\text{电解}} 2MnO_4^- + 2OH^- + H_2\uparrow$$

$2K_2MnO_4 + Cl_2 = 2KMnO_4 + 2KCl$

**6. 锰(Ⅶ)的化合物**

(1) $KMnO_4$ 是深紫色晶体，能与冷浓 $H_2SO_4$ 作用，生成绿褐色油状 $Mn_2O_7$，$Mn_2O_7$ 的结构见图 13-16。

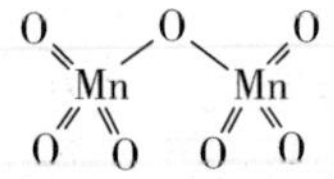

$KMnO_4 + 3H_2SO_4(浓) = K^+ + MnO_3^+ + 3HSO_4^- + H_3O^+$

$2KMnO_4 + H_2SO_4(浓) = Mn_2O_7 + K_2SO_4 + H_2O$

O O O
Mn Mn
O O O O

**图 13-16 $Mn_2O_7$ 的结构**

$Mn_2O_7$ 在 $CCl_4$ 中稳定，遇绝大多数有机物即燃烧，受热爆炸分解：

$2Mn_2O_7 = 3O_2\uparrow + 4MnO_2$

(2) $KMnO_4$ 是强氧化剂，和还原剂反应所得产物因溶液酸度不同而异，例如和 $SO_3^{2-}$ 反应：

酸性　$2MnO_4^- + 5SO_3^{2-} + 6H^+ = 2Mn^{2+} + 5SO_4^{2-} + 3H_2O$

中性　$2MnO_4^- + 3SO_3^{2-} + H_2O = 2MnO_2 + 3SO_4^{2-} + 2OH^-$

碱性　$2MnO_4^- + SO_3^{2-} + 2OH^- = 2MnO_4^{2-} + SO_4^{2-} + H_2O$

(3) $KMnO_4$ 不稳定，易分解。

在中性或微碱性介质中：$4MnO_4^- + 4OH^- = 4MnO_4^{2-} + O_2\uparrow + 2H_2O$

在酸性介质中：$4MnO_4^- + 4H^+ = 4MnO_2\downarrow + 3O_2\uparrow + 2H_2O$

在光照条件下：$4KMnO_4 + 2H_2O = 4MnO_2\downarrow + 4KOH + 3O_2\uparrow$

在加热条件下：$2KMnO_4 = K_2MnO_4 + MnO_2 + 3O_2\uparrow$（还有其他分解产物）

锰及其化合物之间的相互转化见图 13-17。

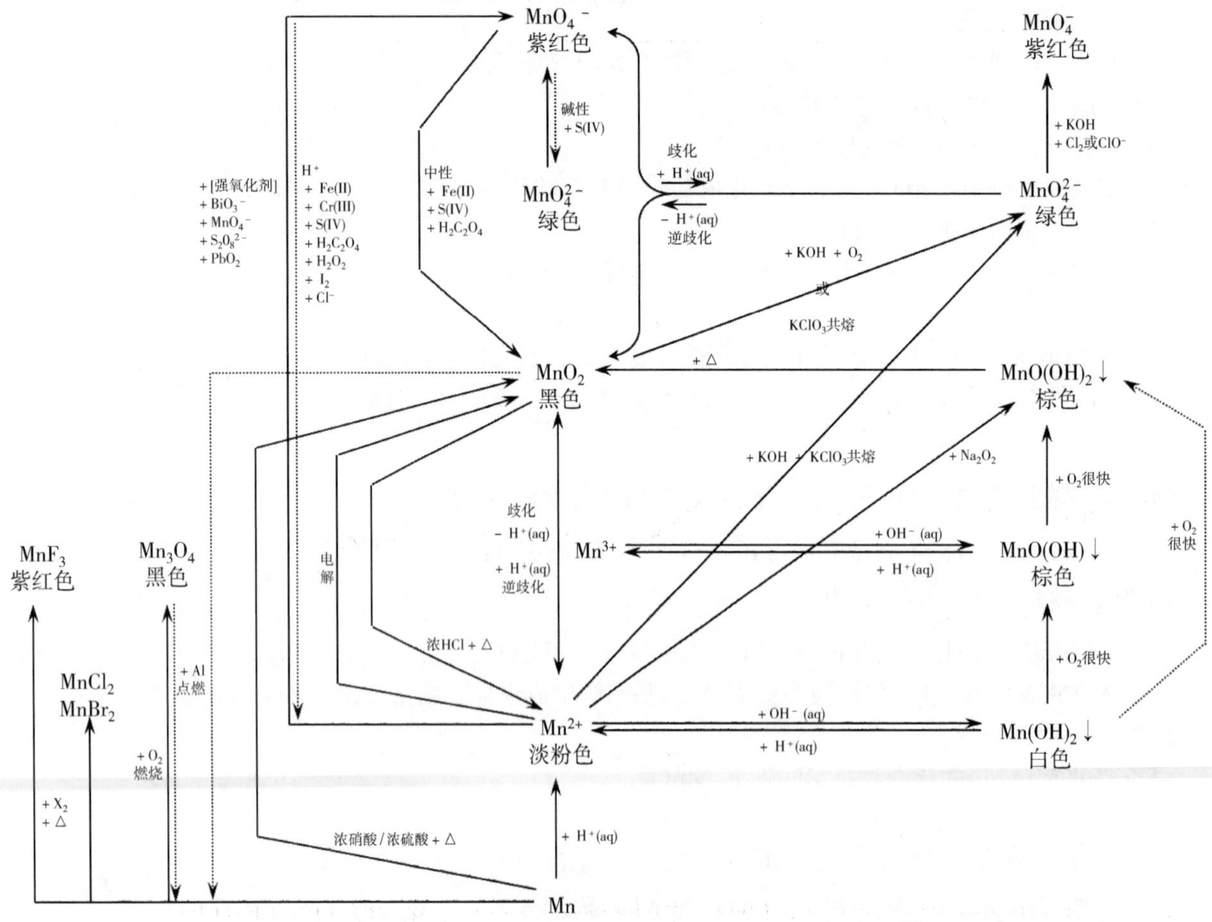


**图 13-17 锰及其化合物相互转化关系图**

# 第九节　铁系元素

位于第 4 周期、第一过渡系列的三种Ⅷ族元素铁、钴、镍性质很相似，被称为铁系元素。

铁、钴、镍三个元素原子的价电子层结构分别是 $3d^64s^2$、$3d^74s^2$、$3d^84s^2$，它们的原子半径十分相近，最外层都有两个电子，只是次外层的 3d 电子数不同，所以它们的性质很相似。

铁的最高氧化态为+6，在一般条件下，铁的常见氧化态是+2、+3，只有与很强的氧化剂作用时才生成不稳定的+6 氧化态的化合物。

在一般条件下，钴和镍的常见氧化态都是+2，最高氧化态为+4，钴的+3 氧化态在一般化合物中是不稳定的，而镍的+3 氧化态则更少见。铁系元素电极电位见表 13-15。

**表 13-15　铁系元素电极电位**

| | |
|---|---|
| $E_A^\ominus/V$ | $Fe^{3+}\xrightarrow{0.771}Fe^{2+}\xrightarrow{-0.44}Fe$<br>$Co^{3+}\xrightarrow{1.92}Co^{2+}\xrightarrow{-0.227}Co$<br>$NiO_2\xrightarrow{1.59}Ni^{2+}\xrightarrow{-0.257}Ni$ |
| $E_B^\ominus/V$ | $FeO_4^{2-}\xrightarrow{0.72}Fe(OH)_3\xrightarrow{-0.56}Fe(OH)_2\xrightarrow{-0.887}Fe$<br>$CoO_2\xrightarrow{0.7}Co(OH)_3\xrightarrow{0.17}Co(OH)_2\xrightarrow{-0.73}Co$<br>$NiO_2\xrightarrow{0.49}Ni(OH)_2\xrightarrow{-0.72}Ni$ |

铁及其常见化合物相互转化关系参阅图 13-18～图 13-20。

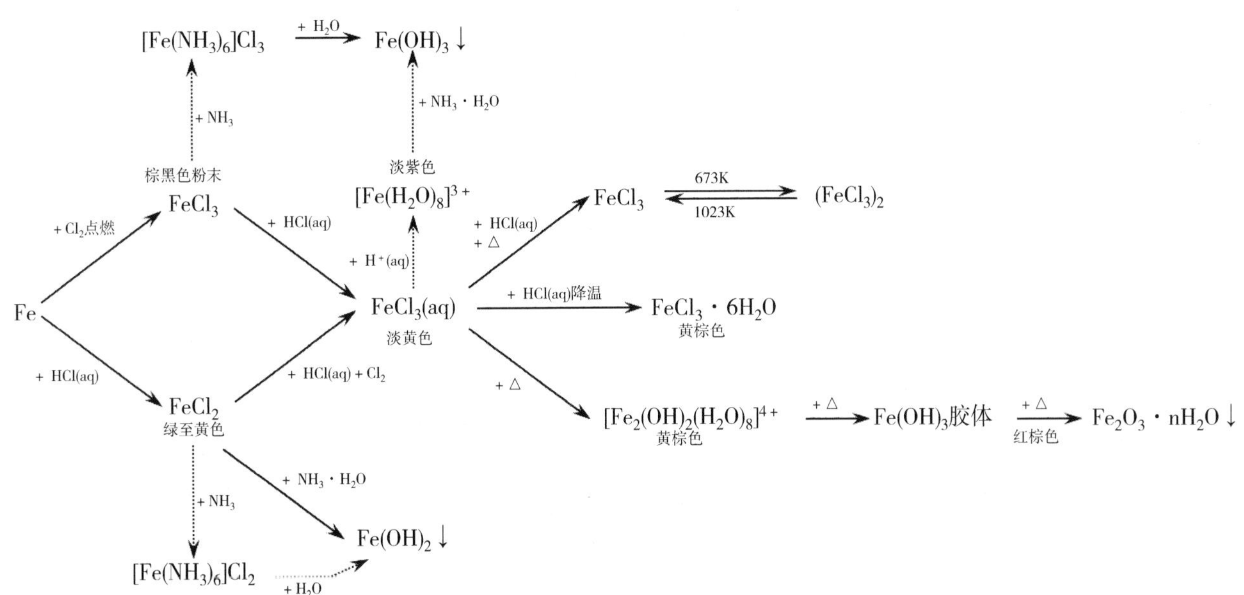


**图 13-18　铁及其常见化合物相互转化关系图 1**

## 一、铁的氧化物和氢氧化物

向 $Fe^{2+}$ 溶液中加碱生成白色的 $Fe(OH)_2$，立即又被空气中 $O_2$ 氧化为棕红色的 $Fe(OH)_3$。

$Fe(OH)_3$ 显两性，以碱性为主，新制备的 $Fe(OH)_3$ 能溶于强碱。

铁的氧化物颜色不同，FeO、$Fe_3O_4$ 为黑色，$Fe_2O_3$ 为砖红色，其中，$Fe_3O_4$ 的结构属于反式尖晶石型。

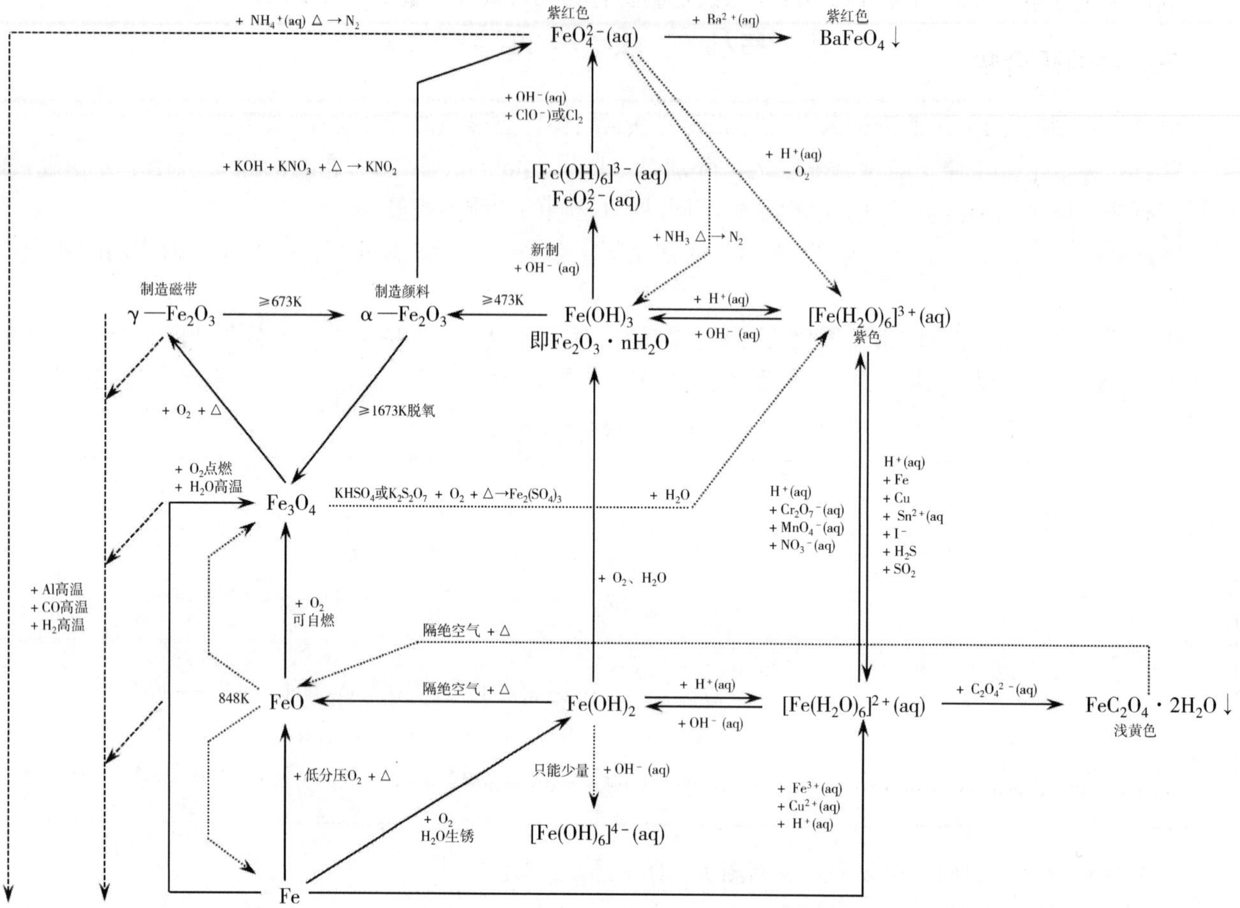

**图 13-19　铁及其常见化合物相互转化关系图 2**

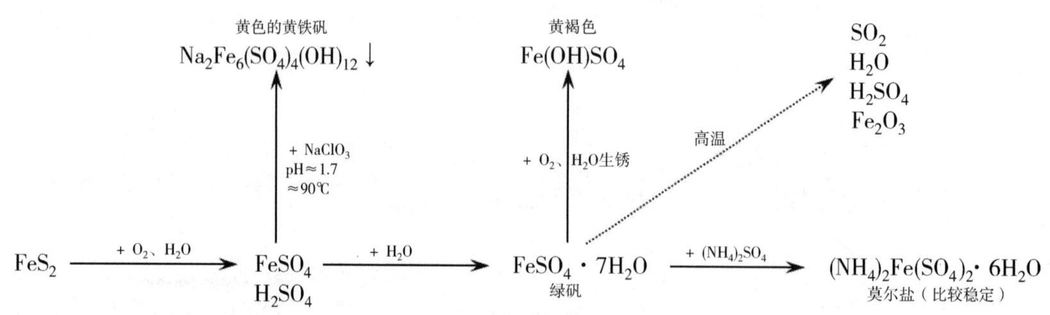


**图 13-20　铁及其常见化合物相互转化关系图 3**

## 二、铁盐

(1) Fe(Ⅱ)盐有两个显著的特性，即还原性和形成较稳定的配离子

Fe(Ⅱ)化合物中以$(NH_4)_2SO_4 \cdot FeSO_4 \cdot 6H_2O$(摩尔盐)比较稳定，用以配制 Fe(Ⅱ)溶液。

(2) Fe(Ⅲ)盐有三个显著性质：氧化性、配合性和水解性

$Fe^{3+}$能氧化 Cu 为$Cu^{2+}$，用以制印刷电路板。$[FeSCN]^{2+}$具有特征的血红色。

$Fe^{3+}$在水溶液中有明显的水解作用，在水解过程中，同时发生多种缩合反应，如：

$$2[Fe(H_2O)_6]^{3+} \rightleftharpoons [Fe_2(OH)_2(H_2O)_8]^{4+} + 2H^+ + 2H_2O$$

随着酸度的降低，缩合度可能增大而产生凝胶沉淀。

利用加热水解使 $Fe^{3+}$ 生成 $Fe(OH)_3$ 除铁是制备各类无机试剂的重要中间步骤。

## 三、铁的配合物

**1. 配合物盐**(图 13-21)

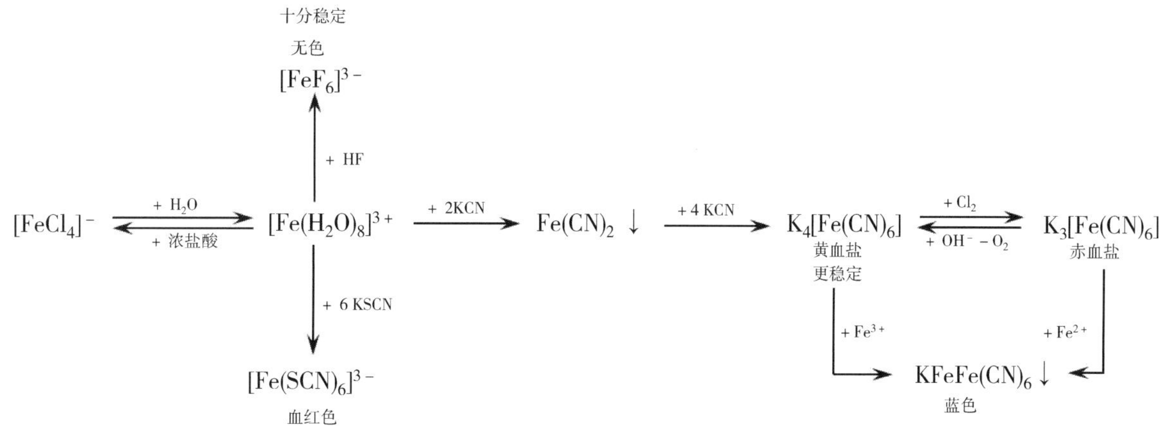


**图 13-21　铁的配合物**

向 Fe(Ⅱ)溶液中缓慢加入过量 $CN^-$，生成浅黄色的 $Fe(CN)_6^{4-}$，其钾盐 $K_4[Fe(CN)_6]\cdot 3H_2O$ 是黄色晶体，俗称黄血盐。

向 $Fe^{3+}$ 溶液中加入少量 $K_4[Fe(CN)_6]$溶液，生成难溶的蓝色沉淀 $KFe[Fe(CN)_6]$，俗称普鲁士蓝：

$$Fe^{3+}+K^++Fe(CN)_6^{4-} \xlongequal{} KFe[Fe(CN)_6]\downarrow$$

另 $Cu^{2+}+2\,K^++Fe(CN)_6^{4-} \xlongequal{} K_2Cu[Fe(CN)_6]\downarrow$ 红棕色沉淀(用于检验 $Cu^{2+}$)

$[Fe(CN)_6]^{3-}$ 的钾盐 $K_3[Fe(CN)_6]$ 是红色晶体，俗称赤血盐。向 $Fe^{2+}$ 溶液中加入 $K_3[Fe(CN)_6]$，生成蓝色难溶的 $KFe[Fe(CN)_6]$，俗称滕布尔蓝(图 13-22)：

$$Fe^{2+}+K^++[Fe(CN)_6]^{3-} \xlongequal{} KFe[Fe(CN)_6]\downarrow$$

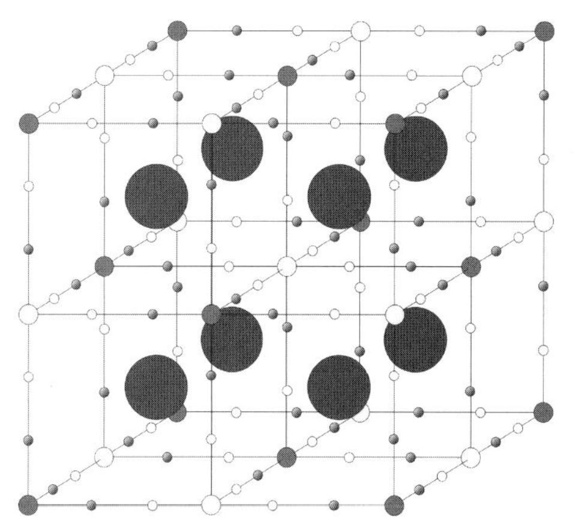

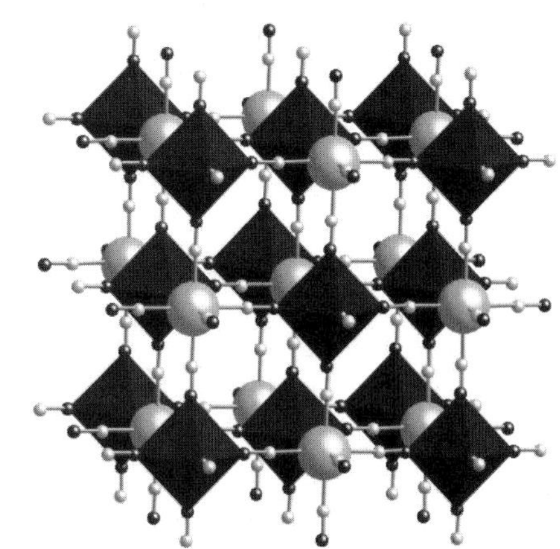

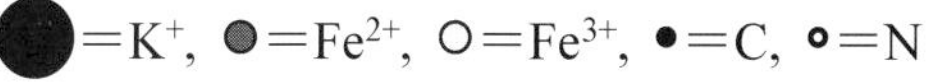

=$K^+$, =$Fe^{2+}$, =$Fe^{3+}$, =C, =N　　=$Fe^{3+}$, =N, =C, $Fe^{2+}$位于正八面体中心（8 个 $K^+$未画出）

**图 13-22　$KFe[Fe(CN)_6]$晶体结构示意图**

经结构分析，滕布尔蓝和普鲁士蓝是同一化合物，有多种化学式，此处介绍的 $KFe[Fe(CN)_6]$只是其中的一种。

Fe(Ⅲ)对 $F^-$ 的亲和力很强，$FeF_3$(无色)的稳定常数较大，在定性和定量分析中用以掩蔽 $Fe^{3+}$。

**2. 铁的羰基化合物**

$Fe(CO)_5$分子的结构参阅图 13-23、表 13-16，铁的羰基化合物的相互转化见图 13-24。

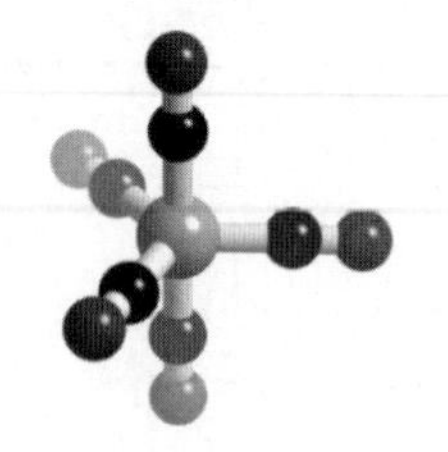

图 13-23　$Fe(CO)_5$分子的球棍模型

表 13-16　$Fe(CO)_5$分子结构简介

| Fe 的价层轨道 | 3d(↑↓ ↑↓ ↑↓ ↑↓ ) | $dsp^3$(□□□□□) |
|---|---|---|
| 成键情况 | 4 根 Fe→CO 反馈 π 键 | 5 根 Fe←COσ 键 |

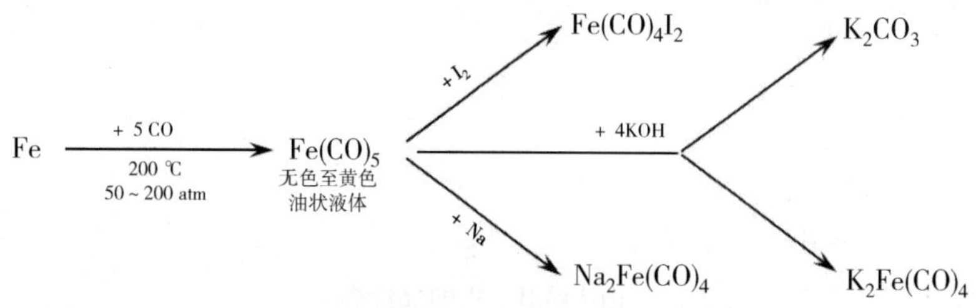


图 13-24　铁的羰基化合物的相互转化

除了铁，很多过渡金属均可形成羰基化合物。除单核羰基化合物外，还可形成双核、多核羰基化合物(图 13-25)。

| | | | | | | | | | |
|---|---|---|---|---|---|---|---|---|---|
| Sc | Ti | V | Cr | Mn | Fe | Co | Ni | Cu | Zn |
| Yb | Zr | Nb | Mo | Tc | Ru | Rh | Pd | Ag | Cd |
| La | Hf | Ta | W | Re | Os | Ir | Pt | Au | Hg |

图 13-25　过渡金属形成羰基化合物概况

羰基化合物中，金属元素的氧化数为 0 或负数，这样可以使得中心原子上有更多的$(n-1)$d 电子，有利于与 CO 形成反馈 π 键，所以羰基化合物的稳定性大小一般如下：

后过渡元素＞前过渡元素＞镧系元素[因为镧系元素的 f 电子在$(n-2)$层，不利于形成反馈 π 键]

羰基化合物都易挥发，有毒，受热易分解成金属单质和 CO，常用于金属的分离提纯。

## 四、铁、钴、镍及其化合物(表 13-17、表 13-18)

钴和镍的单质在常温下对水和空气都较稳定，它们都溶于稀酸中。铁在浓硝酸中发生钝化，但钴和镍与浓硝酸发生激烈反应，与稀硝酸反应较慢。钴和镍与强碱不发生作用，故实验室中可以用镍制坩埚熔融碱性物质。

表 13-17　铁、钴、镍的氧化物

| FeO | 黑色 | CoO | 灰绿色 | NiO | 暗绿色 |
|---|---|---|---|---|---|
| $Fe_3O_4$ | 黑色 | $Co_3O_4$ | 黑色 | / | / |
| $Fe_2O_3$ | 红棕色 | $Co_2O_3$ | 黑色(纯品未证实)<br>$Co_2O_3 \cdot H_2O$ 已证实 | $Ni_2O_3$ | 黑色(纯品未证实)<br>β-NiO(OH)已证实 |
| | | $CoO_2$ | 桃红色 | / | / |

表 13-18 钴、镍的氢氧化物

| 强——还原性——弱 | | | | | | | |
|---|---|---|---|---|---|---|---|
| 还原性 | $Fe(OH)_2$ | 白色 | $Co(OH)_2$ | 玫瑰红色(两性)或蓝绿色(碱性) | $Ni(OH)_2$ | 绿色 | 还原性 |
| 氧化性 | $Fe(OH)_3$ | 红褐色 | $Co(OH)_3$ | 棕色 | $Ni(OH)_3$ | 黑色 | 氧化性 |
| 弱——氧化性——强 | | | | | | | |

钴及其常见化合物相互转化关系见图 13-26。

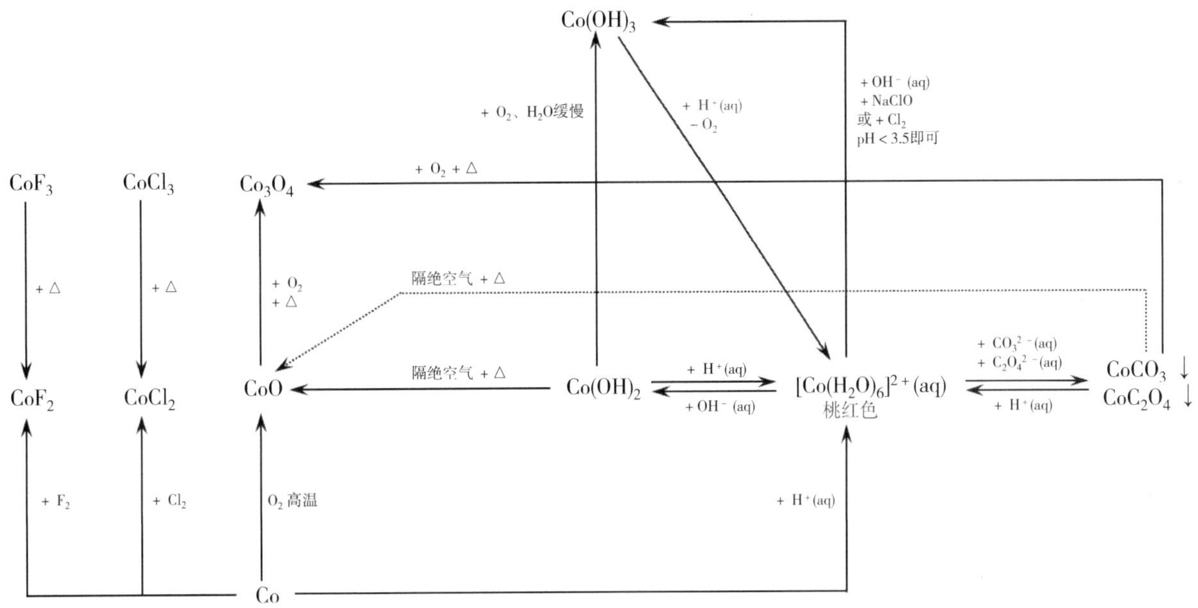


图 13-26 钴及其常见化合物相互转化关系图

常见的Co(Ⅱ)盐是 $CoCl_2 \cdot 6H_2O$，由于所含结晶水的数目不同而呈现多种不同的颜色：

$$CoCl_2 \cdot 6H_2O(\text{粉红色}) \xrightarrow{52.3℃} CoCl_2 \cdot 2H_2O(\text{紫红色}) \xrightarrow{90℃} CoCl_2 \cdot H_2O(\text{蓝紫色}) \xrightarrow{120℃} CoCl_2(\text{蓝色})$$

这个性质用以制造变色硅胶，以指示干燥剂吸水情况。

Co(Ⅱ)盐不易被氧化，在水溶液中能稳定存在；向 $Co^{2+}$ 溶液中加碱，生成 $Co(OH)_2$，放置，$Co(OH)_2$ 逐渐被空气中 $O_2$ 氧化为 $Co(OH)_3$。

Co(Ⅲ)是强氧化剂[$\varepsilon^{\ominus}(Co^{3+}/Co^{2+})=1.8$ V]，在水溶液中极不稳定，易转化为 $Co^{2+}$：

$$4Co^{3+} + 2H_2O \xlongequal{} 4Co^{2+} + 4H^+ + O_2\uparrow$$

所以，Co(Ⅲ)只存在于固态和配合物中，如 $CoF_3$、$Co_2O_3$、$Co_2(SO_4)_3 \cdot 18H_2O$。常见的钴配合物见图 13-27。

常见的Ni(Ⅱ)盐有黄绿色的 $NiSO_4 \cdot 7H_2O$、绿色的 $NiCl_2 \cdot 6H_2O$ 和绿色的 $Ni(NO_3)_2 \cdot 6H_2O$。

$$\underset{\text{绿色晶体}}{NiCl_2 \cdot 7H_2O} \xrightarrow{239\ K} \underset{\text{绿色晶体}}{NiCl_2 \cdot 6H_2O} \xrightarrow{300\ K} \underset{\text{绿色晶体}}{NiCl_2 \cdot 4H_2O} \xrightarrow{337\ K} \underset{\text{绿色晶体}}{NiCl_2 \cdot 2H_2O} \xrightarrow{>337\ K} \underset{\text{黄褐色}}{NiCl_2}$$

向 $Ni^{2+}$ 溶液中加碱生成比较稳定的 $Ni(OH)_2$。

常见的镍配合物有 $[Ni(NH_3)_6]^{2+}$、$[Ni(CN)_4]^{2-}$、$[Ni(C_2O_4)_3]^{4-}$ 等。$Ni(CO)_4$ 是一种淡黄色液体，$Ni(CO)_4$ 的结构见图 13-28。$Ni^{2+}$ 在碱性溶液中与丁二酮肟(镍试剂)作用，生成鲜红色的螯合物沉淀，用以

鉴定 $Ni^{2+}$。

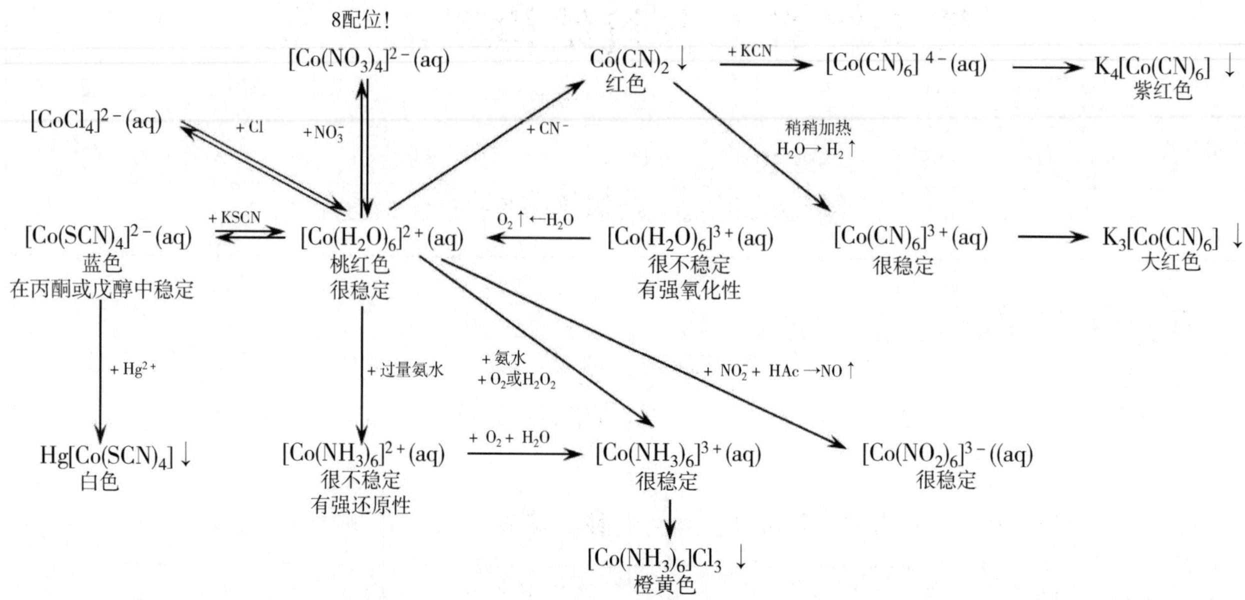


图 13-27 常见的钴配合物

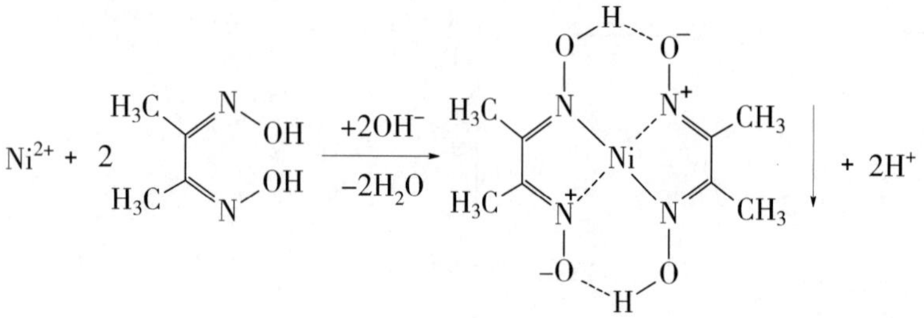

图 13-28 $Ni(CO)_4$的结构

# 第十四章　有机结构理论基础

## 第一节　有机物的概念、有机物中碳原子的杂化方式

### 一、有机物的概念

传统意义上，一般将 $CO$、$CO_2$、$H_2CO_3$、碳酸盐、金属碳化物以外的其他含碳化合物统称为有机物。而今，金属有机化合物以及有机配合物的大量合成，正在逐渐打破经典无机化学与经典有机化学之间的传统分界线。

### 二、有机分子中的碳原子以不同的杂化轨道参与成键

有机分子中的碳原子是采用一定的杂化方式参与形成化学键的，其中最常见的杂化方式是 $sp^3$ 杂化，所有饱和碳（参与形成 4 根 σ 单键的碳原子）及其形成的碳负离子都是 $sp^3$ 杂化态的，碳原子的 $sp^3$ 杂化方式是形成有机分子立体构造单元的源头，如图 14-1。

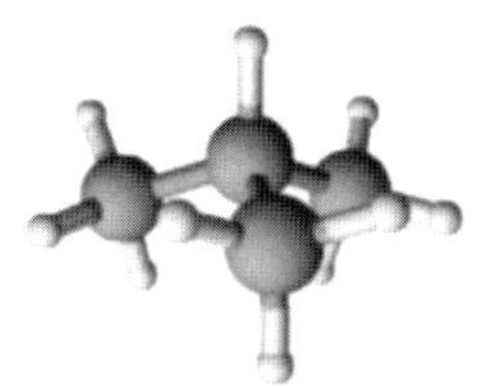

$(CH_3)_3CH$ 的球棍模型

$(CH_3)_3C^-$ 立体结构示意图

**图 14-1　$(CH_3)_3CH$ 的球棍模型以及 $(CH_3)_3C^-$（一种典型的碳负离子）的立体结构示意图**

第二种较为常见的杂化方式是 $sp^2$ 杂化，所有参与形成 2 根 σ 单键、1 根双键（包含 1 根 σ 键、1 根 π 键）的碳原子，苯环上的碳原子以及碳正离子中的碳原子都是 $sp^2$ 杂化态的，碳原子的 $sp^2$ 杂化方式是形成有机分子平面构造单元的源头，如图 14-2。

$H_2C{=}CH_2$　　$H_2C{=}O$　　$H_2C{=}N{-}OH$

乙烯　　甲醛　　丙酮肟　　苯　　$(CH_3)_3C^+$ 立体结构示意图

**图 14-2　以 $sp^2$ 杂化态碳原子为主体形成的有机分子举例**

碳自由基中碳原子的杂化方式可能有两种：①当自由基碳与供电子基（详见下文"有机分了中的电了效应"）直接相连时，自由基碳多采取 $sp^3$ 杂化方式，如 $(CH_3)_3C\cdot$（叔丁基）、 $\cdot$（环戊基）等。②当自由基碳与吸电子基直接相连时，自由基碳多采取 $sp^2$ 杂化方式，如 $Ph_3C\cdot$（三苯基甲基）等。

碳原子的第三种杂化方式是 sp 杂化，当碳原子参与形成累积双键（如$=C=$）、三键（如$-C\equiv$）时多采取 sp 杂化方式，碳原子的 sp 杂化方式是形成有机分子线形构造单元的源头，如图 14-3。

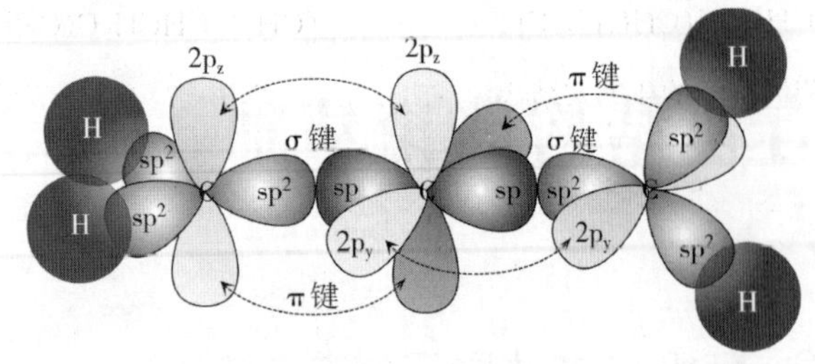


$CH_2=C=CH_2$(丙二烯)分子中碳原子的杂化与成键方式

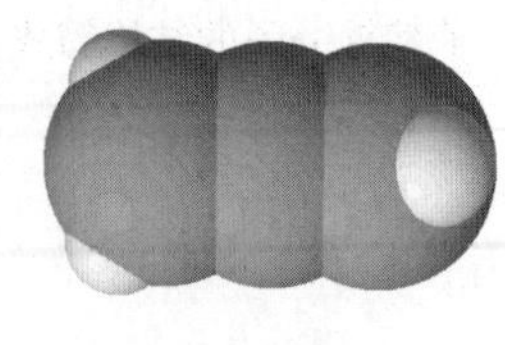

丙二烯分子的比例模型

**图 14-3　丙二烯分子的结构**

## 第二节　有机化学用语

有机分子中化学键的 4 大类型如表 14-1 所示。

**表 14-1　有机分子中的化学键**

| | | |
|---|---|---|
| 单键 | 1σ | C—H，C—X，C—O，C—S，C—N，C—C…… |
| 双键 | 1σ+1π | C═C，C═O，C═S，C═N…… |
| 三键 | 1σ+2π | C≡C ，C≡N …… |
| 界于单键与双键之间特殊的 C—C 键 | 1σ+Π | …… |

有机分子中碳原子的结构分类如表 14-2 所示。

**表 14-2　有机分子中的碳原子的结构分类**

| 分类 | | 成键结果 | 杂化方式 |
|---|---|---|---|
| 饱和碳 | | 参与形成 4 根单键 | $sp^3$ |
| 不饱和碳 | 芳香 C | 最常见的为苯环上的 C | $sp^2$ |
| | 绝大多数孤立双键 C | 如 C═C、C═O 中的 C 等等 | $sp^2$ |
| | 累积双键 C | 如 O═C═O、$CH_2=C=CH_2$ 中居中的那个 C 等等 | sp |
| | 三键 C | 如 C≡C 、C≡N 等等 | sp |

有机分子的电子式与结构式如表 14-3 所示。

**表 14-3　有机分子的电子式与结构式**

| 电子式 | 结构式——用一根短线代表一对共用电子，其他电子省略 | |
|---|---|---|
| 定义略，仅举一例以资说明 | 线形葡萄糖分子的平面结构式 | 线形葡萄糖分子的立体结构式 |
| H　H<br>H :O: H :O: H<br>H : C : C : C : C : C : C :: O<br>:O: H :O: H :O: H<br>H　H　H | H　OH H HO　H　O<br>│　│　│　│　│　‖<br>H—C—C—C—C—C—C—H<br>│　│　│　│　│<br>OH H HO　H　OH | H—O H　H O—H O<br>H　C　C　C<br>C　C　C　H<br>H—O H　H O H　O—H<br>H |

结构简式，将连在同一个 C 原子上的同种原子或原子团合并，省略绝大多数非关键性单键。若再将分子中连续排列的同种原子团合并书写，即可得到压缩式结构简式。例如：

| $CH_2OHCHOHCHOHCHOHCHOHCHO$ | $CH_2OH(CHOH)_4CHO$ | $(CH_3)_2CHCH_2C(CH_3)_2C(CH_3)_3$ |
|---|---|---|
| 葡萄糖分子的结构简式 | 葡萄糖分子的压缩式结构简式 | 2，2，3，3，5-五甲基己烷 |

示性式，仅将分子中的官能团突出表示出来，其他全部合并书写。例如：葡萄糖分子的示性式为 $C_5H_{11}O_5CHO$，乙酸的示性式为 $CH_3COOH$，乙醇的示性式为 $C_2H_5OH$。

分子式定义略，显然，葡萄糖的分子式为 $C_6H_{12}O_6$。

最简式（也叫实验式），表示分子中原子数目的最简整数比。例如：葡萄糖分子（$C_6H_{12}O_6$）、乳酸分子（$C_3H_6O_3$）、乙酸分子（$C_2H_4O_2$）、甲醛分子（$CH_2O$）的最简式均为 $CH_2O$。

键线式，省略有机分子中所有 C 原子以及 C 原子上的 H 原子的元素符号，用直线表示其余的共价键，线段的每个端点、拐点、交点都代表 1 个 C，这样的式子称为键线式，被省略的 H 原子数＝4－已有成键数（图 14-4）。

图 14-4　亚油酸（Linoleic acid）的键线式

球棍模型与比例模型定义略，此处仅提供图 14-5、图 14-6 以资说明：

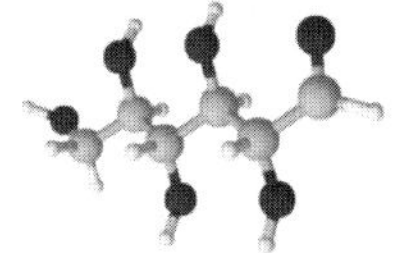
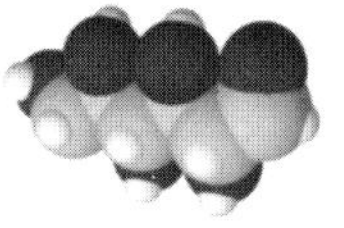
图 14-5　线式葡萄糖分子的球棍模型与比例模型

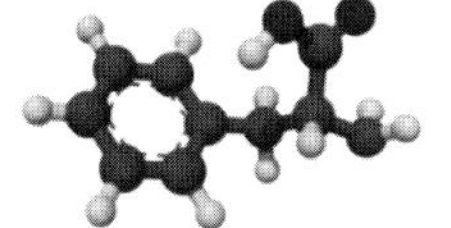
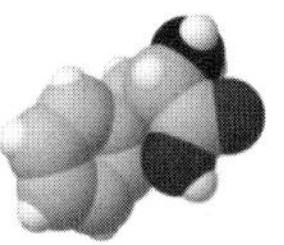
图 14-6　苯丙氨酸分子的球棍模型与比例模型

## 第三节　有机物中常见的原子团、官能团、有机物的分类

### 一、有机分子中常见的原子团、官能团

有机分子中的原子团种类繁多，常见的原子团如表 14-4 所示。

表 14-4　有机分子中的常见原子团

<table>
<tr><td rowspan="11">有机分子中的原子团</td><td rowspan="7">非官能团</td><td rowspan="5">烷基</td><td rowspan="3">甲基</td><td>甲基</td><td>$—CH_3$</td></tr>
<tr><td>亚甲基</td><td>$—CH_2—$</td></tr>
<tr><td>次甲基</td><td>$-\overset{|}{\underset{|}{C}}-H$</td></tr>
<tr><td>乙基</td><td colspan="2">$—C_2H_5$</td></tr>
<tr><td colspan="3">⋮</td></tr>
<tr><td>苯基</td><td colspan="3">$—C_6H_5$</td></tr>
<tr><td>⋮</td><td colspan="3"></td></tr>
<tr><td rowspan="4">官能团</td><td rowspan="4">基本官能团</td><td>卤素原子</td><td colspan="2">—X</td></tr>
<tr><td>羟基</td><td colspan="2">—OH</td></tr>
<tr><td>巯基</td><td colspan="2">—SH</td></tr>
<tr><td>氨基</td><td colspan="2">$—NH_2$</td></tr>
</table>

（续表）

<table>
<tr><td rowspan="14">有机分子中的原子团</td><td rowspan="14">官能团</td><td rowspan="8">基本官能团</td><td>硝基</td><td>$—NO_2$</td></tr>
<tr><td>磺酸基</td><td>$—SO_3H$</td></tr>
<tr><td>羰基</td><td>$>C=O$</td></tr>
<tr><td>氰基</td><td>$—C≡N$</td></tr>
<tr><td>醚键</td><td>$—\overset{|}{\underset{|}{C}}—O—\overset{|}{\underset{|}{C}}—$</td></tr>
<tr><td>碳碳双键</td><td>$>C=C<$</td></tr>
<tr><td>碳碳三键</td><td>$—C≡C—$</td></tr>
<tr><td colspan="2"></td></tr>
<tr><td rowspan="4">复合官能团</td><td>醛基</td><td>—CHO</td></tr>
<tr><td>羧基</td><td>—COOH</td></tr>
<tr><td>酯基</td><td>—COOR</td></tr>
<tr><td>酰胺基(肽键)</td><td>—CONH—</td></tr>
</table>

其中，官能团是分子中比较活泼而且容易发生反应的原子或基团。一般而言，含有相同官能团的化合物具有相似的化学性质，即官能团决定化合物的主要化学特性。

复合官能团由基本官能团组合而成，组合后官能团的性质通常会发生新的变化，一般不再与基本官能团的性质完全相同，例如，羰基与羟基组合后形成羧基，羧基的性质就与原本的羰基和羟基有了较大的差异。

很多有机物分子含有“复合式”结构，即在同一有机分子中，可能会出现多类简单有机分子的结构片段，这样的结构通常既“遗传”了其母体分子的部分性质，又因其相互影响而发生“变异”。

因此，有机分子的性质通常既具有典型性又具有多样性，既具有规律性又具有复杂性。

## 二、有机物的分类

有机物种类繁多，根据不同的分类标准，有机物可以分成多种类型。

**1. 根据官能团的不同进行分类**（表 14-5）

**表 14-5　官能团分类表**

| 有机物分类 | 官能团名称 | 官能团结构 | 典型举例 |
|---|---|---|---|
| 烯烃 | 碳碳双键 | C═C | $CH_2═CH_2$ |
| 炔烃 | 碳碳三键 | C≡C | CH≡CH |
| 卤代烃 | 卤原子 | —X | $CH_3CH_2Br$ |
| 乙醇 | 羟基 | —OH | $CH_3CH_2OH$ |
| 酚 | 羟基 | —OH | $C_6H_5OH$ |
| 醚 | 醚键 | (C)—O—(C) | $CH_3CH_2OCH_2CH_3$ |
| 醛 | 醛基 | —CHO | $CH_3CHO$ |
| 酮 | 羰基 | ═C═O | $CH_3COCH_3$ |
| 羧酸 | 羧基 | —COOH | $CH_3COOH$ |
| 酯 | 酯基 | —COOR | $CH_3COOCH_2CH_3$ |

（续表）

| 有机物分类 | 官能团名称 | 官能团结构 | 典型举例 |
|---|---|---|---|
| 酰胺 | 酰胺基 | —CONH— | $CH_3CONH_2$ |
| 胺 | 氨基 | $—NH_2$ | $CH_3NH_2$、$C_6H_5NH_2$ |
| 硝基化合物 | 硝基 | $—NO_2$ | $CH_3NO_2$、$C_6H_5NO_2$ |
| 硫醇 | 巯基 | —SH | $CH_3CH_2SH$ |
| 磺酸 | 磺酸基 | $—SO_3H$ | $CH_3SO_3H$、$C_6H_5SO_3H$ |

某些有机物分子中含有多种官能团，可以归属于不同的有机物类别。例如，莽草酸（Shikimic acid，分子结构简式为

）既可以看作羧酸类物质，又可以看作多元醇类物质。

**2. 根据碳骨架的不同进行分类**

（1）开链化合物（open chain compound），也称为脂肪族化合物，例如：

| $CH_3CH_2CH_2CH_2CH_2CH_3$ | $CH_3CH_2C{\equiv}CCH_3$ | $CH_3CH{=}CH_2$ | $CH_3CH_2OH$ |
|---|---|---|---|
| 正己烷 | 2-戊炔 | 丙烯 | 乙醇 |

（2）碳环化合物（carbocyclic compound）

① 脂环化合物（alicyclic compound）

分子中的碳原子通过单键、双键或者三键连接成闭合的环，性质与脂肪族化合物相似，可以看作是由开链化合物闭环形成的，例如：

② 芳香族化合物（aromatic compound）

分子中含有由碳原子组成的、在同一平面内的闭环共轭体系，一般含有苯环结构，例如：

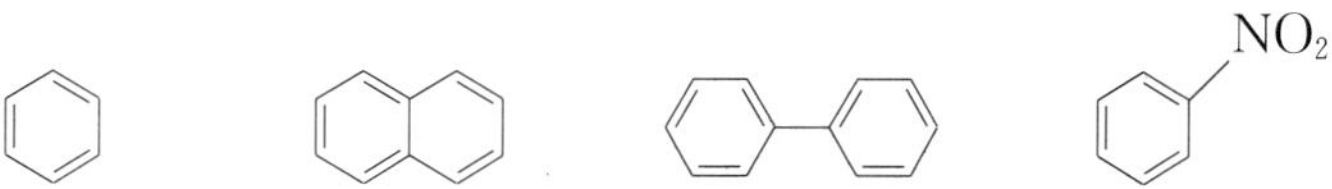


③ 杂环化合物（heterocyclic compound）

分子中含有由碳原子和其他原子连成的环，例如：

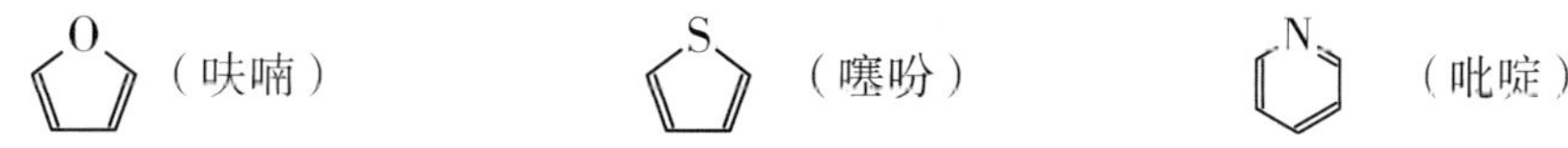


## 第四节　有机物分子组成与结构的对应关系

### 一、缺氢指数（$\Omega$，有时也可用 $\beta$ 表示）的概念

以烷烃分子为母体，有机分子中每增加一个闭合碳环或一根 π 键，其分子组成上就减少两个 H 原子，通

常记为缺氢指数=1，即 $\beta$=闭合碳环数+$\pi$ 键数，如表 14-6。

**表 14-6　常见有机物的缺氢指数**

| 名称 | 己烷 | 环己烷 | 环己烯 | 1，3-环己二烯 | 苯 |
|---|---|---|---|---|---|
| 结构简式 | $CH_3(CH_2)_4CH_3$ | (六元环) | (六元环，含1个双键) | (六元环，含2个双键) | (苯环) |
| 分子式 | $C_6H_{14}$ | $C_6H_{12}$ | $C_6H_{10}$ | $C_6H_8$ | $C_6H_6$ |
| $\beta$ | 0 | 1 | 2 | 3 | 4 |

**注 1**　在统计笼状立体结构有机分子时，须将其“压扁”成为二维结构，然后再统计闭合环数。例如：

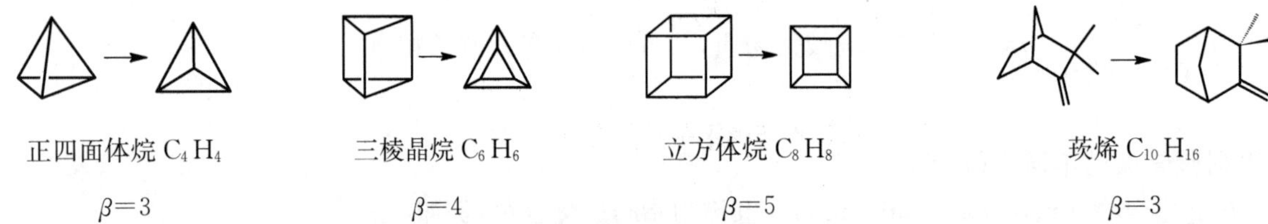

正四面体烷 $C_4H_4$　$\beta=3$　　三棱晶烷 $C_6H_6$　$\beta=4$　　立方体烷 $C_8H_8$　$\beta=5$　　莰烯 $C_{10}H_{16}$　$\beta=3$

**注 2**　苯环中其实并不存在经典意义上的碳碳双键，只是其从组成上看相当于拥有 3 个双键而已。

所以，可以用通式 $C_nH_{2n+2-2\beta}$（$n\geqslant1$，$\beta\geqslant0$）表示一切烃类物质的分子组成。

显然，若某烃的分子式为 $C_xH_y$，则 $\beta=\dfrac{2x+2-y}{2}$。

即 $\beta$=（最高含 H 量−实有含 H 量）÷2。

以上规律通常用于根据有机化合物的分子式快速推断其可能的结构概况。

## 二、烃的衍生物的缺氢指数

### 1. 卤代烃

烃分子中的 H 原子被卤素原子 X 取代时是按 1∶1 的比例进行的，即分子中每减少 1 个 H 就增加 1 个 X 原子，所以，分析卤代烃分子的缺氢指数时，可以将 X 原子视作 H 原子，或者将 X 原子逆向替换成 H 原子，然后再进行计算。例如：$CHCl_3\longrightarrow CH_4\longrightarrow\beta=0$；$C_2H_4Br_2\longrightarrow C_2H_6\longrightarrow\beta=0$；$C_6H_5Br\longrightarrow C_6H_6\longrightarrow\beta=4$。

### 2. 烃的含氧衍生物

向有机物分子中插入氧原子时不会改变有机分子的缺氢指数，分析烃的含氧衍生物分子的缺氢指数时，可以对组成中的 O 原子“视而不见”，直接按 C、H 原子数进行计算。例如：

$$\text{H—}\underset{\text{H}}{\overset{\text{H}}{\text{C}}}\text{—}\underset{\text{H}}{\overset{\text{H}}{\text{C}}}\text{—H}\longrightarrow\text{H—}\underset{\text{H}}{\overset{\text{H}}{\text{C}}}\text{—O—}\underset{\text{H}}{\overset{\text{H}}{\text{C}}}\text{—H}\longrightarrow\text{H—}\underset{\text{H}}{\overset{\text{H}}{\text{C}}}\text{—}\underset{\text{H}}{\overset{\text{H}}{\text{C}}}\text{—O—H},\ C_2H_6O,\ \beta=0;$$

$$H_2C{=}CH_2\longrightarrow\text{H—}\underset{\text{H}}{\overset{\text{H}}{\text{C}}}\text{—}\overset{\text{O}}{\overset{\|}{\text{C}}}\text{—H}\longrightarrow\text{H—}\overset{\text{O}}{\text{C—C}}\text{—H (环氧)}\longrightarrow\text{H—}\underset{\text{H}}{\overset{\text{H}}{\text{C}}}\text{—}\overset{\text{O}}{\overset{\|}{\text{C}}}\text{—O—H},\ C_2H_4O,\ \beta=1。$$

### 3. 烃的含氮衍生物

因为氮原子最外层有 5 个价电子，其中有 1 对孤对电子，另外 3 个为单电子，所以向有机物分子中插入氮原子，会导致分子中氢原子数的增加——每插入 1 个 N 原子，分子中增加 1 个 H 原子。例如：

$$H-\overset{H}{\underset{H}{C}}-\overset{H}{\underset{H}{C}}-H \longrightarrow H-\overset{H}{\underset{H}{C}}-\overset{H}{N}-\overset{H}{\underset{H}{C}}-H \longrightarrow H-\overset{H}{\underset{H}{C}}-\overset{H}{\underset{H}{C}}-\overset{H}{N}-H \longrightarrow H-\overset{H}{N}-\overset{H}{\underset{H}{C}}-\overset{H}{\underset{H}{C}}-\overset{H}{N}-H$$

所以，分析烃的含氮衍生物分子的缺氢指数时，必须去除分子中的 N 原子以及与之等量的 H 原子，然后再计算其缺氢指数。例如：$C_2H_7N \longrightarrow C_2H_6 \longrightarrow \beta=0$；$C_2H_8N_2 \longrightarrow C_2H_6 \longrightarrow \beta=0$。

因为硝基（$-NO_2$）的结构相当于 $-N\begin{matrix}\nearrow O \\ \searrow O\end{matrix}$，所以其缺氢指数按 1 计算。例如：

$C_6H_5CH_2CH(NH_2)COOH$（OH、$NH_2$）、$(CH_3)_2CH-C_6H_4-NO_2$，分子式均为 $C_9H_{11}NO_2 \longrightarrow C_9H_{10}O_2 \longrightarrow C_9H_{10} \longrightarrow \beta=5$。

# 第五节　有机分子中的电子效应

## 一、诱导效应

诱导效应示意图见图 14-7。

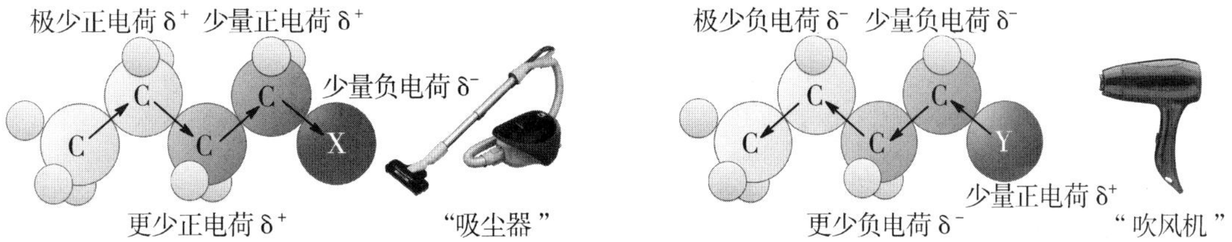


**图 14-7　诱导效应示意图**

(1) 分子内成键原子的电负性不同引起分子中的电子云的不均匀分布，且这种影响沿分子中的共价键通过静电诱导传递下去的电子效应称作诱导效应(inductive effect)，常用 $I$ 表示。

(2) 这种影响随着分子链的增长而迅速减弱，一般传递三个化学键以上，再往后的影响可以忽略不计。

(3) 诱导效应是分子中原子间相互影响的一种电子效应，是以 $H-CH_2-COOH$ 分子中甲基碳上的氢原子(即 $\alpha$-H)为参考标准测得的相对结果，常见不同原子或基团的吸电子能力顺序如下：

$$-NR_3^+ > -NO_2 > -CN > -COOH > -COOR > :C=O > -F > -Cl > -Br > -I$$
$$> -OCH_3 > -OH > -C_6H_5 > -CH=CH_2$$
$$> -H$$
$$> -CH_3 > -CH_2CH_3 > -CH(CH_3)_2 > -C(CH_3)_3 > O^-$$

需要注意的是，这些顺序是近似的，当这些基团连到不同的母体化合物上时，互相作用的结果会使它们的诱导效应发生不同程度的改变。

① H 前面的是吸电子基(吸电子)，产生吸电子的诱导效应，用 $-I$ 表示。

带正电的基团具有明显的吸电子效应，如 $-NR_3^+$。含有配位键的原子对所相连的碳原子有着较强的吸电子效应。吸电子效应 $-C\equiv CR > -CH=CR_2 > -CH_2-CR_3$，这是因为 s 电子成分越多，电子越靠近原子核。

同周期自左而右，吸电子效应逐渐增强，如 $-CR_3 < -NR_2 < -OR < F$。

同主族自上而下，吸电子效应逐渐减弱，如 $-F > -Cl > -Br > -I \cdots\cdots -OR > -SR$。

② H 后面的是给电子基(推电子),产生给电子的诱导效应,用 $+I$ 表示。

给电子效应—$CH_3$<—$CH_2CH_3$<—$CH(CH_3)_2$<—$C(CH_3)_3$<$O^-$。

## 二、共轭效应与超共轭效应

**1. 结构**

在不饱和化合物中,如果有 3 个或 3 个以上互相平行的 p 轨道形成 Π 键,这种体系称为共轭体系(conjugated system)。在共轭体系中,Π 电子云扩散到整个体系的现象称为电子的离域或键的离域。电子的离域体现了分子内原子间的相互影响,也是一种电子效应。电子的离域使分子的能量降低,分子趋于稳定,键长趋于平均化,这种效应称为共轭效应(conjugated effect),常用 $C$ 表示。共轭效应在共轭链上传递,出现正负电荷交替现象,且这种影响涉及整个共轭体系而不会出现减弱。

**2. 共轭体系的分类**

(1) π-π 共轭体系,如 $CH_2$═CH—C≡CH、$CH_2$═CH—CHO。

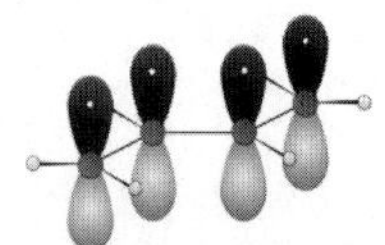

$CH_2$═CH—CH═$CH_2$

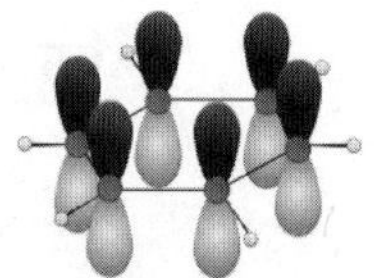

$C_6H_6$

(2) p-π 共轭体系,如—CONH—、$C_6H_5$—OH、$C_6H_5$—$NH_2$、$CH_3COO^-$。

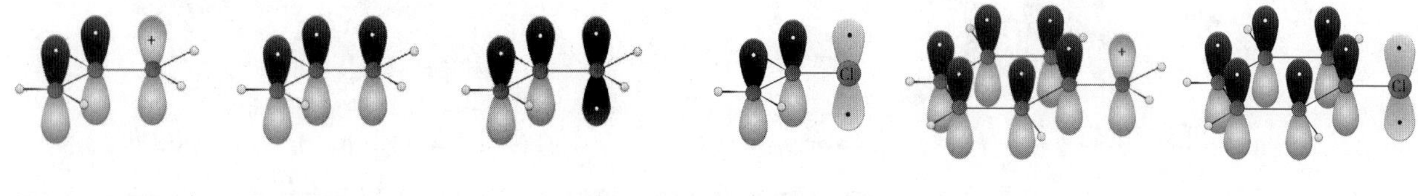

$CH_2$═CH—$CH_2^+$　$CH_2$═CH—$CH_2$·　$CH_2$═CH—$CH_2^-$　$CH_2$═CH—Cl　$C_6H_5$—$CH_2^+$　$C_6H_5$—Cl

(3) 超共轭体系

① σ-π 超共轭体系(图 14-8)

这种共轭体系中,C═C 键上的 α-H 越多,形成共轭的概率越大,σ-π 超共轭作用越强,体系就越稳定。如:

稳定性　$CH_3$—CH═CH—$CH_3$>$CH_2$═CH—$CH_2$—$CH_3$

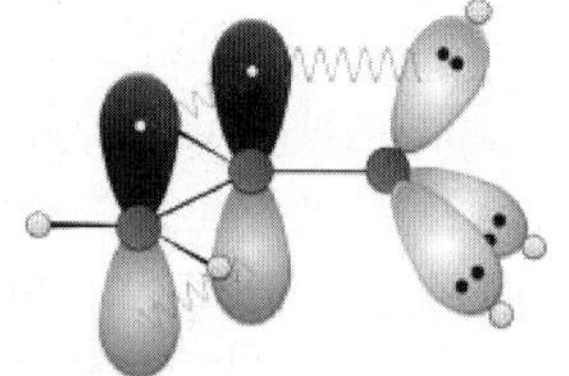

**图 14-8　σ-π 超共轭体系**

② σ-p 超共轭体系(图 14-9)

这种共轭体系中,核心 C 周围的 α-H 越多,形成共轭的概率越大,σ-p 超共轭作用越强,中心原子上的电荷就越分散,体系就越稳定。如:

稳定性　$(CH_3)_3C$·>$(CH_3)_2CH$·>$CH_3CH_2$·>$CH_3$·

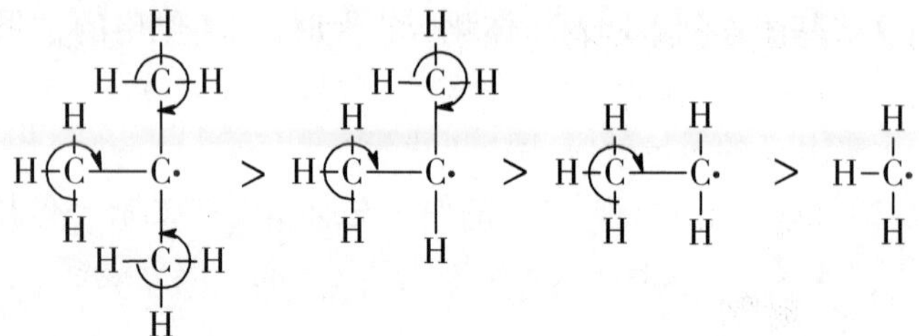

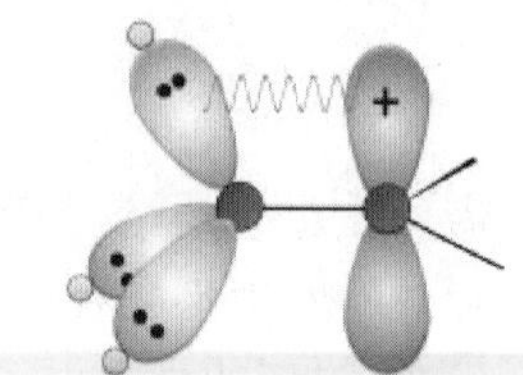

**图 14-9　σ-p 超共轭体系**

稳定性　$(CH_3)_3C^+$>$(CH_3)_2CH^+$>$CH_3CH_2^+$>$CH_3^+$

**3. 共轭效应**

共轭体系中，由于原子的电负性的不同以及形成共轭体系的方式不同，会使共轭体系中电子的离域具有一定的方向性，出现吸电子共轭效应(用$-C$表示)和给电子共轭效应(用$+C$表示)。

① 吸电子共轭效应(用$-C$表示)，如$C^{\delta+}H_2=C^{\delta-}H-C^{\delta+}H=O^{\delta-}$。

② 给电子共轭效应(用$+C$表示)，如$C^{\delta-}H_2=C^{\delta+}H-Cl^{\delta-}$。

含孤对电子的原子与双键形成共轭体系，产生$+C$效应。

## 三、场效应(通常与诱导效应并存)

诱导效应通过碳原子链传递，经 3 级衰减后几乎为 0。

场效应直接通过原子之间的空间直线到达，与距离的平方成反比——距离越远，影响越弱。

**例 14-1**　在丙二酸分子中，$—COO^-$的诱导效应经过原子链到达另一个—COOH 上的 H 时已经极其微弱；而其负电场对此 H 的控制力则非常明显，使其不易离去——导致$K_{a2}$减小、酸性减弱！

**例 14-2**　在 4-氯苯丙炔酸分子中，—Cl 的诱导效应经过原子链到达—COOH 上的 H 时已经极其微弱；因距离遥远，场效应也不再明显——酸性正常！

**例 14-3**　在 2-氯苯丙炔酸分子中，—Cl 的诱导效应经过原子链到达—COOH 上的 H 时已经极其微弱；而其负电场对此 H 控制力则非常明显，使其不易离去——酸性减弱！

丙二酸　　4-氯苯丙炔酸　　2-氯苯丙炔酸

**例 14-4**　α-氨基酸中—COOH 的酸性通常要比乙酸中的要强，这是由场效应造成的——孤对电子吸引羧基 H，铵盐正电场排斥羧基 H，均能促进其电离。

α-氨基酸中$—NH_2$的碱性通常要比$RNH_2$中的要弱，这是由诱导效应造成的——羧基通过碳链传递吸电子诱导效应，降低了$—NH_2$中 N 原子上孤对电子的电子云密度，使其吸引$H^+$的能力下降、碱性减弱。

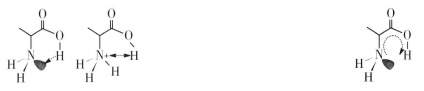

羧基的酸性增强，$K_{a1}$变大
相应的共轭碱的碱性变弱

氨基的碱性减弱
相应的共轭酸的酸性增强，$K_{a2}$变大

# 第六节　有机分子的芳香性理论

芳香(aromaticity)一词最早是用于形容一些化合物所特有的气味。随着对这些化合物化学性质的深入研究，科学家们发现这类化合物都具有如下几个方面的特点：环状结构，缺氢指数高，但稳定性较好，很难被氧化，不易进行通常不饱和化合物所特有的加成反应，反而容易发生取代反应。此后将这一类特殊的性质定义为有机物的芳香性，而不再特指有机物的特殊气味。事实上，大量芳香族化合物具有非常难闻的气味！

## 一、环形有机分子反芳香性的 Hückel 规则

**1. 具体情形**

① 碳环骨架一般不在同一平面之内。

② 环上每个原子都有 p 轨道或孤对电子参与电子云的离域。

③ 离域的 p 轨道电子云中有 $4n$ 个电子。

④ 性质比非环系开链共轭烯烃更加活泼。

**2. 典型实例**

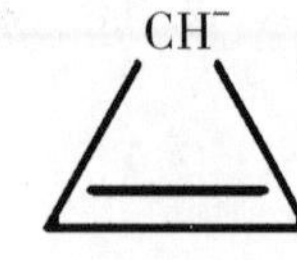

环丙烯负离子

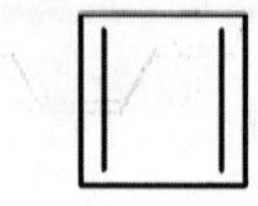
[4]-轮烯(即环丁二烯)

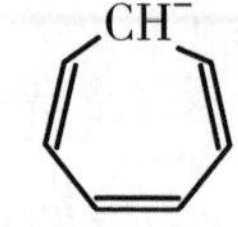

环庚三烯负离子

## 二、环形有机分子无芳香性的 Hückel 规则

**1. 具体情形**

① 碳环骨架不在同一平面之内。

② 环上每个原子都有 p 轨道或孤对电子参与电子云的离域。

③ 离域的 p 轨道电子云中一般有 $4n$ 个电子,个别有 $4n+2$ 个电子。

④ 性质与非环系开链共轭烯烃相近。

**2. 典型实例**

① 个别 $4n+2$ 轮烯——空间位阻导致分子中的碳原子根本不在同一平面上。

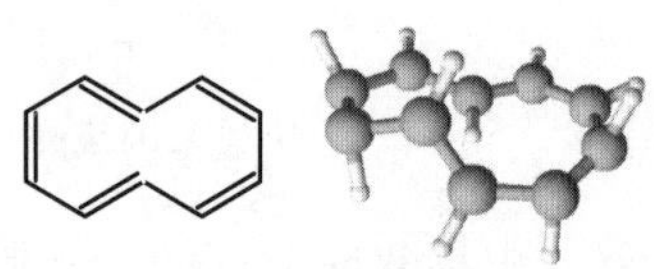
[10]-轮烯

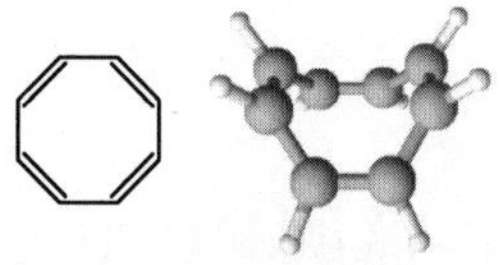
[8]-轮烯(即环辛四烯)

② 大部分 $4n$ 轮烯——空间位阻导致分子中的碳原子根本不在同一平面上!
如[8]-轮烯、[12]-轮烯、[20]-轮烯。

## 三、环形有机分子芳香性的 Hückel 规则

**1. 适用情形**

平面或者非常接近平面的、具有多个连续重叠 p 轨道的、不超过三个环的环状化合物。

**2. 具体内容**

① 碳环骨架在同一平面或者几乎在同一平面之内。

② 环上每个原子都有 p 轨道或孤对电子参与电子云的离域。

③ 离域的 p 轨道电子云中有 $4n+2$ 个电子。

④ 芳香体系的化学性质比非环系开链共轭烯烃稳定得多。

**3. 典型实例**

① 单环体系的芳香性

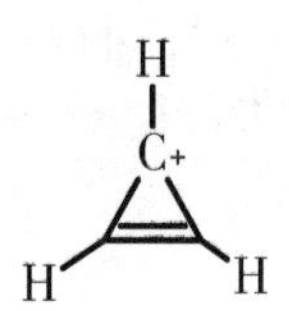


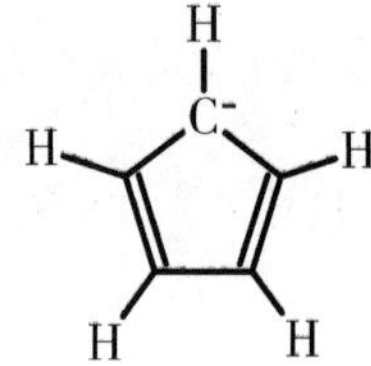


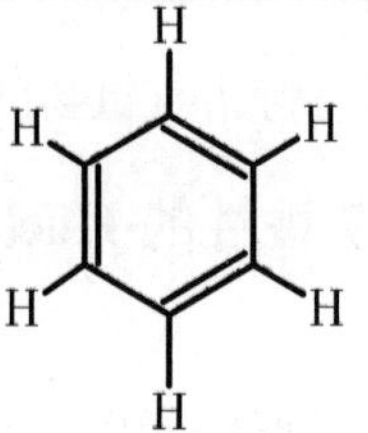


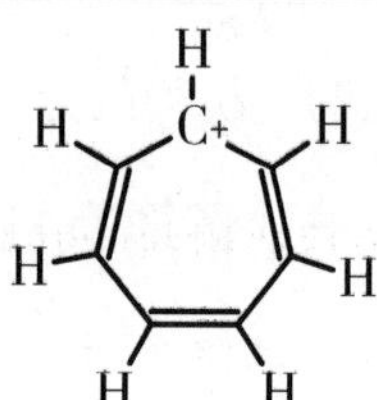

环丙烯正离子　　环戊二烯阴离子　　苯　　环庚三烯正离子

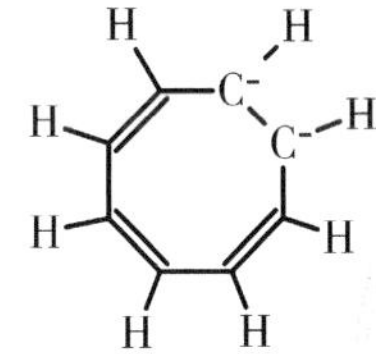
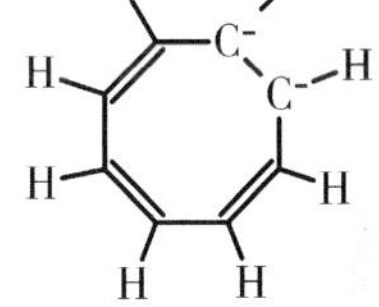
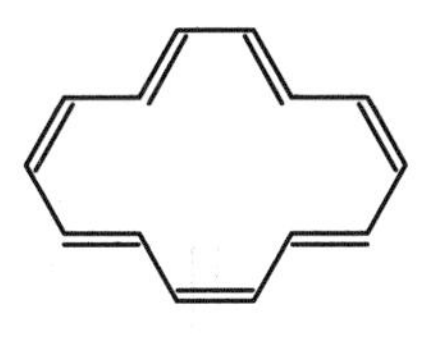
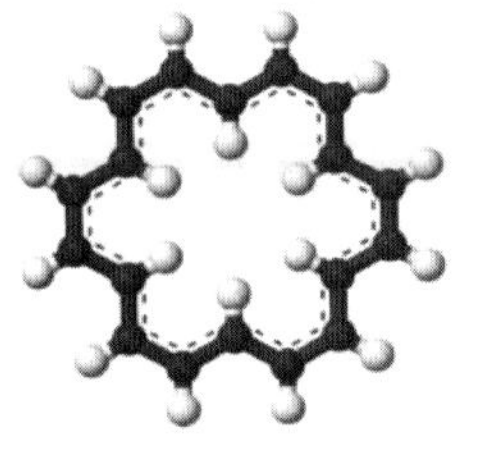

环辛四烯二价负离子　　[14]-轮烯　　[18]-轮烯

② 并环体系的芳香性、双键连环体系的芳香性

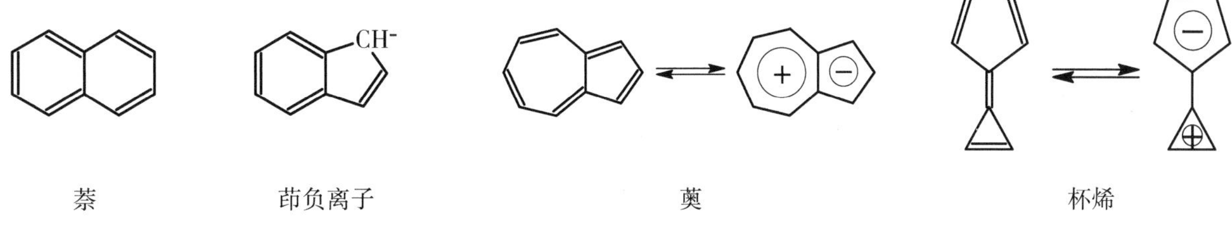


萘　　茚负离子　　薁　　杯烯

③ 杂环体系的芳香性

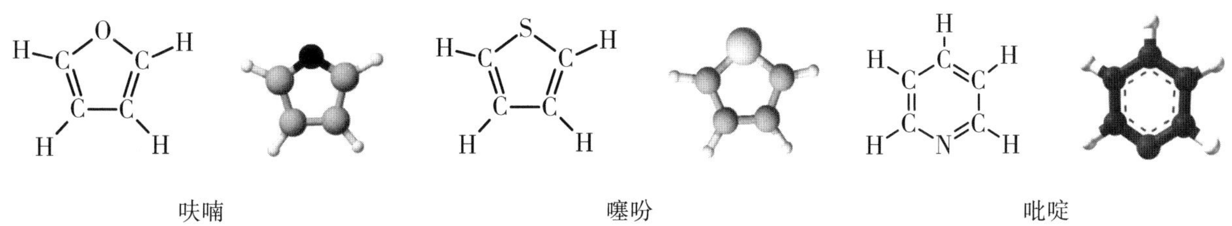

呋喃　　噻吩　　吡啶

本书略去球面芳香性之 Hirsch 规则、由 P.Gund 首先提出的 Y 芳香性、莫比乌斯(Möbius)芳香性之 Heilbronner 规则(与 Hückel 规则正好相反)——具有 $4n$ 个 p 电子的莫比乌斯环体系具有芳香性等内容。

## 第七节　次序规则简介

有机化合物中的各种基团可以按一定的规则来排列先后次序，这个规则称为顺序规则(cahn-lngold-prelog sequence)，这一规则不仅适用于顺反异构的分析，也同样适用于光学异构的分析，其主要内容如下：

① 将单原子取代基按原子序数(atomic number)大小排列，原子序数大的顺序在前，原子序数小的顺序在后，有机化合物中常见的元素顺序如下：I>Br>Cl>S>P>F>O>N>C>D>H，同位素(isotope)中质量数大的顺序在前。

② 如果两个多原子基团的第一个原子相同，则比较与它相连的其他原子，比较时，按原子序数排列，先比较最大的，仍相同，再顺序比较居中的、最小的。例如，—$CH_2Cl$ 与—$CHF_2$，第一个均为碳原子，再按顺序比较与碳相连的其他原子。在—$CH_2Cl$ 中为—C(Cl, H, H)，在—$CHF_2$ 中为—C(F, F, H)，Cl 在 F 前面，故—$CH_2Cl$ 在前。

如果有些基团仍相同，则沿取代链逐次相比。

③ 含有双键或三键的基团，可认为连有两个或三个相同的原子，例如下列基团排列顺序为：

$-C\equiv CH > -C(CH_3)_3 > -CH=CH_2 > -CH(CH_3)_2 > -CH_2CH_3 > -CH_3$

```
 (C) (C)        CH3        (C) (C)          CH3           H            H
  |   |          |          |   |            |            |            |
—C———C—H     —C———CH3     —C———C—H       —C—CH3       —C—CH3       —C—H
  |   |          |          |   |            |            |            |
 (C) (C)        CH3         H   H            H            H            H
```

```
                    |            H          H                       (N)  (C)
                    |            |          |                        |    |
(苯基) ≡ —CH——C——CH—       —C=O  ≡  —C———O        —C≡N  ≡  —C————N
          |    |    |                       |     |                   |    |
         (C)  (C)                          (O)   (C)                (N)  (C)
```

④ 若参与比较顺序的原子的键不到 4 个，则可以补充适量原子序数为 0 的假想原子，假想原子的排序放在最后。例如，$CH_3CH_2NHCH_3$ 中，N 上只有三个基团，则它的第四个基团为一个原子序数为 0 的假想原子，四个基团的排序为 $CH_3CH_2- > CH_3- > H- >$ 假想原子。

## 第八节　有机分子的对称性与氢核磁共振

### 一、核磁共振的基本原理

物理学研究发现，物质中的原子核总是在不停地做自旋运动，加入主磁场 $B_0$ 后，一部分自旋的方向变为和磁场方向相同，而其余大部分的自旋方向都是混乱的，整体上表现为 $M_0$，这个 $M_0$ 被称为净磁化矢量。如果对这个 $M_0$ 施加一个扰动，那么就会发生进动(图 14-10)，这种进动频率被称为拉莫尔频率：$\omega=\gamma B_0$。

带有磁性的原子核在外磁场的作用下发生自旋能级分裂，自旋磁场与主磁场 $B_0$ 方向相同的状态能量较低，而自旋磁场与主磁场 $B_0$ 方向相反的状态能量较高。当外来电磁辐射的频率恰当时，将引发核自旋能级跃迁、回落的核磁共振现象，这些共振可以通过核磁共振仪记录下来，从而得到核磁共振谱图，其中氢核磁共振(Hydrogen Nuclear Magnetic Resonance，HNMR)是研究有机分子内部结构时经常用到的科技手段之一。

核周围电子产生的感应磁场对外加磁场有抵消作用，这种作用称为屏蔽效应。通常氢核周围的电子云密度越大，屏蔽效应也越大，从而需要在强度更大、能量更高的磁场中才能发生核磁共振、出现吸收峰(图14-11)。

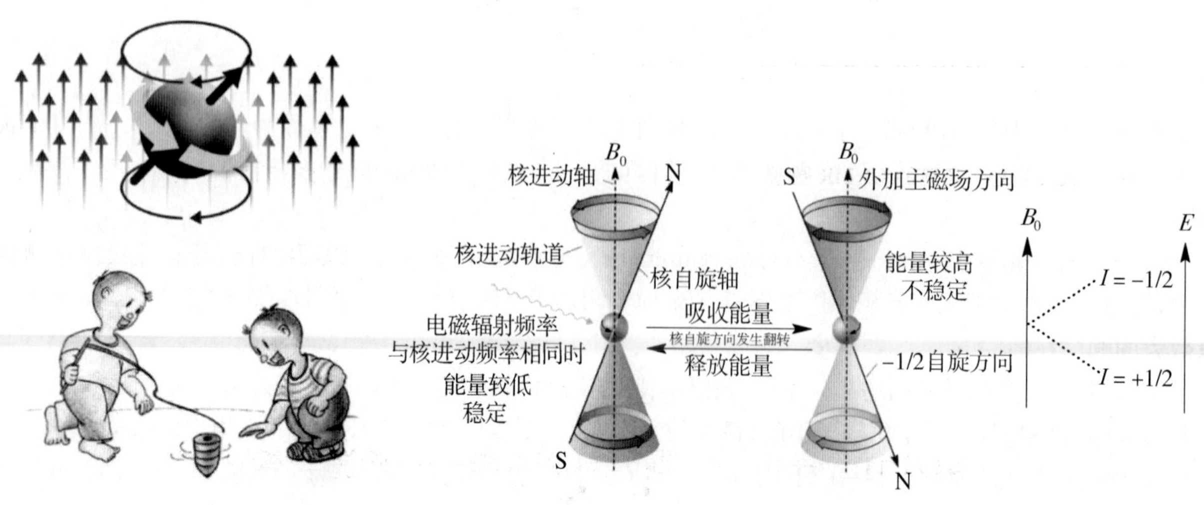


图 14-10　原子核自旋进动示意图

图 14-11　核磁共振原理图

在有机化合物中，处在不同结构位置上的各种氢原子，其核周围的电子云密度不同，这就必然导致其核磁共振频率产生差异，从而使共振吸收峰的位置(与能量对应)发生移动，这种现象称为化学位移(Chemical shift)(图14-12)。

化学位移的差别约为百万分之十，精确测量十分困难，现主要采用相对数值法进行标度，即以四甲基硅(TMS)为标准物质，规定 TMS 的化学位移为零，然后根据其他吸收峰与零点的相对距离来确定它们的化学位移值。

某一物质吸收峰的位置与标准质子吸收峰位置之间的差异称为该物质的化学位移，常以 $\delta$ 表示。

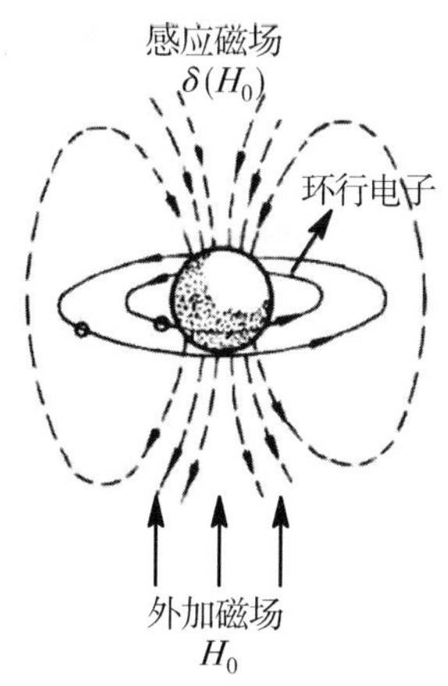


图 14-12　化学位移原理图

## 二、有机分子的对称性与 HNMR 的对应关系

图 14-13～图 14-16 是 4 种常见物质的 HNMR 图谱，你能从中发现什么规律吗?

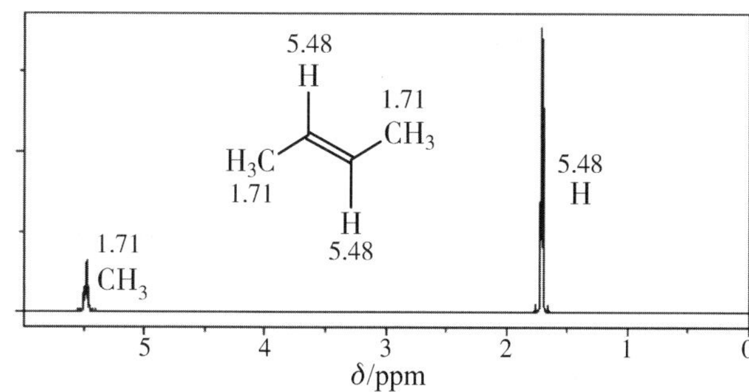


图 14-13　反-2-丁烯的 HNMR 图谱

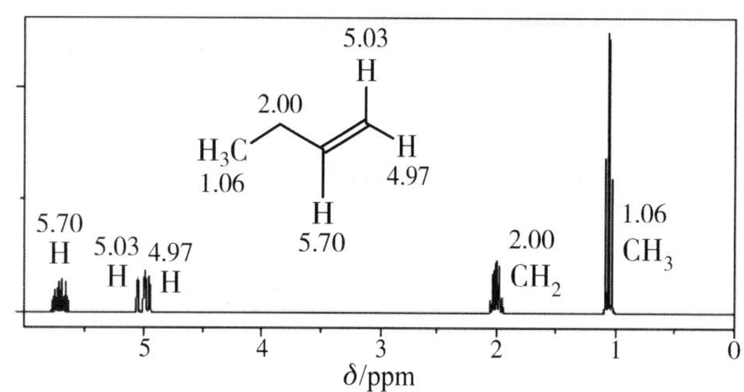


图 14-14　1-丁烯的 HNMR 图谱

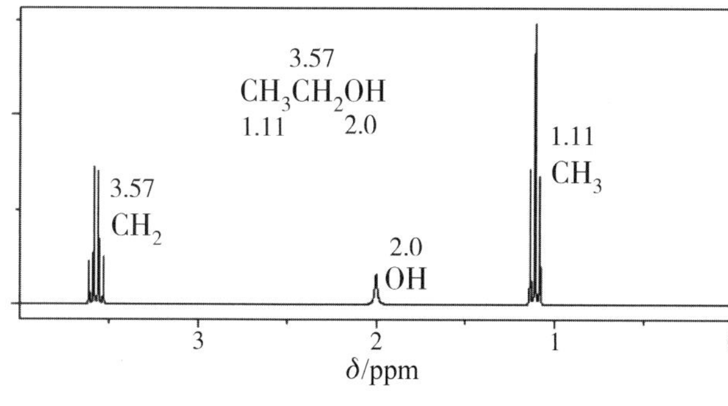


图 14-15　乙醇的 HNMR 图谱

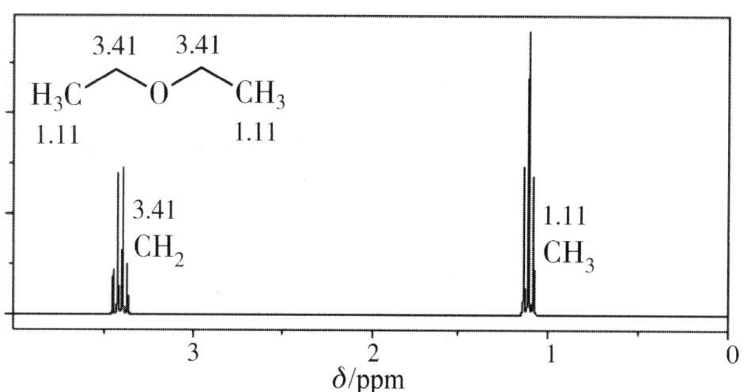


图 14-16　乙醚的 HNMR 图谱

我们不难看出，分子中处于同一对称位置上的 H 原子，其理化性质彼此完全等同(互为等效原子)，在 HNMR 谱图中的化学位移值相同；相关吸收峰的面积之比等于相应等效 H 原子的数目之比。

等效原子中的任意一个被某种其他原子或原子团取代后所生成的产物彼此也完全相同。

# 第九节　有机物的同分异构现象——构造异构

有机物同分异构体的主要类型见表 14-7。

表 14-7　有机物同分异构体的主要类型

| | | |
|---|---|---|
| 构造异构 | 类别异构——碳架相同、官能团的种类不同 | |
| | 位置异构——碳架相同、官能团的位置不同 | |
| | 碳链异构——官能团相同、碳原子的排列顺序不同 | |
| | 互变异构 | |
| 立体异构 | 构型异构 | 顺反异构 |
| | | 光学异构 |
| | 构象异构 | |

## 一、碳链异构

例如，丁烷有 2 种同分异构体，戊烷有 3 种同分异构体，其球棍模型以及结构式如下：

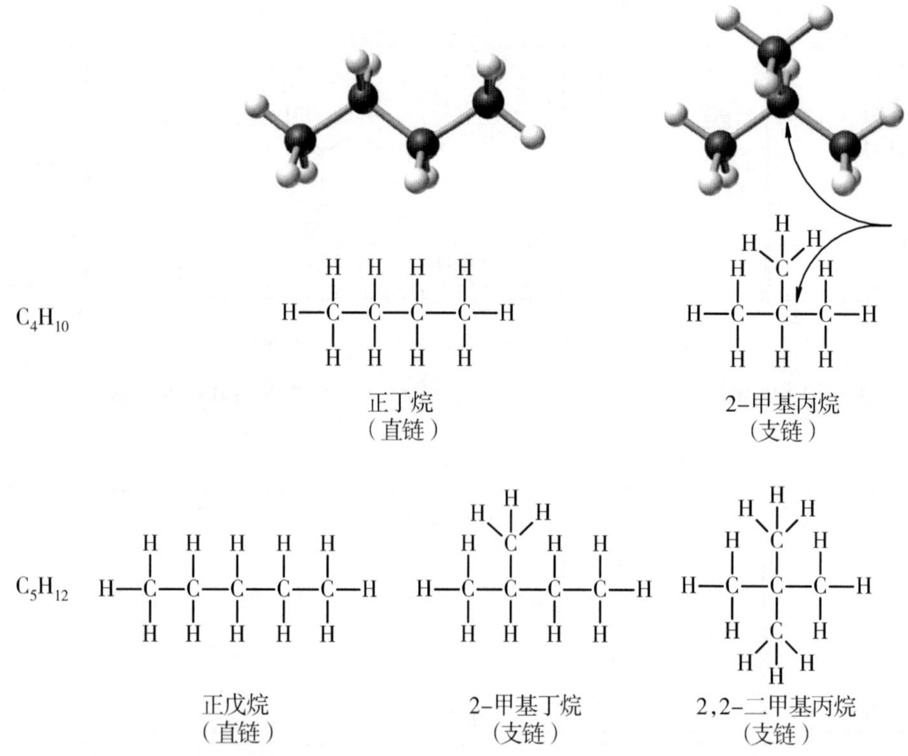


正丁烷（直链）　2-甲基丙烷（支链）

正戊烷（直链）　2-甲基丁烷（支链）　2,2-二甲基丙烷（支链）

显然，碳原子总数越多，碳链的不同形成方式就越多，同分异构体的种类就越多。

## 二、位置异构（表 14-8）

表 14-8　位置异构

| 丁炔有两种位置异构体 | 二甲苯有 3 种芳香族位置异构体，另外还有 1 种芳香族碳链异构体 |
|---|---|
| 1-丁炔 $HC{\equiv}C{-}CH_2{-}CH_3$<br>2-丁炔 $H_3C{-}C{\equiv}C{-}CH_3$ | 邻二甲苯　间二甲苯　对二甲苯　乙苯 |

## 三、类别异构

有机物中存在大量的类别异构体，常见的有如下几种情形：环烷烃与单烯烃；单炔烃与二烯烃、环烯烃、桥环烃、螺环烃等；苯的同系物与复杂多烯烃、复杂环烯烃等；醇与脂肪醚、酚与芳香醇或芳香醚等；醛与酮、烯醇、环醇、环醚等；羧酸与酯等；氨基酸与烃的硝基化合物等。

**例 14-5**　$C_9H_{16}$

可能有多种炔烃类异构体，如 $HC{\equiv}C{-}(CH_2)_6{-}CH_3$ 等；

可能有多种二烯烃类异构体，如 $H_2C{=}CH{-}CH{=}CH{-}(CH_2)_4{-}CH_3$ 等；

可能有多种环烯烃类异构体，如 $CH_3$等；

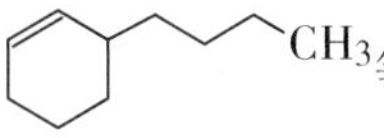

可能有多种桥环烃类异构体，如 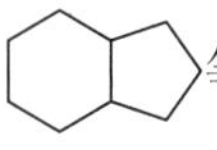 等；

可能有多种螺环烃类异构体，如  等。

**例 14-6**　$C_9H_{11}NO_2$

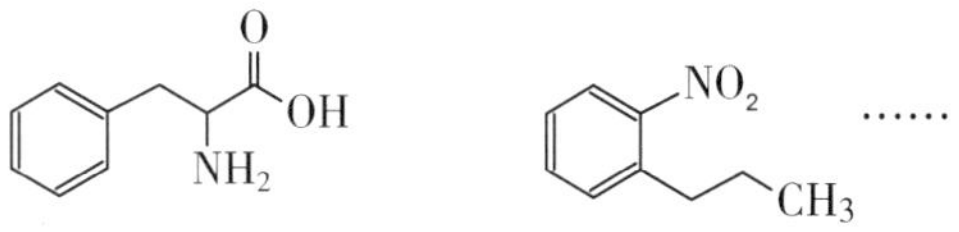

O OH $NH_2$　　$NO_2$ $CH_3$　　……

（苯丙氨酸）　（硝基丙苯）

## 四、互变异构

互变异构现象是指某些化合物中的一种官能团改变其结构成为另一种官能团异构体且能迅速地相互转换，两种异构体处在动态平衡中，这种现象就称为互变异构现象，简称互变异构（Tautomerism），这两种异构体称为互变异构体。常见的互变异构包括以下三种类型：

**1. 酮式-烯醇式互变异构（keto-enol tautomerism）**

酸性条件下

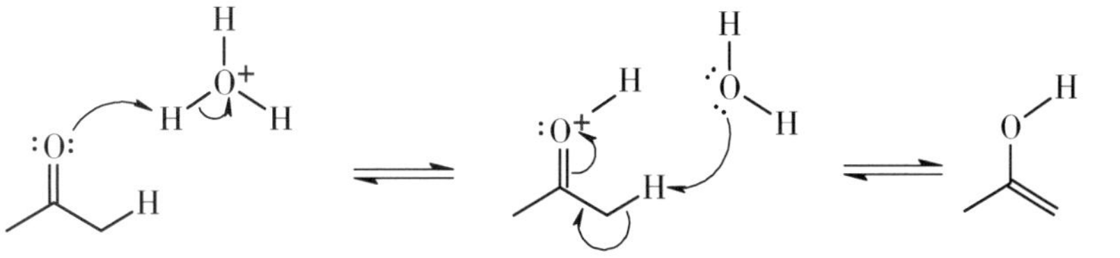

碱性条件下

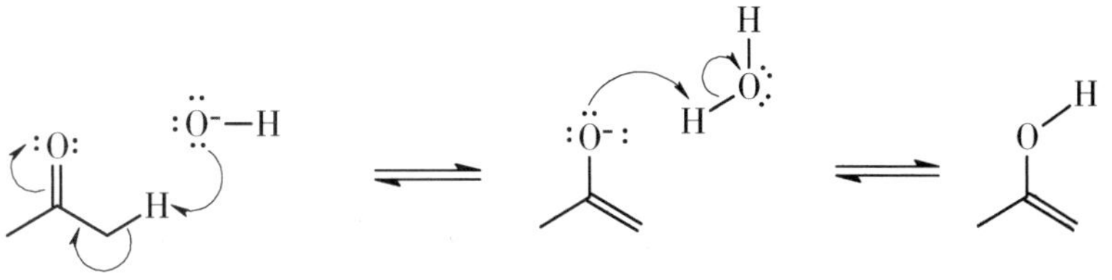

在醛、酮、羧酸及其衍生物中都存在着酮-烯醇的互变异构。在酮-烯醇的互变异构中，酮 α-H 越活泼，烯醇式存在的比例越大。此外，形成的烯醇式的稳定性与它的结构有关。

例如，在乙酰乙酸乙酯（ethyl acetoacetate）中，由于亚甲基上的氢是双重 α-H，具有特殊的活泼性，很容易以质子的形式移到氧原子上；并且互变后形成的烯醇通过分子内氢键形成一个稳定的六元环结构，使体系的能量降低，因此，烯醇式的比例比较大。

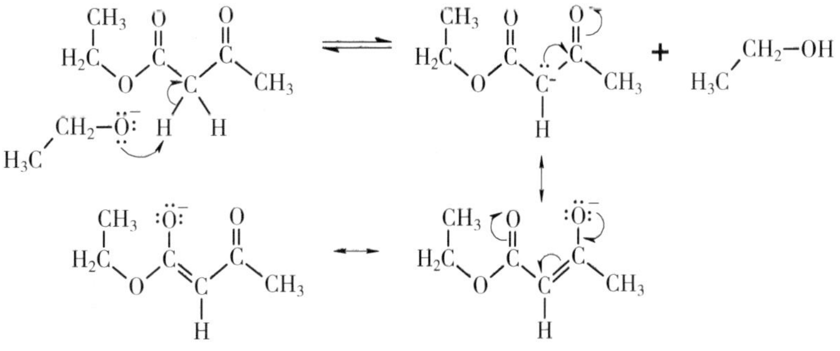

相似的过程还有烯胺重排为亚胺：

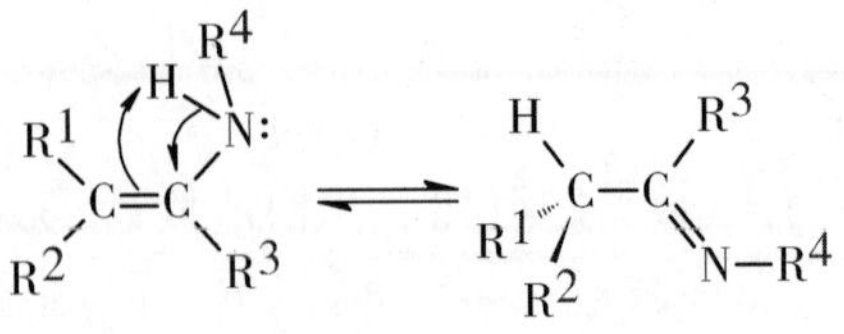

**2. 硝基互变异构**

在脂肪族硝基化合物中，由于硝基强的吸电子诱导效应的影响，使α位上的氢原子变得活泼，因此也存在着与酮-烯醇类似的互变异构现象，即硝基式-假酸式，假酸式也可看作烯醇式，如图 14-17。

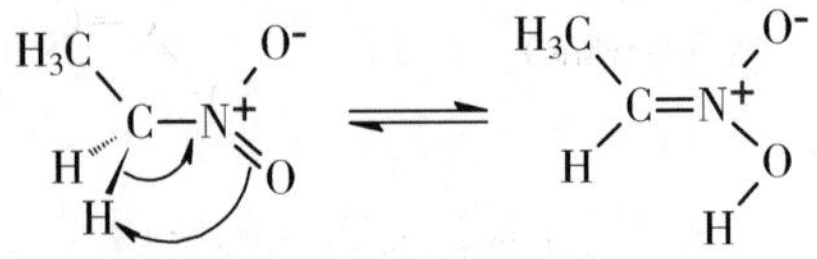

图 14-17　硝基乙烷的互变异构

**3. 糖的互变异构**

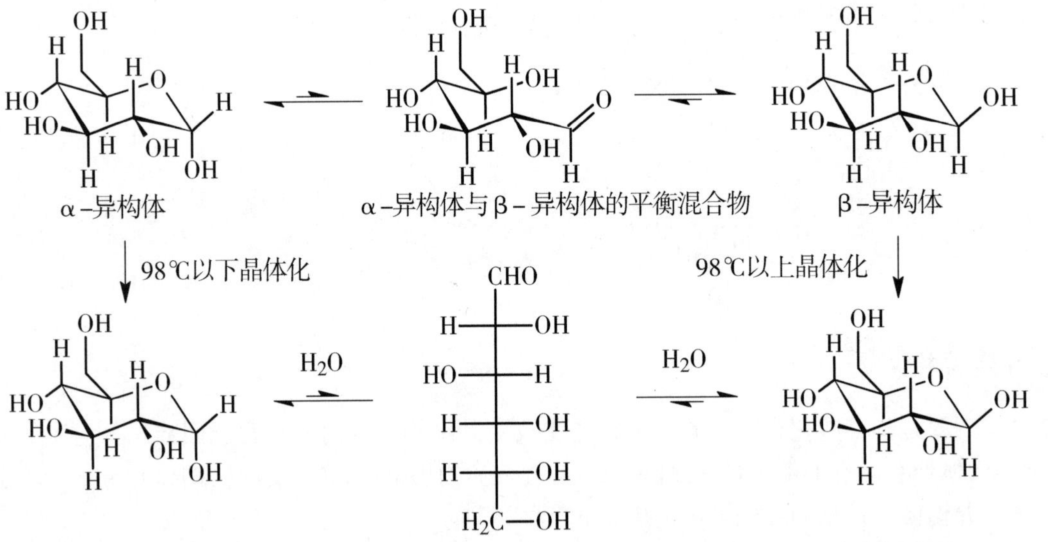

α-异构体　　α-异构体与β-异构体的平衡混合物　　β-异构体

98℃以下晶体化　　98℃以上晶体化

$H_2O$　　$H_2O$

α-D-(+)-吡喃葡萄糖　mp 146℃；$[\alpha]_D$=+112.2°

α-D-(+)-吡喃葡萄糖　$[\alpha]_D$=+52.7°

β-D-(+)-吡喃葡萄糖　mp 150℃；$[\alpha]_D$=+18.7°

D-葡萄糖由开链式形成半缩醛式的环状结构后，可以得到α和β两种构型。当α型葡萄糖或β型葡萄糖溶于水，即发生变旋现象。这种变旋现象是由于α氧环式和β氧环式中间经过开链式形成一个互变平衡体系而引起的。

互变异构可能导致对映异构体的旋光性质发生变化（本书略）。

"构象异构"等内容本书略。

## 第十节　有机物的同分异构现象——立体异构

### 一、顺反异构

#### 1. 哪些化合物存在顺反异构以及产生顺反异构的原因

由于双键不能自由旋转，当双键连有不同的原子或基团时，就会出现两种不同的空间排布方式，从而产生顺反异构体。双键上 C 与 N 的不同之处是，C 原子连有两个不同的原子或基团，而 N 原子只连有一个原子或基团，另一个 $sp^2$ 杂化轨道被孤对电子所占据。把碳环近似地看成一个平面，连在环碳上的原子或基团就有在环平面的上下之分，从而产生顺反异构。例如：

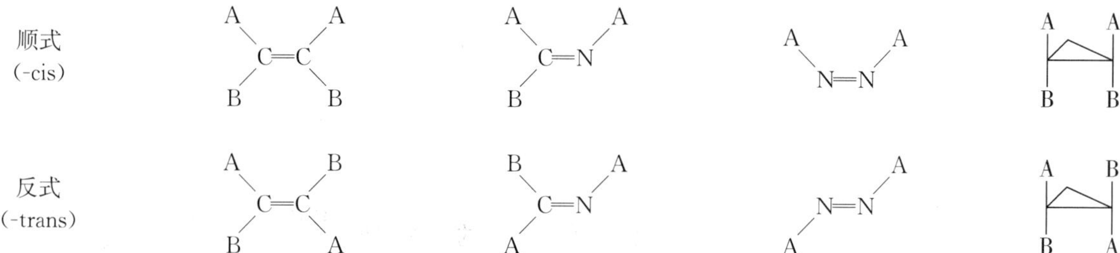


**2. 顺反异构体的命名方法**

① 顺/反标记法：相同的原子或基团位于双键(或环平面)的同侧为顺式，否则为反式。

② Z/E 标记法：该法是 1968 年 IUPAC 规定的系统命名法。规定按“次序规则”，若优先基团位于双键的同侧为 Z 式(德文 Zusammen 的缩写，中文意为“在一起”)，否则为 E 式(德文 Entgegen 的缩写，中文意为“相反的”)。例如：

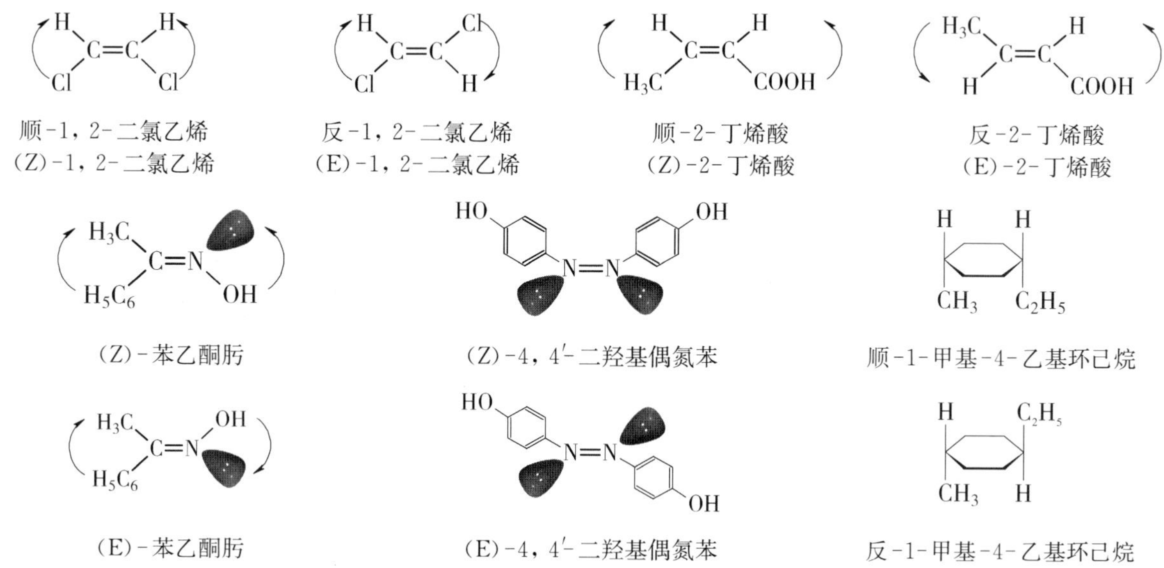

顺-1，2-二氯乙烯 (Z)-1，2-二氯乙烯　反-1，2-二氯乙烯 (E)-1，2-二氯乙烯　顺-2-丁烯酸 (Z)-2-丁烯酸　反-2-丁烯酸 (E)-2-丁烯酸

(Z)-苯乙酮肟　(Z)-4，4′-二羟基偶氮苯　顺-1-甲基-4-乙基环己烷

(E)-苯乙酮肟　(E)-4，4′-二羟基偶氮苯　反-1-甲基-4-乙基环己烷

顺/反标记法和 Z/E 标记法在绝大多数情况下是一致的，即顺式对应 Z 式，反式对应 E 式，但是有时却相反。

例如：

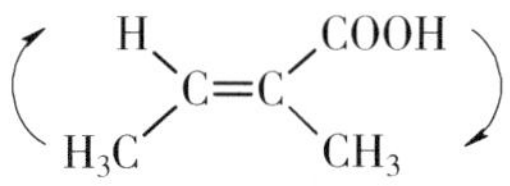

顺-2-甲基-2-丁烯酸
(E)-2-甲基-2-丁烯酸

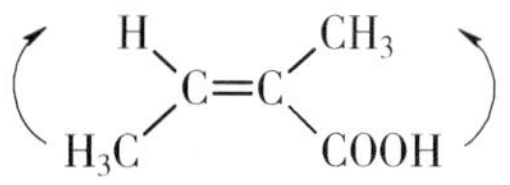

反-2-甲基-2-丁烯酸
(Z)-2-甲基-2-丁烯酸

**3. 顺反异构体的理化性质存在差异**

顺反异构体的物理性质往往有明显差异，如顺-2-丁烯的沸点为 3.7 ℃，反-2-丁烯的沸点为 0.88 ℃，某些化学活性也存在一定程度的不同。

## 二、光学异构

**1. 偏振光与物质的旋光性**

自然光是一束在各个不同平面上垂直于光前进方向上振动的光。当自然光通过一个 Nicol 棱镜(用作起偏器，polarizer)时，只有与棱镜晶轴平行的光才能通过，这种通过棱镜后只能在一个平面上振动的光称为平面偏振光(plane-polarized light)，简称偏振光。

当偏振光通过一些物质(液体或溶液)如水、酒精等时，偏振光的振动方向不发生改变，这类物质称为非旋光性(achiral compound，非手性化合物；chiral compound，手性化合物)物质(图 14-18)。

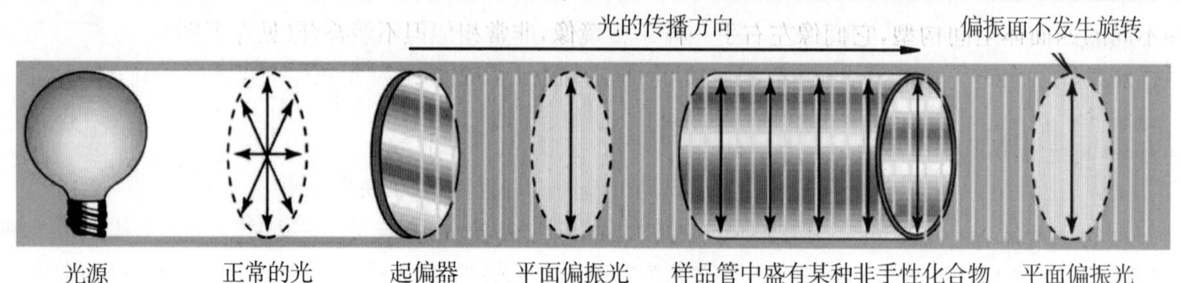


图 14-18　旋光仪工作原理图(1)

但是当偏振光通过另外一些物质如乳酸、葡萄糖等时，偏振光的光振动平面将会旋转一定的角度，物质的这种能使偏振光振动平面发生旋转的性质称为旋光性或光学活性(optical activity)(图 14-19)。

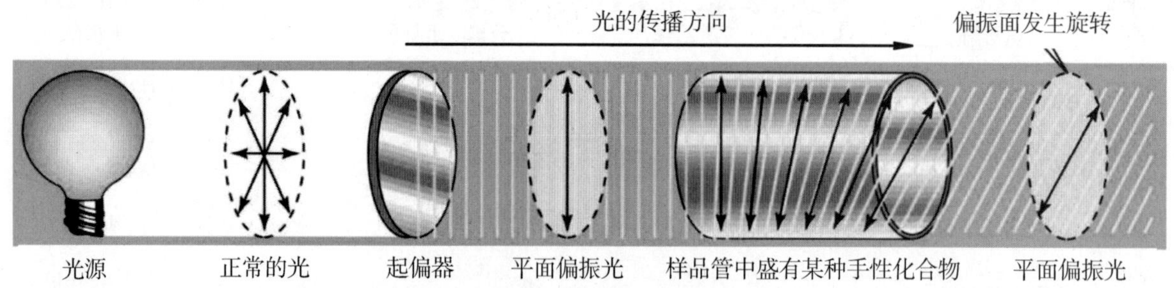


图 14-19　旋光仪工作原理图(2)

使偏振光振动平面向右(即顺时针方向)旋转的物质称为右旋体(dextrorotatory)，用(+)表示；

使偏振光振动平面向左(即逆时针方向)旋转的物质称为左旋体(levorotatory)，用(−)表示；

旋光性物质使偏振面旋转的角度称为旋光度，通常用 $\alpha$ 表示。

平面偏振光偏转的角度可以用旋光仪测出。

**2. 分子的手性**

1848 年，法国巴黎高等师范学校的化学家路易·巴斯德(L.Pasteur)发现酒石酸钠铵有两种不同的晶体(图 14-20)，它们之间的关系相当于左手与右手或物体与镜像，巴斯德细心地将两种晶体分开，分别溶解于水后，用旋光仪测定，发现一种溶液是右旋的，而另一种溶液是左旋的，其比旋光度相等。巴斯德注意到左旋和右旋酒石酸钠铵的晶体外形的不对称性并从晶体外形联想到化合物的分子结构，认为酒石酸钠铵的分子结构也一定是不对称的，巴斯德明确提出，左旋异构体与右旋异构体其所以互为镜像，非常相似但不能叠合，就是由于其分子中原子在空间排列方式的不对称性，即对映异构现象是由于原子在空间的不同排列方

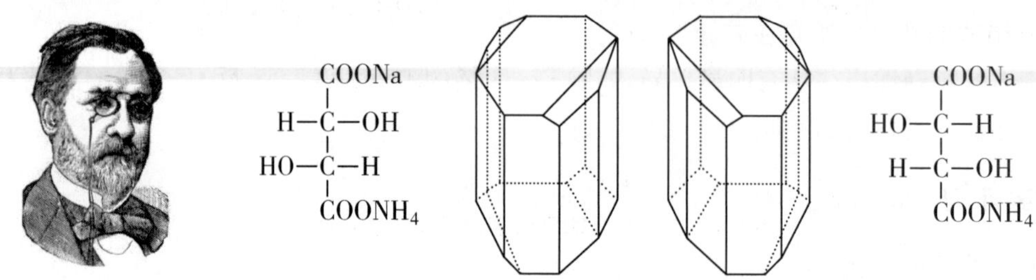


图 14-20　巴斯德发现酒石酸钠铵有两种不同的晶体

式所引起的。

巴斯德的设想不久被范特荷夫(Van't Hoff)和勒比尔(Le Bel)所证实。

(1) 含有一个手性碳原子的手性分子

① $sp^3$ 杂化方式是导致碳原子产生手性的根本原因

如果碳原子所连接的 4 个一价基团互不相同,这四个基团在碳原子周围就有两种不同的排列方式,代表两种不同的四面体空间构型,它们像左右手一样互为镜像,非常相似但不能叠合(见左下图)。

以旋光性化合物乳酸(2-羟基丙酸)为例,其号位碳原子与四个互不相同的一价基团相连,在空间有两种不同的排列,形成了互为镜像的两种四面体构型(见右下图),即左旋乳酸与右旋乳酸两种异构体,彼此互为镜像,呈现一种相互对映关系的异构体,这种异构体属于对映异构体(stereoisomer 或 enantiomer)。

两种不同的四面体构型　　　　乳酸分子的两种构型

通常把与四个互不相同的原子或基团相连接的碳原子称为不对称碳原子(asymmetric carbon atom)或手性碳原子(chiral carbon atom),在化合物的构造式中用星号($C^*$)标出。例如:

任何具有四面体构型的原子,当它所连接的四个原子或基团各不相同时,这个中心原子就是手性原子。

② 手性分子的表示方法

能比较形象直观地表示手性分子结构的是球棍模型,另外也通常采用透视式与费歇尔(Fischer)投影式来表示对映异构体的构型。例如:

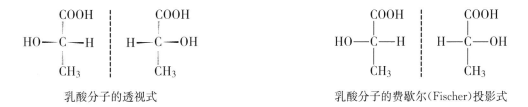


乳酸分子的透视式　　　　乳酸分子的费歇尔(Fischer)投影式

③ 手性分子的 R、S 命名法

为了准确地命名对映异构体的构型,1970 年,根据 IUPAC 的建议,采用 R、S 构型命名法(图 14-21)。

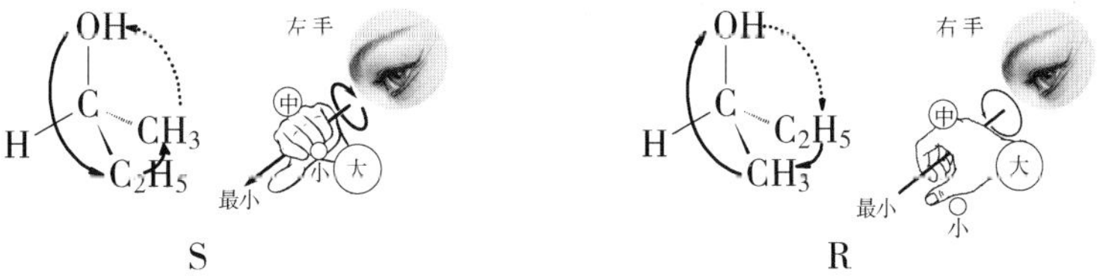


**图 14-21　R、S 构型命名法观察方法示意图**

这种判断 R 或 S 构型的方法可比喻为观察者对着汽车方向盘的连杆进行观察,排在最后的 d 在方向盘的连杆上，a、b、c 三个原子或原子团则在圆盘上。

首先按次序规则排列出与手性碳原子相连的四个原子或原子团的顺序，如 a>b>c>d，参考手性法则，观察者从排在最后的原子或原子团 d 的对面观看。

如果 a→b→c 按逆时针方向排列，则构型用 S 表示（S 为拉丁文 sinister 的字首，意为“左”）；

如果 a→b→c 按顺时针方向排列，其构型用 R 表示（R 为拉丁文 rectus 的字首，意为“右”）。

COOH
H—C—$CH_3$
OH

R-

COOH
H—C—OH
$CH_3$

S-

Br
$H_3C$—C—Cl
$CH_2OH$

R-

Cl
$H_3C$—C—Br
$CH_2OH$

S-

H
HO—C—CHO
$H_2COH$

R-

H
OHC—C—OH
$H_2COH$

S-

Br
H—C—I
Cl

R-

Br
I—C—H
Cl

S-

提醒读者注意的有两点：

ⓐ R 或 S 构型中的“右旋”与“左旋”与化合物的旋光性并不存在简单的对应关系，即 R 构型化合物未必是右旋光性，S 构型未必是左旋光性。

ⓑ 不离开纸面，将费歇尔投影式沿纸面旋转奇数次 90°，会改变化合物分子的光学构型，而旋转偶数次 90°，不改变化合物分子的光学构型。例如：

COOH
H—C—OH
$CH_3$

H
$H_3C$—C—COOH
OH

$CH_3$
HO—C—H
COOH

COOH
H—C—OH
$CH_3$
R 型

顺时针旋转 90°

H
$H_3C$—C—COOH
OH
S 型

再顺时针旋转 90°

$CH_3$
HO—C—H
COOH
R 型

而如果离开纸面，则不论是进行上下翻转还是左右翻转，都会改变化合物分子的光学构型。例如：

COOH
H—C—OH
$CH_3$
= 
COOH
H—C—OH
$CH_3$
（R 型）

COOH
HO—C—H
$CH_3$
=
COOH
HO—C—H
$CH_3$
（S 型）

$CH_3$
H—C—OH
COOH
=
$CH_3$
H—C—OH
COOH
（S 型）

$CH_3$
HO—C—H
COOH
=
$CH_3$
HO—C—H
COOH
（R 型）

④ 手性分子的 D、L 标记法

D 是拉丁文 dextro（词意为“右”）的首字母，L 是拉丁文 leavo（词意为“左”）的首字母，D/L 标记法是以甘油醛为参照标准来确定的，在有机化学发展早期使用很普遍，现主要在糖化学和蛋白质化学中使用。规定在 Fischer 投影式中，手性碳上的羟基在右侧的甘油醛构型为 D 型，羟基在左侧的甘油醛构型为 L 型。

其他物质的构型以甘油醛为参照标准，在不改变中心碳构型的条件下，由 D- 甘油醛构型衍生得到的化合物构型就是 D 型，由 L- 甘油醛构型衍生得到的化合物构型就是 L 型。例如，D 型甘油醛氧化生成的甘油酸是 D 型的，由 L 型甘油醛氧化生成的甘油酸是 L 型的。显然，这种规定是相对的，使用时有很大的局限性，也不方便。

D型　　　　　　　　　　　　　　　　L型

$$\begin{array}{c}CHO\\|\\H-C-OH\\|\\CH_3\end{array}\qquad\begin{array}{c}COOH\\|\\H-C-OH\\|\\CH_3\end{array}\qquad\begin{array}{c}CHO\\|\\HO-C-H\\|\\CH_3\end{array}\qquad\begin{array}{c}COOH\\|\\HO-C-H\\|\\CH_3\end{array}$$

D-(+)-型甘油醛　　D-(−)-型甘油酸　　L-(−)-型甘油醛　　L-(+)-型甘油酸

⑤ 手性化合物的理化性质

对映异构体相当于是实物与镜像的关系，其分子中的任何两个原子之间的距离都相等，分子的能量相同，在非手性环境中对映异构体表现出来的性质除旋光度以外没有任何区别，如熔点、沸点、溶解度及化学反应的速率等等都彼此相同。

然而，在手性环境中对映异构体的性质却是不一样的，如与手性试剂反应、在手性溶剂或手性催化剂催化下的转化速率等都不相同。大多数生物分子是手性的，对映异构体显示出不同的生物活性。所以，对映异构体是两种不同的化合物。例如：从肌肉中分离得到的乳酸，能使偏振光右旋，是右旋体；从葡萄糖发酵得到的乳酸，则能使偏振光左旋，为左旋体。

⑥ 手性化合物的外消旋

对映异构体的旋光性正好相反，将其等量混合所形成的混合物整体上没有旋光性，这种混合物称为外消旋混合物（racemic mixture）或外消旋体（racemate），用（±）—或 dl—表示。例如：从牛奶中得到的乳酸就是外消旋体，无旋光性，称为外消旋乳酸，写成（±）—乳酸或 dl—乳酸。

外消旋体与纯对映体（右旋体或左旋体）除旋光性不同以外，其他物理性质如熔点、沸点、折射率等也不相同，如表 14-9。

**表 14-9　乳酸外消旋体与纯对映体的熔点比较**

| 物质 | (+)—乳酸 | (−)—乳酸 | (±)—乳酸 |
|---|---|---|---|
| 熔点/℃ | 53 | 53 | 18 |

(2) 含有两个或多个手性碳原子的手性分子

本书略，有兴趣的读者可以参阅其他相关书籍。

(3) 不含手性碳原子的手性分子

本书略，有兴趣的读者可以参阅其他相关书籍。

# 第十五章　有机物的命名

有机化合物种类繁多，数目庞大，即使同一分子式也有不同的异构体，若没有一个系统的命名（nomenclature）方法来区分各个化合物，会在文献中造成极大的混乱，因此认真学习每一类化合物的命名是有机化学的一项重要内容。现在书籍、期刊中经常使用普通命名法和国际纯粹与应用化学联合会（International Union of Pure and Applied Chemistry, IUPAC）命名法。有机物 IUPAC 命名法名称的基本格式如表 15-1 所示。

**表 15-1　有机物 IUPAC 命名法名称的基本格式**

| 构型 | | 取代基 | | 母体 |
|---|---|---|---|---|
| R, S; D, L; Z, E; | + | 取代基位置号＋个数＋名称 | + | 官能团位置号＋名称 |
| 顺，反 | | 有多个取代基时：中文按顺序规则次序，小的在前；英文按字母顺序排列 | | 没有官能团时不涉及位置号 |

例如：

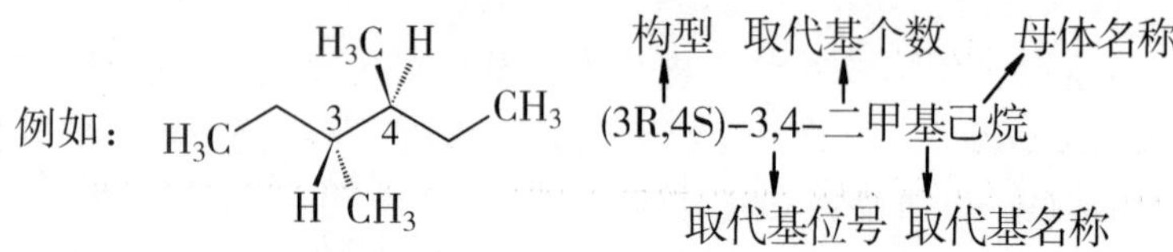


从结构上看，烷烃相当于一切有机分子的母体，所以，本书先系统介绍烷烃的命名方法。

## 第一节　开链烷烃的命名

### 一、直链烷烃的命名

直链烷烃（n-alkanes）的名称用“碳原子数＋烷”来表示，烷烃的英文名称是 alkane，词尾是 ane。

当碳原子数为 1～10 时，中文依次用天干——甲、乙、丙、丁、戊、己、庚、辛、壬、癸表示。

当碳原子数超过 10 时，用数字表示。例如：六个碳的直链烷称为己烷，十四个碳的直链烷烃称为十四烷。

### 二、支链烷烃的命名

有分支的烷烃称为支链烷烃（branched-chain alkanes）。

支链烷烃的系统命名要用到以下几个相关的概念与名词：

**1. 碳原子的级**

与一个碳相连的碳原子是一级碳原子，也称伯碳（primary carbon），用 1℃表示，1℃上的氢称为一级氢或伯氢，用 1°H 表示。

与两个碳相连的碳原子是二级碳原子，也称仲碳（secondary carbon），用 2℃表示，2℃上的氢称为二级氢或仲氢，用 2°H 表示。

与三个碳相连的碳原子是三级碳原子，也称叔碳（tertiary carbon），用 3℃表示，3℃上的氢称为三级氢或叔氢，用 3°H 表示。

与四个碳相连的碳原子是四级碳原子，也称季碳（quaternary carbon），用 4℃表示。

例如：化合物 $\underset{(\mathrm{i})}{H_3C}-\underset{(\mathrm{iv})}{C}(CH_3^{(\mathrm{i})})_2-\underset{(\mathrm{iii})}{CH}(CH_3^{(\mathrm{i})})-\underset{(\mathrm{ii})}{CH_2}-\underset{(\mathrm{i})}{CH_3}$ 中含有 4 种不同的碳原子。

**2. 烷基**

烷烃去掉一个氢原子后剩下的部分称为烷基，英文名称为 alkyl（即将烷烃的词尾-ane 改为-yl）。烷基可以用普通命名法命名，也可以用系统命名法命名，表 15-2 列出了一些常见烷基的名称。

表 15-2　一些常见烷基的名称

| 烷烃 | 相应的烷基 | 普通命名法<br>中文名称（英文名称） | IUPAC 命名法<br>中文名称（英文名称） |
|---|---|---|---|
| 甲烷 $CH_4$ | $-CH_3$ | 甲基（methyl，缩写 Me） | 甲基（methyl，缩写 Me） |
| 乙烷 $CH_3CH_3$ | $-CH_2CH_3$ | 乙基（ethyl，缩写 Et） | 乙基（ethyl，缩写 Et） |
| 丙烷<br>$CH_3CH_2CH_3$ | $-CH_2CH_2CH_3$ | （正）丙基（n-propyl，缩写 n-Pr） | 丙基（n-propyl，缩写 n-Pr） |
| | $H_3C-\overset{1}{C}H(-)-\overset{2}{C}H_3$ | 异丙基（isopropyl，缩写 i-Pr） | 1-甲基乙基（1-methylethyl） |
| （正）丁烷<br>$CH_3CH_2CH_2CH_3$ | $-CH_2CH_2CH_2CH_3$ | （正）丁基（n-butyl，缩写 n-Bu） | 丁基（butyl，缩写 Bu） |
| | $H_3C-\overset{1}{C}H(-)-\overset{2}{C}H_2-\overset{3}{C}H_3$ | 二级丁基或仲丁基<br>（sec-butyl，缩写 s-Bu） | 1-甲（基）丙基<br>（1-methylpropyl） |
| 异丁烷<br>$CH(CH_3)_3$ | $-\overset{1}{C}H_2-\overset{2}{C}H(CH_3)-\overset{3}{C}H_3$ | 异丁基<br>（isobutyl，缩写 i-Bu） | 2-甲（基）丙基<br>（2-methylpropyl） |
| | $-\overset{1}{C}(CH_3)_2-\overset{2}{C}H_3$ | 三级丁基或叔丁基<br>（tert-butyl，缩写 t-Bu） | 1，1-二甲基乙基<br>（1，1-dimethylethyl） |
| （正）戊烷<br>$CH_3CH_2CH_2CH_2CH_3$ | $-CH_2CH_2CH_2CH_2CH_3$ | （正）戊基（n-pentyl 或 n-amyl） | 戊基（n-pentyl） |
| | $H_3C-H\overset{1}{C}(-)-\overset{2}{C}H_2-\overset{3}{C}H_2-\overset{4}{C}H_3$ | — | 1-甲基丁基（1-methylbutyl） |
| | $H_3C-CH_2-H\overset{1}{C}(-)-\overset{2}{C}H_2-\overset{3}{C}H_3$ | — | 1-乙基丙基（1-ethylpropyl） |
| 异戊烷<br>$CH_3CH_2CH(CH_3)_2$ | $-\overset{1}{C}H_2-\overset{2}{C}H_2-\overset{3}{C}H(CH_3)-\overset{4}{C}H_3$ | （异）戊基<br>（iso-pentyl） | 3-甲基丁基<br>（3-methylbutyl） |
| | $H_3C-\overset{1}{C}H(-)-\underset{2}{C}H(CH_3)-\underset{3}{C}H_3$ | — | 1，2-二甲基丙基<br>（1，2-dimethylpropyl） |
| | $-\overset{1}{C}(CH_3)_2-\overset{2}{C}H_2-\overset{3}{C}H_3$ | 三级戊基或叔戊基<br>（tert-pentyl） | 1，1-二甲基丙基<br>（1，1-dimethylpropyl） |

（续表）

| 烷烃 | 相应的烷基 | 普通命名法 | IUPAC 命名法 |
|---|---|---|---|
| | | 中文名称（英文名称） | 中文名称（英文名称） |
| 异戊烷<br>$CH_3CH_2CH(CH_3)_2$ | $—\overset{1}{C}H_2—\overset{2}{C}H(CH_3)—\overset{3}{C}H_2—\overset{4}{C}H_3$ | — | 2-甲基丁基<br>（2-methylbutyl） |
| 新戊烷<br>$C(CH_3)_4$ | $—CH_2—C(CH_3)_2—CH_3$ | 新戊基<br>（neopentyl） | 2，2-二甲基丙基<br>（2，2-dimethylpropyl） |

烷基的普通命名法只适用于简单的烷基，而烷基的系统命名法适用于各种情况，它的命名方法是：

将失去氢原子的碳定位为 1，从它出发，选一个最长的链为烷基的主链；

从 1 位碳开始，依次编号，不在主链上的基团均作为主链的取代基处理；

写名称时，将主链上的取代基的编号和名称写在主链名称前面。例如：

$$—\overset{1}{C}(CH_3)(CH_2CH_3)—\overset{2}{C}H_2—\overset{3}{C}H_2—\overset{4}{C}H_3$$

从 1 号碳出发，有三个编号的方向，选碳原子数最多的方向编号，该碳链为烷基的主链，称为丁基（butyl），在该主链的 1 位碳上有两个取代基：甲基、乙基，不同的基团一律根据顺序规则进行排序，所以该烷基的名称为 1-甲基-1-乙基丁基。需要说明的是：

（1）括号中的“正”字可以省略；

（2）在英文命名时，正用 n-，异用 iso-或 i-，新用 neo-，二级用词头 sec-（或 s-），三级用词头 tert-（或 t-）表示，后面有一短横线。

**3. 命名原则和命名步骤**

（1）命名时，首先要确定主链。

确定开链烷烃主链的原则是：首先考虑链的长短，长的优先。

若有两条或多条等长的最长链时，则根据侧链的数目来确定主链，侧链多的优先。

（2）主链确定后，要根据最低系列原则（lowest series principle）对主链进行编号。

最低系列原则的内容是：使取代基的编号尽可能小，若有多个取代基，逐个比较，直至比出高低为止。最后，根据有机化合物名称的基本格式写出全名。例如：

编号：1 2 3 4 5 6（2，4，5）；6 5 4 3 2 1（2，3，5*）

$$H_3C—CH(CH_3)—CH_2—CH(CH_3)—CH(CH_3)—CH_3$$

2，3，5-三甲基己烷

编号：1 2 3 4 5 6 7 8（4，5，6，7）；8 7 6 5 4 3 2 1（2，3，4*，5*）

$$H_3C—CH_2—CH_2—CH(CH_3)—CH(\overset{6}{C}H_2\overset{7}{C}H_2\overset{8}{C}H_3)—CH(CH_3)—CH(CH_3)—CH_3$$

2，3，5-三甲基-4-丙基辛烷

（3）普通命名法

普通命名法对直链烷烃的命名与系统命名相同。命名有支链的烷烃时，用“正”表示无分支，用“异”表示端基有 $(CH_3)_2CH—$ 结构，用“新”表示端基有 $(CH_3)_3CCH_2—$ 结构，这与烷基的普通命名法相同。例如，戊烷的三个同分异构体的普通命名为：

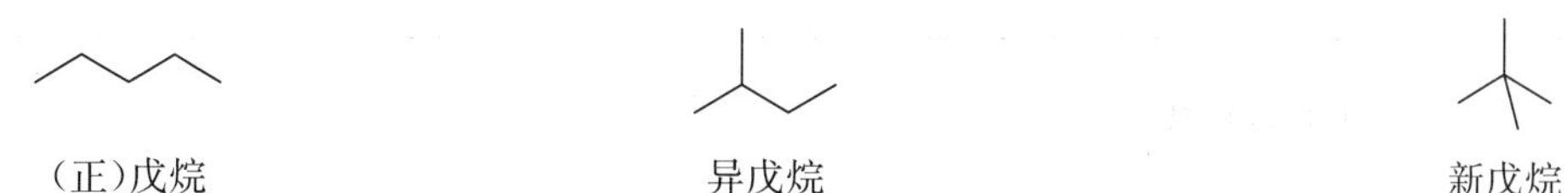


普通命名法中，工业上常用的异辛烷是一个特例：

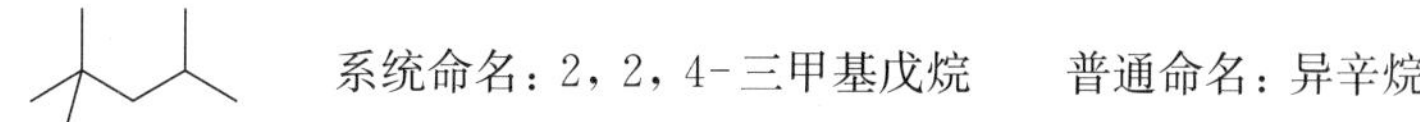

系统命名：2，2，4-三甲基戊烷　　普通命名：异辛烷


## 第二节　环烷烃的命名

### 一、单环烷烃(monocyclic alkane，只有一个环的环烷烃)的命名

**1. 环上没有取代基的环烷烃的命名**

命名时只需在相应的烷烃前加“环”字，例如：

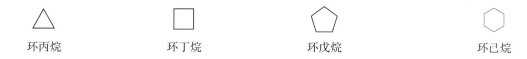

**2. 环上有取代基的单环烷烃的命名**

(1) 环上的取代基比较复杂时应将链作为母体，将环作为取代基，按链烷烃的命名原则和命名方法来命名。例如：

$H_3CCH_2CHCH_2CHCH_3$（编号 6 5 4 3 2 1；C-2 上连 $CH_3$，C-4 上连环己基）

中文名称：2-甲基-4-环己基己烷
英文名称：4-cyclohexyl-2-methylhexane

(2) 当环上的取代基比较简单时通常将环作为母体来命名。例如：

环己基—$CH_2CH_3$

中文名称：乙基环己烷
英文名称：ethylcyclohexane

(3) 当环上有两个或多个取代基时要对母体环进行编号，编号仍遵守最低系列原则。例如：

（环己烷环编号 1–6：1 位 $CH_3$，2 位 $CH_2CH_3$，4 位 $H_3C$）

中文名称：1，4-二甲基-2-乙基环己烷
英文名称：2-ethyl-1，4-dimethylcyclohexane

(4) 由于环没有端基，有时会出现几种编号方式都符号最低系列原则的情况。例如：

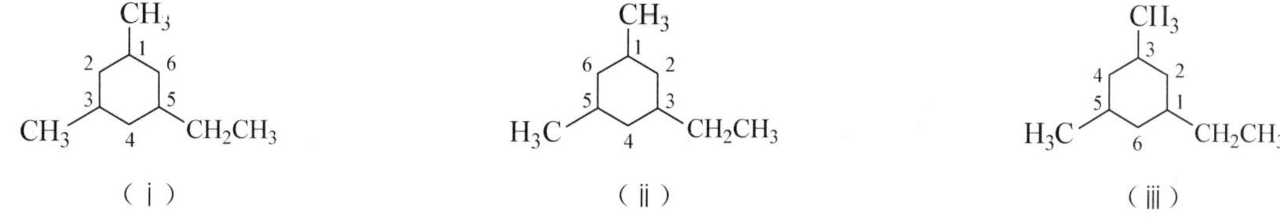


上面列出了同一个化合物的三种编号方式，它们都符合最低系列原则，也即应用最低系列原则无法确

定哪一种编号优先。在这种情况下，中文命名时，应让顺序规则中较小的基团位次尽可能小。所以应取（ⅰ）的编号，化合物的名称是 1，3-二甲基-5-乙基环己烷。

## 二、螺环烃(spiro hydrocarbon)、桥环烃(bridged hydrocarbon)的命名(表 15-3)

表 15-3 螺环烃和桥环烃的命名

| 螺环烃 | 桥环烃 |
|---|---|
| 两个碳环共用一个碳原子的脂环烃统称螺环烃，分子中共用的碳原子称为螺原子。<br>螺环烃分为双螺环烃、三螺环烃、多螺环烃。<br>双环螺环烷烃的命名是在成环碳原子总数的烷烃名称前加上“螺”字。螺环的编号是从螺原子的邻位碳开始，由小环经螺原子至大环，并使环上取代基的位次最小。将连接在螺原子上的两个环的碳原子数(不包括螺原子)，按由少到多的次序写在方括号中，数字之间用圆点隔开，标在“螺”字与烷烃名称之间。例如： | 两个碳环共用两个或多个碳原子的化合物统称为桥环烃。环与环间相互连接的两个碳原子称为“桥头”碳原子；连接在桥头碳原子之间的碳链则称为“桥路”。桥环烃分为双桥环烃、多桥环烃等。命名双桥环烷烃时，以碳环数“二环”为词头；然后在方括号内按桥路所含碳原子的数目由多到少的次序列出，数字之间用圆点隔开；方括号后写出分子中全部碳原子总数的烷烃名称。编号的顺序是从一个桥头开始，沿最长桥路到第二桥头，再沿次长桥路回到第一桥头，最后给最短桥路编号，并使取代基位次最小。例如： |
| 螺[3.4]辛烷　　6-甲基螺[4.5]癸烷 | 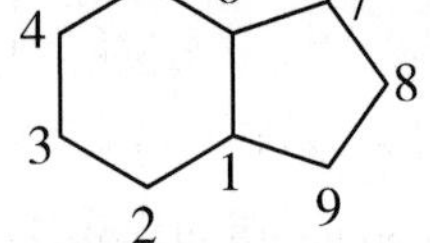 7-甲基二环[4.3.0]壬烷　　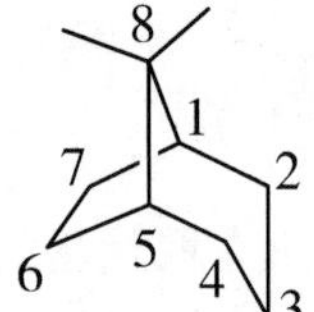 8，8-二甲基二环[3.2.1]辛烷 |

# 第三节　烯烃和炔烃的命名

## 一、烯基、亚基和炔基

### 1. 烯基

烯烃去掉一个氢原子，称为某烯基(-enyl)，烯基的英文名称用词尾“enyl”代替基的词尾“yl”。

烯基的编号从带有自由价(free valence)的碳原子开始。

表 15-4 是四个烯基的普通命名法和 IUPAC 命名法对比：

表 15-4 四个烯基的普通命名法和 IUPAC 命名法

| | $CH_2=CH-$ | $CH_3CH=CH-$ | $CH_2=CHCH_2-$ | $CH_2=C(CH_3)-$ |
|---|---|---|---|---|
| 普通命名法 | 乙烯基<br>vinyl | 丙烯基<br>propenyl | 烯丙基<br>allyl | 异丙烯基<br>isopropenyl |
| IUPAC 命名法 | 乙烯基<br>ethenyl | 1-丙烯基<br>1-propenyl | 2-丙烯基<br>2-propenyl | 1-甲基乙烯基<br>1-methylethenyl |

### 2. 亚基

有两个自由价的基称为亚基(-ylidene 或-ylene)，有两种类型。

(1) $R_2C=$型亚基英文命名用词尾“ylidene”代替基的词尾“yl”。例如：

| $H_2C=$ | $CH_3CH=$ | $(CH_3)_2C=$ |
|---|---|---|
| 亚甲基 | 亚乙基 | 亚异丙基 |
| methylidine | ethylidine | isopropylidene |

(2) —$(CH_2)_n$— ($n$=1，2，3，…)型亚基英文用词尾“ylene”代替基的词尾“yl”。中文命名要在名称前标上两个自由价原子的相对位置。例如：

| —$CH_2$— | —$CH_2CH_2$— | —$CH_2CH_2CH_2$— |
|---|---|---|
| 亚甲基 | 1，2-亚乙基 | 1，3-亚丙基 |
| methylene | ethylene | trimethylene |

以上两种亚基的名称在普通命名法和 IUPAC 命名中均适用。

**3. 炔基**

炔烃去掉一个氢原子即得炔基，词尾用“ynyl”代替相应烷基的词尾“yl”，如：

| HC≡C— | $H_3CC$≡C— | HC≡$CCH_2$— |
|---|---|---|
| 乙炔基 | 1-丙炔基 | 2-丙炔基 |
| ethynyl | 1-propynyl | 2-propynyl |
| | 丙炔基(普通命名法) | 丙炔基(普通命名法) |

## 二、烯烃和炔烃的系统命名

**1. 单烯烃的系统命名**

(1) 先找出含双键的最长碳链，把它作为主链，并按主链中所含碳原子数把该化合物命名为某烯。如主链含有 4 个碳原子，称为丁烯。10 个碳以上用汉字数字，再加上“碳”字，如十二碳烯。

(2) 从主链靠近双键的一端开始，依次将主链的碳原子编号，使双键的碳原子编号较小。

(3) 把双键碳原子的最小编号写在烯的名称的前面。取代基所在碳原子的编号写在取代基之前，取代基也写在某烯之前。

(4) 若分子中两个双键碳原子均与不同的基团相连，这时会产生两个立体异构体，可以采用 Z、E 构型来标示这两个立体异构体。

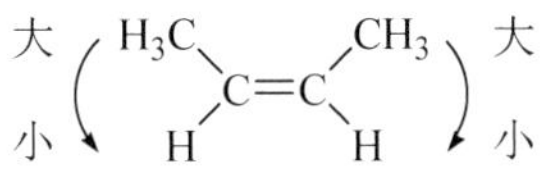

大 $H_3C$ $CH_3$ 大 / 小 H C=C H 小

(Z)-2-丁烯

大 $H_3C$ H 小 / 小 H C=C $CH_3$ 大

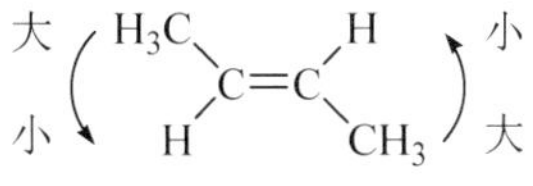

(E)-2-丁烯

在采用 Z、E 标示双键构型以前，曾采用顺、反来标示双键的构型，规定连在两个双键碳原子上的相同或相似的基团处于双键同侧称为顺，处在双键异侧称为反。由于该法在判断相似基团时会出现一些混淆，现在大多采用 Z、E 构型标示。

(5) 按名称格式写出全名。英文命名时将某烷的词尾“ane”改为“ene”，即为某烯的名称。分析两个实例(表 15-5)：

**表 15-5　烯烃命名实例**

| $H_3CCH_2CH_2$(8,7,6)—CH(5)=CH(4)—C(3)H($CH_3$)—$CH_2$(2)—$CH_3$(1) | 3-(2-甲基丙基)环己烯（环上编号 1–6，取代基 $CH_2CH(CH_3)CH_3$ 位于 C3） |
|---|---|
| 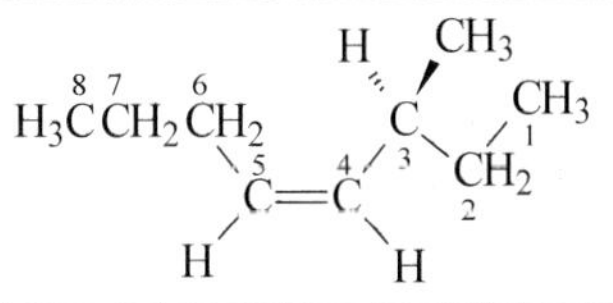 分子中只有一个官能团碳碳双键。选含碳碳双键的最长链为主链。由于双键处于链的中间，因此无论从左向右编号还是从右向左编号，双键的位置号均为 4。在无法根据官能团的位置号来确定编号方向时，应让取代基的位号尽可能小，所以采用自右向左的编号方式。本化合物的碳 3 是手性碳，其构型为 S，分子中的碳碳双键为 Z 构型。因此本化合物的中文名称是(3S，4Z)-3-甲基-4-辛烯 | 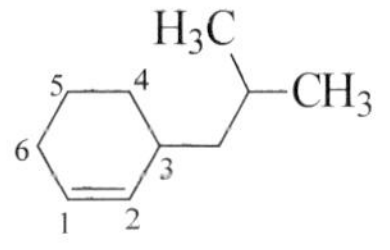 该化合物的双键在环中，所以母体是环己烯。编号时，首先要使官能团的位号尽可能小，所以环中，主官能团的位号为 1。其次，要使取代基的位置号也尽可能小，因此，本题按逆时针方向编号。分子中的碳 3 为手性碳，但因结构式中未明确标明构型，所以命名时不涉及。本化合物的中文名称是 3-(2-甲基丙基)环己烯或 3-异丁基环己烯 |

顺、反与 Z、E 在命名时并不完全一致，即顺型不一定是 Z 构型，反型也不一定是 E 构型。

**2. 单炔烃的系统命名**

单炔烃的系统命名方法与单烯烃相同，但不存在确定 Z、E 构型的问题。例如：

| $CH{\equiv}CH$ | $CH_3CH_2C{\equiv}CCH_3$ | $CH_3CHClCH(CH_3)CH_2C{\equiv}CCH_3$ |
|---|---|---|
| 乙炔 | 2-戊炔 | 5-甲基-6-氯-2-庚炔 |

**3. 多烯烃或多炔烃的系统命名**

(1) 多烯烃的系统命名

二烯烃的英文名称以“adiene”为词尾，代替相应烷烃的词尾“ane”。

① 取含双键最多的最长碳链作为主链，称为某几烯，这是该化合物的母体名称。主链碳原子的编号，从离双键较近的一端开始，双键的位置由小到大排列，写在母体名称前，并用一短线相连。

② 取代基的位置由与它连接的主链上的碳原子的位次确定，写在取代基的名称前，用一短线与取代基的名称相连。

③ 写名称时，取代基在前，母体在后，如果是顺、反异构体，则要在整个名称前标明双键的 Z、E 构型。例如：

$CH_2{=}C{=}CHCH_3$　　1，2-丁二烯(1，2-butadiene)

$CH_2{=}CH{-}CH{=}CH_2$　　1，3-丁二烯(1，3-butadiene)

$CH_2{=}C(CH_3){-}CH{=}CH_2$　　2-甲基-1，3-丁二烯(2-methyl-1，3-butadiene)

```
H3C(7)C(6)H2        H
        \   E    /
        C(5)=C(4)          C(1)H3
       /        \ 3     2 /
      H          C  =  C
                /   Z   \
             H3C         H
```

(2Z，4E)-3-甲基-2，4-庚二烯
[(2Z，4E)-3-methyl-2，4-heptadiene]

(2) 多炔烃的系统命名

多炔烃的系统命名方法与多烯烃相同。二炔烃的英文名称以“adiyne”为词尾，代替相应烃的词尾“ane”。

$CH{\equiv}CCH(CH_3){-}C{\equiv}CH$　　3-甲基-1，4-戊二炔 (3-methyl-1，4-pentadiyne)

(3) 烯炔的系统命名

若分子中同时含有双键与三键，可用烯炔作词尾，英文名称用 enyne 代替烷中的 ane，给双键、三键以尽可能低的编号。如果位号有选择时，使双键位号比三键小，书写时先烯后炔。例如：

| $CH_3CH{=}CHC{\equiv}CH$ | $CH{\equiv}CCH_2CH{=}CH_2$ | 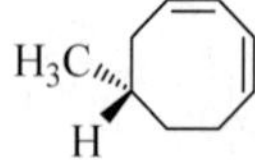 |
|---|---|---|
| 3-戊烯-1-炔 | 1-戊烯-4-炔 | (S)-7-甲基环辛烯-3-炔 |

一烯一炔(enyne)、二烯一炔(dienyne)、三烯一炔(trienyne)、一烯二炔(enediyne)、二烯(diene)、二炔(diyne)的英文名称则用括号中的词尾代替相应烷烃中的 ane，但烷烃名称很多是由词头与词尾 ane 组合而成，如 buta(四)，penta(五)，hexa(六)，hepta(七)，octa(八)，nona(九)，deca(十)等与 ane 加在一起，就有两个 a 连在一起，故删去一个 a。在下列名称中，nona 的 a 仍保留，其他化合物的命名也类似。

$CH{\equiv}CCH_2CH{=}CHCH_2CH_2CH{=}CH_2$　　4，8-壬二烯-1-炔 (4，8-nonadien-1-yne)

# 第四节 芳香烃的命名

## 一、含苯基的单环芳烃的命名

最简单的此类单环芳烃是苯(benzene),其他的此类单环芳烃可以看作是苯的一元或多元烃基的取代物。

**1. 苯的一元烃基取代物**

苯的一元烃基取代物只有一种,命名的方法有两种。一种是将苯作为母体,烃基作为取代基,称为××苯。另一种是将苯作为取代基,称为苯基(phenyl),它是苯分子减去一个氢原子后剩下的基团,可简写成ph,苯环以外的部分作为母体,称为苯(基)××,见表15-6。

**表15-6 苯基的命名**

| 苯环为母体 | | 苯环为取代基 | |
|---|---|---|---|
| 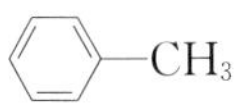 $C_6H_5-CH_3$ | 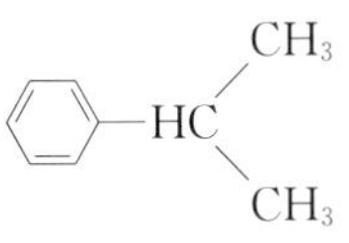 $C_6H_5-CH(CH_3)_2$ | 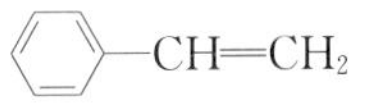 $C_6H_5-CH{=}CH_2$ | 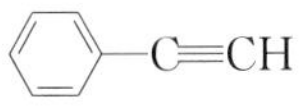 $C_6H_5-C{\equiv}CH$ |
| 甲苯(methylbenzene) | 异丙苯(isopropylbenzene) | 苯乙烯(phenyl ethylene) | 苯乙炔(phenyl accetylene) |

**2. 苯的二元烃基取代物**

苯的二元烃基取代物有三种异构体,它们是由于取代基团在苯环上的相对位置的不同而引起的,命名时,两个取代基处于邻位时用邻或o(ortho)表示,两个取代基团处于中间相隔一个碳原子的两个碳上时用间或m(meta)表示,两个取代基团处于对角位置时用对或p(para)表示。也可用1,2-、1,3-、1,4-表示。例如:

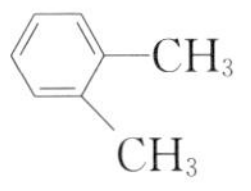

| 邻二甲苯<br>(o-二甲苯)<br>1,2-二甲苯 | 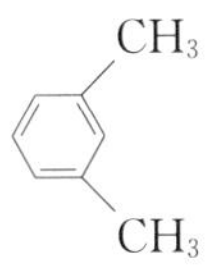 间二甲苯<br>(m-二甲苯)<br>1,3-二甲苯 |  对二甲苯<br>(p-二甲苯)<br>1,4-二甲苯 | 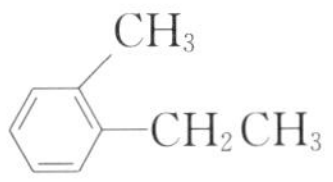 邻甲基乙苯 | 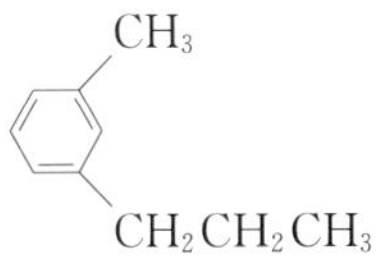 间甲基丙苯 | 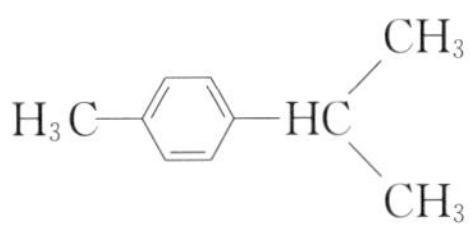 对甲基异丙苯 |
|---|---|---|---|---|---|

**3. 苯的三元烃基取代物、多元烃基取代物**

若苯环上有三个相同的取代基,三个基团处在1,2,3位时常用"连"为词头表示;三个基团处在1,2,4位时用"偏"为词头表示;三个基团处在1,3,5位时用"均"为词头表示。例如:

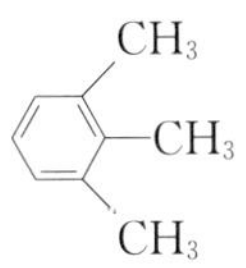

| 1,2,3-三甲苯<br>(连三甲苯) | 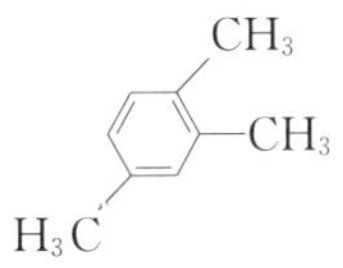 1,2,4-三甲苯<br>(偏三甲苯) | 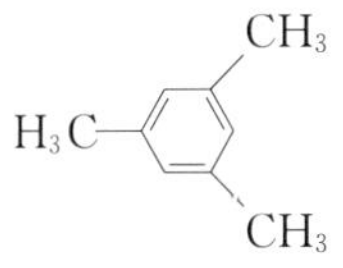 1,3,5-三甲苯<br>(均三甲苯) |
|---|---|---|

当苯环上有两个或多个取代基时,苯环上的编号应符合最低系列原则。而当应用最低系列原则无法确

定哪一种编号优先时，与单环烷烃的情况一样，中文命名时应让顺序规则中较小的基团位次尽可能小。例如：

4-甲基-2-乙基-1-丙基苯　　　1-甲基-3，5-二乙基苯

## 二、多环芳烃的命名

分子中含有多个苯环的烃称为多环芳烃(polycyclic arenes)，主要有多苯代脂烃(multi-phenyl alicyclic hydrocarbons)、联苯(biphenyl)和稠合多环芳烃(fused polycyclic arenes)。

### 1. 多苯代脂烃的命名

链烃分子中的氢被两个或多个苯基取代的化合物称为多苯代脂烃。命名时，一般是将苯基作为取代基，链烃作为母体。例如：

二苯甲烷　　　三苯甲烷　　　1，2-二苯基乙烷

### 2. 联苯型化合物的命名

两个或多个苯环以单键直接相连的化合物称为联苯型化合物。联苯类化合物的编号总是从苯环和单键的直接连接处开始，第二个苯环上的号码分别加上“′”符号，第三个苯环上的号码分别加上“″”符号，其他依次类推。苯环上如有取代基，编号的方向应使取代基位置尽可能小，命名时以联苯为母体。例如：

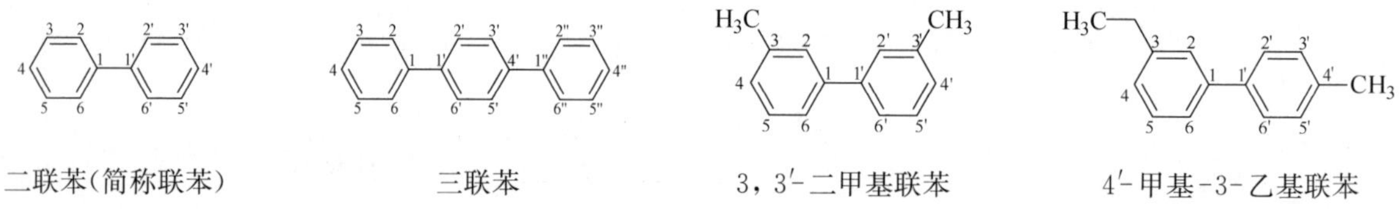


二联苯(简称联苯)　　　三联苯　　　3，3′-二甲基联苯　　　4′-甲基-3-乙基联苯

### 3. 稠环芳烃的命名

两个或多个苯环共用两个邻位碳原子的化合物称为稠环芳烃。最简单最重要的稠环芳烃是萘、蒽、菲。萘、蒽、菲的编号都是固定的，如下图所示。萘分子的1、4、5、8位是等同的位置，称为α位，2、3、6、7位也是等同的位置，称为β位。蒽分子的1、4、5、8位等同，也称为α位，2、3、6、7位等同，也称为β位，9、10位等同，称为γ位。菲有五对等同的位置，它们分别是1、8，2、7，3、6，4、5和9、10。取代稠环芳烃的名称规则与有机化合物名称的基本规则一致。例如：

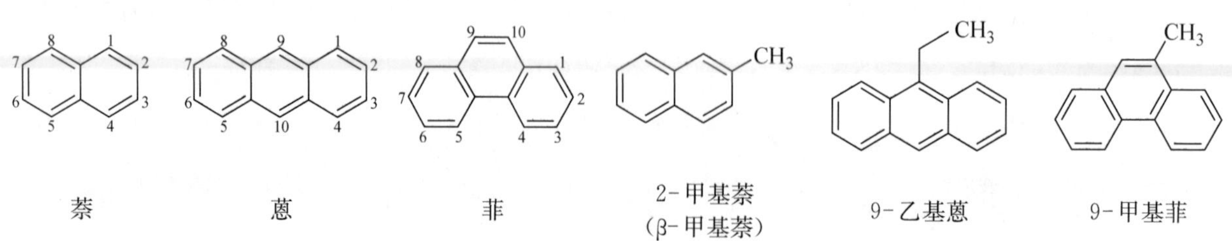


萘　　　蒽　　　菲　　　2-甲基萘(β-甲基萘)　　　9-乙基蒽　　　9-甲基菲

# 第五节　烃的衍生物的命名

烃分子中的氢被官能团取代后的化合物称为烃的衍生物。表 15-7 列出了常见官能团的词头、词尾名称。

**表 15-7　常见官能团的词头、词尾名称**

| 基团 | 词头名称 | | 词尾名称 | |
|---|---|---|---|---|
| | 中文 | 英文 | 中文 | 英文 |
| —COOH | 羧基 | carboxy | 酸 | -Carboxylic acid, -oic acid |
| $—SO_3H$ | 磺酸基 | sulfo | 磺酸 | -sulfonic acid |
| —COOR | 酯基 | R-oxycarbonyl | 酯 | -ate |
| —COX | 卤甲酰基 | halo carbonyl | 酰卤 | -Carboxyl halide, -oyl halide |
| $—CONH_2$ | 氨基甲酰基 | carbamoyl | 酰胺 | -Carboxamide, -amide |
| —CN | 氰基 | cyano | 腈 | -Carbonitril, -Nitrile |
| —CHO | 甲酰基,氧代 | formyl | 醛 | -Carbaldehyde, -al |
| =C=O | 羰基,氧代 | oxo | 酮 | -one |
| —OH | 羟基 | hadroy | 醇 | -ol |
| —OH | 羟基 | hadroy | 酚 | -ol |
| —SH | 巯基 | sulfydryl | 硫醇 | -mercaptan, -thiol |
| $—NH_2$ | 氨基 | amino | 胺 | -amine |
| —OR | 烃氧基 | R-oxy | 醚 | -ether |
| —R | 烃基 | alkyl | | |
| —X | 卤代 | halo(fluoro, chloro, bromo, iodo) | | |
| $—NO_2$ | 硝基 | nitro | | |
| —NO | 亚硝基 | nitroso | | |

在有机化合物的命名中,官能团有时作为取代基,有时作为母体官能团。前者要用词头名称表示,后者要用词尾名称表示。下面介绍烃衍生物的系统命名。

## 一、单官能团化合物的系统命名

只含有一个官能团的化合物称为单官能团化合物,单官能团化合物的系统命名有两种情况。

**1. 当官能团是卤素(halogen)、硝基(nitro)、亚硝基(nitroso)时**

将官能团作为取代基,仍以烷烃为母体,按烷烃的命名原则来命名。例如:

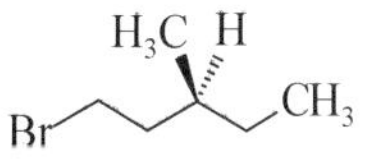

(S)-3-甲基-1-溴戊烷

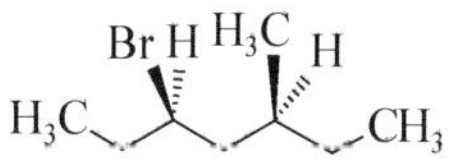

(3S, 5R)-3-甲基-5-溴庚烷

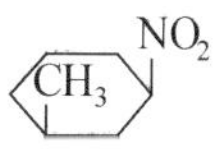

(1S, 3R)-1-甲基-3-硝基环己烷

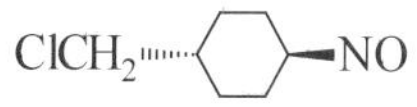

反-1-氯甲基-4-亚硝基环己烷

若官能团是醚键,也可以采用这种方式来命名。取较长的烃基作为母体,把余下的碳数较少的烷氧基(RO—)作取代基,如有不饱和烃基存在时,选不饱和程度较大的烃基作为母体。例如:

$(CH_3)_2CHOCH_2CH_2CH_3$　　　$CH_3OCH_2CH_2OCH_3$

1-(1-甲乙氧基)丙烷　　　1，2-二甲氧基乙烷　　　环戊氧基苯

**2. 醇、醛、酮、酸、酰卤、酰胺、腈**

将含官能团的最长链作为母体化合物的主链，根据主链的碳原子数称为某 A(A 为醇、醛、酮、酸、酰卤、酰胺、腈)。从靠近官能团的一端开始，依次给主链碳原子编号。在写出全名时，把官能团所在的碳原子的号数写在某之前，并在某 A 与数字之间画一短线，支链的位置和名称写在某 A 的前面，并分别用短线隔开。

$H_3\underset{6}{C}\underset{5}{C}H_2\underset{4}{C}(H)(CH_3)—\underset{3}{C}H_2\underset{2}{C}(=O)\underset{1}{C}H_3$　　(4R)-4-甲基-2-己酮

该化合物的分子中只有一个官能团——酮羰基。所以选含羰基的最长链为主链。主链编号时，要让羰基的位置号尽可能小，所以从右向左编。碳 4 为手性碳，按顺序规则确定其构型为 R。最后按有机化合物名称的基本格式“(构型)-取代基的位置号-取代基名称-官能团的位置号-母体名称”写出全名，下图列出了若干官能团化合物的命名实例：

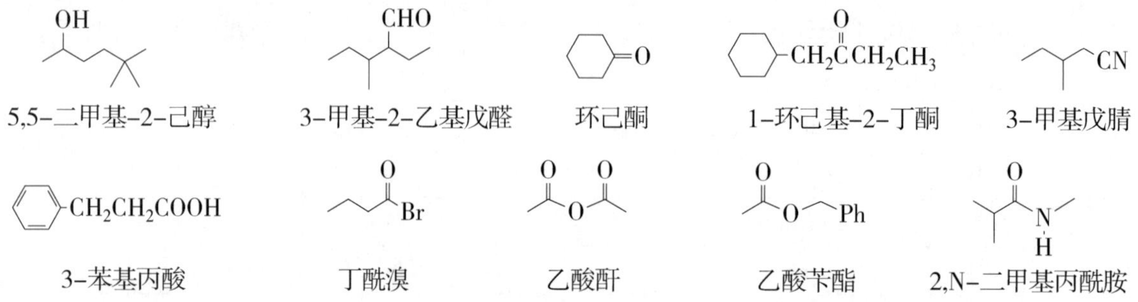

5,5-二甲基-2-己醇　3-甲基-2-乙基戊醛　环己酮　1-环己基-2-丁酮　3-甲基戊腈

3-苯基丙酸　丁酰溴　乙酸酐　乙酸苄酯　2,N-二甲基丙酰胺

**3. 当一个环与一个带末端官能团的链相连，而此链中又无杂原子和重键时**

在 IUPAC 系统命名中可用连接命名法，即将两者的名称连接起来为此化合物的名称。例如，环己烷甲醇( ⬡—$CH_2OH$ )是把 cyclohexane 与 methanol 连接起来，作为它的英文名称。又如环己烷羧酸( ⬡—COOH )是将 cyclohexane 和 carboxylic acid 连接起来作为英文名称。

**4. 环氧化合物的命名**

当一个氧原子和碳链上两个相邻的或非相邻的碳原子相连接而形成环形体系时，称为环氧化合物。命名时用环氧(epoxy)作词头，写在母体烃名之前。最简单的环氧化合物是环氧乙烷。除环氧乙烷外，其他环氧化合物命名时还需用数字标明环氧的位置，并用一短线与环氧相连。例如：

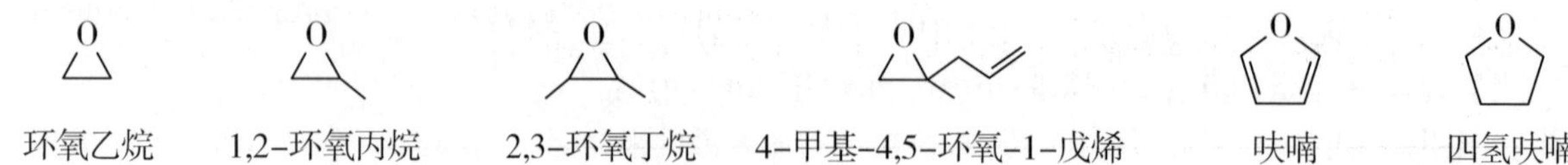

环氧乙烷　1,2-环氧丙烷　2,3-环氧丁烷　4-甲基-4,5-环氧-1-戊烯　呋喃　四氢呋喃

五元和六元的环氧化合物习惯于按杂环体系来命名。例如 1，4-环氧丁烷更习惯于称为四氢呋喃，因为它可以看作是杂环化合物呋喃加上四个氢原子后形成的。

有的环氧化合物也可以按杂环的系统命名法来命名。例如，1，4-二氧杂环己烷( 1,4-二氧六环结构，环原子编号 1–6 )可以看作是环己烷的 1、4 位两个碳原子被氧替代了。

**5. 酸酐**

酸酐可以看作两分子羧酸失去一分子水后的生成物。若两分子羧酸是相同的，为单酐，命名时在羧酸名称后加“酐”字，并把羧酸的“酸”字去掉；如两分子羧酸是不同的，为混酐，命名时把简单的酸放在前面，复杂的酸放在后面，再加“酐”字并把“酸”字去掉；二元酸分子内失水形成环状酸酐，命名时在二元酸的名称后加“酐”字并去掉“酸”字。例如：

乙酸酐　　乙丙酐　　丁二酸酐

**6. 酯**

酯可看作羧酸的羧基氢原子被烃基取代的产物，命名时把羧酸名称放在前面，烃基名称放在后面，再加一个“酯”字。分子内的羟基和羧基失水，形成内酯(Lactones)，用“内酯”两字代替“酸”字，并标明羟基的位次。例如：

乙酸苯甲酯　　3-甲基-4-丁内酯

## 二、含多个相同官能团化合物的系统命名

分子中含有两个或多个相同官能团时，命名应选官能团最多的长链为主链，然后根据主链的碳原子数称为某 $n$ 醇(或某 $n$ 醛、某 $n$ 酮、某 $n$ 酸等)，$n$ 是主链上官能团的数目，用中文数字表达。例如七碳链的二元醇称为庚二醇。英文命名时，用 di 表示二，tri 表示三，di、tri 插在特征词尾前。例如二醇(-diol)、三醇(-triol)，二醛(-dial)、二酮(-dione)、三酮(-trione)、二酸(-dioic acid)、二酰(dioyl)、二酰胺(diamide)、二腈(dinitrile)等。编号时要使主链上所有官能团的位置号尽可能小。最后按名称格式写出全名。如表 15-8。

**表 15-8　含多个相同官能团化合物的系统命名举例**

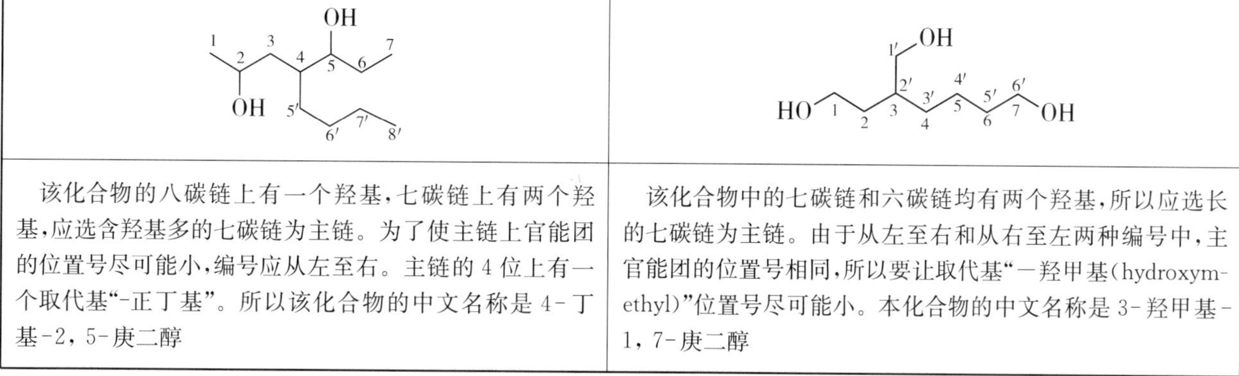

| | |
|---|---|
| 该化合物的八碳链上有一个羟基，七碳链上有两个羟基，应选含羟基多的七碳链为主链。为了使主链上官能团的位置号尽可能小，编号应从左至右。主链的 4 位上有一个取代基“-正丁基”。所以该化合物的中文名称是 4-丁基-2，5-庚二醇 | 该化合物中的七碳链和六碳链均有两个羟基，所以应选长的七碳链为主链。由于从左至右和从右至左两种编号中，主官能团的位置号相同，所以要让取代基“一羟甲基(hydroxymethyl)”位置号尽可能小。本化合物的中文名称是 3-羟甲基-1，7-庚二醇 |

如果羧基直接连在脂环和芳环上，或一个碳链上有三个以上的羧基，也可以在烃的名称后直接加上羧酸(carboxylic acid)、二羧酸(dicarboxylic acid)、三羧酸(tricarboxylic acid)。醛有时也这样命名。例如：

HOOC—⟨环己烷⟩—COOH　　HOOC—CH₂—CH(COOH)—CH₂—COOH　　OHC—CH₂—CH(CHO)—CH₂—CHO

反-1，4-环己烷二羧酸　　1，2，3-丙三羧酸　　丙烷-1，2，3-三醛

## 三、含多个不同种官能团化合物的系统命名

当分子中含有多种官能团时，首先要确定一个主官能团，确定主官能团的方法是查看表 15-7，表中排在前面的官能团总是主官能团。然后，选含有主官能团及尽可能含较多官能团的最长碳链为主链。主链编号的原则是要让主官能团的位次尽可能小。命名时，根据主官能团确定母体的名称，其他官能团作为取代基用词头表示，分子中如涉及立体结构要在名称最前面表明其构型。然后根据名称的基本格式写出名称。例如：

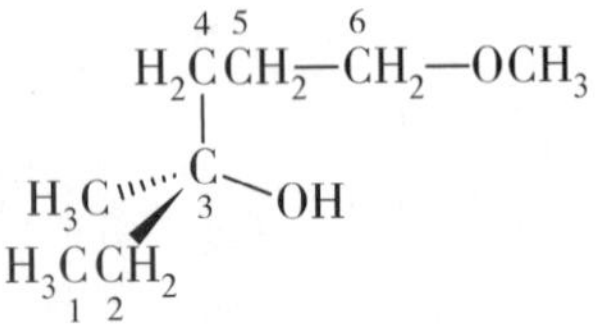

(a) 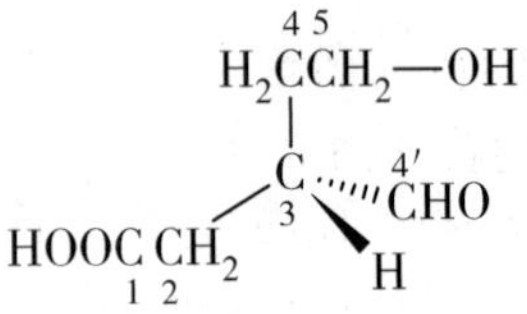　(b) 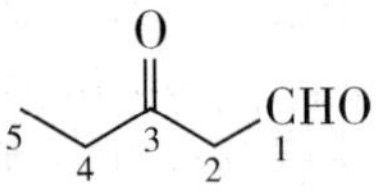　(c) 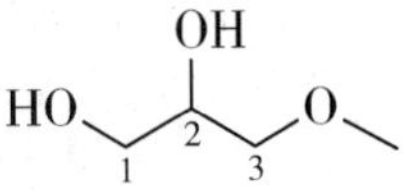　(d)

(a) 分子中含有羟基和醚基两种官能团。在表 15-7 中，羟基排在醚基的前面，所以羟基是主官能团，应选含羟基的最长链为主链。该主链有两个编号的方向，从左向右编，与羟基相连的碳位号较小，所以编号由左至右。该化合物的 3 号碳为手性碳，其构型为 S。该化合物的中文名称为(S)-3-甲基-6-甲氧基-3-己醇。

(b) 分子中有三个官能团：羧基、醛基和羟基。羧基(—COOH)排在表 15-7 的最前面，所以羧基是主官能团，羟基(—OH)、醛基(CHO)为取代基。含有羧基的最长链是五碳链，为主链。羧基的编号为 1。主链中的 3 号碳是手性碳，其构型是 S。所以本化合物的中文名称是(S)-3-甲酰基-5-羟基戊酸。

(c) 分子中有两个官能团，醛基是主官能团。醛的编号总是从醛基开始。酮羰基的氧与链中的 3 位碳相连，用 3-氧代表示。本化合物的中文名称是 3-氧代戊醛。

(d) 分子中有两个羟基和一个醚键，母体化合物应为醇。醚的甲氧基作为取代基。该化合物的中文名称是 3-甲氧基-1，2-丙二醇。

## 四、烃的衍生物的普通命名法

### 1. 卤代烷的普通命名法

卤代烷的普通命名法用相应的烷为母体，称为卤(代)某烷，或看作是烷基的卤化物。例如：

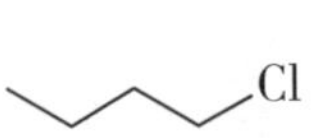

正氯丁烷(正丁基氯) 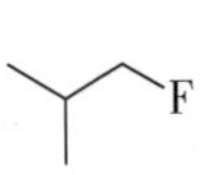　异氟丁烷(异丁基氟) 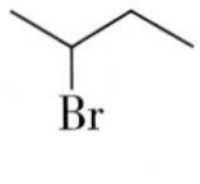　二级溴丁烷(二级丁基溴) 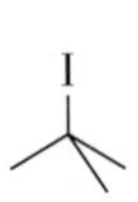　三级碘丁烷(三级丁基碘)

有些多卤代烷给以特别的名称，如 $CHCl_3$ 称氯仿，$CHI_3$ 称碘仿。

### 2. 醇的普通命名法

醇的普通命名法按烷基的普通名称命名，即在烷基后面加一个醇字。例如：

$CH_3CH_2OH$

乙醇　正丙醇 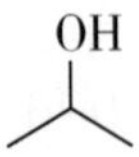　异丙醇 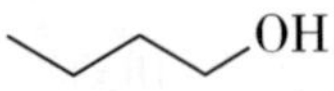　正丁醇 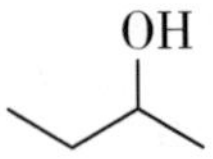　仲丁醇 　叔丁醇

**3. 胺的普通命名法**

胺的普通命名法可将氨基作为母体官能团，把它所含烃基的名称和数目写在前面，按简单到复杂先后列出，后面加上胺字。例如：

$CH_3NH_2$　　$—NH_2$

甲胺　　苯胺 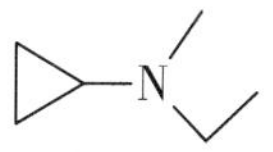　　甲(基)乙(基)环丙胺

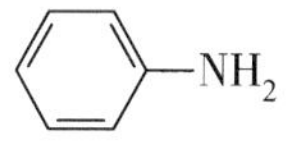

**4. 醛和酮的普通命名法**

醛的普通命名法是按氧化后所生成的羧酸的普通名称来命名，将相应的“酸”改成“醛”字，碳链可以从醛基相邻碳原子开始，用 α、β、γ……编号。酮的普通命名法按羰基所连接的两个烃基的名称来命名，按顺序规则，简单在前，复杂在后，然后加“甲酮”，下面括号中的“基”字或“甲”字可以省去，但对于比较复杂的基团的“基”字，则不能省去。酮的羰基与苯环连接时，则称为酰基苯。例如：

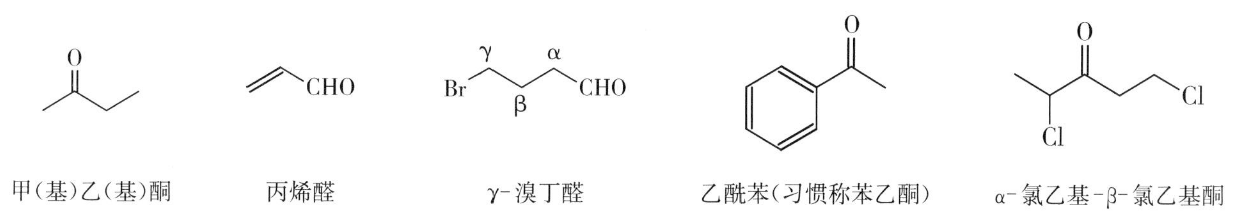


甲(基)乙(基)酮　　丙烯醛　　γ-溴丁醛　　乙酰苯(习惯称苯乙酮)　　α-氯乙基-β-氯乙基酮

**5. 羧酸的普通命名法**

羧酸的普通命名法是选含有羧基的最长的碳链为主链，取代基的位置从羧基邻接的碳原子开始，用希腊字母表示，依次为 α、β、γ、δ、ε 等，最末端碳原子可用 ω 表示，然后按命名的基本格式写出名称。例如：

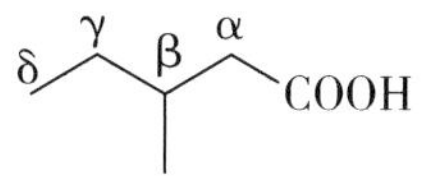

δ γ β α COOH　　γ β α COOH

β-甲基戊酸(β-甲基缬草酸) 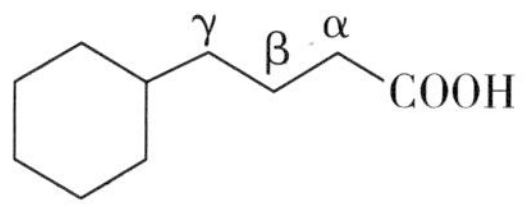　　γ-环己基丁酸(γ-环己基酪酸)

最常见的酸也可由它的来源来命名。例如，甲酸最初是由蚂蚁蒸馏得到的，称为蚁酸；乙酸最初由食用的醋中得到，称为醋酸。

**6. 羧酸衍生物的普通命名法**

将羧酸普通名称的词尾作相应的变化即可得到羧酸衍生物的普通名称。词尾的变化规律以乙酸为例予以说明。

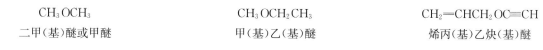

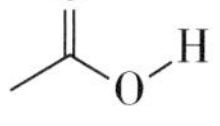

乙酸 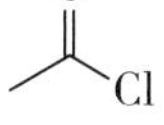　　乙酰氯 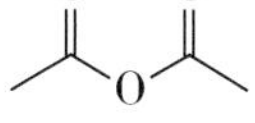　　乙酸酐 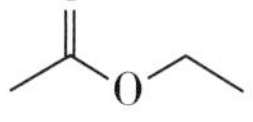　　乙酸乙酯 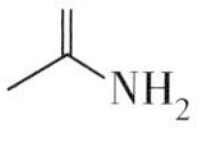　　乙酰胺

**7. 醚的普通命名法**

简单醚的普通命名法是在相同的烃基名称前写上“二”字，然后写上醚(英文名称醚为 ether)，习惯上“二”字也可以省略不写。混合醚的普通命名法是按顺序规则将两个烃基分别列出，然后写上醚字，例如：

| $CH_3OCH_3$ | $CH_3OCH_2CH_3$ | $CH_2{=}CHCH_2OC{\equiv}CH$ |
|---|---|---|
| 二甲(基)醚或甲醚 | 甲(基)乙(基)醚 | 烯丙(基)乙炔(基)醚 |

注：上述名称中括号中的“基”字可以省略。

# 第十六章　常见有机物简介

## 第一节　烷　　烃

### 一、烷烃的组成和结构

烷烃的分子组成通式为 $C_nH_{2n+2}(n\geqslant1)$，分子中仅有 $sp^3$ 杂化态的碳，C—C 之间全部以 $\sigma$—键相连，分子呈链状（$n\geqslant3$ 时，碳链为锯齿状，$\alpha\approx109°28'$），C 的剩余价键全部被 H 饱和。由于单键可以旋转，所以烷烃的异构有碳架异构和构象异构。其典型代表物如：

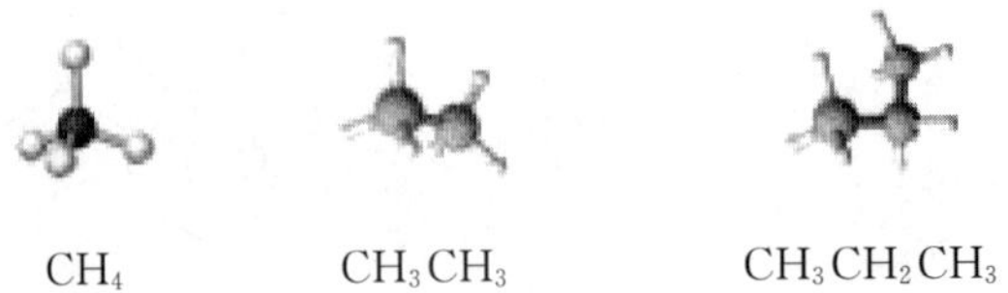


### 二、烷烃的物理性质

烷烃随着碳原子数增加，其熔点、沸点均呈上升趋势，常温下甲烷至丁烷为气体，戊烷至十六烷为液体，含十七个碳以上者为固体，但同碳数的异构烷烃，其溶沸点往往也有很大区别。

### 三、烷烃的化学性质

从结构上看，烷烃分子中不存在官能团，因而在一般条件下很稳定，只有在特殊条件下，例如光照和强热情况下，烷烃才能发生变化。烷烃的主要化学性质参阅表 16-1。

**表 16-1　烷烃的主要化学性质**

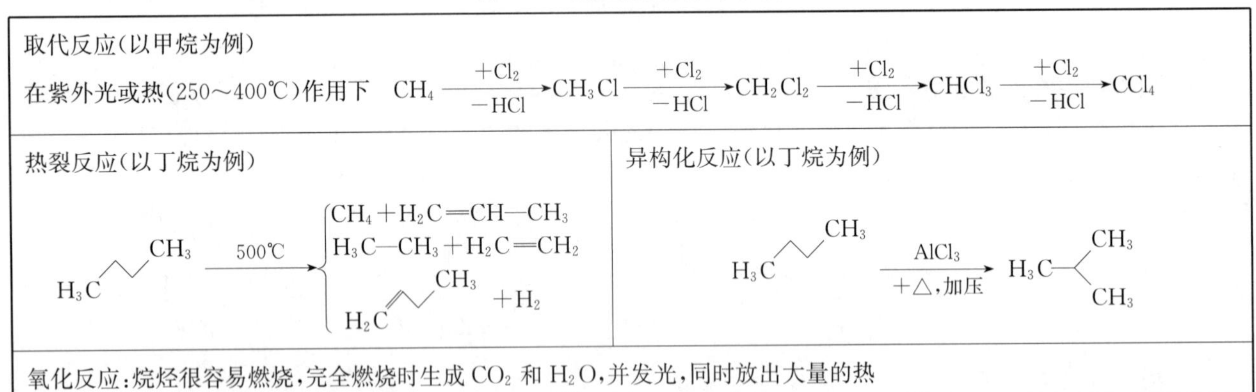

| 反应 | |
|---|---|
| 取代反应（以甲烷为例）<br>在紫外光或热（250～400℃）作用下　$CH_4 \xrightarrow[-HCl]{+Cl_2} CH_3Cl \xrightarrow[-HCl]{+Cl_2} CH_2Cl_2 \xrightarrow[-HCl]{+Cl_2} CHCl_3 \xrightarrow[-HCl]{+Cl_2} CCl_4$ | |
| 热裂反应（以丁烷为例）<br>$H_3C$—$CH_3$（丁烷）$\xrightarrow{500℃}$ $\begin{cases} CH_4 + H_2C{=}CH{-}CH_3 \\ H_3C{-}CH_3 + H_2C{=}CH_2 \\ H_2C{=}CH{-}CH{=}CH_3 + H_2 \end{cases}$ | 异构化反应（以丁烷为例）<br>$H_3C$—$CH_3$（丁烷）$\xrightarrow[+\triangle,加压]{AlCl_3}$ $H_3C{-}CH(CH_3){-}CH_3$ |
| 氧化反应：烷烃很容易燃烧，完全燃烧时生成 $CO_2$ 和 $H_2O$，并发光，同时放出大量的热 | |

## 第二节　烯　　烃

### 一、烯烃的组成和结构

单烯烃的通式为 $C_nH_{2n}(n\geqslant2)$，分子中含碳碳双键，形成双键的两个碳均发生 $sp^2$ 杂化。以乙烯的形成为例，原子的 1 个 2s 轨道与 2 个 2p 轨道进行杂化，组成 3 个能量完全相等、性质相同的 $sp^2$ 杂化轨道。在形成乙烯分子时，每个碳原子各以 2 个 $sp^2$ 杂化轨道形成 2 个碳氢 σ 键，再以 1 个 $sp^2$ 杂化轨道形成碳碳 σ 键。5 个 σ 键都在同一个平面上，2 个碳原子未参加杂化的 2p 轨道，垂直于 5 个 σ 键所在的平面而互相平行。这两个平行的 p 轨道，侧面重叠，形成一个 π 键。因乙烯分子中的所有原子都在同一个平面上，故乙烯分子为平面分子。

当 $n \geqslant 3$ 时，还会有 $sp^3$ 杂化态的碳。这些碳原子之间以及它们与双键碳原子之间以 C—C 单键相连成锯齿状碳链，$\alpha' \approx 109°28'$，C 的剩余价键也被 H“饱和”，但因为分子整体上的含氢量比烷烃要低，所以被称为不饱和烃。其典型代表物如：

$CH_2=CH_2$　　　　$CH_2=CH-CH_3$

烯烃的双键可处于碳链的不同位置导致烯烃存在位置异构，π 键不能自由旋转导致烯烃存在顺反异构。

## 二、烯烃的物理性质

烯烃的物理性质基本上类似于烷烃，即不溶于水而易溶于非极性溶剂，比重小于水。一般情况下，四个碳以下的烯烃为气体，十九个碳以上的烯烃为固体。

## 三、烯烃的化学性质

与烷烃相比，烯烃分子中出现了 C=C 双键官能团。由于双键中的 π 键重叠程度小，容易断裂，故烯烃性质活泼。烯烃的主要化学性质如下：

**1. 加成反应**

烯烃能与氢气、卤素、卤化氢、硫酸（加水）、次卤酸等多种物质发生加成反应。

$$CH_2=CH_2 + H_2 \longrightarrow CH_3-CH_3$$
$$CH_2=CH_2 + X_2 \longrightarrow CH_2X-CH_2X$$
$$CH_2=CH_2 + HX \longrightarrow CH_3-CH_2X$$
$$CH_2=CH_2 + H-OH \xrightarrow{H_2SO_4} CH_3-CH_2OH$$
$$CH_2=CH_2 + X-OH \longrightarrow CH_2X-CH_2OH$$

将乙烯通入溴的四氯化碳溶液中，溴的颜色很快褪去，常用这个反应来检验烯烃。

不对称烯烃与卤化氢等极性试剂加成时，氢原子主要加到含氢较多的双键碳原子上，卤原子（或其他原子或基团）则加到含氢较少或不含氢的双键碳原子上。这一经验规则称为 Markovnikov 规则，简称“马氏规则”。

$$\begin{matrix} H_3C \\ \phantom{x} \\ H_3C \end{matrix}\!\!\!\!> C=CH_2 + HI \longrightarrow \begin{cases} \text{按(1)}\ H_3C-\overset{CH_3}{\underset{I}{\overset{|}{\underset{|}{C}}}}-CH_3 \qquad \checkmark \\ \text{按(2)}\ H_3C-\overset{CH_3}{\overset{|}{CH}}-CH_2I \end{cases}$$

不对称烯烃在过氧化物存在下也可与 HBr 进行自由基加成反应，但得到“反马氏规则”的产物，这种现象称为过氧化效应或卡拉施（Kharasch）效应。例如：

$$H_3CCH_2CH_2\overset{Br}{\overset{|}{CH_2}} \xleftarrow{\text{有过氧化物}} H_3CCH_2CH=CH_2 + HBr \xrightarrow{\text{无过氧化物}} H_3CCH_2\overset{Br}{\overset{|}{CH}}-CH_3$$

**2. 氧化反应**

烯烃能被高锰酸钾等多种氧化剂氧化，同时高锰酸钾被还原而褪色，这一性质也常用于检验烯烃。

在低温时，将含有臭氧的氧气流通入液体烯烃或烯烃的四氯化碳溶液中，臭氧迅速与烯烃作用，生成黏稠状的臭氧化物，此反应称为臭氧化反应。臭氧化物在还原剂存在的条件下（为了避免生成的醛被过氧化氢继续氧化为羧酸）水解，可以得到醛或酮。烯烃经臭氧化再水解，分子中的"$CH_2=$"片段变为甲醛，"$RCH=$"片段变成醛，"$R_2C=$"片段变成酮。这样，通过测定反应后的生成物即可推测原来烯烃的分子结构。例如：

$$\mathrm{(R^1)(R^2)C{=}CH{-}C(CH_3){=}CH_2} \xrightarrow{O_3} \xrightarrow{Zn/H_2O} \mathrm{(R^1)(R^2)C{=}O} + \mathrm{O{=}CH{-}C(CH_3){=}O} + \mathrm{H_2C{=}O}$$

**3. 加成聚合反应(简称加聚反应)**

例如：$nCH_2=CH_2 \longrightarrow [CH_2-CH_2]_n$

**4. α-H 的活性反应**

双键是烯烃的官能团，与双键碳原子直接相连的碳原子上的氢，因受双键的影响，表现出一定的活泼性，可以发生取代反应和氧化反应。例如，丙烯与氯气混合：

$$CH_3CH=CH_2+Cl_2 \xrightarrow{\text{常温}} CH_3CHClCH_2Cl$$

$$CH_3CH=CH_2+Cl_2 \xrightarrow{500℃} CH_2ClCH=CH_2+HCl$$

# 第三节　炔　　烃

## 一、炔烃的组成和结构

炔烃的分子组成通式为 $C_nH_{2n-2}(n\geqslant 2)$，分子中必有两个 sp 杂化态的碳。以乙炔为例，两个碳原子采用 sp 杂化方式，即一个 2s 轨道与一个 2p 轨道杂化，组成两个等同的 sp 杂化轨道，sp 杂化轨道的形状与 $sp^2$、$sp^3$ 杂化轨道相似，两个 sp 杂化轨道的对称轴在一条直线上。两个以 sp 杂化的碳原子，各以一个杂化轨道相互结合形成碳碳 $\sigma$ 键，另一个杂化轨道各与一个氢原子结合，形成碳氢 $\sigma$ 键，三根 $\sigma$ 键的键轴在一条直线上，即乙炔分子为直线形分子；每个碳原子还有两个未参加杂化的 p 轨道，它们的轴互相垂直。当两个碳原子的两个 p 轨道分别平行时，两两侧面重叠，形成两个相互垂直的 $\pi$ 键，这样两个碳原子彼此形成 $C\equiv C$，$C\equiv C$ 三键上的所有相关原子，$\alpha=180°$，其原子中心点一定位于同一直线上，所以炔烃无顺反异构。

当 $n\geqslant 3$ 时，还会有 $sp^3$ 杂化态的碳；这些碳原子之间以及它们与三键碳原子之间以 C—C 单键相连成锯齿状碳链，$\alpha'\approx 109°28'$，C 的剩余价键也被 H"饱和"，但因为分子整体上的含氢量比烷烃更低，所以也被称为不饱和烃。典型代表物如：

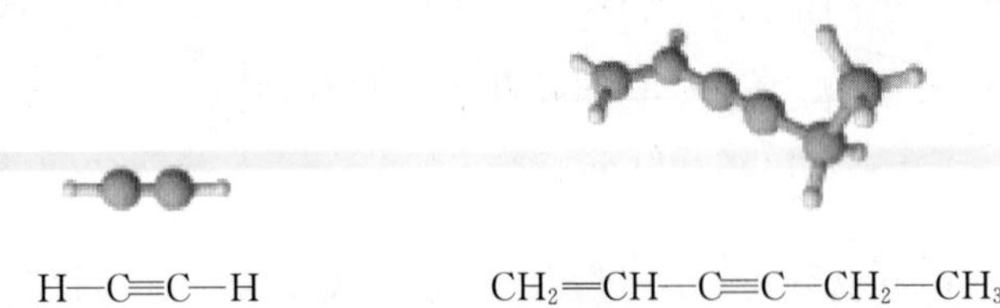

$H-C\equiv C-H$　　　$CH_2=CH-C\equiv C-CH_2-CH_3$

## 二、炔烃的物理性质

炔烃的物理性质与烯烃相似，乙炔、丙炔和丁炔为气体，戊炔以上的低级炔烃为液体，高级炔烃为固体。

简单炔烃的沸点、熔点和相对密度比相应的烯烃要高。炔烃难溶于水而易溶于有机溶剂。

## 三、炔烃的化学性质

### 1. 加成反应

炔烃能与氢气、卤素单质、卤化氢、水、醇等多种物质发生加成反应。不对称炔烃的加成反应也符合“马氏规则”,也存在卡拉施(Kharasch)效应。

虽然炔烃比烯烃更不饱和,但炔烃进行亲电加成却比烯烃难。例如烯烃可使溴的四氯化碳溶液很快褪色,而炔烃却需要一两分钟才能使之褪色。故当分子中同时存在双键和三键时,与溴的加成首先发生在双键上。炔烃的直接水合是较为困难的,需在硫酸汞的硫酸溶液的催化下才发生加成反应。

$$HC\equiv CH + H_2O \xrightarrow[H_2SO_4]{HgSO_4} \left[ H_2C=CH(OH) \right] \xrightarrow{\text{重排}} H_3C-C(=O)H$$

$$R-C\equiv CH + H_2O \xrightarrow[H_2SO_4]{HgSO_4} \left[ H_2C=C(OH)-R \right] \xrightarrow{\text{重排}} H_3C-C(=O)R$$

### 2. 氧化反应

炔烃被高锰酸钾或臭氧氧化时,生成羧酸或二氧化碳。

$$R-C\equiv C-R^1 \xrightarrow[CCl_4]{O_3} \xrightarrow{H_2O} R-COOH + R^1-COOH$$

### 3. 聚合反应

在不同的催化剂作用下,乙炔可以分别聚合成链状或环状化合物。与烯烃的聚合不同的是,炔烃一般不聚合成高分子化合物。例如,将乙炔通入氯化亚铜和氯化铵的强酸溶液时,可发生二聚或三聚作用。

$$HC\equiv CH + HC\equiv CH \xrightarrow{Cu_2Cl_2,\ NH_4Cl} H_2C=CH-C\equiv CH\ (\text{乙烯基乙炔})$$

在高温下,可以发生三个乙炔分子聚合生成一个苯分子的反应:

$$3HC\equiv CH \xrightarrow{300℃} C_6H_6$$

### 4. 生成炔化物

因 sp 杂化的碳原子表现出较大的电负性,使得与三键碳原子直接相连的氢原子活泼性较大,显示出弱酸性,可与强碱、碱金属或某些重金属离子反应生成金属炔化物。

乙炔与熔融的钠反应,可生成乙炔钠和乙炔二钠:

$$HC\equiv CH + Na \longrightarrow HC\equiv CNa \xrightarrow{Na} NaC\equiv CNa$$

丙炔或其他末端炔烃与氨基钠反应,生成炔化钠:

$$RC\equiv CH + NaNH_2 \xrightarrow{NH_3(l)} RC\equiv CNa$$

末端炔烃与某些重金属离子反应,生成重金属炔化物。例如,将乙炔通入硝酸银的氨溶液或氯化亚铜的氨溶液时,则分别生成白色的乙炔银沉淀和红棕色的乙炔亚铜沉淀:

$$HC\equiv CH + Cu(NH_3)_2Cl \longrightarrow CuC\equiv CCu\downarrow$$

$$RC\equiv CH + Ag(NH_3)_2NO_3 \longrightarrow RC\equiv CAg\downarrow$$

$$RC\equiv CR + Ag(NH_3)_2NO_3 \longrightarrow \text{不反应}$$

上述反应现象明显,非常灵敏,常用来鉴别分子中的末端炔烃。

# 第四节 二 烯 烃

## 一、二烯烃的组成和分类

分子中含有两个或两个以上碳碳双键的不饱和烃称为多烯烃。其中，二烯烃的通式为 $C_nH_{2n-2}$，故二烯烃与同碳数的炔烃互为同分异构体。根据二烯烃中两个双键的相对位置的不同，可将二烯烃分为三类。

① 累积二烯烃(也叫连续二烯烃)——两个双键与同一个碳原子相连接，即分子中含有 C═C═C 结构的二烯烃称为累积二烯烃。例如：丙二烯 $CH_2═C═CH_2$。

② 隔离二烯烃(也叫孤立二烯烃)——两个双键被两个或两个以上的单键隔开，即分子骨架为 $C═C—(C)_n—C═C$ 的二烯烃称为隔离二烯烃。例如，1，4-戊二烯 $CH_2═CH—CH_2—CH═CH_2$。

③ 共轭二烯烃——两个双键被一个单键隔开，即分子骨架为 C═C—C═C 的二烯烃为共轭二烯烃。例如，1，3-丁二烯 $CH_2═CH—CH═CH_2$。本讲重点讨论的是共轭二烯烃。

## 二、共轭二烯烃的结构与性质(以 1，3-丁二烯为例)

1，3-丁二烯分子中，4 个碳原子都是以 $sp^2$ 杂化，共轭效应使 1，3-丁二烯分子中的碳碳双键键长增加、碳碳单键键长缩短，单双键趋向于平均化。电子离域的结果，使化合物的能量降低，稳定性增加，参加化学反应时的性质与一般的烯烃有明显不同。

**1. 亲电加成**

与烯烃相似，1，3-丁二烯能与卤素、卤化氢和氢气发生加成反应，主要生成 1，4-加成产物。例如：

$$H_3C—CH(Br)—CH═CH_2 \xleftarrow{1，2-加成} H_2C═CH—CH═CH_2 + HBr \xrightarrow{1，4-加成} H_3C—CH═CH—CH_2Br$$

**2. 双烯合成——狄尔斯-阿尔德(Diels-Alder)反应**

共轭二烯烃与某些具有碳碳双键的不饱和化合物发生 1，4-加成反应生成环状化合物的反应称为双烯合成，这是共轭二烯烃特有的反应，它能将链状化合物转变成环状化合物，因此又叫环合反应。例如：

$$CH_2═CH—CH═CH_2 + CH_2═CH_2 \xrightarrow{200\ ^\circ C} \text{环己烯}$$

**3. 聚合反应**

共轭二烯烃既可发生 1，2-加成聚合，也可发生 1，4-加成聚合，主要生成 1，4-加聚产物。例如：

$$n\ H_2C═CH—CH═CH_2 \longrightarrow \left[CH_2—CH═CH—CH_2\right]_n$$

# 第五节 脂 环 烃

## 一、脂环烃的分类

具有环状结构的碳氢化合物称为环烃，环烃又可分为脂环烃和芳香烃。开链烃两端连接成环的化合物与链烃性质相似，称为脂环烃。

按照分子中所含环的多少，脂环烃分为单环脂环烃和多环脂环烃。根据脂环烃的不饱和程度又分为环烷烃和环烯烃、环炔烃等。在多环烃中，根据环的连接方式不同，又可分为螺环烃和桥环烃。本讲主要讨论单环烷烃。

## 二、环烷烃的组成与结构

环烷烃的通式为 $C_nH_{2n}(n\geqslant 3)$，与同碳数的烯烃互为同分异构体。环烷烃中碳原子的杂化及成键方式与烷烃一样，均为 $sp^3$ 杂化，分子中各元素原子间均以单键即 $\sigma$-键相结合。环烷烃中除三元环以外，其他环由于可以选择不同的构象，均不以平面构型存在。

## 三、环烷烃的物理性质

环烷烃的沸点、熔点和相对密度均比相同碳原子数的链烃高。

## 四、环烷烃的化学性质

**1. 卤代反应**

在高温或紫外线作用下，脂环烃上的氢原子可以被卤素取代而生成卤代脂环烃。例如：

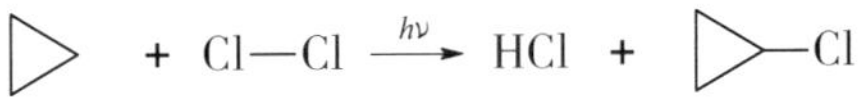

$$\triangleright + Cl—Cl \xrightarrow{h\nu} HCl + \triangleright—Cl$$

**2. 氧化反应**

不论是小环或大环，环烷烃的氧化反应都与烷烃相似，在通常条件下不易发生氧化反应，在室温下它不与高锰酸钾水溶液反应。环烯烃的化学性质与烯烃相同，很容易被氧化开环，可用于环烷烃与烯烃、炔烃的鉴别。例如：

$$\text{环己烯} \xrightarrow{KMnO_4, H^+} HOOC\text{/\\/\\/}COOH$$

**3. 加成反应**

小环(三元、四元)不稳定，易开环，能与氢气、卤素、卤化氢等发生类似于烯烃的加成反应。

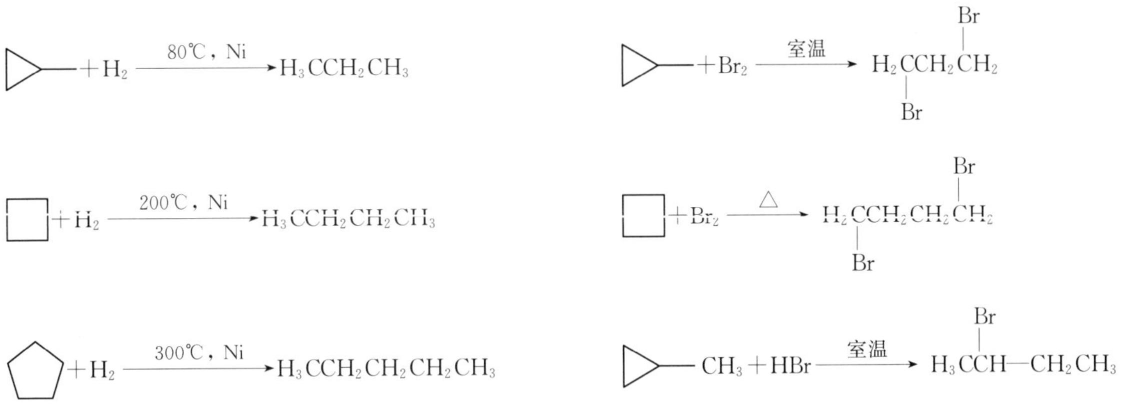

$$\triangleright + H_2 \xrightarrow{80℃, Ni} H_3CCH_2CH_3 \qquad \triangleright + Br_2 \xrightarrow{室温} H_2C(Br)CH_2CH_2Br$$

$$\square + H_2 \xrightarrow{200℃, Ni} H_3CCH_2CH_2CH_3 \qquad \square + Br_2 \xrightarrow{\triangle} H_2C(Br)CH_2CH_2CH_2Br$$

$$\text{环戊烷} + H_2 \xrightarrow{300℃, Ni} H_3CCH_2CH_2CH_2CH_3 \qquad \triangleright—CH_3 + HBr \xrightarrow{室温} H_3CCH(Br)—CH_2CH_3$$

# 第六节 芳 香 烃

## 一、芳香烃的概念和分类

芳香烃也叫芳烃，特指分子内存在芳香环结构的烃。芳烃分为苯系芳烃和非苯系芳烃两大类。

苯系芳烃根据苯环的多少和连接方式不同可分为：

(1) 单环芳烃——分子中只含有一个苯环的芳烃。

(2) 多环芳烃——分子中含有两个或两个以上独立苯环的芳烃。例如：

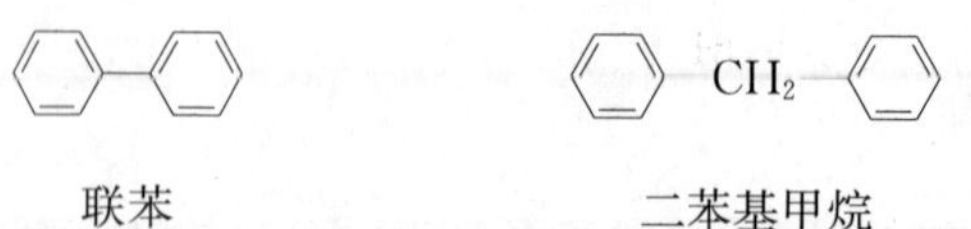

联苯　　　　二苯基甲烷

(3) 稠环芳烃——分子中含有两个或两个以上苯环，苯环之间通过共用相邻两个碳原子的芳烃。例如：

萘　　　　蒽

## 二、苯及其同系物的结构与性质

**1. 苯的结构**

苯的结构式常表示为 　或　。

**2. 苯的物理性质**

苯及其同系物一般为无色透明、有特殊气味的液体，密度小于 $1\ g \cdot cm^{-3}$，不溶于水而溶于有机溶剂。苯和甲苯都具有一定的毒性。烷基苯的沸点随着相对分子质量的增大而升高。

**3. 苯的化学性质——苯环体系具有芳香性**(尽管缺氢指数很高，但非常稳定)

(1) 易发生取代反应

卤代：$+Br—Br \xrightarrow{FeBr_3}$ (Br) $+HBr$

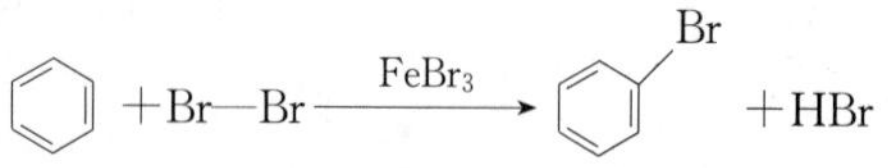

硝化：$+HO—NO_2 \xrightarrow[\triangle]{浓硫酸}$ ($NO_2$) $+H_2O$

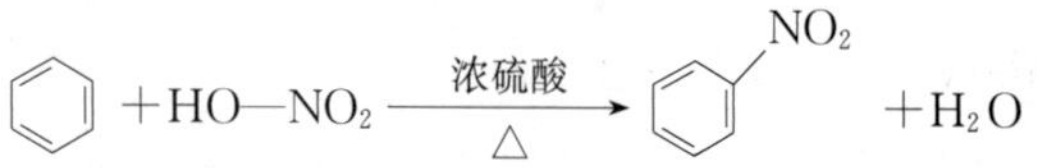

磺化：$+HO—SO_3H \xrightarrow[\triangle]{}$ ($SO_3H$) $+H_2O$

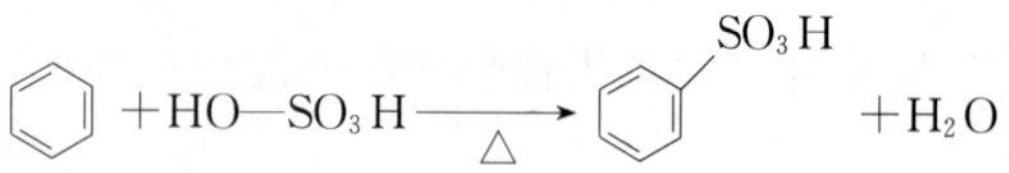

傅-克烷基化：$ArH+RX \xrightarrow{Lewis\ acid} ArR+HX$

傅-克酰基化：$ArH+RCOX \xrightarrow{Lewis\ acid} ArCOR+HX$

(2) 苯环的侧链视其结构不同，能发生多种不同的反应，如 α-H 的取代反应与氧化反应——甲苯在光照情况下与氯的反应，不是发生在苯环上而是发生在侧链上：

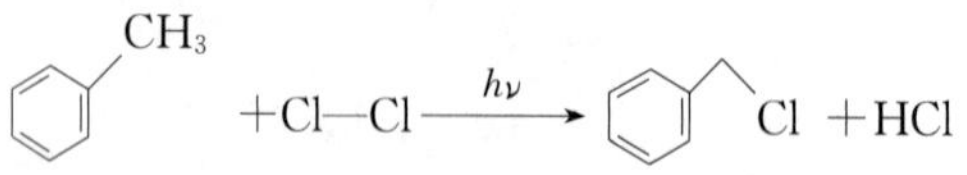

($CH_3$) $+Cl—Cl \xrightarrow{h\nu}$ (Cl) $+HCl$

(3) 很难发生加成反应，特殊条件下才能反应。

$+3H—H \xrightarrow[200℃]{Ni}$

$+3Cl—Cl \xrightarrow{紫外光}$ (Cl, Cl, Cl, Cl, Cl, Cl)

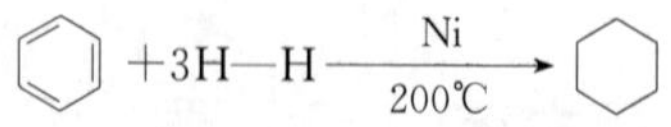

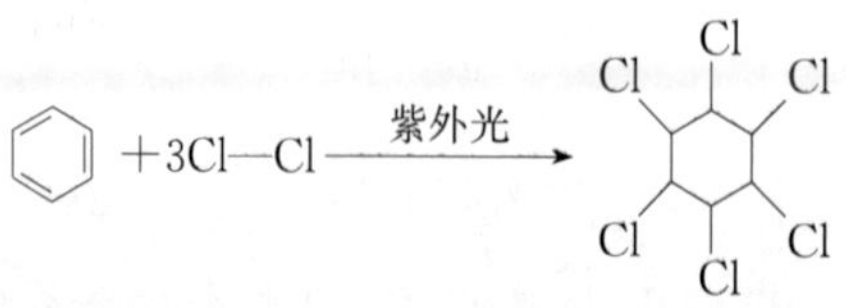

(4) 很难发生氧化反应，特殊条件下才能反应。

① 在强氧化剂(如高锰酸钾和浓硫酸、重铬酸钾和浓硫酸)作用下，苯环上含 α-H 的侧链能被氧化，不论侧链有多长，氧化产物均为苯甲酸：

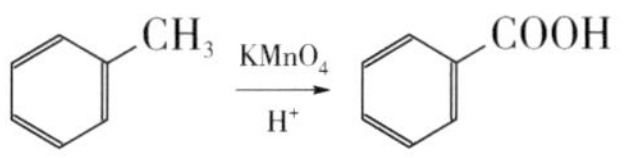

若侧链上不含 α-H，则不能发生氧化反应。当用酸性高锰酸钾做氧化剂时，随着苯环侧链氧化反应的发生，高锰酸钾的颜色逐渐褪去，这可作为苯环上有无 α-H 的侧链的鉴别反应。

② 苯环一般不易被氧化，但在高温和催化剂作用下，苯环可被氧化而发生破裂。

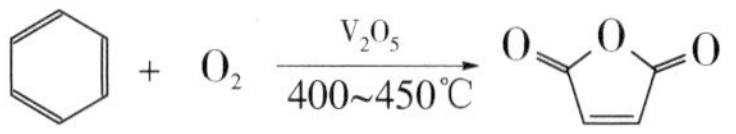

## 三、苯环上亲电取代反应的定位效应

当苯环上已有一个取代基时，若再发生取代，不同的原有取代基将对后续反应产生不同的影响：

一方面，有的取代基会降低苯环的电子云密度，有的取代基则会增加苯环的电子云密度，进而导致反应速率的明显差异；另一方面，第 2 个取代基进入苯环的位置与苯环上原有取代基的性质有关，或者说苯环上原有的取代基对新进入的取代基有定位作用或称定位效应，通常将苯环上原有的取代基称为定位基。

**1. 第 1 类定位基——使新引进的取代基主要进入原取代基的邻位和对位**

第 1 类定位基又可以细分为两种类型：

第 1 种类型对苯环有活化作用，如—OH 等；

第 2 种类型对苯环有钝化作用，如—X(卤素原子)等。

**2. 第 2 类定位基——使新引进的取代基主要进入原取代基的间位**

第 2 类定位基对苯环有钝化作用，如$—NO_2$ 等。

## 四、苯环上的亲核取代(nucleophilic aromatic substitution，SNAr)

一般条件下芳环上的亲核取代较难发生，即使发生也需要非常苛刻的反应条件。但当苯环上有强吸电子基存在时，吸电子取代基的诱导效应和共轭效应会改变苯环的电子云分布，使苯环上电子云的密度减小，某些部分形成了“正电性”碳原子，可以成为亲核负离子的攻击目标，从而引发亲核取代反应。例如：

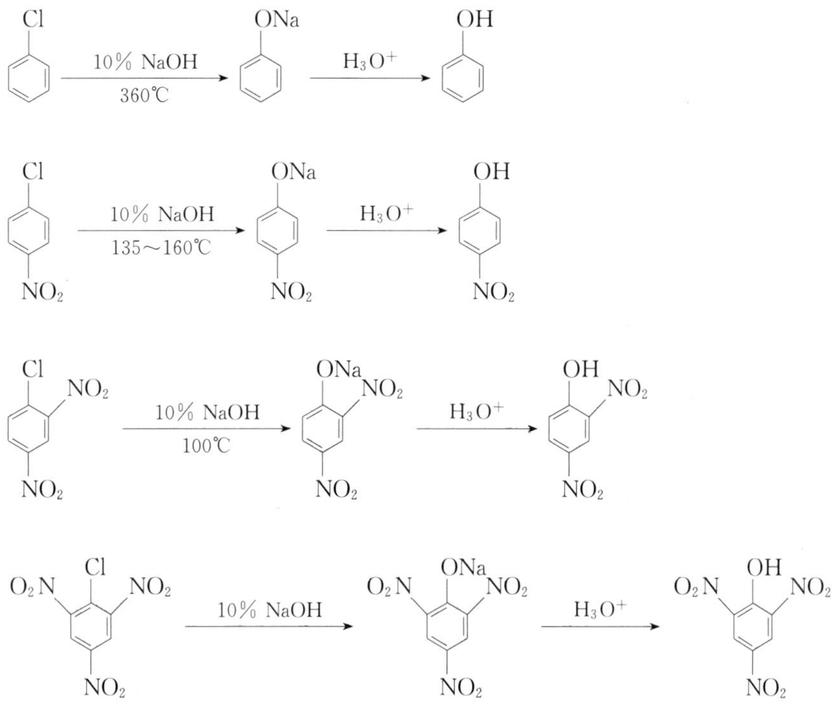

# 第七节 卤 代 烃

## 一、卤代烃的概念与大致分类

烃分子中的氢原子被卤素原子取代后的化合物称为卤代烃(Haloalkane)，简称卤烃。

卤代烃的通式为(Ar)R—X，X 可看作是卤代烃的官能团，包括 F、Cl、Br、I。

## 二、卤代烃的物理性质

卤代烃的物理性质基本上与烃相似。低级的卤代烃是气体或液体，高级的卤代烃是固体。它们的沸点随分子中碳原子和卤素原子数目的增加(氟代烃除外)和卤素原子序数的增大而升高。一氟代烃和一氯代烃一般比水轻，溴代烃、碘代烃及多卤代烃比水重。绝大多数卤代烃不溶于水或在水中溶解度很小，但它们能溶于很多有机溶剂，有些可以直接作为溶剂使用。卤代烃大多具有特殊气味，多卤代烃一般都难燃或不燃。

## 三、卤代烃的化学性质

### 1. 亲核取代反应

(1) 水解反应

$$RX+H_2O \rightleftharpoons ROH+HX \qquad RX+NaOH \xrightarrow{H_2O,\ \triangle} ROH+NaX$$

卤代烷水解是可逆反应，而且反应速度很慢。为了提高产率和增加反应速度，常常将卤代烷与氢氧化钠或氢氧化钾的水溶液共热，使水解能顺利进行。

(2) 氰解反应 $RX+NaCN \xrightarrow{H_2O,\ \triangle} RCN+NaX$

(3) 氨解反应 $RX+NH_3 \longrightarrow RNH_3^+X^-$

(4) 醇解反应 $RX+NaOEt \xrightarrow{EtOH,\ \triangle} ROEt+NaX$

(5) 与硝酸银的醇溶液反应 $RX+AgNO_3 \xrightarrow{EtOH,\ \triangle} RONO_2+AgX\downarrow$

### 2. β-消除反应

卤代烷与氢氧化钾或氢氧化钠的醇溶液共热，分子中脱去一分子卤化氢生成烯烃，这种反应称为消除反应，以 E 表示。不同结构的卤代烷的消除反应速度不同，$3°R—X>2°R—X>1°R—X$。

$$RCH_2CH_2Br+NaOH \xrightarrow{EtOH,\ \triangle} RCH=CH_2+NaBr+H_2O$$

不对称卤代烷在发生消除反应时，可得到两种产物，通常主要得到含 H 更少的碳碳双键(扎依采夫规则：被消除的 β-H 主要来自含氢较少的碳原子上)。如：

$$RCH_2CH=CH_2 \xleftarrow[\triangle]{\text{乙醇}} RCH_2\overset{\overset{\displaystyle X}{|}}{C}HCH_3 + NaOH \xrightarrow[\triangle]{\text{乙醇}} RCH=CHCH_3 \text{ 主要产物}$$

### 3. 与金属反应

(1) 伍兹(Wurtz)反应

卤代烷与金属钠反应可制备烷烃，此反应称为伍兹反应。

$$2CH_3CH_2Cl+2Na \xrightarrow{\text{乙醚}} CH_3CH_2CH_2CH_3+2NaCl$$

(2) 生成格氏试剂

在卤代烷的无水乙醚溶液中，加入金属镁，立即发生反应，生成的溶液叫格氏试剂。

$$RX + Mg \xrightarrow{乙醚} RMgX \quad 烷基卤化镁$$

格氏试剂是一类很重要的试剂，由于分子内含有极性键，化学性质很活泼，在有机合成中有广泛应用。

**4. 还原反应**

卤代烃还可被多种试剂还原生成烃，如：

$$R—X \xrightarrow{Zn+HCl} RH \qquad R—X \xrightarrow{LiAlH_4} RH$$

$$R—X \xrightarrow{H_2/Pt} RH \qquad R—X \xrightarrow{NH_3(l)+Na} RH$$

## 第八节　醇、酚、醚

醇和酚都含有相同的官能团羟基(—OH)，醇的羟基与脂肪烃基或芳香烃侧链上的非芳香碳原子相连。而酚的羟基直接连在芳环的碳原子上，因此醇和酚的结构是不相同的，其性质也是不同的。醇的通式为ROH，酚的通式为ArOH。醚则可看作是醇和酚中羟基上的氢原子被烃基(—R或—Ar)取代的产物，醚的通式为R—O—R或Ar—O—Ar或Ar—O—R。

### 一、醇

**1. 醇的物理性质**

醇的沸点比相近相对分子质量的烃类化合物高得多，也比相对分子质量相近的卤代烃高。这是由于醇分子间能形成氢键。碳原子数相同的醇，支链越多，沸点越低。

醇能形成氢键的能力也体现在它的溶解性上，甲醇、乙醇和丙醇都可以和水以任意比互溶；但4～11碳的醇为油状液体，仅部分溶于水；高级醇为固体，不溶于水。

**2. 醇的化学性质**

(1) 与活泼金属反应

$$ROH + Na \xrightarrow{缓慢} RONa + 1/2H_2$$

各种不同结构的醇与金属钠反应的速度不同：甲醇＞伯醇＞仲醇＞叔醇。

醇与金属钠作用时，比水与金属钠作用缓慢得多，其他活泼金属也可与醇作用。

(2) 与无机酸反应

① 与无氧酸反应

$$ROH + HX \rightleftharpoons RX + H_2O$$

② 与含氧无机酸反应

醇与含氧无机酸如硝酸、硫酸、磷酸等作用，脱去水分子而生成无机酸酯。例如：

$$CH_3CH_2OH + HNO_3 \longrightarrow CH_3CH_2O—NO_2 + H_2O \quad 硝酸乙酯$$

(3) 脱水反应

醇与浓硫酸混合在一起，随着反应温度的不同，有两种脱水方式。例如：

$$CH_3CH_2OH + HOCH_2CH_3 \xrightarrow{浓硫酸,\ 140℃} CH_3CH_2OCH_2CH_3 + H_2O$$

$$CH_3CH_2OH \xrightarrow{浓硫酸,\ 170℃} CH_2{=}CH_2 + H_2O$$

醇分子内脱水与卤代烷烃脱卤代氢一样服从扎依采夫规则，生成双键碳原子上连有最多烃基的烯烃。

(4) 氧化反应

常用的氧化剂为重铬酸钾和硫酸或高锰酸钾等。不同类型的醇得到不同的氧化产物。

伯醇首先被氧化成醛，醛继续被氧化生成羧酸：$RCH_2OH \xrightarrow{[O]} RCHO \xrightarrow{[O]} RCOOH$

仲醇氧化成含相同碳原子数的酮，由于酮较稳定，不易被氧化，可用于酮的合成：

$$RCHOHR \xrightarrow{[O]} RCOR$$

叔醇没有 α-氢，难以被氧化。

## 二、酚

### 1. 酚的物理性质

酚一般为微溶于水的固体，沸点较高。最简单的酚是苯酚，苯酚是一种无色晶体，易被氧化而带粉红色，少量水就能使其熔点降低，在室温下成为液体，在冷水中溶解度小，高于 70℃时与水任意比互溶，易溶于醇、醚。

### 2. 酚的化学性质

(1) 酚羟基的反应

① 酸性——酚具有酸性，酚和氢氧化钠的水溶液作用，生成可溶于水的酚钠：

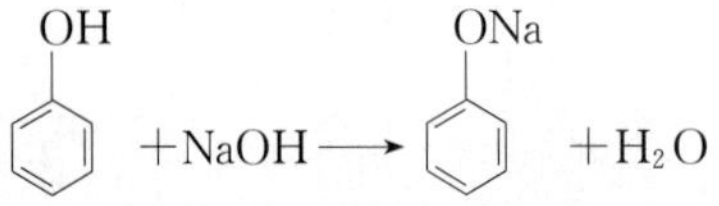

$$C_6H_5OH + NaOH \longrightarrow C_6H_5ONa + H_2O$$

通常酚的酸性比碳酸弱，如苯酚的 p$K$ 为 10，碳酸的 p$K$ 为 6.38。因此，酚不溶于碳酸氢钠溶液。

在酚钠溶液中通入二氧化碳，能使苯酚游离出来。可利用酚的这一性质进行分离提纯。

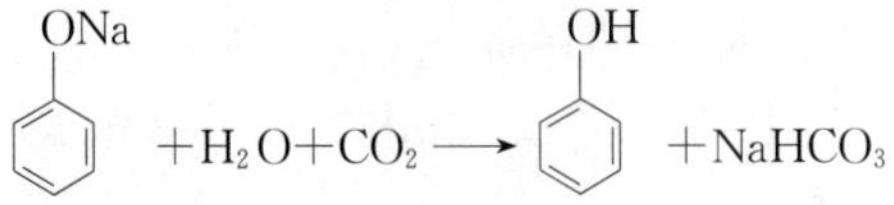

$$C_6H_5ONa + H_2O + CO_2 \longrightarrow C_6H_5OH + NaHCO_3$$

② 与三氯化铁反应——含酚羟基的化合物大多数能与三氯化铁作用显紫色，此反应常用来鉴别酚类。具有烯醇式结构的化合物也会与三氯化铁呈显色反应。

③ 成醚反应，例如：$C_6H_5OH + CH_3I \xrightarrow{NaOH} C_6H_5OCH_3 + HI$。

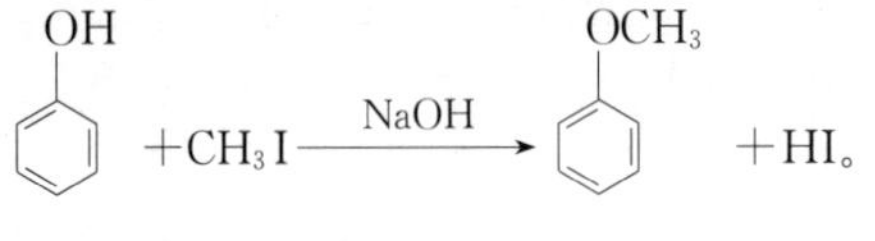

④ 成酯反应，例如：$C_6H_5OH + ClCOC_6H_5 \xrightarrow{NaOH} C_6H_5OCOC_6H_5 + HCl$。

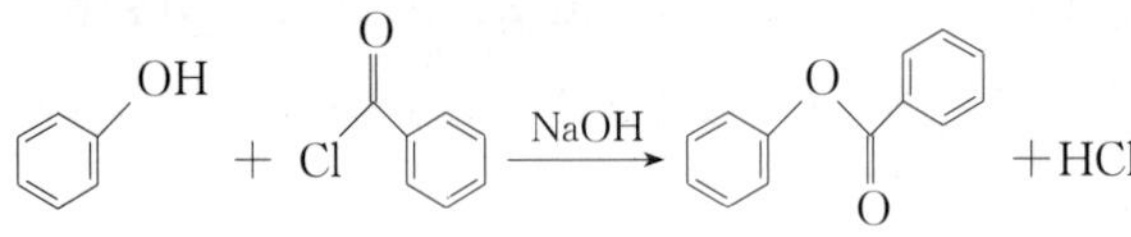

(2) 芳环上的亲电取代反应(以卤代反应为例)

酚极易发生卤代反应，例如：$C_6H_5OH + 3Br_2 \xrightarrow{H_2O}$ 2,4,6-三溴苯酚 $\downarrow + 3HBr$。

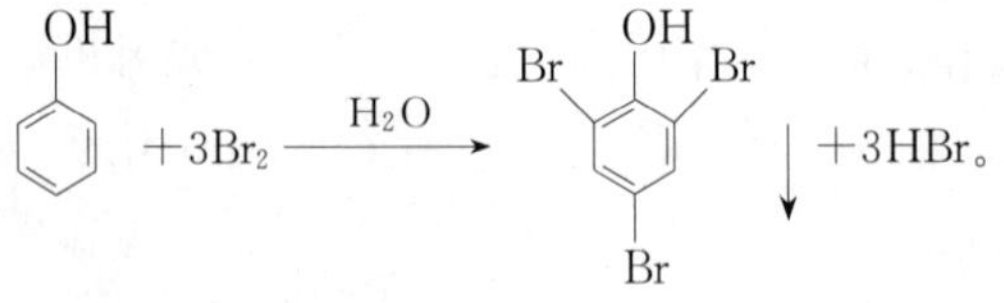

(3) 氧化反应

酚类化合物很容易被氧化，不仅可用氧化剂如高锰酸钾等氧化，甚至较长时间与空气接触，也可被空气中的氧气氧化，使颜色加深。苯酚被氧化时，不仅羟基被氧化，羟基对位的碳氢键也能被氧化，从而生成对苯醌。例如：

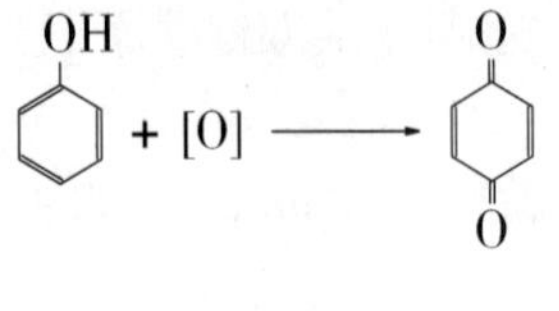

$$C_6H_5OH + [O] \longrightarrow O{=}C_6H_4{=}O$$

(4) 缩合反应

$$n\,C_6H_5OH + nHCHO \xrightarrow{\text{催化剂}} H\!-\!\left[C_6H_3(OH)\!-\!CH_2\right]_n\!-\!OH + (n-1)H_2O$$

## 三、醚

由于醚分子中的氧原子与两个烃基结合，所以分子的极性很小。醚是一类很不活泼的化合物(环氧乙烷除外)。它对氧化剂、还原剂和碱都极稳定。如常温下与金属钠不反应，因此常用金属钠干燥醚。但是在一定条件下，醚可发生特有的反应。

### 1. 生成锌盐

$$R-O-R \xrightarrow{H^+} R-\overset{\overset{H}{|}}{O^+}-R \xrightarrow{H_2O} R-O-R$$

### 2. 生成过氧化物

$$H_3C-CH_2-O-\overset{\overset{H}{|}}{C}H-CH_3 \xrightarrow{O_2} H_3C-CH_2-O-\overset{\overset{O-O-H}{|}}{C}H-CH_3$$

许多醚在空气中会慢慢生成过氧化物。过氧化物不稳定，加热时易分解而发生爆炸。常用湿润的碘化钾淀粉试纸检验醚中是否存在过氧化物，然后用饱和 $FeSO_4$ 溶液充分洗涤除去。

### 3. 醚键的断裂

在较高的温度下，强酸能使醚键断裂，其中最有效的是氢卤酸，尤其以氢碘酸为最好，在常温下就可使醚键断裂，生成一分子醇和一分子碘代烃。若有过量的氢碘酸，则生成的醇进一步转变成另一分子的碘代烃。

$$R-O-R + HI \longrightarrow RI + ROH \qquad ROH + HI \longrightarrow RI + H_2O$$

醚键的断裂有两种方式，通常是含碳原子数较少的烷基形成碘代物。若是芳香烃基醚与氢碘酸作用，总是烷氧基断裂，生成酚和碘代烷。例如：$Ph-O-CH_3 + HI \longrightarrow Ph-O-H + CH_3I$

### 4. 环醚(环氧乙烷)的反应

环醚(环氧乙烷)在酸或碱催化下可与许多含活泼氢的化合物或亲核试剂作用发生开环反应。试剂中的负离子或带部分负电荷的原子或基团总是和碳原子结合，其余部分和氧原子结合生成各类相应的化合物。例如：

$$H_2C\overset{O}{\frown}CH_2 \begin{cases} +HCl \longrightarrow H_2\overset{\overset{OH}{|}}{C}-\overset{\overset{Cl}{|}}{C}H_2 \\ +H_2O \longrightarrow H_2\overset{\overset{OH}{|}}{C}-\overset{\overset{OH}{|}}{C}H_2 \\ +RMgX \longrightarrow H_2\overset{\overset{R}{|}}{C}-\overset{\overset{OMgX}{|}}{C}H_2 \xrightarrow{H_2O} RCH_2CH_2OH \end{cases}$$

环氧乙烷环上有取代基时，开环方向与反应条件有关，一般规律是：在酸催化下反应主要发生在含烃基较多的碳氧键间；在碱催化下反应主要发生在含烃基较少的碳氧键间。

$$H_3C-\overset{\overset{OR}{|}}{C}H-\overset{\overset{OH}{|}}{C}H_2 \xleftarrow{H^+} H_3C-HC\overset{O}{\frown}CH_2 + R-OH \xrightarrow{OH^-} H_3C-\overset{\overset{OH}{|}}{C}H-\overset{\overset{OR}{|}}{C}H_2$$

# 第九节 醛、酮

醛和酮都是含有羰基官能团的化合物。羰基与氢原子结合后就形成了醛基，醛基的简写为—CHO。若羰基与两个烃基相结合就形成了酮，酮分子中的羰基叫作酮基。醛、酮一般可以发生如下三类化学反应。

## 一、亲核加成反应

(1) 与氢氰酸加成——通常用于延长碳链

$$\mathrm{R(R')HC{=}O} \xrightarrow[\text{2. 质子化}]{\text{1. NaCN}} \mathrm{R(R')HC(OH)(CN)}$$

(2) 与亚硫酸氢钠加成——本加成反应可用来鉴别醛、脂肪族甲基酮和8个碳原子以下的环酮。由于反应为可逆反应，加成产物α-羟基磺酸钠遇酸或碱，又可恢复成原来的醛和酮，故可利用这一性质分离和提纯醛酮。

$$\mathrm{R(R')HC{=}O} + \mathrm{NaHSO_3} \xrightarrow[\text{2. 质子化}]{\text{1. NaCN}} \mathrm{R(R')HC(OH)(SO_3Na)}$$

(3) 与醇加成——在有机合成中可利用这一性质保护活泼的醛基。

$$\mathrm{RHC{=}O} + \mathrm{HO{-}R^1} \xrightarrow{-\mathrm{H_2O}} \mathrm{RHC(OH)(OR^1)}\ (\text{半缩醛}) \xrightarrow[-\mathrm{H_2O}]{+\mathrm{HOR'}} \mathrm{RHC(OR^1)(OR^1)}\ (\text{缩醛})$$

(4) 与格氏试剂加成——通常用于延长碳链

$$\mathrm{R(R')HC{=}O} + \mathrm{R^1MgX} \longrightarrow \mathrm{R(R')HC(OMgX)R^1} \xrightarrow{+\mathrm{H_2O}} \mathrm{R(R')HC(OH)R^1}$$

## 二、α-活泼氢的反应

醛酮α-碳原子上的氢原子受羰基的影响变得活泼。这是由于羰基的吸电子性使α-碳上的α-H键极性增强，氢原子有变成质子离去的倾向。或者说α-碳原子上的碳氢σ键与羰基中的π键形成σ-π共轭(超共轭效应)，也加强了α-碳原子上的氢原子解离成质子的倾向。

### 1. 卤代反应和卤仿反应

$$\mathrm{R{-}C({=}O){-}CH_3} \xrightarrow[+\text{碱}]{+\mathrm{X_2}} \mathrm{R{-}C({=}O){-}O^-} + \mathrm{CHX_3}\downarrow\ (\mathrm{R{=}H}, \text{烷基}, \text{芳香烃基}; \mathrm{X{=}Cl, Br, I})$$

其中碘仿($CHI_3$)为黄色晶体，具有特殊气味，很容易被观察。

碘仿反应(iodoform reaction)常被用来鉴别具有$CH_3CO$—结构的有机物。

乙醇以及具有$CH_3CH(OH)$—结构的仲醇能被次碘酸钠氧化，分别生成乙醛、甲基酮，故也可发生碘仿反应。

### 2. 羟醛缩合反应

在稀碱的催化下，一分子醛因失去α-氢原子而生成的碳负离子加到另一分子醛的羰基碳原子上，而氢原子则加到氧原子上，生成β 羟基醛，这一反应就是羟醛缩合反应。它是增长碳链的一种方法。例如：

$$CH_3CHO+CH_3CHO \longrightarrow CH_3CH(OH)CH_2CHO$$

若生成的β-羟基醛仍有α-H时，则受热或在酸作用下脱水生成α，β-不饱和醛。例如：

$$CH_3CH(OH)CH_2CHO \longrightarrow CH_3CH{=}CHCHO+H_2O$$

当两种不同的含α-H的醛（或酮）在稀碱作用下发生醇醛（或酮）缩合反应时，由于交叉缩合的结果会得到4种不同的产物，分离困难，意义不大。若选用一种不含α-H的醛和一种含α-H的醛进行缩合，控制反应条件可得到单一产物。例如：$HCHO+(CH_3)_2CHCHO \longrightarrow HOCH_2C(CH_3)_2CHO$

由芳香醛和脂肪醛酮通过交叉缩合制得α，β-不饱和醛酮，称克莱森-施密特反应。例如：

$$Ph{-}CHO+CH_3COR \longrightarrow Ph{-}CH{=}CH{-}COR+H_2O$$

## 三、氧化与还原反应

### 1. 氧化反应

醛羰基上的氢原子不但可被强的氧化剂如高锰酸钾等氧化，也可被弱的氧化剂如托伦试剂（Tollens reagent）和斐林试剂（Fehling's solution）所氧化，生成含相同数目碳原子的羧酸，而酮却不被氧化。

（1）银镜反应

$$RCHO+2[Ag(NH_3)_2]OH(\text{托伦试剂}) \xrightarrow{\triangle} RCOONH_4+2Ag\downarrow+3NH_3+H_2O$$

（2）斐林反应

$$RCHO+NaOH+2Cu(OH)_2(\text{斐林试剂}) \xrightarrow{\triangle} RCOONa+Cu_2O\downarrow(\text{砖红色})+3H_2O$$

甲醛与斐林试剂作用，有铜析出，可生成铜镜，故此反应又称铜镜反应。

$$HCHO+Cu(OH)_2+NaOH \xrightarrow{\triangle} HCOONa+Cu\downarrow+2H_2O$$

酮不能与托伦试剂反应，利用托伦试剂可把醛与酮区别开来。

芳醛不与斐林试剂作用，利用斐林试剂可把脂肪醛和芳香醛区别开来。

### 2. 还原反应

采用不同的还原剂，可将醛酮分子中的羰基还原成羟基，也可以脱氧还原成亚甲基。

$$CH_3CH{=}CHCHO+2H_2 \xrightarrow{Ni} CH_3CH_2CH_2CH_2OH$$

$$CH_3CH{=}CHCH_2CHO \xrightarrow{LiAlH_4} CH_3CH{=}CHCH_2CH_2OH(\text{分子中的碳碳双键不被还原})$$

$$Ph{-}CO{-}CH_3 \xrightarrow{Zn{-}Hg+HCl,\ \triangle} Ph{-}CH_2CH_3(\text{Clemmenson 还原})$$

$$(H_3C)_2C{=}O + H_2N{-}NH_2 \xrightarrow[\text{(无水)}]{} (H_3C)_2C{=}N{-}NH_2 \xrightarrow[\text{加热,加压}]{KOH} (H_3C)_2CH_2 + N_2\uparrow$$

（Wolff-Kishner-黄鸣龙反应）

### 3. 康尼查罗反应（属于歧化反应）

没有α-氢原子的醛在浓碱作用下发生醛分子之间的氧化还原反应，即一分子醛被还原成醇，另一分子醛被氧化成羧酸，这一反应称为康尼查罗反应，属于歧化反应。例如：

$$2HCHO+NaOH(\text{浓}) \xrightarrow{\triangle} CH_3OH+HCOONa$$

如果是两种不含α-H的醛在浓碱条件下作用，若两种醛其中一种是甲醛，由于甲醛是还原性最强的醛，所以总是甲醛被氧化成酸而另一醛被还原成醇。这一特性使得该反应成为一种有用的合成方法。

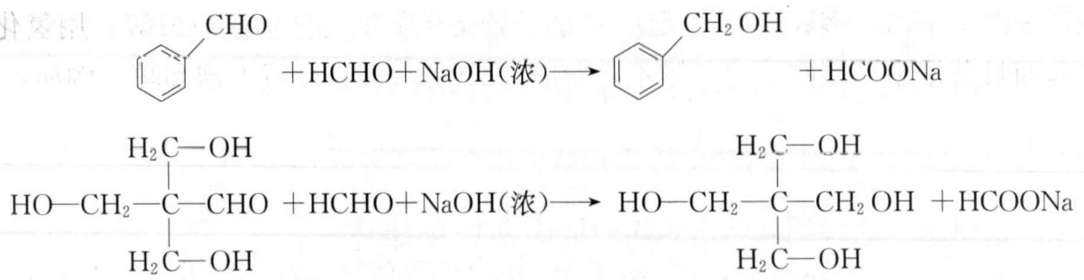

$$C_6H_5CHO + HCHO + NaOH(浓) \longrightarrow C_6H_5CH_2OH + HCOONa$$

$$HO-CH_2-C(CH_2OH)_2-CHO + HCHO + NaOH(浓) \longrightarrow HO-CH_2-C(CH_2OH)_2-CH_2OH + HCOONa$$

## 第十节　羧酸及其衍生物

### 一、羧酸

由烃基(或氢原子)与羧基相连所组成的化合物称为羧酸，其通式为 RCOOH，羧基(—COOH)是羧酸的官能团。根据羧酸结构分析，它主要发生以下四类反应：

**1. 酸性**

$$RCOOH \rightleftharpoons RCOO^- + H^+$$

羧酸的酸性比苯酚和碳酸的酸性强，因此羧酸能与碳酸钠、碳酸氢钠反应生成羧酸盐。

$$RCOOH + NaHCO_3(Na_2CO_3) \longrightarrow RCOONa + H_2O + CO_2\uparrow$$

但羧酸的酸性比无机酸弱，所以在羧酸盐中加入无机酸时，羧酸又游离出来。利用这一性质，不仅可以鉴别羧酸和苯酚，还可以用来分离提纯有关化合物。

**2. 羧基的反应**

(1) 酰卤的生成

羧酸与三氯化磷、五氯化磷、氯化亚砜等作用，生成酰氯。

$$RCOOH + PCl_3(PCl_5、SOCl_2) \longrightarrow RCOCl$$

$SOCl_2$ 作卤化剂时，副产物都是气体，容易与酰氯分离。

(2) 酸酐的生成

在脱水剂的作用下，羧酸加热脱水，生成酸酐。常用的脱水剂有五氧化二磷等。

$$RCOOH + RCOOH \xrightarrow{P_2O_5,\ \triangle} RCOOOCR + H_2O$$

(3) 酯化反应

羧酸与醇在酸的催化作用下生成酯的反应，称为酯化反应。酯化反应是可逆反应，为了提高酯的产率，可增加某种反应物的浓度，或及时蒸出反应生成的酯或水，使平衡向生成物方向移动。

$$R-COOH + HO-R' \xrightleftharpoons{H^+} R-COOR' + H_2O$$

从形式上看，酯化反应似乎可以按两种方式进行：

① $R-CO\boxed{OH + H}O-R' \longrightarrow R-COOR' + H_2O$

② $R-COO\boxed{H + HO}-R' \longrightarrow R-COOR' + H_2O$

实验证明，在大多数情况下酯化反应是按①的方式进行的，用含有示踪原子 $^{18}O$ 的甲醇与苯甲酸反应，结果发现 $^{18}O$ 在生成的酯中。

(4) 酰胺的生成

在羧酸中通入氨气或加入碳酸铵，首先生成羧酸的铵盐，铵盐受热脱水生成酰胺。

$$R-COOH + H-NH_2 \longrightarrow R-COONH_4 \xrightarrow[\triangle]{P_2O_5} R-CONH_2 + H_2O$$

(5) 羧基还原反应

羧酸在一般情况下不与大多数还原剂反应，但能被强还原剂氢化锂铝还原成醇。用氢化铝锂还原羧酸时，不但产率高，而且分子中的碳碳不饱和键不受影响，只还原羧基而生成不饱和醇。例如：

$$RCH_2CH{=}CHCOOH \xrightarrow{LiAlH_4} RCH_2CH{=}CHCH_2OH$$

**3. α-H 的反应**

羧基和羰基一样，能使 α-H 活化。但羧基的致活作用比羰基小，所以羧酸的 α-H 卤代反应需在红磷等催化剂存在下才能顺利进行。如：

$$CH_3COOH+Cl_2 \xrightarrow{P} CH_2ClCOOH \xrightarrow{P,\ Cl_2} CHCl_2COOH \xrightarrow{P,\ Cl_2} CCl_3COOH$$

**4. 脱羧反应**

羧酸分子脱去羧基放出二氧化碳的反应叫脱羧反应。例如，低级羧酸的钠盐及芳香族羧酸的钠盐在碱石灰（NaOH—CaO）存在下加热，可脱羧生成烃。如：

$$CH_3COONa \xrightarrow{\text{碱石灰},\ \triangle} CH_4+Na_2CO_3$$（通常用于实验室制取纯甲烷）

## 二、羧酸衍生物

重要的羧酸衍生物有酰卤、酸酐、酯和酰胺，油脂是高级脂肪酸与甘油所形成的酯。

羧酸衍生物的反应活性强弱顺序大体上是酰氯＞酸酐＞酯＞酰胺。

**1. 水解**

四种羧酸衍生物化学性质相似，主要表现在它们都能水解，生成相应的羧酸。

$$\left.\begin{array}{l} R{-}COCl \\ R{-}COOOCR' \\ R{-}COOR' \\ R{-}CONH_2 \end{array}\right\} + H_2O \longrightarrow R{-}COOH + \left\{\begin{array}{l} HCl \\ R'{-}COOH \\ R'{-}OH \\ NH_3 \longrightarrow R{-}COONH_4 \end{array}\right.$$

**2. 醇解**

酰氯、酸酐和酯都能与醇作用生成酯。

$$\left.\begin{array}{l} R{-}COCl \\ R{-}COOOCR' \\ R{-}COOR' \\ R{-}CONH_2 \end{array}\right\} + R^2{-}OH \longrightarrow R{-}COOR^2 + \left\{\begin{array}{l} HCl \\ R'{-}COOH \\ R'{-}OH \\ NH_3 \end{array}\right.$$

**3. 氨解**

酰氯、酸酐和酯都能与氨作用，生成酰胺。

$$\left.\begin{array}{l} R{-}COCl \\ R{-}COOOCR' \\ R{-}COOR' \end{array}\right\} + NH_3 \longrightarrow R{-}CONH_2 + \left\{\begin{array}{l} HCl \\ R'{-}COOH \\ R'{-}OH \end{array}\right.$$

**4. 与 RMgX 反应**

$$R{-}COCl+CH_3(CH_2)_3MgCl \xrightarrow[203\ K]{\text{乙醚},\ FeCl_3} R{-}\underset{\large Cl}{\overset{\large OMgCl}{\underset{|}{\overset{|}{C}}}}{-}(CH_2)_3CH_3 \xrightarrow{-MgCl_2} \underset{72\%}{R{-}\overset{\large O}{\overset{\|}{C}}{-}(CH_2)_3CH_3}$$

$$H_3CCH_2{-}\overset{\large O}{\overset{\|}{C}}{-}OCH_3 \xrightarrow[\text{乙醚}]{CH_3MgBr} H_3CCH_2{-}\underset{\large CH_3}{\overset{\large O-MgBr}{\underset{|}{\overset{|}{C}}}}{-}OCH_3 \xrightarrow{-CH_3OMgBr} H_3CCH_2{-}\overset{\large O}{\overset{\|}{C}}{-}CH_3 \xrightarrow[\text{乙醚}]{CH_3MgBr}$$

$$H_3CCH_2-\underset{CH_3}{\overset{OMgBr}{C}}-CH_3 \xrightarrow{H_2O} H_3CCH_2-\underset{CH_3}{\overset{OH}{C}}-CH_3$$

丁二酸酐 + 6-甲氧基-1-萘基碘化镁（MgI，$H_3CO$）$\xrightarrow{低温}$ 4-(6-甲氧基-1-萘基)-4-氧代丁酸（O，COOH，$H_3CO$） 41%

酰胺中含有活泼氢，能使 RMgX 分解。1 mol $RCONH_2$ 型酰胺与 3～4 mol RMgX 长时间共热也可以得到酮。

**5. 还原**

$$RCOCl \xrightarrow{H_2/Pb-BaSO_4} RCHO$$

$$RCOCl \xrightarrow{LiAlH_4 \text{ 或 } NaBH_4} R-CH_2OH$$

$$RCOOOCR \xrightarrow{LiAlH_4} 2R-CH_2OH$$

$$RCOOR'+H_2 \xrightarrow{CuO,\ CuCrO_4} RCH_2OH+R'OH$$

$$RCOOR' \xrightarrow{LiAlH_4 \text{ 或 } NaBH_4} RCH_2OH+R'OH$$

$$RCONH_2 \xrightarrow{LiAlH_4} RCH_2NH_2$$

**6. 克来森(Claisen)酯缩合反应**

$$2CH_3COOC_2H_5 \xrightarrow{EtONa} CH_3COCH_2COOC_2H_5 \text{（乙酰乙酸乙酯）}+HOC_2H_5$$

$$H_3CCH_2O-\overset{O}{\overset{\|}{C}}-(CH_2)_5-\overset{O}{\overset{\|}{C}}-OCH_2CH_3 \xrightarrow{EtONa} \text{2-氧代环己烷甲酸乙酯（O，}COOC_2H_5\text{）} +HO-CH_2CH_3$$

**7. 酰胺特有的反应**

$$RCOONH_4 \underset{+H_2O}{\overset{-H_2O}{\rightleftharpoons}} RCONH_2 \underset{+H_2O}{\overset{-H_2O}{\rightleftharpoons}} R-C\equiv N$$

$$RCONH_2 \xrightarrow[(NaOX)]{X_2+NaOH} RNH_2$$

## 第十一节　含氮有机化合物

分子中含有氮元素的有机化合物统称为含氮有机化合物。含氮有机化合物种类很多，本讲只介绍硝基化合物、胺类、重氮和偶氮化合物。

### 一、硝基化合物

**1. 物理性质**

硝基具有强极性，所以硝基化合物是极性分子，有较高的沸点和密度。随着分子中硝基数目的增加，其熔点、沸点和密度增大、苦味增加，对热稳定性减少，受热易分解爆炸(如 TNT 是强烈的炸药)。

**2. 主要化学性质**

(1) 还原反应

硝基化合物易被还原，芳香族硝基化合物在不同的还原条件下可能得到不同的还原产物。例如：

$$Ph{-}NO_2 \xrightarrow{Zn+H_2O} Ph{-}NO\text{(亚硝基苯)}$$

$$Ph{-}NO_2 \xrightarrow{Fe+\text{稀 }HCl} Ph{-}NH_2$$

$$Ph{-}NO_2 \xrightarrow{Fe+NaOH+H_2O} Ph{-}N{=}N{-}Ph\text{(偶氮苯)}$$

$$Ph{-}NO_2 \xrightarrow{Zn+NaOH+H_2O} Ph{-}NH{-}NH{-}Ph\text{(氢化偶氮苯)}$$

(2) 硝基化合物的酸性

脂肪族硝基化合物中，α-氢受硝基的影响，较为活泼，可发生与酮-烯醇类似的互变异构。

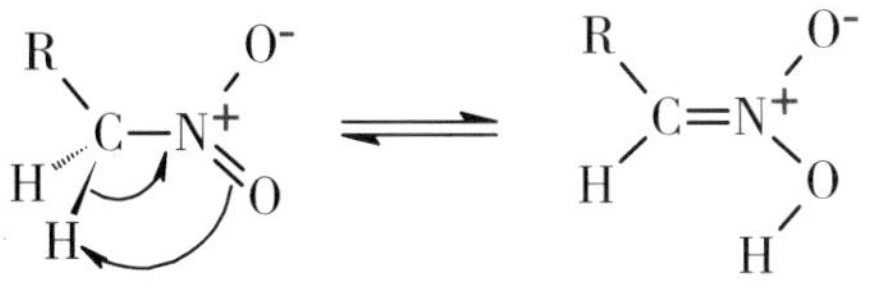

酮式(硝基式)　　烯醇式(假酸式)

烯醇式中连在氧原子上的氢相当活泼，反映了分子的酸性，称假酸式，能与强碱成盐，所以含有 α-氢的硝基化合物可溶于氢氧化钠溶液中，无 α-氢的硝基化合物则不溶于氢氧化钠溶液。

## 二、胺

烃基取代了 $NH_3$ 分子中一个以上的氢原子形成的化合物叫胺。根据胺分子中氮原子上所连接的烃基种类分为脂肪族胺、脂环胺和芳香族胺；根据氮原子上连接烃基的数目分为 1°、2°、3°胺和 4°胺(季铵盐或季铵碱)。

**1. 碱性**

胺分子中氮原子上的未共用电子对能接受质子，因此胺呈碱性。胺的碱性强弱取决于氮原子上未共用电子对和质子结合的难易，而氮原子接受质子的能力，又与氮原子上电子云密度的大小以及氮原子上所连基团的空间阻碍有关。一般而言，不同胺类物质碱性的相对强弱顺序为：

仲胺[如$(CH_3)_2NH$]>伯胺(如 $CH_3NH_2$)>叔胺[如$(CH_3)_3N$]>$NH_3$>苯胺>二苯胺>三苯胺

脂肪族胺的氨基氮原子上所连接的基团是脂肪族烃基，从供电子诱导效应看，氮原子上烃基数目增多，则氮原子上电子云密度增大，碱性增强，因此脂肪族仲胺碱性比伯胺强，它们碱性都比氨强。从烃基的空间效应看，烃基数目增多，空间阻碍也相应增大，三甲胺中三个甲基的空间阻碍效应比供电子作用更显著，所以三甲胺的碱性比甲胺还要弱。

芳香胺的碱性比氨弱，而且三苯胺的碱性比二苯胺弱，二苯胺比苯胺弱。这是由于苯环与氮原子核发生吸电子共轭效应，使氮原子的电子云密度降低，同时阻碍氮原子接受质子的空间效应增大，而且这两种作用都随着氮原子上所连接的苯环数目增加而增大。所以，苯胺能与稀盐酸、硫酸等强酸成盐，但不能和乙酸成盐。二苯胺只能与浓的盐酸、硫酸成盐，但形成的盐遇水立即水解。三苯胺则接近中性，不能和浓盐酸等成盐。

芳脂胺氨基氮原子上的未共用电子对不能和苯环发生 p-π 共轭，所以芳脂胺的碱性一般比苯胺强。例如：苄胺($pK_b=9.4$)>苯胺($pK_b=4.6$)。季铵碱因在水中可完全电离，因此是强碱，其碱性与氢氧化钾相当。

**2. 还原性(能发生氧化反应)**

胺易被氧化，芳香族胺更容易被氧化。在空气中长期存放芳胺时，芳胺能被空气氧化，生成黄、红、棕色的复杂氧化物，其中含有醌类、偶氮化合物等。因此在有机合成中，如果要氧化芳胺环上其他基团，必须对氨基进行保护，否则氨基易被氧化。

**3. 酰基化和磺酰化反应**

伯胺或仲胺与酰基化试剂（如酰卤、酸酐及酯等）发生酰基化反应生成 N-取代酰胺或 N，N-二取代酰胺。因叔胺氮原子上没有氢原子，所以不能发生酰化反应。

$$RNH_2+(RCO)_2O \longrightarrow RCONHR+RCOOH$$

$$R_2NH+(RCO)_2O \longrightarrow RCONR_2+RCOOH$$

由于芳香族胺的碱性比脂肪胺弱得多，所以酰化反应缓慢得多，而且芳胺只能被酰卤、酸酐所酰化，不能和酯类反应。

胺的酰化反应有许多重要的应用。由于胺类易被酰卤、酸酐酰化成对氧化剂较稳定的取代酰胺，而取代酰胺在酸或碱催化下加热水解，又易除去酰基，把氨基游离出来。所以利用胺的酰化反应可以在有机合成中保护氨基。例如，由对甲基苯胺合成普鲁卡因的中间体——对氨基苯甲酸，因氨基也易被氧化，因此合成时应首先“保护氨基”，然后氧化甲基时，被保护的氨基可免受氧化，最后水解，又将氨基游离出来。

$$p\text{-}H_2N\text{-}C_6H_4\text{-}CH_3 \xrightarrow{\text{酰化}} p\text{-}CH_3CONH\text{-}C_6H_4\text{-}CH_3 \xrightarrow{\text{氧化}} p\text{-}CH_3CONH\text{-}C_6H_4\text{-}COOH \xrightarrow[\triangle]{\text{水解}} p\text{-}H_2N\text{-}C_6H_4\text{-}COOH$$

伯胺和仲胺还可以和苯磺酰氯发生磺酰化反应，生成磺酰胺化合物，但叔胺不发生此反应。伯胺的磺酰胺产物中氮原子上还有一个氢原子，受磺酰基的吸电子共轭的影响而呈酸性，因此能与碱成盐而溶于氢氧化钠溶液中。仲胺的磺酰胺产物中氮原子上没有氢原子，因而不溶于氢氧化钠溶液中。所以可利用此反应来分离提纯或鉴别伯胺、仲胺、叔胺。此反应称兴斯堡反应（Hinsberg reaction）。

$$C_6H_5SO_2Cl + R\text{—}NH_2 \xrightarrow{NaOH} C_6H_5SO_2\text{—}NH\text{—}R \xrightarrow{NaOH} C_6H_5SO_2\text{—}N(Na)\text{—}R$$

$$C_6H_5SO_2Cl + R\text{—}NHR' \xrightarrow{NaOH} C_6H_5SO_2\text{—}NR'\text{—}R\downarrow \text{（不溶于碱）}$$

**4. 与亚硝酸的反应**

脂肪族伯胺与亚硝酸反应，生成醇、卤代烃和烯烃等混合物并定量放出氮气。例如：

$$RNH_2+HNO_2 \xrightarrow{25℃} ROH+N_2\uparrow+H_2O$$（可利用此反应定量放出的氮气，对脂肪伯胺进行定量分析）

芳香伯胺在过量强酸溶液中，在低温下与亚硝酸反应，可生成在 0℃以下的低温下较稳定的重氮盐。

$$Ph\text{—}NH_2+NaNO_2+2HCl \xrightarrow{0\sim5℃} Ph\text{—}N_2^+Cl^-+2H_2O+NaCl$$

芳香族重氮盐在低温下较稳定，受热则发生分解，放出氮气并生成酚：

$$Ph\text{—}N_2^+Cl^-+H_2O \xrightarrow{\triangle} N_2\uparrow+HCl+Ph\text{—}OH$$

芳香族重氮盐能与酚的碱溶液形成有色固体偶氮化合物，例如：

$$Ph\text{—}N_2Cl+Ph\text{—}OH \xrightarrow{NaOH} Ph\text{—}N{=}N\text{—}Ph\text{—}OH+HCl$$

脂肪族或芳香族仲胺可与亚硝酸作用，都生成不溶于水的黄色油状物 N-亚硝基仲胺。

$$R_2NH + HNO_2 \xrightarrow{\text{低温}} R_2N{-}NO + H_2O$$

N-亚硝基仲胺和酸共热，又可分解成原来的仲胺：$R_2N{-}NO \xrightarrow{H^+} R_2NH + HONO$

脂肪族叔胺由于氮原子上没有氢原子，只能与亚硝酸作用生成不稳定的水溶性亚硝酸盐。此盐用碱处理后，又重新得到游离的脂肪族叔胺：

$$R_3N + HNO_2 \longrightarrow R_3NHNO_2$$

芳香族叔胺与亚硝酸作用，不生成盐，而是在芳环上引入亚硝基，生成对亚硝基芳叔胺。如对位被其他基团占据，则亚硝基在邻位上取代。例如：

$$C_6H_5N(CH_3)_2 + NaNO_2 + HCl \xrightarrow[-NaCl,\ -H_2O]{0\sim5℃} ON{-}C_6H_4{-}N(CH_3)_2$$

$$H_3C{-}C_6H_4{-}N(CH_3)_2 + NaNO_2 + HCl \xrightarrow[-NaCl,\ -H_2O]{0\sim5℃} H_3C{-}C_6H_3(NO){-}N(CH_3)_2$$

亚硝基芳香族叔胺在碱性溶液中呈绿色，在酸性溶液中互变成酸式盐而呈橘黄色。

**5. 芳环上的亲电取代反应**

由于芳香族胺的氮原子上的未共用电子对与苯环发生供电子共轭效应，使苯环电子云密度增加，特别是氨基的邻、对位，电子云密度增加更为显著，因此苯环上的氨基（或—NHR、—$NR_2$）是活化苯环的强的邻、对位定位基团，使芳胺易发生亲电取代反应。

（1）卤代反应

苯胺与卤素的反应很迅速。例如苯胺与溴水作用，在室温下立即生成 2，4，6-三溴苯胺。因为三溴苯胺碱性很弱，不能与反应中生成的氢溴酸成盐，所以难溶于水的三溴苯胺形成白色沉淀析出，此反应能定量完成，可用于苯胺的定性或定量分析。

$$C_6H_5NH_2 + 3Br_2 \xrightarrow{\text{水}} 2,4,6\text{-}Br_3C_6H_2NH_2\downarrow + 3HBr$$

要想得到一溴苯胺，就必须设法降低氨基的活性。因酰胺基比氨基的活性差，所以先将氨基酰化成酰氨基，然后溴化，最后水解除去酰基，就可以得到以对溴苯胺为主的产物。

$$C_6H_5NH_2 \xrightarrow{\text{酸酐}} C_6H_5NH{-}COCH_3 \xrightarrow[Br_2]{\text{乙酸}} p\text{-}Br{-}C_6H_4{-}NH{-}COCH_3 \xrightarrow[\triangle]{\text{水解}} p\text{-}Br{-}C_6H_4{-}NH_2$$

（2）硝化反应

由于苯胺分子中的氨基极易被氧化，所以芳香族胺要发生芳环上的硝化反应，就不能直接进行，而应先“保护氨基”。根据产物的要求，可采用不同的方法“保护氨基”。

如果要求得到间硝基苯胺，可先将苯胺溶于浓硫酸中，使之形成苯胺硫酸盐保护氨基。因铵正离子是间位定位基，进行硝化时，主要产物必然是间位产物，最后再用碱液处理，把产物间硝基苯胺游离出来。

$NH_2$ —浓硫酸→ $NH_3OSO_3H$ —浓硝酸→ $NH_3OSO_3H$ / $NO_2$ —NaOH→ $NH_2$ / $NO_2$

如果要得到对硝基苯胺，则应先将苯胺酰化，再水解除去酰基，最后得到对硝基苯胺。

$NH_2$ —酸酐→ $HNCOCH_3$ —混酸→ $HNCOCH_3$ / $O_2N$ —水解, △→ $NH_2$ / $NO_2$

(3) 磺化反应

$NH_2$ —浓硫酸→ $NH_3OSO_3H$ —重排→ $NH_2$ / $SO_3H$

苯胺的磺化是将苯胺溶于浓硫酸中，首先生成苯胺硫酸盐，在高温(200℃)加热脱水并重排，生成对氨基苯磺酸。对氨基苯磺酸的酰胺，就是磺胺，是最简单的磺胺药物，其合成路线如下：

$NH_2$ —乙酰化→ $NHCOCH_3$ —$SO_2Cl_2$→ $NHCOCH_3$ / $SO_2Cl$ —氨解→ $NHCOCH_3$ / $SO_2NH_2$ —水解→ $NH_2$ / $SO_3H$

**6. 季铵盐和季铵碱的反应**

叔胺和卤代烃作用，生成季铵盐：$R_3N+RX \longrightarrow R_4N^+X^-$

季铵盐是白色晶体，有盐的性质，能溶于水，不溶于有机溶剂。它与无机盐卤化铵相似，对热不稳定，加热后易分解成叔胺和卤代烃：$R_4N^+X^- \xrightarrow{\triangle} R_3N+RX$

季铵盐和氢氧化钠水溶液作用，生成稳定的季铵碱，但反应可逆，这表明季铵碱的碱性与氢氧化钠相当，季铵盐与碱溶液作用生成季铵碱的性质，与伯胺盐、仲胺盐及叔胺盐与碱溶液作用，使相应的胺被游离出来的性质是完全不同的。利用氢氧化银或湿的氧化银和季铵盐的醇溶液作用生成卤化银沉淀，从而破坏可逆平衡，可制得季铵碱：$R_4N^+X^-+AgOH \longrightarrow R_4N^+OH^-+AgX\downarrow$

季铵碱对热也不稳定，加热到 100 ℃以上时，季铵碱发生分解生成叔胺。例如：

$$(CH_3)_4N^+OH^- \xrightarrow{\triangle} (CH_3)_3N+CH_3OH$$

如果季铵碱分子中有大于甲基的烷基，并含有 β-H 时，其加热分解同时发生消除反应，生成叔胺、烯烃和水。例如：$[CH_3CH_2N(CH_3)_3]^+OH^- \xrightarrow{\triangle} (CH_3)_3N+CH_2=CH_2+H_2O$

此反应是由碱性试剂 $OH^-$ 进攻 β-H，按照 E2 历程进行的 β-消除反应，称为霍夫曼消除反应。

当季铵碱具有两种或多种不同类型饱和烷基的 β-H 时，霍夫曼消除反应的主要方式是消去含氢较多的 β-碳原子上的氢、主要生成双键碳原子含取代基较少的烯烃，这种消除方式与卤代烃的扎依采夫规则正好相反，称为霍夫曼规则。

例如：$N^+$ $HO^-$ $\xrightarrow{\triangle}$ $H_2O$ + N + （98%）/（2%）

# 第十七章　有机反应理论——取代反应

## 第一节　自由基取代反应

### 一、烷烃的卤代

**1. 甲烷的氯代反应**

(1) 发生反应所需的条件(以甲烷为例)——在紫外光或热(250～400℃)作用下

$$CH_4 \xrightarrow[-HCl]{+Cl_2,\ h\nu} CH_3Cl \xrightarrow[-HCl]{+Cl_2,\ h\nu} CH_2Cl_2 \xrightarrow[-HCl]{+Cl_2,\ h\nu} CHCl_3 \xrightarrow[-HCl]{+Cl_2,\ h\nu} CCl_4$$

(2) 反应机理简介——自由基链式反应

自由基的链式反应分为链引发、链增长和链终止 3 个阶段，决速步骤是 Cl· 与 $CH_4$ 生成 HCl 与 $CH_3$· 这一步。

(3) 甲烷与其他卤素单质的取代反应

反应活性：$F_2 > Cl_2 > Br_2 > I_2$。甲烷的氟代反应过于剧烈，难以控制(须用惰性气体稀释后才能进行控制)，碘代反应过于缓慢、难以进行。所以，甲烷及其他类似结构的卤代反应中，只有氯代和溴代具备实用价值。

**2. 高级烷烃卤代反应的取向**

碳链较长的烷烃氯代时，可生成各种异构体的混合物，反应活性：3°H>2°H>1°H>$CH_3$—H。例如：

$$\underset{\substack{\text{正丁基氯}\\28\%}}{H_2\underset{\underset{Cl}{|}}{C}—CH_2—CH_2—CH_3} \xleftarrow[-HCl]{+Cl_2,\ h\nu} H_3\overset{1°}{C}—\overset{2°}{C}H_2—CH_2—CH_3 \xrightarrow[-HCl]{+Cl_2,\ h\nu} \underset{\substack{\text{仲丁基氯}\\72\%}}{H_3C—\underset{\underset{Cl}{|}}{C}H—CH_2—CH_3}$$

$$\underset{64\%}{\text{异丁基氯}}\ H_3C—\underset{\underset{CH_3}{|}}{C}H—\overset{\overset{Cl}{|}}{C}H_2 \xleftarrow[-HCl]{+Cl_2,\ h\nu} H_3C—\underset{\underset{CH_3}{|}}{\overset{3°}{C}H}—\overset{1°}{C}H_3 \xrightarrow[-HCl]{+Cl_2,\ h\nu} H_3C—\underset{\underset{CH_3}{|}}{\overset{\overset{Cl}{|}}{C}}—CH_3\ \underset{36\%}{\text{叔丁基氯}}$$

(1) 各级 H 活性差异的主要原因

① 自由基形成由易到难的顺序应为 3℃·、2℃·、1℃·、$CH_3$·，容易形成的自由基一定是稳定的自由基。所以自由基稳定性由大到小的顺序为 3℃·、2℃·、1℃·、$CH_3$·。

② 从 σ，p-超共轭效应解释自由基的稳定性——参与共轭的 C—H 键数目越多，自由基越稳定。

| 稳定性 | $(H_3C)_3C\cdot$ | > | $(H_3C)_2CH\cdot$ | > | $H_3C—CH_2\cdot$ | > | $H—\underset{H}{\overset{H}{C}}\cdot$ |
|---|---|---|---|---|---|---|---|
| C—H键数目 | 9 | | 6 | | 3 | | 0 |

(2) 不同卤素原子的选择性不同

反应活性：$Cl_2>Br_2$，反应的选择性：$Cl_2<Br_2$。

## 二、烷烃的硝化、磺化、氯磺化(本书略)

## 三、芳香自由基取代(SNR1Ar)简介

### 1. Gomberg-Bachmann 反应

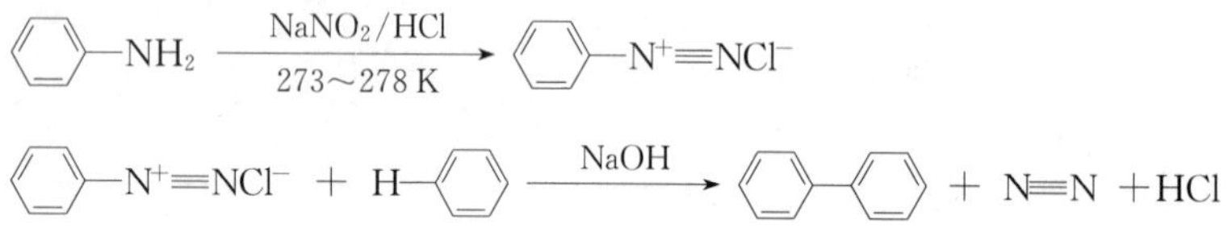
NH2
NaNO2/HCl
273～278 K
N+≡NCl−
H
NaOH
N≡N
HCl

### 2. Gattermann 反应

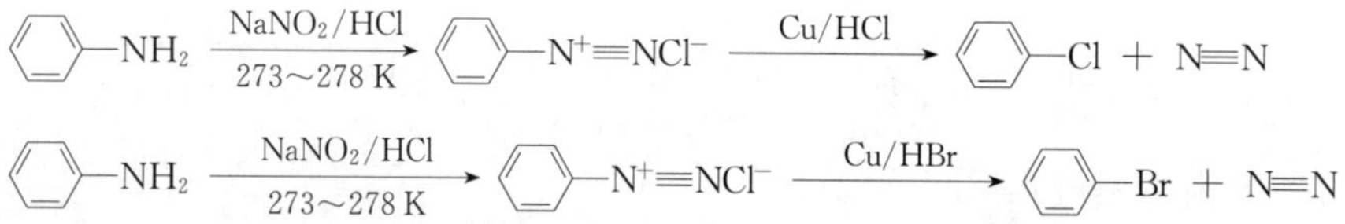
NH2
NaNO2/HCl
273～278 K
N+≡NCl−
Cu/HCl
Cl
N≡N
Cu/HBr
Br

### 3. Sandmeyer 反应(其反应机理目前还未完全清楚)

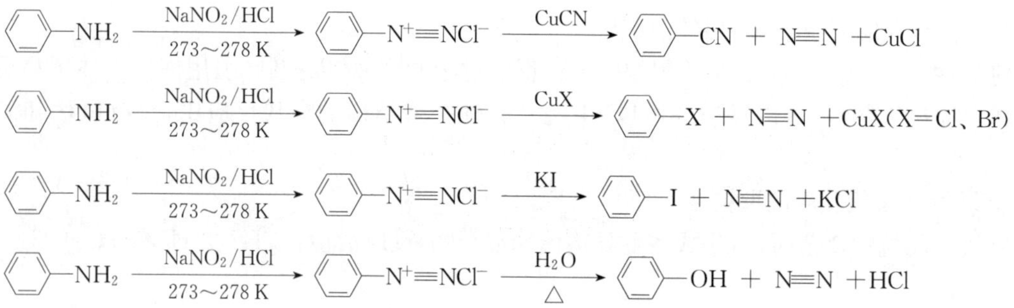
NH2
NaNO2/HCl
273～278 K
N+≡NCl−
CuCN
CN
N≡N
CuCl
CuX
X
CuX(X=Cl、Br)
KI
I
KCl
H2O
△
OH
HCl

# 第二节　苯环上的亲电取代反应

## 一、苯环上的亲电取代反应(electrophilic substitution)的概念

苯环碳原子所在平面的上、下两侧都集中着 Π 电子，易招致亲电的正离子的进攻而发生亲电取代反应。

## 二、苯环上亲电取代反应的一般机理

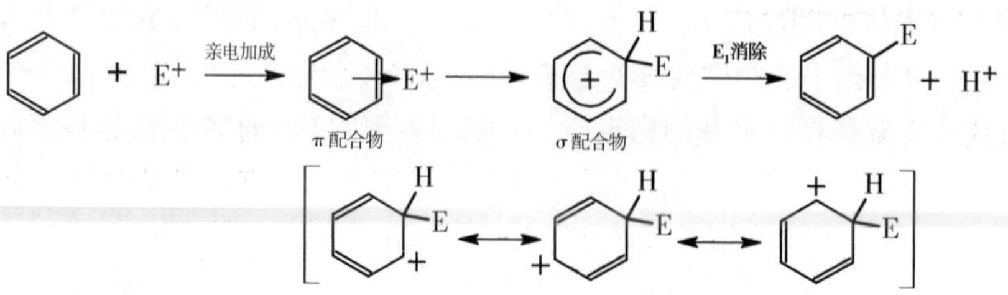
E+
亲电加成
π配合物
σ配合物
H
E
E1消除
H+

图中 $E^+$ 代表亲电试剂(electrophilic reagent)，σ 配合物又称 Wheland 中间体。

## 三、常见的亲电取代反应

### 1. 苯的卤代反应(halogenation of benzene)(本书略)

**2. 苯的磺化反应(sulfonation of benzene)**

磺化反应是可逆的,这一特点在有机合成上有实用价值:可以利用磺化反应在苯环上引入磺酸基作为占位基,等其他合成目的达到后,再通过其逆反应水解脱去磺酸基。

**3. 苯的硝化反应(Nitrification of benzene)**(本书略)

**4. Friedel-Crafts 反应**

(1) Friedel-Crafts 烷基化(Friedel-Crafts alkylation)反应

用于有机合成时有两点不足:易伴随碳正离子重排,易伴随多次取代。例如:

$$\text{PhH} + \text{Cl}\!\sim\!\!\sim \xrightarrow[0^\circ C]{AlCl_3} \text{PhCH}_2\text{CH}_2\text{CH}_3\ (30\%) + \text{PhCH(CH}_3)_2\ (70\%)$$

$$\text{PhH} + \text{Br–CH(CH}_3)_2 \xrightarrow{FeBr_3} \text{PhCH(CH}_3)_2\ (25\%) + p\text{-(CH}_3)_2\text{CH–C}_6\text{H}_4\text{–CH(CH}_3)_2\ (75\%)$$

因为烷基对苯环有供电子效应,会增大苯环上电子云的密度,进一步强化苯环对亲电试剂的"诱惑力"从而产生多次取代;且 Friedel-Crafts 烷基化过程是可逆的,易发生取代基的转移,从而形成间位多烷基苯,所以一般不太适用于有机合成。

(2) Friedel-Crafts 酰基化(Friedel-Crafts acylation)反应

$$\text{Ph–H} + \text{Cl–C(=O)R} \xrightarrow{AlCl_3} \text{Ph–C(=O)R}$$

用于有机合成时有两点优势:碳酰正离子不易发生重排,不会发生多取代以及取代基转移。

这是因为 Friedel-Crafts 酰基化反应属于不可逆反应,碳酰正离子的反应活性弱于碳正离子,且酰基属于吸电子基团,苯环上新增的酰基能降低苯环的电子云密度,进一步降低了苯环继续发生亲电取代反应的概率。

**5. Blanc 氯甲基化反应(Blanc chloromethylation reaction)**

$$C_6H_6 + HCHO + HCl \xrightarrow{ZnCl_2} C_6H_5CH_2Cl + H_2O$$

**6. Gattermann-Koch(加特曼-科赫)反应**

(1) $C_6H_6 + CO \xrightarrow{AlCl_3,\ CuCl,\ HCl,\ \triangle} C_6H_5CHO$

(2) $C_6H_6 + HCN + H_2O \xrightarrow{ZnCl_2,\ HCl} C_6H_5CHO + NH_3$

## 四、亲电取代反应的定位效应

当苯环上已有一个取代基时,若再发生亲电取代反应,原有的不同取代基将对苯环产生不同的影响。

一方面,有的取代基会降低苯环的电子云密度,有的取代基则会增加苯环的电子云密度,进而导致反应速率的明显差异;另一方面,第 2 个取代基进入苯环的位置与苯环上原有取代基的性质有关,或者说环上原有的取代基对新进入的取代基有定位作用或称定位效应。通常将苯环上原有的取代基称为定位基。

**1. 两大类型的定位基**

(1) 第 1 类定位基——使新引进的取代基主要进入原取代基的邻位和对位

第 1 类定位基又可以细分为两种类型:第 1 种类型定位基对苯环有活化作用,如—OH 等;第 2 种类型定位基对苯环有钝化作用,如—X(卤素原子)等。

(2) 第 2 类定位基——使新引进的取代基主要进入原取代基间位

第 2 类定位基对苯环有钝化作用，如—$NO_2$ 等。

**2. 定位规律的解释**

取代基的定位效应与其诱导效应、共轭效应、超共轭效应等电子效应紧密相关，这些效应往往同时存在、相互关联，多数互相统一，少数互相矛盾，最终取决于效应更强的一方（表 17-1）。

**表 17-1　定位规律**

| | 电子效应 | 定位能力强弱排序 | 性质 | |
|---|---|---|---|---|
| 邻位、对位定位基 | 给电子共轭效应＋给电子诱导效应 | —$O^-$ | 最强 | 活化基 |
| | 给电子共轭效应＞吸电子诱导效应 | —$NR_2$＞—NHR＞—$NH_2$＞—OH＞—OR | 强 | |
| | | —OCOR＞—NHCOR | 中 | |
| | | —NHCHO＞—$C_6H_5$ | 弱 | |
| | 给电子超共轭效应 | ＞—$CH_3$ | | |
| | 给电子诱导效应 | ＞—$CR_3$ | | |
| | 给电子共轭效应＜吸电子诱导效应 | —F＞—Cl＞—Br＞—I＞—$CH_2Cl$＞—CH═CHCOOH＞—CH═$CHNO_2$ | 弱 | 钝化基 |
| 间位定位基 | 吸电子共轭效应＋吸电子诱导效应 | —COR＜—CHO＜—COOR＜$CONH_2$＜—COOH＜—$SO_3H$＜—CN＜—$NO_2$ | 强 | |
| | 吸电子诱导效应 | ＜—$CCl_3$＜—$CF_3$ | | |
| | 吸电子诱导效应 | ＜—$N^+R_3$ | 最强 | |

除了电子效应，有时空间位阻也会产生一定的影响。

在平时解决问题的过程中，可依据共轭效应的远程传递规律通过下列方法进行简化处理（表 17-2）。

**表 17-2　共轭效应的远程传递规律**

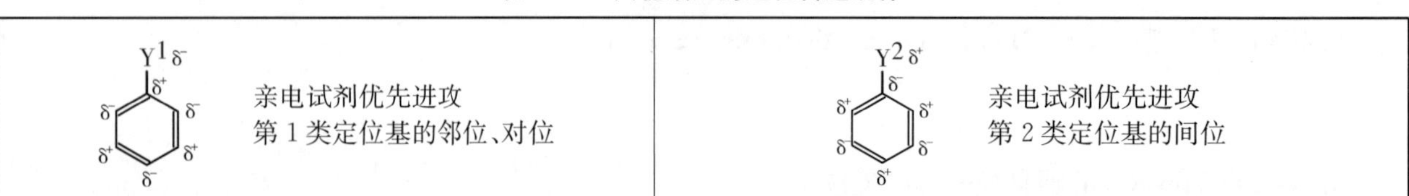


特别提醒：在芳香亲电取代反应中，取代基的定位效应及其致活、致钝能力都与芳香亲核取代反应中的情形恰好相反，这一独特而有趣的规律在初学阶段就值得读者加以关注。

**3. 影响定位效应的空间因素**

对第 1 类定位基而言，芳环上原有定位基团、新引入基团的体积增大，对位产物越多（表 17-3）。

**表 17-3　影响定位效应的空间因素**

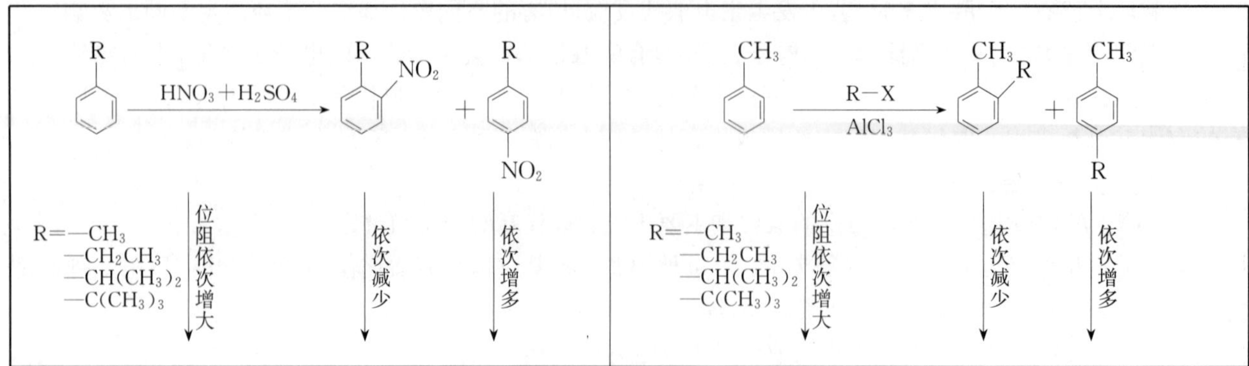

如果芳环上原有基团与新引入基团的空间位阻都很大，对位产物几乎为100%。例如：

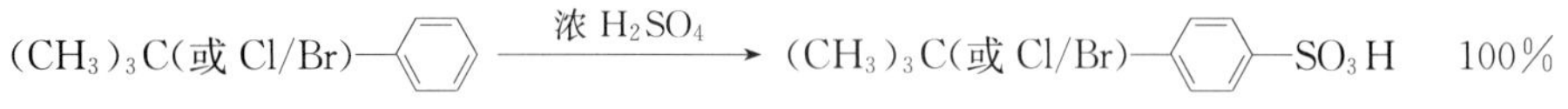

$$(CH_3)_3C(\text{或 Cl/Br})—C_6H_5 \xrightarrow{\text{浓 } H_2SO_4} (CH_3)_3C(\text{或 Cl/Br})—C_6H_4—SO_3H \quad 100\%$$

**4. 除空间因素外，反应温度、催化剂对异构体的比例也有一定的影响**(具体实例略)

**5. 二取代苯的定位规律**

(1) 两基无冲突——只需考虑空间位阻(主要在位阻小的位置上取代)，例如：

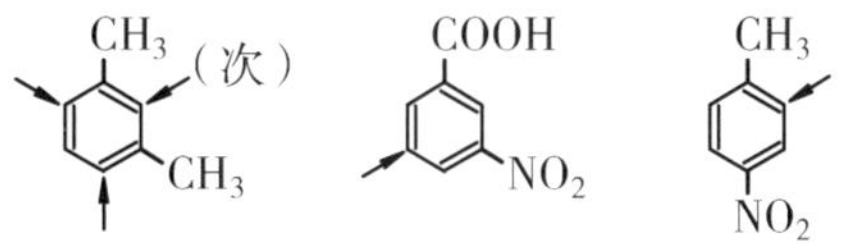

$CH_3$ (次) $CH_3$　　COOH $NO_2$　　$CH_3$ $NO_2$

(2) 两基有冲突

① 两基不同类——主要符合第1类定位基的定位效应，兼顾空间位阻效应，例如：

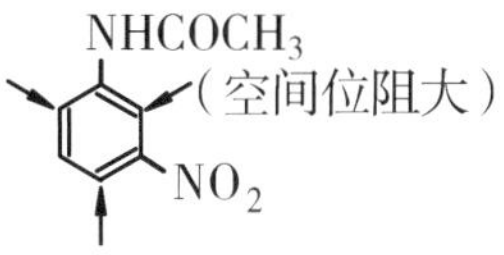

$NHCOCH_3$ (空间位阻大) $NO_2$

② 两基同类——主要符合定位能力强的定位基的定位效应，两者差不多时得到混合物(表17-4)。

**表17-4 两基同类时定位基的定位效应**

| $CH_3$ / $OCH_3$ | COOH / $NO_2$ | $NHCOCH_3$ / $OCH_3$ |
|---|---|---|
| 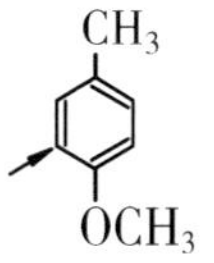 定位能力：—$OCH_3$＞—$CH_3$ | 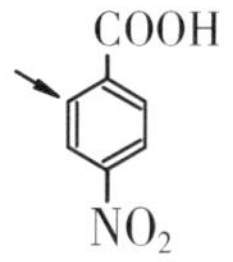 定位能力：—$NO_2$＞—COOH | 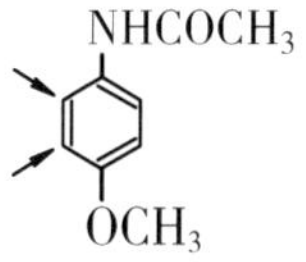 定位能力：—$NHCOCH_3$≈—$OCH_3$ |

**6. 苯环上亲电取代反应定位规律在有机合成上的应用**(表17-5)

**表17-5 定位规律应用实例**

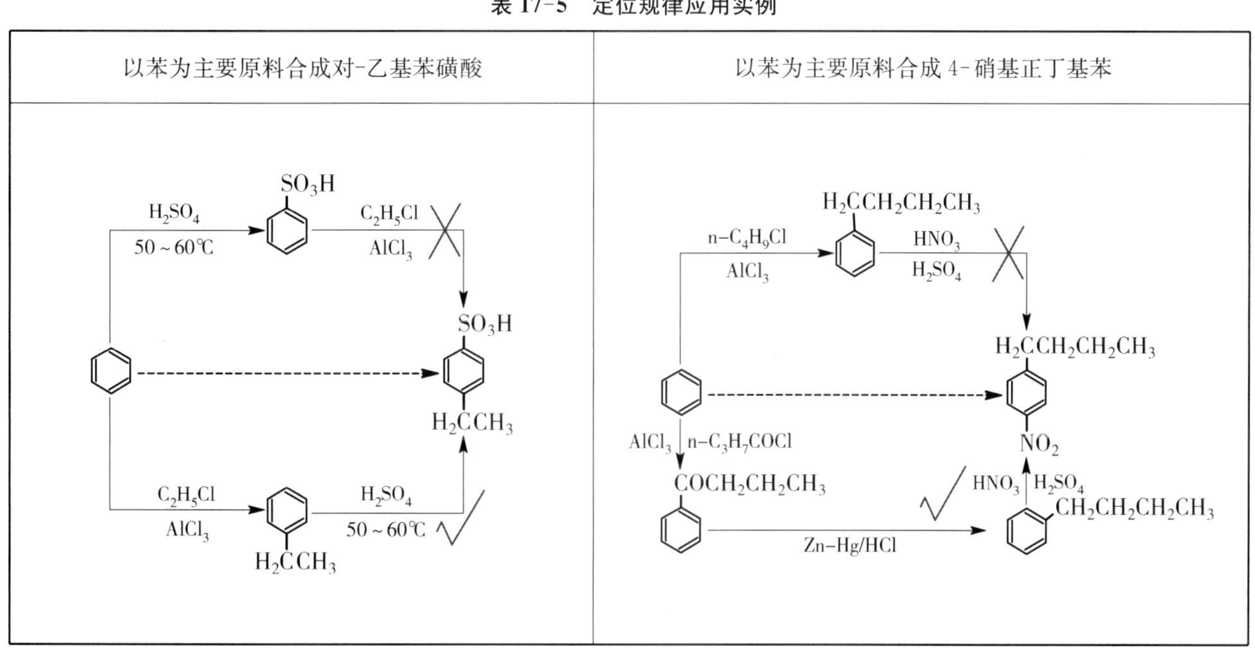

（续表）

| 以苯为主要原料合成 6-叔丁基-3-硝基苯磺酸 | 以苯为主要原料合成 3-硝基-4-氯苯磺酸 |
|---|---|
| $AlCl_3$ $(CH_3)_3CCl$；$C(CH_3)_3$；$HNO_3$ $H_2SO_4$；$NO_2$；$H_2SO_4$；$C(CH_3)_3$ $SO_3H$ $NO_2$；$HNO_3$ $H_2SO_4$；$C(CH_3)_3$ $SO_3H$；对位产物几乎100% | Fe $Cl_2$；Cl；$HNO_3$ $H_2SO_4$；Cl $NO_2$；对位产物约69.5%；$H_2SO_4$；Cl $NO_2$ $SO_3H$；$H_2SO_4$ 100 ℃；Cl $SO_3H$；$HNO_3$ $H_2SO_4$ |

# 第三节　亲核取代反应

## 一、饱和碳上的亲核取代

**1. 亲核取代反应(nucleophilic substitution)的定义**

有机分子中的原子或原子团被亲核试剂取代的反应称为亲核取代反应，用 $S_N$表示。在 $S_N$反应中，若受试剂进攻的原子是饱和碳原子，则将这类取代反应称为饱和碳原子上的亲核取代反应。

**2. 亲核取代反应的大致分类及其特点**

(1) 单分子亲核取代反应(unimolecular nucleophilic substitution，用 $S_N1$ 表示)

只有一种分子参与决速步骤的亲核取代反应，称为单分子亲核取代反应。

单分子亲核取代反应是分步完成的，例如：

$H_3C$ $CH_2CH_3$ C $H_3CCH_2CH_2$ Cl S-对映体 → $I^-$ $CH_3$ $H_3C$ $CH_2$ $C^+$ $CH_2$ $CH_2$ $CH_3$ $Cl^-$；$I^-$从左侧进攻 → $H_3C$ $CH_2CH_3$ C I $CH_2CH_2CH_3$ R-对映体；碳正离子为平面型，是非手性的；$I^-$从右侧进攻 → $H_3C$ $CH_2CH_3$ C $H_3CCH_2CH_2$ I S-对映体；对映异构

一般情况下，若中心碳原子为手性碳原子，由于 $C^+$ 采取 $sp^2$ 杂化，为平面构型，亲核试剂将从两边机会均等地进攻 $C^+$ 的两侧，将得到外消旋化合物。例如：

$$H_3C(H)(Ph)C-Cl \xrightarrow[\text{慢}]{-Cl^-} H_3C(H)(Ph)C^+ \xrightarrow[H_2O]{+OH^-} H_3C(H)(Ph)C-OH + HO-C(H)(Ph)CH_3$$

然而，100%的外消旋化是很少见的，通常是外消旋化伴随着构型反转，但构型反转要多些，本书略去相关理论，有兴趣的读者可以参阅相关教材。

由于反应中包含有碳正离子中间体的生成，可以预料，它将显示出碳正离子反应的特性，伴随碳正离子

重排,有时,重排产物还可能是主要产物。例如 2,2-二甲基-3-溴丁烷的醇解:

$$(CH_3)_3C-CHBr-CH_3 \xrightarrow[S_N2]{C_2H_5O^-/C_2H_5OH} (CH_3)_3C-CH(OCH_2CH_3)-CH_3$$

$$(CH_3)_3C-CHBr-CH_3 \xrightarrow[S_N1]{C_2H_5O^-/C_2H_5OH} \underset{2^{\circ}碳正离子}{(CH_3)_3C-CH^+-CH_3} \xrightarrow{重排} \underset{3^{\circ}碳正离子}{H_3C-C^+(CH_3)-CH(CH_3)-CH_3} \xrightarrow{C_2H_5O^-/C_2H_5OH} H_3C-C(CH_3)(OCH_2CH_3)-CH(CH_3)-CH_3$$

(2) 双分子亲核取代反应(Bimolecular nucleophilic substitution,用 $S_N2$ 表示)

有两种分子参与决速步骤的亲核取代反应,称为双分子亲核取代反应。双分子亲核取代反应是一步完成的协同反应,例如:

$$H-O^- + CH_3Cl \rightleftharpoons [HO\cdots C^-H_3\cdots Cl] \rightleftharpoons HO-CH_3 + Cl^-$$

键形成 键断开

$S_N2$ 反应中,亲核试剂(通常带负电荷)从一侧接近饱和的碳原子,置换碳原子对面一侧的离去基团,导致碳中心的翻转和分子手性的变化(亦称 Walden 转化,参见前例)。再例如:

$$^{128}I^- + H_{13}C_6(H)(H_3C)C-I \rightleftharpoons [^{128}I-C(C_6H_{13})(H)(CH_3)-I] \rightleftharpoons {}^{128}I-C(C_6H_{13})(H)(CH_3) + I^-$$

**3. 影响饱和碳亲核取代反应的因素**(详见表 17-6)

**表 17-6 影响饱和碳亲核取代反应的因素**

| 影响因素 | $S_N1$ | $S_N2$ |
|---|---|---|
| 亲核试剂 | 亲核能力的强弱几乎不影响 $S_N1$ 反应 | 亲核性越强越有利于发生 $S_N2$ 反应 |
| 底物结构 | 碳正离子越稳定越有利于发生 $S_N1$ 反应<br>$R_3CX>R_2CHX>RCH_2X>CH_3X>$小桥环—X | 过渡态空间位阻越小越有利于发生 $S_N2$ 反应<br>$CH_3X>RCH_2X>R_2CHX>R_3CX>$小桥环—X |
| 离去基团 | 离去倾向越大越有利于发生 $S_N1$ 反应<br>例如:$RI>RBr>RCl$ | 离去倾向越大越有利于发生 $S_N2$ 反应<br>例如:$RI>RBr>RCl$ |
| 溶剂 | 质子型极性溶剂有利于发生 $S_N1$ 反应 | 非质子型极性溶剂有利于发生 $S_N2$ 反应 |

(1) 亲核试剂的影响

① 带有负电荷的亲核试剂比相应的中性共轭酸有更强的亲核性。例如:

$$HO^->H_2O \qquad RO^->ROH \qquad H_2N^->NH_3$$

② 同一周期亲核离子的亲核性与碱性顺序一致。例如:$R_3C^->R_2N^->RO^->F^-$。

③ 同一主族亲核离子的亲核性与离子的可极化性顺序一致(此处与碱性顺序相反!),也就是说"柔软胖碱"较强的可极化性弥补了其碱性较弱的不足。例如:

碱性 $I^-<Br^-<Cl^-<F^-$;$RS^-<RO^-$;$R_3P<R_3N$

亲核性 $I^->Br^->Cl^->F^-$;$RS^->RO^-$;$R_3P>R_3N$

④ 相同进攻原子的亲核试剂的亲核性

ⓐ 一般与碱性顺序一致。例如:$EtO^->HO^->C_6H_5O^->CH_3COO^-$。

ⓑ 有时貌似与碱性顺序相反，那是因为空间位阻不利于试剂接近底物的中心原子，从而使得亲核能力减弱的缘故，也就是说“硬壳胖碱”难以接近中心原子，亲核性较弱甚至失去亲核性。例如：

碱性　　　$(CH_3)_3CO^- > (CH_3)_2CHO^- > CH_3CH_2O^- > CH_3O^-$

亲核性　　$(CH_3)_3CO^- < (CH_3)_2CHO^- < CH_3CH_2O^- < CH_3O^-$

(2) 底物结构的影响

① 当离去基团位于桥头碳原子上且桥环又比较小时，$S_N1$ 反应和 $S_N2$ 反应都不易发生。这是因为这样的结构既不易形成碳正离子又不利于亲核试剂从背面进攻(图 17-1)。

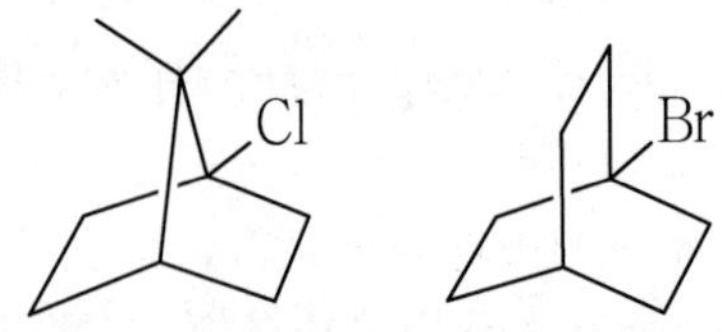

图 17-1　离去基团位于桥头碳原子上

② 在 $S_N1$ 反应中，生成碳正离子是决速步骤，所以，碳正离子越稳定越有利于发生 $S_N1$ 反应。

③ 在 $S_N2$ 反应中，反应的难易主要取决于过渡态形成的难易。由于过渡态是由反应物与亲核试剂共同形成的，因此当反应中心碳原子上连接的烃基较多时，过渡态显然比反应物更加拥挤，也就更加难以发生瓦尔登翻转，因此反应所需的活化能增加，反应速率降低。即由于空间位阻效应的影响，当反应物的中心原子上连有更多的烃基时，较难发生 $S_N2$ 反应。例如，$S_N2$ 反应速率：$CH_3Br > RCH_2Br > R_2CHBr > R_3CBr$

β 位与 α 位的情形总体相似，但影响程度 β 位＜α 位。例如，$S_N2$ 反应速率：

$$CH_3CH_2Br > CH_3CH_2CH_2Br > (CH_3)_2CHCH_2Br > (CH_3)_3CCH_2Br$$

(3) 离去基团的影响

由于 $S_N1$ 和 $S_N2$ 反应的决速步骤都包括 C—X 键的断裂，因此离去基团 X 的性质对 $S_N1$ 和 $S_N2$ 反应将产生相似的影响。即离去基团的离去能力越强，亲核取代反应越易进行。

离去基团离去能力的强弱主要与三个方面的因素有关。

① C—X 键的键能

C—X 键的键能越大，X 越难离去。例如：$F^- < Cl^- < Br^- < I^-$。

② C—X 键的可极化性

C—X 键的可极化性越强，X 越易离去。例如：可极化性：H—F＜H—Cl＜H－Br＜H－I，所以离去能力：$F^- < Cl^- < Br^- < I^-$。

③ 离去基团的稳定性(表 17-7)

离去基团的稳定性越好，越易生成，离去能力越强。

表 17-7　离去基团的稳定性

| 好的离去基团 | 不好的离去基团 |
|---|---|
| 对硝基苯磺酸根($SO_3^-$, $NO_2$) > 苯磺酸根($SO_3^-$) > 对甲苯磺酸根($SO_3^-$, $CH_3$) $> I^- > Br^-$、$H_2O > Cl^-$ | $F^- > OH^- > RO^- > NH_2^- > RNH^- > CN^-$ |

不难发现，$I^-$ 既是一个好的亲核试剂，又是一个好的离去基团，因此在有机合成中有着广泛的用途。例如：$RCH_2Cl + H_2O \xrightarrow{慢} RCH_2OH + HCl$

但在反应体系中加入少量 $I^-$ 后，反应速率大大加快，这是因为：

$$RCH_2Cl + I^-(作为亲核试剂) \xrightarrow{快} RCH_2I + Cl^-$$

$$RCH_2I(作为好的离去基团) + H_2O \xrightarrow{快} RCH_2OH + HI$$

显然，在上述反应过程中 $I^-$ 的作用是催化剂。

（4）溶剂的影响

① 非极性溶剂

底物和亲核试剂均为极性分子或离子化合物，这些物质在非极性溶剂中的溶解度小，不易均匀分散，导致反应性能降低，所以非极性溶剂不利于亲核取代反应。

② 极性溶剂

从总体上说，极性溶剂都有利于亲核取代反应的进行。但是极性溶剂又分成两大类型，即质子型极性溶剂和非质子型极性溶剂，它们对 $S_N1$ 反应、$S_N2$ 反应的有利程度有所不同。

a. 质子型极性溶剂，如水、醇、酸等。

质子型极性溶剂有利于反应物的异裂解离，所以有利于 $S_N1$ 反应（极性越强越有利）；

质子型极性溶剂中的 $H^+$ 易与亲核试剂负离子 $Nu:^-$ 形成氢键，降低 $Nu:^-$ 的亲核性，不利于 $S_N2$ 反应的进行。

b. 非质子型极性溶剂，如 DMF（即 N，N－二甲基甲酰胺）、DMSO［即二甲基亚砜，$(CH_3)_2SO$］、HMPA（即六甲基膦酰三胺）、乙腈、丙酮、硝基甲烷等，多为偶极溶剂（负极在外、正极在内），难以与亲核试剂负离子 $Nu:^-$ 缔合，亲核试剂自由度大，活性强，有利于 $S_N2$ 反应。

## 二、非芳香不饱和碳上的亲核取代——酰基碳原子上的亲核取代反应

### 1. 酰基亲核取代反应的机理

$$\mathrm{R{-}\underset{sp^2}{C}(=\ddot{O}:){-}L} \underset{慢}{\overset{:Nu^-}{\rightleftharpoons}} \mathrm{R{-}\underset{sp^3}{C}(O^-)(L){-}Nu} \underset{快}{\overset{-L^-}{\rightleftharpoons}} \mathrm{R{-}\underset{sp^2}{C}(=O){-}Nu}$$

其中，$Nu^-$ 为亲核试剂，如 $OH^-$、ROH、$NH_3$ 等；L 为离去基团，如—X、—OR、—$NH_2$、—NHR、—OCOR 等。

**2. 影响酰基亲核取代反应速率的主要因素——空间位阻效应、电子效应**

（1）羰基碳原子连接的基团具有吸电子效应，且体积越小，对反应越有利。所以—X>—OCOR>—OR>—$NH_2$。

（2）离去基团的稳定性越好，对反应越有利。所以 $X^-$>$RCOO^-$>$RO^-$>$NH_2^-$。反应活性：酰卤>酸酐>酯>酰胺。

**3. 常见的酰基碳原子上的亲核取代反应**

（1）水解（hydrolysis，表 17-8）

**表 17-8　水解反应条件对照表**

| 物质类别 | 酰卤 | 酸酐 | 酯 | 酰胺 |
|---|---|---|---|---|
| 反应条件 | 极易 | 加热 | 酸或碱催化、加热 | 酸或碱催化、长时间回流加热 |

$RCOCl + H_2O \longrightarrow RCOOH + HCl$　　$RCOOCOR^1 + H_2O \longrightarrow RCOOH + R^1COOH$

$RCOOR^1 + H_2O \longrightarrow RCOOH + R^1OH$　　$RCONH_2 + H_2O \longrightarrow RCOOH + NH_3$

（2）醇解（alcoholysis，表 17-8）

**表 17-9　醇解反应条件对照表**

| 物质类别 | 酰卤 | 酸酐 | 酯 | 酰胺 |
|---|---|---|---|---|
| 反应条件 | 极易 | 加热 | 酸或碱催化、加热 | 相当困难，其逆反应方向酯的氨解明显 |

$RCOCl + HO—Ph \longrightarrow RCOOPh + HCl$（常用于制备酚酯）

$RCOOCOR^1 + HOR^2 \longrightarrow RCOOR^2 + R^1COOH$

$RCOOR^1 + HOR^2 \longrightarrow RCOOR^2 + R^1OH$（又称酯交换反应，可用于以廉价低级醇制备高级醇）

$RCONH_2 + H_2O \rightleftarrows RCOOH + NH_3$（相当困难，其逆反应方向酯的氨解明显。）

（3）氨解（Aminolysis，参阅表 17-10）

**表 17-10　氨解反应条件对照表**

| 物质类别 | 酰卤 | 酸酐 | 酯 | 酰胺 |
|---|---|---|---|---|
| 反应条件 | 极易 | 加热 | 较慢，酸或碱催化、加热 | 困难，明显可逆 |

胺的亲核性强于水的，所以氨解反应比水解反应容易进行。

$RCOCl + H_2NR^2 \longrightarrow RCONHR^2 + HCl$（因为 HCl 能与胺反应生成铵盐，为了减小胺的消耗，通常在碱性条件下进行，常用的碱为 NaOH、$Na_2CO_3$、吡啶、三乙胺等）

$RCOOCOR^1 + H_2NR^2 \longrightarrow RCONHR^2 + R^1COOH$（中性或少量酸或少量碱催化）

$RCOOR^1 + H_2NR^2 \longrightarrow RCONHR^2 + R^1OH$

$RCONH_2 + H_2NR^2 \rightleftharpoons RCONHR^2 + NH_3$

例如，合成芳香聚氨酯纤维（aromatic polyurethane fiber，Kevlar，强度大、耐热性好、阻燃性能优良）：

$n$ $H_2N$–C₆H₄–$NH_2$ + $n$ Cl–CO–C₆H₄–CO–Cl ⟶ H–[NH–C₆H₄–NH–CO–C₆H₄–CO]$_n$–OH + $2n$ HCl

## 三、芳香不饱和碳上的亲核取代（nucleophilic aromatic substitution，$SN_{Ar}$）

苯环是一个非常稳定的闭合共轭体系，6 个碳原子的 π 电子云分布完全相同，而且 $Nu^-$：反式进攻无法实现，C($sp^2$)—Cl 键不易断裂且苯环正离子极不稳定。所以，一般条件下芳环上的亲核取代较难发生，即使发生也需要非常苛刻的反应条件。例如：

$$C_6H_5Cl \xrightarrow[360\ ℃]{NaOH(s)} C_6H_5ONa \xrightarrow{H_3O^+} C_6H_5OH$$

当苯环上有强吸电子基存在时，吸电子取代基的诱导效应和共轭效应会改变苯环的电子云分布，使苯环上电子云的密度减小，某些部分形成"正电性"碳原子，可以成为亲核负离子的攻击目标，从而引发亲核取代反应。例如：

$$p\text{-}O_2NC_6H_4Cl \xrightarrow[135\sim160\ ℃]{10\%\ NaOH} p\text{-}O_2NC_6H_4ONa \xrightarrow{H_3O^+} p\text{-}O_2NC_6H_4OH$$

$$2,4\text{-}(O_2N)_2C_6H_3Cl \xrightarrow[100\ ℃]{10\%\ NaOH} 2,4\text{-}(O_2N)_2C_6H_3ONa \xrightarrow{H_3O^+} 2,4\text{-}(O_2N)_2C_6H_3OH$$

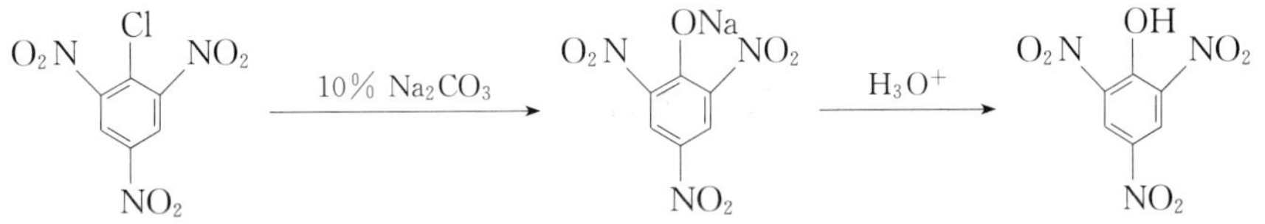

### 1. 常见的亲核试剂

常见的亲核试剂有 $H^-$、$HS^-$、$RO^-$、$CN^-$、$SCN^-$、$HO^-$、$H_2C^-$、$R_3N$ 等。

### 2. 芳香亲核取代反应中的定位效应

（1）亲核取代中的Ⅰ类基团

① 对苯环上的亲核取代反应起致活作用，且致活程度为邻位>对位≫间位。

② 后代基团主要进入前代基团的邻位和对位。

常见的Ⅰ类前代基团有 $N_2^+ > R_3N^+ > —NO_2 > —CF_3 > —COR > —CN > —COOH > —Cl > —Br > —I > —Ph$ 等。

例如：

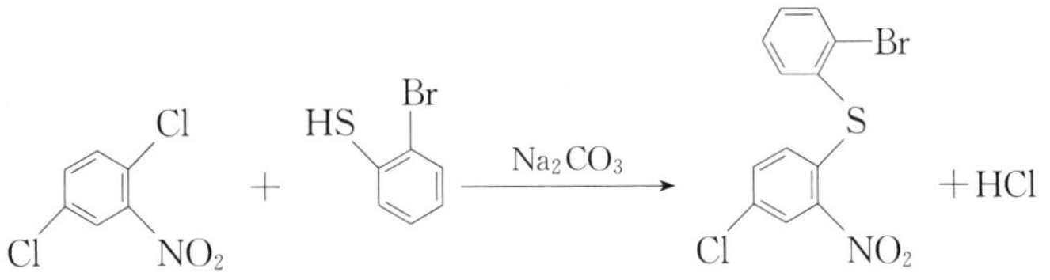

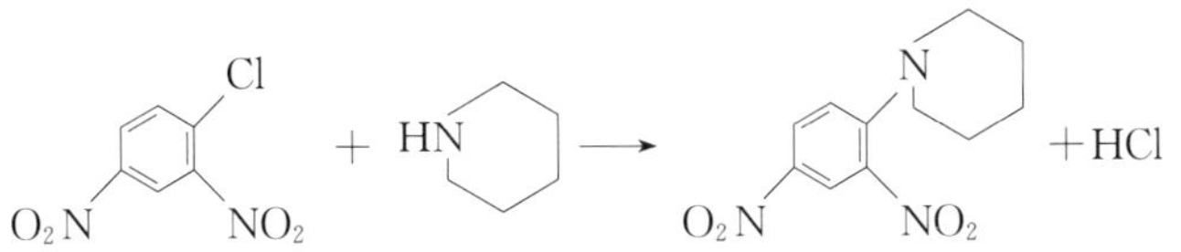

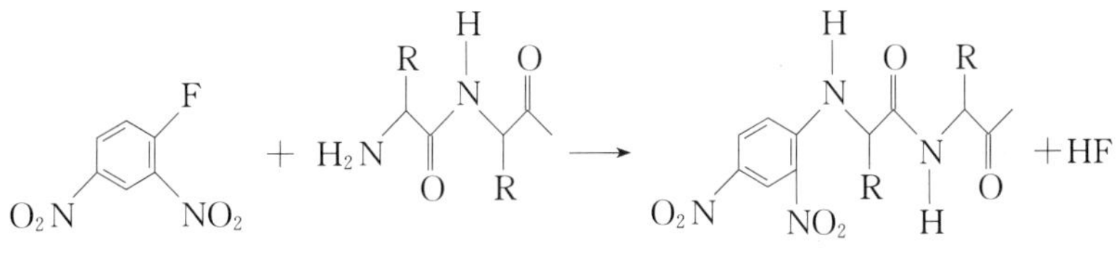

（2）亲核取代中的Ⅱ类基团

Ⅱ类基团对苯环上的亲核取代反应起致钝作用。因为芳环上的亲核取代反应在一般条件下已经难以发生，如果苯环上再有致钝作用的供电子基存在，就几乎不能发生亲核取代反应了。

按致钝能力由强到弱的顺序排列，这类基团主要包括：

$$—OH > —OCH_3 > —NH_2 > —NHCOR > —CH_3 > —Ph > —H > —I > —Br > —Cl > F$$

### 3. 芳香亲核取代反应的机理

本书略，有兴趣的读者可阅读相关书籍。

# 第十八章　有机反应理论——加成反应

## 第一节　亲电加成反应

通过化学键异裂产生的带正电的原子或原子团进攻不饱和键而引起的加成反应称为亲电加成反应。

### 一、烯烃的亲电加成反应

**1. 烯烃与卤化氢**

（1）反应机理

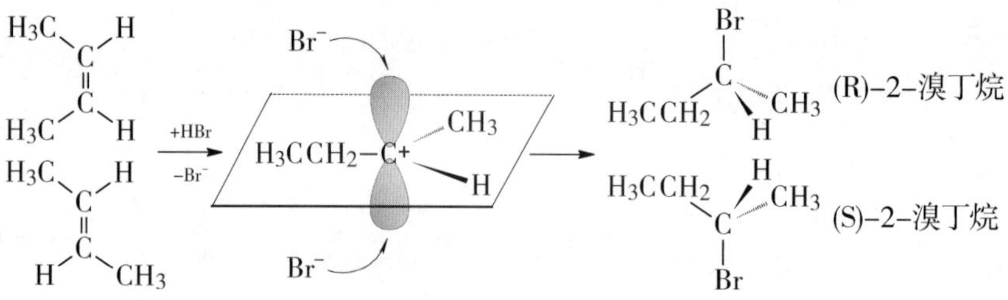

$$H_3C(H)C{=}C(H)CH_3 \xrightarrow[-Br^-]{+HBr} H_3CCH_2-\overset{+}{C}H-CH_3 \xrightarrow{Br^-} (R)\text{-2-溴丁烷} + (S)\text{-2-溴丁烷}$$

（2）反应规律

① 决速步——质子与 π 电子结合形成碳正离子，产物为外消旋体。

② 反应的选择性及其驱动力——碳正离子的稳定性（参考有机结构理论部分）。

俄国化学家 Markovnikov 发现，不对称烯烃与卤化氢等极性试剂加成时，氢原子主要加到含氢较多的双键碳原子上，卤原子（或其他原子或基团）则加到含氢较少或不含氢的双键碳原子上，这一经验规则称为 Markovnikov 规则，简称"马氏规则"。显然，对称烯烃不存在选择性。例如：

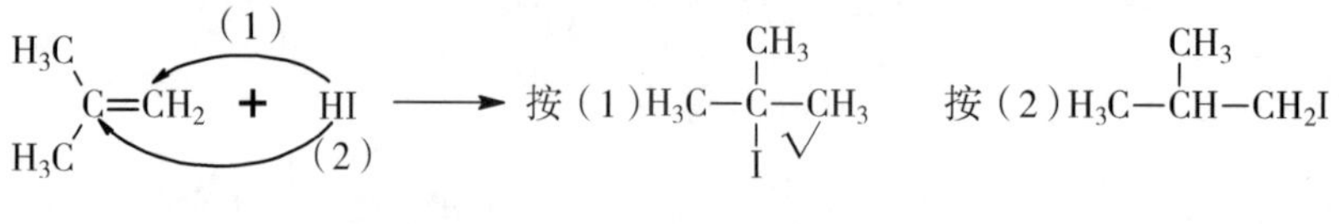

$$(H_3C)_2C{=}CH_2 + HI \longrightarrow \text{按（1）}H_3C-C(CH_3)(I)-CH_3\ \surd \qquad \text{按（2）}H_3C-CH(CH_3)-CH_2I$$

反应活性：双键 C 上有供电子基＞双键上有吸电子基；HI＞HBr＞HCl＞HF（与其提供质子的能力对应）。

③ 通常伴随碳正离子重排

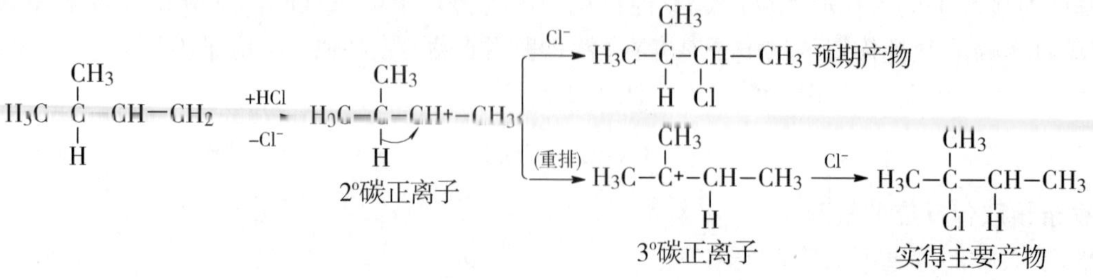

$$H_3C-CH(CH_3)-CH{=}CH_2 \xrightarrow[-Cl^-]{+HCl} H_3C-CH(CH_3)-\overset{+}{C}H-CH_3\ (2°\text{碳正离子}) \xrightarrow{Cl^-} H_3C-CH(CH_3)-CHCl-CH_3\ \text{预期产物}$$

$$H_3C-CH(CH_3)-\overset{+}{C}H-CH_3 \xrightarrow{\text{（重排）}} H_3C-\overset{+}{C}(CH_3)-CH_2-CH_3\ (3°\text{碳正离子}) \xrightarrow{Cl^-} H_3C-CCl(CH_3)-CH_2-CH_3\ \text{实得主要产物}$$

（3）类似反应

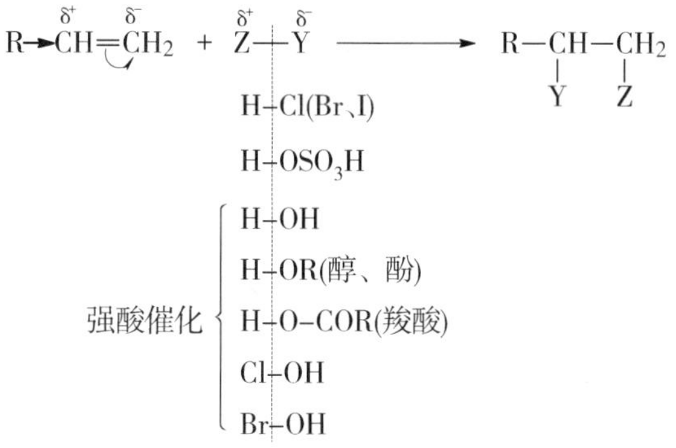

R→$\overset{\delta^+}{C}H=\overset{\delta^-}{C}H_2$ + $\overset{\delta^+}{Z}-\overset{\delta^-}{Y}$ ⟶ R—CH(Y)—CH₂(Z)

H—Cl(Br、I)

H—$OSO_3H$

强酸催化 { H—OH；H—OR(醇、酚)；H—O—COR(羧酸)；Cl—OH；Br—OH }

**2. 烯烃与卤素单质**

（1）反应机理

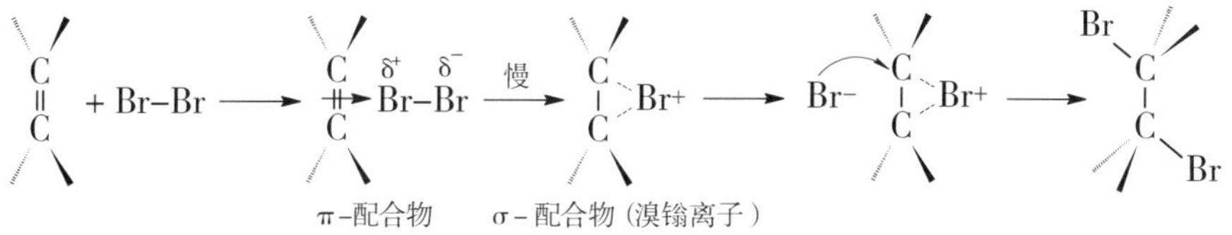

C=C + Br—Br ⟶ C=C⋯$\overset{\delta^+}{Br}-\overset{\delta^-}{Br}$ $\xrightarrow{慢}$ C—C桥$Br^+$ ⟶ $Br^-$ 进攻 ⟶ Br—C—C—Br

π-配合物　σ-配合物（溴鎓离子）

（2）决速步——$Br^{\delta+}$进攻 π 键，形成鎓离子

（3）反应活性

① $F_2$ 太激烈，易导致有机物发生分解：$F \gg Cl_2 > Br_2 > I_2$（一般不能发生）。

② ICl、IBr 符合“马氏规则”。

（4）反应结果——以反式加成产物为主

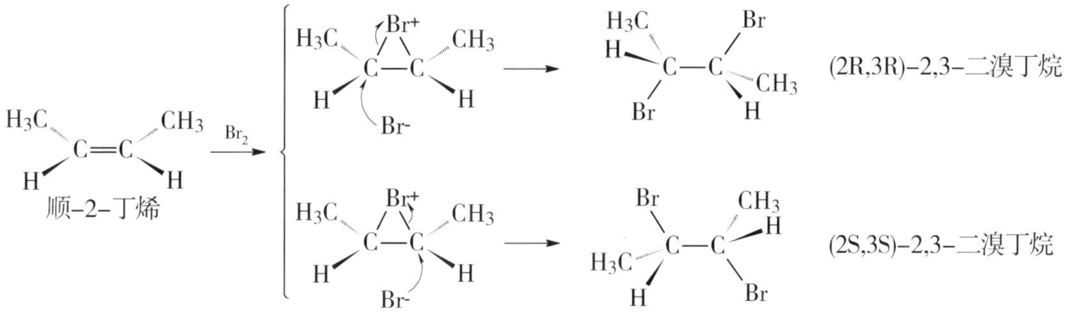

顺-2-丁烯 $\xrightarrow{Br_2}$ (2R,3R)-2,3-二溴丁烷；(2S,3S)-2,3-二溴丁烷

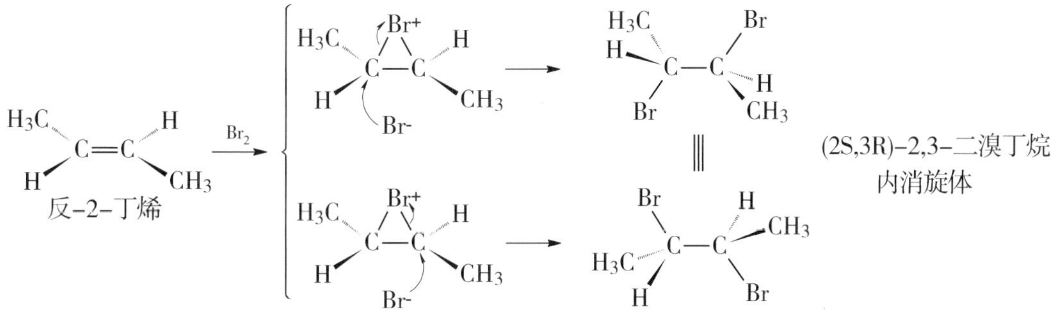

反-2-丁烯 $\xrightarrow{Br_2}$ (2S,3R)-2,3-二溴丁烷 内消旋体

## 二、炔烃的亲电加成反应

炔烃的亲电加成反应总体与烯烃相似，但又有所不同。

**1. 炔烃与卤化氢**

（1）在相应卤离子存在下，通常进行反式加成。

$$H_5C_2C\equiv CC_2H_5 \xrightarrow[\text{乙醇, 25 ℃}]{(CH_3)_4N^+Cl^-} (H_5C_2)(Cl)C=C(H)(C_2H_5)$$

(2) 不对称炔烃与卤化氢等极性分子加成，同样服从“马氏规则”。

$$H_3CCH_2CH_2C\equiv CH \xrightarrow{HBr} H_3CCH_2CH_2C(Br)=CH_2 \xrightarrow{HBr} H_3CCH_2CH_2CBr_2-CH_3$$

X 对 C═C 有钝化作用，反应可控制在一次加成。

**2. 炔烃与水**

(1) 炔烃的直接水合是较为困难的，需在硫酸汞的硫酸溶液的催化下才能发生反应。

(2) 炔烃水合，除乙炔得到乙醛外，一烷基炔都得到甲基酮，二烷基炔($R\neq CH_3$)都得到非甲基酮。

$$HC\equiv CH + H_2O \xrightarrow[H_2SO_4]{HgSO_4} [H_2C=CH-OH] \xrightarrow{\text{重排}} H_3C-CHO$$

$$R-HC\equiv CH + H_2O \xrightarrow[H_2SO_4]{HgSO_4} [H_2C=C(OH)-R] \xrightarrow{\text{重排}} H_3C-C(=O)-R$$

**3. 炔烃与卤素单质**

(1) 炔烃与卤素单质反应难于烯烃与卤素单质反应

因为 s 轨道的比率 sp 杂化>$sp^2$ 杂化；键长 $L(sp)<L(sp^2)$；键能 $E(sp)>E(sp^2)$。

例如，与溴的四氯化碳溶液反应褪色的速度：炔烃<烯烃；乙炔与 $Cl_2$ 的反应需 $FeCl_3$ 催化或 $SnCl_2$ 催化；当分子中同时含有双键和三键时，反应优先发生在双键上。

$$Br_2 + CH_2=CHCH_2C\equiv CH \xrightarrow[-20℃]{CCl_4} CH_2BrCHBrCH_2C\equiv CH$$

(2) 卤素原子 X 对 C═C 有钝化作用，反应可控制在一步加成。

## 三、共轭体系的亲电加成反应

**1. 共轭二烯烃与卤化氢的亲电加成**

共轭二烯烃与溴化氢反应产物的取向受控于反应的条件。一般情况下，较低温度下短时反应，1，2-加成产物是主要产物，较高温度下长时反应，1，4-加成产物是主要产物(表 18-1)。

**表 18-1　1，3-丁二烯与溴化氢反应的产物**

| 反应温度/℃ | 1，2-加成产物 $CH_3CHBrCH=CH_2$ | 1，4-加成产物 $CH_3CH=CHCH_2Br$ |
|---|---|---|
| −80 | 80% | 20% |
| 40 | 20% | 80% |

**2. 共轭二烯烃与卤素单质的亲电加成**

$$CH_2=CH-CH=CH_2 + Br-Br \longrightarrow BrCH_2CH=CHCH_2Br + BrCH_2CHBrCH=CH_2$$ (通常主要生成 1，4-加成产物)

### 3. α，β-不饱和醛、酮的亲电加成反应

α，β-不饱和羰基化合物在结构上的显著特点是 1，2-之间的碳氧双键和 3，4-之间的碳碳双键形成一个 1，4-共轭体系，这样，试剂与 α，β-不饱和羰基化合物发生加成反应时，既可以发生碳碳双键的亲电加成反应，又可以发生碳氧双键的亲核加成反应。实际上，由于官能团之间的相互作用，β-碳原子通过共振作用分享到羰基上的部分正电荷，也可能受到亲核试剂的进攻，发生 1，4-共轭加成反应。此处先简介亲电加成。

卤素与 α，β-不饱和醛、酮反应时，只在碳碳双键上发生亲电加成反应。

例如：+Br—Br →

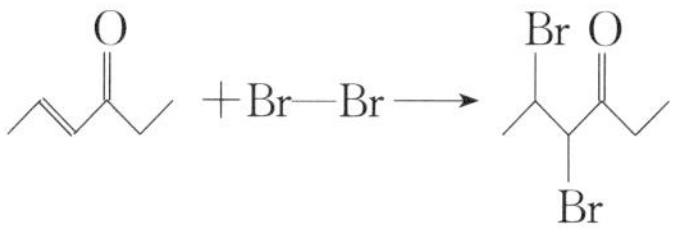

## 四、环烷烃的开环加成

（1）五元及五元以上环烷烃的化学性质与烷烃极为相似，不易发生开环反应。

（2）三元、四元环烷烃不稳定、易与 $H_2$、$X_2$、HX 发生开环加成反应，其中，具支环烷与 HX 的加成反应也符合马氏规则。

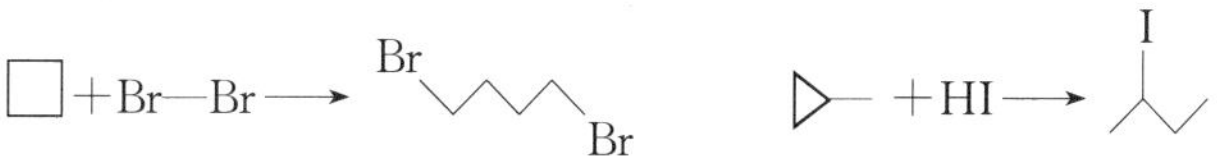

+Br—Br → +HI →

## 五、1，2-环氧化合物的开环加成

环氧乙烷类化合物的三元环结构使各原子的轨道不能正面充分重叠，而是以弯曲键相互连接，由于这种关系，分子中存在一种张力，极易与多种试剂反应，把环打开。

酸催化开环反应时，首先环氧化物的氧原子质子化，然后亲核试剂向 C—O 键的碳原子的背后进攻取代基较多的环碳原子，发生 $S_N2$ 反应生成开环产物。这是一个 $S_N2$ 反应，但具有 $S_N1$ 的性质，电子效应控制了产物，空间因素不重要。反应选择性符合马氏规则。

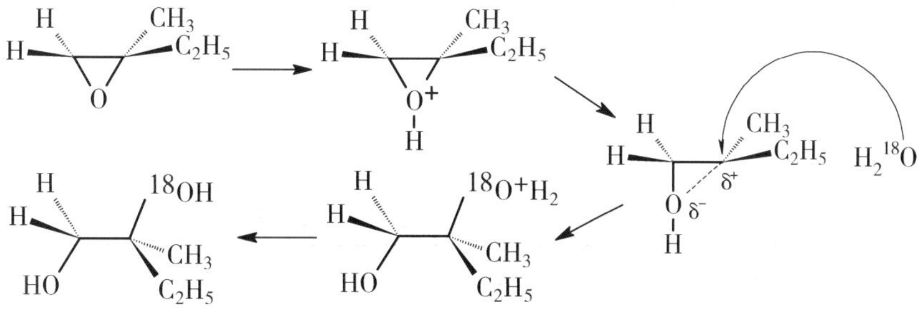

碱性开环时，亲核试剂选择进攻取代基较少的环碳原子，C—O 键的断裂与亲核试剂和环碳原子之间键的形成几乎同时进行，并生成产物。这是一个 $S_N2$ 反应，空间效应控制了反应。

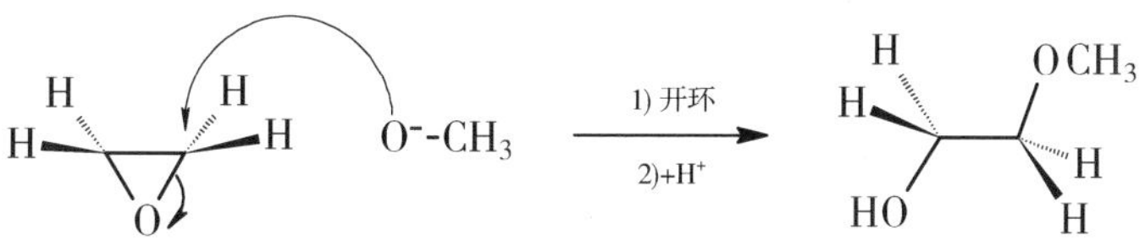

1) 开环
2) $+H^+$

反应选择性从最终结果看相当于反马氏规则。

## 第二节　自由基加成反应

烯烃在过氧化物存在下也可与 HBr 进行自由基加成反应，得到反马氏规则的产物，例如：

$$\underset{\text{Br}}{\text{H}_3\text{CCH}_2\text{CH}_2\text{CH}_2} \xleftarrow{\text{有过氧化物}} \text{H}_3\text{CCH}_2\text{CH}{=}\text{CH}_2 + \text{HBr} \xrightarrow{\text{无过氧化物}} \text{H}_3\text{CCH}_2\underset{\text{Br}}{\text{CH}}{-}\text{CH}_3$$

炔烃在过氧化物存在下也可与 HBr 进行自由基加成反应，得到反马氏规则的产物。例如：

$$\text{H}_9\text{C}_4{-}\text{C}{\equiv}\text{CH} + \text{HBr} \xrightarrow{\text{过氧化物}} (\text{H}_9\text{C}_4)(\text{H})\text{C}{=}\text{C}(\text{H})(\text{Br})$$

像这种由于过氧化物的存在而引起烯烃加成取向改变的现象称为过氧化物效应，又称卡拉施(Kharasch)效应。

过氧化物效应只局限于 HBr。

## 第三节　亲核加成反应

### 一、羰基的亲核加成反应

羰基能够与多种试剂发生亲核加成反应，反应的一般通式为：

$$\overset{\delta^+}{\text{C}}{=}\overset{\delta^-}{\text{O}} + \text{A:B} \xrightarrow{\text{慢}} {-}\underset{\text{B}}{\text{C}}{-}\text{O}^- \xrightarrow[\text{快}]{\text{A}^+} {-}\underset{\text{B}}{\text{C}}{-}\text{OA}$$

在这里，决定反应速度的关键步骤是第一步，即亲核试剂的进攻，故称亲核加成反应。

**1. 与 HCN 加成(可逆)**

羰基与 HCN 加成，不仅是增加一个碳原子的增长碳链方法，而且其加成产物 α-羟基腈又是一类较为活泼的化合物，在有机合成上有着重要的用途。

$$\text{R(R)HC}{=}\text{O} + \text{HCN} \rightleftharpoons \text{R(R)HC(OH)CN}$$

α-羟基腈(又称氰醇)

**2. 与 $NaHSO_3$ 加成(可逆)**

$$\text{R(R)HC}{=}\text{O} + \text{NaHSO}_3 \rightleftharpoons \text{R(R)HC(OH)SO}_3\text{Na}$$

α-羟基磺酸钠

可用于定性鉴别：α-羟基磺酸钠易溶于水，但不溶于饱和的 $NaHSO_3$ 溶液，从而析出无色针状结晶。

可用于分离提纯：该反应为可逆反应，在产品中加入稀酸或稀碱，可使 $NaHSO_3$ 分解而除去。

可转化成 α-羟基腈：α-羟基磺酸钠与 NaCN 作用，其磺酸基被氰基取代生成 α-羟基腈。如：

$$C_6H_5CHO \xrightarrow{NaHSO_3} C_6H_5CH(OH)SO_3Na \xrightarrow{NaCN} C_6H_5CH(OH)CN \xrightarrow[H_2O]{HCl} C_6H_5CH(OH)COOH$$

该法的优点是可以避免使用易挥发、有毒的 HCN，且产率较高。

**3. 与氨及其衍生物的缩合——加成-消去反应(可逆)**

$$\underset{(R)H}{\overset{R}{>}}C{=}O + H_2N{-}Y \rightleftharpoons \underset{(R)H}{\overset{R}{>}}C(OH){-}NH{-}Y \underset{}{\overset{-H_2O}{\rightleftharpoons}} \underset{(R)H}{\overset{R}{>}}C{=}N{-}Y$$

| $H_2N-Y$ | | | |
|---|---|---|---|
| $H_2N-H$ | (氨) | $R(R)H\,C{=}N{-}H$ | (亚胺) |
| $H_2N-OH$ | (羟氨) | $R(R)H\,C{=}N{-}OH$ | (肟) |
| $H_2N-NH_2$ | (肼) | $R(R)H\,C{=}N{-}NH_2$ | (腙) |
| $H_2N-NHC_6H_5$ | (苯肼) | $R(R)H\,C{=}N{-}NHC_6H_5$ | (苯腙) |
| $H_2N-NHCONH_2$ | (氨基脲) | $R(R)H\,C{=}N{-}NHCONH_2$ | (缩氨脲) |

此类反应的产物不仅易于从反应体系中分离出来，且容易进行重结晶提纯。又因这些产物在酸性水溶液中加热易于分解成原来的醛酮，故用于分离、提纯。

此类反应的产物为结晶固体，又可用于醛、酮的定性鉴别。常用的羰基试剂为 2,4-二硝基苯肼。

**4. 与 ROH 加成(可逆)**

$$\underset{(R')H}{\overset{R}{>}}C{=}O + HO{-}R^1 \underset{-H_2O}{\overset{干\ HCl}{\rightleftharpoons}} \underset{(R')H}{\overset{R}{>}}C\underset{OR^1}{\overset{OH}{<}}\ [半缩醛(酮)] \xrightarrow[-H_2O]{干\ HCl+HOR^1} \underset{(R')H}{\overset{R}{>}}C\underset{OR^1}{\overset{OR^1}{<}}\ [缩醛(酮)]$$

酮与醇的作用比醛困难，但在酸催化下与乙二醇作用容易得到环状的缩酮。如：

$$\text{环己酮} + \begin{matrix}HO{-}CH_2\\ |\\ HO{-}CH_2\end{matrix} \xrightarrow[C_6H_6]{p\text{-}CH_3C_6H_4SO_3H} \text{(1-羟基环己基)}{-}O{-}CH_2{-}CH_2OH \xrightarrow{H^+} \text{环己酮乙二醇缩酮}$$

缩醛(酮)可看成是同碳二元醇的醚，其性质与醚相似，对碱、氧化剂、还原剂稳定。但缩醛(酮)又与醚不同，它在稀酸中易水解成原来的醛(酮)，故该反应可用来保护羰基。例如：

$$H_2C{=}CH{-}CHO + HO{-}C_2H_5 \xrightarrow[C_2H_5OH]{H^+} H_2C{=}CH{-}CH(OC_2H_5)_2 \xrightarrow[Ni]{H_2} H_3C{-}CH_2{-}CH(OC_2H_5)_2 \xrightarrow{H_3O^+} H_3CCH_2{-}CHO$$

$$(H_3C)_2C{=}CHCH_2CH_2\underset{CH_3}{\underset{|}{C}H}CH_2CHO \xrightarrow{H^+,\ C_2H_5OH} (H_3C)_2C{=}CHCH_2CH_2\underset{CH_3}{\underset{|}{C}H}CH_2HC(OC_2H_5)_2$$

$$\xrightarrow[KMnO_4]{H^+} HOOC{-}CH_2CH_2\underset{CH_3}{\underset{|}{C}H}CH_2HC(OC_2H_5)_2 \xrightarrow{H_3O^+} HOOC{-}CH_2CH_2\underset{CH_3}{\underset{|}{C}H}CH_2CHO$$

**5. 有机金属化合物的加成(不可逆)**

与格氏(Grignard)试剂加成,如:

$$\mathrm{R(H)R{-}C{=}O} + \mathrm{R^1MgX} \longrightarrow \mathrm{R(H(R))C(OMgX)R^1} \xrightarrow{+\mathrm{H_3O^+}} \mathrm{R(H(R))C(OH)R^1}$$

与炔化物加成,如:

$$\mathrm{R(H(R))C{=}O} + \mathrm{HC{\equiv}CNa} \xrightarrow{\mathrm{NH_3(l)}} \mathrm{R(H(R))C(ONa)C{\equiv}CH} \xrightarrow{+\mathrm{H_3O^+}} \mathrm{R(H(R))C(OH)C{\equiv}CH}$$

例如:选择适当的原料合成 2-甲基-3-戊炔-2-醇。

分析:$\mathrm{H_3C{-}\overset{O}{\overset{\|}{C}}{-}C{\equiv}C{-}CH_3} + \mathrm{H_3CMgX} \xrightarrow[\times]{①} \mathrm{H_3C}\overset{①}{\vdots}\mathrm{\underset{OH}{\overset{CH_3}{C}}}\overset{②}{\vdots}\mathrm{C{\equiv}C{-}CH_3} \xleftarrow[\checkmark]{②}$

$$\mathrm{H_3C{-}\overset{O}{\overset{\|}{C}}{-}CH_3} + \mathrm{H_3C{-}C{\equiv}CMgX}$$

合成:$\mathrm{CH_3{-}C{\equiv}C{-}H} + \mathrm{R{-}MgX} \xrightarrow{\text{乙醚}} \mathrm{CH_3{-}C{\equiv}C{-}MgX} + \mathrm{RH}$(此法常用于合成端炔基格氏试剂)

$$\mathrm{H_3C{-}\overset{O}{\overset{\|}{C}}{-}CH_3} + \mathrm{H_3C{-}C{\equiv}CMgX} \longrightarrow \mathrm{H_3C{-}\underset{OMgX}{\overset{CH_3}{C}}{-}C{\equiv}C{-}CH_3} \xrightarrow{\mathrm{H_3O^+}} \mathrm{H_3C{-}\underset{OH}{\overset{CH_3}{C}}{-}C{\equiv}C{-}CH_3}$$

**6. 与 Wittig 试剂加成(不可逆)**

$$\mathrm{R(H(R))C{=}O} + \mathrm{Ph_3P{=}CHR^1} \longrightarrow \mathrm{R(H(R))C{=}CHR^1}$$

Wittig 试剂与羰基化合物的反应广泛用于烯类的合成。这类反应具有以下特点:

(1) Wittig 反应是立体专一性很强的反应,广泛用于手性烯烃、天然有机化合物的合成。

(2) 与 α,β-不饱和醛、酮反应,一般不发生 1,4-加成。

(3) 参与 Wittig 反应的醛、酮和 Wittig 试剂中的烃基几乎不受限制,可以是含有各种官能团的芳基和烷基。

(4) Wittig 反应条件温和,收率较高,可合成一些用其他方法难于制备的烯烃。例如:

$$\text{(环己烯基多烯)}{=}\mathrm{PPh_3} + \mathrm{OHC{-}C(CH_3){=}CH{-}CH_2OAc} \xrightarrow[\text{②异构化}]{\text{① }-\mathrm{Ph_3PO}} \text{(环己烯基多烯)}{-}\mathrm{CH_2OAc}\quad 98\%$$

## 二、共轭体系的亲核加成反应

此类反应比较有代表性的是 α,β-不饱和醛、酮的亲核加成反应。

**1. 与有机金属化合物的反应**

一些有机金属化合物与 α,β-不饱和醛、酮反应时,可以只在碳氧双键上发生 1,2-亲核加成反应。

$$\mathrm{Ph{-}CH{=}CH{-}\overset{O}{\overset{\|}{C}}{-}H} + \mathrm{PhMgBr} \longrightarrow \xrightarrow{\mathrm{H_2O}} \mathrm{Ph{-}CH{=}CH{-}CH(OH){-}Ph}$$

**2. Michael 加成**

Michael 加成特指同时受两个吸电子基(如羰基、氰基、硝酸、酯基等)作用因而较为稳定的烯醇负离子与 α，β-不饱和醛、酮进行的 1，4-共轭加成反应，是最有价值的有机合成反应之一，也是构筑碳-碳键的最常用方法之一。例如：

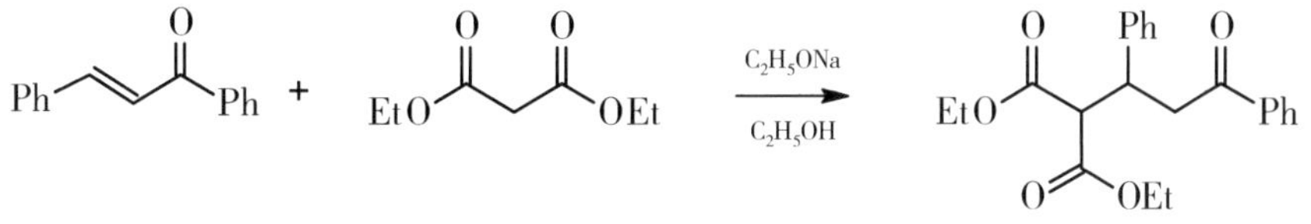

**3. α，β-不饱和醛酮加成反应小结**

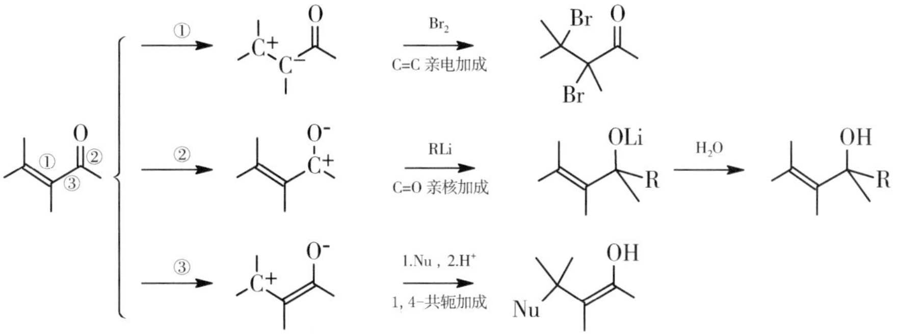

## 三、炔烃的亲核加成反应

烯烃难以进行亲核加成反应，而炔烃则易与含有活泼氢的化合物(如 ROH、RSH、$RNH_2$、RCH＝NH、RCOOH、$RCONH_2$、HCN 等)进行亲核加成。如：

$$HC\equiv CH + HOCH_3 \xrightarrow[150\sim160\ ℃]{20\%\ KOH} CH_2=CH-OCH_3$$

$$HC\equiv CH + HO-COCH_3 \xrightarrow[170\sim230\ ℃]{Zn(OAc)_2} CH_2=CH-O-COCH_3$$

$$HC\equiv CH + HCN \xrightarrow{CuCl-HCl} CH_2=CH-CN$$

烯烃、炔烃发生亲核反应时产生明显差异的原因见表 18-2。

**表 18-2　烯烃、炔烃发生亲核反应时产生明显差异的原因**

| 烯烃： | 炔烃： |
| --- | --- |
| 负电荷出现在 $sp^3$ 碳原子上，不稳定、难以形成 | 负电荷出现在 $sp^2$ 碳原子上、较稳定、容易形成 |

反应的结果像亲电加成一样，也遵循不对称加成规律，相当于在醇、羧酸等分子中引入一个乙烯基，故称乙烯基化反应，而乙炔则是重要的乙烯基化试剂。

# 第四节　成环加成反应、开环加成反应

## 一、分子轨道与前线轨道理论简介

分子轨道理论认为，参与形成分子的原子轨道按照一定的规则通过线性组合形成相同数目的分子轨道，分子轨道总数等于参与组合的原子轨道的总数。常见共轭体系分子轨道见表 18-3。

**表 18-3 常见共轭体系分子轨道概况**

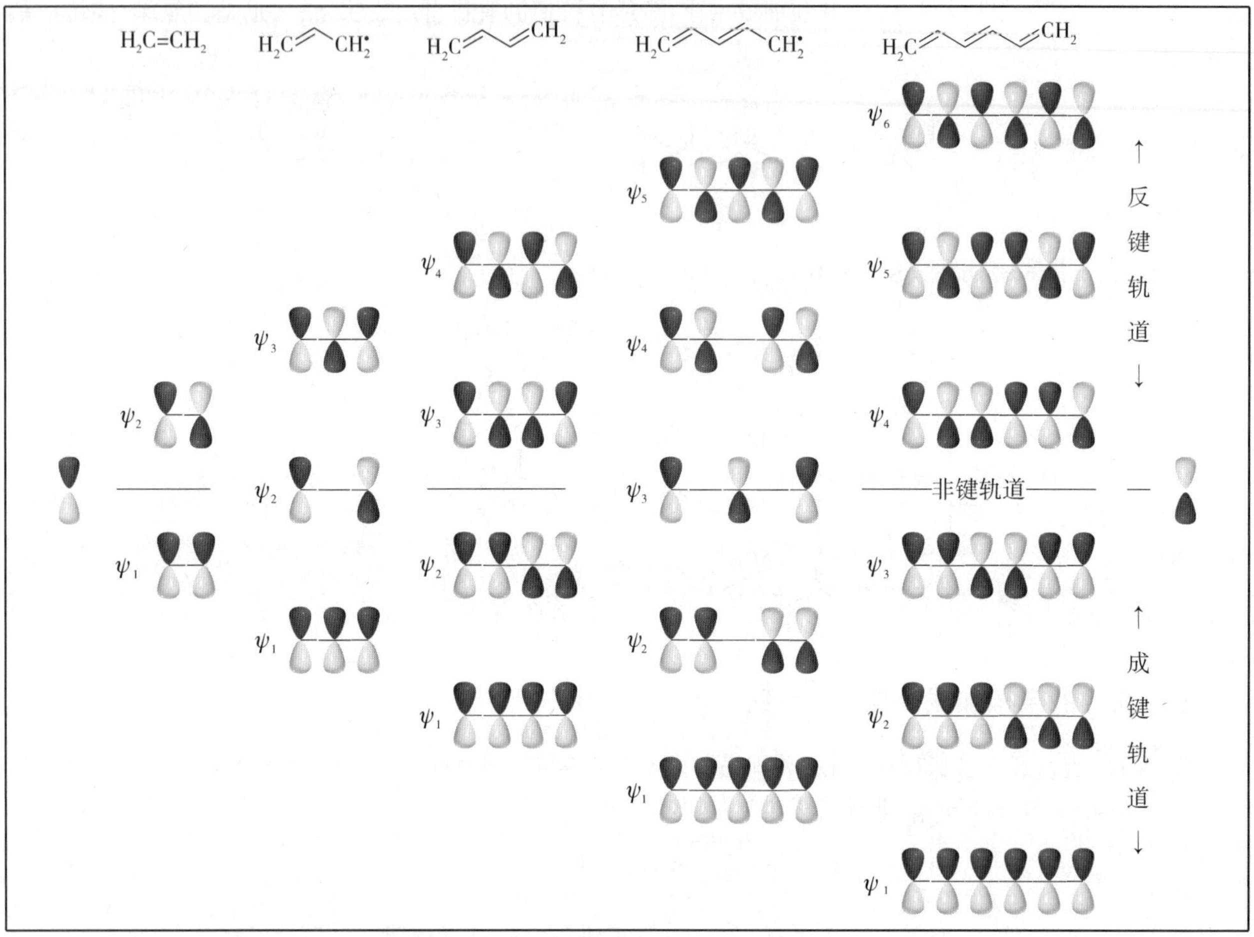

$H_2C{=}CH_2$ $H_2C{=}CH{-}\dot{C}H_2$ $H_2C{=}CH{-}CH{=}CH_2$ $H_2C{=}CH{-}CH{=}CH{-}\dot{C}H_2$ $H_2C{=}CH{-}CH{=}CH{-}CH{=}CH_2$

$\psi_6$ $\psi_5$ $\psi_4$ $\psi_3$ $\psi_2$ $\psi_1$

↑ 反键轨道 ↓

——非键轨道——

↑ 成键轨道 ↓

共轭体系分子轨道端点相位判断方法——“奇同偶异”。

表 18-3 中代号为 $\psi_i$ 的分子轨道中，当 $i$ 为奇数时，端点碳原子上的 p 轨道相位相同；而当 $i$ 为偶数时，端点碳原子上的 p 轨道相位相反。这一规律可以用于判断成环加成、开环加成反应条件的选择与产物的判断。

受原子的启发，原子参与化学反应时，一般得到、失去或共用的电子仅仅涉及“价层电子”，因此，如果把分子作为一个整体，其参与化学反应时，起作用的也应该是其“价层电子”即“前线轨道(frontier molecular orbital)”，其中：LUMO(lowest unoccupied molecular orbital)指未被电子占据的能量最低的空 π 轨道；HOMO(highest occupied molecular orbital)指被电子占据的能量最高的 π 轨道；SOMO(singly occupied molecular orbital)指被单个电子占据的 π 轨道。

热反应为基态反应，光反应为激发态反应。HOMO 轨道上的电子所受束缚力较小，易在光照条件下被激发到 LUMO 中去，单分子反应只涉及分子的 HOMO，双分子反应涉及一个分子的 HOMO 和另一个分子的 LUMO(电子从 HOMO 进入 LUMO)(表 18-4)。

**表 18-4 不同数目原子共轭体系 LUMO、HOMO 分布规律($n$=共轭体系原子数)**

| 偶数原子共轭体系 | | | 奇数原子共轭体系 | | |
|---|---|---|---|---|---|
| 波函数 | 基态 | 激发态 | 波函数 | 基态 | 激发态 |
| $\psi\left(\frac{n}{2}+2\right)$ | | LUMO | $\psi\left(\frac{n}{2}+\frac{5}{2}\right)$ | | LUMO |

（续表）

| 偶数原子共轭体系 | | | 奇数原子共轭体系 | | |
|---|---|---|---|---|---|
| 波函数 | 基态 | 激发态 | 波函数 | 基态 | 激发态 |
| $\psi\left(\frac{n}{2}+1\right)$ | LUMO | HOMO | $\psi\left(\frac{n}{2}+\frac{3}{2}\right)$ | LUMO | HOMO |
| $\psi\left(\frac{n}{2}+0\right)$ | HOMO | | $\psi\left(\frac{n}{2}+\frac{1}{2}\right)$ | HOMO | |

## 二、电环化反应(electrocyclic reaction)——单分子反应

链型共轭体系的两个尾端碳原子之间 $\pi$ 电子环化形成 $\sigma$ 单键的单分子反应或其逆反应，称为电环化反应，反应的结果是减少了一个 $\pi$ 键，形成了一个 $\sigma$ 键。

电环化反应在加热或光照条件下进行，分别得到具有不同构型的产品。

Woodward 指出，对于单分子电环化反应，成环时按哪种方式旋转有利，取决于其 HOMO。

**1. (4$n$+2)$\pi$ 电子共轭体系(即 1, 3, 5-己三烯及其衍生物)**(表 18-5)

**表 18-5 1, 3, 5-己三烯分子轨道及反应实例简析**

| 热反应(基态反应) | 光反应(激发态反应) |
|---|---|
| $\psi_6$ 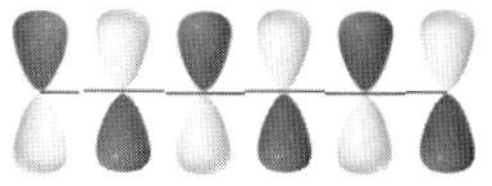 — | $\psi_6$ 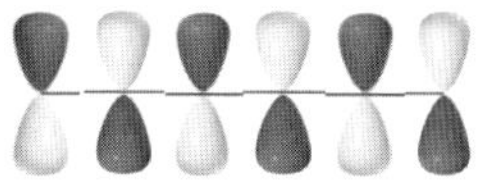 — |
| $\psi_5$ 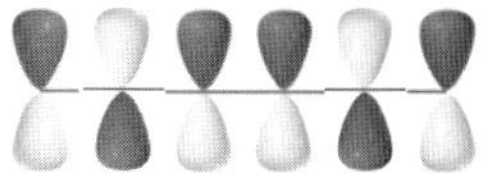 — | $\psi_5$ 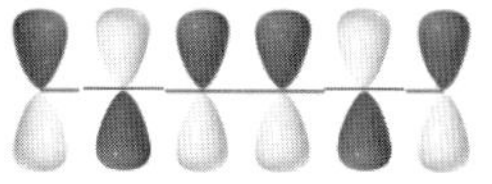 — LUMO |
| $\psi_4$ — LUMO<br>$\psi_3$ ↑↓ HOMO<br>$\psi_2$ ↑↓<br>$\psi_1$ 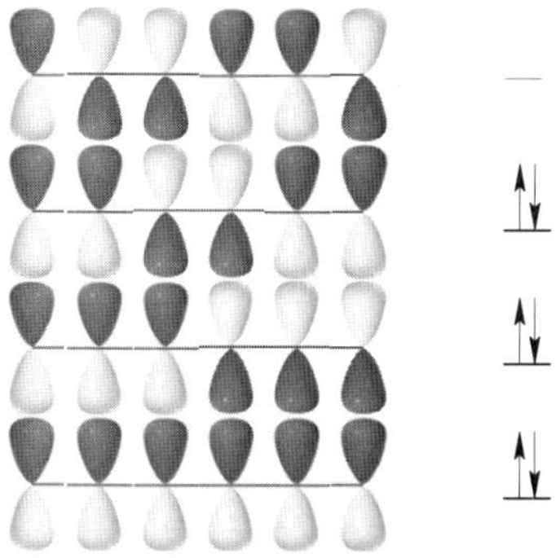 ↑↓ | $\psi_4$ ↑ HOMO<br>$\psi_3$ ↑<br>$\psi_2$ ↑↓<br>$\psi_1$ 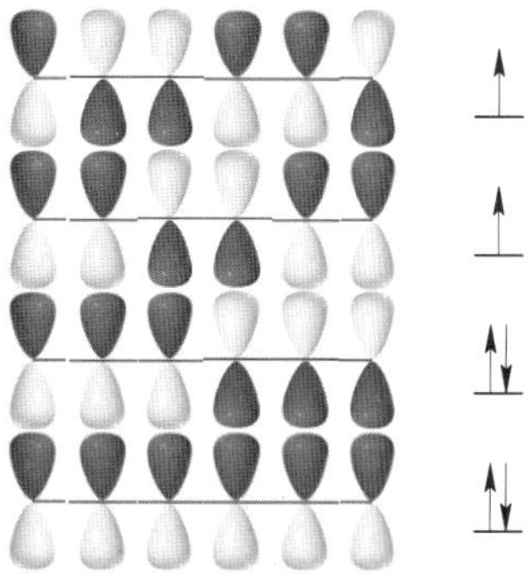 ↑↓ |
| $\psi_3$ 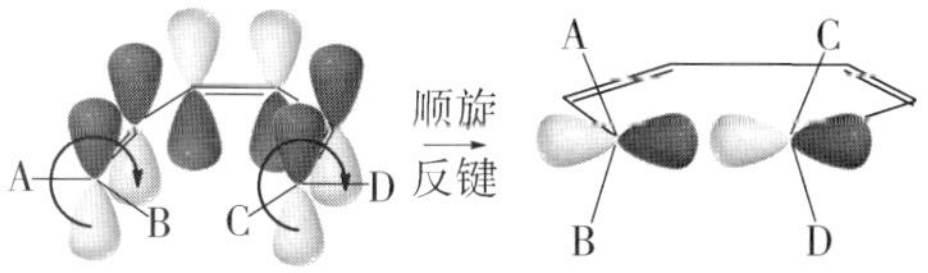 A B C D 顺旋 反键 A C B D | $\psi_4$ A B C D 顺旋 成键 A C B D 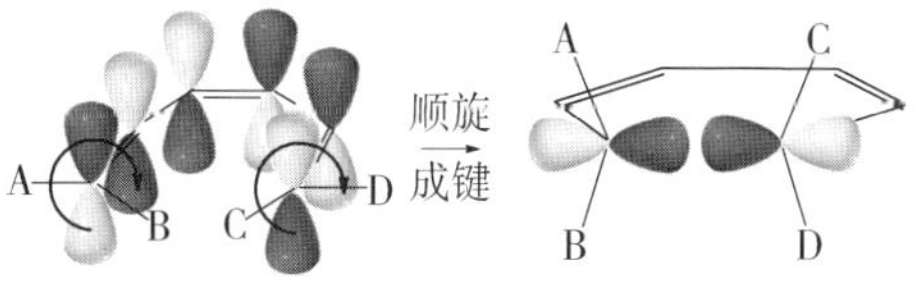 |
| $\psi_3$ A B C D 对旋 成键 A D B C 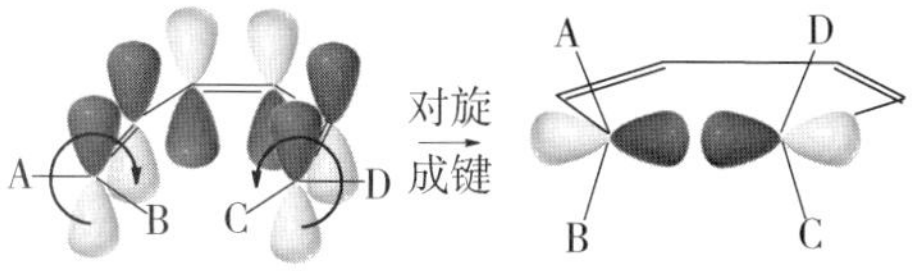 | $\psi_4$ A B C D 对旋 反键 A D B C 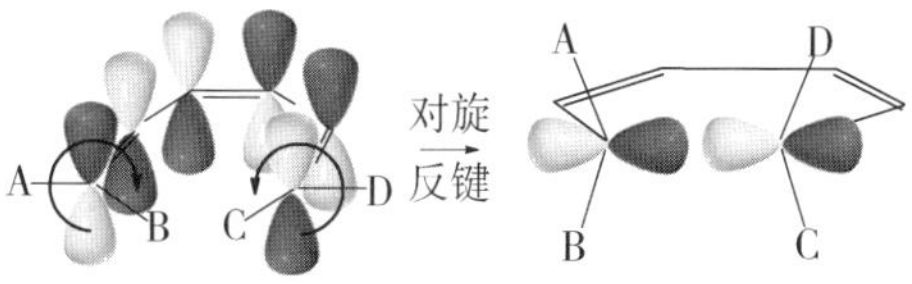 |

例如：加热时，基态 HOMO($\psi_3$)

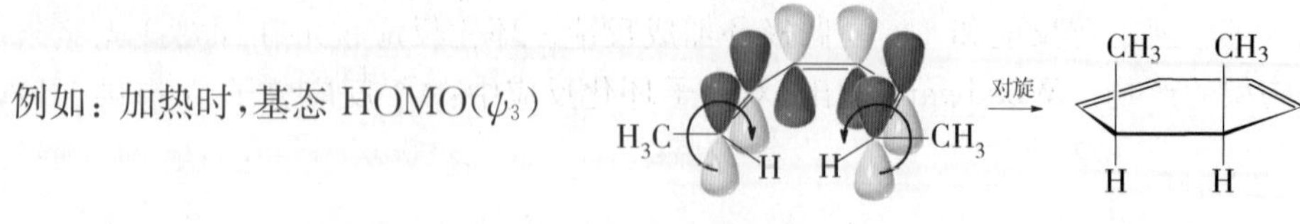


光照时，激发态 HOMO($\psi_4$)

**2. $4n\pi$ 电子共轭体系(即 1，3-丁二烯及其衍生物)**(表 18-6)

**表 18-6　1，3-丁二烯分子轨道及反应实例简析**

| 热反应(基态反应) | 光反应(激发态反应) |
|---|---|
| $\psi_4$<br>$\psi_3$　LUMO<br>$\psi_2$　HOMO<br>$\psi_1$ | $\psi_4$　LUMO<br>$\psi_3$　HOMO<br>$\psi_2$<br>$\psi_1$ |
| $\psi_2$ 顺旋 → 成键<br>$\psi_2$ 对旋 → 反键 | $\psi_3$ 顺旋 → 反键<br>$\psi_3$ 对旋 → 成键 |

例如：加热时，基态 HOMO($\psi_2$)

光照时，激发态 HOMO($\psi_3$)

## 三、环化反应(cycloaddition reaction)——双分子反应

两个或多个不饱和化合物(或同一化合物的不同部分)结合生成环状化合物，并伴随有系统总键级数减少的化学反应称为环化反应，其逆过程称为环消除反应。它可以是周环反应或非协同的分步反应。环加成

反应的两种主要类型是狄尔斯-阿尔德反应和 1，3-偶极环加成反应。环化反应也可在加热或光照条件下进行，分别得到具有不同构型的产物。Woodward 指出，双分子环化反应中：① 反应分子 A 提供 HOMO，反应分子 B 提供 LUMO。A、B 分子接近时，电子从 HOMO 流入LUMO。② HOMO 和 LUMO 必须按能产生净交盖的方式相互接近进行反应，即"+"与"+"或"−"与"−"交盖(也就是相位相同才能产生净交盖)。③ 相互作用的 HOMO 和 LUMO 应能量接近(一般在 6 eV 内)。

**1. [2+2]环加成反应**

在加热条件下，A、B 双方都以基态参加反应，一方出 HOMO，另一方出 LUMO，不能成键。

在光照条件下，一方以基态、另一方以激发态参加反应，一方出 HOMO，另一方出 LUMO，可以成键(特别提醒：单烯体激发态 $\psi_1$ 为 LUMO，请务必留意)(表 18-7)。

表 18-7　[2+2]环加成反应分子轨道

| 基态 | | | 反应物 A | 反应物 B | 激发态 | | | 反应物 A | 反应物 B |
|---|---|---|---|---|---|---|---|---|---|
| LUMO | $\psi_2$ | — | | | HOMO | $\psi_2$ | ↑ | | |
| HOMO | $\psi_1$ | ↑↓ | | | LUMO | $\psi_1$ | ↑ | | |

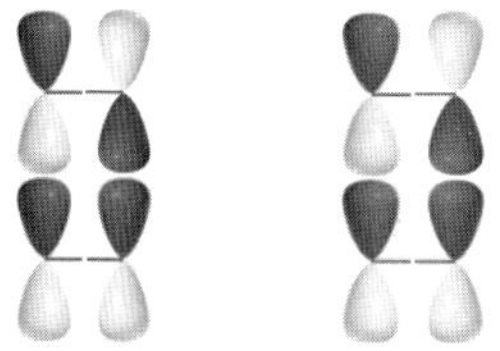

例如：

$h\nu$

O　O

$h\nu$

COOMe　O　MeOOC　O

$h\nu$

COOMe　MeOOC

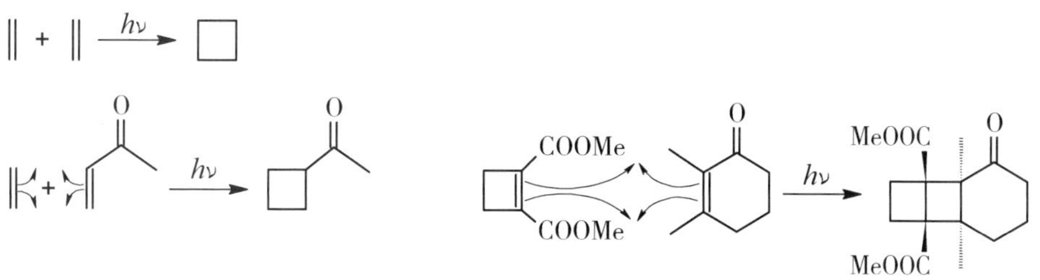

**2. [2+4]环加成反应**

加热条件下，反应物 A、B 双方都以基态参加反应，一方出 HOMO，另一方出 LUMO，可以成键(表 18-8)。

表 18-8　[2+4]环加成反应分子轨道(基态、基态)

| 基态 | | | | 基态 | | |
|---|---|---|---|---|---|---|
| | | | | $\psi_4$ | — | |
| | | | | $\psi_3$ | — | LUMO |
| $\psi_2$ | — | LUMO | | $\psi_2$ | ↑↓ | HOMO |
| $\psi_1$ | ↑↓ | HOMO | | $\psi_1$ | ↑↓ | |

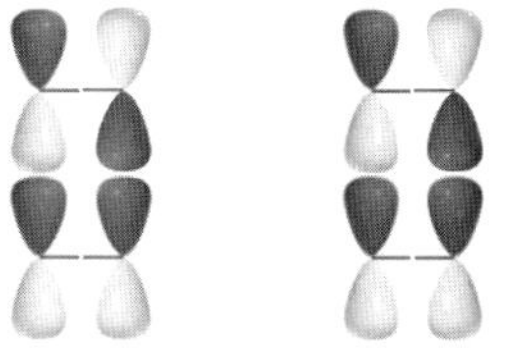

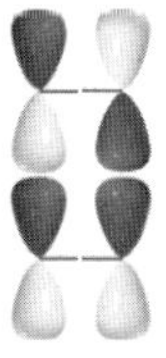

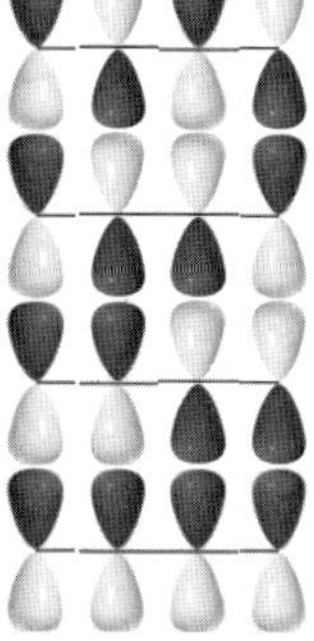

光照时，单烯方以基态、双烯方以激发态参加反应，一方出 HOMO，另一方出 LUMO，不能成键(表 18-9)。

表 18-9 [2+4]环加成反应分子轨道(基态、激发态)

| 基态 | | | 激发态 | | |
|---|---|---|---|---|---|
| | | | $\psi_4$ |  — | LUMO |
| | | | $\psi_3$ | ↑ | HOMO |
| $\psi_2$ |  — | LUMO | $\psi_2$ | ↑ | |
| $\psi_1$ | ↑↓ | HOMO | $\psi_1$ | ↑↓ | |

光照时，单烯方以激发态、双烯方以基态参加反应，一方出 HOMO，另一方出 LUMO，不能成键(再次提醒：单烯体激发态 $\psi_1$ 为 LUMO，请务必留意)(表 18-10)。

表 18-10 [2+4]环加成反应分子轨道(激发态、基态)

| 激发态 | | | 基态 | | |
|---|---|---|---|---|---|
| | | | $\psi_4$  | — | |
| | | | $\psi_3$ | — | LUMO |
| $\psi_2$ |  ↑ | HOMO | $\psi_2$ | ↑↓ | HOMO |
| $\psi_1$ | ↑ | LUMO | $\psi_1$ | ↑↓ | |

**3. Diels-Alder 反应**

(1) 基本概念

Diels-Alder 反应是指共轭双烯与含有双键或三键化合物作用，生成六元环化合物的反应。1928 年，狄尔斯和阿尔德在研究 1，3-丁二烯和顺丁烯二酸酐的相互作用时发现了此类反应。

例如：

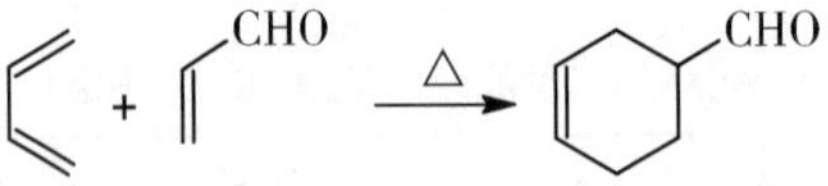

CHO △ CHO 100%

O O O O 100% O O

O O O O

COOCH$_3$ △ COOCH$_3$

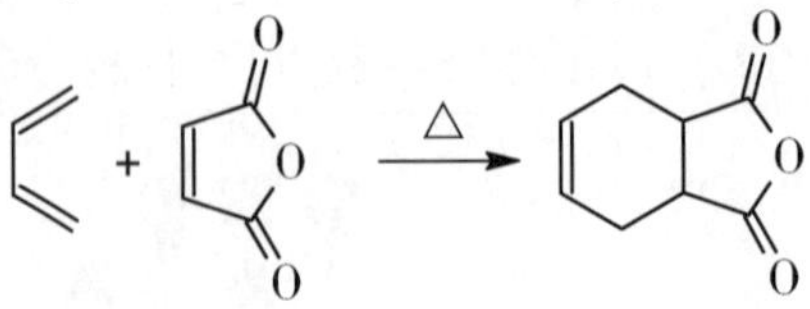

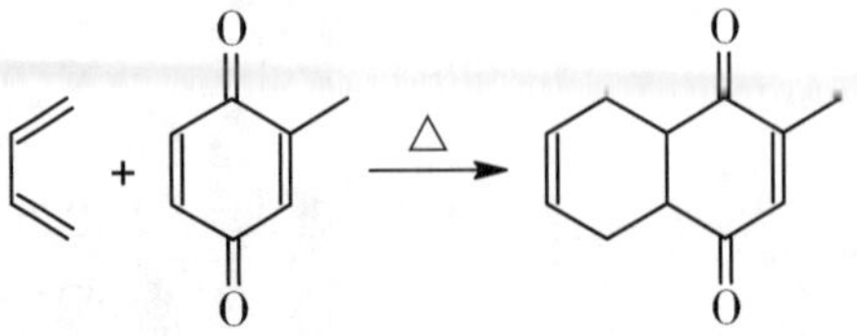

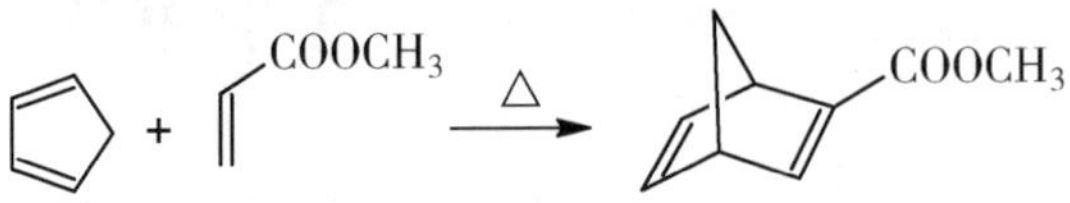

（2）反应特点

① 反应仅在加热条件下进行，反应可逆，自发进行，一般不用催化剂，是立体专一性的顺式加成，只有顺式构象的二烯体才能与亲双烯体发生 D-A 反应，反应物原来的构型关系仍保留在环加成产物中。

例如：

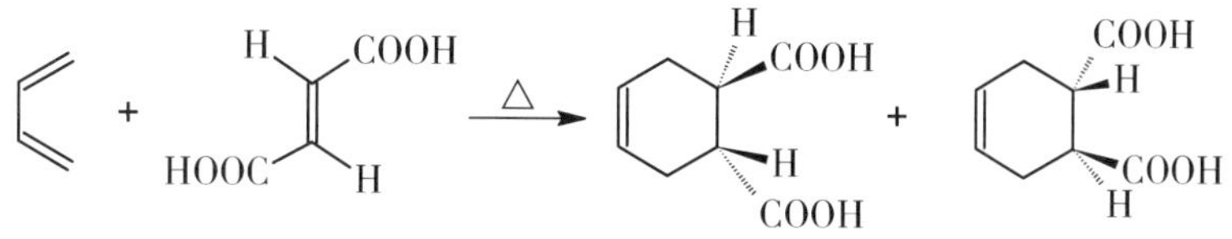

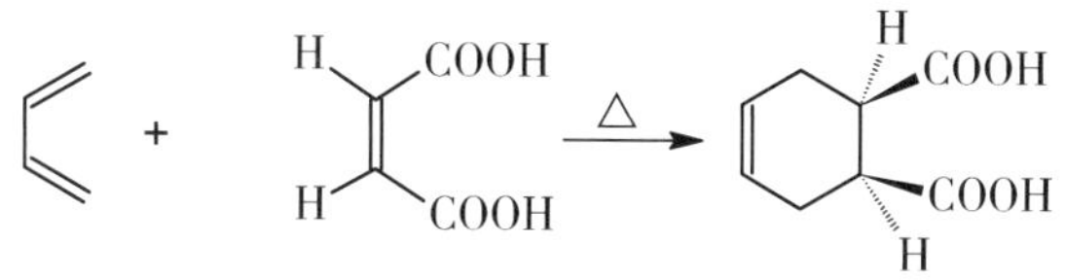

② 具有很强的区域选择性，当双烯体与亲双烯体上均有取代基时，主要生成两个取代基处于邻位或对位的产物。

例如：

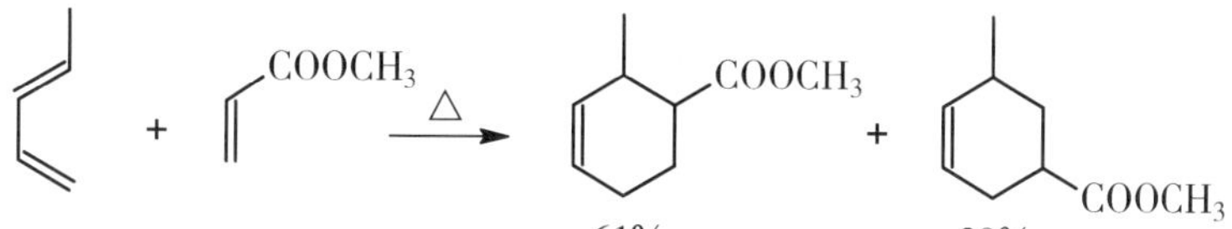

61%　39%

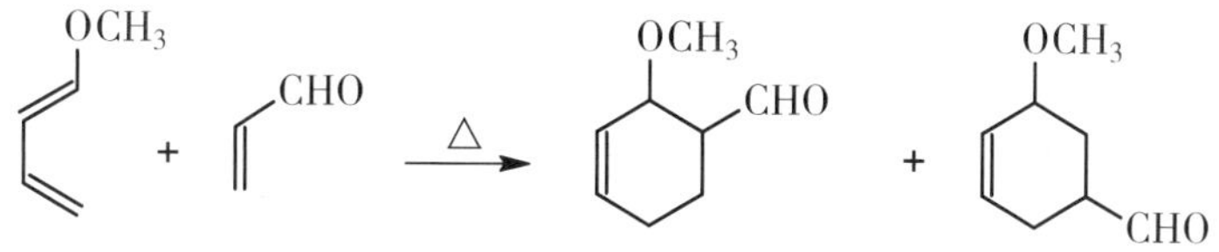

100%　0%

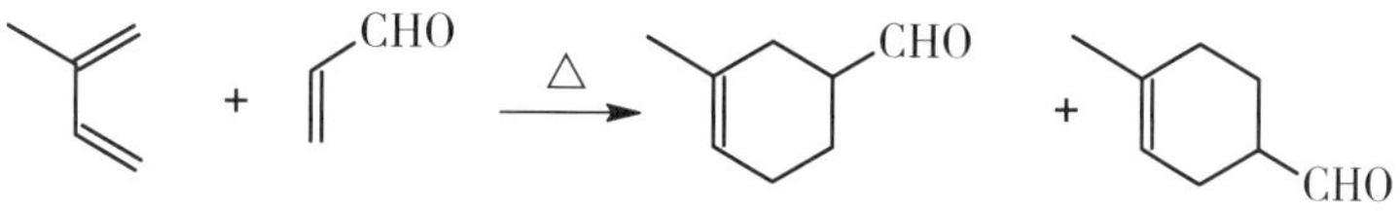

30%　70%

③ 当双烯体上有给电子取代基、亲双烯体上有不饱和基团（如 $\gt C=O$ 、—COOH、—COOR、—CN、—$NO_2$）与烯键（或炔键）共轭时，优先生成内型（Endo）加成产物，目前比较公认的理论解释是次级轨道相互作用提高了 Endo 过渡态的稳定性，例如：

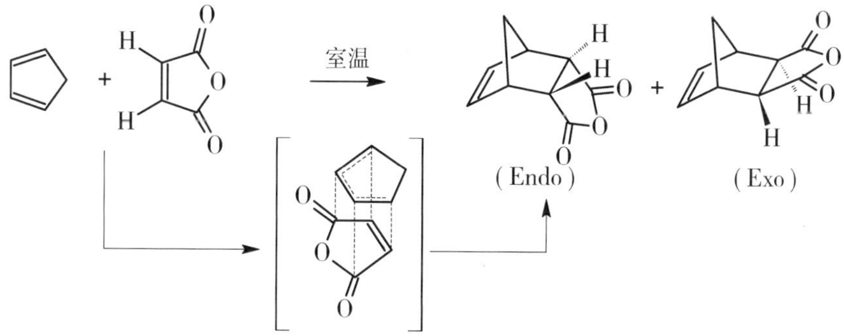

室温

（Endo）　（Exo）

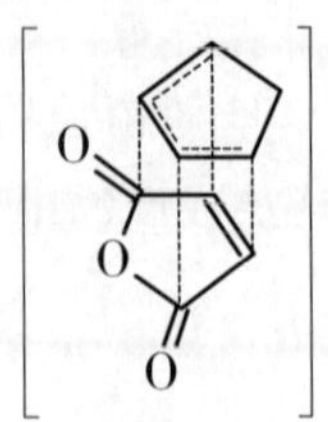

Endo 型过渡态更加稳定

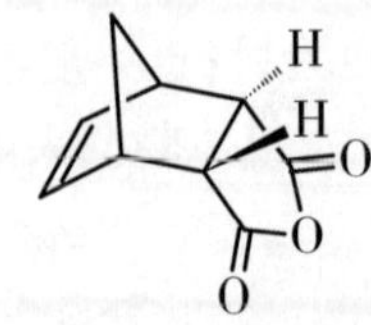

分子中的取代基与新生成的双键为同侧，被称为内型(Endo)

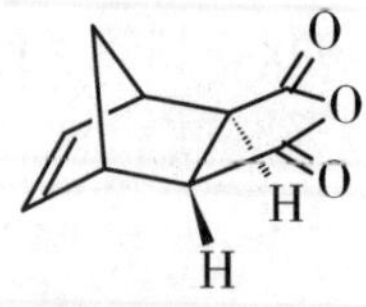

分子中的取代基与新生成的双键为异侧，被称为外型(Exo)

## 四、开环加成反应

参阅“环烷烃”部分。

# 第十九章　有机反应理论——消除、降解与重排

## 第一节　消除反应

### 一、基本概念

消除反应(elimination reaction)又称脱去反应或消去反应，特指一种有机化合物分子和其他物质反应，失去部分原子或官能团(称为离去基)的反应。反应会产生新的双键或三键，分子的不饱和程度增加。

### 二、主要分类

离去基所接的碳为 α-碳，其上的氢为 α-氢，而相邻的碳及氢则为 β-碳、β-氢。按失去的两个基团在分子中的相对位置进行分类，消除反应可分为 β-消除、α-消除、1，3-消除。

### 三、卤代烃的 β-消除反应

卤代烷分子消除 HX 生成烯烃的反应称为卤代烃的消除反应，因为消除的是 β-H 和卤原子，所以属于 β-消除反应。与卤代烷的亲核取代反应相似，卤代烷的消除反应也有两种反应历程。

**1. 单分子 β-消除反应(E1)**

(1) 反应机理

以$(CH_3)_3CBr$为例：

$$H_3C-\overset{\alpha}{C}(CH_3)(\beta CH_3)-Br \xrightarrow{\text{慢}} H_3C-\overset{\alpha}{C}^{+}(CH_3)-\overset{\beta}{C}H_2-H \;\; OH^- \longrightarrow \begin{cases} \xrightarrow{\text{按①}} H_3C-C(CH_3)_2-OH + Br^- \\ \xrightarrow{\text{按②}} Br^- + H_2O + H_3C-C(CH_3)=CH_2 \end{cases}$$

按①进行反应，碱进攻的是 α-C，发生的是亲核取代反应；按②进行反应，碱进攻的是 β-H，发生的是消除反应。亲核取代反应和消除反应是相互竞争、伴随发生的。

(2) 反应取向与立体选择

当卤代烷分子含有两个或两个以上不同的 β-H 原子可供消除时，生成的烯烃也就不止一种结构，那么，究竟优先消除哪一个 β-H 原子？这就是取向问题。实践表明，卤代烷的 β-消除反应，一是 Zaitsev(查依采夫)取向，另一个是 Hofmann(霍夫曼)取向。但在通常情况下，E1 反应遵循 Zaitsev 规则——生成连有较多取代基的烯烃。E1 反应过程中的过渡态为 $sp^2$ 的碳正离子，所以典型的 E1 反应不存在立体选择问题(表 19-1)。

$$H_3C-C(CH_3)(Br)-CH_2CH_3 \xrightarrow[CH_3CH_2ONa]{CH_3CH_2O^-} H_2\overset{\beta'}{C}(H)-\overset{\alpha}{C}^{+}(CH_3)-\overset{\beta}{C}H(H)-CH_3 \longrightarrow \begin{cases} \xrightarrow{\text{按①}} H_3C-C(CH_3)=CHCH_3 \text{ Zaitsev产物} \\ \xrightarrow{\text{按②}} H_2C=C(CH_3)-CH_2CH_3 \text{ Hofmann产物} \end{cases}$$

表 19-1 两种过渡态的电子效应及其稳定性

| 对应产物 | 按①生成 Zaitsev 产物 | 按②生成 Hofmann 产物 |
| --- | --- | --- |
| 过渡态结构 | $CH_3$ β′ α β $H_3C—C^+=CH—CH_3$ H $H_3CCH_2O^-$ | $CH_3$ β′ α β $H_2C=C^+—CH_2CH_3$ H $H_3CCH_2O^-$ |
| σ-π 超共轭效应 | 九个 C-H σ 键参与，稳定性更好 | 五个 C-H σ 键参与，稳定性较差 |

**2. 双分子 β- 消除反应(E2)**

(1) 反应机理

以 $CH_3CH_2CH_2Br$ 为例：

按① → $[HO^{\delta-}\cdots C(H_2CCH_3)(H)(H)\cdots Br^{\delta-}]$ —亲核取代反应→ $HO—C(CH_2CH_3)HH$

按② → $[H—CH(CH_3)\cdots CH_2\cdots Br^{\delta-}, \ ^{\delta-}OH^-]$ —β-消除反应→ $H_3CCH=CH_2 + H_2O + Br^-$

按①进行反应，碱进攻的是 α-C，发生的是亲核取代反应；按②进行反应，碱进攻的是 β-H，发生的是消除反应。

(2) 反应取向

$H_3C—CH(H)—CH(Br)—CH_2(H)$ + $OH^-$

按① → $H_3C—CH\cdots CH—CH_2$（$Br^{\delta-}$，$HO^{\delta-}\cdots H$，H）较稳定 → $H_3CCH=CHCH_3$ 81%

按② → $H_3C—CH—CH\cdots CH_2$（H，$Br^{\delta-}$，$H\cdots {}^{\delta-}OH$）较不稳定 → $H_3CCH_2CH=CH_2$ 19%

由此可见，无论是过渡态的稳定性，还是产物的稳定性，都说明主要产物仍然是 Zaitsev 产物。

然而，当消除的 β-H 所处位置有明显的空间位阻或碱的体积很大时，其主要产物将是 Hofmann 产物。

例如：$H_2C—C(CH_3)(Br)—CH(H)—C(CH_3)_2—CH_3$（空间位阻大），$R_3CO^-$（基团体积大）

按① → $H_2C=C(CH_3)—CH_2—C(CH_3)_2—CH_3$ Hofmann产物 98%

按② → $H_3C—C(CH_3)=CH—C(CH_3)_2—CH_3$ Zaitsev产物 2%

(3) 立体选择

E2 β- 消除反应可能会有两种不同的顺反异构体生成。将离去基团 X 与被消除的 β-H 放在同一平面上，若 X 与 β-H 在 σ 键的同侧被消除，称为顺式消除；若 X 与 β-H 在 σ 键的两侧(异侧)被消除，称为反式消除。

$B^-$ H—C(a)(b)—C(X)(d)(c) —顺式消除→ (a)(b)C=C(d)(c)

(a)(b)C=C(c)(d) ←反式消除— $B^-$ H—C(a)(b)—C(c)(d)(X)

实践表明，在按 E2 机理进行消除的反应中，一般情况下发生的主要是反式消除。

如：$H_3CCH_2CHCH_3$（Br） $\xrightarrow[70℃]{KOEt/EtOH}$ 反-2-丁烯（$H_3C$、H / H、$CH_3$ 的 C=C）60% + 顺-2-丁烯（$H_3C$、$CH_3$ / H、H 的 C=C）20% + $H_3CCH_2CH{=}CH_2$ 20%

## 四、醇的 β- 消除反应——分子内脱水

醇的脱水有两种方式，即分子内脱水和分子间脱水。至于按哪种方式脱水，取决于醇的结构和反应条件。大多数醇在质子酸催化下加热，主要发生分子内脱水，且主要按 E1 机理进行。

**1. 反应机理**

$$-\underset{H}{\overset{|}{C}}-\underset{OH}{\overset{|}{C}}- \underset{}{\overset{H^+}{\rightleftharpoons}} -\underset{H}{\overset{|}{C}}-\underset{OH_2^+}{\overset{|}{C}}- \overset{E_1}{\rightleftharpoons} -\underset{H}{\overset{|}{C}}-\overset{|}{C}^+- \rightleftharpoons \;>C=C<$$

其反应活性顺序为 3°ROH>2°ROH>1°ROH。

**2. 反应取向**

符合 Zaitsev 规则，即生成取代基多的烯烃。例如：

2-甲基环己醇 $\xrightarrow[\triangle]{H_3PO_4}$ 1-甲基环己烯（84%）+ 3-甲基环己烯（16%）

**3. 反应特点**

通常伴随碳正离子重排

（1）既然反应是按 E1 历程进行的，由于反应中间体为碳正离子，就有可能先发生重排，然后再按 Zaitsev 规则脱去一个 β-H 而生成烯烃。

如：

$$H_3C-\underset{CH_3}{\overset{CH_3}{C}}-\underset{OH}{CH}-CH_3 \xrightarrow{H^+} H_3C-\underset{CH_3}{\overset{CH_3}{C}}-\underset{OH_2^+}{CH}-CH_3 \xrightarrow{-H_2O} H_3C-\underset{CH_3}{\overset{CH_3}{C}}-\overset{+}{C}H-CH_3$$

$$\xrightarrow{重排} H_3C-\overset{CH_3}{\overset{|}{C}}{}^{+}-\underset{CH_3}{CH}-CH_3 \xrightarrow{-H^+} \underset{80\%}{H_3C-\overset{CH_3}{C}=\underset{CH_3}{C}-CH_3} + \underset{20\%}{H_2C=\overset{CH_3}{C}-\underset{CH_3}{CH}-CH_3}$$

（2）而如果使用 $Al_2O_3$ 作为催化剂且在高温气相条件下脱水，因其没有经过碳正离子的形成过程，所以往往不发生重排反应。例如：

$$H_3C-\underset{CH_3}{\overset{CH_3}{C}}-\underset{OH}{CH}-CH_3 \xrightarrow[气相\triangle]{Al_2O_3} H_3C-\underset{CH_3}{\overset{CH_3}{C}}-CH=CH_2\text{（主要产物）}+H_2O$$

（3）醇的分子内脱水消除的是 β-H，需要比较高的活化能，故需要在较高的温度下进行。

## 五、酯的 β- 消除反应——酯的热解(裂)

酯在 400～500 ℃的高温进行热裂，产生烯和相应羧酸的反应称为酯的热解。消除反应是通过一个六中心过渡态完成的。

乙酸酯（O—C—C—H）$\longrightarrow$ 六中心过渡态 $\longrightarrow$ $CH_3COOH$ + 烯烃

反应机理说明，消除时，与 α-C 相连的酰氧键和与 β-C 相连的 H 处在同一平面上，发生顺式消除。

## 六、Hofmann 消除——四级铵碱的 β-消除反应(分子内脱水)

### 1. 基本概念

Hofmann 消除特指四级铵碱分解成烯烃、三级胺和水的反应。

### 2. 典型示例

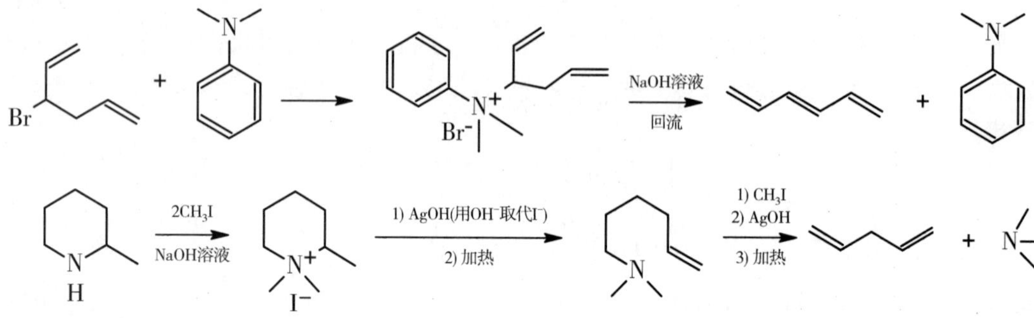
Br
N
N+
Br-
NaOH溶液
回流
2CH3I
NaOH溶液
N
H
N+
I-
1) AgOH(用OH-取代I-)
2) 加热
N
1) CH3I
2) AgOH
3) 加热
N

### 3. Hofmann 规则

如果底物四级铵有两个或多个 β-C 且 β-C 上有 H 原子，那么，含有较少烷基的那个 β-C 上的 H 优先被消除，生成与 Zaitsev 消除相反的产物，即 β-C 上 H 的反应活性顺序为 $CH_3>RCH_2>R_2CH$。例如：

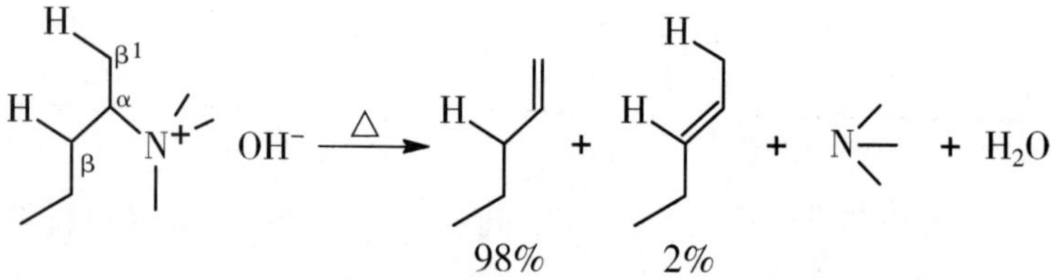
H
β1
H
α
N+
β
OH-
△
H
H
98%
2%
N
H2O

### 4. Hofmann 消除与 Zaitsev 消除的比较(表 19-2)

表 19-2　Hofmann 消除与 Zaitsev 消除的比较

| | |
|---|---|
| 四级铵碱的 E2 Hofmann 消除碱进攻烷基取代基较少的 β-C 上的 H | 卤代烃的 E2 Zaitsev 消除碱进攻烷基取代基较多的 β-C 上的 H |
| 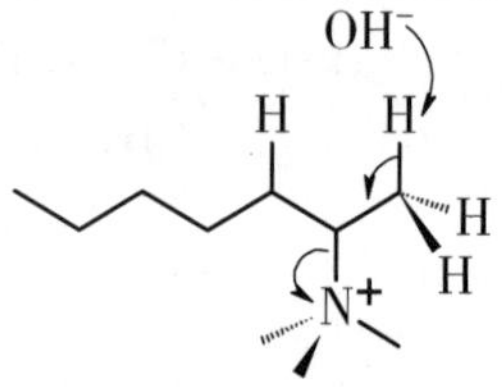 | 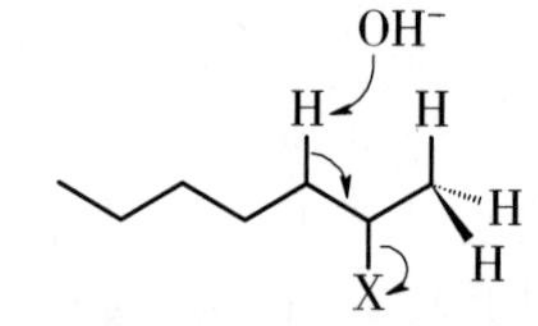 |
| 酸性强，反应速率快，动力学有优势 | 酸性弱，反应速率慢，但产物稳定，热力学有优势 |
| 吸电子能力：$R_3N^+>X$，导致 β-H 酸性更强 | 吸电子能力：$X<R_3N^+$，导致 β-H 酸性稍弱 |
| $R_3N^+$ 离去能力弱，β-H 先离去；<br>显然，酸性较强的 β-H 先离去 | X 离子离去能力强，$X^-$ 先离去形成碳正离子；<br>能形成更稳定过渡态的 β-H 优先被消除 |

## 七、Cope 消除——氧化胺的 β-消除反应

在加热条件下，氧化胺发生分解反应生成烯烃和羟胺衍生物的反应称为 Cope 消除反应。

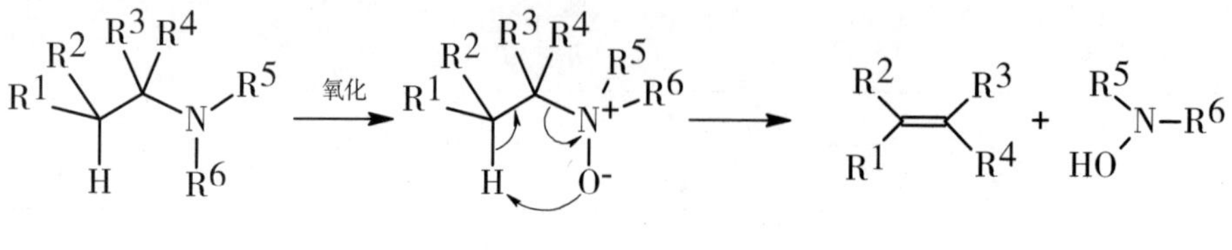
R1
R2
R3
R4
N
R5
H
R6
氧化
N+
O-
N-R6
HO

反应主要生成 Hofmann 产物，有两个或多个 β-C 且 β-C 上有 H 原子时，酸性较强的 β-H 优先离去。例如：

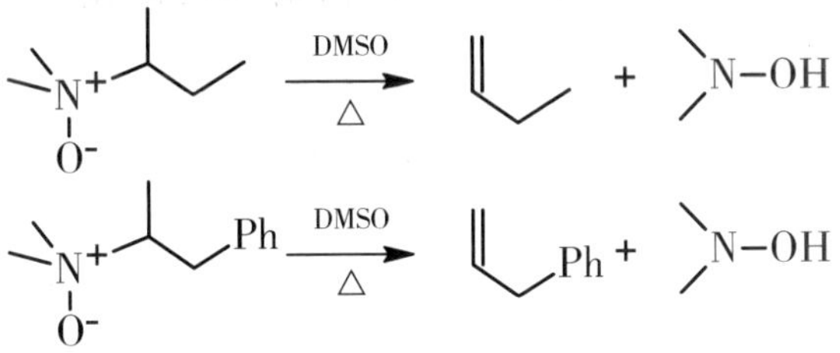

## 八、E1、E2 消去反应与 $S_N1$、$S_N2$ 取代反应的竞争

如前所述，在卤代烷的反应中，试剂既可进攻 α-C 原子而发生 $S_N$反应，也可进攻 β-H 原子而发生 E 反应，这是两个相互竞争的反应。然而，如何使反应按我们所需的方向进行，就必须对影响 $S_N$和 E 反应的因素有一个清楚的认识。

**1. 底物结构**（表 19-3）

**表 19-3　底物结构对 $S_N$和 E 反应的影响**

| β-C | | α-C |
|---|---|---|
| ① 烃基 $R^3$ 越大，空间位阻越大，对 $S_N2$、E2 反应都不利；<br>② 烃基 $R^3$ 越大，空间位阻越大，越"迫使"试剂进攻 α-C，所以，相对而言，反而对 $S_N1$、E1 反应有利，且对 E1 反应更有利（参阅本表插图） | 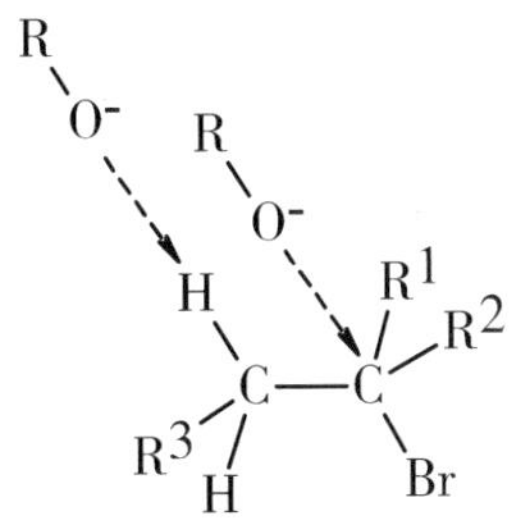 | ① 叔碳更易形成碳正离子，所以单分子反应：伯卤＜仲卤＜叔卤；<br>② 烃基 $R^1$、$R^2$ 越大，越易形成碳正离子，所以对 $S_N1$、E1 反应有利；<br>③ 烃基 $R^1$、$R^2$ 越大，空间位阻越大，对 $S_N2$ 反应不利；<br>④ 烃基 $R^1$、$R^2$ 越大，越"迫使"试剂进攻 β-H，相对而言，反而对 E2 反应有利 |

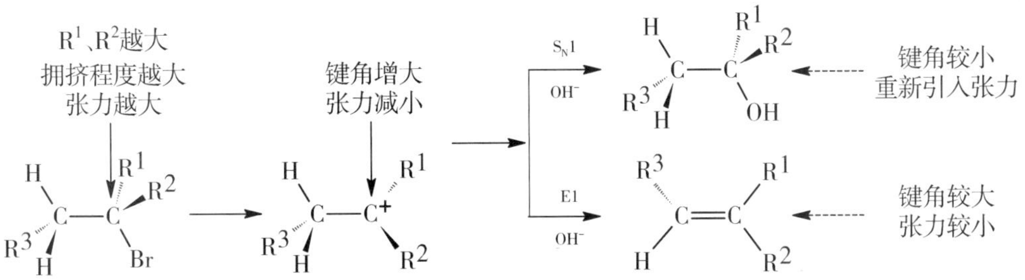

**2. 亲核试剂**

亲核试剂对 $S_N1$ 反应影响不大，但对 $S_N2$ 反应影响很大。其一般规律是：亲核试剂的亲核能力越强，对 $S_N2$ 反应越有利；试剂的亲核性越弱且碱性越强，对 E2 反应越有利；试剂 R 的体积越大，越不利于对 α-C 的进攻，故对消除反应有利；试剂的浓度越大，对 $S_N2$、E2 都有利。

**3. 溶剂极性**（表 19-4）

**表 19-4　溶剂极性对 $S_N$和 E 反应的影响**

| 取代反应过渡状态 | 消除反应过渡状态 |
|---|---|
| $S_N1$　R—X（电中性）→$R^{\delta+}\cdots X^{\delta-}$　（带部分电荷） | E1　$R^{\delta+}\cdots X^{\delta-}$（带部分电荷） |
| $S_N2$　$HO^-$（电荷集中）＋R—X（电中性）→$HO^{\delta-}\cdots R\cdots X^{\delta-}$<br>（电荷分散在 3 个原子上） | E2　$HO^{\delta-}\cdots H\cdots C{=}C\cdots X^{\delta-}$<br>（电荷分散在 5 个原子上） |

由此可见，溶剂的极性越强，越有利于过渡状态电荷增加的反应，即对 $S_N1$、E1 反应有利。因为极性越强，溶剂化作用越强，越有利于 C—X 键的解离。

溶剂的极性越强，对电荷分散的反应越不利，即对 $S_N2$、E2 反应均不利，但对 E2 反应更不利。因为在 E2 反应中，过渡状态的电荷分散程度更大。

**4. 反应温度**

温度升高对 $S_N$反应和 E 反应均有利，但对 E 反应更有利。因为消除反应需要拉长 C－H 键，形成过渡状态所需的活化能较大。

例如：$CH_3CHBrCH_3 \xrightarrow[C_2H_5OH,\ H_2O]{NaOH} CH_3CH{=}CH_2 + (CH_3)_2CH{-}OCH_2CH_3$（或 OH）

| | $CH_3CH{=}CH_2$ | $(CH_3)_2CH{-}OCH_2CH_3$（或 OH） |
|---|---|---|
| 45℃ | 53% | 47% |
| 100℃ | 64% | 36% |

消除反应与亲核取代反应竞争的大致规律总结见表 19-5。

**表 19-5　消除反应与亲核取代反应竞争的大致规律**

<table>
<tr><td rowspan="4">考虑底物</td><td rowspan="2">α-C</td><td colspan="2">R 越多——越利于单分子反应</td></tr>
<tr><td colspan="2">R 越大——越利于单分子反应</td></tr>
<tr><td rowspan="2">β-C</td><td colspan="2">R 越多——越利于单分子反应</td></tr>
<tr><td colspan="2">R 越大——越利于单分子反应</td></tr>
<tr><td rowspan="7">考虑试剂</td><td>单分子反应</td><td colspan="2">无影响</td></tr>
<tr><td rowspan="6">双分子反应</td><td rowspan="2">亲核性</td><td>越强——越利于取代反应</td></tr>
<tr><td>越弱——越利于消除反应</td></tr>
<tr><td rowspan="2">碱性</td><td>越强——越利于消除反应</td></tr>
<tr><td>越弱——越利于取代反应</td></tr>
<tr><td rowspan="2">R 的大小</td><td>越大——越利于消除反应</td></tr>
<tr><td>越小——越利于取代反应</td></tr>
<tr><td rowspan="2">考虑溶剂</td><td colspan="3">越强——越利于单分子反应</td></tr>
<tr><td colspan="3">越弱——越利于双分子反应</td></tr>
<tr><td rowspan="2">考虑温度</td><td colspan="3">相对越高——更利于消除反应</td></tr>
<tr><td colspan="3">相对越低——更利于取代反应</td></tr>
</table>

## 九、α-消除反应

**1. 卡宾、乃春的生成**(表 19-6)

α-消除反应又称 1，1-消除反应，特指同一原子上的两个基团失去后该原子形成不带电荷的低价结构（如卡宾、乃春，都具有极高的反应活性）的反应。

**表 19-6　卡宾、乃春的结构**

<table>
<tr><td colspan="2">卡宾(carbene)，又称碳烯</td><td colspan="2">乃春(nitrene)，又称氮烯</td></tr>
<tr><td> 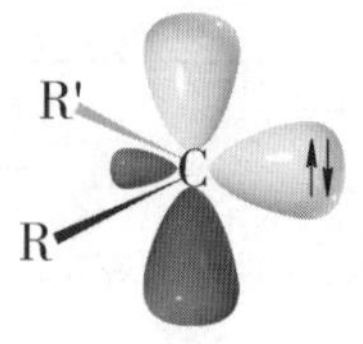R' R C</td><td>R' R C</td><td> 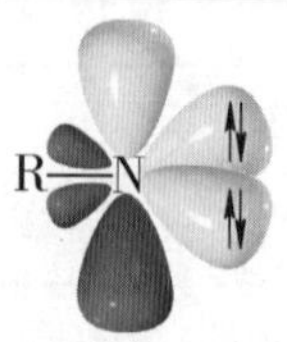R N</td><td> 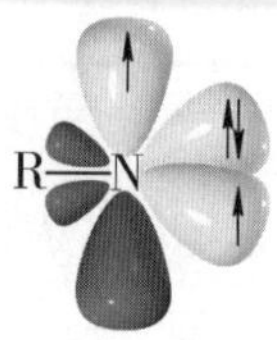R N</td></tr>
<tr><td>单线态(Bent singlet)</td><td>三线态(Linear triplet)</td><td>单线态(Bent singlet)</td><td>三线态(Linear triplet)</td></tr>
</table>

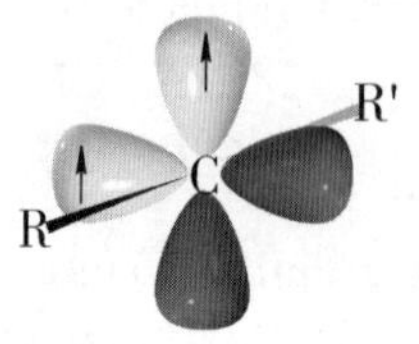

(1) 卡宾的生成

$$H-CCl_3 \xrightarrow{\text{碱}} {}^{-}CCl_3 \xrightarrow{\alpha-\text{消除}} :CCl_2 + Cl^-$$

$$R_2C=N-NH-SO_2Ar \xrightarrow{\text{碱}} R_2C=N-N^--SO_2Ar \longrightarrow R_2C=N^+=N^- \longleftrightarrow R_2C^--N^+\equiv N \xrightarrow[\text{或}\triangle]{h\nu} :CR_2 + N_2$$

(2) 乃春的生成

$$R-N^--N^+\equiv N \longleftrightarrow R-N=N^+=N^- \longrightarrow N_2 + \begin{cases} R-\ddot{N}: & \text{单线态} \\ R-\dot{N}\cdot & \text{三线态} \end{cases}$$

**2. 脱羧反应**(详见下节"降解反应")

羧酸失去 $CO_2$ 的反应称为脱羧反应。

例如:

$$\text{Cannabidiolic acid(CBDA)} \xrightarrow[\text{脱羧}]{\text{加热}} \text{Cannabidiol(CBD)} + CO_2$$

当 α- 碳与不饱和键相连时,一般都通过环状过渡态机理失羧:

$$CH_3COCH_2COOH \longrightarrow [\text{环状过渡态}] \longrightarrow CH_2=C(OH)CH_3 + O=C=O \xrightarrow{\text{互变异构}} CH_3COCH_3 + CO_2$$

酸性很强的酸易通过负离子机理脱羧,例如 $Cl_3CCOOH$ 属于强酸,在水中完全电离($pK_a=0.66$):

$$Cl_3CCOOH \xrightarrow[H_2O]{-H^+} Cl_3C-COO^- \xrightarrow{\triangle} Cl_3C^- + CO_2 \xrightarrow{H^+} Cl_3CH$$

## 第二节 降解反应

### 一、脱羧反应(decarboxylation)

**1. 基本概念**

脱羧是一种去除羧基并释放二氧化碳($CO_2$)的化学反应。通常,脱羧是指羧酸从碳链上除去碳原子的反应。相反的过程是光合作用的第一个化学步骤,叫作羧化,即向化合物中添加二氧化碳。

**2. 常见的脱羧反应**

(1) 热化学脱羧

一般的脱羧反应不需要特殊的催化剂,而是在以下的条件下进行的:①加热;②碱性条件;③加热和碱性条件共存。最常用的脱羧方法是将羧酸的钠盐与碱石灰(CaO+NaOH)或固体氢氧化钠加热发生脱羧反应,—COONa 被 H 原子取代生成比羧酸钠盐少一个碳原子的烷烃,反应式如下:

$$RCOOH \xrightarrow{NaOH+CaO,\triangle} RH$$

(2) 电化学脱羧——柯尔伯(H. Kolbe)电解反应

柯尔伯(H. Kolbe)电解反应可能是自由基反应。电解脂肪酸的钠盐或钾盐的浓溶液，羧酸根负离子在阳极上失去一个电子转变为相应的自由基，后者脱去二氧化碳成为烃基自由基，两个烃基自由基偶联从而生成烃类，反应机制如下：$RCOO^- \longrightarrow RCOO\cdot + e^-$；$RCOO\cdot \longrightarrow R\cdot + CO_2$；$2R\cdot \longrightarrow R—R$。

该类反应一般用铂制成电极，使用高浓度的羧酸钠盐在中性或弱酸性溶液中进行电解，只要选择良好的电极材料及适当的电流密度，控制好羧酸盐的浓度，脱羧反应可很快进行。电化学脱羧反应使用的化学试剂少、对环境污染小。利用电解脱羧反应生成的自由基共聚耦合或交叉耦合可以合成出较高级的烃。

(3) 催化脱羧

催化脱羧反应如酶催化、均相络合催化等是近年来研究较多的脱羧反应，应用于脱羧的催化剂有多种，如酶催化脱羧、过渡金属离子催化脱羧、杂环胺/杂环碱催化脱羧等等。

## 二、β-二羰基化合物的分解反应

### 1. 酸式分解(acid-form decomposition)

用浓的强碱溶液与乙酰乙酸乙酯同时加热，得到的主要产物再经过酸化生成两分子酸：

$$CH_3COCH_2COOCH_2CH_3 \xrightarrow[H_2O]{NaOH} \xrightarrow{H^+} 2\,CH_3COOH + HOCH_2CH_3$$

$$H_3C-C(O^-)(OH)-CH_2-C(O^-)(OH)-O-CH_2-CH_3 \rightleftharpoons CH_3COOH + {}^-H_2C-COOH + {}^-OCH_2CH_3$$

任何β-酮酯或β-二酯都可发生此类反应。β-二酮化合物在浓的强碱作用下都能进行酸式分解，生成一分子羧酸和一分子酮。

### 2. 酮式分解(keto-form decomposition)

乙酰乙酸乙酯在稀碱溶液中水解，再酸化，生成乙酰乙酸，稍加热生成丙酮：

$$CH_3COCH_2COOCH_2CH_3 \xrightarrow[H_2O]{NaOH} \xrightarrow{H^+} CH_3COCH_2COOH \xrightarrow{\triangle} CH_3COCH_3 + O=C=O$$

任何β-酮酯或β-二酯都可发生此类反应。

## 三、霍夫曼降解反应

霍夫曼降解反应即霍夫曼重排反应(Hofmann rearrangement)，指的是一级酰胺重排并减少一个碳原子变为伯胺的有机反应(参阅本书“霍夫曼重排”部分内容)。

其中比较常见的类型是酰胺与次氯酸钠或次溴酸钠的碱溶液作用时脱去羰基生成少一个碳的伯胺：

$$R-CONH_2 + NaOX + 2NaOH \longrightarrow R-NH_2 + Na_2CO_3 + NaX + H_2O$$

## 四、羰基的插入与脱除

### 1. 羰基化反应

在烯烃分子中引进羰基的反应称为羰基化反应，又称羰基合成反应，是一类反应的总称。使用不同原料，产物不同，但都生成碳基衍生物，这是20世纪40年代发展起来的烯烃络合催化反应，在有机化工上有着重要应用。

$$RCH{=}CH_2+CO+H_2\xrightarrow{催化剂}RCH_2CH_2CHO \quad (1)$$

$$RCH{=}CH_2+CO+H_2O\xrightarrow{催化剂}RCH_2CH_2COOH \quad (2)$$

$$RCH{=}CH_2+CO+HOR'\xrightarrow{催化剂}RCH_2CH_2COOR' \quad (3)$$

$$RCH{=}CH_2+CO+HNR'_2\xrightarrow{催化剂}RCH_2CH_2CONR'_2 \quad (4)$$

$$RCH{=}CH_2+CO+HOCOR'\xrightarrow{催化剂}RCH_2CH_2COOCOR' \quad (5)$$

$$RCH{=}CH_2+CO+HCl\xrightarrow{催化剂}RCH_2CH_2COCl \quad (6)$$

在上述反应中，相当于烯烃的双键与甲酰基衍生物发生加成反应，如反应(1)相当于烯烃双键的一端引入 H，另一端引入甲酰基，故称为烯烃氢甲酰化反应：

$$R-CH{=}CH_2 + HCHO \longrightarrow RCH_2CH_2CHO$$

其他类型的羰基化反应也应用于工业生产，如乙烯进行氢羧化反应是合成丙酸的工业方法：

$$H_2C{=}CH_2+C{\equiv}O+H_2O\xrightarrow{催化剂}CH_3CH_2COOH$$

**2. 羰基的脱除——从有机化合物分子中脱掉羰基的反应(Decarbonylation)**

脱羰基反应是羰基插入反应的逆反应，也可以称为羰基挤出反应(Carbonyl-extrusion reaction)。

一般情况，在强酸作用下，加热至 90～125 ℃之间，可以脱去醛羰基。

## 第三节　重排反应简介

### 一、Wagner-Meerwein 重排

**1. 一般机理**

$$R^1R^2R^3C-CH(OH)R^4 \xrightarrow{H_3O^+} R^1R^2R^3C-CH(\overset{+}{O}H_2)R^4 \xrightarrow{-H_2O} R^1R^2R^3C-\overset{+}{C}HR^4 \longrightarrow R^2R^3\overset{+}{C}-CHR^1R^4 \xrightarrow{H_2O} R^2R^3C{=}CR^1R^4$$

最终产物可能生成烯烃或取代产物。

**2. 驱动因素**

形成更稳定的碳正离子、大张力小环扩环形成小张力大环。

**3. 产生碳正离子的一般路径**

(1) 碳碳双键＋强酸；醇＋强酸；环氧或环丙烷＋强酸。例如：

$$(H_3C)_2C\overset{O}{—}C(CH_3)_2 \xrightarrow{H^+} (H_3C)_2C\overset{\overset{H}{O^+}}{—}C(CH_3)_2 \longrightarrow (H_3C)_2C(HO)-\overset{+}{C}(CH_3)_2$$

(2) 卤代烷用 $AlCl_3$ 或 $Ag^+$ 处理。例如：$(CH_3)_3CCl \xrightarrow{+Ag^+} (CH_3)_3C^+ + AgCl\downarrow$。

(3) 一级胺用亚硝酸处理生成重氮盐，然后发生分解反应放出氮气，形成碳正离子。

例如：$(CH_3)_3CCH_2NH_2 \xrightarrow{NaNO_2+HCl} (CH_3)_3CCH_2N^+\equiv N \xrightarrow{-N_2} (CH_3)_3CCH_2^+$

**4. 常见迁移基团及其迁移能力**

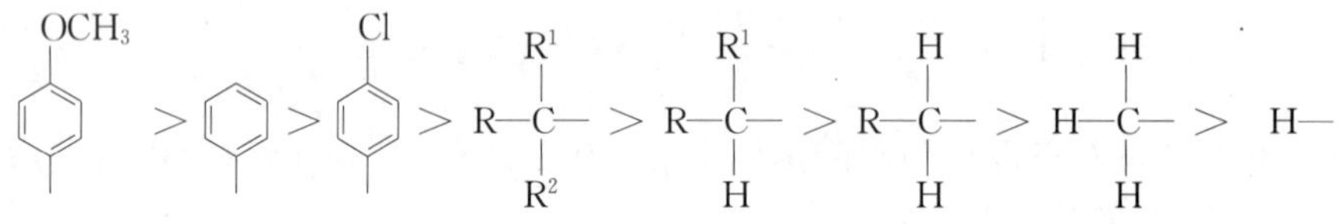

对甲氧基苯基 > 苯基 > 对氯苯基 > $R-C(R^1)(R^2)-$ > $R-C(R^1)(H)-$ > $R-CH_2-$ > $H-CH_2-$ > $H-$

## 二、Pinacol 重排

**1. 一般机理——先生成稳定的碳正离子，然后进行重排**

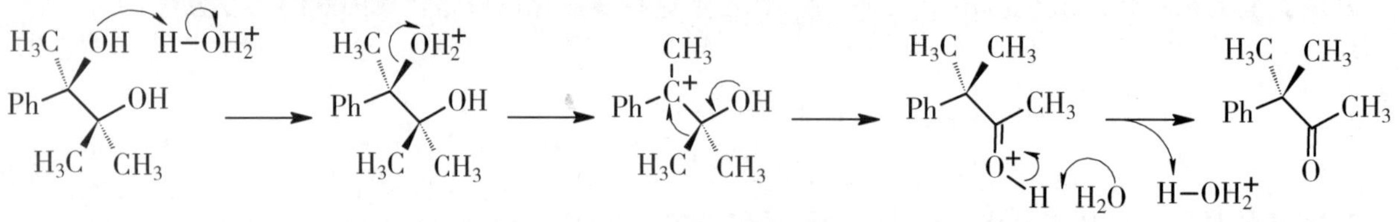

**2. 驱动因素**

氧原子上的孤对电子提高了相关正离子的稳定性。

**3. 主要特点**

① 反应在酸性条件下进行，如稀硫酸、高氯酸、磷酸、Lewis 酸(如 $BF_3$ 等)。

② 几乎所有的邻二醇(环状或非环体系)均可在此条件下发生重排。

③ 通过形成稳定的碳正离子，形成最终产物。

④ 反应具有高度的区域选择性和立体选择性，尤其在环状体系中。

⑤ 环状体系可以根据环的大小，通过扩环或缩环的方式进行重排。

⑥ 迁移顺序：H>芳基、烯基、炔基>叔丁基>>环丙基>二级烷基>乙基，迁移基团手性不变。

**4. 典型示例**

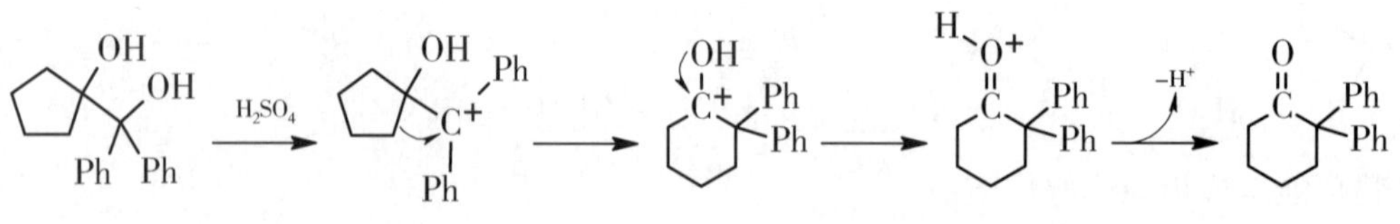

## 三、Demjanov 重排、Tiffeneau-Demjanov 重排

(1) Demjanov 重排

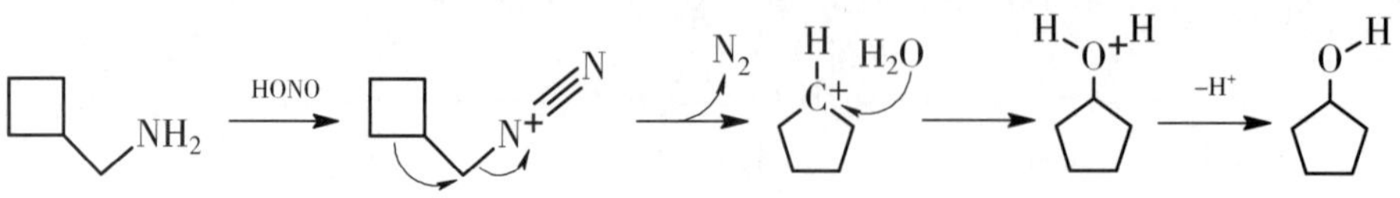

（2）Tiffeneau-Demjanov 重排

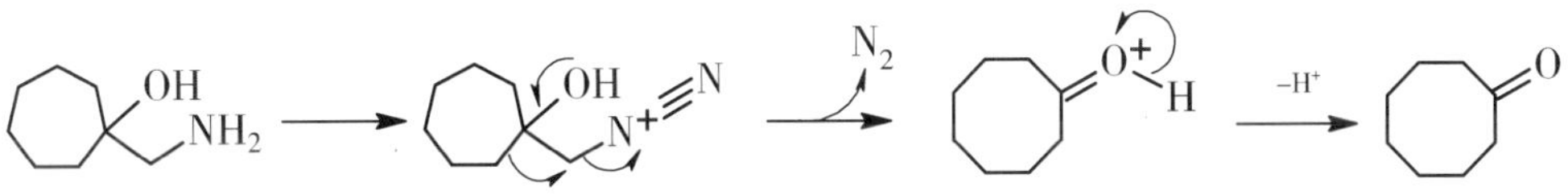

## 四、霍夫曼重排（Hofmann rearrangement，也被称为霍夫曼降解，Hofmann degradation）

N-溴代乙酰胺在碱性条件下迅速重排生成甲基异氰酸酯，继而在过量碱作用下水解、脱羧生成胺。

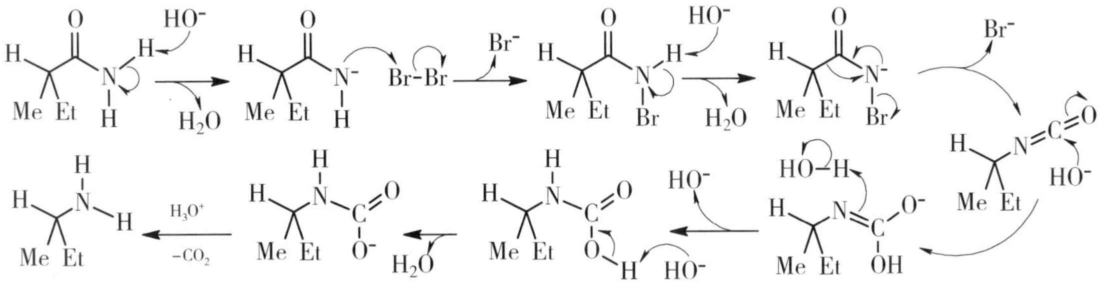

## 五、施密特重排（Schmidt rearrangement）

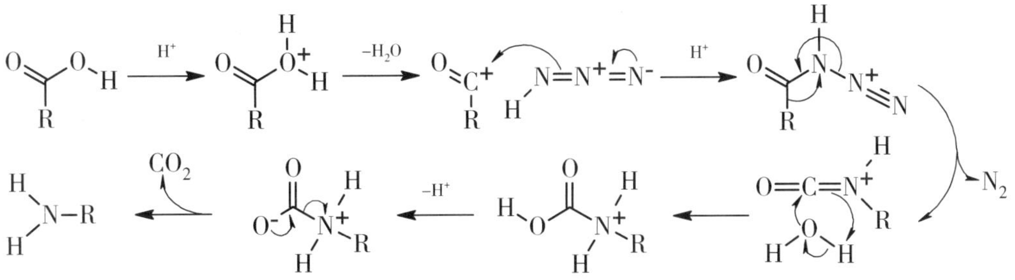

## 六、Curtius 重排

酰基叠氮化物热解时转化为异氰酸酯，继而发生后续反应，生成氨基甲酸酯、氨基酸、尿素衍生物等物质。

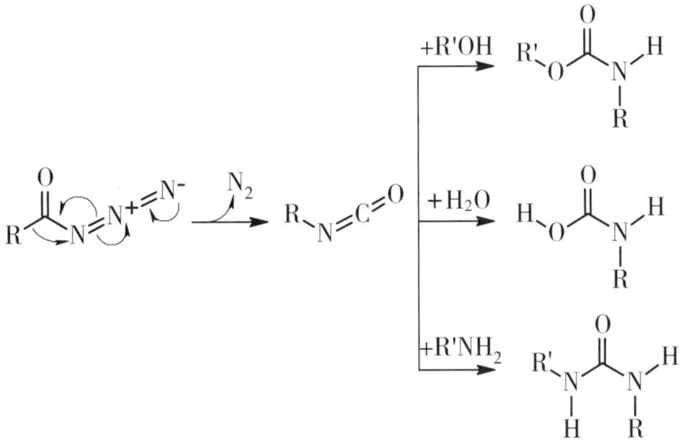

# 第二十章　有机反应理论——有机氧化还原

## 第一节　有机物的完全燃烧

绝大多数有机物具有可燃性，在 $O_2$ 中完全燃烧时，一般符合以下规律（表 20-1）：

**表 20-1　有机物中元素的一般燃烧产物**

| 元素 | C | H | X（卤素） | N | S |
|---|---|---|---|---|---|
| 燃烧产物 | $CO_2$ | $H_2O$ | HX | $N_2$ | $SO_2$ |

$$C_xH_yO_z+\left(x+\frac{y}{4}-\frac{z}{2}\right)O_2\longrightarrow xCO_2+\frac{y}{2}H_2O\qquad CH_3Cl+\frac{3}{2}O_2\longrightarrow CO_2+H_2O+HCl$$

$$C_2H_5SH+\frac{9}{2}O_2\longrightarrow 2CO_2+3H_2O+SO_2$$

## 第二节　C═C、C≡C 的有限氧化

### 一、C═C 的氧化

#### 1. 烯烃的环氧化

烯烃与试剂反应生成环氧化合物的过程称为烯烃的环氧化反应（epoxidation），常用氧化剂为有机过氧酸，如过氧乙酸、过氧苯甲酸、间氯过氧苯甲酸、三氟过氧乙酸等等，产物中的酸能引发环氧化合物的开环反应，加入碳酸钠消耗反应过程中生成的酸可抑制开环反应。环氧化反应是顺式加成，所以环氧化合物的构型与原料烯烃的构型保持一致。例如：

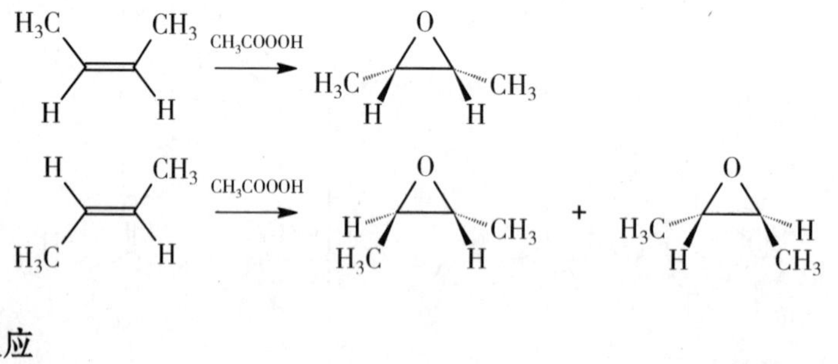

$$\text{顺-}H_3C\text{–CH=CH–}CH_3\xrightarrow{CH_3COOOH}\text{顺-2,3-二甲基环氧乙烷}$$

$$\text{反-}H_3C\text{–CH=CH–}CH_3\xrightarrow{CH_3COOOH}\text{反-2,3-二甲基环氧乙烷（两种对映体）}+\ldots$$

#### 2. 烯烃的臭氧解反应

通常用于烯烃分子结构的分析与推断，一般由烯烃的臭氧化以及臭氧化合物的水解两步组成，其机理如下：

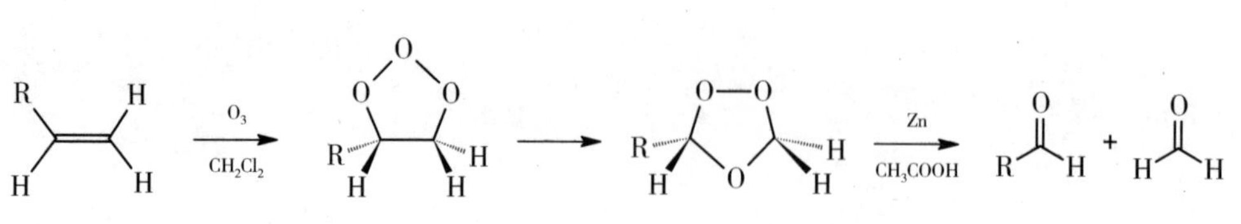

$$RCH=CH_2\xrightarrow[CH_2Cl_2]{O_3}\text{分子臭氧化物}\longrightarrow\text{臭氧化物}\xrightarrow[CH_3COOH]{Zn}RCHO+HCHO$$

如果将 $Zn/H_2O$ 换成 $(CH_3COO)_2Mn$ 并加热，则醛类产物将进一步被氧化成羧酸。

**3. 烯烃与高锰酸钾的反应**

碳碳双键可以被冷的、稀的碱性高锰酸钾溶液氧化成邻位二醇(三氧化铬有类似的作用)。例如:

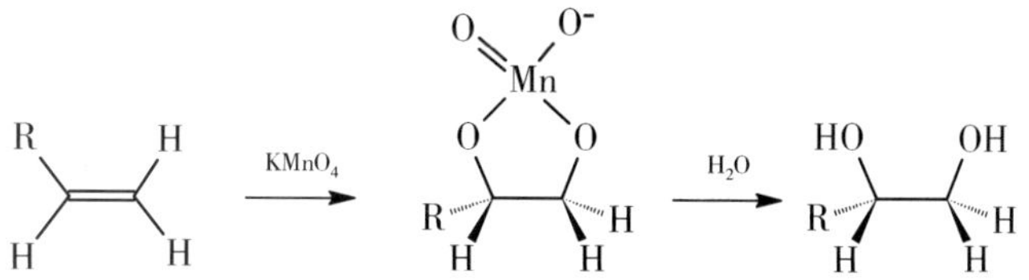

提高溶液的温度、浓度和酸度,能促进邻位二醇的进一步氧化,例如:

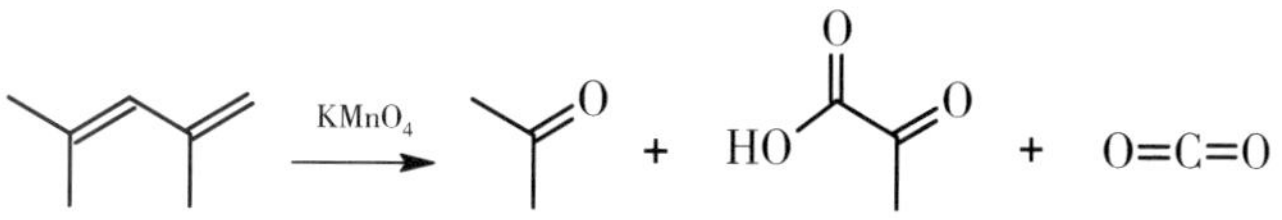

**4. 烯烃的 Wacker 氧化**

(1) Wacker-Smidt 氧化

$$CH_2=CH_2+\frac{1}{2}O_2\xrightarrow{CuCl_2-PdCl_2,\ H_2O}CH_3CHO$$

(2) Wacker 氧化

$$R-CH=CH_2+\frac{1}{2}O_2\xrightarrow{CuCl_2-PdCl_2,\ H_2O}RCOCH_3$$

**5. 烯烃的硼氢化氧化(hydroboration oxidation reaction)**

硼烷对 π 键的加成反应,称为硼氢化反应,常用试剂为 $B_2H_6$/THF 或 $B_2H_6/CH_3OCH_2CH_2OCH_3$。例如:

$$CH_2=CH_2\xrightarrow{1/2(BH_3)_2}CH_3CH_2BH_2\xrightarrow{C_2H_4}(CH_3CH_2)_2BH\xrightarrow{C_2H_4}(CH_3CH_2)_3B$$

$$3CH_3(CH_2)_3CH=CH_2\xrightarrow[\text{二甘醇二甲醚}]{1/2(BH_3)_2}[CH_3(CH_2)_3CH_2CH_2]_3B$$

反应的净结果:

首先,H 原子加到含氢较少的双键碳原子上,表面上看其反应取向似乎违反"马氏规则",但实际上是符合"马氏规则"的(参阅右图)。

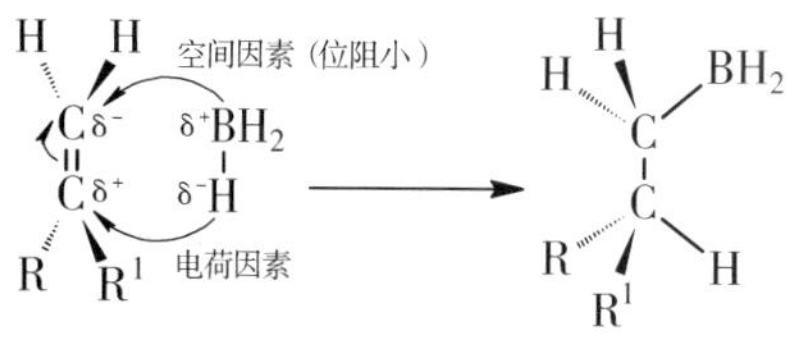

空间因素(位阻小)

电荷因素

然后,发生氧化反应。例如:

$$(CH_3CH_2)_3B\xrightarrow[25\sim30\ ℃]{H_2O_2,\ OH^-,\ H_2O}3CH_3CH_2OH$$

以上两步反应合起来成为硼氢化-氧化反应,例如:

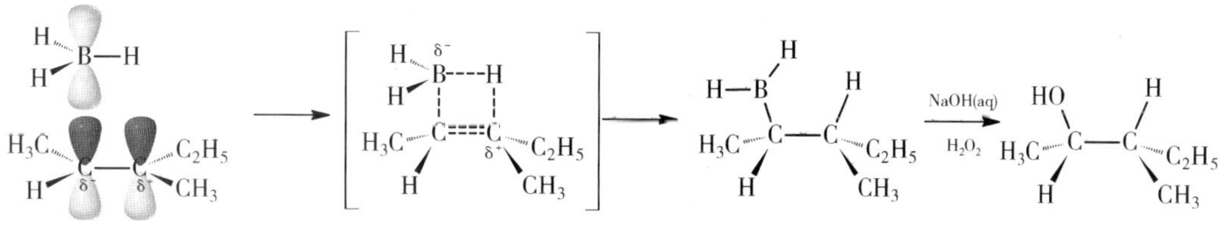

## 二、C≡C 的氧化

(1) 被高锰酸钾氧化

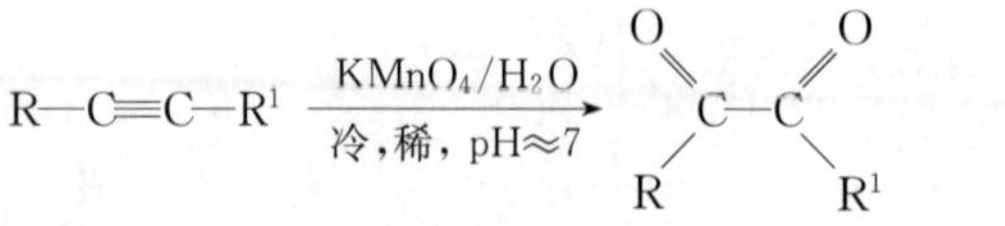

$$R—C≡C—R^1 \xrightarrow[\text{冷,稀,pH≈7}]{KMnO_4/H_2O} R—CO—CO—R^1$$

$$R—C≡C—R^1 \xrightarrow[H^+]{KMnO_4/H_2O} RCOOH + R^1COOH$$

(2) 炔烃的臭氧解反应

$$R—C≡C—R^1 \xrightarrow[CCl_4]{O_3} \xrightarrow{H_2O} RCOOH + R^1COOH$$

(3) 炔烃的硼氢化氧化

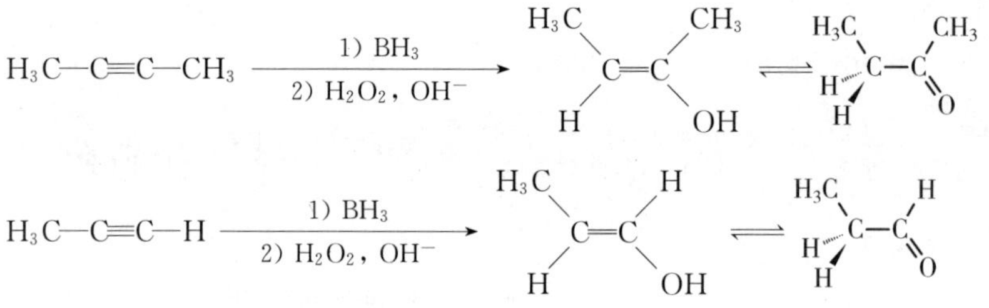

$$H_3C—C≡C—CH_3 \xrightarrow[\text{2) } H_2O_2, OH^-]{\text{1) } BH_3} (H_3C)HC=C(CH_3)OH \rightleftharpoons H_3C—CH_2—CO—CH_3$$

$$H_3C—C≡C—H \xrightarrow[\text{2) } H_2O_2, OH^-]{\text{1) } BH_3} (H_3C)HC=C(H)OH \rightleftharpoons H_3C—CH_2—CHO$$

## 三、苯环的氧化

(1) 苯即使在高温下与高锰酸钾、铬酸等强氧化剂同煮也很难被氧化,只有在 $V_2O_5$ 的催化作用下,苯才能在高温下被氧化成顺丁烯二酸酐:

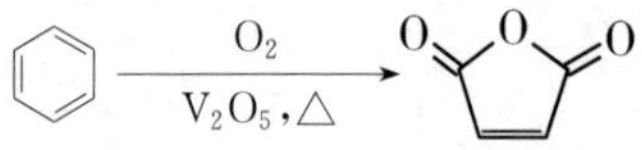

$$\text{苯} \xrightarrow[V_2O_5, \triangle]{O_2} \text{顺丁烯二酸酐}$$

(2) 利用 $RuCl_3$ 和 $NaIO_4$ 氧化体系,可以将烷基苯氧化成脂肪酸,例如:

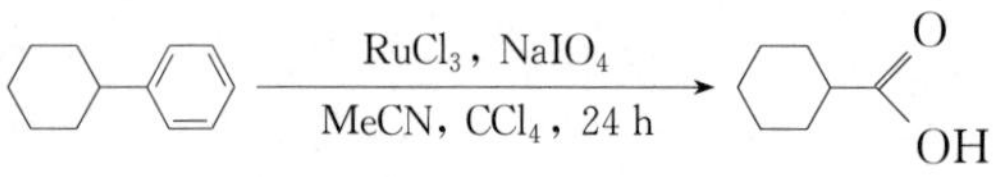

$$\text{环己基苯} \xrightarrow[MeCN, CCl_4, 24\ h]{RuCl_3, NaIO_4} \text{环己烷甲酸}$$

(3) 萘环比苯环易氧化。

$$\text{萘} \xrightarrow[HOAc]{CrO_3} \text{1,4-萘醌}$$

$$\text{萘} \xrightarrow[\triangle]{O_2, V_2O_5} \text{邻苯二甲酸酐}$$

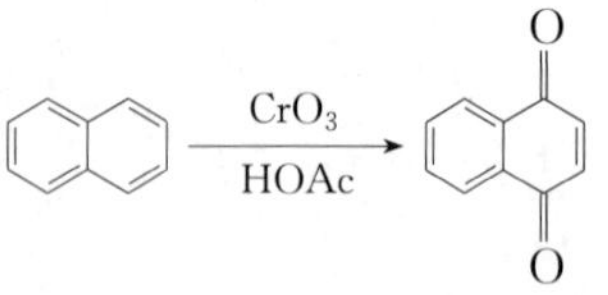

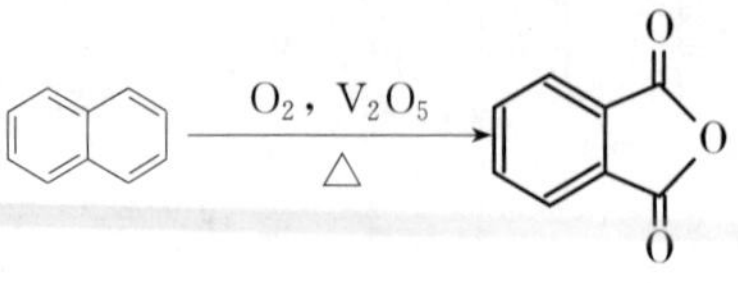

(4) 蒽、菲与萘相似。

$$\text{蒽} \xrightarrow[HOAc]{CrO_3} \text{蒽醌} \qquad \text{菲} \xrightarrow[HOAc]{CrO_3} \text{菲醌}$$

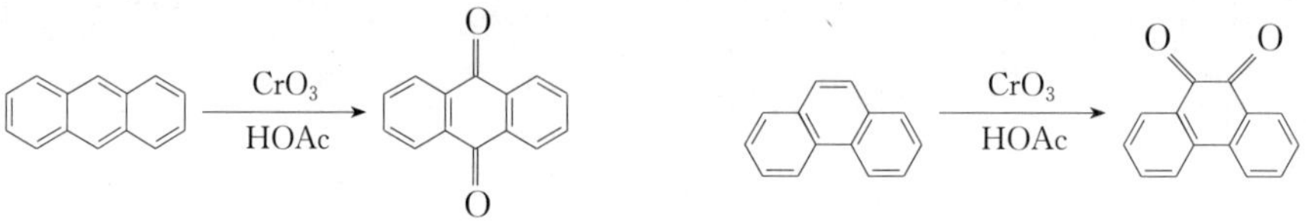

# 第三节 饱和碳的有限氧化

## 一、烷烃的自动氧化(autoxidation reaction)

烷烃分子中的 3°C 能与空气中的 $O_2$ 发生反应形成烃基过氧化物(受热易爆炸),过程中涉及一系列复杂的自由基反应,例如, $R_3CH+O_2 \longrightarrow R_3C—O—O—H$,在适当温度下烃基过氧化物很易发生分解,产生自由基,进而引发链式反应并放出大量热量,这就是过氧化物易发生爆炸的原因。

## 二、醚的自动氧化

醚的自动氧化主要发生在醚的 α-碳氢键之间,多数自动氧化是通过自由基机理进行的。

例如:

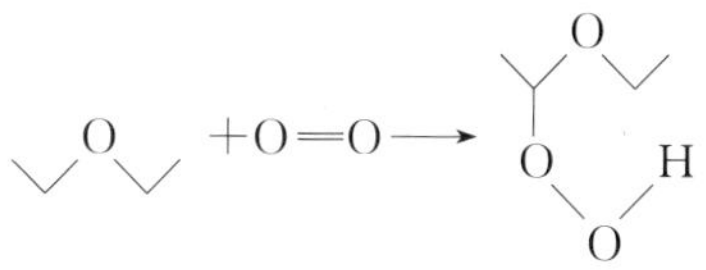

过氧化醚(Peroxide ether)也是爆炸性极强的化合物,且过氧化醚沸点较高,蒸馏含有这类化合物的醚时,过氧化醚将残留在容器中并被浓缩,继续加热则会发生剧烈爆炸。所以,在实验时,须向体系中加入新制的 $FeSO_4$ 溶液或 $Ti_2(SO_4)_3/H_2SO_4$(50%)混合溶液并剧烈震荡以破坏过氧化物,也可用 $LiAlH_4$ 将过氧化物还原,从而预先消除爆炸隐患。

## 三、烷烃的催化氧化

$$RCH_2CH_2R'+\frac{5}{2}O_2 \xrightarrow{(CH_3COO)_2Mn、(CH_3COO)_2Co,\triangle} RCOOH+R'COOH+H_2O$$

$$CH_3CH_2CH_2CH_3+\frac{5}{2}O_2 \xrightarrow{MnO_2,110\ ℃} 2CH_3COOH+H_2O$$

以上氧化过程中,碳链的断裂部位是随机的。

## 四、环烷烃的催化氧化

常温下,环烷烃不与一般的氧化剂(如 $O_3$、$KMnO_4$ 等)反应,但在加热条件下则可以反应。例如:

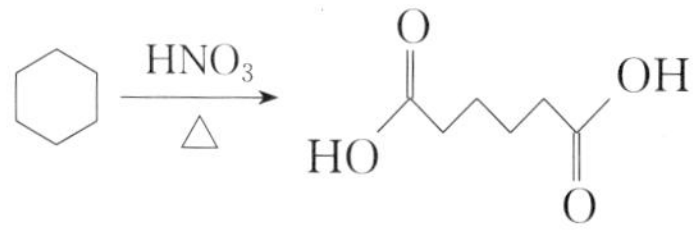

## 五、烯丙位被 Cr(Ⅵ)氧化

$CrO_3$ 吡啶配合物是烯丙位氧化反应常用的金属氧化剂,反应产物中通常伴随 C═C 移位产物,其反应机理目前还不完全清楚。

例如:

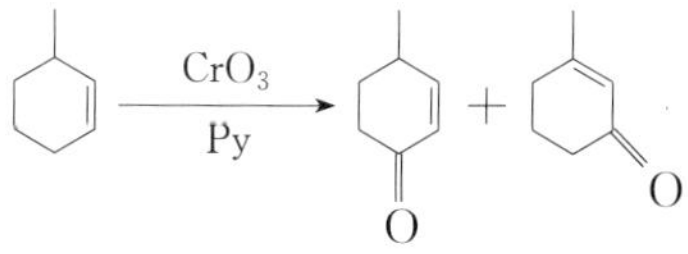

## 六、苯环侧链 α-碳氢键被 Cr(Ⅵ)、Mn(Ⅶ)氧化

(1) 不论烷基碳链长短,含 α-氢的侧链氧化后都生成一个与苯环相连的羧基;而无 α-氢的侧链则不易

被氧化。

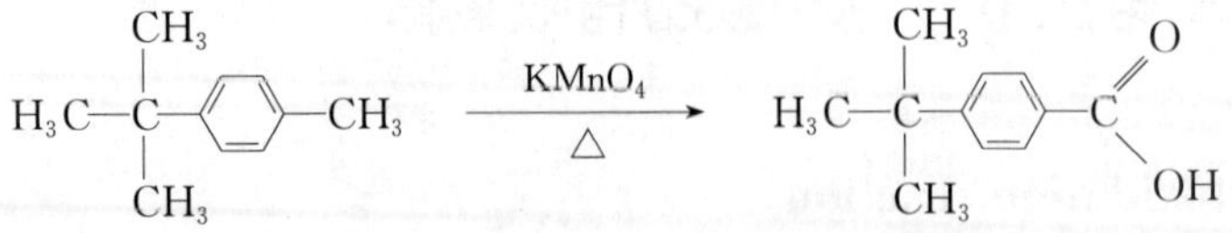

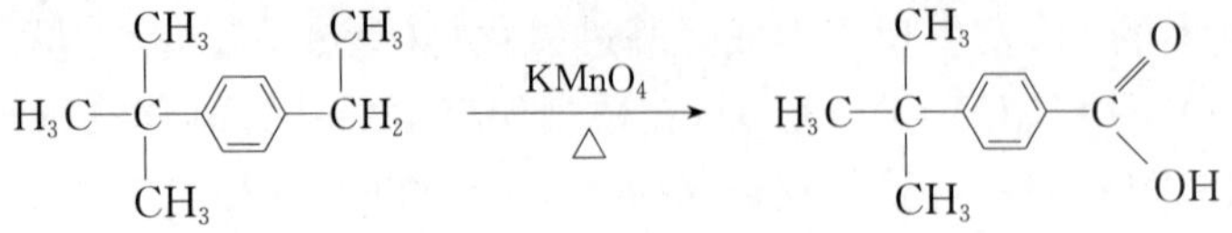

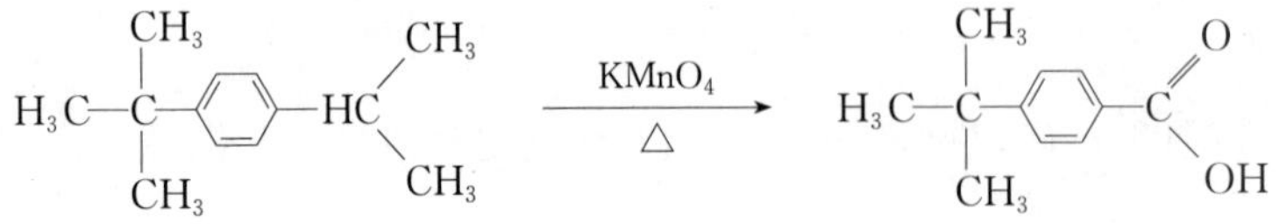

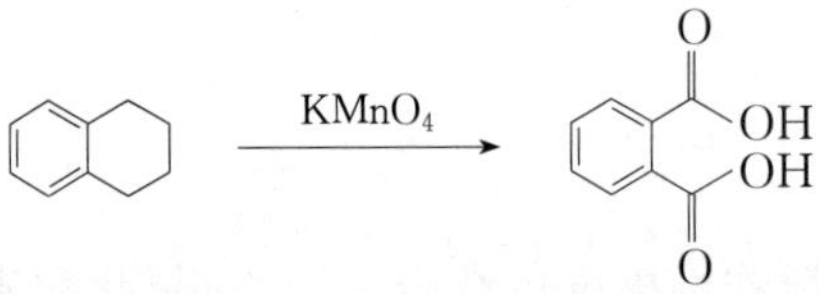

(2) 吡啶环的吸电子效应比苯环更加明显，所以C2位甲基更容易被氧化。

例如：

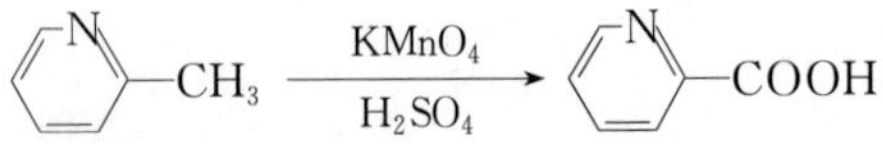

(3) 潮湿的二氧化锰

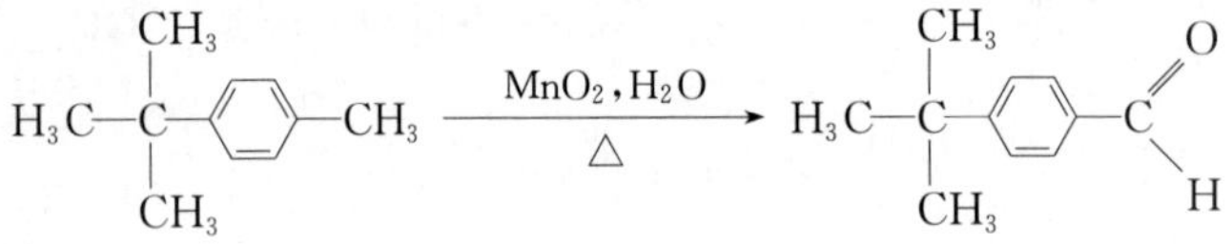

## 七、异丙苯氧化法——通常用于苯酚的工业化生产

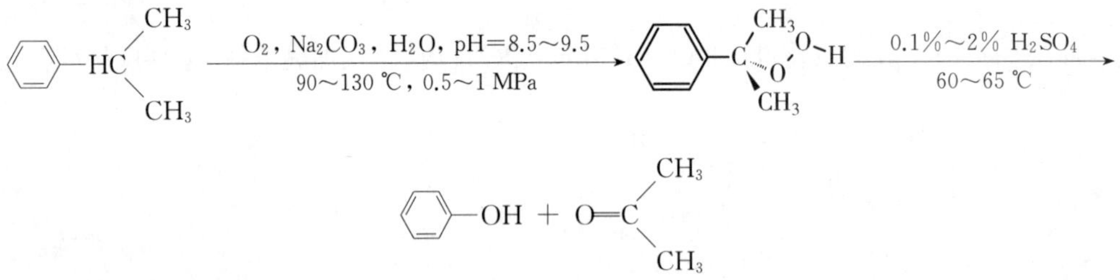

## 八、羰基α位的氧化

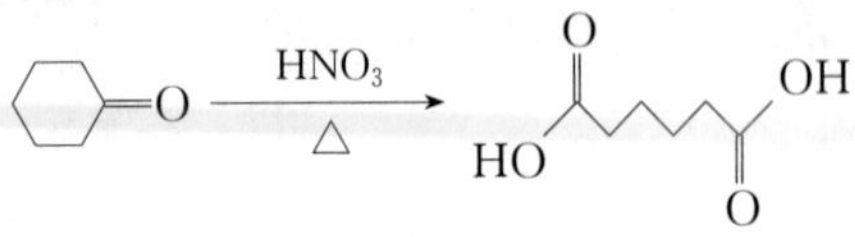

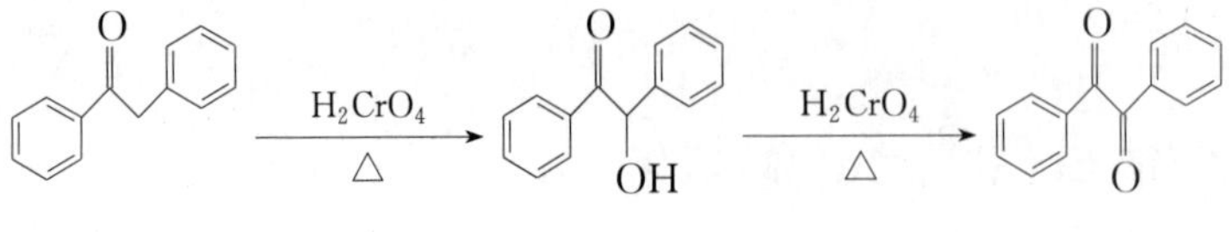

若羰基两侧均有饱和C且其上都有H原子，则两侧碳链都有可能断裂，形成多种酸的混合物，例如：

$$\text{CH}_3\text{CH}_2\text{COCH}_3 \xrightarrow[\triangle]{KMnO_4,\ H^+} \text{CH}_3\text{CH}_2\text{COOH} + O{=}C{=}O + \text{CH}_3\text{COOH} + \text{HCOOH}$$
$H_2O$

$$RCOCH_3 + 4NaOH + 3X_2 \longrightarrow RCOONa + CHX_3\downarrow + 3NaX + 3H_2O\text{(卤仿反应)}$$

其中，$CHI_3$(碘仿)是不溶于 NaOH 溶液的黄色沉淀，通常用于鉴定甲基酮类化合物以及能在反应条件下氧化成甲基酮类化合物的化合物，例如：

$$CH_3CH_2OH + I_2 + 2NaOH \longrightarrow CH_3CHO + 2NaI + 2H_2O$$

$$CH_3CHO + 4NaOH + 3I_2 \longrightarrow HCOONa + 3NaI + 3H_2O + CHI_3\downarrow$$

## 九、羟基的氧化

### 1. 醇羟基的脱氢氧化

$$CH_3OH \xrightarrow[\sim 320\ ℃]{Cu\text{或}CuCrO_4} HCHO + H_2$$

$$CH_3CH_2OH \xrightarrow[\sim 320\ ℃]{Cu\text{或}CuCrO_4} CH_3CHO + H_2$$

$$(CH_3)_2CHOH \xrightarrow[\sim 320\ ℃]{Cu\text{或}CuCrO_4} (CH_3)_2CO + H_2$$

### 2. Cr(Ⅵ)对醇羟基的氧化(参阅表 20-2)

表 20-2 Cr(Ⅵ)试剂对醇羟基的氧化

| Cr(Ⅵ)试剂 | $CH_3OH$、$RCH_2OH$ | $R_2CHOH$ | $R_3COH$ | C═C |
|---|---|---|---|---|
| $H_2CrO_4$(aq) | →—CHO→—COOH | → $R_2C{=}O$ | 不反应 | 能反应，不兼容 |
| Jones 试剂 | →—CHO→—COOH | → $R_2C{=}O$，产率高 | 不反应 | 能反应，不兼容 |
| Sarret 试剂 | 氧化率很低，产物提纯困难 | → $R_2C{=}O$，产率高 | 不反应 | 不反应，能兼容 |
| Collins 试剂 | →—CHO，产率高 | → $R_2C{=}O$ | 不反应 | 不反应，能兼容 |
| PDC | →—CHO，产率高 | → $R_2C{=}O$，产率高 | 不反应 | 不反应，能兼容 |
| PCC | →—CHO，产率高 | → $R_2C{=}O$，产率高 | 不反应 | 不反应，能兼容 |

注：PDC 代表二氯铬酸吡啶盐；PCC 代表氯铬酸吡啶盐。

### 3. $HNO_3$

一级醇 $\xrightarrow{\text{稀硝酸}}$ 羧酸；二级醇、三级醇 $\xrightarrow{\text{较浓的硝酸}}$ 碳碳键断裂，生成羧酸

环醇 $\xrightarrow{\text{较浓的硝酸}}$ 碳碳键断裂，生成二元羧酸

### 4. 邻位二醇被高碘酸或四醋酸铅氧化

$$\text{1,2-二甲基环己-1,2-二醇} \xrightarrow[H_2O,\ THF]{HIO_4} \text{环状高碘酸酯}(-O-I(=O)_2(OH)-O-) \longrightarrow CH_3CO(CH_2)_4COCH_3$$

**5. 酚的氧化**

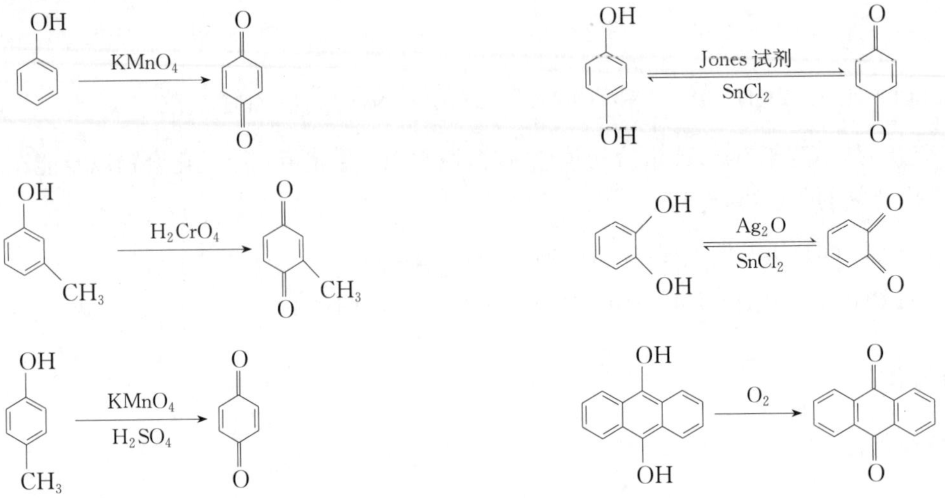

OH $\xrightarrow{KMnO_4}$ O, O

OH, OH $\underset{SnCl_2}{\overset{\text{Jones 试剂}}{\rightleftharpoons}}$ O, O

OH, $CH_3$ $\xrightarrow{H_2CrO_4}$ O, O, $CH_3$

OH, OH $\underset{SnCl_2}{\overset{Ag_2O}{\rightleftharpoons}}$ O, O

OH, $CH_3$ $\xrightarrow[H_2SO_4]{KMnO_4}$ O, O

OH, OH $\xrightarrow{O_2}$ O, O

# 第四节　胺的有限氧化

## 一、被过氧化物(如 $H_2O_2$、$CH_3COOOH$)氧化

胺(特别是芳香胺)很容易被氧化,且大多数氧化剂都能将其过度氧化生成复杂的焦油状物质。

$RNH_2 \xrightarrow{H_2O_2} RNHOH$(羟胺)$\xrightarrow{H_2O_2} RNO$(亚硝基化合物)$\xrightarrow{H_2O_2} RNO_2$(硝基化合物)

$R_2NH \xrightarrow{H_2O_2} R_2NOH$(羟胺)

$R_3N \xrightarrow{H_2O_2} R_3N^+O^-$(氧化胺)

## 二、被亚硝酸氧化

$R_3N \xrightarrow{NaNO_2+HCl} [R_3N^+—N═O]Cl^-$(N-亚硝铵盐)

$R_2NH \xrightarrow{NaNO_2+HCl} R_2N—N═O$(N-亚硝基胺)

$RNH_2 \xrightarrow{NaNO_2+HCl} RNH—N═O$(N-亚硝基胺)$\xrightarrow{HCl} H_2O+[R—{}^+N≡N]\ Cl^-$(重氮盐)

重氮盐不稳定,易分解成 $N_2$ 和碳正离子,进而在不同的条件下转化成不同的产物。

# 第五节　醛的有限氧化

## 一、醛基的自动氧化(autoxidation reaction)

许多醛如乙醛、苯甲醛等在空气中即可被氧化,这种氧化叫自氧化作用,其大致过程如下:

$$RCHO \xrightarrow{O_2} RCO—O—O—H \xrightarrow{RCHO} 2RCOOH$$

## 二、醛基能被常见的多种氧化剂氧化

$$R—CHO \xrightarrow{KMnO_4,\ K_2Cr_2O_7,\ H_2O_2,\ CH_3COOOH,\ \cdots\cdots} R—COOH$$

**1. 银镜反应**

脂肪醛(—CHO 与脂肪烃基直接相连)和芳香醛(—CHO 与苯环等芳香性环直接相连)都能与 Tollens 试剂(即银氨溶液)发生银镜反应：

$$RCHO + 2Ag(NH_3)_2OH \xrightarrow{\triangle} RCOO^- + 2Ag\downarrow + NH_4^+ + 3NH_3 + H_2O$$

**2. Fehling 反应**

Fehling 试剂是由硫酸铜和酒石酸钾钠的氢氧化钠溶液配制而成的深蓝色溶液，通常简写成 $Cu(OH)_2 + NaOH$，脂肪醛能发生 Fehling 反应，而芳香醛则很难发生：

$$RCHO + 2Cu(OH)_2 + OH^- \xrightarrow{\triangle} RCOO^- + Cu_2O\downarrow + 3H_2O$$

**3. Pinnick 氧化**

$NaClO_2$ 在弱酸性(pH=3～5)溶液中能将醛氧化为羧酸，但产物中的 HClO 的氧化能力更强，能够氧化其他还原性基团(如 C=C)。如果在反应体系中加入 $H_2N—SO_3H$、2-甲基-2-丁烯等物质及时清除 HClO 则可兼容其他敏感官能团，从而高产率地氧化脂肪醛、α，β-不饱和醛。

例如：

$R^1$, $R^2$, R 取代的 α，β-不饱和醛 $\xrightarrow[NaH_2PO_4]{\text{2-甲基-2-丁烯}, NaClO_2, t\text{-}BuOH}$ 相应的 α，β-不饱和羧酸(—COOH)

## 第六节　有机还原反应——催化氢化

催化氢化常用催化剂有两类。

(1) 异相催化剂(heterogeneous catalyst)。按催化能力由强至弱排列：Pt>Pd>Ni，一般认为是在催化剂表面上进行的，又称表面催化。以烯烃的催化氢化为例，其反应历程可表示如图 20-1。

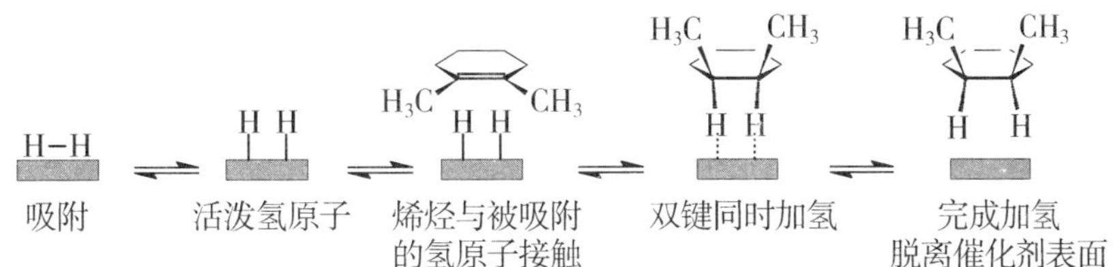


**图 20-1　烯烃催化氢化的反应过程**

(2) 均相催化剂(homogeneous catalyst)。如 Wilkinson catalyst(威尔金森催化剂，结构与历程本书略去)

### 一、不饱和碳碳键

**1. 碳碳双键**

碳碳双键主要进行顺式加成，但催化剂、溶剂和压力会对顺式加氢和反式加氢产物的比例产生影响，例如：

1,2-二甲基环己烯 + $H_2$ $\xrightarrow[25\,℃]{PtO_2, AcOH}$ 顺式 81.8% + 反式 18.2%

1,2-二甲基环己烯 + $H_2$ $\xrightarrow{Pd/C}$ 1,2-二甲基环己烷($CH_3$, $CH_3$)

反应速率：乙烯>一取代乙烯>二取代乙烯>三取代乙烯>四取代乙烯；

双向可逆：高压低温——加成；低压高温——脱氢。

**2. 碳碳三键**

碳碳三键主要进行顺式加成，催化能力 Pt>Pd>Ni，催化时，难以停留在烯烃一步。使用 Lindlar 催化剂则可以停留在烯烃一步。

例如：

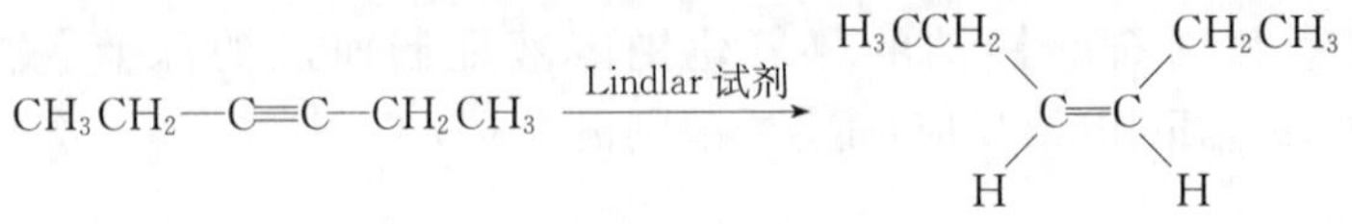

$$CH_3CH_2-C\equiv C-CH_2CH_3 \xrightarrow{\text{Lindlar 试剂}} (H_3CCH_2)(H)C=C(CH_2CH_3)(H)$$

分子中同时含有 C═C 和 C≡C 时，反应优先发生在三键上。例如：

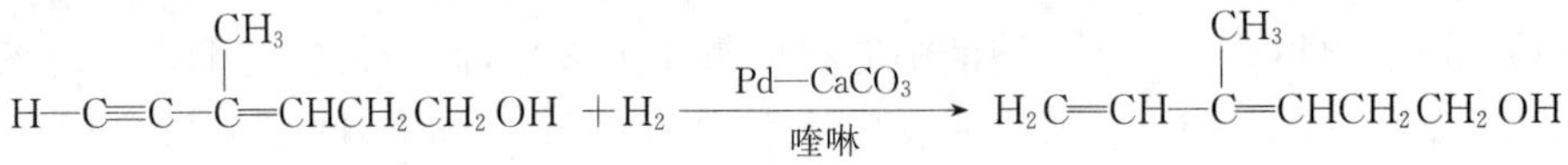

$$H-C\equiv C-C(CH_3)=CHCH_2CH_2OH + H_2 \xrightarrow[\text{喹啉}]{Pd-CaCO_3} H_2C=CH-C(CH_3)=CHCH_2CH_2OH$$

**3. 芳香环**

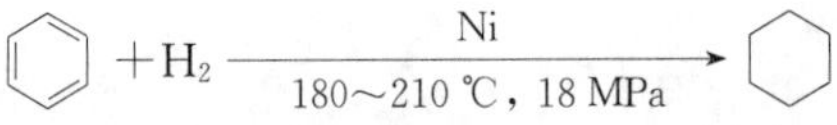

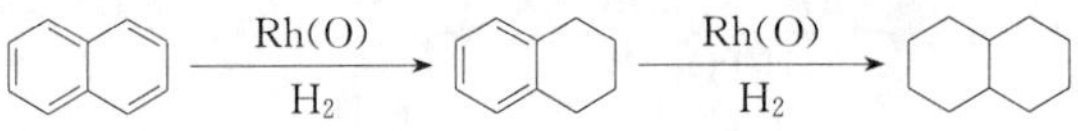

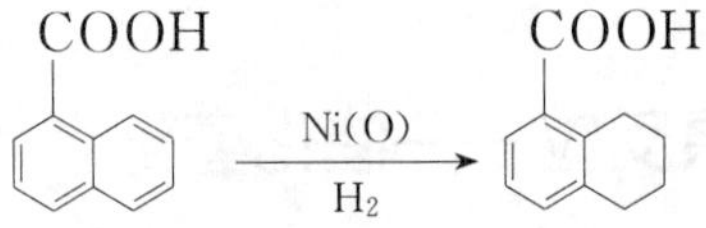

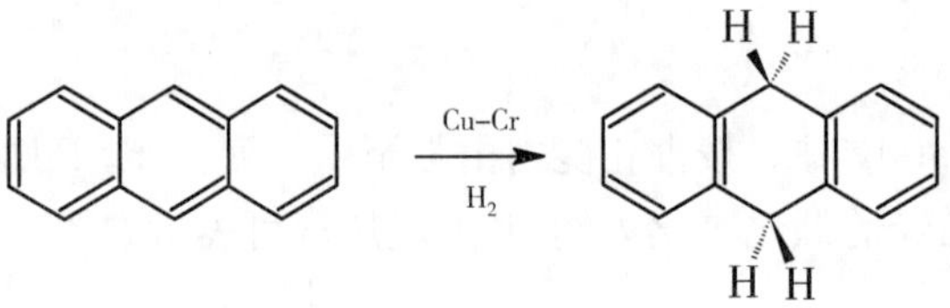

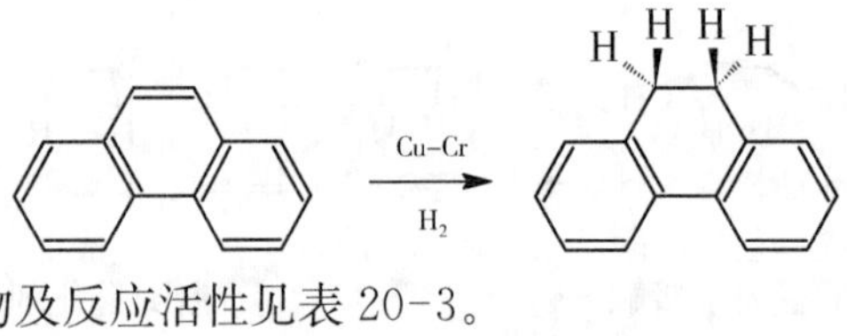

$$\text{苯} + H_2 \xrightarrow[180\sim210\ ℃,\ 18\ MPa]{Ni} \text{环己烷}$$

$$\text{萘} \xrightarrow[H_2]{Rh(O)} \text{四氢萘} \xrightarrow[H_2]{Rh(O)} \text{十氢萘}$$

$$\text{1-萘甲酸 (COOH)} \xrightarrow[H_2]{Ni(O)} \text{5,6,7,8-四氢-1-萘甲酸 (COOH)}$$

$$\text{蒽} \xrightarrow[H_2]{Cu-Cr} \text{9,10-二氢蒽 (H H / H H)}$$

$$\text{菲} \xrightarrow[H_2]{Cu-Cr} \text{9,10-二氢菲 (H H H H)}$$

常见芳香环化合物及反应活性见表 20-3。

**表 20-3 常见芳香环化合物及反应活性**

| | | | |
|---|---|---|---|
| 苯 | 苯 | 一步生成环己烷 | |
| | 取代苯 | 苯的同系物 | 一步生成环己基 |
| | | 不饱和烃基苯 | 烃基氢化，苯环变成环己基 |
| | | 卤代苯 | 一步生成环己基 |
| | | 含氧基取代苯 | 伴随副反应，产物复杂，充分加成后形成环己基 |
| 萘 | 萘 | 与催化剂、条件有关(例如，对于催化剂 Rh，先一侧加成，很快双侧加成) | |
| | 取代萘 | 富电子侧优先 | |
| 蒽 | 9、10 位优先 | | |
| 菲 | 9、10 位优先 | | |

## 二、不饱和碳氧键

### 1. 醛酮羰基

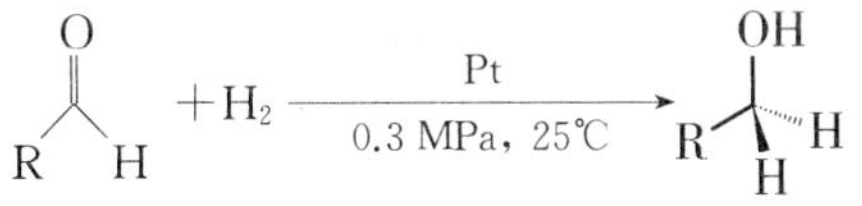

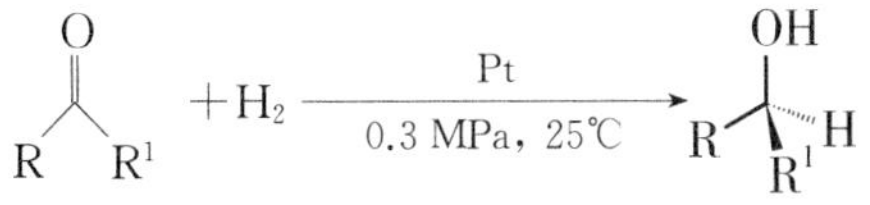

$$RCHO + H_2 \xrightarrow[0.3\ MPa,\ 25^\circ C]{Pt} RCH_2OH$$

$$RCOR^1 + H_2 \xrightarrow[0.3\ MPa,\ 25^\circ C]{Pt} RCH(OH)R^1$$

若分子中还有其他基团，如 C═C、 C≡C 、—$NO_2$、CN、COOR′等，也将同时被还原。例如：

$$CH_3CH{=}CHCHO \xrightarrow{Ni(O)} CH_3CH_2CH_2CH_2OH$$

同时存在碳碳双键时，若两者共轭，则反应顺序 C═C>C═O；若两者不共轭，则反应顺序 RCHO>C═C>C═O。

例如：

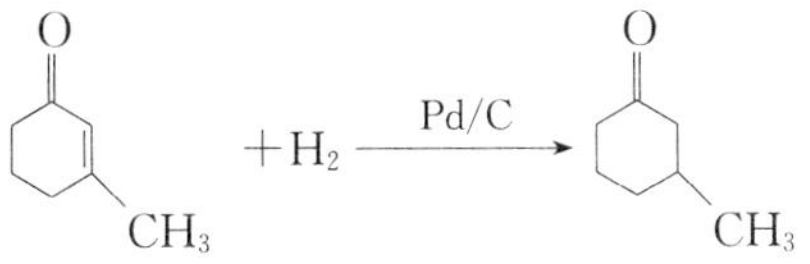

$$\text{3-甲基环己-2-烯酮} + H_2 \xrightarrow{Pd/C} \text{3-甲基环己酮}$$

### 2. 羧酸及其衍生物

多数情况下的反应活性为酰卤>酸酐>酯基>酰胺>羧基（很难）。

（1）酰卤

① 一般生成醇

例如：

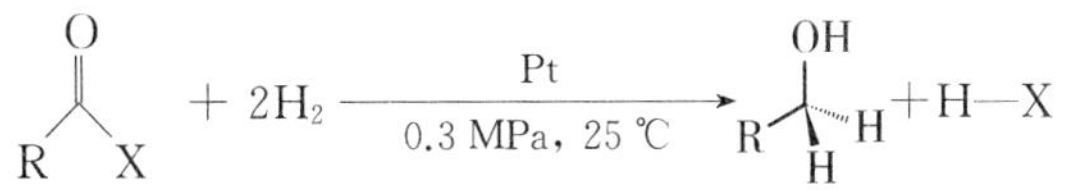

$$RCOX + 2H_2 \xrightarrow[0.3\ MPa,\ 25\ ^\circ C]{Pt} RCH_2OH + H{-}X$$

② Rosenmund 还原法，产物为醛。酰氯在部分失活的钯催化剂（如 Pd-$BaSO_4$，Pd-$BaSO_4$-S-喹啉）的作用下，同时在尽可能低的温度下加氢还原生成醛的反应称为 Rosenmund 还原法。

例如：

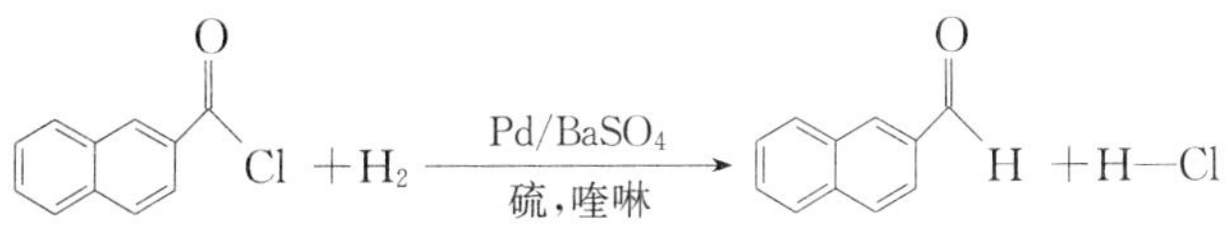

$$\text{2-萘甲酰氯} + H_2 \xrightarrow[\text{硫，喹啉}]{Pd/BaSO_4} \text{2-萘甲醛} + H{-}Cl$$

反应物其他部位的卤原子、硝基、酯基等均可保留，不被还原。

（2）酸酐

一般生成醇，例如：

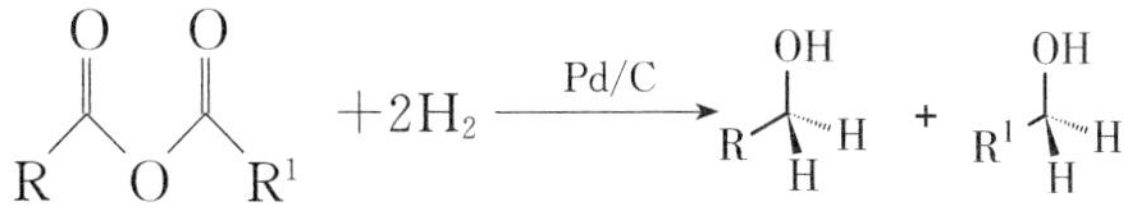

$$RCOOCOR^1 + 2H_2 \xrightarrow{Pd/C} RCH_2OH + R^1CH_2OH$$

（3）酯基

需要在铜铬氧化物（CuO · $CuCrO_4$）作用下以及较强烈的反应条件下才能反应，一般生成两分子醇。

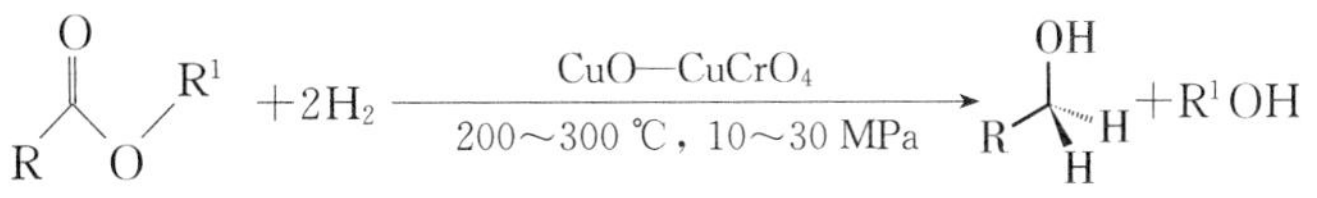

$$RCOOR^1 + 2H_2 \xrightarrow[200\sim300\ ^\circ C,\ 10\sim30\ MPa]{CuO{-}CuCrO_4} RCH_2OH + R^1OH$$

（4）酰胺

酰胺很不容易被还原，需要特殊的催化剂并在高温高压条件下进行，生成胺。

$$\text{2-哌啶酮} + 2H_2 \xrightarrow[200\sim300\ ℃\ \ 10\sim30\ MPa]{CuO-CuCrO_4} \text{哌啶} + H_2O$$

$$RCONH_2 + 2H_2 \xrightarrow[200\sim300\ ℃\ \ 10\sim30\ MPa]{CuO-CuCrO_4} RCH_2NH_2 + H_2O$$

**3. 氰基( —C≡N )的还原**

氰基可以通过催化氢化法还原成一级胺。

例如：

$$C_6H_5CH_2CN + 2H_2 \xrightarrow[120\sim130\ ℃,13\ MPa]{Ni,\ NH_3(l)} C_6H_5CH_2CH_2NH_2$$

# 第七节　有机还原反应——硼烷($B_2H_6$)还原法

## 一、不饱和碳碳键

**1. 碳碳双键**

(1) 先进行反马氏规则加成生成硼烷，再与羧酸反应生成烷烃与羧酸硼。

例如：

$$\text{1-乙基环戊烯}(CH_3) \xrightarrow{B_2H_6} \xrightarrow{RCOOH} \text{乙基环戊烷}(CH_3)$$

(2) 烯烃的羟汞化(Hydroxymercurisation)反应

$$H_3C\text{—}CH_2CH_2CH{=}CH_2 \xrightarrow[THF(羟汞化)]{Hg(OAc)_2,\ H_2O} H_3C\text{—}CH_2CH_2CH(OH)CH_2HgOAc \xrightarrow[脱汞]{NaBH_4} H_3C\text{—}CH_2CH_2CH(OH)CH_3$$

反应结果：相当于烯烃与水按马氏规则进行加成反应。反应特点：速度快，条件温和，位置选择性好，不重排和产率高等。具有立体选择性，反式加成，由于没有碳正离子形成，不生成重排产物。

$$\text{环戊烯} \xrightarrow[H_2O]{Hg(OAc)_2} \text{(HO, H; H, HgOAc)环戊烷} \xrightarrow{NaBH_4} \text{(HO, H; H, H)环戊醇}$$

**2. 碳碳三键**

(1) 先进行反马氏规则加成生成烯基硼，再与羧酸反应生成 Z 型烯烃与羧酸硼。

例如：

$$H_3C\text{—}C{\equiv}C\text{—}CH_3 \xrightarrow{B_2H_6} \xrightarrow{RCOOH} H_3C(H)C{=}C(H)CH_3$$

(2) 炔烃的羟汞化(hydroxymercurisation)反应

羟汞化反应不只局限于烯烃和水的反应，如果用炔烃代替烯烃也能经反应产生酮，再经互变异构转换成烯醇，最后再经过羟汞化反应生成醇类。

**3. 芳香环的反应还未见相关文献资料**

## 二、不饱和碳氧键

**1. 醛酮羰基**

H 加到 C 原子上，B 原子加到羰基 O 原子上生成硼酸酯，后者经水解生成醇和硼酸。

例如： $6RCHO+B_2H_6 \longrightarrow 2(RCH_2O)_3B \xrightarrow{H_2O} 6RCH_2OH+2H_3BO_3$

同时存在碳碳双键时，优先还原羰基，然后还原碳碳双键。

例如：

$$\text{(3,3,5-三甲基环己-5-烯酮)} \xrightarrow[\text{THF, 0℃}]{B_2H_6} \text{(H, }OBH_2\text{)} \xrightarrow{RCOOH} \text{(H, OH)} \xrightarrow{B_2H_6} \xrightarrow{RCOOH} \text{(H, OH)}$$

**2. 羧酸及其衍生物**

乙硼烷作为良好的还原试剂，能够顺利地还原羧酸及其衍生物，反应活性由强到弱的顺序为羧基、酰胺（特别是取代酰胺）>碳碳双键>醛酮羰基>氰基>环氧>>酯基>酰卤>硝基，其中酯基>酰卤>硝基的反应很慢，因而可以利用乙硼烷进行相应的选择性还原反应。

例如： $O_2N-C_6H_4-COOH \xrightarrow{B_2H_6} \xrightarrow{H_2O} O_2N-C_6H_4-CH_2OH$

$RCONHR' \xrightarrow{B_2H_6} \xrightarrow{H_2O} RCH_2OH+R'NH_2$

## 三、氰基（—C≡N）的还原

氰基能被硼烷还原成胺。

# 第八节 有机还原反应——金属氢化物还原法

常用的金属氢化物还原剂主要包括 $LiAlH_4$、$LiBH_4$、$NaBH_4$（按还原能力由强到弱的顺序排列），其中，$NaBH_4$ 的还原性较弱，只能还原醛酮羰基和酰卤，不能还原炔烃、酸酐、酯、酰胺。

## 一、不饱和碳碳键

（1）碳碳双键难以被金属氢化物还原

（2）碳碳三键主要进行反式加成，反应停留在烯烃一步。

例如：

$$Bu-C\equiv C-Cl \xrightarrow[-30\sim0℃]{LiAlH_4,\ THF} \left[(Bu)(H)C=C(AlH_3)(Cl)\right]^- Li^+ \xrightarrow{MeOH} (Bu)(H)C=C(H)(Cl) + LiAlH_3(OMe)$$

96%

（3）芳香环的反应还未见相关文献资料。

## 二、氰基（—C≡N）的还原

$$C_6H_5-C\equiv N \xrightarrow{LiAlH_4} C_6H_5-CH_2-NH_2$$

## 三、不饱和碳氧键

（1）醛酮羰基——一般在醚中进行，生成醇（$R^1$ ═H 或烷基）

$$R^1RC=O + H-\bar{Al}H_3 \longrightarrow R^1RCH-O\bar{Al}H_3 \xrightarrow{R^1RC=O} \xrightarrow{R^1RC=O} \xrightarrow{R^1RC=O} (R^1RCH-O)_4Al \xrightarrow[+H_3O^+]{+4H_2O} 4\,R^1RCH-OH + Al(OH)_3 + H_2O$$

(2) 羧酸及其衍生物——一般在醚中进行，生成醇

若在氢化铝锂中引入烷氧基，降低其还原能力，可以将还原进程停止在醛这一步。

若N原子上同时存在取代基，进而导致较大的位阻，则成醛反应的产率将更高，例如：

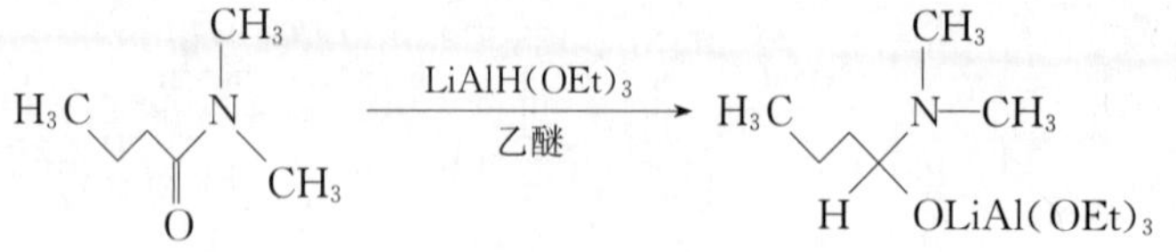

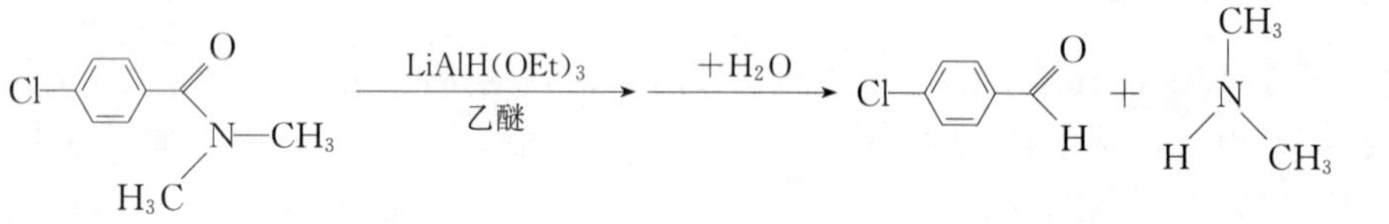

$$H_3C\text{-}CH_2CH_2\text{-}C(=O)N(CH_3)_2 \xrightarrow[\text{乙醚}]{LiAlH(OEt)_3} H_3C\text{-}CH_2CH_2\text{-}CH(OLiAl(OEt)_3)N(CH_3)_2 \xrightarrow{+H_2O} H_3C\text{-}CH_2CH_2\text{-}CHO + HN(CH_3)_2$$

$$Cl\text{-}C_6H_4\text{-}C(=O)N(CH_3)_2 \xrightarrow[\text{乙醚}]{LiAlH(OEt)_3} \xrightarrow{+H_2O} Cl\text{-}C_6H_4\text{-}CHO + HN(CH_3)_2$$

## 第九节 有机还原反应——金属还原法

### 一、碱金属与液氨

**1. 碳碳双键**(未见相关文献)

**2. 碳碳三键**

主要进行反式加成，反应停留在烯烃一步，例如：

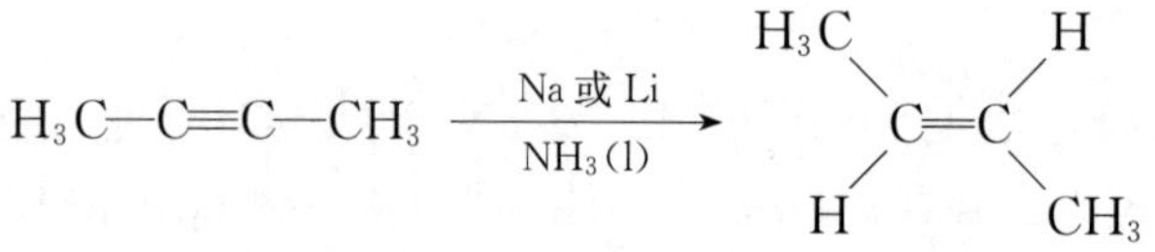

$$H_3C{-}C{\equiv}C{-}CH_3 \xrightarrow[NH_3(l)]{\text{Na 或 Li}} (H_3C)HC{=}CH(CH_3)\ (\text{反式})$$

**3. 芳香环——Birch 还原**

(1) 苯

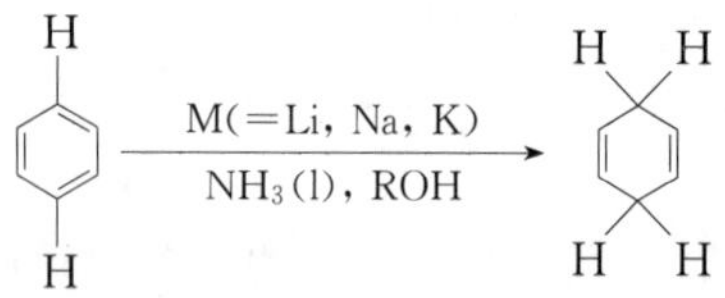

$$C_6H_6 \xrightarrow[NH_3(l),\ ROH]{M(=Li,\ Na,\ K)} \text{1,4-环己二烯}$$

(2) 取代苯(参阅表 20-4)

**表 20-4 取代苯的加成**

| 取代基为 EDG(给电子基) | 取代基为 EWG(吸电子基) | 同时存在 EDG、EWG |
|---|---|---|
| 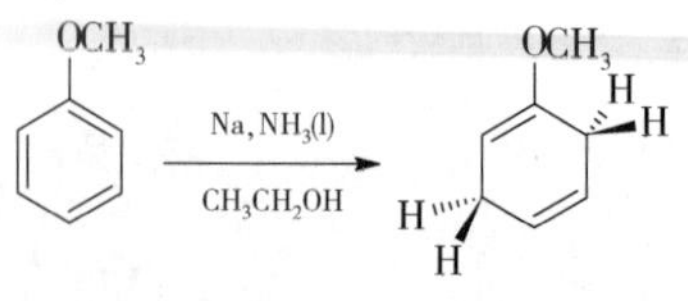 $OCH_3$ 取代苯 $\xrightarrow[CH_3CH_2OH]{Na,\ NH_3(l)}$ 1-甲氧基-1,4-环己二烯 | 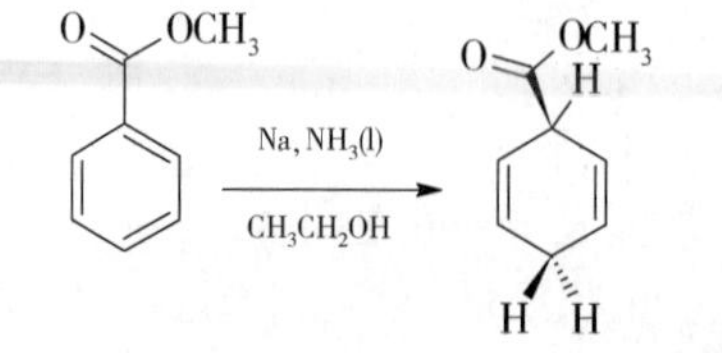 $COOCH_3$ 取代苯 $\xrightarrow[CH_3CH_2OH]{Na,\ NH_3(l)}$ 产物 | 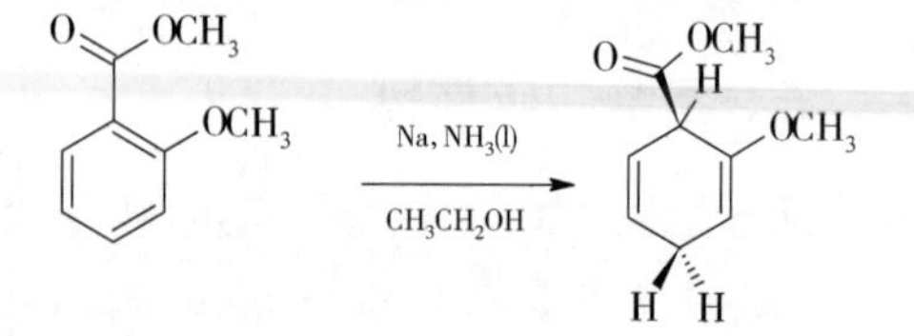 2-甲氧基苯甲酸甲酯 $\xrightarrow[CH_3CH_2OH]{Na,\ NH_3(l)}$ 产物 |
| 在 EDG 的邻、间位置进行对位加成，较慢 | 在包括 EDG 位置在内的位置进行对位加成，更快 | EWG 吸电子基起主导作用 |

（3）萘

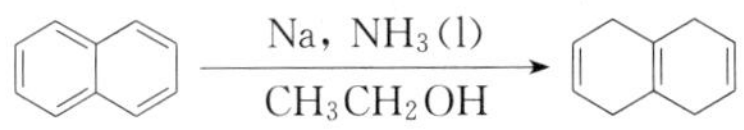

$$\xrightarrow[CH_3CH_2OH]{Na,\ NH_3(l)}$$

（4）共轭双烯、共轭烯炔、苯乙烯衍生物

能发生与上述反应类似的共轭加成，例如：

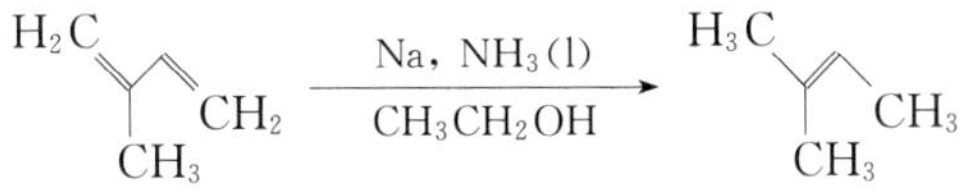

$$H_2C=C(CH_3)-CH=CH_2 \xrightarrow[CH_3CH_2OH]{Na,\ NH_3(l)} H_3C-C(CH_3)=CH-CH_3$$

若取代基上有双键，则与苯环共轭的双键首先被还原，而不与苯环共轭的双键不被还原。例如：

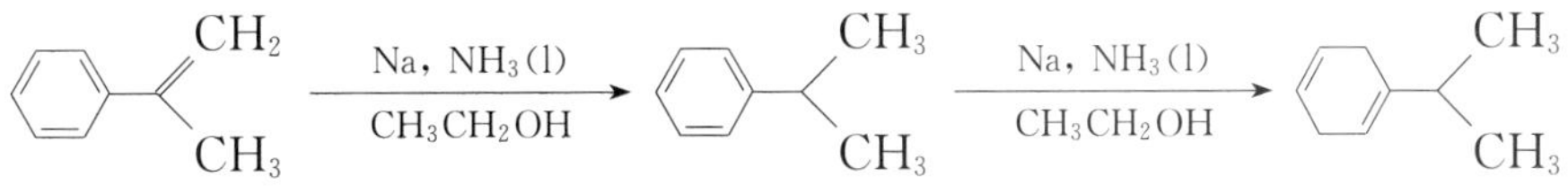

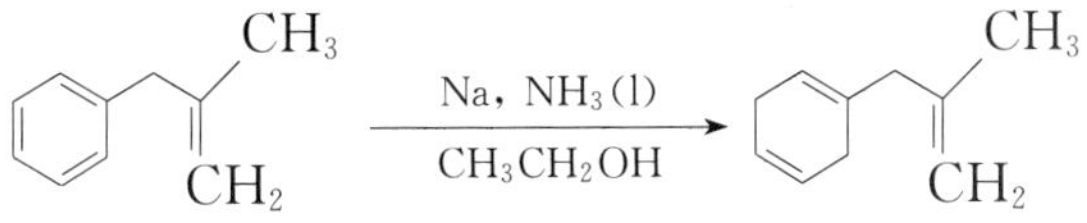

$$\xrightarrow[CH_3CH_2OH]{Na,\ NH_3(l)}$$

（5）共轭烯醛、共轭烯酮、共轭烯酸酯

活泼金属不能还原孤立的碳碳双键，但是可以还原 α,β-不饱和酮中的碳碳双键。若试剂过量，继共轭体系中的碳碳双键被还原后，羰基能继续被还原。例如：

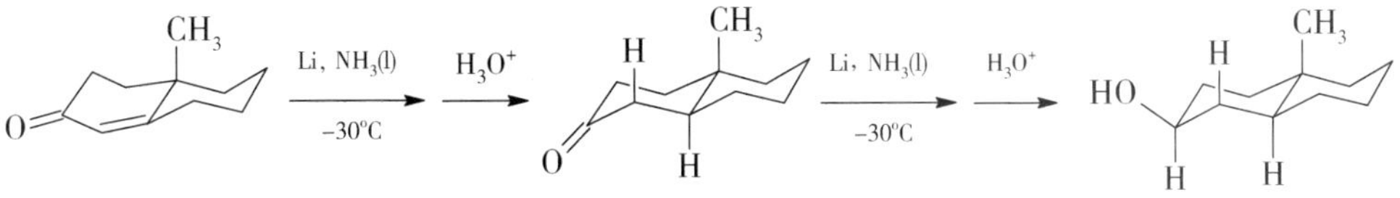

$$\xrightarrow[-30^\circ C]{Li,\ NH_3(l)} \xrightarrow{H_3O^+} \xrightarrow[-30^\circ C]{Li,\ NH_3(l)} \xrightarrow{H_3O^+}$$

## 二、碱金属与醇

### 1. 芳香环

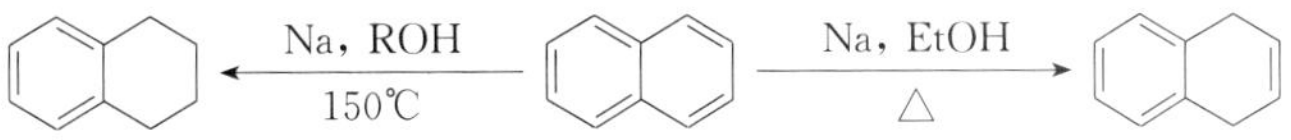

$$\xleftarrow[150^\circ C]{Na,\ ROH} \quad \xrightarrow[\triangle]{Na,\ EtOH}$$

### 2. 鲍维特-勃朗克(Bouveault-Blanc)还原

（1）醛、酮的单分子还原(unimolecular reduction)

用活泼金属钠、铝、镁和酸、碱、水、醇等作用可以顺利地将醛还原为一级醇，将酮还原为二级醇。

（2）酯的单分子还原

用金属钠和无水乙醇将酯还原成一级醇(不影响 C=C)的反应称为鲍维特-勃朗克还原。

## 三、双分子还原

### 1. 酮醇缩合(acyloin condensation)——酯的双分子还原

脂肪酸酯和金属钠在乙醚或甲苯、二甲苯中，在纯氮气流保护下剧烈搅拌、回流，发生双分子还原生成 α-羟基酮(也叫酮醇)的反应。

例如：$R-C(=O)-O-CH_3 + Na\cdot \longrightarrow R-\dot{C}(O^-Na^+)-O-CH_3$

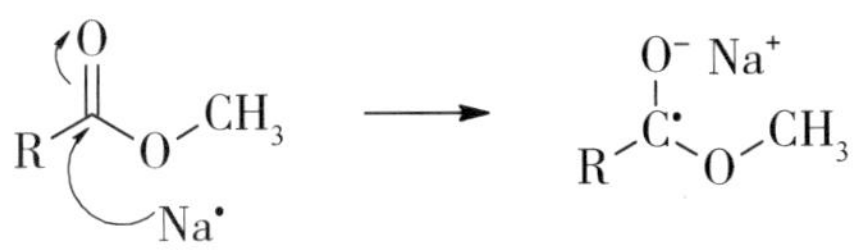

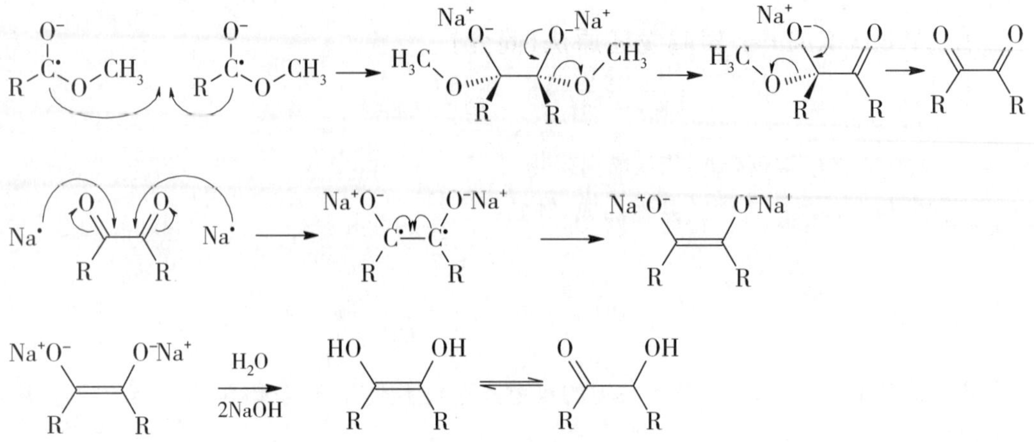

**2. 酮的双分子还原(bimolecular reduction—coupling)**

在钠、铝、镁、铝汞齐或低价钛试剂的催化下，酮在非质子溶剂中发生双分子还原偶联，生成频那醇的反应，称为酮的双分子还原反应。

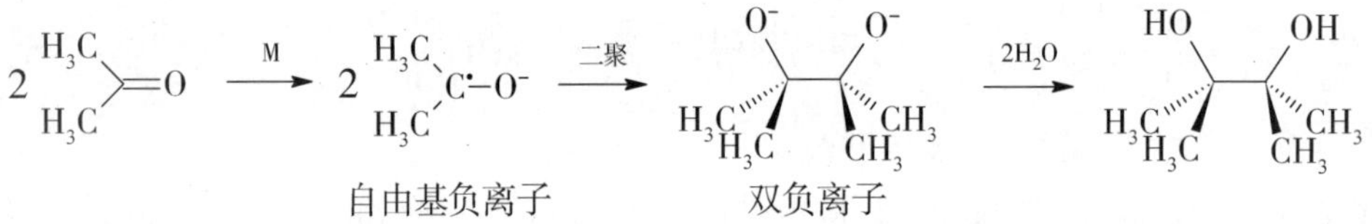

自由基负离子　　双负离子

## 四、中等活泼的金属与酸

**1. 醛酮羰基——clemmensen 还原**

醛或酮与锌汞齐和浓盐酸一起回流反应，醛或酮的羰基被还原成亚甲基，α，β-不饱和酮中的碳碳双键一起被还原而孤立双键不被还原，这个方法称为克莱门森还原法。此法适用于对酸稳定的化合物，用于芳香酮结果也较好。例如：

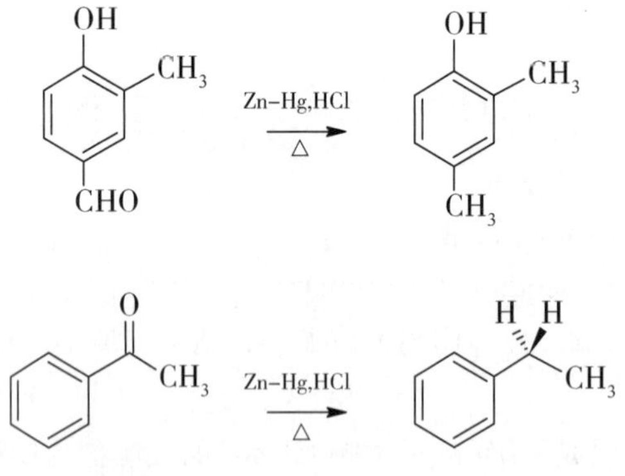

**2. 硝基**

常用的还原剂是铁、锌或锡等金属，酸可以用盐酸、硫酸或醋酸等，工业上大量应用铁屑和盐酸。

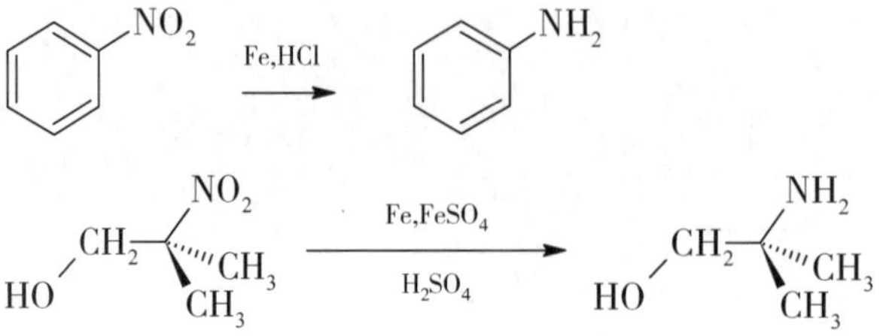

## 五、Wolff-Kishner-黄鸣龙还原法(简介)

用 KOH 代替 Na，在高沸点的一缩二乙二醇($HOCH_2CH_2OCH_2CH_2OH$，沸点 180℃)中用肼($N_2H_4$)将醛、酮还原成烷，使用 DMSO(二甲亚砜)做溶剂，反应可以在较低温度下进行。

$$R^1COR^2 \xrightarrow{H_2N-NH_2} R^1R^2C(O^-)(\overset{+}{N}H_2-NH_2) \longrightarrow R^1R^2C(OH)(NH-NH_2) \xrightarrow{-H_2O} R^1R^2C=N-NH_2 \xrightarrow{OH^-}$$

$$\xrightarrow{-H_2O} R^1R^2\overset{-}{C}-N=N-H + HO^- \xrightarrow{+H_2O} R^1R^2CH-N=N-H \xrightarrow[-N_2]{-H_2O} R^1R^2CH^- \xrightarrow[-OH^-]{+H_2O} R^1R^2CH_2$$

此法不影响碳碳双键，适用于对碱稳定的化合物。

# 第十节　有机歧化反应

不含 α-H 的醛在浓碱作用下，一分子醛被氧化成羧酸，一分子醛被还原成醇，该反应称为 Cannizzaro 反应。例如：

$$2HCHO \xrightarrow{浓\ OH^-} HCOO^- + CH_3OH$$

两种不同的醛进行交错 Cannizzaro 反应时，通常是亲电性强的羰基被氧化成酸。例如：

$$C_6H_5CHO + HCHO \xrightarrow{浓\ OH^-} C_6H_5CH_2OH + HCOO^-$$

常见官能团还原方法见表 20-5。

**表 20-5　常见官能团还原方法小结**

| | 催化加氢 | $B_2H_6$ | $LiAlH_4$ | 金属 |
|---|---|---|---|---|
| 碳碳双键 | Pt、Pd、Ni→烷 | 反马氏规则→烷 | 不可以 | 独立双键不可以<br>共轭双键→可以 |
| 碳碳三键 | Pt、Pd、Ni→→烷<br>Lindlar→烯 | 反马氏规则→烷 | →烯 | $Na/NH_3$(l)→反式烯烃 |
| 芳香环 | Pt、Pd、Ni<br>Rh、Cu—Cr | 不可以 | 不可以 | Birch 还原<br>Benkeser 还原 |
| 氰基 | Pt、Pd、Ni→胺 | →胺 | →胺 | 不可以 |
| 醛酮羰基 | Pt、Pd、Ni→醇 | →醇 | →醇 | M/HA→醇<br>M→频那醇<br>Clemmensen 还原<br>W.K.H.还原→烷 |

（续表）

| | 催化加氢 | $B_2H_6$ | $LiAlH_4$ | 金属 |
|---|---|---|---|---|
| 羧基 | 不可以 | →醇 | →醇 | 不被整体还原 |
| 酰卤 | Pt、Pd、Ni→醇<br>Rosenmund→醛 | →醇 | →醇 | 不可以 |
| 酰胺 | CuO、$CuCrO_4$→胺 | →醇、胺 | →胺 | 不可以 |
| 酯基 | CuO、$CuCrO_4$→醇 | →醇 | →醇 | M/ROH→醇<br>M→酮醇 |
| 酸酐 | Pt、Pd、Ni→醇 | →醇 | →醇 | 不可以 |
| 硝基 | Pt、Pd、Ni→胺 | →胺 | →胺 | M/HA→胺 |

# 第二十一章　有机反应理论——缩合与偶联

## 第一节　缩合反应

### 一、羟醛缩合(aldol condensation)

**1. 基本概念**

有 α-H 的醛或酮在酸或碱的作用下,缩合生成 β-羟基醛或 β-羟基酮的反应称为羟醛缩合。

**2. 反应机理**

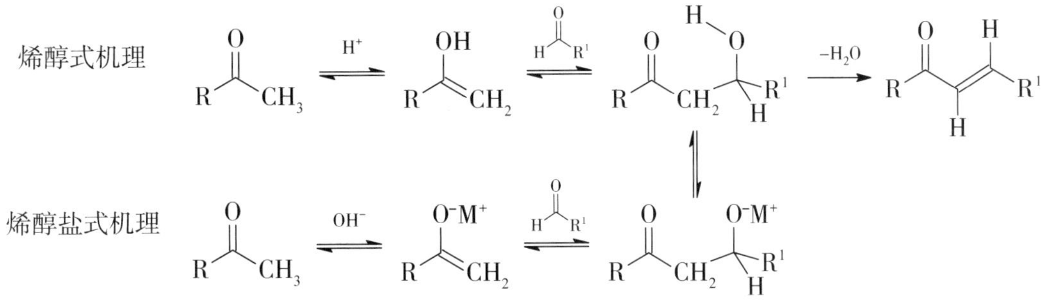

烯醇式机理

烯醇盐式机理

### 二、酯缩合反应(ester condensation reaction,claisen condensation reaction)

**1. 基本概念**

具有 α-活泼氢的酯,在碱的作用下,两分子酯相互作用生成 β-羰基酯,同时失去一分子醇的反应称为酯缩合反应,也称为克莱森缩合反应。

**2. 反应机理**

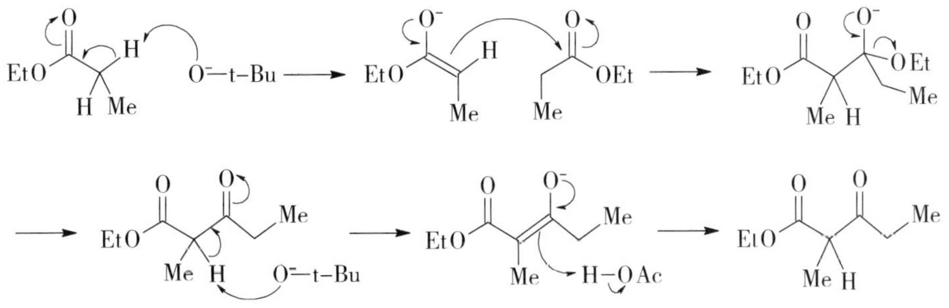

### 三、Reformatsky 反应(瑞佛马斯基反应)

**1. 基本概念**

醛或酮与 α-溴(卤)代酸酯、锌在惰性溶剂中互相作用,得到 β-羟基酸酯的反应称为瑞佛马斯基反应。

**2. 典型实例**

$$(CH_3)_2C{=}O + XCH_2COOCH_2CH_3 \xrightarrow[Zn]{C_6H_6\text{或}C_2H_5OC_2H_5} H_3C{-}C(OZnX)(CH_3){-}CH_2{-}COCH_2CH_3(=O)$$

$$\xrightarrow{H_2O,\ H^+} H_3C{-}C(OH)(CH_3){-}CH_2{-}COOCH_2CH_3 \xrightarrow[\triangle]{H^+} H_3C{-}C(CH_3){=}CH{-}COOCH_2CH_3$$

$$H_3C{-}C(OH)(CH_3){-}CH_2{-}COOCH_2CH_3 \xrightarrow{(1)OH^-\ (2)H^+} H_3C{-}C(OH)(CH_3){-}CH_2{-}COOH \longrightarrow H_3C{-}C(CH_3){=}CH{-}COOH$$

$$H_3C{-}C(CH_3){=}CH{-}COOCH_2CH_3 \xrightarrow{\triangle,\ H_2O} H_3C{-}C(CH_3){=}CH{-}COOH$$

## 四、Mannich 反应(曼尼希反应)

**1. 基本概念**

具有活泼氢的化合物、甲醛、胺同时缩合,活泼氢被氨甲基或取代氨甲基取代的反应,称为曼尼希反应,生成的产物称为曼氏碱。

$$H_3CCOCH_3 + HCHO + H{-}NRR^1 \xrightarrow{H^+} H_3CCOCH_2CH_2NRR^1$$

**2. 反应机理**

$$HCHO \xrightarrow{H^+} H_2C{=}O^+{-}H \xrightarrow{H{-}NRR^1} RR^1N^+H{-}CH_2OH \longrightarrow RR^1N{-}CH_2{-}O^+H_2 \underset{}{\overset{-H_2O}{\rightleftharpoons}} RR^1N^+{=}CH_2$$

$$H_3CCOCH_3 \rightleftharpoons H_3C(OH)C{=}CH_2 \xrightarrow{H_2C{=}N^+RR^1} H_3CCOCH_2CH_2NRR^1 + H^+$$

## 五、Wittig(魏悌息)反应

**1. 基本概念**

魏悌息试剂——磷叶立德(Ylide)的合成路径如下:

$$H_3C{-}CH_2{-}CH(CH_3){-}CH_2Br + PPh_3 \xrightarrow{-Br^-} H_3C{-}CH_2{-}CH(CH_3){-}CH_2{-}P^+Ph_3 \xrightarrow{EtONa} H_3C{-}CH_2{-}CH(CH_3){-}C^-H{-}P^+Ph_3 \rightleftharpoons H_3C{-}CH_2{-}C(CH_3){=}CH{-}PPh_3$$

魏悌息试剂与醛、酮作用生成烯烃的反应称为魏悌息(Wittig)反应,例如:

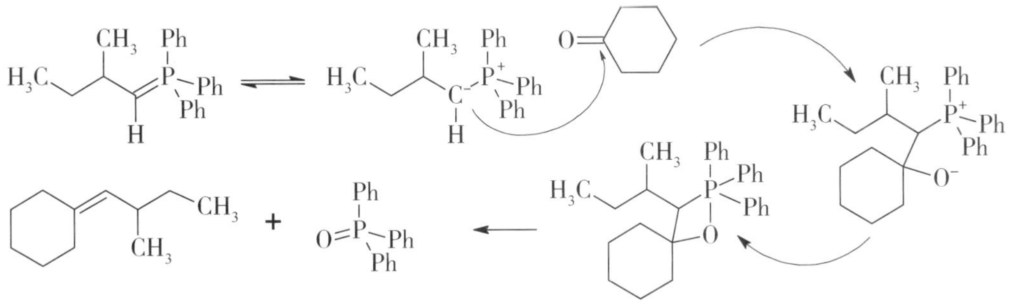

2. 反应机理

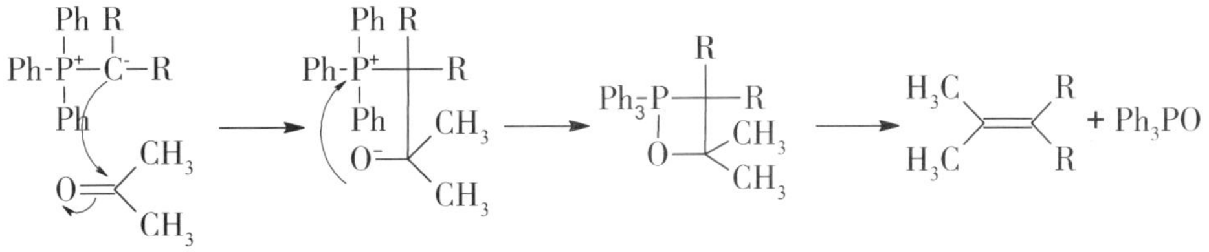

3. 主要缺点

立体化学选择性不理想。

## 六、安息香缩合反应(benzoin condensation reaction)

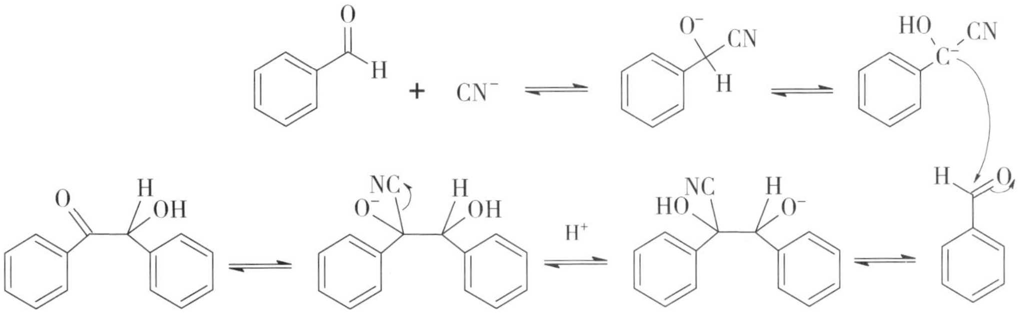

## 七、蒲尔金反应(Perkin reaction)

1. 基本概念

芳香醛与酸酐在碱性催化剂作用下生成β-芳基-α，β-不饱和酸的反应称为蒲尔金反应。

2. 典型实例

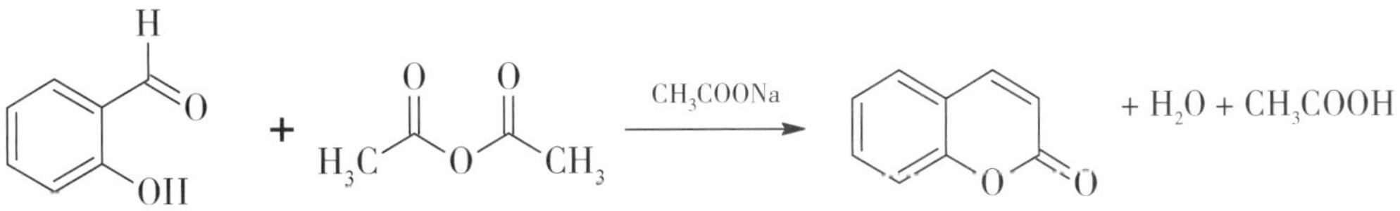

$$\xrightarrow{CH_3COONa} + H_2O + CH_3COOH$$

## 八、瑙文格反应(Knovenagel reaction)

瑙文格反应是蒲尔金反应的一种改进方案——醛、酮在弱碱作用下与含有活泼亚甲基的化合物发生失水缩合的反应称为瑙文格反应。

$$RCHO + EtOOCCH_2COOEt \xrightarrow[\text{苯}, \triangle]{\text{哌啶(NH)}} (EtOOC)_2C{=}CHR \xrightarrow[H_3O^+, \triangle]{-2EtOH, -CO_2} RCH{=}CHCOOH$$

$$RCHO + HOOCCH_2COOH \xrightarrow[\triangle]{\text{哌啶(NH)}} RCH{=}CHCOOH$$

## 第二节 偶联反应

偶联反应(coupled reaction)也作偶连反应、耦联反应、氧化偶联,泛指由两个有机化学单位(molecules)进行某种化学反应从而得到一个有机分子的过程,参阅表 21-1。

常见的偶联反应包括格氏试剂(Grinard reagent)与亲电体的反应,锂试剂与亲电体反应,芳环上亲电和亲核反应,钠存在下的 Wurtz 反应等等。

偶联反应是一个非专业化的名词且含义太广,一般前面应该加限定语。狭义的偶联反应涉及有机金属催化剂的碳碳键生成反应,根据类型的不同,又可分为交叉偶联和自身偶联反应。

**表 21-1 常见偶联反应简表**

| 反应名称 | 年代 | 反应物 A | C 原子杂化态 | 反应物 B | C 原子杂化态 | 类型 | 催化剂 | 备注 |
|---|---|---|---|---|---|---|---|---|
| 武兹反应 | 1855 | R—X | $sp^3$ | R—X | $sp^3$ | 自身 | | Na |
| 乌尔曼反应 | 1901 | Ar—X | $sp^2$ | Ar—X | $sp^2$ | 自身 | Cu | 高温 |
| 赫克反应 | 1972 | 烯烃 | $sp^2$ | R—X | $sp^2$ | 交叉 | Pd | 碱 |
| 格拉泽反应 | 1869 | RC≡CH | sp | RC≡CH | sp | 自身 | Cu | $O_2$ |
| 卡-乔反应 | 1957 | RC≡CH | sp | RC≡CX | sp | 交叉 | Cu | 碱 |
| 卡-史反应 | 1963 | RC≡CH | sp | Ar—X | $sp^2$ | 交叉 | Cu | |
| 薗头反应 | 1975 | RC≡CH | sp | R—X | $sp^2$、$sp^3$ | 交叉 | Pd、Cu | 碱 |
| 熊田反应 | 1972 | ArMgBr<br>RMgBr | $sp^2$<br>$sp^2$ | Ar—X | $sp^2$ | 交叉 | Pd<br>或 Ni | |
| 根岸反应 | 1977 | RZnX | sp, $sp^2$, $sp^3$ | R—X | $sp^2$、$sp^3$ | 交叉 | Pd、Ni | |
| 福山反应 | 1998 | R-Zn-I | $sp^3$ | RCO(SEt) | $sp^2$ | 交叉 | Pd | |
| 吉尔曼试剂反应 | 1967 | $R_2CuLi$ | | R—X | | 交叉 | | |
| 施蒂勒反应 | 1978 | $Bu_3Sn$-$SnBu_3$ | sp, $sp^2$, $sp^3$ | Ar—X | $sp^2$、$sp^3$ | 交叉 | Pd | |
| 布-哈反应 | 1994 | $HNR_2$ | sp | Ar—X | $sp^2$ | 交叉 | Pd | |
| 铃木反应 | 1979 | $RB(OR)_2$ | $sp^2$ | R—X | $sp^2$、$sp^3$ | 交叉 | Pd | 碱 |
| 桧山反应 | 1988 | $RSiR_3$ | $sp^2$ | R—X | $sp^2$、$sp^3$ | 交叉 | Pd | 碱 |
| 冈-巴反应 | 1924 | $ArN_2X$ | $sp^2$ | Ar—H | $sp^2$ | 自身 | | 碱 |
| 梅尔外茵芳基化 | 1939 | $ArN_2X$ | $sp^2$ | Ar—H | $sp^2$ | 自身 | $CuCl_2$ | 碱 |

### 1. 武兹反应(Wurtz reaction,即 Wurtz-Fittig reaction)

$$R—X + 2Na + X—R \xrightarrow{\text{干燥乙醚}} R—R + 2NaX$$

$$CH_3(CH_2)_3Br + 2Na + Br—C_6H_5 \xrightarrow[20℃]{\text{干燥乙醚}} C_6H_5—CH_2CH_2CH_2CH_3 + 2NaBr$$

$$R-Cl \xrightarrow[-NaCl]{2Na} R^{-}-Na^{+} \xrightarrow[-NaBr]{\text{PhBr}} R-Ph$$

该反应不会发生重排。

**2. 乌尔曼反应(Ullmann coupling reaction)**

$$R-C_6H_4-X \xrightarrow[\triangle]{Cu} R-C_6H_4-C_6H_4-R$$

乌尔曼反应的机理尚不完全清楚。

**3. 赫克反应(Heck coupling reaction)**

$$R-X + CH_2=CH-Z \xrightarrow[\text{碱}]{Pd} R-CH=CH-Z$$

X为I、Br、OTf(即三氟甲磺酰基、$CF_3SO_2$—)、Cl等；Z为H、R、Ar、CN、CO、OR、OAc、NHAc等。

**4. 格拉泽偶联反应(Glaser coupling reaction)**

$$Ph-C\equiv C-H \xrightarrow[NH_3(aq), EtOH]{CuCl} Ph-C\equiv C-Cu \xrightarrow[NH_3(aq), EtOH]{O_2} Ph-C\equiv C-C\equiv C-Ph$$

$$3,5-(R_3SiO)_2C_6H_3-C\equiv C-C\equiv C-C\equiv C-H \xrightarrow[O_2(1\times10^5\ Pa),\text{丙酮}, 20\ ^\circ C, 2\ h]{CuCl, TMEDA} 3,5-(R_3SiO)_2C_6H_3-(C\equiv C)_6-C_6H_3(OSiR_3)_2\text{-}3,5\ (94\%)$$

($R_3Si$：叔丁基二甲基硅烷基；TMEDA：四甲基乙二胺；Acetone：丙酮)

**5. 卡蒂奥特-乔基威茨偶联反应(Cadiot-Chodkiewicz coupling reaction)**

$$CH_3CH_2CH(C\equiv C-H)-O-C(=O)-(CH_2)_8-CH=CH_2 + Br-C\equiv C-CH(OSiR_3)-CH=CH_2 \longrightarrow CH_3CH_2CH(O-C(=O)-(CH_2)_8-CH=CH_2)-C\equiv C-C\equiv C-CH(OSiR_3)-CH=CH_2$$

1-甲氧基-1-乙炔基环己-2,5-二烯（C≡C—H）$\xrightarrow[(CH_3)_2CO]{NBS, AgNO_3, 25^\circ C}$ 1-甲氧基-1-(溴乙炔基)环己二烯（C≡C—Br）85%

$$\xrightarrow[CH_3OH, 25^\circ C]{CuBr, NH_2OH, HCl}$$ 二(1-甲氧基环己二烯基)丁二炔（OMe, C≡C—C≡C, OMe）

**6. 卡斯特罗-史迪芬斯偶联反应(Castro-Stephens coupling reaction)**

$$\text{PhI} + \text{Cu—C}\equiv\text{C—Ph} \xrightarrow[\text{回流},\triangle,\text{HCl}]{\text{吡啶}} \text{Ph—C}\equiv\text{C—Ph}$$

**7. 薗头偶联反应(Sonogashira coupling reaction)**

$$R^1\text{—Cl} + \text{H—C}\equiv\text{C—}R^2 \xrightarrow[\text{碱}]{\text{Pd 或 Cu(I)}} R^1\text{—C}\equiv\text{C—}R^2$$

$R^1$ 为芳基、杂环芳基、乙烯基；$R^2$ 为芳基、杂环芳基、烯基、烷基、$SiR_3$；X 为 Cl、Br、I、OTf(三氯甲磺酰基，$Cl_3CSO_2$—)。

**8. 熊田偶联反应(Kumada coupling reaction)**

$$R\text{—MgX} + X\text{—}R' \xrightarrow{\text{Ni 或 Pd}} R\text{—}R'$$

$R'$为烷基、芳基、乙烯基；X 为 F，Cl，Br，I，OTf(三氯甲磺酰基，$Cl_3CSO_2$—)。

**9. 根岸偶联反应 (Negishi coupling reaction)**

$$R^1\text{—}X^1 + R^2\text{—Zn—}R^2 \xrightarrow[\text{或 Ni 配合物}]{\text{Pd(O) 配合物}} R^1\text{—}R^2$$

$R^1$ 为芳基、烯基、炔基、酰基等；$R^2$ 为芳基、烯基、炔基、苯基等；$X^1$ 为 Cl、Br、I、OTf(三氯甲磺酰基：$Cl_3CSO_2$—)、—$OCOCH_3$ 等；$X^2$ 为 Cl、Br、I 等。

例如：

$$\text{I—}C_6H_4\text{—}NO_2 + C_6H_5CH_2\text{ZnCl} \xrightarrow[\text{THF}]{PdCl_2\text{(dppf)}, \text{DCM}} O_2N\text{—}C_6H_4\text{—}CH_2C_6H_5$$

dppf 为双(二苯基膦)二茂铁；THF 为四氢呋喃。

**10. 福山偶联反应(Fukuyama coupling reaction)**

有机锌试剂与硫酯在钯催化下发生偶联生成酮，由日本人福山透(Fukuyama Tōru)等在 1998 年发现，是将羧酸及其衍生物转变为酮的方法之一。

福山偶联反应选择性高，有机锌试剂毒性较小，活性较低，反应条件温和，许多官能团(如醛、酮、氯代芳烃、硫醚等)不受影响；反应到酮停止，不再继续将酮还原为醇。

$$\text{PhCO(CH}_2)_2\text{COSEt} + \text{IZn(CH}_2)_5\text{COOEt} \xrightarrow[\text{THF}, C_6H_5CH_3, \text{DMF}, \text{室温下}, 23\text{ h}]{10\%\ Pd(OH)_2/C} \text{PhCO(CH}_2)_2\text{CO(CH}_2)_5\text{COOEt}$$

**11. 吉尔曼试剂偶联反应(Gilman reagent coupling reaction)**

吉尔曼试剂指二烷基铜锂($R_2CuLi$)类化合物，其发现者是美国化学家亨利·吉尔曼，在有机合成和有机金属化学中有重要用途。

$$H_3C\text{(CH}_2)_7\text{CH=CHI} + (H_3C\text{(CH}_2)_4)_2\text{CuLi} \xrightarrow[\text{或 THF}]{C_2H_5OC_2H_5} H_3C\text{(CH}_2)_7\text{CH=CH(CH}_2)_4CH_3$$

**12. 施蒂勒反应(Stille coupling reaction)**

$$\text{Y—}C_6H_4\text{—Br} + Bu_3Sn\text{—}SnBu_3 \xrightarrow[120\sim140\ ^\circ C]{Pd(PAr_3)_4} \text{Y—}C_6H_4\text{—}C_6H_4\text{—Y}$$

Y 为 H、OMe、$NO_2$。

**13. 布赫瓦尔德偶联反应(Buchwald-Hartwig coupling reaction)**

R1 Pd 配合物 碱 R3 R2 X N H

X 为 Cl、Br、I、OTf(三氯甲磺酰基，$Cl_3CSO_2$—)；$R^2$ 为烷基、芳基、H；$R^3$ 为烷基、芳基。

**14. 铃木反应(Suzuki coupling reaction)**

芳基或烯基硼化物或硼酸酯在 Pd 催化剂作用下与卤代物或三氟磺酸酯的交叉偶联反应。

$OCH_3$ $B(OH)_2$ O O $NiCl_2/(dppf)$ BuLi，$K_3PO_4$ 80 ℃ Cl $OCH_3$

**15. 桧山偶联反应(Hiyama coupling reaction)**

R1 R3 X R2 + $R_3Si$ R6 R5 R4 Pd(0) $F^-$ X=Cl，Br，I，OTf R1 R3 R5 R6 R2 R4

$R^2$—⟨⟩—$Si(OEt)_3$ + X—⟨⟩($R^1$) 5% Pd/C(0.005 mol) TBAF·$3H_2O$(2 倍量) $CH_3COOH$(1.5 倍量) $C_6H_5CH_3$(1 mL)，回流 24 h $R^2$—⟨⟩—⟨⟩($R^1$)

TBAF 为四丁基氟化铵，即 $Bu_4NF$。

**16. 重氮偶联反应(diazo coupling reaction)(简介)**

芳香族胺发生重氮化反应生成重氮盐，芳香族重氮盐正离子可以作为亲电试剂与酚、三级芳胺等活泼的芳香化合物进行芳环上的亲电取代，生成偶氮化合物，通常把这种反应叫作重氮化偶联反应。

⟨⟩—$N^+\equiv N^+$—Cl + ⟨⟩—OH —碱, 273～278 K→ ⟨⟩—N=N—⟨⟩—OH

⟨⟩—$N^+\equiv N^+$—Cl + ⟨⟩—$NH_2$ —酸, 273～278 K→ ⟨⟩—N=N—⟨⟩—$NH_2$

Cl—⟨⟩—$N^+\equiv N^+$—$BF_4$ + ⟨⟩—$NH_2$ —$CH_2COOK$, 18-冠醚-6, 80%→ Cl—⟨⟩—N=N—⟨⟩

芳香重氮盐中的苯基在碱性条件下与其他芳香族化合物偶联成联苯衍生物；芳香重氮盐在酸性溶液中用铜粉或锌粉处理，或在碱性溶液中用亚铜盐处理时，放出氮气，两个芳基偶联成联苯衍生物。

(1) 冈伯格-巴克曼反应(Gomberg-Bachman coupling reaction)

H + $N_2Cl$ $OH^-$

(2) 梅尔外茵芳基化反应(Meerwein arylation)

芳香重氮盐可以与 α,β-不饱和羰基化合物反应，在碳碳双键上引入芳基。

如：

$$\text{PhN}_2^+\text{Cl}^- \xrightarrow[\text{N}_2\ \ \text{CuCl}_2]{\text{CuCl}} \text{Ph}^\bullet \xrightarrow{\text{RCH=C(R}^1\text{)EWG}} \text{PhCH(R)}-\text{C}^\bullet(\text{R}^1)-\text{EWG} \xrightarrow[\text{CuCl}_2]{\text{CuCl}} \text{PhCH(R)}-\text{CCl(R}^1\text{)}-\text{EWG}$$

EWG 为吸电子基(如羰基)。

进行偶联反应时，介质的酸碱性非常重要，例如：① 重氮盐与酚类偶联反应是在弱碱性介质里进行的。在此条件下，酚形成了苯氧负离子，使得芳环电子云密度增加，有利于偶联反应进行。② 重氮盐与芳胺偶联反应则是在中性或弱酸性介质里进行的。在此条件下，芳胺是以游离胺形式存在，使的芳环电子云密度增加，有利于偶联反应进行。③ 如果溶液酸性过强，胺变成铵盐，使得芳环电子云密度降低，不利于偶联反应。④ 如果从重氮盐的性质来看，强碱性介质会使重氮盐转变成不能进行偶联反应的其他化合物。

# 参 考 文 献


[1] 华彤文，王颖霞，卞江.普通化学原理[M].4版.北京：北京大学出版社，2013

[2] 北京师范大学无机化学教研室，华中师范大学，南京师范大学.无机化学[M].4版.北京：高等教育出版社，2003

[3] 张祖德.无机化学[M].2版.合肥：中国科学技术大学出版社，2014

[4] 吉林大学，武汉大学，南开大学.无机化学[M].3版.北京：高等教育出版社，2015

[5] 周公度，段连运.结构化学基础[M].5版.北京：北京大学出版社，2017

[6] 厦门大学化学系物构组，林梦海，谢兆雄.结构化学[M].3版.北京：科学出版社，2014

[7] 麦松威，周公度，李伟基.高等无机结构化学[M].2版.北京：北京大学出版社，2006

[8] 华中师范大学，东北师范大学，陕西师范大学，等.分析化学[M].3版.北京：高等教育出版社，2001

[9] 傅献彩，沈文霞，姚天扬，等.物理化学[M].4版.北京：高等教育出版社，1990

[10] 邢其毅，裴伟伟，徐瑞秋.基础有机化学[M].4版.北京：北京大学出版社，2016

[11] 李艳梅，赵圣印，王兰英.有机化学[M].2版.北京：科学出版社，2014

[12] 黄宪，王彦广，陈振初. 新编有机合成化学[M].北京：化学工业出版社，2003

[13] Jie Jack Li.有机人名反应：机理及应用[M].荣国斌，朱士正，译.北京：科学出版社，2011

[14] Maitland J Jr. Organic Chemistry[M]. 2nd ed. New York：W.W.Norton & Company，Inc.，1997


## 特别鸣谢


特别感谢江苏省化学化工学会在本书编写出版过程中提供的大量关心指导与支持帮助！